U0236563

面向 21 世纪课程教材

"十二五"普通高等教育本科国家级规划教材
教育部普通高等教育精品教材

高校土木工程专业指导委员会规划推荐教材
（经典精品系列教材）

土 木 工 程 施 工

（第三版）

重庆大学　同济大学　哈尔滨工业大学　合编
天津大学　主审

中国建筑工业出版社

图书在版编目（CIP）数据

土木工程施工/重庆大学，同济大学，哈尔滨工业大学
合编. —3 版. —北京：中国建筑工业出版社，2015.12
（2022.11 重印）
面向 21 世纪课程教材．"十二五"普通高等教育本
科国家级规划教材．教育部普通高等教育精品教材．
高校土木工程专业指导委员会规划推荐教材（经典精
品系列教材）
ISBN 978-7-112-18707-2

Ⅰ．①土… Ⅱ．①重… ②同… ③哈… Ⅲ．①土
木工程-工程施工-高等学校-教材 Ⅳ.①TU7

中国版本图书馆 CIP 数据核字（2015）第 278324 号

面向 **21 世纪课程教材**
"十二五"普通高等教育本科国家级规划教材
教育部普通高等教育精品教材
高校土木工程专业指导委员会规划推荐教材
（经典精品系列教材）

土 木 工 程 施 工
（第三版）

重庆大学　同济大学　哈尔滨工业大学　合编

天津大学　主审

＊

中国建筑工业出版社出版、发行（北京海淀三里河路 9 号）
各地新华书店、建筑书店经销
北京红光制版公司制版
北京圣夫亚美印刷有限公司印刷

＊

开本：787 毫米×960 毫米　1/16　印张：40¾　字数：840 千字
2016 年 2 月第三版　　2022 年 11 月第四十四次印刷
定价：**78.00 元**（赠教师课件）
ISBN 978-7-112-18707-2
（28007）

本教材是教育部认定的"十二五"普通高等教育本科国家级规划教材，以高等学校土木工程学科专业指导委员会编制的《高等学校土木工程本科指导性专业规范》为依据，在第二版基础上修订而成。

本次修订将第二版的上、下两册教材合并为一本，内容进行了精简和重新编排，以满足各学校学时和学生知识能力的要求。本教材分为土木工程施工技术和施工组织原理两篇，主要内容包括：土石方工程、桩基础工程、砌筑工程、混凝土结构工程、结构安装工程、道路工程、桥梁工程、地下工程、脚手架工程、防水工程、装饰装修工程、施工组织概论、流水施工基本原理、网络计划技术、单位工程施工组织设计、施工组织总设计。

本书可作为高等学校土木工程及相关专业教材，也可供从事土木工程施工的工程技术人员参考使用。

*   *   *

为更好地支持本课程教学，我社向选用本教材的任课教师提供课件，有需要者可与出版社联系，索取方式如下：建工书院 http：// edu. cabplink. com，邮箱 jckj@cabp. com. cn，电话 010-58337285。

*   *   *

责任编辑：朱首明　张　晶　吉万旺
责任校对：张　颖　刘梦然

出 版 说 明

  1998 年教育部颁布普通高等学校本科专业目录，将原建筑工程、交通土建工程等多个专业合并为土木工程专业。为适应大土木的教学需要，高等学校土木工程学科专业指导委员会编制出版了《高等学校土木工程专业本科教育培养目标和培养方案及课程教学大纲》，并组织我国土木工程专业教育领域的优秀专家编写了《高校土木工程专业指导委员会规划推荐教材》。该系列教材 2002 年起陆续出版，共 40 余册，十余年来多次修订，在土木工程专业教学中起到了积极的指导作用。

  本系列教材从宽口径、大土木的概念出发，根据教育部有关高等教育土木工程专业课程设置的教学要求编写，经过多年的建设和发展，逐步形成了自己的特色。本系列教材投入使用之后，学生、教师以及教育和行业行政主管部门对教材给予了很高评价。本系列教材曾被教育部评为面向 21 世纪课程教材，其中大多数曾被评为普通高等教育"十一五"国家级规划教材和普通高等教育土建学科专业"十五"、"十一五"、"十二五"规划教材，并有 11 种入选教育部普通高等教育精品教材。2012 年，本系列教材全部入选第一批"十二五"普通高等教育本科国家级规划教材。

  2011 年，高等学校土木工程学科专业指导委员会根据国家教育行政主管部门的要求以及新时期我国土木工程专业教学现状，编制了《高等学校土木工程本科指导性专业规范》。在此基础上，高等学校土木工程学科专业指导委员会及时规划出版了高等学校土木工程本科指导性专业规范配套教材。为区分两套教材，特在原系列教材丛书名《高校土木工程专业指导委员会规划推荐教材》后加上经典精品系列教材。各位主编将根据教育部《关于印发第一批"十二五"普通高等教育本科国家级规划教材书目的通知》要求，及时对教材进行修订完善，补充反映土木工程学科及行业发展的最新知识和技术内容，与时俱进。

高等学校土木工程学科专业指导委员会

中国建筑工业出版社

第 三 版 前 言

"土木工程施工"是土木工程专业的一门主干课。其主要任务是阐述土木工程施工技术和施工组织的一般规律；其主要内容包括土木工程中主要工种工程施工工艺及施工方法；工程项目的施工组织原理及土木工程施工中的新技术、新材料、新工艺的发展和应用。

本教材以高等学校土木工程学科专业指导委员会编制的《高等学校土木工程本科指导性专业规范》为依据，在《土木工程施工》（第二版）教材（普通高等教育"十一五"国家级规划教材）基础上，结合新规范、新标准进行了相应调整及修订，特别是对内容进行了重新梳理和精简，更方便教学使用。

本教材是从事土木工程施工教学、科研及出版工作的几代人不懈努力的结晶。在此谨向参与此教材编写的卢忠政教授、毛鹤琴教授、林文虎教授、赵志缙教授、江景波教授、关柯教授等致敬。

本教材由重庆大学、同济大学、哈尔滨工业大学三校合编，编写工作得到了三所高校的大力支持和帮助，本教材获得了重庆大学教材建设基金资助，在此，向关心支持本教材编写工作的所有单位和人员表示衷心感谢。

本教材分为土木工程施工技术和土木工程施工组织两篇，土木工程施工技术篇由重庆大学、同济大学组织编写；土木工程施工组织篇由哈尔滨工业大学组织编写。本教材实行分主编制，全书由重庆大学姚刚教授统稿。具体分工如下：

重庆大学分主编：姚刚教授。编者：李国荣、刘光云（第1篇：第4章）；姚刚、康明、张爱莉（第1篇：第5章）；朱正刚（第1篇：第6章、第7章）；张爱莉、王桂林、刘新荣（第1篇：第8章）；关凯（第1篇：第10章）；华建民（第1篇：第11章）

同济大学分主编：应惠清教授。编者：应惠清（第1篇：第1章、第2章、第3章）；金瑞珺（第1篇：第9章）

哈尔滨工业大学分主编：张守健教授。编者：张守健（第2篇：第1章）；许程洁（第2篇：第2章、第4章）；张守健、许程洁（第2篇：第3章）；杨晓林（第2篇：第5章）

本教材由天津大学主审。

由于水平有限，本次修订存在的不足之处，望读者提出宝贵意见，以便再版时修改。

第 二 版 前 言

"土木工程施工"是土木工程专业的一门主干课。其主要任务是研究土木工程施工技术和施工组织的一般规律；土木工程中主要工种工程施工工艺及工艺原理；工程项目的施工组织原理以及土木工程施工中的新技术、新材料、新工艺的发展和应用。

本教材是以全国高校土木工程专业指导委员会通过的"土木工程工程施工课程教学大纲"为依据组织编写的。本教材是面向21世纪课程改革研究成果，按照21世纪土木工程专业人才培养方案和教学要求，在原《土木工程施工》（建设部十五规划教材）基础上，结合新规范、新标准作了相应的调整及修改。

由于水平有限，本次修订难免有不足之处，诚挚地希望读者提出宝贵意见，以便再版时修订。

本教材是从事土木工程施工教学、科研及出版工作的几代人不懈努力的结果。在此谨向本教材编写提供支持的卢忠政教授、毛鹤琴教授、林文虎教授、赵志缙教授、江景波教授、关柯教授等致敬。

本教材由重庆大学、同济大学、哈尔滨工业大学三校合编，编写工作得到了三所学校的大力支持和帮助，本教材获得了重庆大学教材建设基金资助，在此，向关心支持本教材编写工作的所有单位和人们表示衷心感谢。

为保证教材编写质量，实行分主编负责制，全书由重庆大学姚刚教授统稿。具体分工如下：

重庆大学分主编：姚刚教授。参与编写者有：姚刚、关凯（第一篇：第五、七章）；李国荣、张宏胜（第一篇：第四章）；华建民（第一篇：第八章）；姚刚、关凯、李国荣、张宏胜、华建民、罗琳（第三篇：第一章）；朱正刚（第三篇：第二章，第三章第三节、第四节）；赵亮（第三章第一节）；陈天地（第三章第二节）；华建民（第三篇：第四章第一节）、刘光云（第三篇：第四章第二节）、张爱莉（第三篇：第四章第三节）、王桂林（第三篇：第四章第四节）、刘新荣（第三篇：第四章第五节）。

同济大学分主编：应惠清教授。参与编写者有：应惠清（第一篇：第一、二、三章）；金瑞珺（第一篇：第六章）。

哈尔滨工业大学分主编：张守健教授。参与编写者有：张守健（第二篇：第一章）；许程洁（第二篇：第二章）；张守健、许程洁（第二篇：第三章）；杨晓林（第二篇：第四章）；李忠富、王莹莹（第二篇：第五章）；刘志才（第二篇：第六章）。

本教材由天津大学赵奎生教授主审。参加审稿的还有天津大学丁红岩副教授（第二篇），河北工业大学黄世昌教授（第三篇第二、三、四章）。

第 一 版 前 言

"土木工程施工"是土木工程专业的一门主干课。其主要任务是研究土木工程施工技术和施工组织的一般规律；土木工程中主要工种工程施工工艺及工艺原理；施工项目科学的组织原理以及土木工程施工中的新技术、新材料、新工艺的发展和应用。

本教材是以全国高等土木工程专业指导委员会通过的"土木工程施工课程教学大纲"为依据组织编写的。本教材是面向21世纪课程改革研究成果，按照21世纪土木工程专业人才培养方案和教学要求，在原《建筑施工》（国家九五重点教材）基础上作了重大的调整、加工和修改。介于我国经济建设快速发展及西部大开发的需要，工程建设愈来愈需要宽口径、厚基础的专业人才。因此，本教材在内容上涵盖了建筑工程、道路工程、桥梁工程、地下工程等专业领域，力求构建大土木的知识体系。

本教材阐述了土木工程施工的基本理论及其工程应用，在内容上力求符合国家现行规范、标准的要求，反映现代土木工程施工的新技术、新工艺及新成就，以满足新时期人才培养的需要；在知识点的取舍上，保留了一些常用的工艺方法，注重纳入对工程建设有重大影响的新技术，突出综合运用土木工程施工及相关学科的基本理论和知识，以解决工程实践问题的能力培养。本教材力求层次分明、条理清楚、结构合理，既考虑了大土木工程的整体性，又结合现阶段课程设置的实际情况，在土木工程的框架内，建筑工程、道路工程、桥梁工程、地下工程等自成体系，便于组织教学。本教材文字规范、简练，图文配合恰当，图表清晰，准确，符号、计量单位符合国家标准，版面设计具有鲜明的时代特征。由于水平有限，本教材难免有不足之处，诚挚地希望读者提出宝贵意见，以便再版时修订。

本教材至此经历了三次修订，共四版，是从事土木工程施工教学、科研及出版工作的几代人不懈努力的结果。在此谨向参与前三版编写工作的卢忠政教授、毛鹤琴教授、赵志缙教授、江景波教授、关柯教授等致敬。

本教材由重庆大学、同济大学、哈尔滨工业大学三校合编，为保证教材编写质量，实行分主编负责制，全书由重庆大学林文虎教授、姚刚副教授统稿。具体分工如下：

重庆大学分主编：姚刚副教授。参与编写者有：姚刚、关凯（第1篇：第5、7章）；李国荣、张宏胜（第1篇：第4章）；华建民（第1篇：第8章）；姚刚、关凯、李国荣、张宏胜、华建民、胡美琳（第3篇：第1章）；朱正刚（第3篇：第2章，§3.4）；杨春（第2篇：§3.1、§3.2、§3.3）；华建民（第3篇：§4.1）、张利（第3篇：§4.2）、王桂林（第3篇：§4.3）、刘新荣（第3

篇：§4.4）。

同济大学分主编：应惠清教授。参与编写者有：应惠清（第1篇：第1、2、3章）；金瑞珺（第6章）。

哈尔滨工业大学分主编：张守健教授。张守健（第2篇：第1章）；许程洁（第2篇：第2章）；张守健、许程洁（第2篇：第3章）；杨晓林（第2篇：第4章）；李忠富（第2篇：第5章）；刘志才（第2篇：第6章）。

本教材由天津大学赵奎生教授主审。参加审稿的还有天津大学丁红岩副教授（第2篇），河北工业大学黄世昌教授（第3篇第2、3、4章）。

目　　录

第2篇　施 工 组 织 原 理

第1篇 土木工程施工技术

第1章 土 石 方 工 程

§1.1 概 述

在土木工程中，最常见的土石方工程有：场地平整、基坑（槽）开挖、地坪填土、路基填筑及基坑回填等。此外，排水、降水、基坑支护等准备工作和辅助工程也是土石方工程施工中必须认真设计与实施安排的。

土石方工程施工往往具有工程量大、劳动繁重和施工条件复杂等特点；土石方工程施工又受气候、水文、地质、地下障碍等因素的影响较大，不可确定的因素也较多，有时施工条件极为复杂。因此，在组织工程施工前，应根据现场条件，制定出技术可行经济合理的施工方案。

1.1.1 土壤和岩石的工程分类

在土木工程施工中，按土石方开挖难易程度分为一至四类土和极软岩至坚硬岩五类岩石（表1-1-1），这也是确定土木工程劳动定额的依据。

土壤分类表 表 1-1-1a

土壤分类	土壤名称	开挖方法
一、二类土	冲填土、软土（淤泥质土、泥炭、泥炭质土）、粉土、粉质黏土、砂土（粉砂、细砂、中砂、粗砂、砾砂）、弱中盐渍土、软塑红黏土	用锹、少许用镐、条锄开挖；机械能全部直接铲挖满载者
三类土	素填土、黏土、碎石土（圆砾、角砾）混合土、可塑红黏土、硬塑红黏土、强盐渍土、压实填土	主要用镐、条锄、少许用锹开挖；机械需部分刨松方能铲挖满载者或直接铲挖但不能满载者
四类土	杂填土、碎石土（卵石、碎石、漂石、块石）坚硬红黏土、超盐渍土	全部用镐、条锄挖掘、少许撬棍挖掘；机械须普遍刨松方能铲挖满载者

岩石分类表   表 1-1-1b

岩石分类		代表性岩石	开挖方法
极软岩		权风化的各种岩石； 各种平成岩	部分用手凿工具、部分用爆破法开挖
软质石	软岩	强风化的坚硬岩或较硬岩； 中等风化-强风化的较软岩； 未风化-微风化的页岩、泥岩、泥质砂岩等	用风镐或爆破法开挖
	较软岩	中风化-强风化的坚硬岩或较硬岩； 未风化-未风化的凝灰岩、千枚岩、泥灰岩、砂质泥岩等	用爆破法开挖
硬质石	较硬岩	微风化的坚硬岩； 未风化-微风化的大理岩、板岩、石灰岩、白云岩、钙质砂岩等	用爆破法开挖
	坚硬岩	未风化-微风化的花岗岩、闪长岩、辉绿岩、玄武岩、安山岩、片麻岩、石英岩、石英砂岩、硅质砾岩、硅质石灰岩等	用爆破法开挖

1.1.2 土 的 工 程 性 质

土的工程性质对土方工程施工有直接影响，也是进行土方施工设计必须掌握的基本资料。土的主要工程性质如下：

1. 土的可松性

土具有可松性。即自然状态下的土，经过开挖后，其体积因松散而增大，以后虽经回填压实，仍不能恢复。由于土方体积按天然密度体积（亦称自然方）计算；回填土按压实后的体积（亦称实方）计算，所以在土方调配、计算土方机械生产率及运输工具数量等的时候，必须考虑土的可松性。土的可松性程度用可松性系数表示，即

$$K_s = \frac{V_2}{V_1}; \qquad K'_s = \frac{V_3}{V_1} \qquad (1\text{-}1\text{-}1)$$

式中 K_s——最初可松性系数；

K'_s——最后可松性系数；

V_1——土的天然密实体积（m^3）；

V_2——土经开挖后的松散体积，亦称虚方（m^3）；

V_3——土经回填压实后的体积（m^3）。

在实际工程中，土方的工程量计算也可运用表 1-1-2 的折算系数以简化计算。对于填土，当设计密实度超过规定时，按设计要求执行。

土方体积折算系数表　　　　　　　　表 1-1-2

天然密实体积	虚方体积	压实后体积	松填体积
1.00	1.30	0.87	1.08
0.77	1.00	0.67	0.83
1.15	1.50	1.00	1.25
0.92	1.20	0.80	1.00

说明：虚方指未经压实、堆积时间小于等于 1 年的土壤。

2. 原状土经机械压实后的沉降量

原状土经机械往返压实或经其他压实措施后，会产生一定的沉陷，根据不同土质，其沉降量一般在 3～30cm 之间。可按下述经验公式计算：

$$S = \frac{P}{C} \tag{1-1-2}$$

式中　S——原状土经机械压实后的沉降量（cm）；

　　　P——机械压实的有效作用力（kg/cm²）；

　　　C——原状土的抗陷系数（MPa），可按表 1-1-3 取值。

不同土的 C 值参考表　　　　　　　　表 1-1-3

原 状 土 质	C（MPa）	原 状 土 质	C（MPa）
沼泽土	0.01～0.015	大块胶结的砂、潮湿黏土	0.035～0.06
凝滞的土、细粒砂	0.018～0.025	坚实的黏土	0.1～0.125
松砂、松湿黏土、耕土	0.025～0.035	泥灰石	0.13～0.18

此外，土的工程性质还有：渗透性、密实度、抗剪强度、土压力等，这些内容在土力学中有详细分析，在此不再赘述。

§1.2　场 地 平 整

大型工程项目通常都要确定场地设计平面，进行场地平整。场地平整就是将自然地面改造成人们所要求的平面。场地设计标高应满足规划、生产工艺及运输、排水及最高洪水位等要求，并力求使场地内土石方挖填平衡且土石方量最小。

1.2.1　场地竖向规划设计

1. 场地设计标高确定的一般方法

对小型场地平整，如原地形比较平缓，对场地设计标高无特殊要求，可按场地平整施工中挖填土石方量相等的原则确定。

将场地划分成边长为 a 的若干方格，并将方格网角点的原地形标高标在图上

（图 1-1-1）。原地形标高可利用等高线用插入法求得或在实地测量得到。

按照挖填土石方量相等的原则，场地设计标高可按下式计算：

$$na^2z_0 = \sum_{i=1}^{n}\left(a^2\,\frac{z_{i1}+z_{i2}+z_{i3}+z_{i4}}{4}\right)$$

即
$$z_0 = \frac{1}{4n}\sum_{i=1}^{n}(z_{i1}+z_{i2}+z_{i3}+z_{i4}) \tag{1-1-3}$$

式中　　　　　z_0——所计算场地的设计标高（m）；

　　　　　　　n——方格数；

z_{i1}、z_{i2}、z_{i3}、z_{i4}——第 i 个方格四个角点的原地形标高（m）。

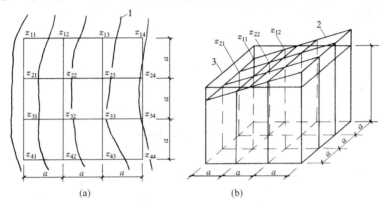

图 1-1-1　场地设计标高计算示意图

（a）地形图方格网；（b）设计标高示意图

1—等高线；2—自然地面；3—设计平面

由图 1-1-1 可见，11 号角点为一个方格独有，而 12、13、21、24 号角点为两个方格共有，22、23、32、33 号角点则为四个方格所共有，在用式（1-1-3）计算 z_0 的过程中类似 11 号角点的标高仅加一次，类似 12 号角点的标高加两次，类似 22 号角点的标高则加四次，这种在计算过程中被应用的次数 P_i，反映了各角点标高对计算结果的影响程度，测量上的术语称为"权"。考虑各角点标高的"权"，式（1-1-3）可改写成更便于计算的形式：

$$z_0 = \frac{1}{4n}(\sum z_1 + 2\sum z_2 + 3\sum z_3 + 4\sum z_4) \tag{1-1-4}$$

式中　　　　　z_1——一个方格独有的角点标高；

z_2、z_3、z_4——分别为二、三、四个方格所共有的角点标高。

按式（1-1-4）得到的设计平面为一水平的挖填方相等的场地，实际场地均应有一定的泄水坡度。因此，应根据泄水要求计算出实际施工时所采用的设计标高。

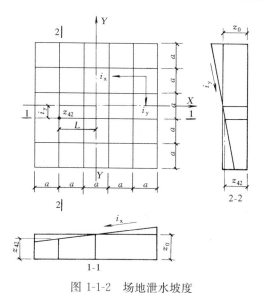

图 1-1-2　场地泄水坡度

以 z_0 作为场地中心的标高（图 1-1-2），则场地任意点的设计标高为

$$z'_i = z_0 \pm l_x i_x \pm l_y i_y \quad (1\text{-}1\text{-}5)$$

式中　z'_i——考虑泄水坡度的角点设计标高。

求得 z'_i 后，即可按下式计算各角点的施工高度 H_i：

$$H_i = z'_i - z_i \quad (1\text{-}1\text{-}6)$$

式中　z_i——i 角点的原地形标高。

若 H_i 为正值，则该点为填方，H_i 为负值则为挖方。

2. 最佳设计平面

按上述方法得到的设计平面，能使挖方量与填方量平衡，但不能保证总的土石方量最小。应用最小二乘法的原理，可求得满足挖方量与填方量平衡，又满足总的土石方量最小这两个条件的最佳设计平面。对大型场地或地形比较复杂时，应采用最小二乘法的原理进行竖向规划设计，求出最佳设计平面。

由几何学可知，任意一个平面在直角坐标体系中都可以用三个参数 c，i_x，i_y 来确定（图 1-1-3）。在这个平面上任何一点 i 的标高 z'_i，可以根据下式求出：

$$z'_i = c + x_i i_x + y_i i_y$$

$$(1\text{-}1\text{-}7)$$

式中　x_i——i 点在 x 方向的坐标；

　　　　y_i——i 点在 y 方向的坐标。

与前述方法类似，将场地划分成方格网，并将原地形标高 z_i 标于图上，设最佳设计平面的方程为式（1-1-7）形式，则该场地方格网角点的施工高度为：

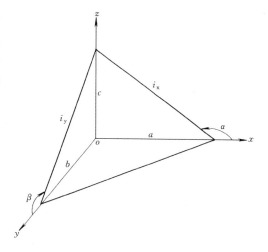

图 1-1-3　一个平面的空间位置

c—原点标高；$i_x = \tan\alpha = -\dfrac{c}{a}$，$x$ 方向的坡度；

$i_y = \tan\beta = -\dfrac{c}{b}$，$y$ 的方向坡度

$$H_i = z'_i - z_i = c + x_i i_x + y_i i_y - z_i \quad (i = 1, \cdots\cdots, n) \quad (1\text{-}1\text{-}8)$$

式中 H_i——方格网各角点的施工高度；

z'_i——方格网各角点的设计平面标高；

z_i——方格网各角点的原地形标高；

n——方格角点总数。

由场地土石方量计算式（1-1-12）～式（1-1-17）可知，施工高度之和与土石方工程量成正比。由于施工高度有正有负，当施工高度之和为零时，则表明该场地土石方的填挖平衡，但它不能反映出填方和挖方的绝对值之和为多少。为了不使施工高度正负相互抵消，把施工高度平方之后再相加，则其总和能反映填挖方绝对值之和的大小。但要注意，在计算施工高度总和时，应考虑方格网各点施工高度在计算土石方量时被应用的次数 P_i，令 σ 为土石方施工高度之平方和，则

$$\sigma = \sum_{i=1}^{n} p_i H_i^2 = p_1 H_1^2 + p_2 H_2^2 + \cdots + p_n H_n^2 \qquad (1\text{-}1\text{-}9)$$

将式（1-1-8）代入上式，得

$$\sigma = p_1 (c + x_1 i_x + y_1 i_y - z_1)^2 + p_2 (c + x_2 i_x + y_2 i_y - z_2)^2$$
$$+ \cdots + p_n (c + x_n i_x + y_n i_y - z_n)^2$$

当 σ 的值最小时，该设计平面既能使土石方工程量最小，又能保证填挖方量相等（填挖方不平衡时，上式所得数值不可能最小）。这就是用最小二乘法求设计平面的方法。

为了求得 σ 最小时的设计平面参数 c、i_x、i_y，可以对上式的 c、i_x、i_y 分别求偏导数，并令其为 0，于是得

$$\left.\begin{aligned}
\frac{\partial \sigma}{\partial c} &= \sum_{i=1}^{n} p_i (c + x_i i_x + y_i i_y - z_i) = 0 \\
\frac{\partial \sigma}{\partial i_x} &= \sum_{i=1}^{n} p_i x_i (c + x_i i_x + y_i i_y - z_i) = 0 \\
\frac{\partial \sigma}{\partial i_y} &= \sum_{i=1}^{n} p_i y_i (c + x_i i_x + y_i i_y - z_i) = 0
\end{aligned}\right\} \qquad (1\text{-}1\text{-}10)$$

经过整理，可得下列准则方程：

$$\left.\begin{aligned}
[P]c + [Px]i_x + [Py]i_y - [Pz] &= 0 \\
[Px]c + [Pxx]i_x + [Pxy]i_y - [Pxz] &= 0 \\
[Py]c + [Pxy]i_x + [Pyy]i_y - [Pyz] &= 0
\end{aligned}\right\} \qquad (1\text{-}1\text{-}11)$$

式中 $[P] = P_1 + P_2 + \cdots + P_n$

$[Px] = P_1 x_1 + P_2 x_2 + \cdots + P_n x_n$

$[Pxx] = P_1 x_1 x_1 + P_2 x_2 x_2 + \cdots + P_n x_n x_n$

$[Pxy] = P_1 x_1 y_1 + P_2 x_2 y_2 + \cdots + P_n x_n y_n$

其余类推。

解联立方程组（1-1-11），可求得最佳设计平面（此时尚未考虑工艺、运输等要求）的三个参数 c、i_x、i_y。然后即可根据方程式（1-1-8）算出各角点的施工高度。

在实际计算时，可采用列表方法（表 1-1-4）。最后一列的和 $[PH]$ 可用于检验计算结果，当 $[PH]=0$，则计算无误。

最佳设计平面计算表　　　　　　　　　　　　表 1-1-4

1	2	3	4	5	6	7	8	9	10	11	12	13	14	15
点号	y	x	z	P	P_x	P_y	P_z	P_{xx}	P_{xy}	P_{yy}	P_{xz}	P_{yz}	H	PH
0	……	……	……	……	……	……	……	……	……	……	……	……	……	……
1	……	……	……	……	……	……	……	……	……	……	……	……	……	……
2	……	……	……	……	……	……	……	……	……	……	……	……	……	……
3	……	……	……	……	……	……	……	……	……	……	……	……	……	……
……														
				$[P]$	$[P_x]$	$[P_y]$	$[P_z]$	$[P_{xx}]$	$[P_{xy}]$	$[P_{yy}]$	$[P_{xz}]$	$[P_{yz}]$		$[PH]$

3. 设计标高的调整

实际工程中，对计算所得的设计标高，还应考虑以下因素进行调整。

（1）考虑土的最终可松性，需相应提高设计标高，以达到土方量的实际平衡。

（2）考虑工程余土或工程用土，相应提高或降低设计标高。

（3）根据经济比较结果，如采用场外取土或弃土的施工方案，则应考虑因此引起的土方量的变化，需将设计标高进行调整。

场地设计平面的调整工作也是繁重的，如修改设计标高，则须重新计算土方工程量。

1.2.2　场地平整土石方量的计算

在场地设计标高确定后，需平整的场地各角点的施工高度即可求得，然后按每个方格角点的施工高度算出填、挖方量，并计算场地边坡的土石方量，这样即得到整个场地的填、挖方总量。计算前先确定"零线"的位置，有助于了解整个场地的挖、填区域分布状态。零线即挖方区与填方区的交线，在该线上，施工高度为 0。零线的确定方法是：在相邻角点施工高度为一挖一填的方格边线上，用插入法求出零点（0）的位置（图 1-1-4），将各相邻的零点连接起来即为零线。

如不需计算零线的确切位置，则绘出零线的大致走向即可。

零线确定后，便可进行土石方量的计

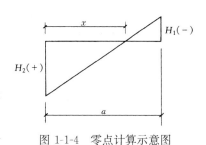

图 1-1-4　零点计算示意图

算。方格中土石方量的计算有两种方法："四方棱柱体法"和"三角棱柱体法"。

1. 四方棱柱体的体积计算方法

方格四个角点全部为填或全部为挖（图 1-1-5a）时：

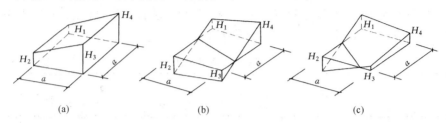

图 1-1-5　四方棱柱体的体积计算

（a）角点全填或全挖；（b）角点二填二挖；（c）角点一填（挖）三挖（填）

$$V = \frac{a^2}{4}(H_1 + H_2 + H_3 + H_4) \tag{1-1-12}$$

式中　　　　　　　V——挖方或填方体积（m^3）；

H_1、H_2、H_3、H_4——方格四个角点的填挖高度，均取绝对值（m）；

a——方格边长（m）。

方格四个角点，部分是挖方，部分是填方（图 1-1-5b 和图 1-1-5c）时：

$$V_填 = \frac{a^2}{4}\frac{(\sum H_填)^2}{\sum H} \tag{1-1-13}$$

$$V_挖 = \frac{a^2}{4}\frac{(\sum H_挖)^2}{\sum H} \tag{1-1-14}$$

式中　$\sum H_{填(挖)}$——方格角点中填（挖）方施工高度的总和，取绝对值（m）；

$\sum H$——方格四角点施工高度之总和，取绝对值（m）。

2. 三角棱柱体的体积计算方法

计算时先把方格网顺地形等高线，将各个方格划分成三角形（图 1-1-6）。

每个三角形的三角点的填挖施工高度，用 H_1，H_2，H_3 表示。当三角形三个角点全部为挖或全部为填时（图 1-1-7a）：

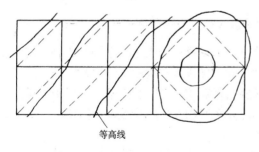

等高线

图 1-1-6　按地形将方格划分成三角形

$$V = \frac{a^2}{6}(H_1 + H_2 + H_3) \tag{1-1-15}$$

式中　　　　　　a——方格边长（m）；

H_1、H_2、H_3——三角形各角点的施工高度（m），用绝对值代入。

三角形三个角点有填有挖时，零线将三角形分成两部分，一个是底面为三角形的锥体，一个是底面为四边形的楔体（图 1-1-7b）。

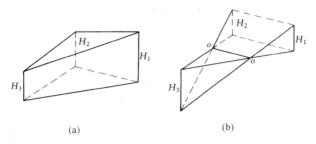

(a)　　　　　　　　　　(b)

图 1-1-7　三角棱柱体的体积计算

（a）全填或全挖；（b）锥体部分为填方

其中锥体部分的体积为：

$$V_{锥} = \frac{a^2}{6} \frac{H_3^3}{(H_1 + H_3)(H_2 + H_3)} \tag{1-1-16}$$

楔体部分的体积为：

$$V_{楔} = \frac{a^2}{6} \left[\frac{H_3^3}{(H_1 + H_3)(H_2 + H_3)} - H_3 + H_2 + H_1 \right] \tag{1-1-17}$$

式中　H_1、H_2、H_3——分别为三角形各角点的施工高度（m），取绝对值，其中 H_3 指的是锥体顶点的施工高度。

1.2.3　场地平整土方机械及其施工

场地平整土方施工机械主要为推土机、铲运机，有时也使用挖掘机。

1. 推土机

推土机是场地平整施工的主要机械之一，它是在履带式拖拉机上安装推土板等工作装置而成的机械。常用推土机的发动机功率有 45kW、75kW、90kW、120kW 等数种。推土板多用油压操纵。图 1-1-8 所示是液压操纵的 T_2-100 型推土机外形图，液压操纵推土板的推土机除了可以升降推土板外，还可调整推土板的角度，因此具有更大的灵活性。

推土机操纵灵活，运转方便，所需工作面较小、行驶速度快、易于转移，能爬 30°左右的缓坡，因此，应用范围较广。

推土机适于推挖一至三类土。用于平整场地，移挖作填，回填土方，堆筑堤坝以及配合挖土机集中土方、修路开道等。

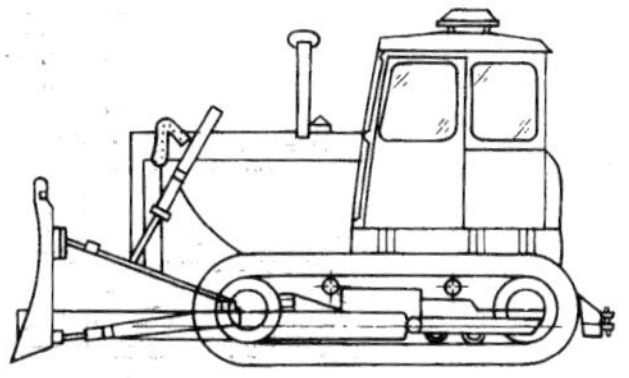

推土机作业以切土和推运土方为主，切土时应根据土质情况，尽量采用最大切土深度在最短

图 1-1-8　T_2-100 型推土机外形图

图 1-1-9　下坡推土法

距离（6～10m）内完成，以便缩短低速行进的时间，然后直接推运到预定地点。上下坡坡度不得超过 35°，横坡不得超过 10°。几台推土机同时作业时，前后距离应大于 8m。

推土机经济运距在 100m 以内，效率最高的运距为 60m。为提高生产率，可采用下坡推土（图 1-1-9）、槽形推土以及并列推土等方法（图 1-1-10）。

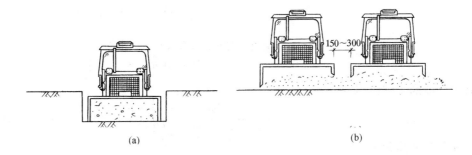

(a)　　　　　　　　　　(b)

图 1-1-10　槽形推土法与并列推土法

（a）槽形推土法；（b）并列推土法

2. 铲运机

在场地平整施工中，铲运机是一种能综合完成全部土方施工工序（挖土、装土、运土、卸土和平土）的机械。其适于一至三类土，常用于坡度 20°以内的大面积场地土方挖、填、平整、压实，也可用于堤坝填筑等。按行走方式分为自行式铲运机（图 1-1-11）和拖式铲运机（图 1-1-12）两种。常用的铲运机斗容量为

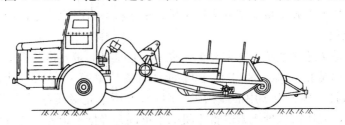

图 1-1-11　自行式铲运机外形图

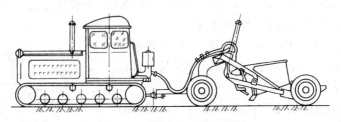

图 1-1-12　拖式铲运机外形图

$2m^3$、$5m^3$、$6m^3$、$7m^3$ 等数种，按铲斗的操纵系统又可分为机械操纵和液压操纵两种。

铲运机操纵简单，不受地形限制，能独立工作，行驶速度快，生产效率高。

铲运机运行路线和施工方法视工程大小、运距长短、土的性质和地形条件等而定。其运行线路可采用环形路线或 8 字路线（图 1-1-13）。适用运距为 $600\sim1500m$，当运距为 $200\sim350m$ 时效率最高。采用下坡铲土、跨铲法、推土机助铲法等，可缩短装土时间，提高土斗装土量，以充分发挥其效率。

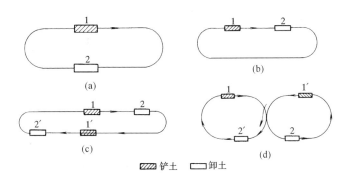

　　　▨铲土　▢卸土

图 1-1-13　铲运机开行路线
(a) 环形路线；(b) 环形路线；(c) 大环形路线；(d) 8 字形路线

3. 挖掘机

如平整的场地上有土堆或土丘，或需要向上挖掘或填筑土方时可用挖掘机进行挖掘。挖掘机根据工作装置不同分为正铲、反铲、抓铲，机械传动挖掘机还有拉铲。施工中须有运土汽车进行配合作业。有关挖掘机的性能及其作业见本章下节有关内容。

§1.3　基　坑　工　程

随着城市建设的发展和地下空间的开发，地下管线和各类地下建（构）筑物等日益增多。这些地下工程施工中，大多涉及基坑支护结构。

基坑支护结构根据受力特点可以分为土体加固类和支锚类两大形式。放坡、重力式水泥土墙以及土钉墙属于土体加固类（放坡虽未对土体加固，但其稳定依赖土的特性，故列入土体加固类）；排桩、地下连续墙加支撑（或锚杆）则属于支锚类。

1.3.1　放　　坡

当基坑所处的场地较大而且周边环境较简单，基坑开挖可以采用放坡形式，这样比较经济，而且施工也较简单。

土方放坡开挖的边坡可做成直线形、折线形或踏步形（图1-1-14），边坡坡度以其高度 H 与其底宽度 B 之比表示。

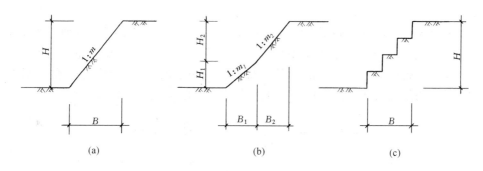

图 1-1-14　土方放坡
(a) 直线形；(b) 折线形；(c) 踏步形

$$土方边坡坡度 = \frac{H}{B} = \frac{1}{B/H} = \frac{1}{m} \qquad (1\text{-}1\text{-}18)$$

式中　$m = B/H$，称为坡度系数。

施工中，土方放坡坡度的留设应考虑土质、开挖深度、施工工期、地下水水位、坡顶荷载及气候条件因素。当地下水水位较低，在湿度正常的土层中开挖基坑或管沟，如敞露时间不长，在一定限度内可挖成直壁，不加支撑。

边坡稳定的分析方法很多，如摩擦圆法、条分法等。有关这方面的计算，可参考有关教材。

边坡失稳往往是在外界不利因素影响下触动和加剧的。这些外界不利因素导致土体下滑力的增加或抗剪强度的降低。

土体的下滑使土体中产生剪应力。引起下滑力增加的因素主要有：坡顶上堆物、行车等荷载；雨水或地面水渗入土中，使土的含水量提高而使土的自重增加；地下水渗流产生一定的动水压力；土体竖向裂缝中的积水产生侧向静水压力等。引起土体抗剪强度降低的因素主要是：气候的影响使土质松软；土体内含水量增加而产生润滑作用；饱和的细砂、粉砂受振动而液化等。

因此，在土方施工中，要预估各种可能出现的情况，采取必要的措施护坡防坍，特别要注意及时排除雨水、地面水，防止坡顶集中堆载及振动。

常用的护坡方法有表面覆盖法、坡脚反压法和短桩护坡法等。表面覆盖法是在坡面用钢筋喷锚网、水泥砂浆、细石混凝土或塑料薄膜等材料进行覆盖，以防坡面遭受雨水冲刷。坡脚反压法是在坡脚用砂包、块石或砌筑砖块等进行反压，可防止坑底滑移或隆起，短桩护坡也具有这一作用（图1-1-15）。

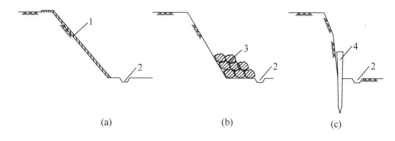

图 1-1-15 放坡的坡面防护

（a）表面覆盖法；（b）坡脚反压法；（c）短桩护坡法

1—表面覆盖层；2—排水沟；3—反压材料；4—短桩

1.3.2 土 钉 墙

土钉墙具有结构简单、施工方便、造价低廉特点，因此在基坑工程中得到广泛应用。土钉墙是通过钢筋、钢管或其他型钢对原位土进行加固的一种支护形式。在施工上，土钉墙是随着土方逐层开挖、逐层而将土钉体设置到土体中。此外，在土钉墙中复合水泥土搅拌桩、微型桩、预应力锚杆等可形成复合土钉墙。

1. 土钉墙的设计

（1）整体稳定性验算

整体滑动稳定性可按图 1-1-16，采用圆弧滑动条分法进行验算。当基坑面以下存在软弱下卧土层时，整体稳定性验算滑动面中尚应包括由圆弧与软弱土层层面组成的复合滑动面。

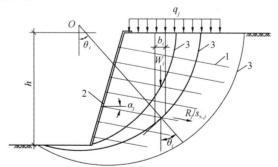

图 1-1-16 土钉墙整体稳定性验算图式

1—土钉；2—喷射混凝土面层；3—滑动面

（2）坑底隆起稳定性验算

对基坑底面下有软弱下卧土层的土钉墙坑底隆起稳定性验算（图 1-1-17）是将抗隆起计算平面作为极限承载力的基准面，根据普朗特尔（Prandtl）及太沙基（Terzaghi）极限荷载理论对土钉墙进行验算。

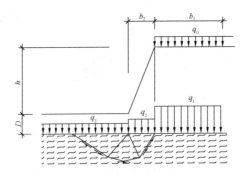

图 1-1-17   基坑底面下有软弱下卧土层的隆起稳定性验算

$$\frac{q_3 N_q + c N_c}{(q_1 b_1 + q_2 b_2)/(b_1 + b_2)} \geqslant K_b \tag{1-1-19}$$

式中 K_b——土钉墙的抗隆起安全系数;

　　　　h——基坑深度 (m);

　　　　b_1——地面均布荷载计算宽度 (m), 可取 $b_1 = h$;

　　　　b_2——土钉墙放坡的坡底宽度 (m), 当土钉墙坡面垂直时取 0;

N_c、N_q——承载力系数, 按式 (1-1-20)、(1-1-21) 计算:

$$N_q = \tan^2\left(45° + \frac{\varphi}{2}\right) e^{\pi\tan\varphi} \tag{1-1-20}$$

$$N_c = (N_q - 1)/\tan\varphi \tag{1-1-21}$$

　　c、φ——抗隆起计算平面以下土的黏聚力 (kPa)、内摩擦角 (°);

q_1、q_2、q_3——分别为坑外非放坡段、坑外放坡段和坑内抗隆起计算平面上的荷载,

$$q_1 = \gamma_{m1} h + \gamma_{m3} D + q_0 \tag{1-1-22}$$

$$q_2 = 0.5\gamma_{m1} h + \gamma_{m3} D \tag{1-1-23}$$

$$q_3 = \gamma_{m3} D \tag{1-1-24}$$

　　γ_{m1}——基坑底面以上各土层按厚度的加权平均重度 (kN/m³);

　　γ_{m3}——基坑底面至抗隆起平面之间的各土层按厚度的加权平均重度 (kN/m³);

　　　　D——基坑底面至抗隆起计算平面之间土层的厚度 (m), 当抗隆起计算平面为基坑底面平面时, 取 $D = 0$。

（3）土钉抗拔承载力

土钉极限抗拔承载力由土钉侧表的土体与土钉的摩阻力确定, 土钉的锚固段不考虑圆弧滑动面以内的长度。单根土钉的极限抗拔承载力应通过抗拔试验确定, 工程中也可按式 (1-1-25) 估算, 但应通过土钉抗拔试验进行验证。

$$R_j = \pi d_j \sum q_{s,i} l_i \tag{1-1-25}$$

式中 R_j——第 j 层土钉的极限抗拔承载力 (kN);

d_j——第 j 层土钉的锚固体直径（m）；

$q_{s,i}$——第 j 层土钉在第 i 层土的极限粘结强度（kPa）；

l_i——第 j 层土钉在滑动面外第 i 土层中的长度（m）。

计算单根土钉极限抗拔承载力时，取图 1-1-18 所示的直线滑动面，直线滑动面与水平面的夹角取 $(\beta + \varphi_m)/2$，其中，φ_m 为基坑底面以上各土层内摩擦角按厚度的加权平均值。

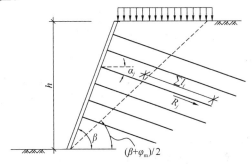

图 1-1-18　土钉抗拔承载力计算图式

单根土钉承受的轴向拉力 N_j 为该土钉所承担面积（$s_{x,j} \cdot s_{z,j}$）上的主动土压力：

$$N_j = k_{a,j} s_{x,j} s_{z,j} / \cos\alpha_j \qquad (1\text{-}1\text{-}26)$$

式中　N_j——第 j 层土钉的轴向拉力（kN），可按下式计算：

$k_{a,j}$——第 j 层土钉处的主动土压力强度（kPa）；

$s_{x,j}$、$s_{z,j}$——分别为计算土钉的水平间距和垂直间距（m）；

α_j——第 j 层土钉的倾角（°）。

当土钉墙的墙面是倾角时，其主动土压力可予以折减。位于在不同层的土钉轴向拉力也有所不同，必要时可进行适当调整。

考虑安全系数，则：

$$R_j / N_j \geqslant K \qquad (1\text{-}1\text{-}27)$$

式中　K——钉抗拔安全系数。

2. 土钉墙的施工

（1）土钉墙的施工步骤

土钉墙的施工一般从上到下分层构筑，施工中土方开挖应与土钉施工密切结合，并严格遵循"分层分段，逐层施作，限时封闭，严禁超挖"的原则。土钉墙基本施工步骤为（图 1-1-19）：

1）基坑开挖第一层土体，开挖深度为第

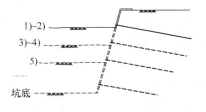

图 1-1-19　土钉墙的施工步骤

一道土钉至第二道土钉的竖向间距加作业距离（一般为 0.5m）；

2）在这一深度的作业面上设置一排土钉、喷射混凝土面层，并进行养护；

3）向下开挖第二层土体，其深度为第二道土钉至第三道的竖向间距，并加上作业距离；

4）设置二排土钉、喷射混凝土面层，并进行养护；

5）重复上述 3）～4）步骤，向下逐层开挖直至设计的基坑深度。

每层土钉及喷射混凝土面层施工后应养护一定时间，养护时间不应小于 48h。如土钉没有得到充分养护就继续开挖下层土方，则因上层土钉难以达到一定抗拔力而留下隐患。

当基坑面积较大时，一般采用"岛式开挖"的方式，先沿基坑四周内约 10m 宽度范围内分段开挖形成土钉墙，待四周土钉墙全部完成后再开挖中央土体。

（2）土钉和喷锚网施工

根据土层特性及工程要求可选用不同的施工工艺，土钉按设置的施工工艺可分为成孔注浆土钉和打入钢管土钉。前者是先进行钻孔，而后植入土钉，再进行注浆。钻孔植入的土钉杆体可采用钢筋、钢绞线或其他型材。打入式土钉的杆体多为钢管，我国工程常采用 $\phi48/3mm$ 的钢管。

土钉注浆采用压力注浆，注浆材料可选用水泥浆或水泥砂浆。对成孔注浆土钉宜采用二次注浆方法，其中第一次注浆宜采用水泥砂浆，第二次则采用水泥浆。打入式土钉注浆一般采用一次注浆，浆液为水泥浆。浆液的水灰比宜取 0.40～0.55，灰砂比宜取 0.5～1.0。

喷射混凝土面层的厚度一般为 80～100mm，混凝土强度等级不低于 C20，钢筋网的钢筋直径 $\phi6$～10mm，网格尺寸 150～300mm。喷射混凝土一般借助喷射机械，利用压缩空气作为动力，将制备好的拌合料通过管道输送并以高速喷射到受喷面上凝结硬化而成的一种混凝土。其施工工艺分为干喷、湿喷及半湿式喷射法三种形式。

1.3.3   重力式水泥土墙

重力式水泥土墙是利用加固后的水泥土体形成的块体结构，并以其自重来平衡土压力，使支护结构保持稳定。重力式水泥土墙在我国从 20 世纪 80 年代末开始探索应用。由于它具有施工简单、效果好的特点，特别地还兼有止水作用，因此逐渐在基坑工程中得到了广泛应用。

重力式水泥土墙适用于淤泥质土、淤泥，也可用于黏性土、粉土、砂土等土类的基坑，在淤泥质土、淤泥中基坑深度不宜大于 7m。水泥土搅拌桩不适用于厚度较大的可塑及硬塑以上的软土、中密以上的砂土。加固区地下如有大量条石、碎砖、混凝土块、木桩等障碍时，一般也不适用。对于泥炭土、泥炭质土及

有机质土或地下水具有侵蚀性时，应通过试
验确定其适用性。

1. 水泥土的主要物理力学性质

水泥土是通过搅拌机械钻进、喷浆，将
水泥浆与土强制搅拌而形成的，它的物理力
学性能比原状土大大改善。图 1-1-20 为日本
某试验工程开挖后的水泥土搅拌桩，用搅拌
桩组合而成的坝体既可形成挡土结构，又具
有截水的作用。

（1）水泥土的物理性质

水泥土的重度 γ_{cs} 与水泥掺入比及搅拌工
艺有关，水泥掺入比大，水泥土的重度也相
应较大。水泥掺入比是单位重量土中的水泥
掺量。当水泥掺入比在 8%～20% 之间，水泥

图 1-1-20　开挖后的水泥土
桩的成桩状况

土重度比原状土增加约 2%～4%，而其含水量 w 比原状土降低 7%～15%。

水泥土具有较好的抗渗性能，其渗透系数 k 一般在 10^{-7}～10^{-8} cm/s，水泥
土的抗渗性能随水泥掺入比提高而提高。

（2）水泥土主要力学性质

1）抗压强度和抗拉强度

实验室试验在水泥掺量 12%～15% 的情况下，水泥土无侧限抗压强度 q_u 可
达 0.5～2.0MPa，工程中在原位钻心取样的试验强度一般在 0.5～0.8 MPa，比
原状土提高几十倍乃至几百倍。水泥土强度随龄期的增长而提高，可持续增长至
120d，以后增长趋势才成缓慢趋势。因此，我国有关规范规定将 90d 龄期试块的
无侧限抗压强度为水泥土的强度标准值。但在基坑支护结构中，往往由于工期的
关系，水泥土养护一般不可能达到 90d，故仍以 28d 强度作为设计依据。

水泥土抗拉强度 q_t 与抗压强度有一定关系，一般情况下，q_t 在（0.15～
0.25）q_u 之间。

2）抗剪强度

水泥土抗剪强度随抗压强度增加而提高，但随着抗压强度增大，抗剪强度增
幅减小。当水泥土 $q_u=0.5～2.0$MPa 时，其黏聚力 c 在 0.1～1.1MPa 之间，即
约为 q_u 的 20%～30%。其摩擦角 φ 在 20°～30° 之间。

3）变形特性

试验表明，水泥土的变形模量与无侧限抗压强度有一定关系，当 $q_u=0.5～
2.0$MPa 时，其 50d 的变形模量 $E=$（120～150）q_u。

2. 重力式水泥土墙的设计

（1）稳定性验算

重力式水泥土墙稳定性验算包括倾覆稳定性、滑移稳定性和整体稳定性等的验算。水泥土墙的倾覆和滑移稳定都有赖于重力和主、被动土压力的平衡，因此，重力式水泥土墙的位移一般较大，有时会达到开挖深度的 1/100 甚至更多。

1）倾覆稳定性

重力式水泥土墙倾覆稳定性按墙体绕前趾 A 的抗倾覆力矩和倾覆力矩的比值确定（图 1-1-21），当满足式（1-1-28）时，则认为水泥土墙是稳定的。

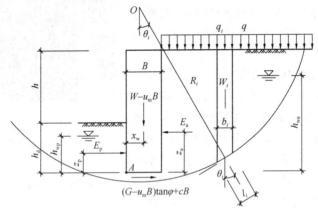

图 1-1-21   重力式水泥土墙的稳定性验算简图

$$\frac{E_\mathrm{p}z_\mathrm{p} + (W - u_\mathrm{m}B)x_\mathrm{w}}{E_\mathrm{a}z_\mathrm{a}} \geqslant K_\mathrm{q} \tag{1-1-28}$$

式中 K_q——抗倾覆安全系数；

E_a、E_p——分别为作用在水泥土墙上的主动土压力（计入支护结构外侧附加荷载作用）、被动土压力（kN/m）；

z_a——水泥土墙外侧主动土压力合力作用点至墙趾 A 的竖向距离（m）；

z_p——水泥土墙内侧被动土压力合力作用点至墙趾 A 的竖向距离（m）；

W——水泥土墙的自重（kN/m）；

B——水泥土墙的底面宽度（m）；

u_m——水泥土墙底面的水压力（kPa）；

x_w——水泥土墙自重与墙底水压力合力作用点至墙趾 A 的水平距离（m）。

2）滑移稳定性

重力式水泥土墙的滑移稳定性考虑抗滑力和滑动力的比值，其中，抗滑力包括被动土压力、水泥土墙底由水泥土墙自重产生的摩阻力以及由土的黏聚力产生的阻力，而滑动力则为主动土压力（图 1-1-21）。应该注意的是，当有地下水时，水泥土墙自重应考虑受水浮力的作用而减小的情况。因此，滑移稳定性应满足式（1-1-29）：

$$\frac{E_\mathrm{p} + (W - u_\mathrm{m}B)\tan\varphi + cB}{E_\mathrm{a}} \geqslant K_\mathrm{h} \tag{1-1-29}$$

式中　K_h——抗滑移安全系数；

　　　c、φ——水泥土墙底面下土层的黏聚力（kPa）、内摩擦角（°）；

　　其他符号意义同式 1-1-28。

3）整体稳定性验算

重力式水泥土墙可采用圆弧滑动条分法按式（1-1-30）进行整体稳定性验算（图 1-1-20）。当墙底以下存在软弱下卧土层时，稳定性验算的滑动面中应包括由圆弧与软弱土层层面组成的复合滑动面。

$$\frac{\sum c_i l_i + \sum \left[(q_i b_i + W_i)\cos\theta_i - u_i l_i \right]\tan\varphi_i}{\sum (q_i b_i + W_i)\sin\theta_i} \geqslant K_z \tag{1-1-30}$$

式中　K_z——重力式水泥土墙整体稳定安全系数；

　　　c_i、φ_i——第 i 土条滑弧面处土的黏聚力（kPa）、内摩擦角（°）；

　　　　　l_i——第 i 土条在滑弧面上的弧长（m）；

　　　　　b_i——第 i 土条的宽度（m）；

　　　　　q_i——作用在第 i 土条上的附加分布荷载（kPa）：

　　　　　W_i——第 i 土条的自重（kN），按天然重度计算，分条时，水泥土墙可按土体考虑；

　　　　　u_i——第 i 土条在滑弧面上的孔隙水压力（kPa）；

　　　　　θ_i——第 i 土条滑弧面中点处的法线与垂直面的夹角（°）。

4）坑底隆起稳定性验算

重力式水泥土墙坑底抗隆起稳定性验算与土钉墙类似，一般情况下，抗隆起计算平面为水泥土墙底；但如软弱土层位于水泥土墙以下，则应抗隆起计算平面应取软弱下卧层的顶面。

（2）位移计算

重力式支护结构的位移在设计中应引起足够重视，由于重力式支护结构的倾覆和滑移稳定都有赖于被动土压力的作用，而被动土压力的发挥是建立在挡土墙一定位移的基础上的，因此，重力式支护结构发生一定量的位移是必然的，设计的目标是将该位移量控制在工程许可的范围内。

水泥土墙的位移可用"m"法等计算，但其计算较复杂，目前工程中常用式（1-1-31）的经验公式，该计算法来自数十个工程实测资料，突出影响水泥土墙水平位移的几个主要因素，计算简便、适用。

$$\Delta_0 = \frac{0.18\zeta \cdot K_a L h^2}{h_d \cdot b} \tag{1-1-31}$$

式中　Δ_0——墙顶估计水平位移（cm）；

　　　　L——开挖基坑的最大边长（m）；

　　　　ζ——施工质量影响系数，取 0.8～1.5；

　　　　h——基坑开挖深度（m）。

其他符号意义同前。

施工质量对水泥土墙位移的影响不可忽略。一般按正常工序施工时，取 $\zeta=1.0$；达不到正常施工工序控制要求，但平均水泥用量达到要求时，取 $\zeta=1.5$。对施工质量控制严格、经验丰富的施工单位，可取 $\zeta=0.8$。

3. 水泥土搅拌桩的施工

(1) 施工机械

水泥土搅拌桩机的组成由深层搅拌机（主机）、机架及灰浆搅拌机、灰浆泵等配套机械组成（图 1-1-22）。

水泥土搅拌桩机常用的机架有三种形式：塔架式、桅杆式及履带式。前两种构造简便、易于加工，在我国应用较多，但其搭设及行走较困难。履带式的机械化程度高，塔架高度大，钻进深度大，但机械费用较高。

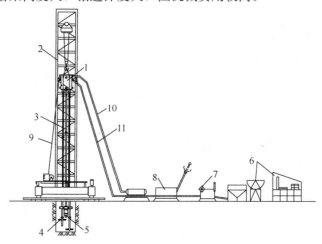

图 1-1-22 水泥土搅拌桩机

1—主机；2—机架；3—搅拌轴；4—搅拌叶；5—注浆孔；6—灰浆拌制机组；

7—灰浆泵；8—贮水池；9—电缆；10—输浆管；11—水管

(2) 施工工艺

搅拌桩成桩工艺可采用"一次喷浆、二次搅拌"或"二次喷浆、三次搅拌"工艺，主要依据水泥掺入比及土质情况而定。水泥掺量较小，土质较松时，可用前者，反之可用后者。

"一次喷浆、二次搅拌"的施工工艺流程如图 1-1-23 所示。当采用"二次喷浆、三次搅拌"工艺时可在图示步骤（5）作业时也进行注浆，以后再重复（4）与（5）的过程。

水泥土搅拌桩施工中应注意水泥浆配合比及搅拌速度、水泥浆喷射速率与提升速度的关系及每根桩的水泥浆喷注量，以保证注浆的均匀性与桩身强度。施工中还应注意控制桩的垂直度以及桩的搭接等，以保证水泥土墙的整体性与抗渗性。

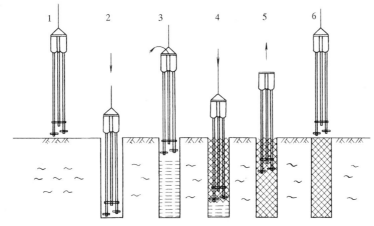

图 1-1-23　"一次喷浆、二次搅拌"施工流程

1—定位；2—预埋下沉；3—提升喷浆搅拌；

4—重复下沉搅拌；5—重复提升搅拌；6—成桩结束

1.3.4　支锚式支护结构

支锚式支护结构亦称板式支护结构，由两大系统组成：围护墙系统和支锚系统（图 1-1-24），悬臂板式支护结构则不设支撑（或拉锚）。

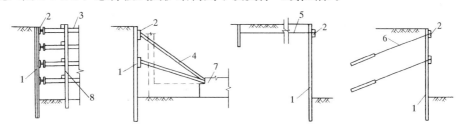

图 1-1-24　支锚式支护结构

1—围护墙；2—围檩；3—支撑；4—竖向斜撑；5—拉锚；6—土锚杆；7—先施工的基础；8—立柱

围护墙系统常用的形式有钢板桩、型钢水泥土搅拌墙、灌注桩排桩及地下连续墙等。

支撑（或拉锚）体系有两类，一是内支撑，一般布置在基坑支护结构的内部，由围檩、支撑及立柱三部分组成；二是拉锚，通常布置在基坑外部，由围檩、拉锚及锚碇（锚桩）或土层锚杆组成。

1. 支锚式支护结构的破坏形式

不设支撑（或拉锚）的悬臂结构是支锚式支护结构的特殊形式，但由于悬臂式结构弯矩较大，所需围护墙的截面大，且位移也较大，故多用于较浅基坑工程。一般基坑工程中均设置支撑（或拉锚）。

总结支锚式结构的工程事故，其失败的原因主要有五方面：(1)围护墙的入

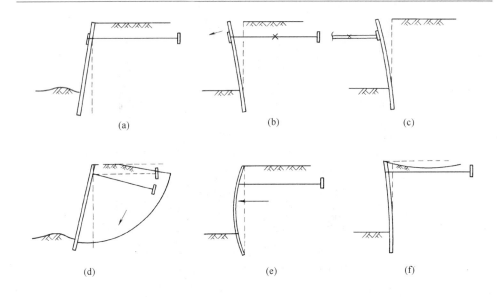

图 1-1-25   板桩的工程事故

(a) 板桩下部走动；(b) 拉锚破坏；(c) 支撑破坏；(d) 拉锚长度不足；

(e) 板桩弯曲失稳；(f) 板桩变形及桩背土体沉降过大

土深度不够，在土压力作用下，入土部分走动而出现坑壁滑坡（图 1-1-25a）；(2) 支撑或拉锚的承载力不够（图 1-1-25b、c）；(3) 拉锚长度不足，锚碇失去作用而使土体滑动(图 1-1-25d)；(4) 围护墙的刚度不够，在土压力作用下失稳弯曲(图 1-1-25e)；(5) 位移过大，造成周边环境的破坏(图 1-1-25f)。为此，入土深度、围护墙截面、支点反力（支撑和拉锚受力）、拉锚长度及围护墙的位移称为支锚式结构的设计五大要素。

2. 支锚式支护结构的计算

支锚式支护结构计算的传统方法较多，如 H. Blum 法、极限平衡法、等值梁法、盾恩法以及弹性曲线法等。这些分析方法在理论上存在各自的局限性，因而现在已很少应用。目前常用的分析方法主要有竖向弹性支点法（弹性地基梁法）和平面连续介质有限元方法等，对有明显空间效应的基坑和不规则形状的基坑则有三维有限元分析方法。下面介绍竖向弹性支点法。

竖向弹性支点法是将空间结构分解为两类平面结构进行计算。首先将结构的围护墙的构件取作分析对象，采用平面杆系结构弹性支点法进行分析，计算出支点力和围护墙的位移。再将支点力作为荷载反向加至内支撑或转换为对锚杆的作用力，进行支撑或锚杆的计算。

竖向弹性支点法是建立在土的线弹性本构关系上的一种方法。它假定围护墙为一个竖向放置的梁，上部的支撑（拉锚）为弹性支承单元，坑底以下为弹性地基梁，被动区土简化为弹性支座，荷载为主动侧的水土压力和附加荷载。

弹性地基梁结构模型按工况分析，即考虑开挖的不同阶段及地下结构施工过程中对已有支点条件拆除与新的支点条件交替受力情况进行，其结构分析模型如图 1-1-26 所示，其基本挠曲方程为：

$$EI \frac{\mathrm{d}^4 y}{\mathrm{d}z^4} - e_{ai} b_a = 0 \quad (0 \leqslant z < h)$$

$$(1\text{-}1\text{-}32a)$$

$$EI \frac{\mathrm{d}^4 y}{\mathrm{d}z^4} + mb_0 (z - h_n) y - e_{ai} b_a = 0 \quad (z \geqslant h)$$

$$(1\text{-}1\text{-}32b)$$

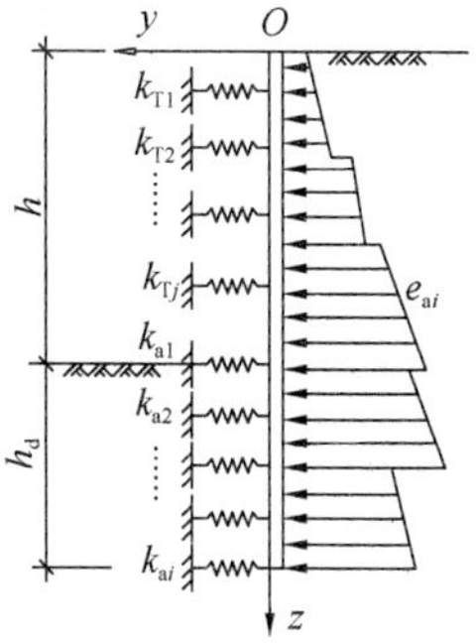

图 1-1-26　弹性支点法
计算简图

k_{Tj}—第 j 层支点水平刚度；
k_{ai}—第 i 层土的刚度系数

式中　EI——挡土结构计算宽度的抗弯刚度（kNm²）；

e_{ai}——挡土结构外侧计算点的主动土压力强度（kPa）；

b_a——挡土结构计算宽度（m）；

b_0——坑内土体反力计算宽度（m）；

y——挡土结构计算点的水平位移（m）；

z——计算点距地面的深度（m）；

h_n——计算工况下的基坑开挖深度（m）；

m——按 m 法确定的地基土的水平反力系数的比例系数（kN/m⁴）；

h、h_d 意义如图 1-1-26 所示。

由弹性地基梁的原理可知，地基土是在弹性范围，地基反力 $f = k_s y$，即水平地基反力与地基反力系数 k_s 成正比，也与围护墙的变形 y 成正比。地基反力系数也称为基床系数。

土的水平反力系数 k_s 沿基坑深度而变化，研究水平反力系数的比例系数沿基坑深度分布得到多种表达形式，如张法、C 法、m 法、K 法等，其中 m 法适用性强，而且反力系数 k_s 沿深度呈线形分布，即在实际应用中更为方便，因此，工程中常用此法，由此也把水平反力系数的比例系数 k 用 m 表示。水平反力系数 $k_s = k_z$ 的比例系数 m 宜按桩的水平荷载试验确定，也可根据工程经验或采用式（1-1-33）的经验公式进行计算：

$$m = \frac{1}{v_b} (0.2\varphi^2 - \varphi + c)$$

$$(1\text{-}1\text{-}33)$$

式中　φ、c——分别为土的内摩擦角（°）和黏聚力（kPa）；

v_b——围护墙在坑底处的水平位移（mm），当 $v_b < 10$mm 时，可取 $v_b = 10$mm。

支点的锚杆或内支撑对围护墙的作用按弹性支座考虑，其边界条件为：

$$T_j = k_{Tj} (y_j - y_{j0}) + P_j$$

$$(1\text{-}1\text{-}34)$$

式中　T_j——挡土构件计算宽度内的弹性支点水平反力（kN）；

y_j——挡土构件在第 j 层支点处的水平位移值（m）；

y_{j0}——设置第 j 层支点时，支点的初始水平位移值（m）；

P_j——挡土构件计算宽度内 j 层支点的法向预应力（kN），不施加预应力时，P_j 取 $=0$；

k_{Tj}——计算宽度内 j 层支点刚度系数（kN/m）。

支锚式支护结构也需要进行有关稳定性的验算，可参考有关资料，在此不作详细介绍。

3. 支锚式支护结构的施工

（1）围护墙的施工

支锚式支护结构的围护墙常见形式有钢板桩、型钢水泥土搅拌墙、灌注桩排桩及地下连续墙等。其中灌注桩排桩的施工与工程桩施工工艺类似，可参见本教材第1篇第2章。此处简要介绍其他三种围护墙的施工。

图 1-1-27　U形板桩及其搭接
1—U形板桩；2—锁口

1）钢板桩的施工

钢板桩有平板形、Z形和U形，最常见的是U形（图1-1-27），钢板桩之间通过锁口咬合的形式，也称为"小止口"搭接，不仅使板桩形成牢固连接、形成整体的板桩墙，而且具有良好的止截水作用，因此，钢板桩支护还常用于水中围堰工程。

钢板桩施工中要划分施工段，采用合适的施工方法，以保证墙面平直、锁口闭合，满足地下工程施工。钢板桩一般采用锤击法或振动锤打入，入土方法有单独打入法、分段复打法和封闭复打法等。

A. 单独打入法

此法是从一角开始逐块插打，每块钢板桩自起打到结束中途不停顿。因此，桩机行走路线短，施工简便，打设速度快。但是，由于单块打入易向一边倾斜，累积误差不易纠正，墙面平直度难以控制。在钢板桩长度不大（小于10m）、工程要求不高时可采用此法。

为保证钢板桩的平直度以及锁口闭合，可采用导向围檩，即围檩插桩法。采用围檩支架作板桩打设导向装置（图1-1-28）。围檩支架由围檩和围檩桩组成，在平面上分单面围檩和双面围檩，高度方向有单层和双层之分。在打设板桩时起导向作用。双面围檩之间的距离，比两块板桩组合宽度大 8～15mm。

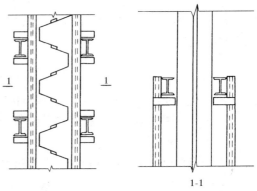

图 1-1-28　双面、单层导向围檩

B. 分段复打法

此法又称屏风法，是将成组（10～20 块）钢板桩沿导向围檩插入土中一定深度形成屏风墙，先将其两端的两块打入，严格控制其垂直度，打好后用电焊固定在围檩上，然后将其他的板桩按顺序以 1/5～1/3 板桩高度依次打入，重复多遍将钢板桩打到设计标高。此法可以防止板桩过大的倾斜和扭转，防止误差积累，有利实现封闭合拢，且分段打设，不会影响邻近板桩施工。

C. 封闭复打法

与分段复打法类似，但是将基坑周围全部钢板桩导向围檩插入土，然后块按顺序逐一定高度，再重复打入一定高度，直至全部入土。这种方法施工质量更好，但是施工比较复杂。

地下工程施工结束后，钢板桩一般都要拔出，以便重复使用。钢板桩的拔除要正确选择拔除方法与拔除顺序，由于板桩拔出时带土，往往会引起土体变形，对周围环境造成危害，必要时还应采取注浆等方法填充。

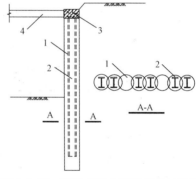

2）型钢水泥土搅拌墙

型钢水泥土搅拌墙在国外称为 SMW（Soil Mixing Wall）工法。它是在水泥土桩中插入大型 H 型钢，形成围护墙（图 1-1-29）。型钢水泥土搅拌墙由 H 型钢承受侧向水、土压力，水泥土桩作为截水帷幕。

图 1-1-29　型钢水泥土搅拌墙支护结构
1—搅拌桩；2—H 型钢；3—围檩；4—支撑

型钢水泥土搅拌墙的施工流程见图 1-1-30：（a）样槽开挖→（b）铺设导向围檩→（c）设定施工标志→（d）搅拌桩施工→（e）插入型钢→（f）型钢水泥土搅拌墙完成。在基坑工程完成后还可将 H 型钢拔出回收。

3）地下连续墙施工

地下连续墙是在地面上采用专用挖槽设备，在泥浆护壁的条件下分段开挖深槽，并向槽段内吊放钢筋笼，用导管法在水下浇筑混凝土，便在地下形成一段墙段，以此逐段施工，从而形成连续的钢筋混凝土墙体（图 1-1-31）。作为基坑支护结构，在基坑工程中它一般兼有挡土或截水防渗之作用，同时往往还可"二墙合一"，即与地下主体结构合一作为建筑承重结构。地下连续墙受力性能好，适用范围广，特别适用大型深基坑工程。

A. 成槽机械

用于地下连续墙成槽施工的机械有常用抓斗式、多头钻式和铣削式，也可采用冲击式。在软土中常用抓斗式（图 1-1-32a）；在较硬土层中则多采用多头钻式（图 1-1-32b）；如需进入岩层时，可采用铣削式（图 1-1-32c）。

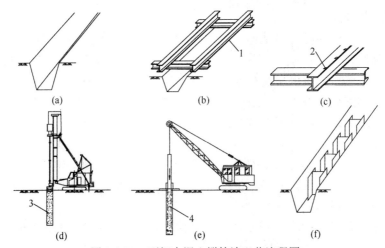

图 1-1-30 型钢水泥土搅拌墙工艺流程图

1—导向围檩；2—型钢定位标志；3—搅拌桩；4—H型钢

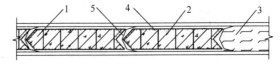

图 1-1-31 地下连续墙示意图

1—先施工槽段；2—后施工槽段；3—未施工槽段；4—钢筋笼；5—槽段接头

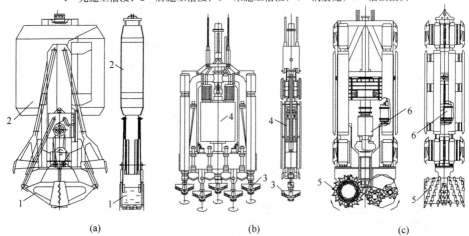

图 1-1-32 几种常见的成槽机械

（a）抓斗式；（b）多头钻式；（c）铣削式

1—抓斗；2—导向板；3—多头钻；4—齿轮箱；5—削刀；6—潜水泵

B. 护壁泥浆和泥浆循环

地下连续墙在地下形成的是矩形槽段，因此，为防止槽壁坍塌，须需要泥浆护壁。而且对护壁泥浆有较高的要求，必须采用配置泥浆。在成槽过程中，泥浆具保护孔壁、防止坍孔的作用，同时在泥浆循环过程中还可携砂，对旋转类钻头还有冷却、润滑钻具的作用。

成槽过程的泥浆循环分为正循环及反循环两种。

泥浆正循环施工法是从地面向钻管内注入一定压力的泥浆，泥浆压送至槽底后，与钻切产生的泥渣搅拌混合，然后经由钻管与槽壁之间的空腔上升并排出孔外，混有大量泥渣的泥浆水经沉淀，过滤并作适当处理后，可再次重复使用。这种方法由于泥浆的流速不大，所以出渣率较低。

泥浆反循环法则是将新鲜泥浆由地面直接注入槽段，孔底混有大量的土渣的泥浆用砂石泵将其从钻管的内孔抽吸到地面。反循环的出渣率较高，对于较深的槽段效果更为显著。

C. 施工工艺流程

地下连续墙施工工艺流程见图 1-1-33。

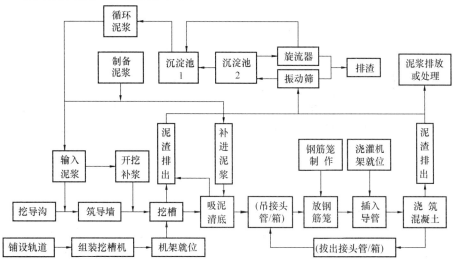

图 1-1-33 地下连续墙施工工艺流程

D. 槽段接头

地下连续墙是由若干单元槽段连接成的，槽段间接头必须满足整体性和防渗要求，并便于施工。目前常用的是接头管连接法和型钢连接法。

（A）接头管连接法

这种连接法是目前常用的一种形式，属于柔性接头。其优点是接头管可以回收、用钢量少、造价较低，能满足一般抗渗要求。

接头管钢管每节长度 15m 左右，采用内销连接，既便于运输，又可使外壁平整光滑，易于拔管（图1-1-34）。

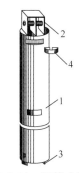

图 1-1-34 钢管式接头管
1—管体；2—上外销；
3—下内销；4—月牙垫块

接头管接头施工过程如图 1-1-35 所示：（a）开挖槽段；（b）在一端放置管接头（第一槽段两端应同时放置）；（c）吊放钢筋笼；（d）灌注混凝土；（e）拔出接头管；（f）后一槽段挖土，形成弧形接头。

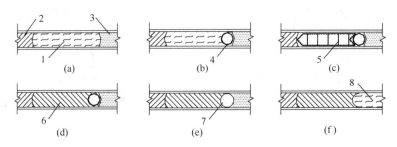

图 1-1-35　接头管接头的施工过程

1—已开挖槽段；2—已浇筑槽段；3—未开成槽段；4—接头管；5—钢筋笼；
6—新浇筑混凝土；7—拔管后的圆孔；8—后续槽段开挖

（B）型钢接头

型钢接头是将 H 型钢或"王"字型钢与钢筋笼焊接在一起，下沉至槽段内，用型钢作为先后开挖槽段的隔离板，混凝土浇筑后形成整体。这是一种刚性接头，型钢置于地下墙内不再拔出，因此成本较高，但其具有受力性能好、止水性能好、施工方便等优点。

（2）支撑与拉锚施工

1）内支撑

A. 内支撑材料

内支撑一般为钢筋混凝土或钢结构。混凝土支撑具有结构整体性较好，布置灵活等优点，但其需进行养护，因此工期较长，而且后期拆除较困难。钢支撑则为装配式，工期短、施工方便，但布置不如混凝土支撑灵活。

B. 内支撑的布置

内支撑布置形式有对撑、角撑、桁架式支撑、环形布置等（图 1-1-36）。

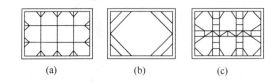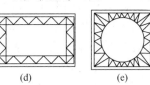

图 1-1-36　内支撑布置形式

（a）对撑；（b）角撑；（c）桁架式对撑；（d）边桁架；（e）环形布置

对撑和角撑具有受力直接、明确的特点，但正交式对撑在坑内布置较密，使挖土机作业面受到限制，在支撑下层土方开挖时影响更大；角撑对土方开挖较为有利，但其整体稳定及变形控制方面不如正交式对撑。

桁架式对撑可放大支撑的间距，因而能形成较大的挖土空间，但也使支护结构的冠梁或围檩的跨度增加，因此，一般需增设八字撑以减小冠梁或围檩的跨度。边桁架是布置在基坑内部四周的一种形式，可大大减少对撑，挖土空间更大，对土方开挖及主体结构施工十分方便。但其对变形控制的效果较差。图 1-1-37 所示的鱼腹式预应力钢桁架支撑是一种新型的支撑形式。

图 1-1-37　鱼腹式预应力钢桁架支撑

当采用钢筋混凝土支撑时，将边桁架中间设计为环状，使受力状况更为合理，也可减小支撑截面、降低造价。环形布置对挖土及主体结构施工也带来很大方便，在基坑的平面形状接近正方形，坑外荷载和土质差异不大时，采用环形支撑是很好的选择。

在实际工程中，由于地下室平面形状往往不很规则，深度也不同，甚至同一基坑中开挖深度也会有不同（如局部二层、局部三层等），因此，支撑布置方案应因地制宜选择，必要时可将几种形式加以组合，使支撑结构安全可靠，并方便土方开挖和主体结构的施工。

C. 钢立柱的设置

内支撑长度较大时，一般需要设置钢立柱。钢立柱多为格构式，也有采用实腹型钢或钢管，通常设在纵横向支撑的交点处或桁架节点处，并应避开主体工程的梁、柱及承重墙的位置。立柱间距不宜大于 15m。立柱插入立柱支承桩中（图 1-1-38），立柱桩一般采用灌注桩，并应尽量利用工程桩以降低造价。

由于钢立柱是埋在底板中的，因此，在混凝土底板浇筑时，在钢立柱上应设置止水片，以防止底板渗漏。止水片可用钢板焊接在立柱的主肢上，根据底板厚度一般设 1～2 道。

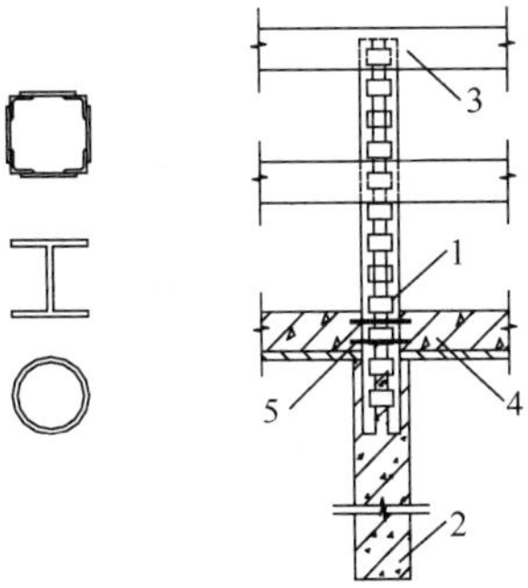

2）拉锚

拉锚分为布置在自然地面上或浅埋于地下的锚碇式拉锚和设置于深层的土层锚杆。

A. 锚碇式拉锚

锚碇式拉锚的布置可参考图 1-1-39，通常在围护墙顶设置一道。作用于支护结构的土压力通过围檩传递至拉杆，再传至锚碇（锚桩），并由锚碇（锚桩）前面的被动土压力承受。这种拉锚施工简单、造价低，但由于锚碇（锚桩）前面被动区土体的变形以及拉杆的伸长会造成支护结构较大的位移。此外，拉锚需有足够的长度，因此拉锚设置占地较大。

图 1-1-38　立柱的设置

(a) 立柱截面形式；(b) 立柱支承

1—钢立柱；2—立柱支承桩；3—支撑；

4—地下室底板；5—止水片

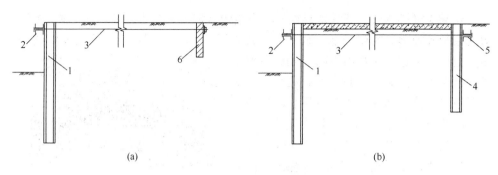

(a)   (b)

图 1-1-39   锚碇式拉锚

1—围护墙；2—围檩；3—拉锚；4—锚桩；5—锚梁；6—锚碇

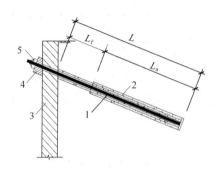

图 1-1-40   土层锚杆

1—锚杆拉杆；2—注浆锚固体；3—围护墙；

4—围檩；5—锚头

L_f—自由段；L_a—锚固段

B. 土层锚杆

土层锚杆是设置在土层下的拉锚形式。它的一端与围护墙连接，另一端锚固在土体中，将作用在支护结构上的荷载通过拉杆与土的摩阻力传递到周围稳定的土层中，形成桩（墙）锚支护形式（图 1-1-40）。土层锚杆可沿基坑开挖深度布置多道，并随土方开挖逐层设置。

土层锚杆施工的工艺流程如下：

土方开挖→钻孔→安放拉杆→灌浆→养护→安装锚头→张拉锚固（→下层土方开挖→下层锚杆施工）。

土层锚杆施工的主要机械设备为钻孔机，按工作原理可分为：回旋式钻机、螺旋钻机、旋转冲击式钻孔机及潜孔冲击钻等几类。主要是根据土质、钻孔深度和地下水情况进行选择。表 1-1-5 是各类锚杆钻机的适用土层表。

各类锚杆钻机的适用性   表 1-1-5

钻机类型	适 用 土 层
回转式钻机	黏性土、砂性土
螺旋式钻机	无地下水的黏土、粉质黏土及较密的砂层
旋转冲击式钻机	黏土类、砂砾、卵石类、岩石及涌水地基
潜孔冲击钻	孔隙率大、含水率低的土层

常用的土层锚杆拉杆有粗钢筋、钢丝束及钢绞线束等。为使拉杆能安置于钻孔中心，以防止安放时触碰土壁，并使拉杆四周的锚固体均匀，以保证足够的握裹力，在拉杆上需设置定位器，其形式有三脚形、环形、〔形等，间距 1.5～2.0m。

土层锚杆的注浆浆液一般采用水泥砂浆或水泥浆，一般为二次注浆。注浆养护完成后，可进行锚杆的预应力张拉。张拉设备应根据拉杆材料配套选择。如单根粗钢筋拉杆，可采用螺杆锚具，采用拉杆式千斤顶；钢绞线可选取用夹片式锚头，采用穿心式千斤顶。

锚杆的张拉与施加预应力（锁定）应符合以下规定；

（A）当锚杆固结体的强度达到 15MPa 或设计强度的 75% 后，方可进行锚杆的张拉锁定；

（B）锚杆锁定前，应按锚杆抗拔承载力的检测值进行锚杆预张拉；

（C）锁定时的锚杆拉力应考虑锁定过程的预应力损失，锁定时的锚杆拉力可取锁定值的 1.1～1.15 倍；

（D）锚杆锁定尚应考虑相邻锚杆张拉锁定引起的预应力损失，当锚杆预应力损失严重时，应进行再次张拉锁定；

（E）当锚杆需要再次张拉锁定时，锚具外杆体的长度和完好程度应满足张拉要求。

3）支撑及拉锚的拆除

支撑及拉锚的拆除在基坑工程整个施工过程中也是十分重要的工序，必须严格按照设计要求的程序进行，应遵循"先换撑、后拆除"的原则，最上面一道支撑拆除后支护墙一般处于悬臂状态，位移也较大，应注意防止对周围环境带来不利影响。

钢支撑拆除通常用起重机并辅以人工进行，钢筋混凝土支撑则可采用人工凿除、切割或爆破方法。

图 1-1-41 是一个两道支撑的工程支撑在竖向的拆除顺序：

（a）基坑开挖至基底标高；

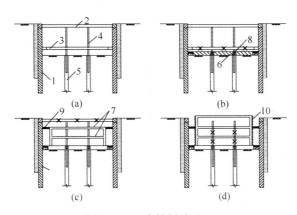

图 1-1-41　支撑拆除过程

1—支护墙；2—上道支撑；3—下道支撑；4—钢立柱；5—立柱桩；6—地下室底板；
7—中楼板；8—止水片；9—换撑；10—外墙防水层

（b）地下室底板及换撑完成后，拆除下道支撑；

（c）地下室中楼板及换撑完成，拆除上道支撑；

（d）拆除钢立柱，完成地下室全部结构及室外防水层。

1.3.5　降　　水

在开挖基坑或沟槽时，土壤的含水层常被切断，地下水将会不断地渗入坑内。雨期施工时，地面水也会流入坑内。为了保证施工的正常进行，防止边坡塌方和地基承载能力的下降，必须做好基坑降水工作。降水方法可分为重力降水（如集水井、明渠等）和强制降水（如轻型井点、深井点、电渗井点等）。土方工程中采用较多的是集水井降水和轻型井点降水。

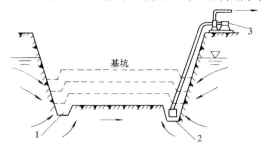

图 1-1-42　集水井降水
1—排水沟；2—集水井；3—水泵

1. 集水井降水

这种方法是在基坑或沟槽开挖时，在坑底设置集水井，并沿坑底的周围或中央开挖排水沟，使水在重力作用下流入集水井内，然后用水泵抽出坑外（图1-1-42）。

四周的排水沟及集水井一般应设置在基础范围以外，地下水流的上游，基坑面积较大时，可在基础范围内设置盲沟排水。根据地下水量、基坑平面形状及水泵能力，集水井每隔20～50m设置一个。

集水井的直径或宽度，一般为0.6～0.8m。其深度随着挖土的加深而加深，要经常低于挖土面0.7～1.0m，井壁可用竹、木等简易加固。当基坑挖至设计标高后，井底应低于坑底1～2m，并铺设碎石滤水层，以免在抽水时将砂抽出，并防止井底的土被搅动，并做好较坚固的井壁。

2. 井点降水

集水井降水方法比较简单、经济，对周围影响小，因而应用较广。但当涌水量较大，水位差较大或土质为细砂或粉砂，易产生流砂、边坡塌方及管涌等，此时往往采用强制降水的方法，人工控制地下水流的方向，降低水位。

当土质为细砂或粉砂时，基坑土方开挖中经常会发生流砂现象。流砂产生的原因是水在土中渗流所产生的动水压力对土体作用。

地下水的渗流对单位土体内骨架产生的压力称为动水压力，用 G_D 表示，单位土体内渗流水受到的总阻力 T 与水力坡度 i 和水的重力密度 γ_w 成正比，即 $T = i\gamma_w$，而动水压力与 T 大小相等、方向相反，于是

$$T = i\gamma_w$$
$$G_D = -T = -i\gamma_w \tag{1-1-35}$$

式中，负号表示 G_D 与所设水渗流时的总阻力 T 的方向相反，即与水的渗流方向一致。

由上式可知，动水压力 G_D 的大小与水力坡度 i 成正比，i 为水位差与渗透路径之比，即水位差愈大，则 G_D 愈大；而渗透路径 L 愈长，则 G_D 愈小。当水流在水位差的作用下对土颗粒产生向上压力时，动水压力不但使土粒受到了水的浮力，而且还受到向上动水压力的作用。如果压力不小于土的浮重度 γ'，即

$$G_D \geqslant \gamma' \tag{1-1-36}$$

则土粒失去自重，处于悬浮状态，土的抗剪强度等于零，土粒能随着渗流的水一起流动，这种现象就叫"流砂现象"。$G_D = \gamma'$ 的水力坡度称为产生流砂的临界水力坡度 i_{cr}：

$$i_{cr} = \gamma' / \gamma_w \tag{1-1-37}$$

细颗粒、均匀颗粒、松散及饱和的土容易产生流砂现象，因此流砂现象经常在细砂、粉砂及粉土中出现，但是否出现流砂的重要条件是动水压力的大小，防治流砂应着眼于减小或消除动水压力。

防治流砂的方法主要有：水下挖土法、冻结法、枯水期施工、抢挖法、加设截水帷幕及井点降水等，其中井点降水法是根除流砂的有效方法之一。

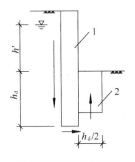

图 1-1-43 基坑流砂防治
1—截水帷幕；2—渗透不稳定区

图 1-1-43 是基坑开挖后地下水渗流造成流砂的示意图。基坑开挖以后，地下水形成一定的水头差，使地下水由高处向低处渗流。渗流引起的基坑底部不稳定现象主要发生在坑边宽度 $h_d/2$ 范围内，当该区域地下水的动水压力 G_D 大于土的浮重度时，土粒会处于浮动状态，产生坑底管涌现象，要避免产生流砂，则要求满足：

$$K = \frac{\gamma'}{G_D} \tag{1-1-38}$$

式中　K——抗管涌安全系数，取 1.5～2.0；

　　　G_D——地下水渗流的动水压力，按下式计算；

$$G_D = i\gamma_w = \frac{h'\gamma_w}{h' + 2h_d}$$

　　　γ_w——水的重力密度；

　　　i——水力坡度；

$h' + 2h_d$——水的渗流路径（此处未计截水帷幕的水平宽度）。

（1）井点降水法的种类

井点有两大类：轻型井点和管井类。一般根据土的渗透系数、降水深度、设备条件及经济比较等因素确定，可参照表 1-1-6 选择。

各种井点的适用范围   表 1-1-6

井点类别		土的渗透系数（cm/s）	降水深度（m）
轻型井点	一级轻型井点	$10^{-4} \sim 10^{-2}$	3～6
	多级轻型井点	$10^{-4} \sim 10^{-2}$	一般为 6～12
	喷射井点	$10^{-4} \sim 10^{-2}$	8～20
	电渗井点	$<10^{-4}$	配合其他形式降水使用
深井井点		$10^{-3} \sim 10^{-1}$	＞10

实际工程中，一般轻型井点应用最为广泛，下面介绍这类井点。

（2）一般轻型井点

1）一般轻型井点设备

轻型井点设备由管路系统和抽水设备组成（图 1-1-44）。

管路系统包括：滤管、井点管、弯联管及总管等。

滤管（图 1-1-45）为进水设备，通常采用长 1.0～1.5m、直径 38mm 或 51mm 的无缝钢管，管壁钻有直径为 12～19mm 的滤孔。骨架管外面包以两层孔径不同的生丝布或塑料布滤网。为使流水畅通，在骨架与滤网之间用塑料管或梯形钢丝隔开，塑料管沿骨架绕成螺旋形。滤网外面再绕一层粗钢丝保护网、滤管下端为一铸铁塞头。滤管上端与井点管连接。

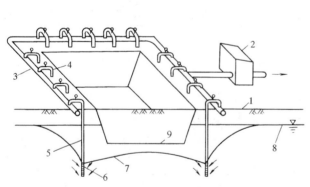

图 1-1-44　轻型井点法降低地下水位全貌图

1—地面；2—水泵房；3—总管；4—弯联管；5—井点管；
6—滤管；7—降低后地下水位线；8—原有地下水位线；
9—基坑底面

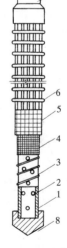

图 1-1-45　滤管构造

1—钢管；2—管壁上的小孔；3—缠绕的塑料管；4—细滤网；5—粗滤网；6—粗钢丝保护网；7—井点管；8—铸铁塞头

井点管为直径 38mm 或 51mm、长 5～7m 的钢管。井点管上端用弯联管与总管相连。集水总管为直径 100～127mm 的无缝钢管，每段长 4m，其上装有与井点管连结的短接头，间距 0.8m 或 1.2m。

抽水设备根据水泵及动力设备不同，有干式真空泵、射流泵及隔膜泵等，其抽吸深度与负荷总管的长度各异。常用的 W5、W6 型干式真空泵的抽吸深度为 5～7m，其最大负荷长度分别为 100m 和 120m。

2）轻型井点布置和计算

井点系统布置应根据水文地质资料、工程要求和设备条件等确定。一般要求掌握的水文地质资料有：地下水含水层厚度、承压或非承压水及地下水变化情况、土质、土的渗透系数、不透水层位置等。要求了解的工程性质主要是：基坑（槽）形状、大小及深度，此外尚应了解设备条件，如井管长度、泵的抽吸能力等。

轻型井点布置包括平面布置与高程布置。平面布置即确定井点布置形式、总管长度、井点管数量、水泵数量及位置等。高程布置则确定井点管的埋设深度。

布置和计算的步骤是：确定平面布置→高程布置→计算井点管数量等→调整设计。下面讨论每一步的设计计算方法。

A. 确定平面布置

根据基坑（槽）形状，轻型井点可采用单排布置（图 1-1-46a）、双排布置（图 1-1-46b）以及环形布置（图 1-1-46c），当土方施工机械需进出基坑时，也可采用 U 形布置（图 1-1-46d）。

单排布置适用于基坑（槽）宽度小于 6m，且降水深度不超过 5m 的情况。井点管应布置在地下水的上游一侧，两端延伸长度不宜小于坑（槽）的宽度(图 1-1-46a)。

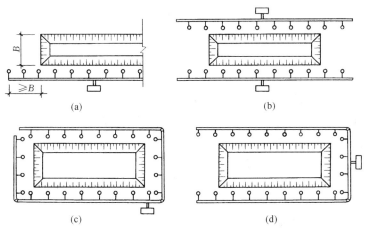

图 1-1-46　轻型井点的平面布置
(a) 单排布置；(b) 双排布置；(c) 环形布置；(d) U 形布置

双排布置适用于基坑宽度大于 6m 或土质不良的情况。

环形布置适用于大面积基坑。如采用 U 形布置，则井点管不封闭的一段应设在地下水的下游方向。

B. 高程布置

高程布置系确定井点管埋深，即滤管上口至总管埋设面的距离，可按下式计算（图 1-1-47）：

$$h \geqslant h_1 + \Delta h + iL \tag{1-1-39}$$

式中　h——井点管埋深（m）；

h_1——总管埋设面至基底的距离（m）；

Δh——基底至降低后的地下水位线的距离（m）；

i——水力坡度；

L——井点管至水井中心的水平距离，当井点管为单排布置时，L 为井点管至对边坡脚的水平距离（m）。

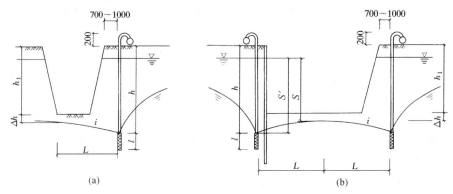

图 1-1-47　高程布置计算

（a）单排井点；（b）双排、U 形或环形布置

计算结果尚应满足下式：

$$h \leqslant h_{pmax} \tag{1-1-40}$$

式中　h_{pmax}——抽水设备的最大抽吸深度。

如式（1-1-40）不能满足时，可采用降低总管埋设面或设置多级井点的方法，但任何情况下，滤管必须埋设在含水层内。

在上述公式中有关数据按下述取值：

（A）Δh 一般取 $0.5 \sim 1$m，根据工程性质和水文地质状况确定。

（B）i 的取值：当单排布置时 $i = 1/4 \sim 1/5$；

当双排布置时 $i = 1/7$；

当环形布置时 $i = 1/10$。

（C）L 为井点管至基坑中心的水平距离，当基坑井点管为环形布置时，L 取短边方向的长度，这是由于沿长边布置的井点管的降水效应比沿短边方向布置的井点管强的缘故。

（D）井点管布置应离坑边一定距离（0.7～1m），以防止边坡塌土而引起局部漏气。

（E）实际工程中，井点管均为定型的，有一定标准长度。通常根据给定井点管长度验算 Δh，如 $\Delta h \geqslant 0.5 \sim 1m$ 则可满足，Δh 可按下式计算：

$$\Delta h = h' - 0.2 - h_1 - iL \tag{1-1-41}$$

式中　h'——井点管长度；

　0.2——井点管露出地面的长度。

其他符号同前，上式中 i 以外各符号单位均为"m"。

C. 总管及井点管数量的计算

总管长度根据基坑上口尺寸或基槽长度即可确定，进而可根据选用的水泵负荷长度确定水泵数量。

（A）井点系统的涌水量

确定井点管数量时，需要知道井点系统的涌水量。井点系统的涌水量按水井理论进行计算。根据地下水有无压力，水井分为无压井和承压井。当水井布置在具有潜水自由面的含水层中时（即地下水面为自由水面），称为无压井（图 1-1-48 中 1、2，图 1-1-49a、b）；当水井布置在承压含水层中时（含水层中的地下水充满在两层不透水层间，含水层中的地下水水面具有一定水压），称为承压井（图 1-1-48 中 3、4，图 1-1-49c、d）。当水井底部达到不透水层时称完整井（图 1-1-48 中 1、3，图 1-1-49b、d），否则称为非完整井（图 1-1-48 中 2、4、图 1-1-49a、c），各类井的涌水量计算方法都不同。

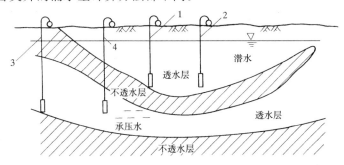

图 1-1-48　水井的分类
1—无压完整井；2—无压非完整井；3—承压完整井；4—承压非完整井

A）无压完整井

目前采用的各种水井计算方法，都是以法国水力学家裘布依（Dupuit）的水井理论为基础的。以下是裘布依无压完整单井（图 1-1-49b）计算公式推导过程。

裘布依理论的基本假定是：抽水影响半径内，从含水层的顶面到底部任意点的水力坡度是一个恒值，并等于该点水面的斜率；抽水前地下水是静止的，即天然水力坡度为零；对于承压水，顶、底板是隔水的；对于潜水适用于水力坡度不大于

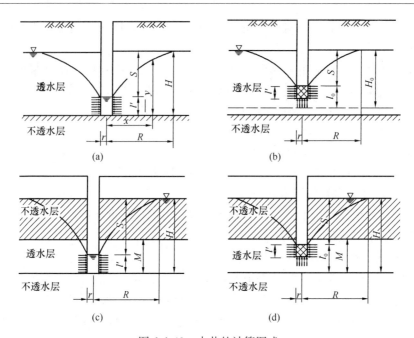

图 1-1-49　水井的计算图式

（a）无压非完整井；（b）无压完整井；（c）承压非完整井；（d）承压完整井

1/4，底板是隔水的，含水层是均质水平的；地下水为稳定流(不随时间变化)。

当均匀地在井内抽水时，井内水位开始下降。经过一定时间的抽水，井周围的水面就由水平的变成降低后的弯曲线渐趋稳定，成为向井边倾斜的水位降落漏斗；图 1-1-50 所示为无压完整井抽水时水位的变化情况。在纵剖面上流线是一系列曲线，在横剖面上水流的过水断面与流线垂直。

由此可导出单井涌水量的裘布依微分方程，设不透水层基底为 x 轴，取井中心轴为 y 轴，将距井轴 x 处水流断面近似地看作为一垂直的圆柱面，其面积为：

$$\omega = 2\pi xy \qquad (1\text{-}1\text{-}42)$$

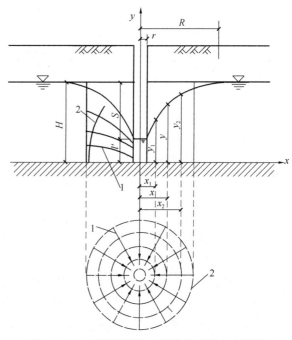

图 1-1-50　无压完整井水位降落曲线和流线网

1—流线；2—过水断面

式中 x——井中心至计算过水断面处的距离;

y——距井中心 x 处水位降落曲线的高度(即此处过水断面的高)。

根据裘布依理论的基本假定,这一过水面处水流的水力坡度是一个恒值,并等于该水面处的斜率,则该过水断面的水力坡度 $i = \dfrac{\mathrm{d}y}{\mathrm{d}x}$。

由达西定律可知水在土中的渗流速度为:

$$v = Ki \tag{1-1-43}$$

式 (1-1-43) 中 K 为渗透系数。由式 (1-1-42) 和式 (1-1-43) 及裘布依假定 $i = \dfrac{\mathrm{d}y}{\mathrm{d}x}$,可得到单井的涌水量 Q ($\mathrm{m^3/d}$):

$$Q = \omega v = \omega Ki = \omega K \frac{\mathrm{d}y}{\mathrm{d}x} = 2\pi xy K \frac{\mathrm{d}y}{\mathrm{d}x} \tag{1-1-44}$$

将上式分离变量:

$$2y\mathrm{d}y = \frac{Q}{\pi K} \cdot \frac{\mathrm{d}x}{x} \tag{1-1-45}$$

水位降落曲线在 $x = r$ 处,$y = l'$;在 $x = R$ 处,$y = H$,l' 与 H 分别表示水井中的水深和含水层的深度。对式 (1-1-45) 两边积分

$$\int_{l'}^{H} 2y\mathrm{d}y = \frac{Q}{\pi K} \int_{\gamma}^{R} \frac{\mathrm{d}x}{x}$$

$$H^2 - l'^2 = \frac{Q}{\pi K} \ln \frac{R}{r}$$

于是 $Q = \pi K \dfrac{H^2 - l'^2}{\ln R - \ln r}$

设水井中水位降落值为 S,$l' = H - S$ 则

$$Q = \pi K \frac{(2H - S)S}{\ln R - \ln r} \quad \text{或} \quad Q = 1.366K \frac{(2H - S)S}{\lg R - \lg r} \tag{1-1-46}$$

式中 K——土的渗透系数 (m/d);

H——含水层厚度 (m);

S——井水处水位降落高度 (m);

R——为单井的降水影响半径 (m);

r——为单井的半径 (m)。

裘布依公式的计算与实际有一定出入,这是由于在过水断面处水流的水力坡度并非恒值,在靠近井的四周误差较大。但对于离井有一定距离处其误差很小(图 1-1-51)。

式 (1-1-46) 是无压完整单井的涌水量计算公式。但在井点系统中,各井点管是布置在基坑周围,许多井点同时抽水,即群井共同工作的,群井涌水量的计算,可把由各井点管组成的群井系统,视为一口大的圆形单井。

涌水量计算公式为:

$$Q = 1.366K \frac{(2H - S')S'}{\lg(R + x_0) - \lg x_0} \tag{1-1-47}$$

式中　x_0——由井点管围成的水井的半径（m）；

　　其他符号含义同前，但此时 S' 系指井点管处水位降落高度（参见图 1-48b）。

　　B）无压非完整井

　　在实际工程中往往会遇到无压非完整井的井点系统（图 1-1-50a），这时地下水不仅从井的侧面流入，还从井底渗入。因此涌水量要比完整井大。为了简化计算，对群井仍可采用式（1-1-47）。此时式中 H 换成有效含水深度 H_0，即

$$Q = 1.366K \frac{(2H_0 - S')S'}{\lg(R + x_0) - \lg x_0} \tag{1-1-48}$$

H_0 可查表 1-1-7。当算得的 H_0 大于实际含水层的厚度 H 时，取 $H_0 = H$。

有效深度 H_0 值　　　　　　　　　　　　　　　表 1-1-7

$S' / (S'+l)$	0.2	0.3	0.5	0.8
H_0	1.3 $(S'+l)$	1.5 $(S'+l)$	1.7 $(S'+l)$	1.84 $(S'+l)$

注：$S/(S+l)$ 的中间值可采用插入法求 H_0。

　　表中 l 为滤管长度（m）。有效含水深度 H_0 的意义是：抽水时在 H_0 范围内受到抽水影响，而假设在 H_0 以下的水不受抽水影响，因而也可将 H_0 视为抽水影响深度。

　　应用上述公式时，先要确定 x_0、R、K。

　　由于基坑大多不是圆形，因而不能直接得到 x_0。当矩形基坑长宽比不大于 5时，环形布置的井点可近似作为圆形井来处理，并用面积相等原则确定，此时将近似圆的半径作为矩形水井的假想半径：

$$x_0 = \sqrt{\frac{F}{\pi}} \tag{1-1-49}$$

式中　x_0——环形井点系统的假想半径（m）；

　　　　F——环形井点所包围的面积（m²）。

　　抽水影响半径，与土的渗透系数、含水层厚度、水位降低值及抽水时间等因素有关。在抽水 2～5d 后，水位降落漏斗基本稳定，此时抽水影响半径可近似地按下式计算：

$$R = 2S' \sqrt{HK} \tag{1-1-50}$$

式中，S'、H、R 的单位为"m"；K 的单位为"m/d"。

　　渗透系数 K 值对涌水量的计算结果影响较大。K 值的确定可用现场抽水试验或通过实验室测定。对重大工程，宜采用现场抽水试验以获得较准确的值。

　　承压完整井和承压非完整井的漏水量计算可参考相关资料。

　　（B）单根井管的最大出水量

　　单根井管的最大出水量，由下面经验公式确定：

$$q = 65\pi \cdot d \cdot l \cdot \sqrt[3]{K}(\text{m}^3/\text{d}) \tag{1-1-51}$$

式中　d——滤管直径（m）；

　　其他符号含义同前。

（C）井点管数量

井点管最少数量由下式确定：

$$n' = \frac{Q}{q} \tag{1-1-52}$$

井点管最大间距便可求得

$$D' = \frac{L}{n'} \tag{1-1-53}$$

式中　L——总管长度（m）；

　　　n'——井点管最少根数（根）；

　　　D'——井点管最大间距（m）。

实际采用的井点管 D 应当与总管上接头尺寸相适应，即尽可能采用 0.8m、1.2m、1.6m 或 2.0m，且 $D < D'$，这样实际采用的井点数 $n > n'$，一般 n 应当超过 $1.1n'$，以防井点管堵塞等影响抽水效果。

3）轻型井点的施工

轻型井点的施工，大致包括以下几个过程：准备工作、井点系统的埋设、使用及拆除。

准备工作包括井点设备、动力、水源及必要材料的准备，排水沟的开挖，附近建筑物的标高观测以及防止附近建筑物沉降措施的实施。

埋设井点的程序是：先排放总管，再设井点管，用弯联管将井点与总管接通，然后安装抽水设备。

井点管的埋设一般用水冲法进行，并分为冲孔与埋管（图 1-1-51）两

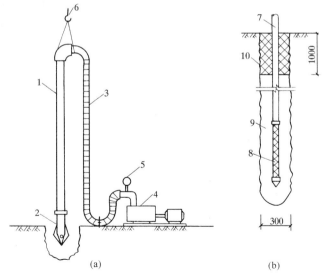

图 1-1-51　井点管的埋设

（a）冲孔；（b）埋管

1—冲管；2—冲嘴；3—胶管；4—高压水泵；5—压力表；6—起重机吊钩；

7—井点管；8—滤管；9—填砂；10—黏土封口

个过程。

冲孔时，先用起重机设备将冲管吊起并插在井点的位置上，然后开动高压水泵，将土冲松，冲管则边冲边沉。冲孔直径一般为 300mm，以保证井管四周有一定厚度的砂滤层，冲孔深度宜比滤管底深 0.5m 左右，以防冲管拔出时，部分土颗粒沉于底部而触及滤管底部。

井孔冲成后，立即拔出冲管，插入井点管，并在井点管与孔壁之间迅速填灌砂滤层，以防孔壁塌土。砂滤层的填灌质量是保证轻型井点顺利抽水的关键。一般宜选用干净粗砂，填灌均匀，并填至滤管顶上 1～1.5m，以保证水流畅通。

井点填砂后，须用黏土封口，以防漏气。

井点系统全部安装完毕后，需进行试抽，以检查有无漏气现象。开始抽水后一般不应停抽。时抽时停，滤网易堵塞，也容易带出土粒，使水混浊，并引起附近建筑物由于土粒流失而沉降开裂。正常的排水应是细水长流，出水澄清。

抽水时需要经常检查井点系统工作是否正常，以及检查观测井中水位下降情况，如果有较多井点管发生堵塞，影响降水效果时，应逐根用高压水反向冲洗或拔出重埋。

轻型井点降水有许多优点，在地下工程施工中广泛应用，但其抽水影响范围较大，影响半径可达百米至数百米，且会导致周围土壤固结而引起地面沉陷，要消除地面沉陷可采用回灌井点方法。即在井点设置线外 4～5m 处，以间距 3～5m 插入注水管，将井点中抽取的水经过沉淀后用压力注入管内，形成一道水墙，以防止土体过量脱水，而基坑内仍可保持干燥。这种情况下抽水管的抽水量约增加 10%，可适当增加抽水井点的数量。回灌井点布置如图 1-1-52 所示。

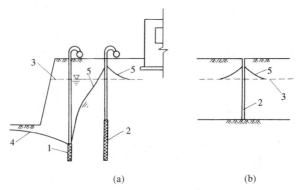

(a)　　　　　　(b)

图 1-1-52　回灌井点布置

（a）回灌井点布置；（b）回灌井点水位图

1—降水井点；2—回灌井点；3—原水位线；

4—基坑内降低后的水位线；5—回灌后水位线

1.3.6　基坑土方施工

1. 基坑土方工程量计算

基坑形状一般为多边形，其边坡也常有一定坡度，基坑（槽）土方工程量计算可按拟柱体积的公式计算（图 1-1-53），即

$$V = \frac{H}{6}(F_1 + 4F_0 + F_2) \qquad (1\text{-}1\text{-}54)$$

式中　V——土方工程量（m^3）；

$\quad\quad F_0$——F_1 与 F_2 之间的中截面面积（m^2）；

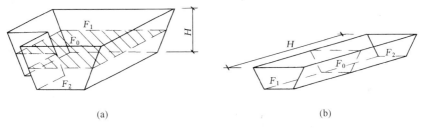

(a)　　　　　　　　　　　　　　(b)

图 1-1-53　土方量计算

(a) 基坑土方量计算；(b) 基槽、路堤土方量计算

H、F_1、F_2 如图所示。对基坑而言，H 为基坑的深度，F_1，F_2 分别为基坑的上下底面积（m^2）；对基槽或路堤，为便于计算，可取 H 为基槽或路堤的长度（m），F_1、F_2 为两端的面积（m^2）。

基槽与路堤通常根据其形状（曲线、折线、变截面等）划分成若干计算段，分段计算土方量，然后再累加求得总的土方工程量。如果基槽、路堤是等截面的，则 $F_1 = F_2 = F_0$，由式（1-1-54）计算 $V = HF_1$。

2. 基坑土方机械及其施工

基坑土方开挖一般均采用挖掘机施工，对大型的、较浅的基坑有时也可采用推土机。

挖掘机利用土斗直接挖土，因此也称为单斗挖土机。挖掘机按行走方式分为

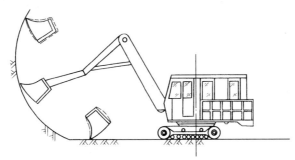

图 1-1-54　正铲挖掘机外形

履带式和轮胎式两种；按传动方式分为机械传动和液压传动两种；斗容量有 $0.2m^3$、$0.4m^3$、$1.0m^3$、$1.5m^3$、$2.5m^3$ 多种；根据其土斗装置可分为正铲、反铲、抓铲及拉铲，工程中使用较多的是履带式液压正铲、反铲及抓铲。

（1）正铲挖掘机

正铲挖掘机外形如图 1-1-54 所示。它适用于开挖停机面以上的土方，且需与汽车配合完成整个挖运工作。正铲挖掘机挖掘力大，适用于开挖含水量较小的一至四类土和经爆破的岩石及冻土。一般用于大型基坑工程，也可用于场地平整施工。

正铲的开挖方式根据开挖路线与汽车相对位置的不同分为正向开挖、侧向装土以及正向开挖、后方装土两种，前者生产率较高。

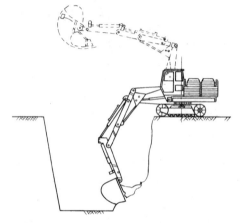

（2）反铲挖掘机

反铲适用于开挖一至三类土，是基坑工程应用最广泛的一种机械。它运用于开挖停机面以下的土方，一般反铲的最大挖土深度为 4～6m 的基坑，经济合理的挖土深度为 3～5m，加长臂反铲开挖深度可达 15m 左右。反铲也需要配备运土汽车进行运输。反铲的外形如图 1-1-55 所示。

反铲一般采用后退开挖法，即反铲停于基坑一端，后退挖土，向基坑侧边弃土或装汽车运走。

图 1-1-55　液压反铲挖掘机外形

（3）抓铲挖掘机

机械传动抓铲外形如图 1-1-56 所示。它作业通过吊索"直下直上"，适用于开挖较松软的土。对施工面狭窄而深的基坑、深槽、深井采用抓铲可取得理想效果，也可用于场地平整中的土堆与土丘的挖掘。抓铲还可用于挖取水中淤泥、装卸碎石、矿渣等松散材料。抓铲也有采用液压传动操纵抓斗作业。

抓铲挖土时，通常立于基坑一侧进行，抓挖淤泥时，抓斗易被淤泥"吸住"，应避免起吊用力过猛，以防翻车。

（4）拉铲挖掘机

拉铲适用于一至三类的土，可开挖停机面以下的土方，如较大基坑（槽）和沟渠，挖取水下泥土，也可用于大型场地平整、填筑路基、堤坝等。其外形及工作状况如图 1-1-57 所示。

拉铲挖土时，依靠土斗自重及拉索拉力切土并装入土斗，卸土时斗齿朝下，利用惯性，较湿的黏土也能卸净。但其开挖的边坡及坑底平整度较差，需要更多的人工修坡（底）。它的开挖方式也有沟端开挖和沟侧开挖两种。

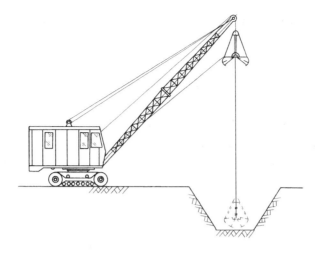

图 1-1-56 抓铲挖掘机外形

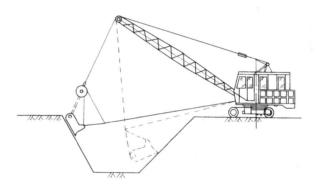

图 1-1-57 拉铲挖掘机外形及工作状况

3. 基坑开挖方法

基坑工程土方开挖中应遵循"开槽支撑、先撑后挖、分层开挖、严禁超挖"的基本原则，开挖到坑底后垫层应随挖随浇。

（1）放坡和无内支撑的基坑开挖

放坡和无内支撑的基坑土方开挖严格分层开挖，开挖时应保证临时边坡的稳定。当基坑面积较大时，应采取分块开挖，以减小基坑的敞开面积，利用"时空效应"，这样，不仅有利于基坑的稳定，也能更好地控制基坑变形。基坑分块开挖应尽可能利用后浇带，按后浇带设置分区，尽量避免基础结构因分块开挖而增设施工缝。

对重力式水泥土墙，在平面上可采用盆式开挖方法，先开挖基坑中央的土方，在完成底板后再开挖坑边部分的土方。

对土钉墙或桩锚结构，宜采用岛式开挖方法，即，先开挖基坑四周土钉和锚杆的作业区，待开挖到坑底后，再开挖基坑中央的土方。此时，坑边分层开挖还应与土钉、锚杆的施工相协调，分层的深度应与土钉、锚杆的竖向间距一致，并在土钉、锚杆注浆后达到一定强度后方可开挖下层土方。

土方开挖后不应将土方堆放在坑边，应预先规划好外运路线及时外运，或工地内弃土堆放区。弃土堆放区应远离基坑，防止堆土附加荷载对基坑稳定造成危害。

（2）有内支撑的基坑开挖

当在基坑内设置支撑的情况下，其土方开挖需要与支撑施工相协调，这样的基坑开挖工序较多，施工较复杂，工期也较长。图1-1-58为一个两道支撑的基坑土方开挖过程的示意图。

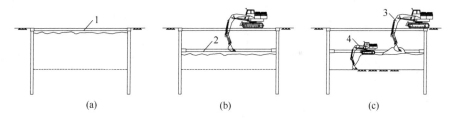

图 1-1-58　设置栈桥的土方开挖
(a) 浅层挖土、设置第一道支撑；(b) 第二层挖土、设置第二道支撑；(c) 开挖至坑底
1—第一道支撑（栈桥）；2—第二道支撑；3—大型挖土机；4—小型挖土机

为便于挖土机械作业，一般需在第一道支撑上设置栈桥，作为大型挖土机（斗容量 $1\sim2m^3$）和土方运输车辆作业区，在支撑下布置小型挖土机（斗容量 $0.5\sim0.8m^3$），将土方驳运到大型挖土机的作业范围，再挖起土方并装车外运。

在土质较好的基坑工程中，如有条件也可设置临时坡道，让挖土机和运土车辆下坑作业。这种方法挖土效率高、费用低，但临时坡道必须稳定可靠，以确保施工安全。必要时可对坡道下的土体进行加固或设置结构性坡道。

§1.4　土方的填筑与压实

1.4.1　土料的选用与处理

填方土料应符合设计要求，保证填方的强度与稳定性，选择的填料应为强度高、压缩性小、水稳定性好，便于施工的土、石料。如设计无要求时，应符合下列规定：

① 不同土类应分别经过击实试验测定填料的最大干密度和最佳含水量，填料含水量与最佳含水量的偏差控制在±2％范围内。

② 草皮土和有机质含量大于8％的土不应用于有压实要求的回填区域。

③ 淤泥和淤泥质土不宜作为填料。在软土和沼泽地区，经过处理且符合压

实要求后，可用于回填次要部位或无压实要求的区域。

④ 碎石类土或爆破石渣，可用于表层以下的回填。常用的施工方法为碾压法或强夯法。采用分层碾压时，其最大粒径不得超过每层厚度的 3/4；采用强夯法施工时，最大粒径应根据夯击能量大小和施工条件通过试验确定，一般不宜大于 1m。

⑤ 两种透水性不同的填料分层填筑时，上层宜填透水性较小的填料。

填土应严格控制含水量，施工前应进行检验。当土的含水量过大，应采用翻松、晾晒、风干等方法降低含水量，或采用换土回填、均匀掺入干土或其他吸水材料、打石灰桩等措施；如含水量偏低，则可预先洒水湿润，否则难以压实。

1.4.2　填土的方法

填土可采用人工填土和机械填土。

人工填土一般用手推车运土，人工用锹、耙、锄等工具进行填筑，从最低部分开始由一端向高处自下而上分层铺填。

机械填土可用推土机、铲运机或自卸汽车进行。用自卸汽车填土，需用推土机推开推平，采用机械填土时，可利用行驶的机械进行部分压实工作。

填土必须分层进行，并逐层压实。机械填土不得居高临下，不分层次，一次倾倒填筑。当采用分层回填时，应在下层的压实系数经试验合格后，才能进行上层施工。

施工中应防止出现翻浆或弹簧土现象，特别是雨期施工时，应集中力量分段回填碾压，还应加强临时排水设施，回填面应保持一定的流水坡度，避免积水。对于局部翻浆或弹簧土可以采用换填或翻松晾晒等方法处理。在地下水位较高的区域施工时，应设置盲沟疏干地下水。

1.4.3　压　实　方　法

填土的压实方法有碾压、夯实和振动压实等几种。

碾压适用于大面积填土工程。碾压机械有平碾（压路机）、羊足碾和汽胎碾。羊足碾需要较大的牵引力而且只适用于压实黏性土，因在砂土中碾压时，土的颗粒受到"羊足"较大的单位压力后会向四面移动，而使土的结构破坏。汽胎碾在工作时是弹性体，给土的压力较均匀，填土质量较好。工程中应用最普遍的是刚性平碾。利用运土工具在运土过程中进行碾压也可取得较大的密实度，但必须很好地组织土方施工。如果单独使用运土工具进行土的压实工作，在经济上是不合理的，它的压实费用要比用平碾等压实贵一倍左右。

碾压机械压实回填时，一般先静压后振动或先轻后重。压实时应控制行驶速度，平碾和振动碾一般不宜超过 2km/h；羊角碾不宜超过 3km/h。每次碾压，机具应从两侧向中央进行，主轮应重叠150mm以上。

夯实主要用于小面积填土以及在排水沟、电缆沟、涵洞、挡土墙等结构附近的区域，可以夯实黏性土或非黏性土。夯实机械有夯锤、内燃夯土机和蛙式打夯机等。夯锤借助起重机提起并落下，其重量大于1.5t，落距2.5～4.5m，夯土影响深度可超过1m，常用于夯实湿陷性黄土、杂填土以及含有石块的填土。内燃夯土机作用深度为0.4～0.7m，它和蛙式打夯机都是应用较广的夯实机械。人力夯土（木夯、石碾）方法则已很少使用。

振动压实主要用于压实非黏性土，采用的机械主要是振动压路机、平板振动器等。

1.4.4   影响填土压实的因素

填土压实质量与许多因素有关，其中主要影响因素为：压实功、土的含水量以及每层铺土厚度。

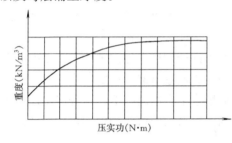

图 1-1-59   土的重度与压实功的关系

1. 压实功的影响

填土压实后的重度与压实机械在其上所施加的功有一定的关系。土的重度与所耗的功的关系见图1-1-59。当土的含水量一定，在开始压实时，土的重度急剧增加，待到接近土的最大重度时，压实功增加许多，而土的重度则几乎没有变化。实际施工中，对不同的土应根据选择的压实机械和密实度要求选择合理的压实遍数。此外，松土不宜用重型碾压机械直接滚压，否则土层有强烈起伏现象，效率不高。应先用轻碾，再用重碾压实，可取得较好效果。

2. 含水量的影响

在同一压实功条件下，填土的含水量对压实质量有直接影响。较为干燥的土，由于土颗粒之间的摩阻力较大而不易压实。当土具有适当含水量时，水起了润滑作用，土颗粒之间的摩阻力减小，从而易压实。每种土都有其最佳含水量。土在这种含水量的条件下，使用同样的压实功进行压实，所得到的重度最大（图1-1-60）。各种土的最佳含水量W_{op}和所能获得的最大干重度，可由击实试验取得。施工中，土的实际含水量与最佳含水量之差应控制在±2%范围内。

3. 铺土厚度的影响

土在压实功的作用下，压应力随深度增加而逐渐减小（图1-1-61），其影响深度与压实机械、土的性质和含水量等有关。铺土厚度应小于压实机械压土的有效作用深度。此外，还应考虑最优土层厚度。铺得过厚，要压很多遍才能达到规

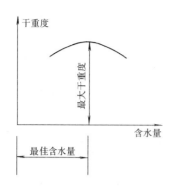

图 1-1-60　土的含水量对其压实质量的影响

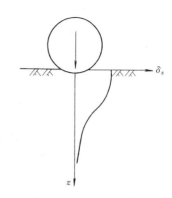

图 1-1-61　压实作用沿深度的变化

定的密实度；铺得过薄，则要增加机械的总压实遍数。最优的铺土厚度应能使土方压实而机械的功耗费最少。填土的铺土厚度及压实遍数可参考表 1-1-8 选择。

填方每层的铺土厚度和压实遍数　　　　　　　　表 1-1-8

压实机具	每层铺土厚度（mm）	每层压实遍数
平碾	250～300	6～8
振动压实机	250～300	3～4
柴油打夯机	200～250	3～4
人工打夯	<200	3～4

1.4.5　填土压实的质量检查

填土压实后应达到一定的密实度及含水量要求。密实度要求一般由设计根据工程结构性质、使用要求以及土的性质确定，例如建筑工程中的砌体承重结构和框架结构，在地基主要持力层范围内，压实系数（压实度）λ_c 应大于 0.96，在地基主要持力层范围以下，则 λ_c 应在 0.93～0.96 之间。

又如道路工程土质路基的压实度则根据所在地区的气候条件、土基的水温度状况、道路等级及路面类型等因素综合考虑。我国公路和城市道路土基的压实度见表 1-1-9 及表 1-1-10。

公路土方路基压实度　　　　　　　　表 1-1-9

填挖类型	路床顶面以下深度（cm）	规定值（%）		
		高速公路一级公路	二级公路	三、四级公路
填方	0～80	96	95	94
	80～150	94	94	93
	>150	93	92	90

续表

填挖类型	路床顶面以下深度（cm）	规定值（%）		
		高速公路一级公路	二级公路	三、四级公路
零填或挖方	0～30	—	—	94
	30～80	96	95	—

说明：表中压实度以重型击实试验法为准。

城市道路土质路基压实度　　　　　　表 1-1-10

填挖类型	路床顶面以下深度（cm）	路基最小压实度（%）			
		快速路	主干路	次干路	支路
填方	0～80	96	95	94	92
	80～150	94	93	92	91
	>150	93	92	91	90
零填或挖方	0～30	96	95	94	92
	30～80	94	93	—	—

说明：表中数值均为重型击实标准。

压实系数（压实度）λ_c 为土的控制干重度 ρ_d 与土的最大干重度 ρ_{dmax} 之比，即

$$\lambda_c = \frac{\rho_d}{\rho_{dmax}} \qquad (1\text{-}1\text{-}55)$$

ρ_d 可在现场用"环刀法"或灌砂（或灌水）法测定。ρ_{dmax} 则用击实试验确定。标准击实试验方法分轻型标准和重型标准两种。两者的落锤重量、击实次数不同，即试件承受的单位压实功不同。压实度相同时，采用重型标准的压实要求比轻型标准的高，道路工程中一般要求土基压实采用重型标准，确有困难时可采用轻型标准。

§1.5　爆　破　工　程

石方工程多用爆破方法施工。人类进行岩石爆破的历史已经有二百多年，岩体爆破是岩石开挖最有效、最主要的方法。目前爆破工程的应用越来越广泛，诸如土木工程、水利水电、矿山、交通、城市改造等，它在各个行业的应用带来了显著的社会和经济效益。

1.5.1　爆破的基本概念

把炸药埋置在岩体内并引爆，炸药由原来很小体积通过化学变化瞬时转化为气体状态，体积剧增，并伴随很高的温度，使周围的岩体介质产生压缩、破碎、松散和飞溅等，受到不同程度的破坏，这就是爆破。

爆破时最靠近炸药处的岩体受的压力最大，对于可塑的土壤，可被压缩成空腔；对于坚硬的岩石，便会被粉碎。炸药的这个范围称为压缩圈。在压缩圈以外的介质受到的作用力随影响半径逐渐减弱，但在一定范围内，作用力仍足以破坏岩体的结构，使其分裂成各种形状的碎块，这个范围称之为破坏圈。在破坏圈以外的介质，因爆破的作用力已微弱到不能使之破坏，而只能产生振动现象，这个范围称之为振动圈。以上爆破作用的范围，可以用一些同心圆表示，叫做爆破作用圈（图 1-1-62）。

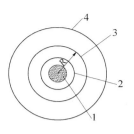

图 1-1-62 爆破作用圈

1—药包；2—压缩圈；
3—破坏圈；4—震动圈

在破坏圈以内为破坏范围，它的半径称为爆破作用半径，亦称破坏半径，用 R 表示。如果炸药埋置深度大于爆破作用半径，炸药的作用不能达到地表。反之，药包爆炸将破坏地表，并将部分（或大部分）介质抛掷出去，形成一个爆破坑，其形状如漏斗，称之为爆破漏斗，如图 1-1-63 所示。如果炸药埋置深度接近破坏圈或松动圈的外围，爆破作用没有余力可以使破坏的碎块产生抛掷运动，只能引起介质的松动，而不能形成爆破坑，这叫做松动爆破，如图 1-1-64 所示。

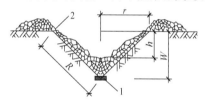

图 1-1-63 爆破漏斗

1—药包；2—漏斗上口

r—漏斗半径；R—爆破作用半径；

W—最小抵抗线；h—最大可见深度

图 1-1-64 松动爆破

爆破漏斗的大小，随介质的性质、炸药包的性质和大小，药包的埋置深度（或称最小抵抗线）而不同。爆破漏斗的大小一般以爆破作用指数 n 表示：

$$n = \frac{r}{W} \tag{1-1-56}$$

式中 r——漏斗半径；

W——最小抵抗线。

当爆破作用指数 n 等于 1，称为标准抛掷漏斗（亦称标准爆破漏斗）；n 小于 1，称为减弱抛掷漏斗；n 大于 1，称为加强抛掷漏斗。爆破作用指数 n 的实用意义是为了计算药包量，决定漏斗大小和药包距离等参数。

1.5.2 炸药和起爆方法

1. 炸药

在外界能量作用下，能由其本身的能量发生爆炸的物质叫做炸药。常用的炸药是利用化学能的瞬间反应产生的热量和高压气体发生爆炸。炸药的主要性能如下：

（1）爆速

爆速即炸药的化学反应速度。不同的炸药爆速不同，常用炸药的爆速为3000～8000m/s。爆速越大，即炸药威力越大。

（2）爆力

炸药在介质中做功的能力叫爆力。爆力的大小主要取决于炸药爆炸时产生的气体体积和温度，也与爆速有关。

（3）猛度

炸药爆炸时击碎临接介质的能力叫猛度。主要取决于炸药的爆速和爆炸时生成的热量。

（4）敏感度

炸药的敏感度是炸药在外界作用（热、火、撞击、摩擦等）下发生爆炸的难易程度。

（5）安定性

安定性是指炸药在长期贮存中保持其原有物理化学性质不变的能力。

上述主要性能对选择炸药有很大影响，使用时应予注意。

工程中常用的炸药主要有硝铵炸药、露天硝铵炸药、梯恩梯、铵萘炸药、铵油炸药、胶质炸药、黑火药等。

2. 炸药量计算

爆破石方的时候，用药量要根据岩石的硬度、岩石的缝隙、临空面大小、爆破的石方量以及施工经验决定。通常先进行理论计算，再结合试爆结果最后确定实际的用药量。

理论计算以标准抛掷漏斗为依据。用药量的多少与漏斗内的岩体体积成正比，计算药包量 Q 的基本公式为

$$Q = kqV \tag{1-1-57}$$

式中　Q——药包量（kg）；

　　　q——单位实体岩石体积所需的爆破炸药量（kg/m³）；

　　　k——不同炸药的换算系数；

　　　V——标准爆破漏斗体积（m³）。

因标准爆破漏斗中 r 等于 W，$h \approx W$，因此：

$$V = \frac{\pi}{3} r^2 h \approx \frac{\pi}{3} W^2 \cdot W \approx W^3 \tag{1-1-58}$$

当采用1号露天硝铵炸药时单位实体岩石体积所需的爆破炸药量 q 为1.25～2.2kg/m³，对极软岩取小值，对硬质石取大值。其他炸药需乘以换算系数 k。

3. 起爆方法

为了使用安全，施工中采用的炸药敏感性都较低，因此工程中要使炸药发生爆炸，必须用起爆炸药引爆。常用的起爆方法主要有两大类：电力起爆法和非电力起爆法（导火索起爆法、导爆索法及导爆管法）。

（1）电力起爆

电力起爆是通过电线输送电能激发电雷管中的电力引火装置，使雷管中的起爆药爆炸，然后使药包爆炸。在大规模爆破的工程需同时起爆多个炮孔时常用电力起爆。

电力起爆具有可靠性强（网路可采用仪器仪表进行检查），能有效控制起爆顺序和时间，可远距离控制起爆，作业安全等优点。但其不具备抗杂散电流和抗静电能力，操作复杂，技术要求较高。

电力起爆需要的器材是电雷管、导线（脚线、端线、连接线、区域线、主线）、电源和测量仪器等。

1）电雷管

雷管是起爆材料，按引爆方法分为电雷管和火雷管，电力引爆采用电雷管，它是由普通雷管加电力引火装置组成（图 1-1-65a）。电雷管通电后电阻丝发热，使发火剂点燃，引起正起爆药的爆炸。当电力引火装置与正起爆约之间放上一段缓燃剂时，即为延期电雷管（图 1-1-65b）。延期雷管可以延长雷管爆炸时间。按延长时间分秒级和毫秒级。

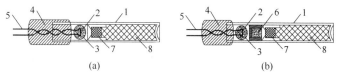

图 1-1-65　电雷管

（a）瞬发电雷管；（b）延期电雷管

1—雷管；2—电阻丝；3—球形发火剂；4—绝缘涂胶；5—脚线；

6—延期药；7—正起爆药；8—副起爆药

2）导线

导线是用于联接电雷管，组成电爆网路的材料。通常用橡胶绝缘线或塑料绝缘线，严禁使用不带绝缘包皮的电线。

3）电源

用于电力起爆的电源可用普通照明电源或动力电源，也可用电池组或专供电力源。

电力起爆需要布置电爆网路，电力起爆网路中的电线按其部位分为端线、联接线、区域线和主线。施工前应进行专项设计。

为确保电力起爆的安全，在起爆后应立即切断电源，并将主线短路。采用瞬发电雷管起爆时，应在切断电源后保持短路 5min 后方可进入现场检查；采用延期电雷管时，应在切断电源后保持短路 15min 后方可进入现场检查。

（2）导火索起爆

导火索起爆是利用导火索在燃烧时的火花引爆雷管，然后再使炸药发生爆炸。它是最早使用的起爆方法，其操作简单、施工方便、机动灵活、成本低廉，但由于其安全性差，点燃导火索根数以及爆破的药包也受到限制，因此现已较少使用，一般仅用于大块石解炮或小规模的边坡修整爆破等。

将已插入火雷管中的导火索点燃，引发火雷管继而起爆炸药的方法。将导火索切出新口，插入火雷管中卡紧，装入药包，点燃导火索后起爆。点火方法可采用点火棒、点火筒、切口导火索及导火索装入三通接头一次点火法等。

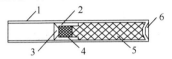

图 1-1-66　火雷管

1—管壳；2—加强帽；3—帽孔；4—
正起爆药；5—副起爆药；6—窝槽

导火索起爆所需材料如下：

1）火雷管

用于火花起爆的为火雷管（图 1-1-66）。由外壳、正副起爆药和加强帽三部分组成。雷管的规格分为 1～10 号，号数大威力亦大，其中以 6 号和 8 号应用最广。由于雷管内装的都是猛烈的炸药，遇冲击、摩擦、加热、火花就会爆炸，因此在运输、保管和使用中都要特别注意。

2）导火索

导火索是点燃雷管的配置材料。用于火雷管的导火索由黑火药药芯和耐火外皮组成，直径 5～6mm。导火索的正常燃速是 1cm/s 和 0.5cm/s 两种。使用前应当做燃烧速度的试验，必要时还应做耐水性试验，以保证爆破安全。

3）起爆药卷

起爆药卷是使主要炸药爆炸的中继药包。起爆药卷应在即将装炸药前制作，每次按需用数量制作，不得先做成成品使用。

（3）导爆索起爆

导爆索起爆是直接起爆药卷的起爆方法，它不需雷管，但本身须用雷管引爆。这种方法成本较高，主要用于深孔爆破、成组或药室同时爆破。

它的起爆过程是将已插入火雷管中的导火索点燃，引发火雷管继而起爆炸药。

导爆索的外形和导火索相似，但药芯是由高级烈性炸药组成，传爆速度达 7000m/s 以上。导爆索表面涂以红黄相间的线条以与导火索区别。

导爆索网路的联接有串联、并联和分段并联等形式（图 1-1-67）。

（4）导爆管起爆法

导爆管起爆法又称塑料导爆管起爆法。

导爆管起爆系统由击发元件（起爆元件）、连接元件（传爆元件）及工作元件组成，其中导爆管的主体。导爆管被激发后传递出爆轰波是一种低爆速的弱爆轰波，不能直接起爆炸药，但能起爆雷管。起爆程序由连接导爆管雷管的结头（工作

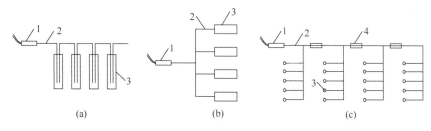

图 1-1-67　导爆索网路的联接

(a) 串联；(b) 并联；(c) 分段并联

1—雷管；2—导爆索；3—炮孔；4—继爆管

元件）开始，通过击发元件引发，导爆管传播的爆轰波引发雷管，再引爆炸药。

击发导爆管的方法可用火雷管、电雷管、导爆索或其他起爆器具，如击发枪、击发笔等。

导爆管具有传爆可靠性高、使用方便，安全性好、成本低，不受周围电场以及杂散电流等影响，可准确实现微差及延期爆破等优点，因此在工程中得到广泛应用。但这一起爆法也有一些缺点，如：起爆前无法用仪表检测连接质量；不能用于有沼气和矿尘场地；网络分段过多时易因空气冲击波破坏网络；高寒地区塑料管易硬化等。

导爆管起爆法的主要材料如下：

1）塑料导爆管

塑料导爆管由内径 1.5mm、外径 3mm 左右的高压聚乙烯材料制成。内壁涂有猛炸药（混合炸药配比是黑索金 91%，铝粉及其他附加物 9%）。当导爆管被激发后，管内产生冲击波，并进行低速传播，管内壁表面上薄层炸药随冲击波产生爆轰，并不断释放热量补充沿导管内传播的冲击波，从而使爆轰波能以恒定速度传播。

2）导爆管雷管

导爆管雷管为非电毫秒雷管（图 1-1-68），由塑料导爆管引爆。它与延期电雷管的主要区别在于：不用电雷管中的电点火装置，而是通过与塑料导爆管相连接的塑料连接套，由塑料导爆管的爆轰波来引爆炸药。

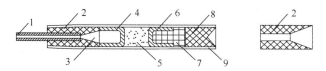

图 1-1-68　非电毫秒雷管结构

1—塑料导爆管；2—塑料连接套；3—消爆空腔；4—空信帽；

5—延期药；6—加强帽；7—正起爆药；8—副起爆药；9—金属管壳

3）其他元件

导爆管起爆网路还有连接块、连通器等连接元件以及导爆管击发元件等。

网路系统常用的形式与导爆索起爆网路类似，可有串联、并联及并串联等。图 1-1-69 是多并串联网路。

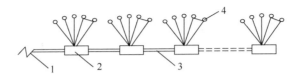

图 1-1-69　多并串联导爆管起爆网路

1—起爆元件；2—连通器；3—导爆管；4—炮孔（末端工作元件）

1.5.3　爆 破 方 法

爆破方法有多种，如炮孔法、深眼法、药壶法、硐室法、定向爆破法、微差爆破法以及静态爆破等。

1. 浅孔爆破

浅孔爆破也叫炮孔法，属于小爆破。一般炮孔直径 25～50mm、深度 0.5～5m。浅孔爆破可用于开挖基坑，开采石料、松动冻土，爆破大块岩石及开挖路堑等。

浅孔爆破的施工操作顺序为钻孔、装药、堵塞及起爆。在装药前，先清除炮孔内的石粉及泥浆，然后装填炸药。如炮孔方向为水平、倾斜或向上的状态，则用筒装炸药装填。不论是筒装或松散的炸药，每装填 150～250g 后，应用木棍压实一次，将炸药装到 80%～85% 以后，再装入起爆药卷。炸药装好后，将炮孔的其余部分用干细砂土堵塞。

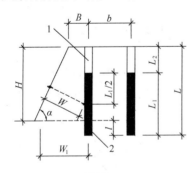

图 1-1-70　爆破的最小抵抗线和底盘抵抗线

1—堵塞物；2—炸药

H—台阶高度；B—前排孔口至坡顶的距离；b—排距；L—钻孔深度；L_1—装药长度；L_2—堵塞长度；l—超深；α—台阶坡面角；W—最小抵抗线；W_1—前排钻孔的底盘抵抗线

浅孔爆破台阶高度不宜超过 5m。炮孔的深度是根据岩石的软硬和台阶高度而定的。中等硬度岩石炮孔深度可取等于台阶的高度；坚硬岩石可取台阶高度的 1.1～1.5 倍；较软岩石中取台阶高度的 0.85～0.95 倍。

炮孔中药包中心到梯段边坡的最短距离，称最小抵抗线，见图 1-1-70。一般情况下，最小抵抗线长度可取为：

$$W = (0.4\text{～}1.0)\,H \qquad (1\text{-}1\text{-}59)$$

堑石较硬时取低值。

炮孔底部中心至阶梯底脚的水平距离称为底盘抵抗线 W_1。

浅孔爆破在被爆破的岩石内钻凿直径 d 一般不大于 50mm。底盘抵抗线宜为

（30～40）d，炮孔间距宜取底盘抵抗线的 1.0～1.25 倍。炮孔装药后应进行封堵，堵塞长度取最小抵抗线的 0.8～1.0 倍，夹制作用较大的岩石取 1.0～1.25 倍。

炮孔位置的布置要尽量利用临空面较多的地形，或者有计划地改造地形。第一次爆破要给第二次爆破创造更多的临空面，以获得良好的效果。

炮孔的方向应避免与临空面垂直，因为炸药爆炸时，破坏力向最小抵抗线方向发挥。如果炮孔方向与临空面垂直，爆炸力多半向孔口发挥逸散，因此，炮孔方向应尽量与临空面平行。

炮孔之间的距离应根据起爆方法确定，常用梅花形布置（图 1-1-71）。炮孔距离 a 根据不同起爆方法确定。炮孔的行距 b，可取为第一行炮孔的抵抗线长度 W，若第一行各炮孔的 W 不相同时，则可取其平均值。

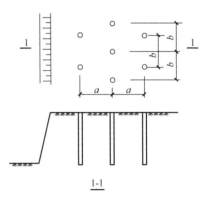

图 1-1-71　炮孔的布置

2. 深孔爆破

深孔爆破的炮孔直径和深度都较大。孔径一般大于 50mm，孔深则大于 5m。孔径 d 依据钻机类型、台阶高度、岩石性质及走向条件等确定，可取 75～120mm。底盘抵抗线宜取（30～40）d，钻孔深度宜为底盘抵抗线的 30%。采用两排及以上炮孔爆破时，炮孔间距宜取底盘抵抗线的 1.0～1.25 倍。炮孔装药后应进行封堵，堵塞长度取（30～40）d。

深孔爆破应采用台阶爆破，台阶的高度应根据地质情况、开挖条件、机械设备状况等确定，一般可取 8～10m。

这种爆破方法的钻孔需要大型凿岩机或穿孔机等设备。其优点是效率高，一次爆落的石方量大，但爆落的岩石不太均匀，往往有 10%～20% 的大石块需要进行二次爆破。

3. 药壶法

药壶法爆破是在炮孔底部放入少量的炸药，经过几次爆破扩大成为圆球的形状，最后装入炸药进行爆破。此法与浅孔法相比，具有爆破效果好、工效高、进度快、炸药消耗少等优点。但扩大药壶的操作较为复杂，爆落的岩石不均匀。该方法在坚硬岩石中扩大药壶较为困难，故主要用于硬土和软石的爆破，爆破层的高度不大于 10～12m。

4. 硐室法

硐室法是把炸药装进开挖好的硐室内进行爆破，是一种大型的爆破方法。装药的硐室一般设计成立方体，高度不宜超过 2m，以利开挖和装药。当药包量很大时，也可设计成长方体。

5.定向爆破法

定向爆破的基本原理是炸药在岩石或土内部爆炸时，岩石沿着最小抵抗线（即药包中心到临空面最短距离）的方向飞溅出去。由此，利用爆破的作用将大量岩石按指定方向飞落到预定地点并堆积成一定形状的填方（图 1-1-72）。

图 1-1-72 定向爆破

（a）单侧定向填筑；（b）双侧定向填筑

1—洼地；2—主药包；3—辅助药包；4—飞溅方向；5—堆积体；6—堤顶线

临空面可以利用自然的地形，也可以在爆破地点用人工方法造成所需的孔穴或定向槽作为临空面，以使形成最小抵抗线的方向能指向工程预定的方向。

1.5.4 爆破安全措施

爆破工程，应特别重视安全施工。爆破作业每一道工序，都必须要认真贯彻执行爆破安全的有关规定，特别应注意下列几点：

1. 爆破器材的领取、运输和贮存，应严格按有关法规和规章制度执行。雷管和炸药不得同车装运、同库贮存。贮存库离生活区及人员活动区等应有一定的安全距离，并严加警卫。

2. 爆破施工前应做好安全爆破的准备工作，划好警戒区，设置安全哨。闪电鸣雷时禁药、接线。

3. 施工操作应严格遵守安全操作规程。

4. 爆破时发现拒爆时，必须先查清原因后再进行处理。

思 考 题

1.1 土的可松性系数在土方工程中有哪些具体应用？

1.2 最佳设计平面的基本要求是什么？如何进行最佳设计平面的设计？

1.3 场地平整有哪些常用的施工机械？

1.4 试述影响边坡稳定的因素有哪些？并说明原因。

1.5 土钉墙设计中应考虑哪几方面？

1.6 水泥土墙设计应考虑哪些因素？水泥土搅拌桩施工应注意哪些问题？

1.7 支锚式支护结构常见破坏形式有哪些？

1.8　基坑土方开挖应遵循什么原则，针对不同的基坑应如何具体贯彻？

1.9　井点降水有何作用？

1.10　简述流砂产生的机理及防治途径。

1.11　轻型井点系统有哪几部分组成？其高程和平面布置有何要求？

1.12　单斗挖土机有几种形式？分别适用开挖何种土方？

1.13　土方填筑应注意哪些问题？叙述影响填土压实的主要因素。

1.14　爆破施工中常用起爆方式有哪几种？爆破方法又有哪几种？

<h1 style="text-align:center">习　　题</h1>

1.1　某矩形基坑，其底部尺寸为 4m×2m，开挖深度 2.0m，坡度系数 $m=0.50$，试计算其挖方量，若将土方用容量为 $2m^3$ 的运输车全部运走，需运多少车次？（$K_s=1.20$，$K'_s=1.05$）

1.2　试推导土的可松性对场地平整设计标高的影响公式 $H'_0=H_0+\Delta h$ 中的 Δh 为 $\dfrac{V_W(K'_s-1)}{F_T+F_W K'_s}$。

1.3　如下图所示的管沟中心线 AC，沟底宽 2m，AB 相距 30m，BC 相距 20m，A 点管沟底部标高 240.00m，沟底纵向自 A 向下至 C，坡度为 4‰，试绘制管沟纵剖面图，并计算 AC 段的挖方量。

1.4　某工程场地平整，方格网（20m×20m）如图所示，不考虑泄水坡度、土的可松性及边坡的影响，按填挖平衡原则求场地设计标高 H_0，并定性标出零线位置。

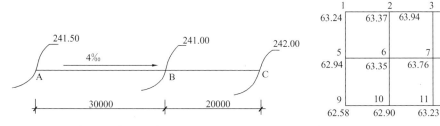

1.5　某工程基坑开挖面积 80×40m，开挖深度为 6.0m。工程周围均为农田，从地表至 20m 深的土层主要为淤泥质黏土，试说出 3 种合适的基坑支护方案，绘出它们的设计计算简图，并简述施工要点。

1.6　某基坑底面积为 20m×30m，基坑深 4m，地下水位在地面以下 1m，不透水层在地面以下 10m，地下水为无压水，土层渗透系数为 $1.7×10^{-4}$ cm/s（15m/d），基坑边坡为 1∶0.5，拟采用轻型井点降水，试进行井点系统的布置和计算。

1.7　某基坑底面尺寸为 30m×50m，深 3m，基坑边坡为 1∶0.5，地下水位在地面下 1.5m 处，地下水为无压水。土质情况：天然地面以下为 1m 厚的杂填土，其下为 8m 厚的细砂含水层，细砂含水层以下为不透水层。拟采用一级轻型井点降低地下水位，环状布置，井点管埋置面不下沉（为自然地面），现有 6m 长井点管，1m 长滤管，试：

(1) 验算井管的埋置深度能否满足要求；

(2) 判断该井点类型；

(3) 计算群井涌水量 Q 时，含水层厚度应取为多少？为什么？

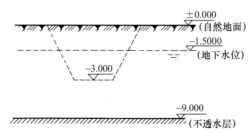

第2章 桩基础工程

一般多层建筑物当地基较好时多采用天然浅基础，它造价低、施工简便。如果天然浅土层较弱，可采用机械压实、强夯、堆载预压、深层搅拌、化学加固等方法进行地基加固，形成人工地基。如深部土层也较弱、建（构）筑物的上部荷载较大或对沉降有严格要求的高层建筑、地下建筑以及桥梁基础等，则需采用深基础。

桩基础是一种常用的深基础形式，它由桩和承台组成。

桩的材料可用混凝土、钢或组合材料。

按照承载性状的不同，桩可分为端承型桩、摩擦-端承型桩及摩擦型桩、端承-摩擦型桩四类。端承型桩基桩端嵌入坚硬土层，在极限承载力状态下，上部结构荷载通过桩传至桩端土层；摩擦型桩则是利用桩侧的土与桩的摩擦力来支承上部荷载，在软土层较厚的地层中多为摩擦桩；摩擦-端承型桩在极限承载力状态下，桩顶荷载主要由桩端阻力承受，小部分由摩擦力承担；端承-摩擦型桩在极限承载力状态下，桩顶荷载主要由桩侧阻力承受，小部分由桩端阻力承担。

按照使用的功能分类，桩可分为竖向抗压桩、竖向抗拔桩、水平受荷桩及复合受荷桩。

按施工方法桩可分为预制桩和灌注桩两大类。预制桩是在工厂或施工现场制成的各种形式的桩，然后用锤击、静压、振动或水冲等方法沉桩入土。灌注桩则就地成孔，而后在钻孔中放置钢筋笼、灌注混凝土成桩。灌注桩根据成孔的方法，又可分为钻孔、挖孔、冲孔及沉管成孔等方法。工程中一般根据土层情况、周边环境状况及上部荷载等确定桩型与施工方法。

根据在成桩过程中是否挤土，分为非挤土桩，如干作业钻（挖）孔灌注桩、泥浆护壁或套管护壁钻（挖）孔灌注桩等；部分挤土桩，如长螺旋压灌灌注桩、冲孔灌注桩、预钻孔打入（静压）实心预制桩、打入（静压）敞口钢管桩、敞口预应力混凝土空心桩、H型钢桩等；挤土桩，如沉管灌注桩、夯（挤）扩灌注桩、打入（静压）实心预制桩、闭口预应力混凝土空心桩和闭口钢管桩等。

桩的直径（边长）$d \leqslant 250mm$ 的称为小直径桩；$250mm < d < 800mm$ 的桩称为中等直径桩；$d \geqslant 800mm$ 的桩称为大直径桩。

§2.1 预制桩施工

预制桩一般有混凝土预制桩与钢桩两种。

混凝土预制桩能承受较大的荷载、坚固耐久、施工速度快，是工程广泛应用的桩型之一。常用的有混凝土实心方桩和预应力混凝土空心管桩。混凝土方桩多在工厂加工，也可在施工现场制作，预应力混凝土空心管桩则均在工厂加工。

钢桩有钢管桩、H 型钢桩及其他异型钢桩，其制作一般均在工厂进行。

2.1.1　预 制 桩 的 制 作

1. 混凝土预制桩的制作

混凝土方桩的截面边长多为 250～550mm，普通混凝土方桩截面边长不应小于 200mm，预应力混凝土实心桩的截面边长不宜小于 350mm。方桩根据工程要求可做成单根桩或多节桩。单节长度应根据桩架有效高度、制作场地条件、运输和装卸能力而定，并应避免桩尖接近或处于硬持力层中接桩。如在工厂制作，长度不宜超过 12m；如在现场预制，长度不宜超过 30m。桩的接头不宜超过两个。

混凝土管桩是在工厂用离心法，通过先张法工艺施加预应力而制成的。混凝土管桩主要有预应力高强混凝土的管桩（PHC）和空心方桩（PHS）、预应力混凝土的管桩（PC）和空心方桩（PS）等几类。同时根据管桩的抗弯性能或混凝土有效预应力值，管桩可分为 A、AB、B 和 C 型。混凝土管桩外径为 300～1000mm，壁厚 70～130mm，每节长度 7～13mm。PHC、PHS 桩的混凝土强度等级为 C80，PC 桩和 PS 桩的混凝土强度等级为 C60。桩身最小配筋率不小于 0.4%，且预应力钢筋数量不少于 6 根，预应力钢筋应沿桩身圆周均匀配置。采用法兰焊接法连接，桩的接头不宜超过 4 个。桩底端可设桩尖成封闭状，亦可以是开口的。

下面着重介绍预制方桩的制作。

为节省场地，预制方桩多用叠浇法制作，因此场地应平整、坚实，不得产生不均匀沉降。重叠层数取决于地面允许荷载和施工条件，一般不宜超过 4 层。横向可采用间隔施工的方法，桩与桩间应做好隔离层，桩与邻桩、下层桩、底模间的接触面不得发生粘结。上层桩或邻桩的浇筑，必须在下层桩或邻桩的混凝土达到设计强度的 30% 以后方可进行。

混凝土预制桩的混凝土强度等级不宜低于 C30。桩身配筋与沉桩方法有关。锤击沉桩的纵向钢筋配筋率不宜小于 0.8%，静力压入法施工的桩不宜小于 0.6%，桩的纵向钢筋直径宜不小于 14mm，桩身宽度或直径不小于 350mm 时，纵向钢筋不应少于 8 根。桩顶一定范围内的箍筋应加密，并设置钢筋网片。

预制桩的混凝土浇筑，应由桩顶向桩尖连续进行，严禁中断。

2. 钢桩的制作

我国目前采用的钢桩主要是钢管桩和 H 型钢桩两种，钢管桩一般采用 Q235钢桩进行制作，常见直径为 ϕ406、ϕ609 和 ϕ914 等几种，壁厚 9～18mm，H 型钢桩常采用 Q235 或 Q345 钢制作，常见截面为 200mm×200mm～400mm×400mm，翼缘厚度 12～35mm、腹板厚度 12～20mm。每节长度不宜超过 12～

15m。钢管桩的桩端常采用两种形式：带加强箍或不带加强箍的敞口形式以及平底或锥底的闭口形式。H 型钢桩则可采用带端板和不带端板的形式，不带端板的桩端可做成锥底或平底。钢桩的桩端形式根据桩所穿越的土层、桩端持力层性质、桩的尺寸、挤土效应等因素综合考虑确定。

钢桩都在工厂生产完成后运至工地使用。制作钢桩的材料必须符合设计要求，并具有出厂合格证明与试验报告。制作现场应有平整的场地与挡风防雨设施，以保证加工质量。

钢桩在地面下仍会发生腐蚀，其腐蚀速率在地面以上无腐蚀性气体或腐蚀性挥发介质的环境下为 0.05～0.1mm/a，在地面以下为 0.03～0.3mm/a，因此，应做好防腐处理。钢桩防腐处理可采用外表面涂防腐层，增加腐蚀裕量及阴极保护。当钢管桩内壁与外界隔绝时，可不考虑内壁防腐。

2.1.2 预制桩的起吊、运输

1. 预制桩的起吊

混凝土预制桩须在混凝土强度达到设计强度的 70% 方可起吊；达到 100% 方可运输和打桩。如提前起吊，必须经验算合格并采取措施方可进行。

桩在起吊和搬运时，必须平稳，并且不得损坏。由于混凝土桩的主筋一般均为均匀对称配置的，而钢桩的截面通常也为等截面的，因此，吊点设置应按照起吊后桩的正、负弯矩基本相等的原则，节点一般设置如图1-2-1 所示。

2. 预制桩的运输

打桩前，桩从制作处运到现场以备打桩，应尽可能避免桩在现场二次搬运，可根据打桩顺序随打随运。桩的运输方式，在运距不大时，可直接用起重机吊运；当运距较大时，可采用大平板车或轻便轨道平台车运输。

钢桩在运输中对两端应适当保护，钢管桩应设置保护圈，防止桩体撞击而造成桩端、桩体损坏或弯曲。

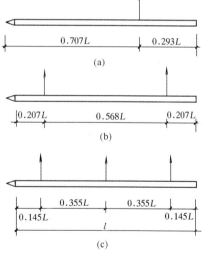

图 1-2-1 桩的合理吊点

(a) 一点起吊；(b) 两点起吊；(c) 三点起吊

2.1.3 预 制 桩 的 堆 放

桩的堆放场地必须平整、坚实，排水畅通。垫木位置应与吊点位置相同，各层垫木应位于同一垂直线上。对圆形的混凝土桩或钢管桩的两侧应用木楔塞紧，防止其滚动。在现场桩的堆放层数不宜太多。对混凝土方桩，堆放层数不宜超过4层；对混凝土空心桩，当场地条件许可时，宜采用单层堆放。当叠层堆放时，外径为500～600mm的桩不宜超过4层；外径为300～400mm的桩不宜超过5层。叠层堆放时，应在桩下垂直于长度方向设置2道垫木，垫木应分别位于桩端0.2倍桩长处，底层最外边缘的桩的侧边应用木楔塞紧。对钢管桩，直径在900mm左右的不宜超过3层，直径在600mm左右的不超过4层，直径在400mm左右的不宜超过5层。此外，对不同规格、不同材质的桩应分别堆放，便于施工。

2.1.4　预制桩沉桩

预制桩的沉桩方法有锤击法、静压法、振动法及水冲法等。其中以锤击法与静压法应用较多。

1. 锤击法

（1）锤击沉桩机

锤击沉桩机有桩锤、桩架及动力装置三部分组成，选择时主要考虑桩锤与桩架。

1）桩锤

桩锤有落锤、蒸汽锤、柴油锤、液压锤及振动锤等。

A. 落锤

落锤用人力或卷扬机拉起桩锤，然后使其自由下落，利用锤的重力夯击桩顶，使之入土。

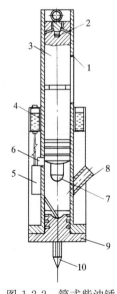

图1-2-2　筒式柴油锤
1—汽缸；2—油箱；3—活塞；4—储油箱；5—油泵；6—杠杆；7—环形头；8—接管；9—锤脚；10—顶尖

落锤装置简单，使用方便，费用低，但施工速度慢，效率低，且桩顶易被打坏。落锤适用于施打小直径的钢筋混凝土预制桩或小型钢桩，在软土层中应用较多。

B. 柴油锤

柴油锤（图1-2-2）是以柴油为燃料，利用设在筒形汽缸内的冲击体的冲击力与燃烧压力，推动锤体跳动夯击桩体。柴油锤冲击部分的重量有2.0t、2.5t、3.5t、4.5t、6.0t、7.2t等数种。每分钟锤击次数约40～80次。可以用于大型混凝土桩和钢桩等。

柴油锤体积小、锤击能量大、锤击速度快、施工性能好。它适用于各种土层及各类桩型，也可打斜桩。但这种锤在过软的土中往往会由于贯入度过大，燃油不易爆发，桩锤不能反跳，造成工作循环中断。此外，柴油锤施工时有振动大、噪声高、废气飞散等严重污染，目前，柴油锤在国外及我国的一些大中城市已受到限制。

C. 蒸汽锤

蒸汽锤是利用蒸汽的动力进行锤击，它需要配备一套锅炉设备对桩锤外供蒸汽。根据其工作情况又可分为单动式汽锤与双动式汽锤。单动式汽锤的冲击体只在上升时耗用动力，下降依靠自重；双动式汽锤的冲击体升降均由蒸汽推动。

单动式汽锤常用锤重为 3～10t，其冲击力较大，每分钟锤击数为 25～30 次。双动式汽锤的外壳（即汽缸）是固定在桩头上的，而锤是在外壳内上下运动。因冲击频率高（100～200 次/min），所以工作效率高。锤重一般为 0.6～6t。蒸汽锤适宜打各种桩，也可在水下打桩并用于拔桩。

D. 液压锤

液压打桩锤的冲击块通过液压装置提升至预定高度后再快速释放，后以自由落体方式打击桩体。也有在冲击块提升至预定高度后再以液压系统施加作用力，使冲击块获得加速度，以提高冲击速度与冲击能量，后者亦称为双作用液压锤。

液压锤具有很好的工作性能，且无烟气污染、噪声较低，软土中起动性比柴油锤有很大改善，但它结构复杂、维修保养的工作量大、价格高，作业效率比柴油锤低。

用锤击沉桩时，为防止桩受冲击应力过大而损坏，宜采用"重锤轻击"方法。桩锤过轻，锤击能很大一部分被桩身吸收，桩头容易打碎而桩不易入土。锤重可根据土质、桩的规格等确定，对于桩端进入硬土层一定深度的长度为 20～60m 的钢筋混凝土预制桩和长度为 40～60m 的钢管桩可参考表 1-2-1 进行选择。实际工程中，如能进行锤击应力计算则更为科学。

锤击沉桩锤重选择表　　　　　　　　　　　表 1-2-1

锤　　型		柴　油　锤（t）						
		D25	D35	D45	D60	D72	D80	D100
锤的动力性能	冲击部分重（t）	2.5	3.5	4.5	6.0	7.2	8.0	10.0
	总重（t）	6.5	7.2	9.6	15.0	18.0	17.0	20.0
	冲击力（kN）	2000～2500	2500～4000	4000～5000	5000～7000	7000～10000	>10000	>12000
	常用冲程（m）	1.8～2.3						
桩的截面尺寸	混凝土预制桩的边长或直径（mm）	350～400	400～450	450～500	500～550	550～600	600 以上	600 以上
	钢管桩的直径（mm）	400		600	900		900～1000	900以上	900以上
持力层	黏性土粉土 一般进入深度（m）	1.5～2.5	2.0～3.0	2.5～3.5	3.0～4.0	3.0～5.0		
	黏性土粉土 静力触探比贯入阻力 P_s 平均值（MPa）	4	5	>5				
	砂土 一般进入深度（m）	0.5～1.5	1.0～2.0	1.5～2.5	2.0～3.0	2.5～3.5	4.0～5.0	5.0～6.0
	砂土 标准贯入击数 N（未修正）	20～30	30～40	40～45	45～50	50	>50	>50
常用的控制贯入度（cm/10 击）		2～3		3～5		4～8	5～10	7～12
设计单桩极限承载力（kN）		800～1600	2500～4000	3000～5000	5000～7000	7000～10000	>10000	>10000

2）桩架

桩架的作用是悬吊桩锤，并为桩锤导向，它还能吊桩并可以在小范围内移动桩位。

A. 桩架的种类

桩架的行走方式常有滚管式、轨道式、步履式及履带式等四种。

（A）滚管式桩架

滚管式打桩架靠两根滚管在枕木上滚动及桩架在滚管上的滑动完成其行走及位移。这种桩架的优点是结构比较简单、制作容易、成本低；缺点是平面转向不灵活、操作复杂。

（B）轨道式桩架

轨道式打桩架设置轨道行走，它采用多电机分别驱动、集中操纵控制，它能吊桩、吊锤、行走、回转移位，导杆能水平微调和倾斜打桩，并装有升降电梯为打桩人员提供良好的操作条件。但这种桩架只能沿轨道开行，机动性能较差，施工不方便。

（C）步履桩架

液压步履式打桩架是通过两个可相对移动的底盘互为支撑、交替走步的方式前进，也可 360°回转，它不需铺设轨道，移动就位方便，打桩效率高。

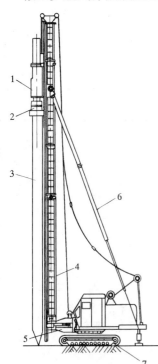

图 1-2-3　三点支撑式履带桩架
1—桩锤；2—桩帽；3—桩；4—立柱；
5—立柱支撑；6—斜撑；7—车体

（D）履带式桩架

履带式打桩架是以履带式车体为主机的一种多功能打桩机，图 1-2-3 是三点支撑式履带打桩架的示意图。

三点支撑式履带打桩架是在专用履带式车体上配以钢管式导杆和两根后支撑组成，它是目前最先进的一种桩架，采用全液压传动，履带的中心距可调节，导杆分单导向及双导向两种，它可360°回转。

这种打桩机具有垂直度调节灵活、稳定性好；装拆方便、行走迅速；适应性强、施工效率高等一系列优点。适用各种导杆和各类桩锤，可施打各类桩，也可打斜桩。

B. 桩架的选择

桩架选择应考虑下述因素：

（A）桩的材料、桩的截面形状及尺寸大小、桩的长度及接桩方式；

（B）桩的数量、桩距及布置方式；

（C）选用桩锤的形式、重量及尺寸；

（D）工地现场条件、打桩作业空间及周边环境；

（E）投入桩机数量及操作人员的素质；

（F）施工工期及打桩速率。

桩架的高度是选择桩锤时需考虑的一个重要问题。桩架的高度应满足施工要求，它一般等于桩长＋滑轮组高度＋桩锤高度＋桩帽高度＋起锤移位高度（取 1～2m）。

（2）打桩施工

1）打桩顺序

打桩顺序合理与否，影响打桩速度、打桩质量及周围环境。当桩的中心距小于 4 倍桩径时，打桩顺序尤为重要。对于密集桩群，应采用自中间向两个方向（图 1-2-4a）或自中间向四周对称施打（图 1-2-4b）。施工区毗邻建筑物或地下管线，应由毗邻被保护的一侧向另一方向施打。此外，根据设计标高及桩的规格，宜先深后浅、先大后小、先长后短，这样可以减小后施工的桩对先施工的桩的影响。

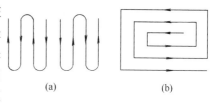

图 1-2-4　打桩顺序
(a) 由中间向两个方向施打；
(b) 由中间向四周施打

2）打桩方法

打桩机就位后，将桩锤和桩帽吊起，然后吊桩提升，垂直对准桩位缓缓送下插入土中，桩插入时垂直度偏差不得超过 0.5％。然后固定桩帽和桩锤，使桩、桩帽、桩锤在同一铅垂线上，确保桩能垂直下沉。桩帽或送桩帽与桩周围应有 5～10mm 的间隙，在桩锤和桩帽之间应加弹性衬垫，一般可用硬木、麻袋、草垫等，以防损伤桩顶。

打桩开始时，锤的落距应较小，待桩入土至一定深度且稳定后，再按规定的落距锤击。用落锤或单动汽锤打桩时，最大落距不宜大于 1m，用柴油锤时，应使锤跳动正常。在打桩过程中，遇有贯入度剧变、桩身突然发生倾斜、移位或有严重回弹、桩顶或桩身出现严重裂缝或破碎等异常情况时，应暂停打桩，及时研究处理。

如桩顶标高低于自然土面，则需用送桩管将桩送入土中时，送桩管与桩的纵轴线应在同一直线上，拔出送桩管后，桩孔应及时回填或加盖。

混凝土预制桩在施打时其混凝土强度与龄期均应达到设计要求。对 H 型钢桩，由于其截面刚度较小，锤重不宜大于 4.5t 级（柴油锤），且在锤击过程中在桩架前应设横向约束装置，防止桩的横向失稳。当持力层较硬时，H 型钢桩不宜送桩。对钢管桩，如锤击有困难时，可在管内取土以助沉桩。

3）接桩方法

混凝土桩的接桩可用焊接、法兰连接以及机械快速连接（螺纹式、啮合式）等几种方法。

目前焊接接桩应用最多，下面介绍这一方法。

混凝土桩的焊接接桩是通过上、下节桩对接端预埋桩帽对焊而成。接桩的预埋桩帽表面应清洁，应先将四角点点焊固定，然后对称焊接。上、下节桩之间如有间隙应用铁片填实焊牢，焊接时焊缝应连续饱满，并采取措施减少焊接变形。接桩时，上、下节桩的中心线偏差不得大于 10mm，节点弯曲矢高不得大于 1‰ 桩长。

钢桩焊接时气温低于 0℃ 或雨雪天，应采取可靠措施，否则不得进行焊接施工。焊接时，应清除焊接处的浮锈、油污等脏物，桩顶经锤击变形部分应割除。焊接应对称进行，接头焊接完成后应冷却 1min 后方可继续锤击。

（3）打桩的质量控制

打桩过程中，应做好沉桩记录，以便工程验收。

打桩的质量检查主要包括预制桩沉桩过程中的每米进尺的锤击数、最后 1m 锤击数、最后贯入度及桩尖标高、桩身垂直度和桩位等。

打桩停锤的控制原则，对于桩尖位于坚硬土层的端承型桩，以贯入度控制为主，桩端标高可作参考。如贯入度已达到而桩端标高未达到时，应继续锤击 3 阵，按每阵 10 击的贯入度不大于设计规定的数值加以确认，必要时应通过试验或与有关单位会商确定。桩端（桩的全断面）位于一般土层的摩擦型桩，应以控制桩端设计标高为主，贯入度可作参考。

预制桩的垂直偏差应控制在 1% 之内，斜桩的倾斜度偏差不得大于倾斜角正切值的 15%（倾斜角系桩的纵向中心线与铅垂线之间的夹角）。按桩顶标高控制的桩，桩顶标高允许偏差为 −50mm，+100mm。桩的平面位置的允许偏差见表 1-2-2。

预制桩（钢桩）桩位允许偏差　　　　　　　　表 1-2-2

项　目		允许偏差（mm）
带有基础梁的桩	垂直于基础梁中心线	$100+0.01H$
	沿基础梁中心线	$150+0.01H$
桩数为 1～3 根桩基中的桩		100
桩数为 4～16 根桩基中的桩		1/2 桩径或边长
桩数大于 16 根桩基中的桩	最外边的桩	1/3 桩径或边长
	中间桩	1/2 桩径或边长

注：H 为施工现场地面标高与设计桩顶标高的距离。

（4）打桩对周边的影响及其防治

打桩时，往往会产生挤土，引起桩区及附近地区的土体隆起和水平位移，由于邻桩相互挤压易导致桩位偏移，会影响桩工程质量。如临近有建筑物或地下管线等，打桩还会引起邻近建筑物、地下管线及地面道路的损坏。为此，在邻近建筑物（构筑物）打桩时，应采取适当的措施。

为避免或减小沉桩挤土效应及对邻近环境的影响，可采取以下措施：

1）预钻孔沉桩。

可在桩位处预钻直径比桩径小 50～100mm 的孔，深度视桩距和土的密实度、渗透性确定，一般为 1/3～1/2 桩长，施工时随钻随打。

2）设置袋装砂井或塑料排水板。

设置袋装砂井或塑料排水板排水以消除部分超孔隙水压力，减少挤土现象。袋装砂井的直径一般为 70～80mm，间距 1～1.5m，深度 10～12m。如采用塑料排水板，间距及深度也类似。

3）挖防振（挤）沟。

在地面开挖防振（挤）沟，可以消除部分地面的振动和挤土现象。防振（挤）沟一般宽 0.5～0.8m，深度根据土质以边坡能自立为妥。该方法可以与其他措施结合使用。

4）采取合理打桩顺序、控制打桩速度。

5）设置隔离桩（墙）。

此外，在沉桩过程中应加强对邻近建筑物、地下管线等的观测、监护，可以及时发现问题，并研究解决问题的措施。

2. 静力压桩法

静力压桩法是利用桩机本身的自重平衡沉桩阻力，在沉桩压力的作用下，克服压桩过程中的桩侧摩阻力及桩端阻力而将桩压入土中。

静力压桩法完全避免了桩锤的冲击运动，故在施工中无振动、噪声、无空气污染，同时对桩身产生的应力也大大减小。因此，它广泛应用于闹市中心建筑较密集的地区，但它对土层的适应性有一定局限，一般适用于软弱土层，当存在厚度大于 2m 的中密以上砂夹层时不宜采用此法。

静力压桩机分为机械式与液压式两种，前者只能用于压桩，后者可以压桩还可拔桩。

（1）机械式压桩机

机械式压桩机是由卷扬机通过钢丝绳滑轮组将桩压入土中，它由底盘、机架、动力装置等几部分组成。

这种桩机是在桩顶部位施加压力，因此，桩架高度必须大于单节桩的长度。此外，由于沉桩阻力较大，卷扬机需通过多个滑轮组方可产生足够的压力将桩压入土中，所以跑头钢丝绳的行走长度很大，作业效率较低。

（2）液压式压桩机

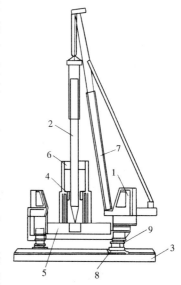

图 1-2-5 液压式压桩机

1—操纵室；2—桩；3—支腿平台；4—导向架；5—配重；6—夹持装置；7—吊装拔杆；8—纵向行走装置；9—横向行走装置

液压式压桩机主要由桩架、液压夹桩器、动力设备及吊桩起重机等组成（图1-2-5）。它可利用起重机起吊桩体，并通过液压夹桩器把桩的"腰"部夹紧并下压，当压桩力大于沉桩阻力时，桩便被压入土中。

这种桩机采用液压传动，动力大、工作平稳，还可在压桩过程中直接从液压表中读出沉桩压力，故可了解沉桩全过程的压力状况和桩的承载力。

压桩施工时应根据土质设置平衡配重，防止阻力过大而桩机自重不足。压桩一般分节压入，逐段接长。当第一节桩压入土中，其上端距地面1m左右时将第二节桩接上，继续压入，此间应尽量缩短停息时间。

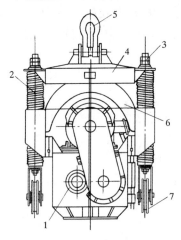

图 1-2-6 振动锤
1—振动器；2—弹簧；3—竖轴；
4—横梁；5—起重环；6—吸振器；
7—加压滑轮

在硬质土层中不易贯入。

如初压时桩身发生较大移位、倾斜；压入过程中桩身突然下沉或倾斜；桩顶混凝土破坏或压桩阻力剧变时，应暂停压桩，及时研究处理。

3. 振动法沉桩

振动法是利用振动锤沉桩（图1-2-6），将桩与振动锤连接在一起，利用高频振动激振桩身，使桩身周围的土体产生液化而减小沉桩阻力，并靠桩锤及桩体的自重将桩沉入土中。

它适用于长度不大的钢管桩、H型钢桩及混凝土预制桩，还常用于沉管灌注桩施工。振动锤可适用于软土、粉土、松砂等土层，不宜用于密实的粉性土、砾石及岩石。

振动锤施工速度快、使用方便、费用低、结构简单、维修方便，但其耗电量大、噪声大、

§2.2 灌注桩施工

灌注桩是直接在桩位上就地成孔，然后在孔内安放钢筋笼、灌注混凝土而成。根据成孔工艺不同，分为干作业成孔、泥浆护壁成孔、套管成孔和爆扩成孔等。灌注桩施工技术近年来发展很快，新工艺不断出现。

灌注桩能适应各种地层的变化，无需接桩，施工时无振动、无挤土、噪声小，宜在建筑物密集地区使用。但与预制桩相比，存在质量不易控制、操作要求严格，桩的养护需占工期，成孔时有大量土渣泥浆排出等缺点。

灌注桩的成孔深度控制对摩擦型桩中的摩擦桩应以设计桩长控制；对端承摩擦桩除应达到设计标高外，还应保证桩端进入持力层的深度。这类桩采用锤击沉管法施工时，桩管入土深度控制以标高为主，以贯入度控制为辅。对端承型桩，

如采用钻（冲）、挖成孔时，必须保证桩端进入设计持力层的深度。端承型桩采用锤击沉管法施工时，桩管入土深度控制以贯入度为主，以控制标高为辅。

灌注桩成孔是灌注桩质量控制的关键，下面重点介绍有关成孔的方法与技术要求。

2.2.1　干作业成孔灌注桩

干作业成孔灌注桩适用于地下水位以上的黏性土、粉土、填土、中等密实以上的砂土、风化岩层等。目前常用螺旋钻机成孔，亦有采用人工挖孔的，如果采用人工挖孔方法，在地下水位较高，特别是有承压水的砂土、滞水层、厚度较大的高压缩性淤泥层和流塑淤泥质土层中施工，必须有可靠的技术措施和安全措施。

螺旋钻机是干作业成孔的常用机械，它是利用动力旋转钻杆，使钻头的螺旋叶片旋转削土，土块沿螺旋叶片上升排出孔外（图 1-2-7）。螺旋钻孔机的钻头是钻进取土的关键装置，它有多种类型，分别适用于不同土质，常用的有锥式钻头、平底钻头及耙式钻头（图 1-2-8）。

锥式钻头适用于黏性土；平底钻头适用于松散土层；耙式钻头适用于杂填土，其钻头边镶有硬质合金刀头，能将碎砖等硬块切削成小颗粒。全叶片螺旋钻机成孔直径一般为 300～600mm，钻孔深度 8～20m。

操作时要求钻杆垂直稳固位置正确，防止发生钻杆晃动引起孔径扩大。钻孔过程中如发现钻杆摇晃或难钻进时，可能是遇到石块等异物，应立即停机检查。在钻孔时应随时清理孔口积土，遇到塌孔、缩孔等异常情况，应及时研究解决。

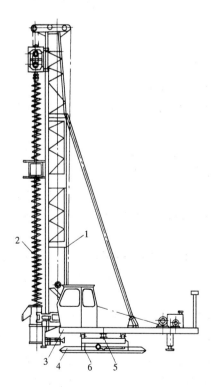

图 1-2-7　步履式螺旋钻机

1—立柱；2—螺旋钻；3—上底盘；

4—下底盘；5—回转滚轮；6—行车滚轮

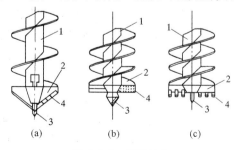

图 1-2-8　螺旋钻头

（a）锥式钻头；（b）平底钻头；（c）耙式钻头

1—螺旋钻杆；2—切削片；3—导向尖；4—合金刀

2.2.2   泥浆护壁钻孔灌注桩

泥浆护壁成孔是用泥浆保护孔壁并排出土渣而成孔，不论在地下水位以上或以下的土层皆适用，它还适用于地质情况复杂、夹层多、风化不均、软硬变化大的岩层。

泥浆护壁钻孔灌注桩的施工工艺流程为：桩位放线→开挖泥浆池、排浆沟→护筒埋设→钻机就位、孔位校正→成孔（泥浆循环、清除土渣）→第一次清孔→质量验收→下放钢筋笼和混凝土导管→第二次清孔→浇筑水下混凝土（泥浆排出）→成桩。

泥浆护壁钻孔灌注桩的泥浆护壁对保证成孔质量十分重要。

1. 护壁泥浆

（1）泥浆的作用与基本要求

护壁泥浆是由高塑性黏土或膨润土和水拌合的混合物，还可在其中掺入其他掺合剂，如加重剂、分散剂、增黏剂及堵漏剂等。护壁泥浆一般在现场专门制备，泥浆应按施工机械、工艺及穿越土层进行配合比设计。有些黏性土在钻进过程中可形成适合的护壁浆液，则可利用其作为护壁泥浆，这种方法也称原土自造泥浆。

泥浆具有保护孔壁、防止塌孔、排出土渣以及冷却与润滑钻头的作用。

护壁泥浆应达到一定的性能指标，膨润土泥浆的性能指标主要有相对密度、黏度、含砂率等，施工时注入的泥浆相对密度控制在 1.1 左右，排出泥浆的相对密度宜为 1.2～1.4。

在钻孔时，需在孔口埋设护筒，护筒可以起到定位、保护孔口、维持水头等作用。泥浆液面应高出地下水位 1.0m 以上，如受水位涨落影响时，应增至1.5m 以上。钻孔时泥浆不断循环，携带土渣排出桩孔。钻孔完成后应进行清孔，在清孔过程中泥浆不断置换，使孔底沉渣排出，沉渣厚度应符合要求。

（2）泥浆循环

根据泥浆循环方式的不同，分为正循环和反循环，可根据桩型、钻孔深度、土层情况、泥浆排放及处理条件、允许沉渣厚度等进行选择，但对孔深大于 30m 的端承型桩，宜采用反循环。

正循环的工艺如图 1-2-9（a）所示。泥浆由钻杆内部注入，并从钻杆底部喷出，携带钻下的土渣沿孔壁向上流动，由孔口将土渣带出流入沉淀池，经沉淀的泥浆流入泥浆池再注入钻杆，由此进行循环。沉淀的土渣用泥浆车运出排放。由于正循环工艺是依靠泥浆向上的流动将土渣提升，其提升力较小，孔底沉渣较多。

反循环回转钻机成孔的工艺如图 1-2-9（b）所示。泥浆由钻杆与孔壁间的环状间隙流入钻孔，然后，由砂石泵在钻杆内形成真空，使钻下的土渣由钻杆内腔

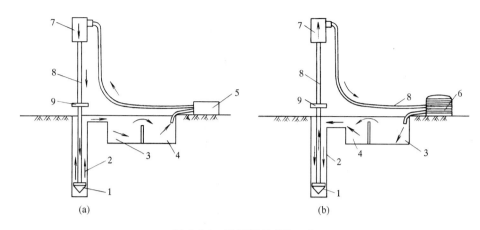

图 1-2-9　泥浆循环成孔工艺

（a）正循环；（b）反循环

1—钻头；2—泥浆循环方向；3—沉淀池；4—泥浆池；5—泥浆泵；6—砂石泵；

7—水龙头；8—钻杆；9—钻机回转装置

吸出至地面而流向沉淀池，沉淀后再流入泥浆池。反循环工艺通过泵吸作用提升泥浆，其泥浆上升的速度较高，排放的土渣能力大，但对土质较差或易塌孔的土层应谨慎使用。

2. 成孔机械

成孔机械有回转钻机、冲击钻、潜水钻机等，其中以回转钻机应用最多。

（1）回转钻机（图 1-2-10）

该钻机由机械动力传动，可多档调速或液压无级调速，带动置于钻机前端的转盘旋转，方形钻杆通过带方孔的转盘被强制旋转，其下安装钻头钻进成孔。钻头切削土层，切削形成的土渣，通过泥浆循环排出桩孔。

回转钻机设备性能可靠、噪声和振动较小、钻进效率高、钻孔质量好。它适用于松散土层、黏土层、砂砾层、软硬岩层等多种地质条件，近几年在我国已广泛应用。

（2）冲击钻机

冲击钻机（图 1-2-11）是将冲锤式钻头用动力提升，以自由落下的冲击力来掘削岩层，然后用掏渣筒排出碎块，钻至设计标高形成桩孔。它适用于粉质黏土、砂土及砾石、卵漂石及岩层等。

冲击钻机施工中需以护筒、掏渣筒及打捞工具等辅助作业，其机架可采用井架式、桅杆式或步履式等，一般均为钢结构。

（3）潜水钻机成孔

潜水钻机是一种旋转式钻孔机械，其动力、变速机构和钻头连在一起，加以密封，因而可沉放至孔中地下水位以下进行切削土层成孔（图 1-2-12）。用循环工艺输入泥浆，进行护壁和排渣。

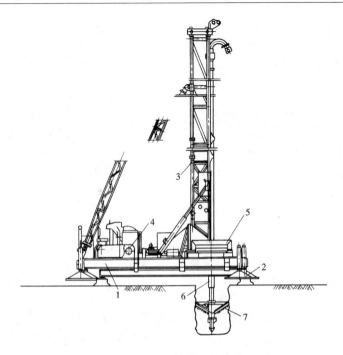

图 1-2-10   回转钻机的构造

1—座盘；2—支腿；3—塔架；4—电机；5—转盘；6—方形钻杆；7—钻头

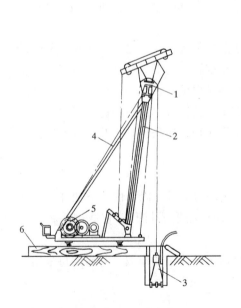

图 1-2-11   冲击钻机

1—滑轮；2—主杆；3—冲击钻头；4—斜撑；
5—卷扬机；6—垫木

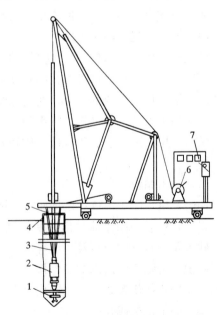

图 1-2-12   潜水钻机

1—钻头；2—潜水钻机；3—钻杆；4—护筒；
5—水管；6—卷扬机；7—控制箱

2.2.3　沉管灌注桩

沉管灌注桩是利用锤击打桩法或振动沉管法将带有活瓣的钢制桩尖（图 1-2-13）或混凝土桩靴（图 1-2-14）的钢管沉入土中，然后边拔出钢管边向钢管内灌注混凝土而形成的桩。如桩配有钢筋，则在灌注混凝土前应先吊放钢筋笼。用锤击法沉、拔管的称为锤击沉管灌注桩；用激振器沉、拔管的称为振动沉管灌注桩。沉管灌注桩成桩过程为：桩机就位→锤击（振动）沉管→上料→边轻击（振动）边拔管，边浇筑混凝土→下钢筋笼→继续拔管，浇筑混凝土→成桩（图 1-2-14）。

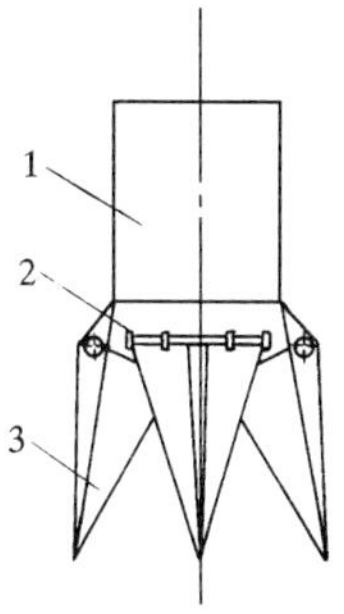

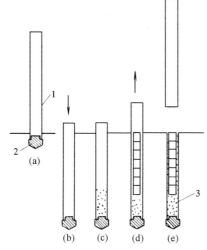

图 1-2-13　活瓣桩尖
1—桩管；2—锁轴；3—活瓣

1. 锤击沉管灌注桩

锤击灌注桩宜用于一般黏性土、淤泥质土、砂土和人工填土地基。

锤击沉管灌注桩施工时，用桩架吊起钢套管，关闭活瓣或放置预制混凝土桩靴。套管与桩靴连接处要垫以麻、草绳等，以防止地下水渗入管内。然后缓缓放下套管，压进土中。套管顶端扣上桩帽，检查套管与桩锤是否在一垂直线上，套管偏斜不大于 0.5% 时，即可起锤沉管。先用低锤轻击，观察后如无偏移，才正常施打，直至符合设计要求的贯入度或标高。检查管内无泥浆或水进入，即可灌注混凝土。套管内混凝土应尽量灌满，然后开始拔管。拔管要均匀，不宜拔管过高。拔管时应保持连续密锤轻击不停。拔管浇筑混凝土时，应控制拔管速度，对一般土层，以不大于 1m/min 为宜；在软弱土层及软硬土层交界处，应控制在 0.3～0.8m/min 以内。在管底未拔到桩顶设计标高之前，倒打或轻击不得中断。拔管时还要经常探测混凝土落下的扩散情况，注意使管内的混凝土保持略高于地面，这样一直到全管拔出为止。桩的中心距小于 5 倍桩管外径或小于 2m 时，均应采用跳打法。中间空出的桩须待邻桩混凝土达到设计强度的 50% 以后方可施打，以防止因挤土而使前面的桩发生桩身断裂。

施工中应做好施工记录，包括：每米的锤击数和最后 1m 的锤击数，最后 3 阵，每阵 10 击的贯入度及落锤高度等。

为了提高沉管灌注桩的质量和承载能力，可采用复打扩大灌注桩。全长复打法

图 1-2-14　沉管灌注桩施工过程
（a）就位；（b）沉管；（c）初灌混凝土；
（d）放置钢筋笼、灌注混凝土；（e）拔管成桩
1—钢管；2—混凝土桩靴；3—桩

的施工顺序如下：在第一次灌注桩施工完毕，拔出套管后，应及时清除管外壁上的污泥和桩孔周围地面的浮土，立即在原桩位吊升第二次复打沉套管（同样应安放活瓣或桩靴），使未凝固的混凝土向四周挤压扩大桩径，然后第二次灌注混凝土。拔管方法与初打时相同。复打施工时要注意：前后两次沉管的轴线应重合；复打施工必须在第一次灌注的混凝土初凝之前进行。复打法第一次灌注混凝土前不能放置钢筋笼，如配有钢筋，应在第二次灌注混凝土前放置。

2. 振动沉管灌注桩

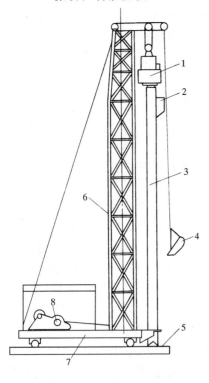

图 1-2-15   沉管灌注桩设备
1—振动器；2—漏斗；3—桩管；
4—混凝土吊斗；5—枕木；6—机架；
7—架底；8—卷扬机

振动灌注桩的适用范围除与锤击灌注桩相同外，还适用于稍密及中密的碎石土地基。

振动沉管灌注桩采用振动锤或振动冲击锤沉管，其设备见图 1-2-15。施工前，先安装好桩机，将桩管下端活瓣合起来或套入桩靴，对准桩位，徐徐放下套管，压入土中，即可开动激振器沉管。桩管受振后与土体之间摩阻力减小，同时利用振动锤自重在套管上加压，套管即能沉入土中。

沉管时，必须严格控制最后的贯入速度，其值按设计要求，或根据试桩和当地的施工经验确定。

振动灌注桩可采用单打法、反插法或复打法施工。

单打施工时，在沉入土中的套管内灌满混凝土，开动激振器，振动 5～10s，开始拔管，边振边拔。每拔 0.5～1m，停拔振动 5～10s，如此反复，直到套管全部拔出。在一般土层内拔管速度宜为 1.2～1.5m/min，在较软弱土层中，宜控制在 0.6～0.8m/min。

反插法施工时，在套管内灌满混凝土后，先振动再开始拔管，每次拔管高度 0.5～1.0m，向下反插深度 0.3～0.5m。如此反复进行并始终保持振动，直至套管全部拔出地面。在拔管过程中，应分段添加混凝土，保持管内混凝土面高于地表面或高于地下水位 1.0～1.5m。拔管速度应小于 0.5m/min。反插法能使桩的截面增大，从而提高桩的承载能力，宜在较差的软土地基上应用。

2.2.4   长螺旋钻孔压灌桩

长螺旋钻孔压灌桩是我国近年来开发且应用较广的一种新工艺，适用于黏性土、粉土、砂土、填土、非密实的碎石类土、强风化岩等。它具有穿透力强、噪声低、无振动、无泥浆污染、施工效率高、质量稳定等优点。

该工艺使用的螺旋钻杆中央是贯通的管道，作为混凝土压送的通道。钻头类似图 1-2-8 所示，但其中央管道连接混凝土泵的输送管。通过长螺旋钻钻孔，钻至设计标高后，进行空转清孔，并提钻 200mm 左右后开始泵送混凝土，管内空气从排气阀排出，待管内混凝土达到充满状态后开始持续提钻、持续泵送，通过螺旋叶将孔中的土钻出，混凝土占据整个钻孔。在混凝土初凝前在桩内插入钢筋笼。

长螺旋钻孔压灌桩施工应注意以下几点：

为保证泵送混凝土的密实度，一般在混凝土内掺入粉煤灰，用量为每立方米混凝土 70～90kg，坍落度控制在 160～200mm，为防止堵管，粗骨料的粒径不宜大于 30mm。

应准确掌握提拔钻杆的时间，不得在泵送混凝土前提钻，以免造成桩端虚土或混凝土的离析。提钻时要连续泵送，防止桩身缩颈或短桩，这在饱和砂土、饱和粉土中尤其要重视。

钢筋笼的放置在混凝土灌注后采用专用插筋器插入。钢筋笼的端部应做成锥形封闭状，笼内插入插筋器，采用振动锤激振插筋器将钢筋插至设计标高。钢筋笼插入施工中应根据具体条件采取措施保证其垂直度和保护层厚度。

2.2.5 灌注桩的施工质量控制

灌注桩施工中对成孔质量应控制其孔位、孔径、孔深、沉渣厚度等，在钢筋笼制作和沉放时应控制主筋间距和长度、钢筋笼直径、箍筋间距等，在混凝土浇筑时则应控制桩体质量、混凝土强度、混凝土充盈量、桩顶标高等。灌注桩成孔的平面位置与垂直度允许偏差可参考表 1-2-3。钻孔灌注桩的沉渣厚度对端承桩应不大于 50mm；对摩擦桩应不大于 100mm；对抗拔、抗水平力桩不大于 200mm。

灌注桩施工的允许偏差 表 1-2-3

成 孔 方 法		桩径允许偏差（mm）	垂直度允许偏差（%）	桩位允许偏差（mm）	
				单桩、条形桩基垂垂直于轴线方向和群桩基础中的边桩	条形桩基垂沿轴线方向和群桩基础中间桩
泥浆护壁冲（钻）孔桩	$d \leqslant 1000mm$	±50	1	$d/6$，且不大于 100	$d/4$，且不大于 150
	$d > 1000mm$			$100+0.01H$	$150+0.10H$
锤击（振动）沉管、振动冲击沉管成孔	$d \leqslant 500mm$	−20	1	70	150
	$d > 500mm$			100	150
螺旋钻、机动洛阳铲钻孔扩底		−20		70	150

说明：H 为施工现场地面标高与桩顶标高的距离；d 为桩的设计直径。

思 考 题

2.1   预制混凝土桩的制作、起吊、运输与堆放有哪些基本要求？

2.2   简述打桩设备的基本组成与技术要求。工程中如何选择锤重？

2.3   预制桩施工顺序应注意哪些问题？

2.4   预制桩沉桩有哪些方法？它们的施工工艺是怎样的？

2.5   泥浆护壁钻孔灌注桩是如何施工的？泥浆有何作用？泥浆循环有哪两种方式，其效果如何？

2.6   干作业成孔灌注桩及套管成孔灌注桩施工工艺流程是怎样的？

2.7   长螺旋钻孔压灌桩混凝土灌注和钢筋笼安置有何特点？

2.8   预制桩与灌注桩施工质量有哪些基本要求？应如何控制？

第3章 砌筑工程

砌筑工程是指普通黏土砖、硅酸盐类砖、石块和各种砌块的施工。

砖石建筑在我国有悠久的历史，目前在土木工程中仍占有相当的比重。这种结构虽然取材方便、施工简单、成本低廉，但它的施工仍以手工操作为主，劳动强度大、生产率低，而且烧制黏土砖占用大量农田，因而采用新型墙体材料，改进砌体施工工艺是砌筑工程改革的重点。

§3.1 砌 筑 材 料

砌筑工程所用材料主要是砖、石或砌块以及砌筑砂浆。

砖与砌块的质量应符合国家现行的有关规范与标准，对石材则应符合设计要求的强度等级与岩种。

常温下砌体砌筑前 1~2d 应对砖浇水润湿，普通黏土砖、多孔砖的含水率宜控制在 10%~15%；对灰砂砖、粉煤灰砖含水率在 8%~12% 为宜。干燥的砖在砌筑后会过多地吸收砂浆中的水分而影响砂浆中的水泥水化，降低其与砖的粘结力。但浇水也不宜过多，以免产生砌体走样或滑动。混凝土砌块的含水率宜控制在其自然含水率，其表面有浮水时不得施工。当气候干燥时，混凝土砌块及石料可适当喷水润湿。

砌筑砂浆有水泥砂浆、石灰砂浆和混合砂浆。砂浆种类选择及其等级的确定，应根据设计要求。

水泥砂浆和混合砂浆可用于砌筑潮湿环境和强度要求较高的砌体，但对于基础一般只用水泥砂浆。

石灰砂浆宜用于砌筑干燥环境中以及强度要求不高的砌体，不宜用于潮湿环境的砌体及基础。因为石灰属气硬性胶凝材料，在潮湿环境中，石灰膏不但难以结硬，而且会出现遇水流散现象。

砖、砌块的砂浆用砂宜选用中砂，毛石砌体的砂浆宜选用粗砂，砂中不得含有有害杂物，砂在使用前应过筛。砂的含泥量对水泥砂浆及强度等级不小于 M5 的水泥混合砂浆，不应大于 5%；对强度等级小于 M5 的水泥混合砂浆不应大于 10%。

制备混合砂浆和石灰砂浆用的石灰膏，应经筛网过滤并在化灰池中熟化时间不少于 7d，严禁使用脱水硬化的石灰膏。

砂浆的拌制一般用砂浆搅拌机，要求拌合均匀。为改善砂浆的保水性可掺入黏土、电石膏、粉煤灰等塑化剂。砂浆应随拌随用，如砂浆出现泌水现象，应再次拌合。现场拌制的砂浆应在搅拌后 3h 内使用完毕，如施工期间最高气温超过 30℃，则应在 2h 内用完。

砂浆稠度的选择主要根据墙体材料、砌筑部位及气候条件而定。普通砖砌体砂浆的稠度宜为 70～90mm；普通砖平拱过梁、空斗墙、空心砌块宜为 50～70mm；多孔砖、空心砖砌体宜为 60～80mm；石砌体宜为 30～50mm。

§3.2 砌 筑 施 工 工 艺

3.2.1 砌 砖 施 工

1. 砖墙砌筑工艺

砌砖施工通常包括抄平、放线、摆砖样、立皮数杆、挂准线、铺灰、砌砖等工序。如是清水墙，则还要进行勾缝。砌筑应按下面施工顺序进行：当基底标高不同时，应从低处砌起，并由高处向低处搭接，当设计无要求时，搭接长度不应小于基础扩大部分的高度。墙体砌筑时，内外墙应同时砌筑，不能同时砌筑时，应留槎并做好接槎处理。下面以房屋建筑砖墙砌筑为例，说明各工序的具体做法。

（1）抄平放线

砌筑完基础或每一楼层后，应校核砌体的轴线与标高。

砖墙砌筑前，先在基础面或楼面上按标准的水准点定出各层标高，并用水泥砂浆或细石混凝土找平。

建筑物底层轴线可按龙门板上定位钉为准拉麻线，沿麻线挂下线锤，将墙身中心轴线放到基础面上，并据此墙身中心轴线为准弹出纵横墙身边线，定出门洞口位置。各楼层的轴线则可利用预先引测在外墙面上的墙身中心轴线，借助于经纬仪把墙身中心轴线引测到楼层上去；或采用悬挂线锤的方法，对准外墙面上的墙身中心轴线，从而向上引测。轴线的引测是放线的关键，必须按图纸要求尺寸用钢皮尺进行校核。然后，按楼层墙身中心线，弹出各墙边线，划出门窗洞口位置。

（2）摆砖样

按选定的组砌方法，在墙基顶面放线位置试摆砖样（生摆，即不铺灰）。组砌摆砖尽量使门窗垛符合砖的模数，偏差小时可通过竖缝调整，以减小斩砖数量，并保证砖及砖缝排列整齐、均匀，以提高砌砖效率。摆砖样在清水墙砌筑中尤为重要。

（3）立皮数杆

砌体施工应设置皮数杆，并应根据设计要求、砖的规格及灰缝厚度在皮数杆上标明砌筑的皮数及竖向构造变化部位的标高，如：门窗洞、过梁、楼板等。

皮数杆（图 1-3-1）可以控制每皮砖砌筑的竖向尺寸，并使铺灰的厚度均匀，

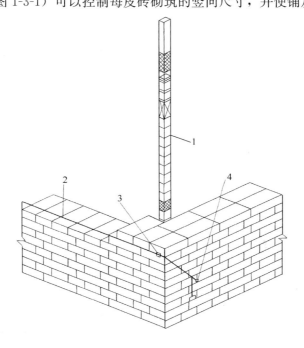

图 1-3-1　皮数杆示意图

1—皮数杆；2—准线；3—竹片；4—圆铁钉

保证砖皮水平。皮数杆立于墙的转角处，其基准标高用水准仪校正。如墙的长度很大，可每隔 10～20m 再立一根。

在砌筑框架填充墙时，亦可将皮数记号画在墙端已有的框架柱上，不必另设皮数杆。

（4）铺灰砌砖

铺灰砌砖的操作方法很多，各地区的操作习惯、使用工具不同，操作方法也不尽相同。砌筑宜采用一铲灰、一块砖、一揉压的"三一"砌筑法。当采用铺浆法砌筑时，铺浆的长度不得超过 750mm，如施工期间气温超过 30℃时，铺浆长度不得超过 500mm。

实心砖砌体一般采用一顺一丁、三顺一丁、梅花丁等组砌方法（图 1-3-2）。砖柱不得采用包心砌法。每层承重墙的最上一皮砖或梁、梁垫下面，或砖砌体的台阶水平面上及挑出部分均应采用整砖丁砌。

砌砖通常先在墙角按照皮数杆进行盘角，然后将准线挂在墙侧，作为墙身砌筑的依据，每砌一皮或两皮，准线向上移动一次。对墙厚等于或大于 370mm 的砌体，宜采用双面挂线砌筑，以保证墙面的垂直度与平整度。一些地区对 240mm 厚的墙体也采用双面挂线的施工方法，墙体的质量更好。

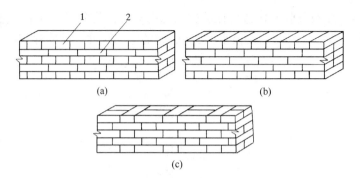

图 1-3-2　砖的组砌方法

（a）一顺一丁；（b）三顺一丁；（c）梅花丁

1—丁砌砖；2—顺砌砖

土木工程中其他砖砌体的施工工艺与房屋建筑砌筑工艺类似。

2. 砌筑质量要求

砌筑工程质量着重控制墙体位置、垂直度及灰缝质量，要求做到横平竖直、砂浆饱满、厚薄均匀、上下错缝、内外搭砌、接槎牢固。

砖砌体的位置及垂直度允许偏差应符合表 1-3-1 的规定。

砖砌体的位置及垂直度允许偏差　　　　　　　　　　　　表 1-3-1

项　目			允许偏差（mm）
轴线位置偏移			10
垂　直　度	每　层		5
	全　高	≤10m	10
		>10m	20

对砌砖工程，要求每一皮砖的灰缝横平竖直、砂浆饱满。上面砌体的重量主要通过砌体之间的水平灰缝传递到下面，水平灰缝不饱满易造成砖块折断，为此，实心砖砌体水平灰缝的砂浆饱满度不得低于 80%。竖向灰缝的饱满程度，影响砌体抗透风和抗渗水的性能，故宜采用挤浆或加浆方法，不得出现透明缝，严禁用水冲浆灌缝。水平灰缝厚度和竖向灰缝宽度规定为 10±2mm，过厚的水平灰缝砌筑时容易使砖块浮滑，墙身侧倾；过薄的水平灰缝会影响砖块之间的粘结能力。

上下错缝是指砖砌体上下两皮砖的竖向灰缝应当错开，以避免上下通缝。在垂直荷载作用下，砌体会由于"通缝"丧失整体性而造成砌体倒塌。同时，内外搭砌使同皮的里外砖块通过相邻上、下皮的砖块搭砌而组砌得牢固。

"接槎"是指转角及交接处墙体的连接。砖砌体的转角处和交接处应同时砌筑，严禁无可靠措施的内外墙分砌施工。在抗震设防烈度为 8 度及 8 度以上地区，对不能同时砌筑而又必须留置的临时间断处应砌成斜槎，普通砖砌体斜槎水平投影长度不应小于高度的 2/3，多孔砖砌体斜槎长高比不应小于 1/2。斜槎高度不得超过一步脚手架的高度。

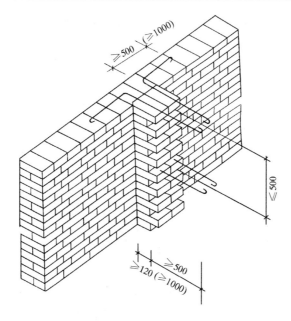

图 1-3-3　直槎的留设和拉结钢筋

非抗震设防及抗震设防烈度为 6 度、7 度地区的临时间断处，当不能留斜槎时，除转角处外，可留直槎，但直槎必须做成凸槎，且应加设拉结钢筋，拉结钢筋应符合下列规定（图 1-3-3）：

① 每 120mm 墙厚放置 1Φ6 拉结钢筋（120mm 厚墙应放置 2Φ6 拉结钢筋）；

② 间距沿墙高不应超过 500mm，且竖向间距偏差不应大于 100mm；

③ 埋入长度从留槎处算起每边均不应小于 500mm，对抗震设防烈度 6 度、7 度的地区，不应小于 1000mm；

④ 末端应有 90°弯钩。

砌体留设的直槎，在后续施工时必须将接槎处的表面清理干净，浇水湿润，并填实砂浆，保持灰缝平直。

3.2.2　砌 石 施 工

石材根据加工情况分为毛石和料石，料石按加工平整程度分为毛料石、粗料石、半细料石和细料石等。石材在建筑基础、挡土墙及桥梁墩台中应用较多。

1. 毛石砌体

毛石砌体所用石料应优先选择块状，其中部厚度不应小于 150mm。

毛石砌筑时宜分皮卧砌，各皮石块之间应利用自然形状经敲打修正使能与先砌筑的石块形状基本吻合、搭砌紧密。石块应上下错缝、内外搭砌，不能采用外面侧立石块、中间填心的砌筑方法。砌筑毛石基础的第一皮石块应座浆，并将大面向下，毛石砌体的第一皮及转角处、交接处、洞口处，应选用较大的平毛石砌筑。最上一皮（包括每个楼层及基础顶面）宜选用较大的毛石砌筑。

毛石墙必须设置拉结石（搭接于内、外两侧石块），拉结石应均匀分布，相互错开，毛石基础同皮内每隔 2m 左右设置一块；毛石墙每 0.7m² 墙面至少应设置一块，且同皮内的中距不应大于 2m。

毛石砌体应采用铺浆法砌筑。其灰缝厚度宜为 20～30mm，石块间不得有相互接触现象；石块间较大的空隙应先填塞砂浆后用碎石块嵌实，不得采用先摆碎石后塞砂浆或干填碎石的方法。砂浆必须饱满，叠砌面砂浆饱满度应大于 80%。

毛石砌体的转角处和交接处应同时砌筑，对不能同时砌筑又必须留置临时间断处，应砌筑成斜槎。由于石材自重较大，且毛石的外形又不规则，留设直槎不便接槎，会影响砌体的整体性，故应砌成斜槎。

毛石砌体每日的砌筑高度不应超过 1.2m。

2. 料石砌体

料石基础砌体的第一皮应用丁砌层座浆砌筑，料石砌体亦应上下错缝搭砌，砌体厚度不小于两块料石宽度时，如同皮内全部采用顺砌，每砌两皮后，应砌一皮丁砌层；如同皮内采用丁顺组砌，丁砌石应交错设置，其中距不应大于 2m。

料石砌体灰浆的厚度，根据石料的种类确定：细石料砌体不宜大于 5mm；粗石料和毛石料砌体不宜大于 20mm。料石砌体砌筑时，应放置平稳。砂浆铺设厚度应略高于规定的灰缝厚度。砂浆的饱满度应大于 80%。

料石砌体转角处及交接处也应同时砌筑，必须留设临时间断时也应砌成斜槎。

用料石和毛石或砖的组合墙中，料石砌体和毛石砌体或砖砌体应同时砌筑，并每隔 2～3 皮料石层用丁砌层与毛石砌体或砖砌体拉结砌合。丁砌料石的长度宜与组合墙厚度相同。

3.2.3 混凝土小型空心砌块的施工

混凝土小型空心砌块是一种新型的墙体材料，目前在我国房屋工程中已得到广泛应用。混凝土小型空心砌块的材料包括：普通混凝土小型空心砌块、轻骨料混凝土小型空心砌块等。小型砌块使用时的生产龄期不应小于 28d。由于小型砌块墙体易产生收缩裂缝，充分的养护可使其收缩量在早期完成大部分，从而减少墙体的裂缝。

小型砌块施工前，应分别根据建筑（构筑）物的尺寸、砌块的规格和灰缝厚度确定砌块的皮数和排数。

混凝土小型砌块与砖不同，这类砌块的吸水率很小，如砌块的表面有浮水或在雨天都不得施工。在雨天或表面有浮水时，进行砌筑施工，其表面水会向砂浆渗出，造成砌体游动，甚至造成砌体坍塌。

使用单排孔小砌块砌筑时，应孔对孔、肋对肋错缝搭砌。单排孔小砌块的搭接长度应为块体长度的 1/2；多排孔小砌块的搭接长度不宜小于砌块长度的 1/3，且使用多排孔小砌块砌筑时，不应小于 90mm。如个别部位不能满足时，应在灰缝中设置拉结钢筋或铺设钢筋网片，但竖向通缝不得超过 2 皮砌块。

砌筑时，承重墙部位严禁使用断裂的砌块，小型砌块应底面朝上反砌于墙上。这是因为小型砌块制作上的缘故，其成品底部的肋较厚，而上部的肋较薄，为便于砌筑时铺设砂浆，其底部应朝上反砌于墙上。

建筑底层室内地面以下或防潮层以下的砌体，应采用强度等级不低于 C20 的混凝土灌实小砌块的孔洞。

小型砌块砌体的水平灰缝应平直，砂浆饱满度按净面积计算不应小于 90%。竖向灰缝应采用加浆方法，严禁用水冲浆灌缝，竖向灰缝的饱满度不宜小于 80%。竖缝不得出现瞎缝或透明缝。水平灰缝的厚度与垂直灰缝的高度应控制在 8～12mm。

这类砌体的转角或内外墙交接处应同时砌筑。如必须设置临时间断处，则应砌成斜槎，斜槎水平投影长度不应小于斜槎高度。

§3.3　砌体的冬期施工

当室外日平均气温连续 5d 稳定低于 5℃时，砌体工程应采取冬期施工措施，并应在气温突然下降时及时采取防冻措施。

冬期施工所用的材料应符合如下规定：

（1）砖和石材在砌筑前，应清除冰霜，遭水浸冻后的砖或砌块不得使用；

（2）石灰膏、黏土膏和电石膏等应防止受冻，如遭冻结，应经融化后使用；

（3）拌制砂浆所用的砂，不得含有冰块和直径大于 10mm 的冰结块。

冬期施工不得使用石灰砂浆，砂浆宜采用普通硅酸盐水泥拌制，拌合砂浆宜采用两步投料法，并可对水和砂进行加温，但水的温度不得超过 80℃，砂的温度不得超过 40℃。砂浆使用温度应符合表 1-3-2 的规定。

冬期施工砂浆使用温度　　　　　　　　　　　表 1-3-2

冬期施工方法		砂浆使用温度
掺外加剂法		
氯盐砂浆法		≥+5℃
暖棚法		
冻结法	室外空气温度	
	0～−10℃	≥+10℃
	−11～−25℃	≥+15℃
	<−25℃	≥+20℃

普通砖、多孔砖和空心砖在正温度条件下砌筑需适当浇水润湿，但在负温度条件下砌筑时可不浇水，而采用增大砂浆稠度的方法。

冬期施工砌体基础时还应注意基土的冻胀性。当基土无冻胀性时，地基冻结时还可以进行基础砌筑，但当基土有冻胀性时，则不应进行施工。在施工期间和回填土前，还应防止地基遭受冻结。

砌体工程的冬期施工可以采用掺盐砂浆法。但对配筋砌体、有特殊装饰要求的砌体、处于潮湿环境的砌体、有绝缘要求的砌体以及经常处于地下水位变化范围内又无防水措施的砌体不得采用掺盐砂浆法，可采用掺外加剂法、暖棚法、冻结法等冬期施工方法。当采用掺盐砂浆法施工时，砂浆的强度宜比常温下设计强度提高一级。

冬期施工中，每日砌筑后应及时在砌体表面覆盖保温材料。

思　考　题

3.1　常用砌筑材料有哪些基本要求？

3.2　简述砖、石砌体的砌筑施工工艺。

3.3　砖、石砌体的砌筑质量有何要求？

3.4　砌体的临时间断处应如何处理？

3.5　砌块施工有何特点？

3.6　砌体的冬期施工要注意哪些问题？

第4章 混凝土结构工程

混凝土结构工程是指按设计要求将钢筋和混凝土两种材料，利用模板浇制而成的各种形状和大小的构件或结构。混凝土是指用胶凝材料将粗细骨料胶结成整体的复合固体材料的总称。普通混凝土系由水泥、粗细骨料（砂、石）、水和外加剂按一定比例拌合而成的混合物，经硬化后所形成的一种人造石。普通混凝土属脆性材料，抗压强度高而抗拉强度低（约为抗压能力的1/10），受拉时容易产生断裂现象。为此，可在结构件的受拉区配置适当的钢筋，充分利用钢筋的抗拉能力，使结构件既能受压，亦能受拉，以满足建筑功能和结构要求。

钢筋和混凝土是两种不同性质的材料，它们之所以能共同工作，主要是由于混凝土硬化后紧紧握裹钢筋；钢筋又受混凝土保护而不致锈蚀；而钢筋与混凝土的线膨胀系数又相接近（钢筋为 0.000012/℃，混凝土为 0.000010 ～ 0.000014/℃），当外界温度变化时，不会因胀缩不均而破坏两者间的粘结。但能否保证钢筋与混凝土共同工作，关键仍在于施工，应予高度重视。混凝土结构工程具有耐久性、耐火性、整体性、可塑性好，节约钢材，可就地取材等优点，在工程建设中应用极为广泛。但混凝土结构工程也存在自重大、抗裂性差、现场浇捣受季节气候条件的限制、补强修复较困难等缺点。不过，随着科学技术的发展，混凝土强度等级的不断提高，高强低合金钢的生产应用，混凝土施工工艺的不断改进和发展，新材料、新技术、新工艺不断出现，对上述一些缺点正逐步得到改善，使得混凝土的应用领域不断扩大。如预应力混凝土工艺技术的不断发展和广泛应用，从而提高了混凝土构件的刚度、抗裂性和耐久性，减少构件的截面和自重、节约了材料，取得更好的经济效益。

§4.1 模 板 工 程

现浇混凝土结构施工用的模板是使混凝土构件按设计的几何尺寸浇筑成型的模型板，是混凝土构件成型的一个十分重要的组成部分。模板工程包括模板和支架两部分。模板的选材和构造的合理性，以及模板制作和安装的质量，都直接影响混凝土结构和构件的质量、成本和进度。

4.1.1 模板工程的基本要求及模板分类

1. 模板工程的基本要求

现浇混凝土结构施工用的模板工程要承受混凝土结构施工过程中的水平荷载

（混凝土的侧压力）和竖向荷载（模板自重、结构材料的重量和施工荷载等）。为了保证钢筋混凝土结构施工的质量和施工的安全，对模板及其支架有如下要求：

（1）应保证工程结构和构件各部分形状、尺寸和位置准确；

（2）应编制专项施工方案，并根据施工中各种工况对模板和支架进行设计；模板和支架应具有足够的承载力、刚度并应保证其整体稳固性。

（3）构造简单，装拆方便，并便于钢筋安装和混凝土浇筑、养护。

（4）模板接缝应严密，不得漏浆；

（5）滑模、爬模、飞模等工具式模板工程及高大模板支架工程的专项施工方案，应进行技术论证。

2. 模板的分类

现浇混凝土结构中模板工程的造价约占钢筋混凝土工程总造价的 30%，占总用工量的 50%。因此，采用先进的模板技术，对于提高工程质量、加快施工速度、提高劳动生产率、降低工程成本和实现安全文明施工，都具有十分重要的意义。混凝土新工艺的出现，大都伴随模板的革新，随着建设事业的飞速发展，现浇混凝土结构所用模板技术已迅速向工具化、定型化、多样化、体系化方向发展，除木模外，已形成组合式、工具式、永久式三大系列工业化模板体系。

模板的分类：

（1）按其所用的材料：模板分为木模板、钢模板和其他材料模板（胶合板模板、塑料模板、玻璃钢模板、压型钢模、钢木（竹）组合模板、装饰混凝土模板、预应力混凝土薄板等）。

（2）按施工方法：模板分为拆移式模板和活动式模板。拆移式模板由预制配件组成，现场组装，拆模后稍加清理和修理再周转使用，常用的木模板和组合钢模板以及大型的工具式定型模板如大模板、台模、隧道模等皆属拆移式模板；活动式模板是指按结构的形状制作成工具式模板，组装后随工程的进展而进行垂直或水平移动，直至工程结束才拆除，如滑升模板、提升模板、移动式模板等。

现浇混凝土结构中采用高强、耐用、定型化、工具化的新型模板，有利于多次周转使用、安拆方便，是提高工程质量、降低成本、加快进度，取得较好的经济效益的重要的施工措施。

4.1.2　模　板　的　构　造

1. 组合式模板

组合式模板，是指适用性和通用性较强的模板，用它进行混凝土结构成型，既可按照设计要求事先进行预拼装或整体安装、整体拆除，也可采取散支散拆的方法，工艺灵活简便。

常用的组合式模板：

（1）木模板

　　木模板通常事先在工厂或木工棚加工成拼板或定型板型式的基本构件,再把它们进行拼装形成所需要的模板系统。拼板一般用宽度小于 200mm 的木板,再用 25mm×35mm 的拼条钉成,由于使用位置不同,荷载差异较大,拼板的厚度也不一致。作梁侧模使用时,荷载较小,一般采用 25mm 厚的木板制作;作承受较大荷载的梁底模使用时,拼板厚度加大到 40～50mm。拼板的尺寸应与混凝土构件的尺寸相适应,同时考虑拼接时相互搭接的情况,应对一部分拼板增加长度或宽度。对于木模板,设法增加其周转次数是十分重要的。

　　(2) 组合钢模板

　　组合钢模板系统由两部分组成:其一是模板部分,包括平面模板、转角模板及将它们连接成整体模板的连接件;其二是支承件,包括梁卡具、柱箍、桁架、支柱、斜撑等。

　　钢模板又由边框、面板和纵横肋组成。边框和面板常采用 2.5～3.0mm 厚的钢板轧制而成,纵横肋则采用 3mm 厚扁钢与面板及边框焊接而成。钢模的厚度均为 55mm。为便于钢模之间的连接,边框上都有连接孔,且无论长短孔距均保持一致,以便拼接顺利。组合钢模板的规格见表 1-4-1。

组合钢模板规格 (mm)　　　　　　　　　　　　表 1-4-1

规格	平面模板	阴角模板	阳角模板	连接角模
宽度	600、550、500、450、400、350、300、250、200、150、100	150×150 50×50	150×150 50×50	50×50
长度	1800、1500、1200、900、750、600、450			
肋高	55			

　　组合钢模尺寸适中,组装灵活,加工精度高,接缝严密,尺寸准确,表面平整,强度和刚度好,不易变形,使用寿命长,如保养良好可周转使用 100 次以上。可以拼出各种形状和尺寸,以适应多种类型建筑物的柱、梁、板、墙、基础和设备基础等模板的需要,它还可拼成大模板、台模等大型工具式模板。但组合钢模板也有一些不足之处:一次投资大,模板需周转使用 50 次才能收回成本。

　　(3) 钢框木(竹)胶合板模板

　　钢框木(竹)胶合板模板,是以热轧异型钢为钢框架,以木、竹胶合板等作面板,而组合成的一种组合式模板。制作时,面板表面应作一定的防水处理,模板面板与边框的连接构造有明框型和暗框型两种。明框型的边框与面板平齐,暗框型的边框位于面板之下。

　　钢框木(竹)胶合板模板的规格最长为 2400mm,最宽为 1200mm,因此,和组合钢模板相比具有以下特点:自重轻(比组合钢模板约轻 1/3);用钢量少(比组合钢模板约少 1/2);单块模板面积大(比相同重量的单块组合钢模板可增大 40%),故拼装工作量小,可以减少模板的拼缝,有利于提高混凝土结构浇筑后的表面质量；周转率高，板面为双面覆膜，可以两面使用，使周转次数可达50次以上；保温性能好，板面材料的热传导率仅为组合钢模板的1/400左右，故有利于冬期施工；模板维修方便，面板损伤后可用修补剂修补；施工效果好，模板刚度大，表面平整光滑附着力小，支拆方便。

（4）无框模板

无框模板主要由三个主要构件：面板、纵肋、边肋组成。这三种构件均为定型构件，可以灵活组合，适用于各种不同平面和高度的建筑物、构筑物模板工程，具有广泛的通用性能。横向围檩，一般可采用$\phi48\times3.5$钢管和通用扣件，在现场进行组装，可组装成精度较高的整装整拆的片模。施工中模板损坏时，可在现场更换。

面板有覆膜胶合板、覆膜高强竹胶合板和覆膜复合板三种面板。基本面板共有四种规格：1200mm×2400mm、900mm×2400mm、600mm×2400mm、150mm×2400mm。基本面板按受力性能带有固定拉杆孔位置，并镶嵌强力PVC塑胶加强套。纵肋采用Q235热轧钢板在专用设备上一次压制成型，为了提高纵肋的耐用性能和便于清理，表面采用耐腐蚀的酸洗除锈后喷塑工艺，它是无框模板主要受力构件。纵肋的高度有45mm（承受侧压力为$60kN/m^2$）和70mm（为$100kN/m^2$）两种，纵肋按建筑物、构筑物不同层高需要，有2700mm、3000mm、3300mm、3600mm、3900mm五种不同长度。边肋是无框模板组合时的联结构件，用热轧钢板折弯成型，表面酸洗除锈喷塑处理。边肋的高度和长度同纵肋。

2. 现浇框架结构构件的模板构造

现浇框架结构的模板，一般包括基础模板、柱模板、梁模板和楼盖模板以及支撑系统等。常用的模板为组合式模板。

下面主要介绍木模板及组合钢模板的构造及应用。

（1）基础模板

基础的特点是高度较小而体积较大。在安装基础模板前，应将地基垫层的标高及基础中心线先行核对，弹出基础边线。如系独立柱基，即将模板中心线对准基础中心线；如系带形基础，即将模板对准基础边线。然后再校正模板上口的标高，使之符合设计要求。经检查无误后将模板钉（卡、栓）牢撑稳。在安装柱基础模板时，应与钢筋工配合进行。

图1-4-1所示为基础模板常用形式。如果地质良好、地下水位较低，可取消阶梯形模板的最下一阶进行原槽浇筑。模板安装时应牢固可靠，保证混凝土浇筑后不变形和不发生位移。

（2）柱模板

柱子的特点是断面尺寸不大而比较高。因此，柱模主要解决垂直度、施工时的侧向稳定及抵抗混凝土的侧压力等问题。同时也应考虑方便浇筑混凝土、清理

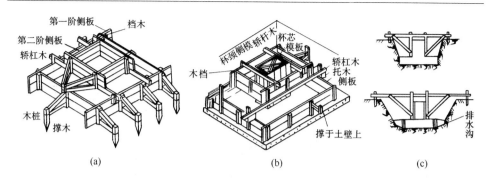

图 1-4-1　基础模板

（a）阶形基础；（b）杯形基础；（c）条形基础

垃圾与钢筋绑扎等问题。柱模板底部应留有清理孔，以便于清理安装时掉下的木屑垃圾，待垃圾清理干净混凝土浇筑前再钉牢。柱身较高时，为使混凝土的浇筑振捣方便，保证混凝土的质量，沿柱高每 2m 左右设置一个浇筑孔，做法与底部清理孔一样，待混凝土浇到浇筑孔部位时，再钉牢盖板继续浇筑。图 1-4-2 所示即为矩形柱模板。

竖向模板安装时，应在安装基层面上测量放线，并应采取保证模板位置准确的定位措施。对竖向模板及支架，安装时应有临时稳定措施。安装位于高空的模板时，应有可靠的防倾覆措施。应根据混凝土一次浇筑高度和浇筑速度，采取合理的竖向模板抗侧移、抗浮和抗倾覆措施。

在安装柱模板前，应先绑扎好钢筋，同时在基础面上或楼面上弹出纵横轴线和四周边线，固定小方盘；然后立模板，并用临时斜撑固定；再由顶部用垂球校正，检查其标高位置无误后，即用斜撑卡牢固定。柱高≥4m时，一般应四面支撑；当柱高超过 6m 时，不宜单根柱支撑，宜几根柱同时支撑连成构架。对通排柱模板，应先

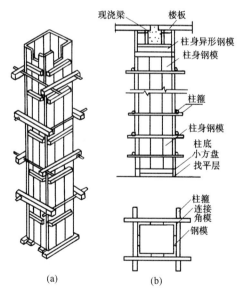

图 1-4-2　矩形柱模板

（a）木模板；（b）钢模板

装两端柱模板，校正固定，再在柱模上口拉通长线校正中间各柱模板。

（3）梁模板

梁的特点是跨度较大而宽度一般不大。梁的下面一般是架空的。因此混凝土对梁模板既有横向侧压力，又有垂直压力。这要求梁模板及其支架稳定性要好，

有足够的强度和刚度，不致发生超过规范允许的变形。图 1-4-3 所示梁模板。

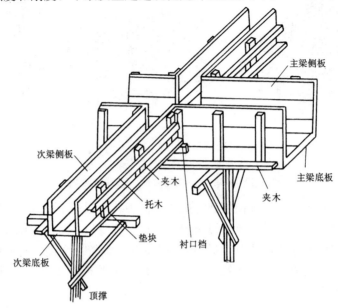

主梁侧板

次梁侧板

夹木

托木

主梁底板

夹木

垫块

衬口档

次梁底板

顶撑

图 1-4-3　梁模板

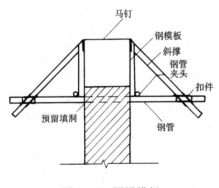

马钉

钢模板

斜撑

钢管夹头

扣件

预留填洞

钢管

图 1-4-4　圈梁模板

对圈梁、由于其断面小但很长，一般除窗洞口及个别地方是架空外，其他均搁在墙上。故圈梁模板主要是由侧模和固定侧模用的卡具所组成。底模仅在架空部分使用，如架空跨度较大，也有用支柱（琵琶撑）撑住底模。图 1-4-4 所示即为圈梁模板。

梁模板应在复核梁底标高、校正轴线位置无误后进行安装。当梁的跨度大于等于 4m 时，应使梁底模中部略为起拱，以防止由于灌注混凝土后跨中梁底下垂；其模板起拱高度宜为梁、板跨度的 1/1000～3/1000，起拱不得减少构件的截面高度。

支架立柱安装在基土上时，应设置具有足够强度和支承面积的垫板，且应中心承载；基土应坚实，并应有排水措施；支柱间距应按设计要求，当设计无要求时，一般不宜大于 2m；支架的垂直斜撑和水平斜撑应与支架同步搭设，架体应与成型的混凝土结构拉结。支柱之间应设水平拉杆、剪刀撑，使之互相拉撑成一整体，离地面 50cm 设一道，以上每隔 2m 设一道；当梁底距地面高度大于 6m 时，宜搭排架支模，或满堂脚手架式支撑；上下层模板的支柱，一般应安装在同一条竖向中心线上，或采取措施保证上层支柱的荷载能传递在下层的支撑结构上，防止压裂下层构件。梁较高或跨度较大时，可留一面侧模，待钢筋绑扎完后再安装。

（4）现浇楼盖模板

现浇有梁板楼盖包括梁和板。楼板的特点是面积大、厚度薄。因而对模板产生的侧压力较小，底模所受荷载也不大，板模板及支撑系统主要用于抵抗混凝土的垂直荷载和其他施工荷载，保证板不变形下垂。故模板多采用定型板，以提高安装效率，尺寸不足处用零星木材补足。图 1-4-5 为有梁板楼盖钢模板示意图。

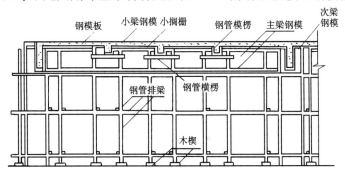

图 1-4-5 梁、楼板模板

板模板安装时，首先复核板底标高，搭设模板支架，然后用阴角模板从四周与墙、梁模板连接再向中央铺设。为方便拆模，木模板宜在两端及接头处钉牢，中间尽量少钉或不钉；钢模板拼缝处采用最少的 U 形卡即可；支柱底部应设长垫板及木楔找平。挑檐模板必须撑牢拉紧，防止向外倾覆，确保安全。

3. 模板安装及拆除要求

（1）模板安装质量要求

模板、支架杆件和连接件材料的技术指标应符合国家现行有关标准的规定。进场应进行检查并应符合下列规定：①模板表面应平整；胶合板模板的胶合层不应脱胶翘角；支架杆件应平直，应无严重变形和锈蚀；连接件应无严重变形和锈蚀，并不应有裂纹；②模板的规格和尺寸，支架杆件的直径、壁厚，连接件的质量，应符合设计要求；③施工现场组装的模板，其组成部分的外观和尺寸，应符合设计要求；④有必要时，应对模板、支架杆件和连接件的力学性能进行抽样检查；⑤应在进场时和周转使用前全数检查。

模板安装时，为了便于模板的周转和拆卸，梁的侧模板应盖在底模的外面，次梁的模板不应伸到主梁模板的开口里面，梁的模板亦不应伸到柱模板的开口里面；模板安装好后应卡紧撑牢，各种连接件、支撑件、加固配件必须安装牢固，无松动现象（模板工程稳固性）；模板拼缝要严密；不得发生不允许的下沉与变形；模板内的杂物应清理干净；模板位置、尺寸应保证准确；现浇结构模板安装的偏差应符合表 1-4-2 的要求；固定在模板上的预埋件和预留洞均不得遗漏；安装必须牢固、位置准确，其允许偏差应符合表1-4-3的要求。

现浇结构模板安装的允许偏差　　　　　　　　　　　　表1-4-2

项　　目		允许偏差（mm）	检验方法
轴线位置		5	钢尺检查
底模上表面标高		±5	水准仪或接线、钢尺检查
截面内部尺寸	基础	±10	钢尺检查
	柱、墙、梁	+4，−5	钢尺检查
层高垂直	全高≤5m	6	经纬仪或吊线、钢尺检查
	全高>5m	8	经纬仪或吊线、钢尺检查
相邻两板表面高低差		2	钢尺检查
表面平整		5	2m靠尺和塞尺检查

预埋件和预留孔洞允许偏差　　　　　　　　　　　　　表1-4-3

项　　目		允许偏差（mm）
预埋钢板中心线位置		3
预埋管、预留孔中心线位置		3
插筋	中心线位置	5
	外露长度	+10，0
预埋螺栓	中心线位置	2
	外露长度	+10，0
预留洞	中心线位置	10
	截面内部尺寸	+10，0

（2）支架搭设要求

1）扣件式钢管架

采用扣件式钢管作模板支架时：模板支架搭设所采用的钢管、扣件规格，应符合设计要求；立杆纵距、立杆横距、支架步距以及构造要求，应符合专项施工方案的要求；立杆纵距、立杆横距不应大于1.5m，支架步距不应大于2.0m，立杆纵向和横向宜设置扫地杆，纵向扫地杆距立杆底部不宜大于200mm，横向扫地杆宜设置在纵向扫地杆的下方，立杆底部宜设置底座或垫板；立杆接长除顶层步距可采用塔楼外，其余各层步距接头应采用对接扣件连接，两个相邻立杆的接头不应设置在同一步距内；立杆步距的上下两端应设置双向水平杆，水平杆与立杆的交管点应采用扣件连接。双向水平杆与立杆的连接扣件之间的距离不应大于150mm；支架周边应连续设置竖向剪刀撑，支架长度或宽度大于6m时，应设置中部纵向或横向的竖向剪刀撑，剪刀撑的间距和单幅剪刀撑的宽度均不宜大于8m，剪刀撑与水平面夹角宜为45°～60°，支架高度大于3倍步距时，支架顶部宜设置一道水平剪刀撑，剪刀撑应延伸至周边；立杆、水平杆、剪刀撑的搭接长度，不应小于0.8m，且不应少于2个扣件连接，扣件盖板边缘至杆端不应小于

100mm，扣件螺栓的拧紧力矩不应小于 40N·m，且不应大于 63N·m；支架立杆搭设的垂直偏差不宜大 1/200。

采用扣件式钢管作高大模板架支撑时，支架搭设还应要求：宜在支架立杆顶端插入可调托座，可调托座螺杆外径不应小于 36mm，螺杆插入钢管的长度不应小于 150mm，螺杆伸出钢管的长度不应大于 300mm，可调托座伸出顶层水平杆的悬臂长度不应大于 300mm；立杆纵距、横距不应大于 1.2m、支架步距不应大于 1.8m；立杆顶层步距内采用搭接时，搭接长度不应小于 1m，且不应少于 3 个扣件连接；立杆纵向和横向应设置扫地杆，纵向扫地杆距立杆底部不宜大于 200mm；宜设置中部纵向或横向的竖向剪刀撑，剪刀撑的间距不宜大于 5m，沿支架高度方向搭设的水平剪刀撑的间距不宜大 6m；立杆的搭设垂直偏差不宜大于 1/200 且不宜大于 100mm；应根据周边结构的情况，采取有效的连接措施加强支架整体稳固性。

2）碗扣式、盘扣式或盘销式钢管架

采用碗扣式、盘扣式或盘销式钢管架作模板支架时：碗扣式、盘扣式或盘销式的水平杆与立柱的扣接应牢靠，不应滑脱；立杆上的上、下层水平杆间距不应大于 1.8m，插入立杆顶端可调托座伸出顶层水平杆的悬臂长度不应大于 650mm，螺杆插入钢管的长度不应小于 150mm，其直径应满足与钢管内径间隙不大于 6mm 的要求，架体最顶层的水平杆步距应比标准步距缩小一个节点步距；立柱间应设置专用斜杆或扣件钢管斜杆加强模板支架。

3）支架的竖向斜撑和水平斜撑应与支架同步搭设，支架应与成型的混凝土结构拉结；现浇多层、高层混凝土结构，上、下楼层模板支架的立杆宜对准。模板及支架杆件等应分散堆放。

（3）模板的拆除

在进行模板的施工设计时，就应考虑模板的拆除顺序和拆除时间，以便更多的模板参加周转，减少模板用量，降低工程成本。模板的拆除时间与构件混凝土的强度以及模板所处的位置有关。

1）当混凝土强度能保证其表面及棱角不受损伤时，方可拆除侧模；当混凝土强度达到设计要求时，方可拆除底模及支架；当设计无具体要求时，同条件养护试件的混凝土抗压强度应符合表 1-4-4 的规定。

现浇结构拆模时所需混凝土强度　　　　　　　表 1-4-4

结构类型	结构跨度（m）	按达到设计混凝土强度等级值的百分率计（%）
板	≤2	50
	>2，≤8	75
	>8	100
梁、拱、壳	≤8	75
	>8	100
悬臂构件		100

2）模板拆除的顺序。模板拆除时，可采取先支的后拆、后支的先拆，先拆非承重模板、后拆承重模板的顺序，并应从上而下进行拆除。

3）拆模时，操作人员应站在安全处，以免发生安全事故，待该片（段）模板全部拆除后，方准将模板、配件、支架等运出堆放。模板运至堆放场地应排放整齐，并派专人负责清理维修，以增加模板使用寿命，提高经济效益。

4）拆下的模板及支架杆件不得抛扔，应分散堆放在指定地点，并应及时清运；模板拆除后应将其表面清理干净，对变形和损伤部位应进行修复。

4. 工具式模板

工具式模板是指针对现浇混凝土结构的具体构件（如墙体、柱、楼板等）尺寸，加工制成定型化的模板，做到整支整拆，多次周转，实现工业化施工。

（1）大模板

大模板是一种大尺寸的工具式模板，主要用于剪力墙或框架—剪力墙结构中的剪力墙的施工，也可用于简体结构中竖向结构的施工。一般是一块墙面用一块大模板。因为其重量大，配以相应的起重吊装机械，通过合理的施工组织，以工业化生产方式在施工现场浇筑钢筋混凝土墙体。装拆皆需起重机械吊装，提高了机械化程度，减少了用工量，缩短了工期。是目前我国剪力墙和简体体系的高层建筑施工用得最多的一种模板，已形成一种工业化建筑体系。

1）大模板工程施工的特点是：以建筑物的开间、进深、层高为标准化的基础，以大模板为主要手段，以现浇混凝土墙体为主导工序，组织进行有节奏的均衡施工。采用这种施工方法，施工工艺简单，工程进度快，劳动强度低，装修湿作业少，结构整体性和抗震性好，工业化、机械化施工程度高，因此具有较好的技术经济效果。为此，也要求建筑和结构设计能做到标准化，以使模板能做到周转通用。

2）目前我国采用大模板施工的结构体系有：①内外墙皆用大模板现场浇筑，而楼板、隔墙、楼梯等为预制吊装；②横墙、内纵墙用大模板现场浇筑，而外墙板、隔墙板、楼板为预制吊装；③横墙、内纵墙用大模板现场浇筑，外墙、隔墙用砖砌筑，楼板为预制吊装。

3）大模板组成及要求

一块大模板由面板、加劲肋、竖楞、支撑桁架、稳定机构及附件组成（图1-4-6）。

面板要求平整、刚度好。平整度按抹灰质量要求确定。可用钢板或胶合板制作。钢面板厚度根据加劲肋的布置而不同，一般为 $3\sim5mm$，可重复使用 200 次以上。胶合板面板常用七层或九层胶合板，板面用树脂处理，亦可重复使用 50 次以上。胶合板面板上易于做出线条或凹凸浮雕图案，使墙面具有线条或图案。面板设计由刚度控制，当加劲肋间距 l 与面板厚度 t 之比 $l/t \leqslant 100$ 时，按小挠度连续板计算，否则按大挠度板计算，大挠度板一般为刚度所不允许。在小挠度连

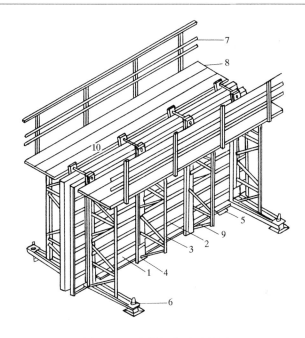

图 1-4-6　大模板构造示意图

1—面板；2—水平加劲肋；3—支撑桁架；4—竖楞；5—调整水平用的螺旋千斤顶；
6—调整垂直用的螺旋千斤顶；7—栏杆；8—脚手板；9—穿墙螺栓；10—卡具

续板中，按照加劲肋布置的方式，又分单向板和双向板。单向板面板加工容易，但刚度小，耗钢量大；双向板面板刚度大，结构合理，但加工复杂、焊缝多易变形。单向板面板的大模板，计算面板时，取 1m 宽的板条为计算单元，加劲肋视作支承，按连续梁计算，强度和挠度都要满足要求。双向板面板的大模板，计算面板时，取一个区格作为计算单元，其四边支承情况取决于混凝土浇筑情况，在满载情况下，取一边固定、一边简支的不利情况进行计算。

加劲肋的作用是固定面板，把混凝土侧压力传递给竖楞，面板若按单向板设计，则只有水平（或垂直）加劲肋；面板若按双向板设计，则水平肋、垂直肋皆有。加劲肋一般用 L65 角钢或 [65 槽钢，间距一般为 300～500 mm。计算简图为以竖楞为支承的连续梁，为降低耗钢量，设计时应考虑使之与面板共同工作，按组合截面计算截面抵抗拒，验算强度和挠度。

竖楞是穿墙螺栓的固定支点，承受传来的水平力和垂直力，一般用背靠背的两个 [65 或 [80 槽钢，间距为 1～1.2m。其计算简图为以穿墙螺栓为支承的连续梁，计算时，亦应考虑面板，竖向加劲肋和竖楞共同工作，按组合截面进行验算。

亦可用定型组合钢模板拼装成大模板，用后拆卸仍可用于其他构件，虽然重量较大但机动灵活，亦有一些优点。

4）大模板的组合方案及大模板的连接

大模板的组合方案取决于结构体系。对外墙为预制墙板或砌筑者，多用平模方案，即一面墙用一块平模。对内、外墙皆现浇，或内纵墙与横墙同时浇筑者，多用小角模方案（图 1-4-7），即以平模为主，转角处用 L100×10 的小角模。对内、外墙皆现浇的结构体系，除小角模方案外亦可用大角模组合方案（图 1-4-8），即一个房间四面墙的内模板用四个大角模组合而成，成为一个封闭体系。大角模较稳定，但在相交处如组装不平会在墙壁中部出现凹凸线条。有些工程还用筒子模进行施工，将四面墙板模板连成整体就成为筒子模。

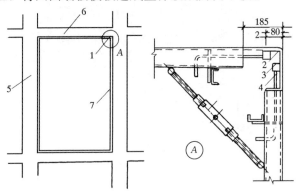

图 1-4-7   小角模连接

1—小角模；2—偏心压杆；3—合页；4—花篮螺丝；

5—横墙；6—纵墙；7—平模

大模板之间的连接，内墙相对的两块平模，是用穿墙螺栓拉紧，顶部的螺栓亦可用卡具代替。外墙的内外模板连接方式一般是在外模板的竖楞上焊一槽钢横梁，用其将外模板悬挂在内模板上；有时亦可将外模板支承在附墙式外脚手架上。

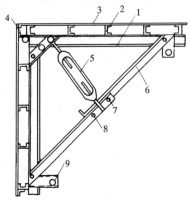

图 1-4-8   大角模

1—横肋；2—竖肋；3—面板；4—合页；

5—花篮螺丝；6—支撑杆；7—固定销；

8—活动销；9—地脚螺栓

大模板堆放时要防止倾倒伤人，应将板面后倾一定角度（自稳角 α 由计算确定）。大模板板面须喷涂脱模剂以利脱模，常用的有海藻酸钠脱模剂、油类脱模剂、甲基树脂脱模剂和石蜡乳液脱模剂等。

向大模板内浇筑混凝土应分层进行，于门窗口两侧应对称均匀下料和捣实，防止固定在模板上的门窗框移位。待浇灌的混凝土的强度达到 1N/mm² 方可拆除大模板。拆模后要喷水以养护混凝土。待混凝土强度 ≥ 4N/mm² 时才能吊装楼板于其上。

（2）滑升模板

1）滑模施工概述

滑升模板（简称滑模）是一种工具式模板，宜用于现场浇筑高耸的构筑物和建筑物等，如烟囱、筒仓、电视塔、竖井、沉井、冷却塔和剪力墙体系及筒体体系的高层建筑等。在我国有相当数量的高层建筑是用滑升模板施工的。

滑升模板施工的特点，是在构筑物或建筑物底部，沿其墙、柱、梁等构件的周边组装高 1.2m 左右的滑升模板，随着向模板内不断地分层浇筑混凝土；用液压提升设备使模板不断地向上滑升，直到需要浇筑的高度为止。用滑升模板施工，可以节约模板和支撑材料、加快施工速度和保证结构的整体性。但模板一次性投资多、耗钢量大，对建筑的立面造型和构件断面变化有一定的限制。

2）滑模装置的组成

滑模装置主要由模板系统、操作平台系统、液压系统以及施工精度控制系统等部分组成（图 1-4-9）。

A. 模板系统包括模板、围圈和提升架等。模板用于成型混凝土；承受新浇混凝土的侧压力，多用钢模或钢木混合模板。楼板的高度取决于滑升速度和混凝土达到出模强度（0.2～0.4N/mm²）所需的时间。一般高 1.0～1.2m（采用"滑一浇一"工艺时，外墙的外模和部分内墙模板加长，以增加模板滑空时的稳定性），至上口小下口大的锥形，单面锥度约 0.2%～0.5%H（H 为模板高度），以模板上口以下 2/3 模板高度处的净间距为结构断面的厚度。围圈（围檩）用于支承和固定模板，一般情况下，模板上下各布置一道，它承受模板传来的水平侧压力（混凝土的侧压力和浇筑混凝土时的水平冲击力）和由摩阻力、模板与围圈自重（如操作平台支承在围圈上，还包括平台自重和施工荷载）等产生的竖向力。围圈近似于以提升架为支承的双向弯曲的多跨连续梁，材料多用角钢或槽钢，以其受力最不利情况计算确定其截面。提升架又称千斤顶架，其作用是固定围

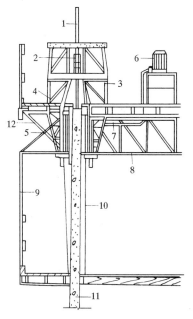

图 1-4-9　滑升模板

1—支撑杆；2—液压千斤顶；3—提升架；
4—围圈；5—模板；6—高压油泵；7—油泵；
8—操作平台桁架；9—外吊架；10—内吊架；
11—混凝土墙体；12—外挑架

圈，把模板系统和操作平台系统连成整体，承受整个模板系统和操作平台系统的全部荷载并将其传递给液压千斤顶。提升架分单横梁式与双横梁式两种，多用钢制作，其截面按框架计算确定。

B. 操作平台系统包括操作平台、内外吊架和外挑架，是施工操作的场所，

其承重构件（平台桁架、钢梁、铺板、吊杆等）根据其受力情况按一般的钢木结构进行计算。采用"滑一浇一"工艺时平台的中间部分应做成活动式，以便模板滑升后吊去浇筑混凝土。

C. 液压系统包括支承杆（爬杆）、液压千斤顶和操纵装置等，是使滑升模板向上滑升的动力装置。支承杆既是液压千斤顶向上爬升的轨道，又是滑升模板的承重支柱，它承受施工过程中的全部荷载。支承杆的规格要与选用的千斤顶相适应，用钢珠作卡头的千斤顶，需用 HPB235 级钢筋，用楔块作卡头的千斤顶，HPB235、HRB335、HRB400、RRB400 级钢筋皆可用。其承载能力按下式确定：

$$[P] = a\frac{40EI}{K(l_0 + 95)^2} \tag{1-4-1}$$

式中　　$[P]$——支承杆的承载能力（N）；

　　　　a——群杆工作系数（考虑群杆荷载不均匀、个别支承杆超载失稳后会给相邻者增加额外荷载）。整体式平台 $a=0.70$，分体式平台 $a=0.80$，带套管的工具式支承杆 $a=1.0$；

　　　　E——支承杆的弹性模量（$2.1\times10^5\,\mathrm{N/mm^2}$）；

　　　　I——支承杆的截面积惯性矩（$\mathrm{mm^4}$）；

　　　　K——安全系数≥2.0；

　　　　l_0——支 承 杆 的 脱 空 长 度（mm）。

目前滑升模板所用之液压千斤顶，有以钢珠作卡头的 GYD-35 型和以楔块作卡头的 QYD-35 型等起重量 3.5t 的小型液压千斤顶，还有起重量达 10t 的中型液压千斤顶 YL 50-10 型等。GYD-35 型（图 1-4-10）目前仍应用较多，其工作原理如图 1-4-11 所示。施工时，将液压千斤顶安装在提升架横梁上与之联成一体，支承杆穿入千斤顶的中心孔内。当高压油液压入时（图 1-4-11a），在高压油作用下，使上卡头与支承杆锁紧；由于上卡头与活塞相连，因而活塞不能下行；于是就在油压作用下，迫使缸体连带底座和下卡头一起向上升起，由此带动提升架等整个滑升模板上升。当上升到下卡头紧碰着上卡头时，即完成一

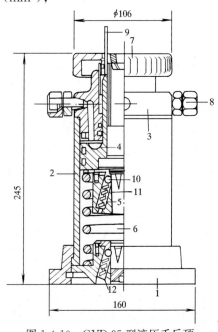

图 1-4-10　GYD-35 型液压千斤顶

1—底座；2—缸体；3—缸盖；4—活塞；
5—上卡头；6—排油弹簧；7—行程调整帽；
8—油嘴；9—行程指示杆；10—钢珠；11—卡
头小弹簧；12—下卡头

个工作行程（图 1-4-11b）。此时排油弹簧处于压缩状态，上卡头承受滑升模板的全部荷载。当排油时，上卡头放松、下卡头与支承杆锁紧；油压力消失，在排油弹簧的弹力作用下，把活塞与上卡头一起推向上（图 1-4-11c），此时，下卡头接替上卡头所承受的荷载。如此不断循环，千斤顶就沿着支承杆不断上升，模板也就被带着不断向上滑升。

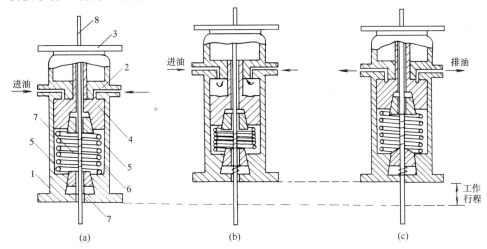

图 1-4-11　液压千斤顶工作原理示意图

1—底座；2—缸体；3—缸盖；4—活塞；5—上、下卡头；

6—排油弹簧；7—弹簧；8—支承杆

采用钢珠式的上、下卡头，其优点是体积小，结构紧凑，动作灵活，但钢珠对支承杆的压痕较深，这样不仅不利于支承杆拔出重复使用，而且会出现千斤顶上升后的"回缩"下降现象，此外，钢珠还有可能被杂质卡死在斜孔内，导致卡头失效。因此，有的已改用楔块式卡头，这种卡头利用四瓣楔块锁固支承杆，具有加工简单、起重量大、卡头下滑量小、锁紧能力强、压痕小等优点，它不仅适用于光圆钢筋支承杆，亦可用于螺纹钢筋支承杆。

D. 滑模施工精度控制系统主要包括：提升设备本身的限位调平装置、滑模装置在施工中的水平度和垂直度的观测和调整控制设施等。在模板滑升过程中整个模板系统能否水平上升，是保证滑模施工质量的关键，也是直接影响建筑物垂直度的一个重要因素。

影响平台水平度与建筑物垂直度的因素有：操作平台上荷载分布不均，导致支承杆负荷不匀；模板变形或模板锥度不对称；操作平台结构刚度差；模板摩阻力不均；有水平外力作用；千斤顶不同步等。而千斤顶不同步，一般均由于部分千斤顶（远离控制台的）进油、回油不充分，油路布置方式和密封情况不好，以及千斤顶的加工精度不一致等原因所致。在滑升过程中如何防止出现倾斜，以及倾斜出现后如何及时纠偏是滑模施工中的一个很重要的问题。

纠偏的方法通常是调整平台的高差。即通过千斤顶将操作平台调升一倾斜度,其方向与建筑物的倾斜方向相反,且倾斜值最大不超过模板的倾斜度。然后继续滑升浇灌混凝土,直至建筑物的垂直度归于正常,才把操作平台恢复水平。此外亦可在与倾斜方向相反的操作平台一边堆放重物,或调整混凝土浇筑方向和顺序,或在千斤顶下加斜垫,以及用卷扬机对平台施加水平外力等方法来进行纠偏。在纠正结构物的垂直偏差时,应逐步徐徐进行,避免结构出现急弯。在调整操作平台水平时,应防止模板出现倒锥度,导致混凝土拉裂。

扭转纠偏通常可采取沿平台扭转相反方向浇筑混凝土,或于平台施加一与扭转方向相反的环向力等方法进行。

（3）台模

台模（又称桌模、飞模）是一种由平台板、梁、支架、支撑、调节支腿及配件组成的工具式模板。适用于大柱网、大空间的现浇钢筋混凝土楼盖施工,尤其适用于无梁楼盖结构,即大柱网板柱结构的楼盖施工。

台模的规格尺寸主要取决于建筑结构的开间（柱网）和进深尺寸以及起重机的吊装能力来确定。一般按开间（柱网）和进深尺寸设置一台或多台。

现浇混凝土板柱结构标准层的楼层,采用台模施工,具有以下特点:一次组装、整支整拆、重复使用,既节约支拆用工,又加快施工速度;台模借助起重机从浇筑完的楼盖下飞出,立即移到上一层或移到同一楼层另一流水施工段施工,模板不落地,可以减少临时堆放模板场地,特别适用于在用地紧张的闹市区施工。

台模按其支承方式可分为有腿式和无腿式两类。大致分类如下:

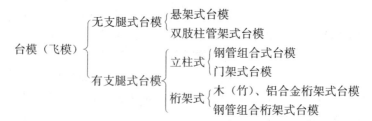

为了便于台模脱模和在楼层上运转,通常需另外配备一套使用方便的辅助机具,其中包括升降、行走、吊运等到机具。

台模的选型要考虑两个因素,其一是施工项目规模大小,如果相类似的建筑物量大,则可选择比较定型的台模,增加模板周转使用,以获得较好的经济效果;其二是要考虑所掌握的现有资源条件,因地制宜,如充分利用已有的门式架或钢管脚手组成台模,做到物尽其用,以减少投资,降低施工成本。

（4）隧道模板

隧道模板是由若干个半隧道模按建筑结构的开间、进深组拼而成。适用于在施工现场同时浇筑剪力墙结构的墙体和楼板混凝土。采用半隧道模克服了整体式全隧道模自重大、对起重设备要求高、使用不够灵活等缺陷。

半隧道模是由单元角形模和辅助设施组成。单元角形模是半隧道模的基本构件，它由横墙模板、楼板模板、纵墙模板、螺旋千斤顶、滚轮、楼板模板斜支撑、垂直支撑、穿墙螺栓、定位块等组成。辅助设施包括：支卸平台（半隧道模脱模后，作为塔吊吊具连接作业的过渡平台、水平通道和悬挑模板的支撑）、外山墙工作平台（支撑外山墙模板和作为通道用）等。

4.1.3　模板及支架的设计

模板工程对混凝土工程的成型质量和施工生产安全起关键性作用。模板工程在施工前应编制专项施工方案。滑模、爬模等工具式模板及高大模板支架工程的专项施工方案，应进行技术论证。模板及支架应根据施工过程中的各种工况进行设计，应具有足够的承载力和刚度，并应保证其整体稳固性。

1. 模板及支架的材料要求

模板及支架宜选用轻质、高强、耐用的材料，其技术指标应符合国家现行有关标准的规定；连接件宜选用标准定型产品；接触混凝土的模板表面应平整，并应具有良好的耐磨性和硬度；清水混凝土模板的面板材料应能保证脱模后所需的饰面效果；脱模剂应能有效减小混凝土与模板间的吸附力，并应有一定的成膜强度，且不应影响脱模后混凝土表面的后期装饰。

2. 模板及支架的设计要求

模板及支架的形式和构造应根据工程结构形式、荷载大小、地基土类别、施工设备和材料供应等条件确定。

（1）模板及支架设计应包括下到内容：

1）模板及支架的选型及构造设计；

2）模板及支架上的荷载及其效应计算；

3）模板及支架的承载力、刚度验算；

4）模板及支架的抗倾覆验算；

5）绘制模板及支架施工图。

（2）模板及支架的设计应符合下列规定：

1）模板及支架的结构设计宜采用以分项系数表达的极限状态设计方法；

2）模板及支架的结构分析中所采用的计算假定和分析模型，应有理论或试验依据，或经工程验证可行；

3）模板及支架应根据施工过程中各种受力工况进行结构分析，并确定其最不利的作用效应组合；

4）承载力计算应采用荷载基本组合，变形验算可仅采用永久荷载标准值。

3. 模板及支架的设计验算

（1）模板及支架设计验算的荷载：

模板及支架设计验算的荷载共 8 项，永久性荷载 4 项（包括模板及支架自重

G_1、新浇筑混凝土自重 G_2、钢筋自重 G_3、新浇筑混凝土对模板侧压力 G_4）；可变荷载 4 项（包括施工人员及设备产生的荷载 Q_1、混凝土下料产生的水平荷载 Q_2、泵送混凝土或不均匀堆载等因素产生的附加水平荷载 Q_3、风荷载 Q_4）。各项荷载的标准值确定如下：

1）模板及支架自重（G_1）标准值

应根据模板设计图纸确定。对有梁楼板及无梁楼板的模板及支架自重标准值，可按表 1-4-5 采用。

模板及支架的自重标准值（kN/m²） 表 1-4-5

模板构件名称	木模板	组合钢模板
无梁楼板的模板及小楞	0.30	0.50
有梁楼板模板（包括梁的模板）	0.50	0.75
楼板模板及支架（楼层高度为 4m 以下）	0.75	1.10

2）新浇筑混凝土自重（G_2）标准值

可根据实际重力密度确定，普通混凝土可取 24kN/m³。

3）钢筋自重（G_3）标准值

钢筋自重标准值应根据设计图纸确定。一般梁板结构，板的钢筋自重标准值可取 1.1kN/m³，梁的钢筋自重标准值可取 1.5kN/m³。

4）新浇筑混凝土对模板侧压力（G_4）的标准值

影响新混凝土对模板侧压力的因素很多。如水泥的品种与用量、骨料种类、水灰比、外加剂等混凝土原材料和混凝土浇筑时的温度、浇筑速度、振捣方法等外界施工条件以及模板情况、构件厚度、钢筋用量、钢筋排放位置等，都是影响混凝土对模板侧压力的因素。其中混凝土的重力密度、混凝土浇筑时的温度、浇筑速度、坍落度和振捣方法等是影响新浇混凝土对模板侧压力的主要因素，它们是计算新浇筑混凝土对模板侧压力的控制因素。

当采用内部振捣器且浇筑速度不超过 10m/h，混凝土坍落度不大于 180mm 时，新浇筑混凝土对模板的侧压力（G_4）的标准值，可按下列公式分别计算，并取其中的较小值作为侧压力的最大值。

$$F = 0.28\gamma_c t_0 \beta V^{1/2} \tag{1-4-2}$$

$$F = \gamma_c H \tag{1-4-3}$$

当采用内部振捣器且浇筑速度大于 10m/h，混凝土坍落度大于 180mm 时，侧压力（G_4）的标准值可按公式（1-4-3）计算。

式中　F——新浇筑混凝土对模板的最大侧压力（kN/m²）；

　　　γ_c——混凝土的重力密度（kN/m³）；

　　　t_0——新浇筑混凝土的初凝时间（h），可按实测确定。当缺乏试验资料时，可采用 $t_0 = 200/（T + 15）$ 计算（T 为混凝土的温度℃）；

β——混凝土坍落度影响修正系数：当 50mm＜坍落度≤90mm 时，取 0.85；当 90mm＜坍落度≤130mm 时，取 0.90；当 130mm＜坍落度≤180mm 时，取 1.0。

V——混凝土的浇筑速度，取混凝土浇筑高度（厚度）与浇筑时间的比值（m/h）；

H——混凝土侧压力计算位置处至新浇筑混凝土顶面的总高度（m）；

混凝土侧压力的计算分布图形如图 1-4-12 所示，中图 $h = F/\gamma_c$。

5）施工人员及设备产生的荷载（Q_1）标准值

可按实际计算，且不小于 2.5kN/m²。

6）混凝土下料产生的水平荷载（Q_2）标准值

可按表 1-4-6 采用，其作用范围可取为新浇混凝土侧压力的有效压头 h 之内。

7）泵送混凝土或不均匀堆载等因素产生的附加水平荷载（Q_3）标准值

可取计算工况下竖向永久荷载标准值的 2%，并应作用在模板支架上端水平方向。

8）风荷载（Q_4）标准值

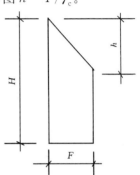

图 1-4-12　混凝土侧压力分布

可按现行国家标准《建筑结构荷载规范》GB 50009 的有关规定确定，此时的基本风压可按 10 年一遇的风压取值，但基本风压不小于 0.20kN/m²。

倾倒混凝土时产生的水平荷载标准值（kN/m²）　　表 1-4-6

下料方法	水平荷载
溜槽、串筒、导管或泵管下料	2.0
吊车配备斗容器下料或小车直接倾倒	4.0

（2）模板及支架承载力验算

1）荷载组合

采用最不利的荷载基本组合进行设计，参与模板及支架承载力计算的各项荷载按表 1-4-7 确定。

2）荷载效应计算：

模板及支架的荷载基本组合的效应设计值，可按下式计算：

永久荷载分项系数 1.35，可变荷载分项系数 1.4。

$$S = 1.35\alpha \sum_{i \geq 1} S_{Gik} + 1.4\psi_{cj} \sum_{j \geq 1} S_{Qjk} \qquad (1-4-4)$$

式中　S_{Gik}——第 i 个永久荷载标准值产生的荷载效应值；

　　α——模板支架类型系数，侧模板取 0.9；底模板和支架取 1.0；

　　S_{Qjk}——第 j 个可变荷载标准值产生的荷载效应值；

　　ψ_{cj}——第 j 个可变荷载的组合值系数，宜取 $\psi_{cj} \geqslant 0.9$。

参与模板及支架承载力计算的各项荷载　　　　表 1-4-7

计算内容		参与荷载项
模板	底面模板的承载力	$G_1+G_2+G_3+Q_1$
	侧面模板的承载力	G_4+Q_2
支架	支架水平杆及节点承载力	$G_1+G_2+G_3+Q_1$
	立杆的承载力	$G_1+G_2+G_3+Q_1+Q_4$
	支架结构的整体稳定性	$G_1+G_2+G_3+Q_1+Q_3$ $G_1+G_2+G_3+Q_1+Q_4$

　　3）承载能力计算

　　模板及支架结构构件应按短暂设计状况下极限状态进行设计，承载能力计算应符合下式要求：

$$\gamma_o S \leqslant R / \gamma_r \tag{1-4-5}$$

式中　γ_o——结构重要性系数。对重要的模板及支架（包括高大模板支架、跨度较大、承载力较大各体形复杂的模板和支架）宜取 $\gamma_o \geqslant 1.0$；对于一般的模板及支架应取 $\gamma_o \geqslant 0.9$；

　　　S——模板及支架的荷载基本组合的效应设计值；

　　　R——模板及支架结构构件的承载力设计值，应按国家现行有关标准计算；

　　　γ_r——承载力设计值调整系数，应根据模板及支架重复使用情况取用，不应大于 1.0。

　　4）模板及支架的变形验算

　　模板面板的变形直接影响混凝土构件尺寸和外观质量。对于梁板等水平构件的变形验算以混凝土、钢筋、模板自重的标准值计算；墙、柱等竖向构件以新浇混凝土侧压力标准值计算。

　　模板及支架的变形验算应符合下列要求：

$$\alpha_{fG} \leqslant \alpha_{f,lim} \tag{1-4-6}$$

式中　α_{fG}——按永久荷载标准值计算的构件变形值；

　　　$\alpha_{f,lim}$——构件变形限值。

　　模板及支架的变形限值应根据工程要求确定，并应符合下列规定：对结构表面外露的模板，其挠度限值宜取为模板构件计算跨度的 1/400；对结构表面隐蔽的模板，其挠度限值宜取为模板构件计算跨度的 1/250；支架的轴向压缩变形值或侧向挠度限值，宜取为计算高度或计算跨度的 1/1000。

5）支架的抗倾覆验算

当支架结构与周边已浇混凝土并具有一定强度的结构可靠拉结时，可以不验算整体稳定。

支架倾覆力矩在混凝土浇筑前由风荷载产生；在混凝土浇筑过程中，由泵送混凝土或不均匀堆载等因素产生的附加水平荷载产生。支架抗倾覆力矩由钢筋、混凝土、模板自重等永久性产生荷载产生。

支架应按混凝土浇筑前和混凝土浇筑时两种工况进行抗倾抗倾覆验算。

$$\gamma_0 M_0 \geqslant M_r \tag{1-4-7}$$

式中　M_0——支架倾覆力矩设计值，按荷载基本组合计算，其中永久荷载的分项系数取 1.35，可变荷载的分项系数取 1.4；

M_r——支架抗倾覆力矩设计值，按荷载基本组合计算，其中永久荷载的分项系数取 0.9，可变荷载的分项系数取 0；

§4.2　钢　筋　工　程

在钢筋混凝土结构中，钢筋及其加工质量对结构质量起着决定性的作用，钢筋工程又属于隐蔽工程，在混凝土浇筑后，钢筋的质量难以检查，故对钢筋的进场验收到一系列的加工过程和最后的绑扎安装，都必须进行严格的质量控制，以确保结构的质量。

4.2.1　钢筋的种类与验收

1. 钢筋的分类及性能

钢筋的种类很多。按生产工艺可分为热轧钢筋、冷加工钢筋（冷轧带肋钢筋、冷轧扭钢筋、冷拔螺旋钢筋、冷拉钢筋、冷拔钢丝）、碳素钢丝、刻痕钢丝、钢绞线和热处理钢筋等，其中后面四种主要用于预应力混凝土工程。按化学成分又可分为碳素钢钢筋和普通低合金钢钢筋，碳素钢钢筋按含碳量的多少，又可分为低碳钢钢筋（含碳量小于 0.25%）、中碳钢钢筋（含碳量 0.25%～0.7%）、高碳钢钢筋（含碳量 0.7%～1.4%）三种。普通低合金钢是在低碳钢和中碳钢的成分中加入少量合金元素，获得强度高和综合性能好的钢种。热轧钢筋按屈服强度（MPa）可分为 HPB235 级、HRB335 级、HRB400 级和 HRB500 级等；而且级别越高，其强度及硬度越高，使塑性逐级降低。按外形可分为光圆钢筋和带肋钢筋。按供应形式，为便于运输，通常将直径为 6～10mm 的钢筋卷成圆盘，称盘圆或盘条钢筋；将直径大于 12mm 的钢筋轧成 6～12m 长一根，称直条或碾条钢筋。按直径大小可分为钢丝（直径 3～5mm）、细钢筋（直径 6～10mm）、中粗钢筋（直径 12～20mm）和粗钢筋（直径大于 20mm）。按钢筋在结构中的作用不同可分为受力钢筋、架立钢筋和分布钢筋。

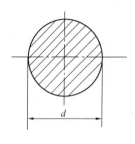

图 1-4-13　光圆钢筋的
截面形状
d-钢筋直径

（1）常用的热轧钢筋

热轧钢筋是经热轧成型并自然冷却的成品钢筋，分为热轧光圆钢筋和热轧带肋钢筋两种。热轧光圆钢筋应符合国家标准《钢筋混凝土用钢 第一部分热轧光圆钢筋》GB 1499.1 的规定。热轧带肋钢筋应符合国家标准《钢筋混凝土用钢 第二部分热轧带肋钢筋》GB 1499.2 的规定。

1）热轧光圆钢筋（hot rolled plain bars）

热轧光圆钢筋是指经热轧成型，横截面通常为圆形，表面光滑的成品光圆钢筋，如图 1-4-13。

钢筋按屈服强度特征值分为 HPB 235、HPB 300 级。

2）热轧带肋钢筋（ribbed bars）

热轧带肋钢筋是指横截面通常为圆形，且表面带肋的混凝土结构用钢材。如图 1-4-14。

热轧带肋钢筋按强度等级分为 HRB 335、HRB 400、HRB 500 级。

钢筋按生产工艺分为热轧状态交货的钢筋（普通热轧钢筋 hot rolled bars）

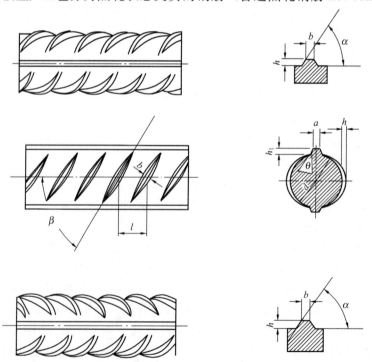

图 1-4-14　月牙肋钢筋（带纵肋）表面及截面形状

d—钢筋内径；*α*—横肋斜角；*h*—横肋高度；*β*—横肋与轴线夹角；h_1—纵肋高度；

θ—纵肋斜角；*a*—纵肋顶宽；*l*—横肋间距；*b*—横肋顶宽

和在热轧过程中、通过控轧和控冷工艺形成的细晶粒钢筋（细晶粒热轧钢筋 hot rolled bars of fine grains）。

HRB（热轧带肋钢筋）、HRBF（细晶粒钢筋）、RRB（余热处理钢筋）是三种常用带肋钢筋的英文缩写。钢筋表面轧有牌号标志（以阿拉伯数字或以阿拉伯数字加英文字母）、厂名（汉语拼音字头）和公称直径（毫米数以阿拉伯数字表示）。钢筋牌号：HRB335、HRB400、HRB500 分别为 3、4、5；HRBF335、HRBF400、HRBF500 分别为 C3、C4、C5；RRB400 为 K4。

常用的热轧钢筋的力学机械性能（屈服点、抗拉强度、伸长率及冷弯指标）见表 1-4-8。

热轧钢筋的力学机械性能　　　　　　　　表 1-4-8

表面形状	牌　号	公称直径 d（mm）	屈服强度 R_{eL}（MPa）	抗拉强度 R_m（MPa）	断后伸长率 A（%）	最大力下总伸长率 A_{gt}（%）	弯曲性能（d—钢筋公称直径）	
			不小于				弯曲角度	弯心直径
光圆	HPB235		235	370	25	10	180°	d
	HPB300		300	420	25	10		
带肋	HRB335 HRBF335	6～25	335	455	17	75	180°	3d
		28～40						4d
		>40～50						5d
	HRB400 HRBF400	6～25	400	540	16			4d
		28～40						5d
		>40～50						6d
	HRB500 HRBF500	6～25	500	630	15			6d
		28～40						7d
		>40～50						8d

有较高要求的抗震结构适用牌号为：在表 1-4-8 中已有牌号后加 E（例如 HRB400E、HRBF400E）。带 "E" 的钢筋除满足表 1-4-8 性能的要求外，还满足结构抗震性能而专门生产的钢筋。

（2）冷轧带肋钢筋

冷轧带肋钢筋（cold-rolled ribbed steel wires）是采用普通热轧圆盘条为母材，经冷轧后，在其表面带有沿长度方向均匀分布的三面或两面横肋的钢筋。冷轧带肋钢筋应符合国家标准《冷轧带肋钢筋》GB 13788 的规定。

冷轧带肋钢筋按强度等级分为：550 级、650 级、800 级和 970 级。其中，550 级钢筋宜用于钢筋混凝土结构构件中的受力钢筋、钢筋焊接网、箍筋、构造钢筋以及预应力混凝土结构中的非预应力钢筋；650 级、800 级和 970 级钢筋宜用于预应力混凝土构件中的预应力主筋。CRB550 的公称直径为 4mm～12mm，其他牌号的冷轧带肋钢筋的公称直径为 4mm、5 mm、12mm。

冷轧带肋钢筋的主要性能见表1-4-9。

冷轧带肋钢筋的力学性能和工艺性能指标　　　　　　　　表1-4-9

钢筋级别	$R_{p0.2}$ (MPa)	R_m (MPa)	伸长率（%）不小于		弯曲试验 180°	反复弯曲次数	应力松弛 初始应力应相当于公称抗拉强度的70% 1000h松弛率（%）不大于
			δ_{10}	δ_{100}			
CRB550	500	550	8.0	—	$D=3d$	—	—
CRB650	585	650	—	4.0	—	3	8
CRB800	720	800	—	4.0	—	3	8
CRB970	875	970	—	4.0	—	3	8

注：D 表中为弯心直径，d 为钢筋公称直径

（3）冷轧扭钢筋

冷轧扭钢筋是将低碳钢热轧圆条钢筋经专用钢筋冷轧扭机调直、冷轧并冷扭一次成型，具有规定截面形式和相应节距的连续螺旋状钢筋（代CTB）。冷轧带肋钢筋应符合国家行业标准《冷轧扭钢筋》JG 190 的规定。

冷轧扭钢筋具有较高的强度，而且有足够的塑性性能，与混凝土粘结性能优异，代替HPB235级钢筋可节约钢材约30%，有着明显的经济效益和社会效益。

Ⅰ、Ⅱ、Ⅲ型冷轧扭钢筋的强度设计值均较 HPB235、HRB335 高，考虑混凝土强度与钢筋强度相匹配，规定混凝土强度等级不应低于C20，预应力构件不应低于C30，可充分利用钢筋强度。冷轧扭钢筋的主要性能见表1-4-10。

冷轧扭钢筋力学性能和工艺性能　　　　　　　　表1-4-10

强度级别	型号	钢筋直径 (mm)	抗拉强度 σ_b (N/mm²)	伸长率 A (%)	180°弯曲试验 弯心直径=3d	应力松弛率% 当 $\sigma_{com}=0.7f_{ptk}$ 10h	1000h
CTB550	Ⅰ	6.5、8、10、12	≥550	$A_{11.3}≥4.5$	受弯曲部位钢筋表面不得产生裂纹	—	—
	Ⅱ	6.5、8、10、12		$A≥10$			
	Ⅲ	6.5、8、10		$A≥12$			
CTB650	Ⅲ		≥650	$A_{100}≥4$		≤5	≤8

注：1. d 为冷轧扭钢筋标志直径；

2. A、$A_{11.3}$ 分别表示以标距 $5.65\sqrt{s_0}$ 或 $11.3\sqrt{s_0}$（s_0 为试样原始截面面积）的试样拉断伸长率，A_{100} 表示标距为100mm的试样拉断伸长率；

3. σ_{com} 为预应力钢筋张拉控制应力；f_{ptk} 为预应力冷轧扭钢筋抗拉强度标准值。

2. 钢筋的验收

钢筋进场后，应经检查验收合格后才能使用。未经检查验收或检查验收不合格的钢筋严禁在工程中使用。

（1）钢筋进场检查验收

1）应检查钢筋的质量证明文件。钢筋出厂时，应在每捆（盘）上都挂有二

个标牌（注明生产厂、生产日期、钢号、炉罐号、钢筋级别、直径等标记），并附有质量证明文件。

2）应按国家现行有关标准的规定抽样验屈服强度、抗拉强度、伸长率、弯曲性能和单位长度重量。

热轧钢筋进场时，钢筋应按批进行检查和验收，每批由同一牌号、同一炉罐号、同一规格的钢筋组成。每批重量不大于 60t。超过 60 t 的部分，每增加 40t（或不足 40t 的余数），增加一个拉伸试验试样和一个弯曲试验试样。允许由同一牌号、同一冶炼方法、同一浇注方法的不同炉罐号组成混合批，但各炉罐号含碳量之差不大于 0.02%，含锰量之差不大于 0.15%。混合批的重量不大于 60t。

力学性能试验：从每批钢筋中任选两根钢筋，每根取两个试样分别进行拉伸试验（包括屈服点、抗拉强度和伸长率）和冷弯试验。试验结果符合表 1-4-8 的要求。如有一项试验结果不符合要求，则从同一批中另取双倍数量的试样重做各项试验。如仍有一个试样不合格，则该批钢筋为不合格品。

单位长度重量：钢筋可按实际重量或理论重量交货。当钢筋按实际重量交货时，应随机从不同钢筋上截取，数量不少于 5 根（每支试样的长度不少于 500mm）。钢筋称重实际重量与理论重量的允许偏差应符合表 1-4-11 的规定。

钢筋实际重量与理论重量的允许偏差　表 1-4-11

公称直径（mm）	实际重量与公称重量的偏差（%）
6～12	±7
14～20	±5
22～50	±4

钢筋实际重量与公称重量的偏差（%）按公式（1-4-8）计算

$$重量偏差 = \frac{试样实际重量 - (试样总长度 \times 公称重量)}{试样总长度 \times 公称重量} \times 100\%$$

$$(1-4-8)$$

3）经产品认证符合要求的钢筋，其检验批量可扩大一倍。在同一工程中，同一厂家、同一牌号、同一规格的钢筋连续三次进场检查均一次检验合格，其后的检验批量可扩大一倍。

4）钢筋的外观质量检查

钢筋应不得有裂纹、结疤和折叠等有害的表面缺陷；

钢筋锈皮、表面不平整或氧化铁皮等只要经钢丝刷刷过的试样的重量、尺寸、横截面积和拉伸性能不低于有关标准的要求，则认为这些缺陷是无害；否则认为这些缺陷是有害的。

5）当无法准确判断钢筋品种、牌号时，应增加化学成分、晶粒度等检验项目。

（2）有抗震设防要求结构的纵向受力钢筋

有抗震设防要求的结构，其纵向受力钢筋的性能应满足设计要求；当设计无具体要求时，对按一、二、三级抗震等级设计的框架和斜撑构件（含梯段）中的纵向受力钢筋应采用 HRB335E、HRB400E、HRB500E、HRBF335E、HRBF400E 或 HRBF500E 钢筋，其强度和最大力下总伸长率的实测值应符合下列规定：

钢筋的抗拉强度实测值与屈服强度实测值的比值不应小于 1.25；

钢筋的屈服强度实测值与屈服强度标准值的比值不应大于 1.30；

钢筋的最大力下总伸长率不应小于 9 %。

（3）成型钢筋进场检查

为了有利于控制钢筋的成型质量、减少钢筋在加工制作过程中的损耗，缩短钢筋在施工现场的存放时间，钢筋工程宜采用专业化生产的成型钢筋。

成型钢筋进场应检查的内容：

1）成型钢筋的质量证明文件；

2）成型钢筋所用材料的质量证明文件及检验报告；

3）并应抽样检验成型钢筋的屈服强度、抗拉强度、伸长率和重量偏差；

4）检验批量可由合同约定，同一工程、同一原材料来源、同一组生产设备生产的成型钢筋，检验批量不宜大于 30t。

钢筋在运输、存放过程中，不得损坏包装和标志，并应按牌号、规格、炉批分别堆放，检查验收合格的钢筋应做标识，检查验收不合格的钢筋应及时运离施工现场；杜绝未经验收或验收不合格的钢筋在工程中使用。施工过程中应采取防止钢筋混淆、锈蚀或损伤的措施。

施工中发现钢筋脆断、焊接性能不良或力学性能显著不正常等现象时，应停止使用该批钢筋，并对该批钢筋进行化学成分检验或其他专项检验。

4.2.2 钢筋加工

钢筋加工包括调直、除锈、下料切断、弯曲成型等工作。钢筋加工宜在常温状态下进行，加工过程中不应对钢筋进行加热。钢筋加工方法宜采用机械设备加工，有利于保证钢筋的加工质量。钢筋应一次弯折到位。

1. 钢筋的调直

钢筋调直（除了规定的弯曲外，其直线段不允许有弯曲现象），一是为了保证钢筋在构件中的正常受力；二是有利于钢筋准确下料和钢筋成型的形状。

钢筋的调直宜采用机械设备进行调直，也可采用冷拉方法进行调直。采用机械设备调直钢筋时，调直设备不应具有延伸功能（设备的牵引力不超过钢筋的屈服力）。

采用冷拉方法调直钢筋时，应注意控制冷拉率：热轧光圆钢筋冷拉率不宜大于 4%，热轧带肋钢筋的冷拉率不宜大于 1%。调直后的钢筋应平直，不应有局部弯折。

钢筋调直后，应检查力学性能和单位长度重量偏差。采用无延伸功能机械设备调直的钢筋时，可不进行本项检查。

钢筋冷拉是指在常温下对热轧钢筋进行的强力拉伸，拉应力超过钢筋的屈服强度，使钢筋产生塑性变形，以达到调直钢筋、提高强度、节约钢材的目的，对焊接接长的钢筋亦检验了焊接接头的质量。钢筋冷拉后，屈服强度提高，但塑性降低，为了保证钢筋冷拉后不影响钢筋的力学性能，应注意控制冷拉率，并应检查冷拉钢筋的力学性能和单位长度重量。

2. 钢筋的除锈

钢筋加工前应将表面清除干净。表面有颗粒状、片状老锈或有损伤的钢筋不得使用。

钢筋在现场存放的时间较长和受施工现场的条件限制，钢筋容易锈蚀，钢筋表面容易受油渍、油漆的污染。为了保证钢筋与混凝土之间的粘结，钢筋在使用前，钢筋表面的油渍、漆污、铁锈可采用除锈机、风砂枪等机械方法清理。钢筋的除锈，可通过钢筋冷拉调直过程中除锈，对大量钢筋的除锈较为经济省力；当钢筋数量较少时也可采用人工除锈（用钢丝刷、砂盘）。除锈的钢筋应尽快使用。

3. 钢筋下料切断

钢筋下料切断是保证钢筋成型的形状、几何尺寸准确的关键性环节。钢筋在下料切断前应进行钢筋的下料长度计算。钢筋的下料切断应按钢筋配料单的计算长度进行切断。

钢筋下料切断可采用钢筋切断机或手动液压切断器进行切断。

钢筋下料切断将同规格钢筋根据不同长度长短搭配，统筹排料；一般应先断长料，后断短料，减少短头，减少损耗。

断料时应避免用短尺量长料，防止在量料中产生累计误差。为此，宜在工作台上标出尺寸刻度线并设置控制断料尺寸用的挡板。

在切断过程中，如发现钢筋有劈裂、缩头或严重的弯头等必须切除。

4. 钢筋弯曲成型

钢筋弯曲成型是保证钢筋成型的形状、几何尺寸准确的决定性环节。钢筋弯曲成型必须符合相关技术规范和设计要求，确保钢筋成型质量。

（1）钢筋弯折的弯弧内直径应符合下列规定

1）光圆钢筋，不应小于钢筋直径的 2.5 倍；

2）335MPa 级、400MPa 级带肋钢筋，不应小于钢筋直径的 4 倍；

3）500MPa 级带肋钢筋，当直径为 28mm 以下时不应小于钢筋直径的 6 倍，当直径为 28mm 及以上时不应小于钢筋直径的 7 倍；

4）位于框架结构顶层端节点处的梁上部纵向钢筋和柱外侧纵向钢筋，在节点角部弯折处，当钢筋直径为 28mm 以下时不宜小于钢筋直径的 12 倍，当钢筋直径为 28mm 及以上时，不宜小于钢筋直径的 16 倍；

5）箍筋弯折处尚不应小于纵向受力钢筋直径；箍筋弯折处纵向受力钢筋为搭接钢筋或并筋时，应按钢筋实际排布情况确定箍筋弯弧内直径。

（2）纵向受力钢筋末端弯折后的平直段

纵向受力钢筋末端弯折后的平直段应符合设计要求和现行国家标准《混凝土结构设计规范》GB 50010 的规定。纵向钢筋末端做 90°的弯折锚固时，平直段为 12d；做 135°的弯折锚固时，平直段为 5d，如图 1-4-15。

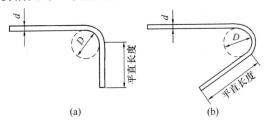

图 1-4-15   纵向受力钢筋弯折

(a) 90°；(b) 135°

光圆钢筋末端作 180°弯钩时，弯钩的弯折后平直长度不应小于钢筋直径的 3 倍，如图 1-4-16（a）。

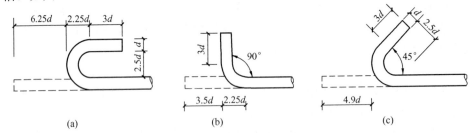

图 1-4-16   钢筋弯钩计算简图

（a）半圆弯钩；（b）直弯钩；（c）斜弯钩

（3）箍筋、拉筋的末端应按设计要求做弯钩

除焊接封闭环式箍筋外，箍筋的末端应做弯钩。弯钩形式应符合设计要求；当设计无具体要求时，应符合下列规定：

1）对一般结构构件，箍筋弯钩的弯折角度不应小于 90°，弯折后平直部分长度不应小于箍筋直径的 5 倍；对有抗震设防要求或设计有专门要求的结构构件，箍筋弯钩的弯折角度不应小于 135°，弯折后平直部分长度不应小于箍筋直径的 10 倍和 75mm 的较大值，如图 1-4-17。

2）圆形箍筋的搭接长度不应小于钢筋的锚固长度，且两末端均应做不小于 135°弯钩，弯折后平直部分长度对一般结构构件不应小于箍筋直径的 5 倍，对有抗震设防要求的结构构件不应小于箍筋直径的 10 倍和 75mm 的较大值，如图 1-4-18。

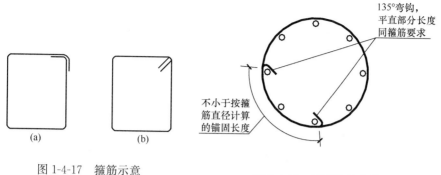

图 1-4-17　箍筋示意
(a) 90°/90°；(b) 135°/135°

图 1-4-18　圆形箍筋弯钩

3) 拉筋用作梁、柱复合箍筋单支箍筋或梁腰筋间拉结筋时，两端弯钩的弯折角度均不应小于 135°，弯折后平直部分长度对一般结构构件不应小于箍筋直径的 5 倍；对有抗震设防要求或设计有专门要求的结构构件不应小于箍筋直径的 10 倍和 75mm 的较大值；

拉筋用作剪力墙、楼板等构件中的拉结筋时，两端弯钩可采用一端 90°另一端 135°。弯折后平直部分长度不应小于箍筋直径的 5 倍，如图 1-4-19。

(4) 弯曲成型工艺

钢筋弯曲成型宜采用弯曲机进行。钢筋弯曲应按弯曲设备的特点进行划线。

图 1-4-19　拉筋示意图

钢筋弯曲前，对形状复杂的钢筋（如弯起钢筋），根据钢筋料牌上标明的尺寸，用石笔将各弯曲点位置划出。划线时应注意：根据不同的弯曲角度扣除弯曲调整值，其扣法是从相邻两段长度中各扣一半；钢筋端部带半圆弯钩时，该段长度划线时增加 $0.5d$（d 为钢筋直径）；划线工作宜从钢筋中线开始向两边进行；两边不对称的钢筋，也可从钢筋一端开始划线，如划到另一端有出入时，则应重新调整。

【例 1-4-1】 今有一根直径 20mm 的弯起钢筋，其所需的形状和尺寸如图 1-4-20 所示。

【解】 划线方法如下：

第一步在钢筋中心线上划第一道线；

第二步取中段 $4000/2-0.5d/2=1995$mm，划第二道线；

第三步取斜段 $635-2\times0.5d/2=625$mm，划第三道线；

第四步取直段 $850-0.5d/2+0.5d=855$mm，划第四道线。

上述划线方法仅供参考。第一根钢筋成型后应与设计尺寸校对一遍，完全符合后再成批生产。

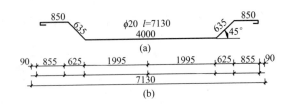

图 1-4-20 弯起钢筋的划线

(a) 弯起钢筋的形状和尺寸;(a) 钢筋划线

钢筋弯曲点线和心轴的关系,如图 1-4-21 所示。由于成型轴和心轴在同时转动,就会带动钢筋向前滑移。因此,钢筋弯 90°时,弯曲点线约与心轴内边缘齐;弯 180°时,弯曲点线距心轴内边缘为 1.0～1.5d(钢筋硬时取大值)。

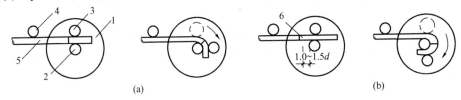

图 1-4-21 弯曲点线与心轴关系

(a) 弯 90°;(b) 弯 180°

1—工作盘;2—心轴;3—成型轴;4—固定挡铁;5—钢筋;6—弯曲点线

4.2.3 钢筋的连接

钢筋连接方式应根据设计要求和施工条件选用。常用钢筋连接方法有绑扎搭接连接、焊接连接、机械连接等。

钢筋在混凝土梁中主要承受拉力,钢筋接头是钢筋受力时的薄弱环节。钢筋接头的设置要求:

钢筋的接头宜设置在受力较小处;

有抗震设防要求的结构中,梁端、柱端箍筋加密区范围内不宜设置接头,且不应进行钢筋搭接;

同一纵向受力钢筋不宜设置两个或两个以上的接头;

接头末端至钢筋弯起点的距离不应小于钢筋公称直径的 10 倍。

1. 绑扎搭接连接

钢筋绑扎连接是指两根钢筋相互有一定的重叠长度,用扎丝绑扎的连接方法,其工艺简单、工效高,不需要连接设备;绑扎搭接钢筋的搭接长度与钢筋直径有关,当钢筋较粗时,相应地需增加接头钢筋长度,浪费钢材。

(1) 绑扎搭接接头的位置确定

当纵向受力钢筋采用绑扎搭接接头时,接头位置应符合下列规定:

1）同一构件内的接头宜相互错开。各接头的横向净距 s 不应小于钢筋直径，且不应小于 25mm。

2）接头连接区段的长度应为 $1.3l_l$（l_l 为搭接长度），凡接头中点位于该连接区段长度内的接头均应属于同一连接区段；搭接长度可取相互连接的两根钢筋中较小直径计算。

3）同一连接区段内，纵向受力钢筋接头面积百分率为该区段内有接头的纵向受力钢筋截面面积与全部纵向受力钢筋截面面积的比值（如图 1-4-22）。

同一连接区段内，纵向受拉钢筋绑扎搭接接头面积百分率应符合下列规定：

A. 梁、板类构件不宜超过 25％，基础筏板不宜超过 50％；

B. 柱类构件，不宜超过 50％；

C. 当工程中确有必要增大接头面积百分率时，对梁类构件，不应大于 50％；对其他构件，可根据实际情况适当放宽。

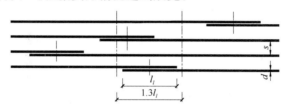

图 1-4-22　钢筋绑扎搭接接头连接区段及接头面积百分率

注：图中所示搭接接头同一连接区段内的搭接钢筋为两根，
当各钢筋直径相同时，接头面积百分率为 50％。

（2）纵向受力钢筋的最小搭接长度

纵向受力钢筋的搭接长度与混凝土强度、钢筋强度等级和钢筋大小有关。混凝土强度等级越低，搭接长度越长；钢筋强度等级越高，搭接长度越长。

1）当纵向受拉钢筋的绑扎搭接接头面积百分率不大于 25％时，其最小搭接长度应符合表 1-4-12 的规定。

2）当纵向受拉钢筋搭接接头面积百分率为 50％时，其最小搭接长度应按表 1-4-12 中的数值乘以系数 1.15 取用；当接头面积百分率为 100％时，应按表 1-4-12 中的数值乘以系数 1.35 取用。当接头面积百分率为 25％～100％其他中间值时，其系数可按内插取值。

3）纵向受拉钢筋的最小搭接长度根据上述 1）、2）条确定后，可按下列规定进行修正，但在任何情况下，受拉钢筋的搭接长度不应小于 300 mm。

A. 带肋钢筋的直径大于 25mm 时，其最小搭接长度应按相应数值乘以系数 1.1 取用；

B. 环氧树脂涂层的带肋钢筋，其最小搭接长度应按相应数值乘以系数 1.25 取用；

C. 施工过程中受力钢筋易受扰动时（如滑模施工），其最小搭接长度应按相应数值乘以系数 1.1 取用；

纵向受拉钢筋的最小搭接长度   表 1-4-12

钢筋类型		混凝土强度等级								
		C20	C25	C30	C35	C40	C45	C50	C55	≥C60
光圆钢筋	300 级	48d	41d	37d	34d	31d	29d	28d		
带肋钢筋	335 级	46d	40d	36d	33d	30d	29d	27d	26d	25d
	400 级		48d	43d	39d	36d	34d	33d	31d	30d
	500 级		58d	52d	47d	43d	41d	39d	38d	36d

注：d 为搭接钢筋直径两根直径不同钢筋的搭接长度，以较小钢筋的直径计算。

D. 抗震要求的受力钢筋的最小搭接长度，一、二级抗震等级应按相应数值乘以系数 1.15 采用；三级抗震等级应按相应数值乘以系数 1.05 采用；

以下两种情况仅选其中之一执行：

E. 对末端采用弯钩或机械锚固措施的带肋钢筋，其最小搭接长度可按相应数值乘以系数 0.6 取用；

F. 带肋钢筋的混凝土保护层厚度为搭接钢筋直径的 3 倍，且配有箍筋时，其最小搭接长度可按相应数值乘以系数 0.8 取用；当带肋钢筋的混凝土保护层厚度为搭接钢筋直径的 5 倍，且配有箍筋时，其最小搭接长度可按相应数值乘以系数 0.7 取用；当带肋钢筋的混凝土保护层厚度大于搭接钢筋直径的 3 倍且小于 5 倍时，修正系数按内插取值；不应同时考虑。

4）纵向受压钢筋绑扎搭接时，其最小搭接长度应根据上述受拉钢筋的 1)、2)、3) 条的规定确定相应数值后，乘以系数 0.7 取用。在任何情况下，受压钢筋的搭接长度不应小于 200mm。

（3）绑扎搭接长度范围内的箍筋配置

在梁、柱类构件的纵向受力钢筋搭接长度范围内，应按设计要求配置箍筋（箍筋约束搭接传力区的混凝土、保证搭接钢筋的传力至关重要）。当设计无具体要求时，应符合下列规定：

1）箍筋直径不应小于搭接钢筋较大直径的 0.25 倍；

2）受拉搭接区段，箍筋间距不应大于搭接钢筋较小直径的 5 倍，且不应大于 100mm；

3）受压搭接区段，箍筋间距不应大于搭接钢筋较小直径的 10 倍，且不应大于 200mm；

4）当柱中纵向受力钢筋直径大于 25mm 时，应在搭接接头两个端面外 100mm 范围内各设置二个箍筋，其间距宜为 50mm。

（4）钢筋绑扎接头的绑扎

钢筋的绑扎搭接接头应在接头中心和两端用铁丝扎牢（如图 1-4-23），并应抽查连接接头的搭接长度。

2. 焊接连接

焊接连接方法可改善结构的受力性能，节约钢筋用量，提高工作效率，保证工程质量，故在工程施工中得到广泛应用。

图 1-4-23　钢筋绑扎接头绑扎点示意图

焊接质量与钢材的可焊性有关系。钢材的可焊性是指被焊接的钢材在采用一定的焊接工艺、焊接材料情况下，焊接接头取得良好质量的可能性。钢材的可焊性与碳元素及一些合金元素的含量有关，含碳量增加会引起可焊性降低，锰元素含量的增加也会引起可焊性的降低，而适当的钛元素则会改善钢材的可焊性。

钢筋焊接质量检验，应符合行业标准《钢筋焊接及验收规程》JGJ 18 和《钢筋焊接接头试验方法标准》JGJ/T 27 的规定。

（1）焊接接头的设置及焊接施工的规定

1）焊接接头的设置

当纵向受力钢筋采用焊接接头时，接头的设置：

A. 同一构件内的接头宜相互错开。

B. 接头连接区段的长度应为 $35d$，且不小于 500mm，凡接头中点位于该连接区段长度内的接头均应属于同一连接区段，其中 d 为相互连接的两根钢筋的较小直径。

C. 同一连接区段内，纵向受力钢筋接头面积百分率为该区段内有接头的纵向受力钢筋截面面积与全部纵向受力钢筋截面面积的比值；纵向受力钢筋的接头面积百分率应符合下列规定：

受拉接头，不宜大于 50%，受压接头可不受限制；

装配式混凝土结构构件连接处受拉接头，可根据实际情况适当放宽；

直接承受动力荷载的结构构件中，不宜采用焊接接头。

2）焊接施工的规定

A. 施焊的各种钢筋、钢板均应有质量证明书，并符合相关标准的规定；焊条、焊丝、氧气、乙炔、液化石油气、二氧化碳气体、焊剂应有产品合格证。

余热处理的钢筋不宜使用焊接。

B. 从事钢筋焊接施工的焊工应持有钢筋焊工考试合格证；在钢筋工程焊接开工之前，参与该项施焊的焊工必须进行现场条件下的焊接工艺试验，应经试验合格后，方准于焊接生产。焊接过程中，如果钢筋牌号、直径发生变更，应再次进行焊接工艺试验。

C. 电渣压力焊应用于柱、墙等构筑物现浇混凝土结构中竖向受力钢筋的连接；不得用于梁、板等构件中作水平钢筋的连接。

D. 钢筋焊接施工之前，应清除钢筋、钢板焊接部位以及钢筋与电极接触处表面上的锈斑、油污、杂物等；钢筋端部当有弯折、扭曲时，应予以矫直或切除。

E. 带肋钢筋进行闪光对焊、电弧焊、电渣压力焊和气压焊时，应将纵肋对纵肋安放和焊接。

F. 焊剂应存放在干燥的库房内，若受潮时，在使用前应经 250℃～350℃ 烘焙 2h。使用中回收的焊剂应清除熔渣和杂物，并应与新焊剂混合均匀后使用。

G. 两根同牌号、不同直径的钢筋可进行闪光对焊、电渣压力焊或气压焊，闪光对焊时钢筋径差不得超过 4mm，电渣压力焊或气压焊时，钢筋径差不得超过 7mm。焊接工艺参数可在大、小直径钢筋焊接工艺参数之间偏大选用，两根钢筋的轴线应在同一直线上，轴线偏移的允许值应按较小直径钢筋计算；对接头强度的要求，应按较小直径钢筋计算。

H. 进行电阻点焊、闪光对焊、埋弧压力焊时，应随时观察电源电压的波动情况；当电源电压下降大于 5%、小于 8% 时，应采取提高焊接变压器级数的措施；当大于或等于 8% 时，不得进行焊接。

I. 当环境温度低于 -20℃ 时，不宜进行各种焊接。

J. 雨天、雪天进行施焊时，应采取有效遮蔽措施。焊后未冷却接头不得碰到雨和冰雪，并应采取有效的防滑、防触电措施，确保人身安全。

K. 当焊接区风速超过 8m/s 在现场进行闪光对焊或焊条电弧焊时，当风速超过 5m/s 进行气压焊时，当风速超过 2m/s 进行二氧化碳气体保护电弧焊时，均应采取挡风措施。

工程中经常采用的焊接方法有闪光对焊、电弧焊、电渣压力焊、气压焊和电阻点焊等。

（2）闪光对焊

钢筋闪光对焊是指将两钢筋安放成对接形式，利用电阻热使接触点金属熔化，产生强烈飞溅，形成闪光，迅速施加顶锻力完成的一种压焊方法。

闪光对焊不需要焊药、施工工艺简单、工作效率高、造价较低、应用广泛。钢筋对焊是在对焊机上进行的，需对焊的钢筋分别固定在对焊机的两个电极上，通以低电压的强电流，先使钢筋端面轻微接触，电路贯通，由于钢筋端部不太平整，接触面积很小，故电阻很大，使得接触处温度上升极快，金属很快熔化，金属熔液汽化从而形成火花飞溅，则称为闪光。然后加压顶锻，使两钢筋连为一体，接头冷却后便形成对焊接头。闪光对焊主要适用于直径 8～40mm 的 HRB335 级、HRB400 级和直径 8～22mm 的 HPB300 级钢筋连接。

1）闪光对焊工艺方法

钢筋闪光对焊可采用连续闪光焊、预热闪光焊和闪光－预热闪光焊工艺方法（如图 1-4-24），根据钢筋品种、直径、焊机功率、施焊部位等因素选用。

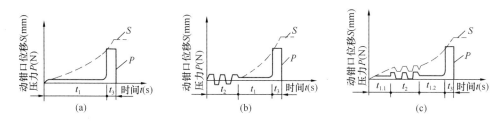

图 1-4-24　钢筋闪光对焊工艺过程图解

(a) 连续闪光焊；(b) 预热闪光焊；(c) 闪光－预热闪光焊

A. 连续闪光焊

连续闪光焊的工艺过程包括：连续闪光和顶锻过程（图 1-4-24a）。施焊时，先闭合一次电路，使两根钢筋端面轻微接触，此时端面的间隙中即喷射出火花般熔化的金属微粒——闪光，接着徐徐移动钢筋使两端面仍保持轻微接触，形成连续闪光。当闪光到预定的长度，使钢筋端头加热到将近熔点时，就以一定的压力迅速进行顶锻。先带电顶锻，再无电顶锻到一定长度，焊接接头即告完成。

B. 预热闪光焊

预热闪光焊是在连续闪光焊前增加一次预热过程，以扩大焊接热影响区。其工艺过程包括：预热、闪光和顶锻过程（图 1-4-24b）。施焊时先闭合电源，然后使两根钢筋端面交替地接触和分开，这时钢筋端面的间隙中即发出断续的闪光，而形成预热过程。当钢筋达到预热温度后进入闪光阶段，随后顶锻而成。

C. 闪光－预热闪光焊

闪光－预热闪光焊是在预热闪光焊前加一次闪光过程，目的是使不平整的钢筋端面烧化平整，使预热均匀。其工艺过程包括：一次闪光、预热、二次闪光及顶锻过程（图 1-4-24c）。施焊时首先连续闪光，使钢筋端部闪平，然后同预热闪光焊。

2）钢筋闪光对焊工艺方法的选择：

A. 当钢筋直径较小，钢筋牌号较低，在表 1-4-13 的规定范围内，可采用"连续闪光焊"；

B. 当超过表中规定，且钢筋端面较平整，宜采用"预热闪光焊"；

C. 当超过表中规定，且钢筋端面不平整，应采用"闪光－预热闪光焊"。

连续闪光焊所能焊接的钢筋上限直径，应根据焊机容量、钢筋牌号等具体情况而定，并应符合表 1-4-13 的规定。

连续闪光焊钢筋直径上限   表 1-4-13

焊机容量（kV·A）	钢筋牌号	钢筋直径（mm）
160 （150）	HPB300	22
	HRB335 HRBF335	22
	HRB400 RRBF400	20
100	HPB300	20
	HRB335 HRBF335	20
	HRB400 RRBF400	18
80 （75）	HPB300	16
	HRB335 HRBF335	14
	HRB400 RRBF400	12

3）钢筋闪光对焊工艺参数

钢筋闪光对焊时，应选择合适的调伸长度、烧化留量、顶锻留量以及变压器级数等焊接参数。闪光焊的各项留量图解见图 1-4-25。

A. 调伸长度的选择，应随着钢筋牌号的提高和钢筋直径的加大而增长，主要是减缓接头的温度梯度，防止在热影响区产生淬硬组织。当焊接 HRB400、HRBF400 等级别钢筋时，调伸长度宜在 40～60mm 内选用。

B. 烧化留量的选择，应根据焊接工艺方法确定。当连续闪光焊时，闪光过程应较长。烧化留量应等于两根钢筋在断料时切断机刀口严重压伤部分（包括端面的不平整度），再加 8～10mm。当闪光—预热闪光焊时，应区分一次烧化留量和二次烧化留量。一次烧化留量应不小于 10mm，二次烧化留量应不小于 6mm。

C. 需要预热时，宜采用电阻预热法。预热留量应为 1～2mm，预热次数应为 1～4 次；每次预热时间应为 1.5～2s，间歇时间应为 3～4s。

D. 顶锻留量应为 3～7mm，并应随钢筋直径的增大和钢筋牌号的提高而增加。其中，有电顶锻留量约占 1/3，无电顶锻留量约占 2/3，焊接时必须控制得当。焊接 HRB500 级钢筋时，顶锻留量宜稍微增大，以确保钢筋焊接质量。

顶锻留量是一项重要的焊接参数。顶锻留量太大，会形成过大的镦粗头，容易产生应力集中；太小又可能使焊缝结合不良，降低了强度。经验证明，顶锻留量以 4～10mm 为宜。

4）钢筋闪光对焊的操作要领是：

A. 预热要充分；

B. 顶锻前瞬间闪光要强烈；

C. 顶锻快而有力。

（3）电弧焊

钢筋电弧焊应包括焊条电弧焊和二氧化碳气体保护电弧焊两种工艺方法。

电弧焊是利用弧焊机在焊条与焊件之间产生高温电弧，使得焊条和电弧燃烧

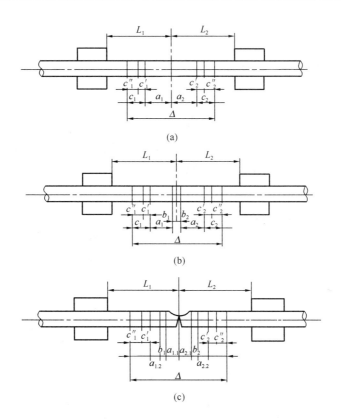

图 1-4-25　钢筋闪光对焊三种工艺方法留量图解

（a）连续闪光焊；（b）预热闪光焊；（c）闪光—预热闪光焊

L_1、L_2—调伸长度；$a_{1.1}+a_{2.1}$—一次烧化留量；$a_{1.2}+a_{2.2}$—二次烧化留量；

b_1+b_2—预热留量；c_1+c_2—顶锻留量；$c_1'+c_2'$—有电顶锻留量；

$c_1''+c_2''$—无电顶锻留量；Δ—焊接总留量

范围内的金属焊件很快熔化从而形成焊接接头，其中电弧是指焊条与焊件金属之间空气介质出现的强烈持久的放电现象。

钢筋焊条电弧焊是指以焊条作为一极，钢筋为另一极，利用焊接电流通过产生的电弧热进行焊接的一种熔焊方法。

1）钢筋电弧焊要求

钢筋电弧焊包括帮条焊、搭接焊、坡口焊、窄间隙焊和熔槽帮条焊 5 种接头形式。焊接时，应符合下列要求：

A. 应根据钢筋牌号、直径、接头型式和焊接位置，选择焊接材料，确定焊接工艺和焊接参数；

B. 焊接时，引弧应在垫板、帮条或形成焊接的部位进行，不得烧伤主筋；

C. 焊接地线与钢筋应接触良好；

D. 焊接过程中应及时清渣，焊缝表面应光滑，焊缝余高应平缓过渡，弧坑应填满；

2）钢筋帮条焊和搭接焊

A. 钢筋帮条焊

钢筋帮条焊时，宜采用双面焊（如图1-4-26a）；当不能进行双面焊时，可采用单面焊（如图1-4-26b），帮条长度应符合表1-4-14的规定。

当帮条牌号与主筋相同时，帮条直径可与主筋相同或小一个规格；当帮条直径与主筋相同时，帮条牌号可与主筋相同或低一个牌号。

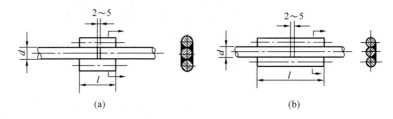

图1-4-26 钢筋帮条焊接头

（a）双面焊；（b）单面焊

d—钢筋直径；*l*—帮条长度

钢筋帮条（搭接）长度　　　　　　　　　　　　　表1-4-14

钢筋牌号	焊缝形式	帮条长度 *l*（mm）
HPB300	单面焊	≥8d
	双面焊	≥4d
HRB335　HRBF335 HRB400　HRBF400 HRB500　HRBF500　RRB400	单面焊	≥10d
	双面焊	≥5d

注：*d* 为主筋直径（mm）

B. 钢筋搭接焊

钢筋搭接焊时，宜采用双面焊（如图1-4-27a）；当不能进行双面焊时，可采用单面焊（如图1-4-27b），搭接长度应符合表1-4-14的规定。

C. 钢筋帮条焊和搭接焊的焊缝、焊接要求

帮条焊接头或搭接焊接头的焊缝厚度 *s* 不应小于主筋直径的30%；焊缝宽度 *b* 不应小于主筋直径的80%。

帮条焊或搭接焊时，钢筋的装配和焊接应符合下列要求：

帮条焊时，两主筋端面的间隙应为2～5mm；

搭接焊时，焊接端钢筋应预弯，并应使两钢筋的轴线在同一直线上；

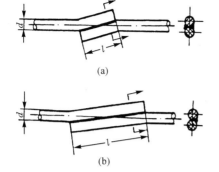

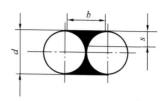

图 1-4-27　钢筋搭接焊接头　　　　图 1-4-28　焊缝尺寸示意图

（a）双面焊；（b）单面焊　　　　　　　b—焊缝宽度；s—焊缝厚度；

d—钢筋直筋；l—搭接长度　　　　　　　　d—钢筋直径

帮条焊时，帮条与主筋之间应用四点定位焊固定；搭接焊时，应用两点固定；定位焊缝与帮条端部或搭接端部的距离宜大于或等于 20mm；

焊接时，应在帮条焊或搭接焊形成焊缝中引弧；在端头收弧前应填满弧坑，并应使主焊缝与定位焊缝的始端和终端熔合。

3）钢筋坡口焊

A. 钢筋坡口焊坡口角度规定：

钢筋坡口焊施工前在焊接钢筋端部切口形成坡口。坡口焊接头有平焊和立焊两种，如图 1-4-29。

坡口平焊时，坡口角度为 $55°\sim65°$；

坡口立焊时，坡口角度为 $45°\sim55°$，其中下钢筋为 $0°\sim10°$，上钢筋为 $35°\sim45°$。

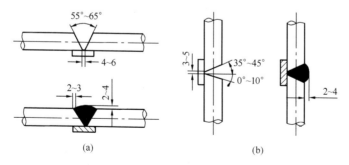

图 1-4-29　钢筋坡口焊接接头

（a）平焊；（b）立焊

B. 坡口焊的准备工作和焊接工艺应符合下列要求：

坡口面应平顺，切口边缘不得有裂纹、钝边和缺棱；

坡口角度在规定范围内选用；

钢垫板厚度宜为4～6mm，长度宜为40～60mm；平焊时，垫板宽度应为钢筋直径加10mm；立焊时，垫板宽度宜等于钢筋直径；

焊缝的宽度应大于V形坡口的边缘2～3mm，焊缝余高为2～4mm，并平缓过渡至钢筋表面；

钢筋与钢垫板之间，应加焊二、三层侧面焊缝；

当发现接头中有弧坑、气孔及咬边等缺陷时，应立即补焊。

4）熔槽帮条焊

熔槽帮条焊应用于直径20mm及以上钢筋的现场安装焊接。焊接时应加角钢作垫板模。接头形式如图1-4-30。

施焊工艺基本上是连续进行，中间敲渣一次。焊后进行加强焊及侧面焊缝的焊接，其接头质量符合要求，效果较好。角钢长80～100mm，并与钢筋焊牢，具有帮条作用。

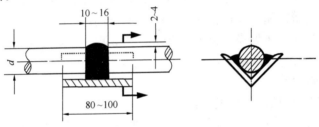

图1-4-30　钢筋熔槽帮条焊接头

角钢尺寸和焊接工艺应符合下列要求：

A. 角钢边长宜为40～60mm；

B. 钢筋端头应加工平整；

C. 从接缝处垫板引弧后应连续施焊，并应使钢筋端部熔合，防止未焊透、气孔或夹渣；

D. 焊接过程中应及时停焊清渣；焊平后，再进行焊缝余高的焊接，其高度应为2～4mm；

E. 钢筋与角钢垫板之间，应加焊侧面焊缝1～3层，焊缝应饱满，表面应平整。

5）预埋件钢筋电弧焊T形接头

预埋件钢筋电弧焊T形接头可分为角焊和穿孔塞焊两种如图1-4-31。

装配和焊接时，应符合下列要求：

穿孔塞焊时，钢板的孔洞应做成喇叭口，其内口直径应比钢筋直径d大4mm，倾斜角度为45°，钢筋缩进2mm。

角焊时，当采用HPB300级钢筋时，角焊缝焊脚（k）不得小于钢筋直径的

50%；采用其他牌号钢筋时，焊脚（k）不得小于钢筋直径的 60%；

施焊中，电流不宜过大，不得使钢筋咬边和烧伤。

（4）电渣压力焊

电渣压力焊是利用电流通过渣池产生的电阻热将钢筋端部熔化，然后施加压力使钢筋焊接在一起。电渣压力焊的操作简单、易掌握、工作效率高、成本较低、施

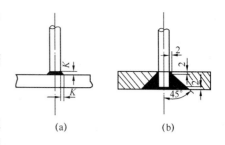

图 1-4-31　预埋铁件的 T 形接头
(a) 贴角焊；(b) 穿孔塞焊

工条件也较好，主要用于现浇钢筋混凝土结构中竖向或斜向（倾斜度不大于 10°）钢筋的接长。适用于直径 14～32mm 的 HRB335、HRB400 级和直径 14～20mm 的 HPB300 级钢筋。直径 12mm 钢筋电渣压力焊时，应采用小型焊接夹具，上下两钢筋对正，不偏歪，多做焊接工艺试验，确保焊接质量。

1）电渣压力焊工艺过程应符合下列要求：

A. 焊接夹具的上下钳口应夹紧于上、下钢筋上；钢筋一经夹紧，不得晃动，且两钢筋应同心。

B. 引弧可采用直接引弧法或铁丝圈（焊条芯）间接引弧法；

C. 引燃电弧后，应先进行电弧过程，然后，加快上钢筋下送速度，使钢筋端面插入液态渣池约 2mm，转变为电渣过程，最后在断电的同时，迅速下压上钢筋，挤出熔化金属和熔渣（如图 1-4-32）；

D. 接头焊毕，应稍作停歇，方可回收焊剂和卸下焊接夹具；敲去渣壳后，四周焊包凸出钢筋表面的高度，当钢筋直径为 25mm 及以下时不得小于 4mm，当钢筋直径为 28mm 及以上时不得小于 6mm。

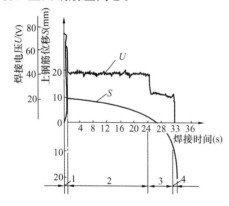

图 1-4-32　钢筋电渣压力焊工艺过程图解
1—引弧过程；2—电弧过程；
3—电渣过程；4—顶压过程

2）电渣压力焊的工艺过程包括：引弧、电弧、电渣和顶压过程如图 1-4-32。

A. 引弧过程：宜采用铁丝圈引弧法，也可采用直接引弧法。

铁丝圈引弧法是将铁丝圈放在上、下钢筋端头之间，高约 10mm，电流通过铁丝圈与上、下钢筋端面的接触点形成短路引弧。

直接引弧法是在通电后迅速将上钢筋提起，使两端头之间的距离为 2～4mm 引弧。当钢筋端头夹杂不导电物质或过于平滑造成引弧困难时，可以多次把上钢

筋移下与下钢筋短接后再提起，达到引弧目的。

B. 电弧过程：靠电弧的高温作用，将钢筋端头的凸出部分不断烧化；同时将接口周围的焊剂充分熔化，形成一定深度的渣池。

C. 电渣过程：渣池形成一定深度后，将上钢筋缓缓插入渣池中，此时电弧熄灭，进入电渣过程。由于电流直接通过渣池，产生大量的电阻热，使渣池温度升到近 2000℃，将钢筋端头迅速而均匀熔化。

D. 顶压过程：当钢筋端头达到全截面熔化时，迅速将上钢筋向下顶压，将熔化的金属、熔渣及氧化物等杂质全部挤出结合面，同时切断电源，焊接即告结束。

3）焊接参数

电渣压力焊的焊接参数主要包括：焊接电流、焊接电压和焊接时间等，采用 HJ431 焊剂时，宜应符合表 1-4-15 的规定。

电渣压力焊焊接参数   表 1-4-15

钢筋直径 (mm)	焊接电流 (A)	焊接电压（V）		焊接通电时间（s）	
		电弧过程 $u_{2.1}$	电渣过程 $u_{2.2}$	电弧过程 t_1	电渣过程 t_2
12	280～320	35～45	18～22	12	2
14	300～250			13	4
16	300～250			15	5
18	300～250			16	6
20	350～400			18	7
22	350～400			20	8
25	350～400			22	9
28	400～450			25	10
32	450～500			30	11

（5）电阻点焊

钢筋电阻点焊是指将两钢筋安放成交叉叠接形式，压紧于两电极之间，利用电阻热熔化母材金属，加压形成焊点的一种压焊方法。混凝土结构中钢筋焊接骨架和钢筋焊接网，宜采用电阻点焊制作。

利用点焊机进行交叉钢筋的焊接，可成型为钢筋网片或骨架，以代替人工绑扎。同人工绑扎相比较，点焊具有工效高、节约劳动力、成品整体性好、节约材料、降低成本等特点。

1）电阻点焊的工艺过程

电阻点焊的工艺过程中应包括预压、通电、锻压三个阶段，如图 1-4-33。

在通电开始一段时间内，接触点扩大，固态金属因加热膨胀，在焊接压力作用下，焊接处金属产生塑性变形，并挤向工件间隙缝中；继续加热后，开始出现熔化点，并逐渐扩大成所要求的核心尺寸时切断电流。

2）电阻点焊的焊接要求

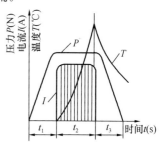

图 1-4-33　点焊过程示意图

t_1—预压时间；t_2—通电时间；t_3—锻压时间

钢筋焊接骨架和钢筋焊接网在焊接生产过程中，当两根钢筋直径不同时，焊接骨架较小钢筋直径小于或等于 10mm 时，大、小钢筋直径之比不宜大于 3 倍；当较小钢筋直径为 12～16mm 时，大、小钢筋直径之比不宜大于 2 倍。焊接网较小钢筋直径不得小于较大钢筋直径的 60%。

焊点的压入深度应为较小钢筋直径的 18%～25%。

在点焊生产中，经常保持电极与钢筋之间接触表面的清洁平整。若电极使用变形，应及时修整。

钢筋点焊生产过程中，随时检查制品的外观质量，当发现焊接缺陷时，应查找原因并采取措施，及时消除。

（6）焊接接头的质量检查验收

1）焊接接头的检查验收要求

焊接接头应按检验批进行质量检验与验收；

钢筋接头质量检验与检收应包括外观质量检查和力学性能检验，并划分为主控项目和一般项目两类；

纵向受力钢筋焊接接头验收中，接头力学性能检验应为主控项目，焊接接头的外观质量检查应为一般项目；

钢筋焊接接头力学性能检验时，应在接头外观检查合格后随机切取试件进行试验。

2）焊接接头的检验批确定

A. 闪光对焊的检验批

在同一台班内，由同一个焊工完成的 300 个同牌号、同直径钢筋焊接接头应作为一批。当同一台班内焊接的接头数量较少，可在一周之内累计计算；累计仍不足 300 个接头时，应按一批计算；

力学性能检验时，应从每批接头中随机切取 6 个接头，其中 3 个做拉伸试验，3 个做弯曲试验；

异径接头可只做拉伸试验。

B. 电弧焊的检验批

在现浇混凝土结构中，应以 300 个同牌号钢筋、同形式接头作为一批；在房屋结构中，应在不超过二楼层中 300 个同牌号钢筋、同形式接头作为一批；每批随机切取 3 个接头，做拉伸试验。

在装配式结构中，可按生产条件制作模拟试件，每批 3 个，做拉伸试验。

钢筋与钢板电弧搭接焊接头可只进行外观检查。

注：在同一批中若有 3 种不同直径的钢筋焊接接头，应在最大直径钢筋接头和最小直径钢筋接头中分别切取 3 个试件进行拉伸试验。电渣压力焊、气压焊取样均同。

C. 电渣压力焊的检验批

在现浇混凝土结构中，应以 300 个同牌号钢筋接头作为一批；

在房屋结构中，应在不超过二楼层中 300 个同牌号钢筋接头作为一批；当不足 300 个接头时，仍作为一批；

每批随机切取 3 个接头试件做拉伸试验。

D. 预埋件钢筋 T 形接头的检验批

力学性能检验时，应以 300 件同类型预埋件作为一批，一周内连续焊接时可累计计算，当不足 300 件时，亦按一批计算。试件的钢筋长度应大于或等于200mm，钢板（锚板）的长度和宽度应等于 60mm，并视钢筋直径增大而适当增大。

3）焊接接头外观质量检查

焊接接头的外观质量检查应全数检查。外观检查结果，当各小项不合格数均小于或等于 15%，则该批焊接接头外观质量评为合格。当某一小项不合格数超过 15% 时，剔出不合格接头；对外观检查不合格接头采取修整或焊补措施后，可提交二次验收。

A. 闪光对焊的外观质量要求

闪光对焊接头外观质量检查结果，应符合下列要求：

接头表面应呈圆滑、带毛刺状，不得有肉眼可见的裂纹；与电极接触处的钢筋表面不得有明显烧伤；接头处的弯折角度不得大于 2°；接头处的轴线偏移不得大于钢筋直径的 1/10，且不得大于 2 mm。

B. 电弧焊的外观质量要求

电弧焊接头外观质量检查结果，应符合下列要求：

焊缝表面应平整，不得有凹陷或焊瘤；焊接接头区域不得有肉眼可见的裂纹；咬边深度、气孔、夹渣等缺陷允许值及接头尺寸的允许偏差，应符合表 1-4-16 的规定；坡口焊、熔槽帮条焊和窄间隙焊接头的焊缝余高应为 2～4mm。

C. 电渣压力焊的外观质量要求

电渣压力焊接头外观质量检查结果，应符合下列要求：

四周焊包凸出钢筋表面的高度，当钢筋直径为 25mm 及以下时，不得小于 4mm；当钢筋直径为 28mm 及以上时，不得小于 6mm；钢筋与电极接触处，应无烧伤缺陷；接头处的弯折角度不得大于 2°；接头处的轴线偏移不得大于 1mm。

钢筋电弧焊接头尺寸偏差及缺陷允许值

表 1-4-16

名　称		单位	接头形式		
			帮条焊	搭接焊 钢筋与钢板搭接焊	坡口焊、窄间隙焊 熔槽帮条焊
帮条沿接头中心线 的纵向偏移		mm	$0.3d$	—	—
接头处弯折角度		°	2	2	2
接头处钢筋轴线的偏移		mm	$0.1d$	$0.1d$	$0.1d$
			1	1	1
焊缝宽度		mm	$+0.1d$	$+0.1d$	
焊缝长度		mm	$-0.3d$	$-0.3d$	
横向咬边深度		mm	0.5	0.5	0.5
在长 $2d$ 焊缝表面上 的气孔及夹渣	数量	个	2	2	—
	面积	mm²	6	6	—
在全部焊缝表面上 的气孔及夹渣	数量	个	—	—	2
	面积	mm²	—	—	6

注：d 为钢筋直径（mm）

D. 预埋件钢筋 T 形接头的外观质量要求

预埋件钢筋 T 形接头外观质量检查结果，应符合下列要求：

焊条电弧焊时，角焊缝焊脚尺寸（k）应符合：当采用 HPB300 钢筋时，不得小于钢筋直径的 50%；采用其他牌号钢筋时，不得小于钢筋直径的 60%；焊缝表面不得有气孔、夹渣和肉眼可见裂纹；钢筋咬边深度不得超过 0.5mm；钢筋相对钢板的直角偏差不得大于 2°。

4）焊接接头拉伸试验结果的评定

钢筋闪光对焊接头、电弧焊接头、电渣压力焊接头、气压焊接头、箍筋闪光对焊接头、预埋件钢筋 T 形接头的拉伸试验结果评定如下。

A. 检验批接头拉伸试验评定合格应符合下列条件之一：

3 个试件均断于钢筋母材，呈延性断裂，其抗拉强度大于或等于钢筋母材抗拉强度标准值。

2 个试件断于钢筋母材，呈延性断裂，其抗拉强度大于或等于钢筋母材抗拉强度标准值；另一试件断于焊缝，呈脆性断裂，其抗拉强度大于或等于钢筋母材抗拉强度标准值 1.0 倍。

注：试件断于热影响区，呈延性断裂，应视作与断于钢筋母材等同；试件断于热影响区，呈脆性断裂，应视作与断于焊缝等同。

B. 符合下列条件之一，应进行复验。

2 个试件断于钢筋母材，呈延性断裂，其抗拉强度大于或等于钢筋母材抗拉强度标准值；另一试件断于焊缝，或热影响区，呈脆性断裂，其抗拉强度小于钢筋母材抗拉强度标准值 1.0 倍。

1 个试件断于钢筋母材，呈延性断裂，其抗拉强度大于等于钢筋母材抗拉强度标准值；另 2 个试件断于焊缝，或热影响区，呈脆性断裂。

C. 3 个试件均断于焊缝，呈脆性断裂，其抗拉强度均大于或等于钢筋母材抗拉强度标准值 1.0 倍，应进行复验。当 3 个试件中有 1 个试件的抗拉强度小于钢筋母材抗拉强度标准值 1.0 倍，应评定该检验批接头拉伸试验不合格。

D. 复验时，应切取 6 个试件进行试验。试验结果，若有 4 个或 4 个以上试件断于钢筋母材，呈延性断裂，其抗拉强度大于或等于钢筋母材抗拉强度标准值，另 2 个或 2 个以下试件断于焊缝，呈脆性断裂，其抗拉强度大于或等于钢筋母材抗拉强度标准值 1.0 倍。应评定该检验批接头拉伸试验复验合格。

钢筋闪光对焊接头、气压焊接头还应进行弯曲试验。

3. 机械连接

钢筋机械连接是指通过钢筋与连接件的机械咬合作用或钢筋端面的承压作用，将一根钢筋中的力传递至另一根钢筋的连接方法。

机械连接方法具有工艺简单、节约钢材、改善工作环境、接头性能可靠、技术易掌握、工作效率高、节约成本等优点。

(1) 常用的机械连接方法

常用钢筋机械接头类型有套筒挤压接头、锥螺纹接头、镦粗直螺纹接头、滚轧直螺纹接头、水泥灌浆充填接头等。

1) 钢筋套筒挤压连接

带肋钢筋套筒挤压连接是将两根待接钢筋插入钢套筒，用挤压连接设备沿径向挤压钢套筒，使之产生塑性变形，依靠变形后的钢套筒与被连接钢筋纵、横肋产生的机械咬合成为整体的钢筋连接方法，见图 1-4-34。其特点：工艺简单、可靠程度高、受人为操作因素影响小、对钢筋化学成分要求不如焊接时严格等优点。但操作工人工作强度大，有时液压油污染钢筋，综合成本较高。

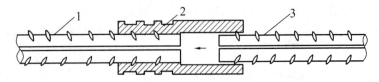

图 1-4-34 钢筋套筒挤压连接
1—已挤压的钢筋；2—钢套筒；3—未挤压的钢筋

2) 钢筋锥螺纹套筒连接

钢筋锥螺纹套筒连接是将两根待接钢筋端头用套丝机做出锥形外丝，然后用带锥形内丝的套筒将钢筋两端拧紧的钢筋连接方法，见图 1-4-35。它是通过连接套与连接钢筋螺纹的啮合，来承受外荷载。其特点：质量稳定性一般，施工速度快，综合成本较低。

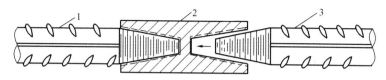

图 1-4-35 钢筋锥螺纹套筒连接
1—已连接的钢筋；2—锥螺纹套筒；3—待连接的钢筋

3）钢筋镦粗直螺纹套筒连接

钢筋镦粗直螺纹套筒连接是先将钢筋端头镦粗，再切削成直螺纹，然后用带直螺纹的套筒将钢筋两端拧紧的钢筋连接方法（图 1-4-36）。

其特点：钢筋端部经冷镦后不仅直径增大，使套丝后丝扣底部横截面积不小于钢筋原截面积，而且由于冷镦后钢材强度的提高，致使接头部位有很高的强度，断裂均发生于母材。接头质量稳定性好，操作简便，连接速度快，价格适中。

4）钢筋滚轧直螺纹套筒连接

钢筋滚轧直螺纹套筒连接是利用金属材料塑性变形后冷作硬化增强金属材料强度的特性，使接头与母材等强的连接方法。根据滚轧直螺纹成型方式，又可分为直接滚轧螺纹和剥肋滚轧螺纹两种类型。

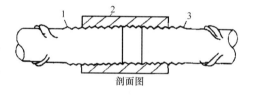

剖面图

图 1-4-36 钢筋镦粗直螺纹套筒连接
1—已连接的钢筋；2—直螺纹
套筒；3—正在拧入的钢筋

A. 直接滚轧螺纹

采用钢筋滚丝机直接滚轧螺纹。此法螺纹加工简单，设备投入少；但螺纹精度差，由于钢筋粗细不均导致螺纹直径差异，施工受影响。

B. 剥肋滚轧螺纹

采用钢筋剥肋滚丝机，先将钢筋的横肋和纵肋进行剥切处理后，使钢筋滚丝前的柱体直径达到同一尺寸，然后再进行螺纹滚轧成型。此法螺纹精度高，接头质量稳定，施工速度快，价格适中，目前在工程中广泛应用。

C. 滚轧直螺纹套筒

滚轧直螺纹接头的连接套筒类型有：标准型、正反丝扣型、变径型、可调型等。根据待接钢筋所在部位及转动难易情况，选用不同的套筒类型，采取不同的安装方法，见图 1-4-37～图 1-4-40。

（2）机械连接接头的性能等级和应用

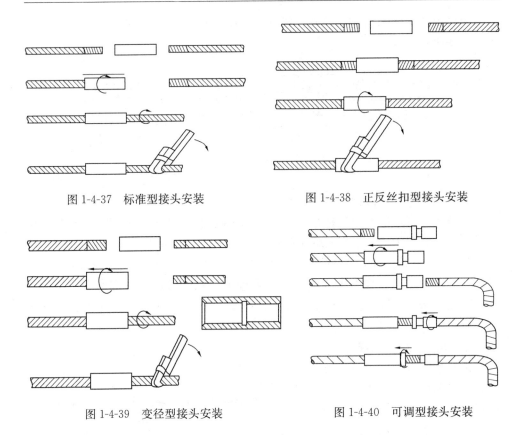

图 1-4-37 标准型接头安装   图 1-4-38 正反丝扣型接头安装

图 1-4-39 变径型接头安装   图 1-4-40 可调型接头安装

1）接头的性能等级

接头的设计应满足强度及变形性能的要求；接头连接件的屈服承载力和受拉承载力的标准值应不小于被连接钢筋的屈服承载力和受拉承载力标准值的1.10 倍。

接头应根据抗拉强度、残余变形以及高应力和大变形条件下反复拉压性能的差异，分为下列三个性能等级：

Ⅰ级：接头抗拉强度等于被连接钢筋实际抗拉强度或不小于 1.10 倍钢筋抗拉强度标准值，残余变形小并具有高延性及反复拉压性能。

Ⅱ级：接头抗拉强度不小于被连接钢筋抗拉强度标准值，残余变形较小并具有高延性及反复拉压性能。

Ⅲ级：接头抗拉强度不小于被连接钢筋屈服强度标准值的 1.25 倍，残余变形较小并具有延性及反复拉压性能。

Ⅰ级、Ⅱ级、Ⅲ级接头的抗拉强度应符合表 1-4-17 的规定。

Ⅰ级、Ⅱ级、Ⅲ级接头的变形性能应符合表 1-4-18 的规定。

2）接头的应用

结构设计图纸中应列出设计选用的钢筋接头等级和应用部位。

接头的抗拉强度

表 1-4-17

接头等级	Ⅰ级	Ⅱ级	Ⅲ级
抗拉强度	$f_{mst}^0 \geqslant f_{mst}$　断于钢筋 或 $\geqslant 1.10 f_{stk}$　断于接头	$f_{mst}^0 \geqslant f_{stk}$	$f_{mst\ t}^0 \geqslant 1.25 f_{stk}$

注：f_{mst}^0——接头试件实际抗拉强度；

　　f_{mst}——接头试件中钢筋抗拉强度实测值；

　　f_{stk}——钢筋抗拉强度标准值

接头的变形性能

表 1-4-18

接头等级		Ⅰ级	Ⅱ级	Ⅲ级
单向拉伸	残余变形 （mm）	$\mu_0 \leqslant 0.10$（$d \leqslant 32$） $\mu_0 \leqslant 0.14$（$d > 32$）	$\mu_0 \leqslant 0.14$（$d \leqslant 32$） $\mu_0 \leqslant 0.16$（$d > 32$）	$\mu_0 \leqslant 0.14$（$d \leqslant 32$） $\mu_0 \leqslant 0.16$（$d > 32$）
	最大力 总伸长率（%）	$A_{sgt} \geqslant 6.0$	$A_{sgt} \geqslant 6.0$	$A_{sgt} \geqslant 3.0$
高应力反复拉压	残余变形（mm）	$\mu_{20} \leqslant 0.3$	$\mu_{20} \leqslant 0.3$	$\mu_{20} \leqslant 0.3$
大变形反复拉压	残余变形（mm）	$\mu_4 \leqslant 0.3$ 且 $\mu_8 \leqslant 0.6$	$\mu_4 \leqslant 0.3$ 且 $\mu_8 \leqslant 0.6$	$\mu_4 \leqslant 0.6$

注　1. μ_0——接头试件加载至 $0.6 f_{yk}$ 并卸载后在规定标距内的残余变形；

　　u_{20}——接头试件经高应力反复拉压 20 次后的残余变形。

　　u_4——接头试件经大变形反复拉压 4 次后的残余变形。

　　u_8——接头试件经大变形反复拉压 8 次后的残余变形。

　　A_{sgt}——接头试件的最大力总伸长率。

　　2. 当频遇荷载组合下，构件中钢筋应力明显高于 $0.6 f_{yk}$ 时，设计部门可对单向拉伸残余变形 μ_0 加载峰值提出调整要求。

A. 接头等级的选定

混凝土结构中要求充分发挥钢筋强度或对延性要求高的部位，应优先选用Ⅱ级接头；当在同一连接区段内必须实施 100% 钢筋接头的连接时，应采用Ⅰ级接头。

混凝土结构中钢筋应力较高但对接头延性要求不高的部位，可采用Ⅲ级接头。

B. 混凝土保护层厚度

钢筋连接件的混凝土保护层厚度宜符合现行国家标准《混凝土结构设计规范》GB 50010—2010 中受力钢筋的混凝土保护层最小厚度的规定，且不得少于 15mm。连接件之间的横向净距不宜小于 25mm。

C. 接头的设置

结构构件中纵向受力钢筋的接头宜相互错开。钢筋机械连接的连接区段长度应按 35d 计算。

在同一连接区段内有接头的受力钢筋截面面积占受力钢筋总截面面积的百分率，应符合下列规定：

接头宜设置在结构构件受拉钢筋应力较小部位，当需要在高应力部位设置接头时，在同一连接区段内Ⅲ级接头的接头百分率不应大于25%；Ⅱ级接头的接头百分率不应大于50%；Ⅰ级接头的接头百分率（除有抗震设防要求的框架的梁端、柱端箍筋加密区内设置接头时接头百分率按不应大于50%外）可不受限制。

受拉钢筋应力较小部位或纵向受压钢筋，接头百分率可不受限制。

对直接承受动力荷载的结构构件，接头百分率不应大于50%。

（3）施工现场接头加工与安装

1）接头的加工

在施工现场加工钢筋接头时，应符合：加工钢筋接头的操作工人，应经专业人员培训合格后才能上岗，人员应相对稳定；钢筋接头的加工应经工艺检验（应对不同钢筋生产厂的进场钢筋进行接头工艺检验；施工过程中，更换钢筋生产厂时，应补充进行工艺检验；工艺检验应包括抗拉强度和残余变形试验）合格后方可进行。

A. 直螺纹接头的现场加工应符合下列规定：

钢筋端部应切平或镦平后再加工螺纹；

镦粗头不得有与钢筋轴线相垂直的横向裂纹；

钢筋丝头长度应满足企业标准中产品设计要求，公差应为 $0 \sim 2.0p$（p 为螺距）；

钢筋丝头宜满足 $6f$ 级精度要求，应用专用直螺纹量规检验，通规能顺利旋入并达到要求的拧入长度，止规旋入不得超过 $3p$。抽检数量10%，检验合格率不应小于95%。

B. 锥螺纹接头的现场加工应符合下列规定：

钢筋端部不得有影响螺纹加工局部弯曲；

钢筋丝头长度应满足设计要求，使拧紧后的钢筋丝头不得相互接触，丝头加工长度公差应为 $-0.5p \sim 1.5p$；

钢筋丝头的锥度和螺距应使用专用锥螺纹量规检验；抽检数量10%，检验合格率不应小于95%。

2）接头的安装要求

A. 直螺纹钢筋接头

安装接头时可用管钳扳手拧紧，应使钢筋丝头在套筒中央位置相互顶紧。标准型接头安装后的外露螺纹不宜超过 $2p$。

安装后应用扭力扳手校核拧紧扭矩，拧紧扭矩值应符合本规程表1-4-19的规定：

直螺纹接头安装时的最小拧紧扭矩值				表 1-4-19
钢筋直径（mm）	≤16	18～20	22～25	28～32	36～40
拧紧扭矩（N·m）	100	200	260	320	360

校核用扭力扳手的准确度级别可选用 10 级。

B. 锥螺纹钢筋接头

接头安装时应严格保证钢筋与连接套筒的规格相一致；

接头安装时应用扭力扳手拧紧，拧紧扭矩值应符合本规程表 1-4-20 的规定；

锥螺纹接头安装时的最小拧紧扭矩值				表 1-4-20
钢筋直径（mm）	≤16	18～20	22～25	28～32	36～40
拧紧扭矩（N·m）	100	180	240	300	360

校核用扭力扳手与安装用扭力扳手应区分使用，校核用扭力扳手应每年校核 1 次，准确度级别应选用 5 级。

C. 套筒挤压钢筋接头的安装质量应符合下列要求：

钢筋端部不得有局部弯曲，不得有严重锈蚀和附着物；

钢筋端部应有检查插入套筒深度的明显标记，钢筋端头离套筒长度中心点不宜超过 10mm；

挤压应从套筒中央开始，依次向两端挤压，压痕直径的波动范围应控制在供应商认定的允许波动范围内，并提供专用量规进行检查。

挤压后的套筒不得有肉眼可见裂纹。

（4）施工现场接头的质量检验与验收

A. 检查连接件

接头安装前应检查连接件产品合格证及套筒表面生产批号标识；产品合格证应包括适用钢筋直径和接头性能等级、套筒类型、生产单位、生产日期以及可追溯产品原材料力学性能和加工质量的生产批号。

B. 验收批

接头的现场检验应按验收批进行，同一施工条件下采用同一批材料的同等级、同型式、同规格接头，应以 500 个为一个验收批进行检验与验收，不足 500 个也应作为一个验收批。

C. 拧紧扭矩校核

螺纹接头安装后应按验收批进行，抽取其中 10% 的接头进行拧紧扭矩校核，拧紧扭矩值不合格数超过被校核接头数的 5% 时，应重新拧紧全部接头，直到合格为止。

D. 接头试件取样及检验评定

对接头的每一验收批，必须在工程结构中随机截取 3 个接头试件做抗拉强度试验，按设计要求的接头等级进行评定。当3个接头试件的抗拉强度均符合表1-4-17中相应等级的强度要求时，该验收批应评为合格。如有1个试件的抗拉强度不符合要求，应再取6个试件进行复检。复检中如仍有1个试件的抗拉强度不符合要求，则该验收批应评为不合格。

现场检验连续10个验收批抽样试件抗拉强度试验一次合格率为100％时，验收批接头数量可扩大1倍。

E. 取样接头位置及抽检不合格的处理

现场截取抽样试件后，原接头位置的钢筋可采用同等规格的钢筋进行搭接连接，或采用焊接及机械连接方法补接。

对抽检不合格的接头验收批，应由建设方会同设计等有关方面研究后提出处理方案。

4.2.4 钢 筋 的 配 料

钢筋配料就是将设计图纸中各个构件的配筋图表，编制成便于实际加工、具有准确下料长度（钢筋切断时的直线长度）和数量的表格即配料单。钢筋配料时，为保证工作顺利进行，不发生漏配和多配，最好按结构顺序进行，且将各种构件的每一根钢筋编号。

钢筋下料长度的计算是配料计算中的关键，是钢筋弯曲成型、安装位置准确的保证，同时是钢筋工程计量的主要依据。由于结构受力上的要求，大多数成型钢筋在中间需要弯曲和两端弯成弯钩。

钢筋弯曲时的特点：一是在弯曲处内壁缩短、外壁伸长、而中心线长度不变，二是在弯曲处形成圆弧。而钢筋的度量方法一般是沿直线（弯曲处为折线）量外皮尺寸（如图1-4-41）。因此，在配料中不能直接根据图纸中尺寸下料。

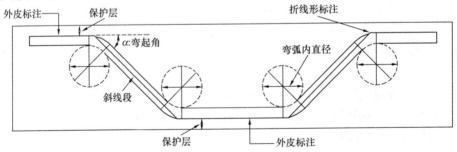

图1-4-41 钢筋弯曲成型与图示度量的关系

在实际工程计算中，影响下料长度计算的因素很多，如不同部位混凝土保护层厚度有变化；钢筋弯折的角度不同；图纸上钢筋尺寸标注方法的多样化；弯折钢筋的品种、级别、规格、形状、弯心半径的大小以及端部弯钩的形状等，我们在进行下料长度计算时，都应该考虑到。

钢筋斜线段标注尺寸＝(构件高度－2×保护层)÷sinα。

1. 保护层厚度

混凝土保护层是指混凝土结构构件中最外层钢筋的外缘至混凝土构件表面的距离，简称保护层。受力钢筋的保护层厚度不应小于钢筋的公称直径 d；设计使用年限为 50 年的混凝土结构，最外层钢筋的保护层厚度应符合表 1-4-21 的规定。

钢筋的混凝土保护层厚度（mm）　　　　　　表 1-4-21

环境与条件	板、墙、壳	梁、柱、杆
室内正常环境	15	20
露天或室内高湿度环境	20	25

注：1. 混凝土强度等级不大于 C25 时，表中保护层厚度数值应增加 5mm；

　　2. 钢筋混凝土基础应设置混凝土垫层，其纵向受力钢筋的混凝土保护层厚度应从垫层顶面算起，且不小于 40mm。

2. 钢筋弯曲量度差和末端弯钩（折）增加值

（1）钢筋中间部位弯曲量度差

钢筋弯曲后，其中心线长度并没有变化，而图纸上标注的大多是钢筋的折线外皮尺寸（如图 1-4-41），而外皮尺寸明显大于钢筋的中心线长度，如果按照外包尺寸下料、弯折，就会造成钢筋的浪费，而且也给施工带来不便（由于尺寸偏大，致使保护层厚度不够，甚至不能放进模板）。因而应该根据弯曲后钢筋成品的中心线总长度下料才是正确的加工方法。钢筋在中间部位弯曲外皮标注尺寸和中心线长度之间存在一个差值，这一差值就被称为"量度差"。

1）纵向钢筋弯曲量度差

量度差的大小与钢筋尺寸标注方法、钢筋直径、弯曲角度、弯心直径等因素有关（如图 1-4-42）。

$$量度差＝折线标注尺寸－中心线长度 \qquad (1-4-9)$$

外包标注与中心线标注时：

$$量度差＝(D+2d)\tan(\alpha/2)-(d/2)/\sin\alpha+(d/2)/\tan\alpha-(D+d)\pi\times\alpha/360°$$
$$(\alpha<90°)$$

钢筋中间部位弯折时，弯曲角度一般为 30°、45°、60°。

当 $D=2.5d$，（光圆钢筋）

$\alpha=30°$时，量度差：

$$(2.5d+2d)\tan(30°/2)-(d/2)/\sin30°+(d/2)/\tan30°$$
$$-(2.5d+d)\pi\times30°/360°$$
$$=1.206d-1d+0.866d-0.916d=0.16d$$

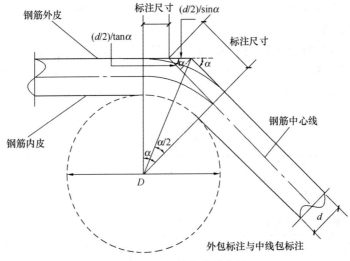

钢筋外皮

标注尺寸 $(d/2)/\sin\alpha$

$(d/2)/\tan\alpha$

标注尺寸

钢筋中心线

钢筋内皮

D

d

外包标注与中线包标注

图 1-4-42   钢筋弯曲量度差

$\alpha=45°$时,量度差:

$$(2.5d+2d)\tan(45°/2)-(d/2)/\sin45°+(d/2)/\tan45°$$

$$-(2.5d+d)\pi\times45°/360°$$

$$=1.864d-0.707d+0.5d-1.374d=0.28d$$

$\alpha=60°$时,量度差:

$$(2.5d+2d)\tan(60°/2)-(d/2)/\sin60°+(d/2)/\tan60°$$

$$-(2.5d+d)\pi\times60°/360°$$

$$=2.598d-0.577d+0.289d-1.833d=0.48d$$

当 $D=4d$(带肋钢筋 335 级、400 级),$\alpha=30°$时,量度差:

$$(4d+2d)\tan(30°/2)-(d/2)/\sin30°+(d/2)/\tan30°-(4d+d)\pi\times$$

$30°/360°$

$$=1.608d-1d+0.866d-1.309d=0.17d$$

$\alpha=45°$时,量度差:

$$(4d+2d)\tan(45°/2)-(d/2)/\sin45°+(d/2)/\tan45°-(4d+d)\pi\times$$

$45°/360°$

$$=2.485d-0.707d+0.5d-1.963d=0.32d$$

$\alpha=60°$时,量度差:

$$(4d+2d)\tan(60°/2)-(d/2)/\sin60°+(d/2)/\tan60°-(4d+d)\pi\times$$

$60°/360°$

$$=3.464d-0.577d+0.289d-2.618d=0.56d$$

当 $D=6d$,(带肋钢筋 500 级)

$\alpha=30°$时,量度差:

$$(6d+2d)\tan(30°/2)-(d/2)/\sin30°+(d/2)/\tan30°-(6d+d)\pi\times$$

$30°/360°$

$=2.144d-1d+0.866d-1.833d=0.18d$

$\alpha=45°$时,量度差:

$(6d+2d)\tan(45°/2)-(d/2)/\sin45°+(d/2)/\tan45°$

$-(6d+d)\pi\times45°/360°$

$=3.314d-0.707d+0.5d-2.749d=0.36d$

$\alpha=60°$时,量度差:

$(6d+2d)\tan(60°/2)-(d/2)/\sin60°+(d/2)/\tan60°-(6d+d)\pi\times$

$60°/360°$

$=4.619d-0.577d+0.289d-3.665d=0.67d$

常用的纵向受力钢筋为带肋钢筋 335 级、400 级。在实际工作中,为了方便计算,钢筋弯曲量度差可按表 1-4-22 的取值进行计算。

钢筋弯曲量度差取值　　　　　　　　　　　表 1-4-22

钢筋弯曲角度	$30°$	$45°$	$60°$
钢筋弯曲量度差	$0.2d$	$0.35d$	$0.6d$

注:d 为钢筋直径。

2) 箍筋弯曲量度差

钢筋混凝土结构中柱、梁等构件的箍筋形式及弯曲量度差如图 1-4-43 所示。

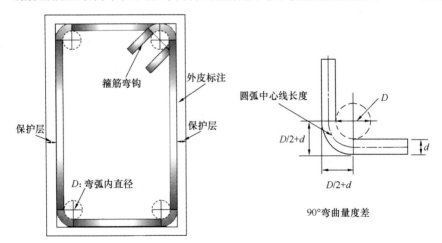

图 1-4-43　箍筋形式及弯曲量度差示意图

箍筋采用光圆钢筋:弯折的弯弧内直径(同时应大于纵向受力钢筋直径)为 $2.5d$ 时,箍筋中间部位弯曲 $90°$量度差$=2(D/2+d)-(D+d)\pi\times90°/360°=1.75d$。

纵向受力钢筋直径大于 $2.5d$ 时,弯折的弯弧内直径 D 按不小于纵向钢筋直径确定;箍筋采用带肋钢筋时,弯折的弯弧内直径 D 应不小于 $4d$。

（2）钢筋末端弯钩（折）增加值

末端弯钩(折)增加值＝中心线长度－标注尺寸＋平直段长度   (1-4-10)

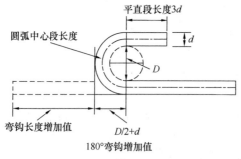

图 1-4-44   180°弯钩长度增加值

纵向受力的光圆钢筋末端作180°弯钩；箍筋、拉结筋末端按要求作135°弯钩或90°弯钩；纵向受力带肋钢筋末端作90°、135°的弯折锚固。

1）光圆钢筋180°弯钩长度增加值（如图1-4-44）。

光圆钢筋：弯心直径为 2.5d，平直部分取 3d 时，则：

180°弯钩长度增加值 ＝ 3d＋（D＋d）×π×180°/360°－（D/2＋d）= 6.25d

2）钢筋末端135°（90°）弯钩（折）长度增加值（如图1-4-45）。

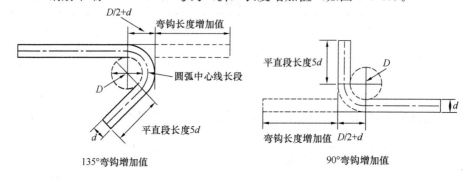

图 1-4-45   135°、90°末端长度增加值

A. 箍筋（拉接筋）末端135°（90°）弯钩长度增加值

采用光圆钢筋：弯折的弯弧内直径（同时应大于纵向受力钢筋直径）为2.5d，平直部分取 5d 时（有抗震要求时，取 10d 和 75mm 的较大值），则：

135°弯钩长度增加值 ＝ 中心线长 － 标注尺寸 ＋ 平直段长度

＝（D＋d）×π×135°/360°－（D/2＋d）＋5d(10d 或 75mm 的较大值)

＝ 6.9d(11.9d 或 1.9d＋75mm 的较大值)

90°弯钩长度增加值

＝（D＋d）×π×90°/360°－（D/2＋d）＋5d(10d 或 75mm 的较大值)

＝ 5.5d(10.5d 或 0.5d＋75mm 的较大值)

纵向受力钢筋直径大于 2.5d 时，弯折的弯弧内直径 D 按不小于纵向钢筋直径确定；箍筋、拉结筋采用带肋钢筋时，弯折的弯弧内直径 D 应不小于 4d。

B. 纵向钢筋末端135°（90°）弯折锚固长度增加值

纵向钢筋末端作 90°的弯折锚固时，平直段为 12d；作 135°的弯折锚固时，

平直段为 $5d$。带肋钢筋弯折的弯弧内直径 D 取 $4d$，则：

$135°$ 弯折锚固长度增加值 $= 5d + (D+d) \times \pi \times 135°/360° - (D/2+d) = 7.9d$

$90°$ 弯折锚固长度增加值 $= 12d + (D+d) \times \pi \times 90°/360° - (D/2+d) = 12.9d$

3. 钢筋下料长度计算

钢筋下料长度 $= \Sigma$ 简图标注尺寸 $- \Sigma$ 弯曲量度差 $+ \Sigma$ 末端弯钩（折）增加值

$$(1\text{-}4\text{-}11)$$

（1）纵向钢筋下料长度

直钢筋下料长度 $=$ 构件长度 $-$ 保护层厚度 $+$ 弯钩增加长度

或直钢筋下料长度 $=$ 简图标注尺寸 $+$ 弯钩增加长度

弯起钢筋下料长度 $=$ 直段长度 $+$ 斜段长度 $-$ 弯曲量度差 $+$ 弯钩增加值

（2）箍筋下料长度计算

箍筋下料长度

$= 2 \times [(H - 2$ 倍 $\times$ 保护层$) + (B - 2 \times$ 保护层$)] -$ 弯曲量度差 $+$ 弯钩增加值

箍筋采用光圆钢筋时，弯弧内直径为 $2.5d$，单个 $90°$ 弯曲量度差为 $1.75d$，单个 $135°$ 末端弯钩增加值为 $6.9d$（有抗震要求时为：$11.9d$ 或 $1.9d + 75$ mm 的较大值）。则：

单根箍筋的下料长度 $=$ 构件周长 $- 8 \times$ 保护层 $- 3 \times 1.75d + 2 \times 6.9d$

$\qquad\qquad\qquad\qquad = $ 构件周长 $- 8 \times$ 保护层 $+ 8.55d$

有抗震要求时：

单根箍筋的下料长度

$\qquad = $ 构件周长 $- 8 \times$ 保护层 $- 3 \times 1.75d + 2 \times \max\{11.9d, (1.9d + 75\text{mm})\}$

$\qquad = $ 构件周长 $- 8 \times$ 保护层 $+ \max\{18.55d, (-1.45d + 75\text{mm})\}$。

4. 钢筋工程的计量

钢筋工程的工程量以理论重量计算。按不同品种、不同规格以设计长度乘以相应的单位长度理论重量

单根钢筋理论重量

$\qquad = $ 单根钢筋设计长度（下料长度）$\times$ 相应规格的单位长度重量　　$(1\text{-}4\text{-}12)$

钢筋的计算截面面积及理论重量见表 1-4-23

钢筋的计算截面面积及理论重量　　　　　　　　　　表 1-4-23

公称直径（mm）	不同根数钢筋的计算截面面积（mm²）									单根钢筋理论重量（kg/m）
	1	2	3	4	5	6	7	8	9	
6	28.3	57	85	113	142	170	198	226	255	0.222
6.5	33.2	66	100	133	166	199	232	265	299	0.260
8	50.3	101	151	201	252	302	352	402	453	0.395

续表

公称直径（mm）	不同根数钢筋的计算截面面积（mm²）									单根钢筋理论重量（kg/m）
	1	2	3	4	5	6	7	8	9	
10	78.5	157	236	314	393	471	550	628	707	0.617
12	113.1	226	339	452	565	678	791	904	1017	0.888
14	153.9	308	461	615	769	923	1077	1231	1385	1.21
16	201.1	402	603	804	1005	1206	1407	1608	1809	1.58
18	254.5	509	763	1017	1272	1527	1781	2036	2290	2.00
20	314.2	628	942	1256	1570	1884	2199	2513	2827	2.47
22	380.1	760	1140	1520	1900	2281	2661	3041	3421	2.98
25	490.9	982	1473	1964	2454	2945	3436	3927	4418	3.85
28	615.8	1232	1847	2463	3079	3695	4310	4926	5542	4.83
32	804.2	1609	2413	3217	4021	4826	5630	6434	7238	6.31
36	1017.9	2036	3054	4072	5089	6107	7125	8143	9161	7.99
40	1256.6	2513	3770	5027	6283	7540	8796	10053	11310	9.87
50	1964	3928	5892	7856	9820	11784	13748	15712	17676	15.42

【例1-4-2】 某预制钢筋混凝土梁 L1：梁长 6m，断面 $b \times h = 250 \times 600$，混凝土保护层厚度为 20，钢筋简图见表 1-4-24。试计算梁 L1 中钢筋的下料长度。

钢筋配料单　　　　　　　　　　　表 1-4-24

构件名称	钢筋编号	钢筋简图	钢号	直径（mm）	下料长度（mm）	数量	重量（kg）
L1梁	①	⌐‾‾‾‾5960‾‾‾‾⌐	Φ	20	6210	2	
	②	250 400 775 4064 775 400 250	Φ	20	7136	2	
	③	⌐‾‾‾‾5960‾‾‾‾⌐	Φ	12	6110	2	
	④	560 210	Φ	6	1591	31	

【解】 ①号筋下料长度为：

$$5960 + 2 \times 6.25 \times 20 = 6210 \text{mm}$$

②号筋下料长度为：

$$(250 + 400 + 775) \times 2 + 4064 - 4 \times 0.35 \times 20 - 2 \times 1.75 \times 20$$
$$+ 2 \times 6.25 \times 20 = 7136 \text{mm}$$

③号筋下料长度为：

$$5960+2\times6.25\times12=6110\text{mm}$$

④号筋下料长度为

$$(560+210)\times2+8.55\times6=1591\text{mm}$$

4.2.5　钢　筋　的　代　换

钢筋的品种、级别、规格应按设计要求采用。若在施工过程中，由于材料供应的困难不能满足设计对钢筋级别或规格的要求，在征得设计单位同意后，可对钢筋进行代换。但代换时，必须充分了解设计意图和代换钢筋的性能，严格遵守规范的各项规定。

1. 钢筋代换原则

（1）不同品种、级别的钢筋的代换，应按钢筋受拉承载力设计值相等的原则进行；

（2）当构件受抗裂、裂缝宽度或挠度控制时，钢筋代换后应进行抗裂、裂缝宽度或挠度验算；

（3）代换后，应满足混凝土结构设计规范中所规定的最小配筋率、钢筋间距、锚固长度、最小钢筋直径、根数等要求；

（4）对重要受力构件，不宜使用 HPB300 级光圆钢筋代替 HRB335 和 HRB400 级带肋钢筋；

（5）梁的纵向受力钢筋和弯起钢筋应分别进行代换；

（6）对有抗震要求的框架，不宜以强度等级较高的钢筋代替原设计的钢筋；当必须代换时，其代换钢筋的抗拉强度实测值与屈服强度实测值的比值不应小于1.25；且钢筋的屈服强度实测值与钢筋的强度标准值的比值，当按一级抗震设计时，不应大于1.25，当按二级抗震设计时，不应大于1.4。

2. 钢筋代换方法

（1）等强度代换：当构件受强度控制时，钢筋代换可按代换前后强度相等的原则进行。

$$n_2\geqslant(n_1d_1^2f_{y1})/d_2^2f_{y2} \tag{1-4-13}$$

式中　n_1、d_1、f_{y1}——分别为原设计钢筋根数、直径、抗拉强度设计值；

　　　　n_2、d_2、f_{y2}——分别为拟代换钢筋根数、直径、抗拉强度设计值。

（2）等面积代换：当构件按最小配筋率配筋时，钢筋代换可按代换前后面积相等的原则进行；

$$A_{s1}=A_{s2} \tag{1-4-14}$$

式中　A_{s1}——原设计钢筋的计算面积；

　　　　A_{s2}——为拟代换钢筋的计算面积。

4.2.6 钢筋的绑扎安装与验收

加工完毕的钢筋即可运到施工现场按设计要求品种、规格、数量、位置、连接方式进行安装、连接和绑扎。钢筋的绑扎一般采用20~22号铁丝或镀锌铁丝进行。

钢筋的安装绑扎应该与模板安装相配合，柱筋的安装一般在柱模板安装前进行；而梁的施工顺序正好相反，一般是先安装好梁模，再安装梁筋，当梁高较大时，可先留下一面侧模不安，待钢筋绑扎完毕，再支余下一面侧模，以方便施工；楼板模板安装好后，即可安装板筋。

1. 钢筋安装绑扎

（1）构件交接处的钢筋位置

构件交接处的钢筋位置应符合设计要求。当设计无要求时，应保证主要受力构件和构件中主要受力方向的钢筋位置。框架节点处梁纵向受力钢筋宜放在柱纵向钢筋内侧；当主次梁标高相同时，次梁下部钢筋应放在主梁下部钢筋之上；剪力墙中水平分布钢筋宜放在外侧，并宜在墙端弯折锚固。

（2）钢筋的定位

钢筋安装应采用定位件（间隔件）固定钢筋的位置，并宜采用专用定位件。定位件应具有足够的承载力、刚度、稳定性和耐久性。定位件的数量、间距和固定方式应能保证钢筋的位置偏差符合国家现行有关标准的规定。混凝土框架梁、柱保护层内，不宜采用金属定位件。

钢筋定位件主要有专用定位件、水泥砂浆或混凝土制成的垫块、金属马凳、梯子筋等。

（3）复合箍筋的安装

复合箍筋是指由多个封闭箍筋或封闭箍筋、单肢箍组成的多肢箍。

采用复合箍筋时，箍筋外围应封闭。梁类构件复合箍筋内部宜选用封闭箍筋，单数肢也可采用拉筋；柱类构件复合箍筋内部可部分采用拉筋。当拉筋设置在复合箍筋内部不对称的一边时，沿纵向受力钢筋方向的相邻复合箍筋应交错布置。

（4）钢筋绑扎的要求

钢筋绑扎应符合下列规定：

1）钢筋的绑扎搭接接头应在接头中心和两端用铁丝扎牢；

2）墙、柱、梁钢筋骨架中各竖向面钢筋网交叉点应全数绑扎；板上部钢筋网的交叉点应全数绑扎，底部钢筋网除边缘部分外可间隔交错扎牢；

3）梁、柱的箍筋弯钩及焊接封闭箍筋的焊点应沿纵向受力钢筋方向错开设置；

4）构造柱纵向钢筋宜与承重结构同步绑扎；

5）梁及柱中箍筋、墙中水平分布钢筋、板中钢筋距构件边缘的起始距离宜为50mm。

2. 钢筋安装质量检查

钢筋安装绑扎完成后，应检查钢筋连接施工质量和检查钢筋的品种、级别、规格、数量、位置。

（1）钢筋连接施工的质量检查

钢筋连接施工的质量检查应符合下列规定：

1）钢筋焊接和机械连接施工前均应进行工艺试验。机械连接应检查有效的型式检验报告。

2）钢筋焊接接头和机械连接接头应全数检查外观质量，搭接连接接头应抽查搭接长度。

3）螺纹接头应抽检拧紧扭矩值。

4）施工中应检查钢筋接头百分率。

5）焊接接头、机械连接接头应按有关规定抽取试件做力学性能检验。

（2）钢筋安装绑扎质量检查

钢筋安装绑扎完成后，应根据设计要求检查钢筋品种、级别、规格、数量（间距）、位置等，并应符合表 1-4-25 的规定。

钢筋安装位置的允许偏差和检验方法　　　　表 1-4-25

项　　目			允许偏差（mm）	检验方法
绑扎钢筋网	长、宽		±10	钢尺检查
	网眼尺寸		±20	钢尺量连续三档，取最大值
绑扎钢筋骨架	长		±10	钢尺检查
	宽、高		±5	钢尺检查
受力钢筋	间距		±10	钢尺量两端、中间各一点，取最大值
	排距		±5	
	保护层厚度	基础	±10	钢尺检查
		柱、梁	±5	钢尺检查
		板、墙、壳	±3	钢尺检查
绑扎箍筋、横向钢筋间距			±20	钢尺量连续三档，取最大值
钢筋弯起点位置			20	钢尺检查
预埋件	中心线位置		5	钢尺检查
	水平高差		+3，0	钢尺和塞尺检查

§4.3　混凝土工程

混凝土工程是钢筋混凝土结构工程的一个重要组成部分，其质量好坏直接关系到结构的承载能力和使用寿命。混凝土工程包括混凝土制备与运输和现浇结构工程。

混凝土制备可分为预拌混凝土和现场搅拌混凝土两种方式。混凝土结构施工宜采用预拌混凝土。

混凝土制备与运输包括混凝土配料、搅拌、运输；现浇结构包括混凝土浇筑、养护等施工过程。各工序相互联系又相互影响，因而在混凝土工程施工中，对每一个施工环节都要认真对待，把好质量关，以确保混凝土工程获得优良的质量。

4.3.1　混　凝　土　配　料

混凝土的配料指的就是将各种原材料按照一定的配合比配制成工程需要的混凝土。混凝土的配料包括原材料的选择、混凝土配合比的确定、材料称量等方面的内容。

1. 原材料的选择

混凝土的原材料包括水泥、砂、石、水和外加剂。

（1）水泥

水泥作为混凝土主要的胶凝材料，其品种和强度等级对混凝土性能和结构的耐久性都很重要。常用的通用硅酸盐水泥品种有：硅酸盐水泥、普通硅酸盐水泥、矿渣硅酸盐水泥、火山灰质硅酸盐水泥、粉煤灰硅酸盐水泥、复合硅酸盐水泥六种水泥。

水泥中的三氧化硫会与铝酸三钙形成较多的钙矾石，体积膨胀，危害安定性；水泥中氧化镁水化生成氢氧化镁，体积膨胀，而其水化速度慢；一定含量的氯离子会腐蚀钢筋，故须加以限制。通用硅酸盐水泥化学指标应符合表 1-4-26 的规定。

通用硅酸盐水泥化学指标（％）　　　　　　　　表 1-4-26

品种	代号	不溶物（质量分数）	烧失量（质量分数）	三氧化硫（质量分数）	氧化镁（质量分数）	氯离子（质量分数）
硅酸盐水泥	P·Ⅰ	≤0.75	≤3.0	≤3.5	≤5.0	≤0.06
	P·Ⅱ	≤1.50	≤3.5			
普通硅酸盐水泥	P·O	—	≤5.0			
矿渣硅酸盐水泥	P·S·A	—	—	≤4.0	≤6.0	
	P·S·B	—	—		—	
火山灰质硅酸盐水泥	P·P	—	—	≤3.5	≤6.0	
粉煤灰硅酸盐水泥	P·F					
复合硅酸盐水泥	P·C					

注：1. 如果硅酸盐水泥压蒸试验合格，则其氧化镁的含量（质量分数）可放宽至 6.0％；

2. 如果 A 型矿渣硅酸盐水泥（P·S·A）、火山灰质硅酸盐水泥、粉煤灰硅酸盐水泥、复合硅酸盐水泥中氧化镁的含量（质量分数）大于 6.0％时，应进行水泥压蒸安定性试验并合格；

3. 对氯离子含量有更低要求时，该指标由供需双方协商确定。

1）水泥的选用

水泥的品种和成分不同，其凝结时间、早期强度、水化热、吸水性和抗侵蚀的性能等也不相同，这些都直接影响到混凝土的质量、性能和适用范围。

水泥的选用应符合下列规定：

A. 水泥品种与强度等级应根据设计、施工要求以及工程所处环境条件确定；

B. 普通混凝土结构宜选用通用硅酸盐水泥；有特殊需要时，也可选用其他品种水泥；

C. 对于有抗渗、抗冻融要求的混凝土，宜选用硅酸盐水泥或普通硅酸盐水泥；

D. 处于潮湿环境的混凝土结构，当使用碱活性骨料时，宜采用低碱水泥。

2）水泥进场检查

A. 水泥进场时，供方应提供相应的质量证明文件，并对其品种、强度等级、包装或散装仓号、出厂日期等内容进行检查验收。

B. 水泥检验批抽样复验

应对水泥的强度、安定性、凝结时间及其他必要指标进行检验。同一生产厂家、同一品种、同一等级且连续进场的水泥袋装不超过 200t 为一检验批，散装不超过 500t 为一检验批；

当符合下列条件之一时，复验时可将检验批容量扩大一倍：对经产品认证机构认证符合要求的产品；来源稳定且连续三次检验合格；同一厂家的同批出厂材料，用于同时施工且属于同一工程项目的多个单位工程。

C. 当在使用中对水泥质量有怀疑或水泥出厂超过三个月（快硬硅酸盐水泥超过一个月）时，应进行复验，并应按复验结果使用。

（2）粗骨料

混凝土级配中所用粗骨料指的是碎石或卵石，由天然岩石或卵石经破碎、筛分而得的、粒径大于 5mm 的岩石颗粒，称为碎石。由于自然条件作用而形成的粒径大于 5mm 的岩石颗粒，称为卵石。卵石表面光滑，空隙率与表面积较小，故相对碎石水泥用量稍少，但与水泥浆的粘结性也差一些，故卵石混凝土的强度与碎石混凝土相比要低一些。碎石则刚好相反，所需水泥用量稍多，与水泥浆的粘结性好一些，故碎石混凝土的强度较高，但其成本也较高。

碎石或卵石的颗粒级配和最大粒径对混凝土的强度影响较大，级配越好，混凝土的和易性和强度也越高。碎石或卵石的颗粒级配应符合表 1-4-27 的规定。

石子的强度、坚固性、有害物质含量以及石子中针、片状颗粒含量及含泥量等方面的技术指标都应满足国家标准规定，以保证混凝土浇筑成型后的质量，见表 1-4-28 所列。

碎石或卵石的允许颗粒级配　　　　　　　　　表 1-4-27

级配情况	公称粒级 (mm)	累计筛余（按质量计%）											
		方孔筛筛孔边长尺寸（mm）											
		2.36	4.75	9.5	16	19	26.5	31.5	37.5	53	63	75	90
连续粒级	5～10	95～100	80～100	0～15	0								
	5～16	95～100	85～100	30～60	0～10	0							
	5～20	95～100	90～100	40～80		0～10	0						
	5～25	95～100	90～100		30～70		0～5	0					
	5～31.5		90～100	70～90		15～45		0～5	0				
	5～40		95～100	70～90		30～65			0～5	0			
单粒级	10～20		95～100	85～100		0～15	0						
	16～31.5		95～100		85～100			0～10	0				
	20～40			95～100		80～100			0～10	0			
	31.5～63				95～100			75～100	45～75		0～10	0	
	40～80					95～100			70～100		30～60	0～10	0

石子的质量要求　　　　　　　　　表 1-4-28

质　量　项　目			质量指标
针、片状颗粒含量，按质量计（%）	混凝土强度等级	≥C60	≤8
		C55～C30	≤15
		≤C25	≤25
含泥量按质量计（%）		≥C60	≤0.5
		C55～C30	≤1.0
		≤C25	≤2.0
泥块含量按质量计（%）		≥C60	≤0.2
		C55～C30	≤0.5
		≤C25	≤0.7
碎石压碎指标值（%）	混凝土强度等级	沉积岩	C60～C40	≤10
			≤C60	≤16
		变质岩或深层的火成岩	C60～C40	≤12
			≤C35	≤20
		喷出火成岩	C60～C40	≤13
			≤C35	≤30
卵石压碎指标值（%）	混凝土强度等级		C60～C40	≤12
			≤C35	≤16

粗骨料宜选用粒形良好、质地坚硬的洁净碎石或卵石，并应符合下列规定：

1）粗骨料最大粒径不应超过构件截面最小尺寸的 1/4，且不应超过钢筋最小净间距的 3/4；对实心混凝土板，粗骨料的最大粒径不宜超过板厚的 1/3，且不应超过 40mm；

2）粗骨料宜采用连续粒级，也可用单粒级组合成满足要求的连续粒级；

3）含泥量、泥块含量指标应符表 1-4-28 的规定。

（3）细骨料

混凝土配制中所用细骨料一般为砂，作为混凝土用砂有天然砂（由自然条件作用而形成的，粒径在 5mm 以下的岩石颗粒）和人工砂（岩石经除土、机械破碎、筛分而成的粒径在 5mm 以下的岩石颗粒）两大类。根据其平均粒径或细度模数可分为粗砂、中砂、细砂和特细砂四种，见表 1-4-29。

砂 的 分 类　　　　　表 1-4-29

粗细程度	细度模数 μ_i	平均粒径（mm）
粗砂	3.7～3.1	0.5 以上
中砂	3.0～2.3	0.35～0.5
细砂	2.2～1.6	0.25～0.35
特细砂	1.5～0.7	0.35 以下

作为混凝土用砂在砂的颗粒级配、含泥量、坚固性、有害物质含量等性质方面必须符合国家有关标准的规定。泥块阻碍水泥浆与砂粒结合，使强度降低；含泥量过大，会增加混凝土用水量，从而增大混凝土收缩；细骨料的含泥量和泥块含量见表 1-4-30。

细骨料的含泥量和泥块含量（%）　　　　表 1-4-30

混凝土强度等级	≥C60	C55～C30	≤C25
含泥量（按质量计）	≤2.0	≤3.0	≤5.0
泥块含量（按质量计）	≤0.5	≤1.0	≤2.0

在混凝土中砂粒之间的空隙是由水泥浆所填充，为节省水泥和提高混凝土的强度，就应尽量减少砂粒之间的空隙。要减少砂粒之间的空隙就必须有大小不同的颗粒合理搭配，细骨料的分区及级配范围见表 1-4-31。

细骨料的分区及级配范围　　　　表 1-4-31

方孔筛筛孔尺寸	级 配 区		
	Ⅰ 区	Ⅱ 区	Ⅲ 区
	累计筛余（%）		
9.50mm	0	0	0
4.75mm	10～0	10～0	10～0

方孔筛筛孔尺寸	级　配　区		
	Ⅰ区	Ⅱ区	Ⅲ区
	累计筛余（%）		
2.36mm	35～5	25～0	15～0
1.18mm	65～35	50～10	25～0
600μm	85～71	70～41	40～16
300μm	95～80	92～70	85～55
150μm	100～90	100～90	100～90

注：除 4.75mm、600μm、150μm 筛孔外，其余各筛孔累计筛余可超出分界线，但其总量不得大于 5%。

细骨料宜选用级配良好、质地坚硬、颗粒洁净的天然砂或机制砂，并应符合下列规定：

1）细骨料宜选用Ⅱ区中砂。当选用Ⅰ区砂时，应提高砂率，并应保持足够的胶凝材料用量，满足混凝土的工作性要求；当采用Ⅲ区砂时，宜适当降低砂率；

2）混凝土细骨料中氯离子含量应符合下列规定：

对钢筋混凝土，按干砂的质量百分率计算不得大于 0.06%；对预应力混凝土，按干砂的质量百分率计算不得大于 0.02%；含泥量、泥块含量指标应符合表 1-4-30 的规定；海砂应符合现行行业标准《海砂混凝土应用技术规范》JGJ 206—2010 的有关规定。

（4）水

混凝土拌合用水一般采用饮用水，当采用其他来源水时，水质必须符合国家现行标准《混凝土拌合用水标准》JGJ 63—2006 的规定。主要是要求水中不能含有影响水泥正常硬化的有害杂质。如污水、工业废水及 pH 值小于 4 的酸性水和硫酸盐含量超过水重 1% 的水不得用于混凝土中。

未经处理的海水严禁用于钢筋混凝土和预应力混凝土拌制和养护。

（5）外加剂

在混凝土中掺入少量外加剂，可改善混凝土的性能，加速工程进度或节约水泥，满足混凝土在施工和使用中的一些特殊要求，保证工程顺利进行。

1）混凝土外加剂按其主要功能分为四类：

A. 改善混凝土拌合物流变性能的外加剂。包括各种减水剂、引气剂和泵送剂等。

B. 调节混凝土凝结时间、硬化性能的外加剂。包括缓凝剂、早强剂和速凝剂等。

C. 改善混凝土耐久性的外加剂。包括引气剂、防水剂和阻锈剂等。

D. 改善混凝土其他性能的外加剂。包括加气剂、膨胀剂、着色剂、防冻剂、防水剂和泵送剂等。常用外加剂性能指标见表 1-4-32。

表 1-4-32

常用外加剂性能指标

项目	外加剂品种												
	高性能减水剂			高效减水剂		普通减水剂			引气减水剂	泵送剂	早强剂	缓凝剂	引气剂
	早强型	标准型	缓凝型	标准型	缓凝型	早强型	标准型	缓凝型					
减水率（%）	≥25	≥25	≥25	≥14	≥14	≥8	≥8	≥8	≥10	≥12	—	—	≥6%
泌水率比（%）	≤50	≤60	≤70	≤90	≤100	≤95	≤100	≤100	≤70	≤70	≤100	≤100	≤70
含气量（%）	≤6.0	≤6.0	≤6.0	≤3.0	≤4.5	≤4.0	≤4.0	≤5.5	≥3.0	≤5.5	—	—	≥3.0
凝结时间之差（min） 初凝 / 终凝	−90～+90	−90～+120	>+90	−90～+120	>+90	−90～+90	−90～+120	>+90	−90～+120	—	−90～+90	>+90	−90～+120
1h经时变化量 坍落度（mm）	—	≤80	≤60	—	—	—	—	—	—	≤80	—	—	—
1h经时变化量 含气量（%）	—	—	—	—	—	—	—	—	−1.5～+1.5	—	—	—	−1.5～+1.5
抗压强度比（%） 1d	≥180	≥170	≥140	—	—	≥135	—	—	—	—	≥135	—	—
抗压强度比（%） 3d	≥170	≥160	≥130	≥130	≥125	≥130	≥115	≥110	≥115	≥115	≥130	≥100	≥95
抗压强度比（%） 7d	≥145	≥150	≥125	≥125	≥125	≥110	≥115	≥110	≥110	≥110	≥110	≥100	≥95
抗压强度比（%） 28d	≥130	≥140	≥120	≥120	≥120	≥100	≥110	≥110	≥100	≥100	≥100	≥100	≥90
收缩率比（%） 28d	≤110	≤110	≤110	≤135	≤135	≤135	≤135	≤135	≤135	≤135	≤135	≤135	≤135
相对耐久性（200次）（%）	—	—	—	—	—	—	—	—	≥80	—	—	—	≥80

注：1. 除含气量和相对耐久性外，表中所列数据为掺外加剂混凝土与基准混凝土的差值或比值；

2. 凝结时间之差性能指标中的"−"号表示提前，"+"号表示延缓；

3. 相对耐久性（200次）性能指标中的"≥80"表示将 28d 龄期的受检混凝土试件快速冻融循环 200 次后，动弹性模量保留值≥80%；

4. 1h 含气量经时变化量指标中的"−"号表示含气量减少，"+"号表示含气量增加；

5. 其他品种的外加剂是否测定相对耐久性指标，由供、需双方协商确定；

6. 当用户对泵送剂等产品有特殊要求时，需要进行的补充测试项目、试验方法及指标，由供需双方协商决定。

2）外加剂的选用

外加剂的选用应根据混凝土原材料、性能要求、施工工艺、工程所处环境条件和设计要求等因素通过试验确定，并应符合下列规定：

A. 当使用碱活性骨料时，由外加剂带入的碱含量（以当量氧化钠计）不宜超过 1.0kg/m³，混凝土总碱含量尚应符合现行国家标准《混凝土结构设计规范》GB 50010—2010 等的有关规定；

B. 不同品种外加剂首次复合使用时，应检验混凝土外加剂的相容性。

2. 混凝土配合比的确定

混凝土配合比应该根据材料的供应情况、设计混凝土强度等级、混凝土施工和易性的要求等因素来确定，并应符合合理使用材料和经济的原则。合理的混凝土配合比应能满足两个基本要求：既要保证混凝土的设计强度，又要满足施工所需要的和易性。

对于有抗渗、抗冻融或其他特殊要求的混凝土，宜选用连续级配的粗骨料，最大粒径不宜大于 40mm，含泥量不应大于 1.0%，泥块含量不应大于 0.5%；所用细骨料含泥量不应大于 3.0%，泥块含量不应大于 1.0%。

（1）配制强度

1）当设计强度等级小于 C60 时，配制强度应按下式计算：

$$f_{\mathrm{cu,0}} \geqslant f_{\mathrm{cu,k}} + 1.645\sigma \tag{1-4-15}$$

式中　$f_{\mathrm{cu,0}}$——混凝土的配制强度（MPa）；

　　　$f_{\mathrm{cu,k}}$——设计的混凝土立方体抗压强度标准值（MPa）；

　　　σ——施工单位的混凝土强度标准差（MPa）。

混凝土强度标准差 σ 的确定：

A. 当具有近期（前一个月或三个月）的同一品种混凝土的强度资料时，其混凝土强度标准差应按下列公式计算：

$$\sigma = \sqrt{\dfrac{\sum\limits_{i=1}^{n} f_{\mathrm{cu},i}^2 - n m_{\mathrm{fcu}}^2}{n-1}} \tag{1-4-16}$$

式中　$f_{\mathrm{cu},i}$——第 i 组试件强度值（MPa）；

　　　m_{fcu}——n 组试件强度的平均值（MPa）；

　　　n——试件总组数，n 值不应小于 30。

计算混凝土强度标准差时：对于强度等级不高于 C30 的混凝土，计算得到的大于等于 3.0MPa 时，应按计算结果取值；计算得到的小于 3.0MPa 时，应取 3.0MPa；对于强度等级高于 C30 且低于 C60 的混凝土，计算得到的大于等于 4.0MPa 时，应按计算结果取值；计算得到的小于 4.0MPa 时，应取 4.0MPa。

B. 当没有近期的同品种混凝土强度资料时，其混凝土强度标准差 σ 可按表 1-4-33 取用。

混凝土强度标准差 σ 值			表 1-4-33
混凝土强度等级	＜C20	C25～C45	C50～C55
σ（N/mm²）	4	5	6

2）当设计强度等级大于或等于 C60 时，配制强度应按下式计算：

$$f_{cu,0} \geqslant 1.15 f_{cu,k} \tag{1-4-17}$$

（2）计算出所要求的水胶比（混凝土强度等级不大于 C60 时）

控制水胶比是保证耐久性的重要手段，水胶比是配合比设计的首要参数。

$$W/B = \frac{\alpha_a f_{cu}}{f_{cu,0} + \alpha_a \alpha_b f_b} \tag{1-4-18}$$

式中　α_a、α_b——回归系数；

f_b——胶凝材料 28d 胶砂强度（MPa），可实测；

W/B——混凝土所要求的水胶比。

回归系数 α_a、α_b 通过试验统计资料确定，若无试验统计资料，回归系数可按表 1-4-34 选用。

回归系数 α_a、α_b 选用表		表 1-4-34
系数	碎石	卵石
α_a	0.46	0.48
α_b	0.07	0.33

混凝土的最大水胶比应符合《混凝土结构设计规范》GB 50010—2010 的规定。

混凝土的最小胶凝材料用量应符合表 1-4-35 的规定，配制 C15 及其以下强度等级的混凝土，可不受表 1-4-35 的限制。

混凝土的最大水胶比和最小水泥用量				表 1-4-35
环　境　类　别	最大水胶比	最小胶凝材料用量（kg/m³）		
		素混凝土	钢筋混凝土	预应力混凝土
室内正常环境	0.60	250	280	300
室内潮湿环境、非严寒或非寒冷地区的露天环境、与无侵蚀性的水或土壤直接接触的环境	0.55	280	300	300
严寒或寒冷地区的露天环境、与无侵蚀性的水或土壤直接接触的环境	0.50	320		
使用除冰盐的环境、严寒或寒冷地区的冬季水位变动的环境、滨海室外环境	≤0.45	330		

（3）选取每立方米混凝土的用水量和水泥用量

1）选取用水量

A. 水胶比 W/B 在 0.4～0.8 范围时，根据粗骨料的品种及施工要求的混凝土拌合物的稠度，其用水量可按表 1-4-36、表 1-4-37 取用。

干硬性混凝土的用水量（kg/m³）   表 1-4-36

拌合物稠度		卵石最大粒径（mm）			碎石最大粒径（mm）		
项目	指标	10	20	40	16	20	40
维勃稠度 （s）	16～20	175	160	145	180	170	155
	11～15	180	165	150	185	175	160
	5～10	185	170	155	190	180	165

塑性混凝土的用水量（kg/m³）   表 1-4-37

拌合物稠度		卵石最大粒径（mm）				碎石最大粒径（mm）			
项目	指标	10	20	31.5	40	16	20	31.5	40
坍落度 （mm）	10～30	190	170	160	150	200	185	175	165
	35～50	200	180	170	160	210	195	185	175
	55～70	210	190	180	170	220	205	195	185
	75～90	215	195	185	175	230	215	205	195

注：1. 本表用水量系采用中砂时的平均取值。采用细砂时，每立方米混凝土用水量可增加 5～10kg；采用粗砂时，则可减少 5～10kg。

2. 掺用各种外加剂或掺合料时，用水量应相应调整。

B. 混凝土水胶比小于 0.40 时，可通过试验确定。

2）计算每立方米混凝土的胶凝材料用量

每立方米混凝土的胶凝材料用量（m_{b0}）可按下式计算：

$$m_{b0} = \frac{m_{w0}}{W/B} \qquad (1-4-19)$$

计算所得的水泥用量如小于表 1-4-35 所规定的最小水泥用量时，则应按表表 1-4-35 取值。

（4）混凝土配合比的试配、调整和确定应按下列步骤进行：

1）采用工程实际使用的原材料和计算配合比进行试配。每盘混凝土试配量不应小于 20L；

2）进行试拌，并调整砂率和外加剂掺量等使拌合物满足工作性要求，提出试拌配合比；

3）在试拌配合比的基础上，调整胶凝材料用量，提出不少于 3 个配合比进行试配。根据试件的试压强度和耐久性试验结果，选定设计配合比；

4）应对选定的设计配合比进行生产适应性调整，确定施工配合比；

5）对采用搅拌运输车运输的混凝土，当运输时间可能较长时，试配时应控制混凝土坍落度经时损失值。

3. 混凝土现场施工配合比的确定

混凝土的配合比一般指的是实验室配合比，也就是说砂、石等原材料处于完全干燥状态下。而在现场施工中，砂、石两种原材料都采用露天堆放，不可避免地含有一些水分，而且含水量随着气候变化而变化。当粗、细骨料的实际含水量发生变化时，应及时调整粗、细骨料和拌合用水的用量，才能保证混凝土配合比的准确，从而保证混凝土的质量。所以在施工时应及时测量砂、石的含水率，并将混凝土的实验室配合比换算成考虑了砂石含水率条件下的施工配合比。

施工配合比应经有关人员批准。混凝土配合比使用过程中，应根据反馈的混凝土动态质量信息，及时对配合比进行调整。

若混凝土的实验室配合比为水泥：砂：石：水＝$1:s:g:w$，而现场测出砂的含水率为 w_s，石的含水率为 w_g，则换算后的施工配合比为：

$$1:s(1+w_s):g(1+w_g):[w-s \cdot w_s-g \cdot w_g] \qquad (1\text{-}4\text{-}20)$$

【例 1-4-3】已知某混凝土的实验室配合比为 $280:820:1100:199$（为每立方米混凝土用量），已测出砂的含水率为 3.5％，石的含水率为 1.2％，搅拌机的出料容积为 400L，若采用袋装水泥（50kg 一袋），求每搅拌一罐混凝土所需各种材料的用量。

【解】混凝土的实验室配合比折算为 $1:s:g:w = 1:2.93:3.93:0.71$

将原材料的含水率考虑进去计算出施工配合比 $1:3.03:3.98:0.56$

每搅拌一罐混凝土水泥用量为：$280 \times 0.4 = 112$kg，实用两袋水泥 100kg。

则搅拌一罐混凝土砂用量为：$100 \times 3.03 = 303$kg。

搅拌一罐混凝土石用量为：$100 \times 3.98 = 398$kg。

搅拌一罐混凝土水用量为：$100 \times 0.56 = 56$kg。

4. 材料计量

混凝土搅拌时应对原材料用量准确计量，是保证混凝土强度的一个重要环节。应符合下列规定：

计量设备的精度应符合现行国家标准《混凝土搅拌站（楼）技术条件》GB 10172 的有关规定，并应定期校准。使用前设备应归零。

原材料的计量应按重量计，水和外加剂溶液可按体积计，其允许偏差应符合表 1-4-38 的规定。

混凝土原材料计量允许偏差（％）　　表 1-4-38

原材料品种	水泥	细骨料	粗骨料	水	掺合料	外加剂
每盘计量允许偏差	±2	±3	±3	±2	±2	±2
累计计量允许偏差	±1	±2	±2	±1	±1	±1

注：1. 现场搅拌时原材料计量允许偏差应满足每盘计量允许偏差要求；

　　2. 累计计量允许偏差指每一运输车中各盘混凝土的每种材料计量称的偏差。该项指标仅适用于采用计算机控制计量的搅拌站；

　　3. 骨料含水率应经常测定，雨雪天施工应增加测定次数。

4.3.2 混凝土拌制

混凝土的拌制就是水泥、水、粗细骨料和外加剂等原材料混合在一起进行均匀拌合的过程。搅拌后的混凝土要求匀质，且达到设计要求的和易性和强度。

混凝土结构施工宜采用预拌混凝土。混凝土制备应符合下列规定：

（1）预拌混凝土应符合现行国家标准《预拌混凝土》GB 14902 的有关规定；

（2）现场搅拌混凝土宜采用具有自动计量装置的设备集中搅拌；

（3）当不具备上述规定的条件时，应采用符合现行国家标准《混凝土搅拌机》GB/T 9142 的搅拌机进行搅拌，并应配备计量装置。

1. 搅拌机

目前普遍使用的搅拌机根据其搅拌机理可分为自落式搅拌机和强制式搅拌机两大类。

混凝土宜采用强制式搅拌机搅拌，并应搅拌均匀。

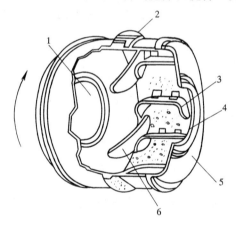

图 1-4-46   自落式搅拌机

1—进料口；2—大齿轮；3—弧形叶片；4—卸料口；
5—搅拌鼓筒；6—斜向叶片车

（1）自落式搅拌机

自落式搅拌机主要是利用拌筒内材料的自重进行工作，比较节约能源。由于材料粘着力和摩擦力的影响，自落式搅拌机只适用于搅拌塑性混凝土和低流动性混凝土。自落式搅拌机在使用中对筒体和叶片的摩擦较小，易于清洁。由于搅拌过程对混凝土骨料有较大的磨损，从而对混凝土质量产生不良影响，故自落式正逐渐被强制式搅拌机所替代。

反转出料式搅拌机是一种应用较广的自落式搅拌机，见图 1-4-46。其拌筒为双锥形，内壁焊有叶片，可带动物料上升到一定高度后，再利用自重下落，不断循环从而完成搅拌工作。其工作特点是正转搅拌、反转出料，结构较简单。

（2）强制式搅拌机

强制式搅拌机是利用拌筒内运动着的叶片强迫物料朝着各个方向运动，由于各物料颗粒的运动方向、速度各不相同，相互之间产生剪切滑移而相互穿插、扩散，从而在很短的时间内，使物料拌和均匀，其搅拌机理被称为剪切搅拌机理。强制式搅拌机适用于搅拌坍落度在 3cm 以下的普通混凝土和轻骨料混凝土。如图 1-4-47。

2. 搅拌制度

为了获得均匀优质的混凝土拌合物，除合理选择搅拌机的型号外，还必须合理确定搅拌制度。具体内容包括搅拌机的转速、搅拌时间、装料容积和投料顺序等。

（1）装料容积

不同类型的搅拌机具有不同的装料容积，装料容积指的是搅拌一罐混凝土所需各种原材料松散体积之和。一般来说装料容积是搅拌机拌筒几何容积的 $1/3 \sim 1/2$，强制式搅拌机可取上限，自落式搅拌机可取下限。若实际装料容积超过额定装料容积一定数值，则各种原材料不易拌和均匀，势必延长搅拌时间，反而降低了搅拌机的工作效率，而且也不易保证混凝土的质量。当然装料容积也不必过少，否则会降低搅拌机的工作效率。

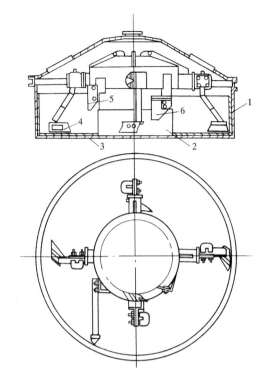

图 1-4-47　强制式搅拌机

1—外衬板；2—内衬板；3—底衬板；
4—拌叶；5—外刮板；6—内刮板

搅拌完毕混凝土的体积称为出料容积，一般为搅拌机装料容积的 0.55～0.75。目前，搅拌机上标明的容积一般为出料容积。

（2）装料顺序

在确定混凝土各种原材料的投料顺序时，应考虑到如何才能保证混凝土的搅拌质量，减少机械磨损和水泥飞扬，减少混凝土的粘罐现象，降低能耗和提高劳动生产率等。目前采用的装料顺序有一次投料法、二次投料法等。

采用分次投料搅拌方法时，应通过试验确定投料顺序、数量及分段搅拌的时间等工艺参数。掺合料宜与水泥同步投料，液体外加剂宜滞后于水和水泥投料；粉状外加剂宜溶解后再投料。

1）一次投料法

这是目前广泛使用的一种方法，也就是将砂、石、水泥依次放入料斗后再和水一起进入搅拌筒进行搅拌。这种方法工艺简单、操作方便。当采用自落式搅拌机时常用的加料顺序是先倒石子，再加水泥，最后加砂。这种加料顺序的优点就是水泥位于砂石之间，进入拌筒时可减少水泥飞扬，同时砂和水泥先进入拌筒形成砂浆可缩短包裹石子的时间，也避免了水向石子表面聚集产生的不良影响，可提高搅拌质量。

2）二次投料法

二次投料法又可分为预拌水泥砂浆法和预拌水泥净浆法。预拌水泥砂浆法是指先将水泥、砂和水投入拌筒搅拌 1～1.5min 后加入石子再搅拌 1～1.5min。预拌水泥净浆法是先将水和水泥投入拌筒搅拌 1/2 搅拌时间，再加入砂石搅拌到规定时间。实验表明，由于预拌水泥砂浆或水泥净浆对水泥有一种活化作用，因而搅拌质量明显高于一次加料法。若水泥用量不变，混凝土强度可提高 15% 左右，或在混凝土强度相同的情况下，可减少水泥用量约 15%～20%

当采用强制式搅拌机搅拌轻骨料混凝土时，若轻骨料在搅拌前已经预湿，则合理的加料顺序应是：先加粗细骨料和水泥搅拌 30s，再加水继续搅拌到规定时间；若在搅拌前轻骨料未经预湿，则先加粗、细骨料和总用水量的 1/2 搅拌 60s后，再加水泥和剩余 1/2 用水量搅拌到规定时间。

（3）搅拌时间

采用强制式搅拌机搅拌时，混凝土搅拌的最短时间可按表 1-4-39 采用，当能保证搅拌均匀时可适当缩短搅拌时间。搅拌强度等级 C60 及以上的混凝土时，搅拌时间应适当延长。

混凝土搅拌的最短时间（s）   表 1-4-39

| 混凝土坍落度 | 搅拌机机型 | 搅拌机出料量（L） | | |
（mm）		<250	250～500	>500
≤40	强制式	60	90	120
>40 且<100	强制式	60	60	90
≥100	强制式	60		

注：1. 混凝土搅拌的最短时间系指全部材料装入搅拌筒中起，到开始卸料止的时间；

2. 当掺有外加剂与矿物掺合料时，搅拌时间应适当延长；

3. 采用自落式搅拌机时，搅拌时间宜延长 30s；

4. 当采用其他形式的搅拌设备时，搅拌的最短时间也可按设备说明书的规定或经试验确定。

（4）开盘鉴定

对首次使用的配合比应进行开盘鉴定，开盘鉴定应包括下列内容：

1）混凝土的原材料与配合比设计所使用原材料的一致性；

2）出机混凝土工作性与配合比设计要求的一致性；

3）混凝土强度；

4）混凝土凝结时间；

5）有特殊要求时，还应包括混凝土耐久性能。

施工现场搅拌混凝土的开盘鉴定由监理工程师组织、施工单位项目技术负责人、专业工长、试验室代表等参加；预拌混凝土搅拌站的开盘鉴定由搅拌站总工程师组织、搅拌站技术、质量负责人和试验室代表等参加。

4.3.3　混凝土运输

混凝土运输是指混凝土搅拌地点至工地卸料地点的运输过程。

1. 混凝土运输要求

（1）混凝土宜采用搅拌运输车运输，运输车辆应符合国家现行有关标准的规定；搅拌运输车的旋转拌合功能能够减少运输途中对混凝土性能造成的影响。当距离较近或条件限制也可采用机动翻斗车等方式运输混凝土搅拌运输车的外形见图 1-4-48。

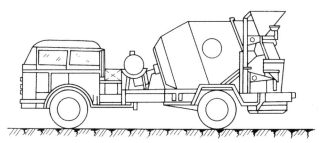

图 1-4-48　混凝土搅拌运输车示意图

（2）运输过程中应保证混凝土拌合物的均匀性和工作性；在运输过程中，混凝土拌合物的坍落度可能损失，同时还可能出现混凝土离析，需要采取措施加以防止。

（3）应采取保证连续供应的措施，并应满足现场施工的需要。

混凝土连续施工是保证混凝土结构整体性和某些重要功能（如防水功能）的重要条件。故在混凝土制备、运输时应根据混凝土浇筑量、现场混凝土浇筑速度、运输距离和道路状况等，采取可靠措施（充足的生产能力、足够的运输工具、可靠的运输路线以及制定应急预案等）保证混凝土能够连续不间断供应。

2. 混凝土搅拌运输车运输混凝土

（1）接料前，搅拌运输车应排净罐内积水；

（2）在运输途中及等候卸料时，应保持搅拌运输车罐体正常转速，不得停转；

（3）卸料前，搅拌运输车罐体宜快速旋转搅拌 20s 以上后再卸料。

（4）运输途中因道路阻塞或其他意外情况造成坍落度损失较大不能满足施工要求时，可在运输车罐内加入适量的与原配合比相同成分的减水剂。减水剂加入量应事先由试验确定，并应做出记录。加入减水剂后，混凝土罐车应快速旋转搅拌均匀，并应达到要求的工作性能后再泵送或浇筑。

3. 机动翻斗车运输混凝土

当采用机动翻斗车运输混凝土时，道路应通畅，路面应平整、坚实，临时坡道或支架应牢固，铺板接头应平顺。

4. 预拌混凝土质量检查

（1）采用预拌混凝土时，供方应提供混凝土配合比通知单、混凝土抗压强度报告、混凝土质量合格证和混凝土运输单（其中混凝土抗压强度报告、混凝土质量合格证应在 32*d* 内补送）。当需要其他资料时，供需双方应在合同中明确约定。预拌混凝土质量控制资料的保存期限，应满足工程质量追溯的要求。

（2）混凝土拌合物的工作性检查每 100m³ 不应少于 1 次，且每一工作班不应少于 2 次，必要时可增加检查次数；混凝土拌合物工作性应检验其坍落度或维勃稠度，检验应符合下列规定：

1）坍落度和维勃稠度的检验方法应符合现行国家标准《普通混凝土拌合物性能试验方法》GB/T 50080 的有关规定；

2）坍落度、维勃稠度的允许偏差应分别符合表 1-4-40 的规定；

3）预拌混凝土的坍落度检查应在交货地点进行；

4）坍落度大于 220mm 的混凝土，可根据需要测定其坍落扩展度，扩展度的允许偏差为 ±30mm。

坍落度、维勃稠度的允许偏差　　　　　　　　　　　　　表 1-4-40

坍落度（mm）			
设计值（mm）	≤ 40	50～90	≥ 100
允许偏差（mm）	±10	±20	±30
维勃稠度（s）			
设计值（s）	≥ 11	6～10	≤ 5
允许偏差（s）	±3	±2	±1

4.3.4　混 凝 土 输 送

混凝土输送是指对运输至施工现场的混凝土，通过输送泵、溜槽、吊车配备斗容器、升降设备配备小车等方式送至浇筑点的过程。混凝土输送宜采用泵送方式（有利于提高劳动生产率和保证施工质量）。

输送混凝土的管道、容器、溜槽不应吸水、漏浆，并应保证输送通畅。输送混凝土时应根据工程所处环境条件采取保温、隔热、防雨等措施。

1. 输送泵输送混凝土

（1）混凝土输送泵的选择及布置

1）输送泵的选型应根据工程特点、混凝土输送高度和距离、混凝土工作性确定；

2）输送泵的数量应根据混凝土浇筑量和施工条件确定，必要时宜设置备用泵；

3）输送泵设置的位置应满足施工要求，场地应平整、坚实，道路应畅通；

4）输送泵的作业范围不得有阻碍物；输送泵设置位置应有防范高空坠物的

设施。

混凝土输送泵的种类很多，有活塞泵、气压泵和挤压泵等类型，目前应用最为广泛的是活塞泵，根据其构造和工作机理的不同，活塞泵又可分为机械式和液压式两种，常采用液压式。与机械式相比，液压式是一种较为先进的混凝土泵，它省去了机械传动系统，因而具有体积小、重量轻、使用方便、工作效率高等优点。液压泵还可进行逆运转，迫使混凝土在管路中作往返运动，有助于排除管道堵塞和处理长时间停泵问题。其工作原理见图 1-4-49。

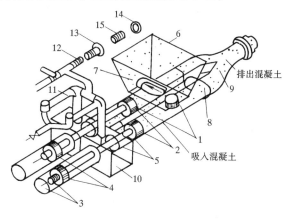

图 1-4-49　液压式混凝土泵的工作原理图

1—混凝土缸；2—推压混凝土活塞；3—液压缸；4—液压活塞；5—活塞杆；6—料斗；
7—吸入阀门；8—排除阀门；9—Y 形管；10—水箱；11—水洗装置换向阀；12—水洗
用高压软管；13—水洗用法兰；14—海绵球；15—清洗活塞

混凝土拌合料进入料斗后，吸入端片筏打开，排出端片阀关闭，液压作用下活塞左移，混凝土在自重和真空吸力作用下进入液压缸。由于液压系统中压力油的进出方向相反，使得活塞右移，此时吸入端片阀关闭，压出端片阀打开，混凝土被压入到输送管道。液压泵一般采用双缸工作，交替出料，通过 Y 形管后，混凝土进入同一输送管从而使混凝土的出料稳定连续。

（2）混凝土输送泵管的选择与支架的设置

1）混凝土输送泵管应根据输送泵的型号、拌合物性能、总输出量、单位输出量、输送距离以及粗骨料粒径等进行选择；

2）混凝土粗骨料最大粒径不大于 25mm 时，可采用内径不小于 125mm 的输送泵管；混凝土粗骨料最大粒径不大于 40mm 时，可采用内径不小于 150mm 的输送泵管；

3）输送泵管安装接头应严密（漏气、漏浆造成堵泵），输送泵管道转向宜平缓（弯管采用较大的转弯半径）；

4）输送泵管应采用支架固定，支架应与结构牢固连接，输送泵管转向处支架应加密。支架应通过计算确定，必要时还应对设置位置的结构进行验算（确保安全生产、严禁与脚手架或模板支架相连）；

5）垂直向上输送混凝土时，地面水平输送泵管的直管和弯管总的折算长度不宜小于垂直输送高度的 20％，且不宜小于 15m（防止管内混凝土在自重作用下对泵管产生过大的压力）；

6）输送泵管倾斜或垂直向下输送混凝土，且高差大于 20m 时，应在倾斜或垂直管下端设置直管或弯管，直管或弯管总的折算长度不宜小于高差的 1.5 倍（防止管内混凝土在自重作用下会下落造成空管、产生堵管）；

7）垂直输送高度大于 100m 时，混凝土输送泵出料口处的输送泵管位置应设置截止阀（控制混凝土在自重作用下对输送泵的泵口压力）；

8）混凝土输送泵管及其支架应经常进行过程检查和维护。

（3）混凝土输送布料设备的选择和布置

1）布料设备的选择应与输送泵相匹配；布料设备的混凝土输送管内径宜与混凝土输送泵管内径相同；

2）布料设备的数量及位置应根据布料设备工作半径、施工作业面大小以及施工要求确定；

3）布料设备应安装牢固，且应采取抗倾覆稳定措施；布料设备安装位置处的结构或施工设施应进行验算，必要时应采取加固措施；

4）应经常对布料设备的弯管壁厚进行检查，磨损较大的弯管应及时更换；

5）布料设备作业范围不得有阻碍物，并应有防范高空坠物的设施。

（4）输送泵输送混凝土

1）应先进行泵水检查，并应湿润输送泵的料斗、活塞等直接与混凝土接触的部位；泵水检查后，应清除输送泵内积水；

2）输送混凝土前，应先输送水泥砂浆对输送泵和输送管进行润滑，然后开始输送混凝土；

3）输送混凝土速度应先慢后快、逐步加速，应在系统运转顺利后再按正常速度输送；

4）输送混凝土过程中，应设置输送泵集料斗网罩，并应保证集料斗有足够的混凝土余量。

2. 吊车配备斗容器输送混凝土

（1）应根据不同结构类型以及混凝土浇筑方法选择不同的斗容器；

（2）斗容器的容量应根据吊车吊运能力确定；

（3）运输至施工现场的混凝土宜直接装入斗容器进行输送；

（4）斗容器宜在浇筑点直接布料。

3. 升降设备配备小车输送混凝土

（1）升降设备和小车的配备数量、小车行走路线及卸料点位置应能满足混凝土浇筑需要；

（2）运输至施工现场的混凝土宜直接装入小车进行输送，小车宜在靠近升降设备的位置进行装料。

4.3.5　混凝土浇筑

混凝土的浇筑成型就是将混凝土拌合料浇筑在符合设计要求的模板内，加以捣实使其达到设计质量强度要求并满足正常使用要求的结构或构件。混凝土的浇筑成型过程包括浇筑与捣实，是混凝土施工的关键，对于混凝土的密实性、结构的整体性和构件的尺寸准确性都起着决定性的作用。

1. 现浇混凝土的一般规定

（1）混凝土运输、输送、浇筑过程中严禁加水；混凝土运输、输送、浇筑过程中散落的混凝土严禁用于结构浇筑。

（2）混凝土浇筑前应完成下列工作：

A. 隐蔽工程验收和技术复核；

B. 对操作人员进行技术交底；

C. 根据施工方案中的技术要求，检查并确认施工现场具备实施条件；

D. 施工单位应填报浇筑申请单，并经监理单位签认。

（3）浇筑前应检查混凝土送料单，核对混凝土配合比，确认混凝土强度等级，检查混凝土运输时间，测定混凝土坍落度，必要时还应测定混凝土扩展度，在确认无误后再进行混凝土浇筑。

（4）混凝土拌合物入模温度不应低于 5℃，且不应高于 35℃。

（5）混凝土应布料均衡。应对模板及支架进行观察和维护，发生异常情况应及时进行处理。混凝土浇筑和振捣应采取防止模板、钢筋、钢构、预埋件及其定位件移位的措施。

2. 混凝土浇筑

（1）浇筑混凝土前，应清除模板内或垫层上的杂物。表面干燥的地基、垫层、模板上应洒水湿润；现场环境温度高于 35℃时宜对金属模板进行洒水降温；洒水后不得留有积水。

（2）混凝土浇筑应保证混凝土的均匀性和密实性。混凝土宜一次连续浇筑；当不能一次连续浇筑时，可留设施工缝或后浇带分块浇筑。

1）混凝土施工缝的留设

为使混凝土结构具有较好的整体性，混凝土的浇筑应连续进行。若因技术或组织的原因不能连续进行浇筑，且中间的停歇时间有可能超过混凝土的初凝，则应在混凝土浇筑前确定在适当位置留设施工缝。

混凝土施工缝就是指先浇混凝土已凝结硬化、再继续浇筑混凝土的新旧混凝土间的结合面，它是结构的薄弱部位，因而宜留在结构受剪力较小且便于施工的部位。施工缝留设界面应垂直于结构构件和纵向受力钢筋。柱、墙应留水平缝，梁、板、墙应留垂直缝。

施工缝的留置位置应符合下列规定：A. 柱、墙水平施工缝可留设在基础、楼层结构顶面，柱施工缝与结构上表面的距离宜为0～100mm，墙施工缝与结构上表面的距离宜为0～300mm；B. 柱、墙水平施工缝也可留设在楼层结构底面，施工缝与结构下表面的距离宜为0～50mm；当板下有梁托时，可留设在梁托下0～20mm，如图1-4-50；C. 有主次梁的楼板垂直施工缝应留设在次梁跨度中间的1/3范围内，见图1-4-51；D. 单向板垂直施工缝应留设在平行于板短边的任何位置；E. 楼梯梯段垂直施工缝宜设置在梯段板跨度端部的1/3范围内；F. 墙的垂直施工缝宜设置在门洞口过梁跨中1/3范围内，也可留设在纵横交接处；特殊结构部位留设施工缝应征得设计单位同意。

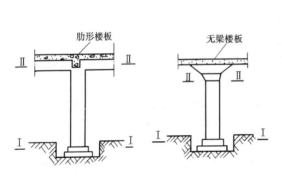

图1-4-50　浇筑柱的施工缝留设位置
Ⅰ-Ⅰ、Ⅱ-Ⅱ表示施工缝的位置

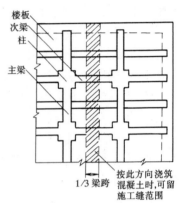

图1-4-51　有主次梁楼板
施工缝留设位置

2）施工缝处浇筑混凝土应符合下列规定：

A. 结合面应采用粗糙面；结合面应清除浮浆、疏松石子、软弱混凝土层，并应清理干净；

B. 结合面处应采用洒水方法进行充分湿润，并不得有积水；

C. 施工缝处已浇筑混凝土的强度不应小于1.2MPa；

D. 柱、墙水平施工缝水泥砂浆接浆层厚度不应大于30mm，接浆层水泥砂浆应与混凝土浆液同成分。

（3）混凝土浇筑过程应分层进行，分层浇筑应符合表1-4-41规定的分层振捣厚度要求，上层混凝土应在下层混凝土初凝之前浇筑完毕。

（4）混凝土运输、输送入模的过程应保证混凝土连续浇筑，从运输到输送入模的延续时间不宜超过表1-4-42的规定，且不应超过表1-4-43的规定。掺早强型减水外加剂、早强剂的混凝土以及有特殊要求的混凝土，应根据设计及施工要求，通过试验确定允许时间。

混凝土分层振捣的最大厚度　　　　表 1-4-41

振捣方法	混凝土分层振捣最大厚度
振动棒	振动棒作用部分长度的 1.25 倍
表面振动器	200mm
附着振动器	根据设置方式，通过试验确定

运输到输送入模的延续时间（min）　　　　表 1-4-42

条　　件	气　温	
	≤ 25℃	> 25℃
不掺外加剂	90	60
掺外加剂	150	120

运输、输送入模及其间歇总的时间限值（min）　　　　表 1-4-43

条　　件	气　温	
	≤ 25℃	> 25℃
不掺外加剂	180	150
掺外加剂	240	210

（5）混凝土浇筑的布料点宜接近浇筑位置，应采取减少混凝土下料冲击的措施，并应符合下列规定：

1）宜先浇筑竖向结构构件，后浇筑水平结构构件；

2）浇筑区域结构平面有高差时，宜先浇筑低区部分再浇筑高区部分。

（6）柱、墙模板内的混凝土浇筑不得发生离析，倾落高度应符合表 1-4-44 的规定；当不能满足要求时，应加设串筒、溜管、溜槽等装置。

柱、墙模板内混凝土浇筑倾落高度限值（m）　　　　表 1-4-44

条　　件	浇筑倾落高度限值
粗骨料粒径大于 25mm	≤ 3
粗骨料粒径小于等于 25mm	≤ 6

注：当有可靠措施能保证混凝土不产生离析时，混凝土倾落高度可不受本表限制。

（7）混凝土浇筑后，在混凝土初凝前和终凝前宜分别对混凝土裸露表面进行抹面处理。

（8）柱、墙混凝土设计强度等级高于梁、板混凝土设计强度等级时，混凝土浇筑应符合下列规定：

1）柱、墙混凝土设计强度比梁、板混凝土设计强度高一个等级时，柱、墙位置梁、板高度范围内的混凝土经设计单位同意，可采用与梁、板混凝土设计强度等级相同的混凝土进行浇筑；

2）柱、墙混凝土设计强度比梁、板混凝土设计强度高两个等级及以上时，应在交界区域采取分隔措施。分隔位置应在低强度等级的构件中，且距高强度等级构件边缘不应小于500mm；

3）宜先浇筑高强度等级混凝土，后浇筑低强度等级混凝土。

3. 混凝土结构的浇筑方法

（1）现浇框架结构混凝土

框架结构的主要构件有基础、柱、梁、楼板等。其中柱、梁、板等构件是沿垂直方向重复出现的，施工时，一般按结构层来划分施工层。当结构平面尺寸较大时，还应划分施工段，以便组织各工序流水施工。

框架柱基形式多为台阶式基础。台阶式基础施工时一般按台阶分层浇筑，中间不允许留施工缝；倾倒混凝土时宜先边角后中间，确保混凝土充满模板各个角落，防止一侧倾倒混凝土挤压钢筋造成柱插筋的位移；各台阶之间最好留有一定时间间歇，以给下面台阶混凝土一段初步沉实的时间，以避免上下台阶之间出现裂缝，同时也便于上一台阶混凝土的浇筑。

在框架结构每层每段施工时，混凝土的浇筑顺序是先浇柱，后浇梁、板。柱的浇筑宜在梁板模板安装后进行，以便利用梁板模板稳定柱模并作为浇筑混凝土的操作平台用；一排柱子浇筑时，应从两端向中间推进，以免柱模板在横向推力作用下向另一方倾斜；柱在浇筑前，宜在底部先铺一层不大于30mm厚与所浇混凝土成分相同的水泥砂浆，以免底部产生蜂窝现象。

如柱、梁和板混凝土是一次连续浇筑，则应在柱混凝土浇筑完毕后停歇1～1.5h，待其初步沉实，排除泌水后，再浇筑梁、板混凝土。

梁、板混凝土一般同时浇筑，浇筑方法应先将梁分层浇捣成阶梯形，当达到板底位置时即与板的混凝土一直浇捣，而且倾倒混凝土的方向与浇筑方向相反。当梁高超过1m时，可先单独浇筑梁混凝土，水平施工缝设置在板下20～30mm处。

（2）大体积混凝土浇筑

大体积混凝土指的是最小断面尺寸大于1m以上，施工时必须采取相应的技术措施妥善处理水化热引起的混凝土内外温度差值，合理解决温度应力并控制裂缝开展的混凝土结构。

大体积混凝土结构的施工特点：一是整体性要求较高，往往不允许留设施工缝，一般都要求连续浇筑；二是结构的体量较大，浇筑后的混凝土产生的水化热量大，并聚积在内部不易散发，从而形成内外较大的温差，引起较大的温差应力。因此，大体积混凝土的施工时，为保证结构的整体性，应合理确定混凝土浇筑方案；为保证施工质量应采取有效的技术措施降低混凝土内外温差。

1）浇筑方案的选择

为了保证混凝土浇筑工作能连续进行，避免留设施工缝，应在下一层混凝土初凝之前，将上一层混凝土浇捣完毕。因此，在组织施工时，首先应按下式计算每小时需要浇筑混凝土的数量亦称浇筑强度，即：

$$V = BLH/(t_1 - t_2) \tag{1-4-21}$$

式中　　V——每小时混凝土浇筑量（m³/h）；

B、L、H——分别为浇筑层的宽度、长度、厚度（m）；

t_1——混凝土初凝时间（h）；

t_2——混凝土运输时间（h）。

根据混凝土的浇筑量，计算所需要搅拌机、运输工具和振动器的数量，并据此拟定浇筑方案和进行劳动组织。大体积混凝土浇筑方案需根据结构大小、混凝土供应等实际情况决定，一般有全面分层、分段分层和斜面分层三种方案，见图1-4-52。

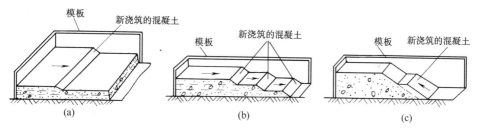

图 1-4-52　大体积基础混凝土浇筑方案
（a）全面分层；（b）分段分层；（c）斜面分层

A. 全面分层（图 1-4-52a）就是在整个结构内全面分层浇筑混凝土，要求每一层的混凝土浇筑必须在下层混凝土初凝前完成。此浇筑方案适用于平面尺寸不太大的结构，施工时宜从短边开始，顺着长边方向推进，有时也可从中间开始向两端进行或从两端向中间推进。

B. 分段分层（图 1-4-52b）如采用全面分层浇筑方案、混凝土的浇筑强度太高，施工难以满足时，则可采用分段分层浇筑方案。它是将结构从平面上分成几个施工段，厚度上分成几个施工层，混凝土从底层开始浇筑，进行一定距离后就回头浇筑第二层混凝土，如此依次浇筑以上各层。施工时要求在第一层第一段末端混凝土初凝前，开始第二段的施工，以保证混凝土接触面结合良好。该方案适用于厚度不大而面积或长度较大的结构。

C. 斜面分层（图 1-4-52c）当结构的长度超过厚度的三倍，宜采用斜面分层浇筑方案。要求斜面坡度不大于 1/3。施工时，混凝土的振捣需从浇筑层下端开始，逐渐上移，以保证混凝土的施工质量。

2）混凝土温度裂缝的产生原因

混凝土在凝结硬化过程中，水泥进行水化反应会产生大量的水化热。强度增长初期，水化热产生越来越多，蓄积在大体积混凝土内部，热量不易散失，致使混凝土内部温度显著升高，而表面散热较快，这样在混凝土内外之间形成温差，混凝土内部产生压应力，而混凝土产生拉应力，当温差超过一定程度后，就易拉裂外表混凝土，即在混凝土表面形成裂缝。在混凝土内逐渐散热冷却产生收缩时，由于受到基岩或混凝土垫层的约束，接触处将产生很大的拉应力。一旦拉应力超过混凝土的极限抗拉强度，便在与约束接触处产生裂缝，甚至形成贯穿裂缝。这将严重破坏结构的整体性，对于混凝土结构的承载能力和安全极为不利，在工程施工中必须避免。

3）防治温度裂缝的措施

温度应力是产生温度裂缝的根本原因，一般将温差控制在 20～25℃ 范围内时，不会产生温度裂缝。大体积混凝土施工可采用以下措施来控制内外温差。

A. 宜选用水化热较低的水泥，如矿渣水泥、火山灰质水泥或粉煤灰水泥；

B. 在保证混凝土强度的条件下，尽量减少水泥用量和每立方米混凝土的用水量；

C. 粗骨料宜选用粒径较大的卵石，应尽量降低砂石的含泥量，以减少混凝土的收缩量；

D. 尽量降低混凝土的入模温度，规范要求混凝土的浇筑温度不宜超过28℃，故在气温较高时，可在砂、石堆场、运输设备上搭设简易遮阳装置，采用低温水或冰水拌制混凝土；

E. 必要时可在混凝土内部埋设冷却水管，利用循环水来降低混凝土温度；

F. 扩大浇筑面和散热面，减少浇筑层厚度和延长混凝土的浇筑时间，以便在浇筑过程中尽量多地释放出水化热，可在混凝土中掺加缓凝剂；

G. 为了减少水泥用量提高混凝土的和易性，可在混凝土中掺入适量的矿物掺料，如粉煤灰等，也可采用减水剂；

H. 加强混凝土保温、保湿养护措施，严格控制大体积混凝土的内外温差（设计无要求时，温差不宜超过25℃），故可采用草包、炉渣、砂、锯末等保温材料，以减少表层混凝土热量的散失，降低内外温差；

I. 从混凝土表层到内部设置若干个温度观测点，加强观测，一旦出现温差过大的情况，便于及时处理。

（3）水下混凝土的浇筑

在钻孔灌注桩、地下连续墙等基础工程以及水利工程施工中常会需要直接在水下浇筑混凝土，地下连续墙是在泥浆中浇筑混凝土。水下或泥浆中浇筑混凝土一般采用导管法。其特点是：利用导管输送混凝土并使其与环境水或泥浆隔离，依靠管中混凝土自重，挤压导管下部管口周围的混凝土在已浇筑的混凝土内部流动、扩散，边浇筑边提升导管，直至混凝土浇筑完毕。采用导管法，可以杜绝混凝土与水或泥浆的接触，保证混凝土中骨料和水泥浆不产生分离，从而保证了水下浇筑混凝土的质量。

1）导管法所用的设备及浇筑方法

导管法浇筑水下混凝土的主要设备有金属导管、承料漏斗和提升机具等（图1-4-53）。

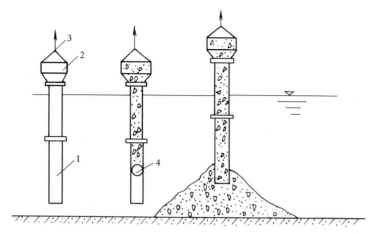

图 1-4-53　导管法水下浇筑混凝土

1—导管；2—承料漏斗；3—提升机具；4—球塞

导管一般由钢管制成，管径为 200～300mm，每节管长 1.5～2.5m。各节管之间用法兰盘加止水胶皮垫圈通过螺栓密封连接，拼接时注意保持管轴垂直，否则会增大提管阻力。

承料漏斗一般用法兰盘固定在导管顶部，起着盛混凝土和调节管中混凝土量的作用。承料漏斗的容积应足够大，以保证导管内混凝土具有必须的高度。

在施工过程中，承料料斗和导管悬挂在提升机具上。常用的提升机具有卷扬机、起重机、电动葫芦等。一般是通过提升机器来操纵导管下降或提升，其提升速度可任意调节。

球塞可用软木、橡胶、泡沫塑料等制成，其直径比导管内径小 15～20mm。

在施工时，先将导管沉入水中底部距水底约 100mm 处，用铁丝或麻绳将一球塞悬吊在导管内水位以上 0.2m 处（球塞顶上铺 2～3 层稍大于导管内径的水泥袋纸，上面再撒一些干水泥，以防混凝土中的骨料嵌入球塞与导管的缝隙卡住球塞），然后向导管内浇筑混凝土。

待导管和装料漏斗装满混凝土后，即可剪断吊绳，进行混凝土的浇筑。水深 10m 以内时，可立即剪断，水深大于 10m 时，可将球塞降到导管中部或接近管底时再剪断吊绳。混凝土靠自重推动球塞下落，冲出管底后向四周扩散，形成一个混凝土堆，须保证将导管底部埋于混凝土中。混凝土不断地从承料漏斗加入导管，管外混凝土面不断上升，导管也相应地进行提升，每次提升高度控制在 150～200mm 范围内，且保证导管下端始终埋入混凝土内，其最小埋置深度见表 1-4-45,最大埋置深度不宜超过 5m，以保证混凝土的浇筑顺利进行。

导管的最小埋入深度　　　　　　　　　　　表 1-4-45

混凝土水下浇筑深度（m）	导管埋入混凝土的最小深度（m）
≤10	0.8
10～15	1.1
15～20	1.3
>20	1.5

混凝土的浇筑工作应连续进行，不得中断。若出现导管堵塞现象，应及时采取措施疏通，若不能解决问题，需更换导管，采用备用导管进行浇筑，以保证混凝土浇筑连续进行。

与水接触的表面一层混凝土结构松软，浇筑完毕后应及时清除，一般待混凝土强度达到 2～2.5N/mm² 后进行。软弱层厚度在清水中至少取 0.2m，在泥浆中至少取 0.4m，其标高控制应超出设计标高这个数据。

2）对混凝土的要求

A. 有较大的流动性　水下浇筑的混凝土是靠重力作用向四周流动而完成浇筑和密实，因而混凝土必须具有较好的流动性。管径在 200～250mm 时，坍落度取值宜为 180～200mm；采用管径为 300mm 的导管浇筑，坍落度取值宜为 150～180mm。

B. 控制粗骨料粒径　为保证混凝土顺利浇筑不堵管，要求粗骨料的最大粒径不得大于导管内径的 1/5，也不得大于钢筋净距的 1/4。

C. 有良好的流动性保持能力　要求混凝土在一定时间内，其原有的流动性不下降，以便浇筑过程中在混凝土堆内能较好地扩散成型。也就是要求混凝土具有良好的流动性保持能力，一般用流动性保持指标（K）来表示。混凝土坍落度不低于 150mm 时所持续的时间（小时）即为流动性保持指标，一般要求 K≥1h。

D. 有较好的黏聚性　混凝土黏聚性较强时，不易离析和泌水，在水下浇筑中才能保证混凝土的质量。配制时，可适当增加水泥用量，提高砂率至 40%～47%；泌水率控制在 1%～2% 之间，以提高混凝土的黏聚性。

3）导管法水下浇筑混凝土的其他要求

混凝土从导管底部向四周扩散，靠近管口的混凝土匀质性较好、强度较高，而离管口较远的混凝土易离析，强度有所下降。为保证混凝土的质量，导管作用半径取值不宜大于 4m，当多根导管共同浇筑时，导管间距不宜大于 6m，每根导管浇筑面积不宜大于 30m²。当采用多根导管同时浇筑混凝土时，应从最深处开始，并保证混凝土面水平、均匀上升，相邻导管下口的标高差值应不超过导管间距的 1/15～1/20。

导管法水下浇筑混凝土的关键：一是保证混凝土的供应量应大于导管内混凝土必须保持的高度和开始浇筑时导管埋入混凝土堆内必须的埋置深度所要求的混凝土量；二是严格控制导管提升高度，且只能上下升降，不能左右移动，以避免造成管内返水。

4.3.6　混 凝 土 振 捣

混凝土浇筑入模后，内部还存在着很多空隙。为了使混凝土充满模板内的每一部分，而且具有足够的密实度，必须对混凝土进行捣实，使混凝土构件外形正确、表面平整、强度和其他性能符合设计及使用要求。

1. 振实原理

匀质的混凝土拌合料介于固态与液态之间，内部颗粒依靠其摩擦力、黏聚力处于悬浮状态。当混凝土拌合料受到振动时，振动能降低和消除混凝土拌合料间的摩擦力、提高混凝土流动性，此时的混凝土拌合料暂时被液化，处于"重质液体状态"。于是混凝土拌合料能像液体一样很容易地充满容器；物料颗粒在重力作用下下沉，能迫使气泡上浮，排除原拌合料中的空气和消除孔隙。这样一来，通过振动就使混凝土骨料和水泥砂浆在模板中得到致密的排列和有效的填充。

混凝土能否被振实与振动的振幅和频率有关，当采用较大的振幅振动时，使混凝土密实所需的振动时间缩短；反之，振幅较小时，所需振动时间延长；如振幅过小，不能达到良好的振实效果；而振幅过大，又可能使混凝土出现离析现象。一般把振动器振幅控制在 0.3～2.5mm 之间。物料都具有自身的振动频率，当振源频率与物料自振频率相同或接近时，会出现共振现象，使得振幅明显提高，从而增强振动效果。一般来说，高频对较细的颗粒效果较好，而低频对较粗的颗粒较为有效，故一般根据物料颗粒大小来选择振动频率。

如何确定混凝土拌合物已被振实呢？在现场可观察其表面气泡已停止排除，拌合物不再下沉并在表面出现砂浆时，则表示已被充分振实。

2. 振动设备的选择及操作要点

混凝土的振动机械按其工作方式不同，可分为内部振动器、表面振动器、外部振动器和振动台等。这些振动机械的构造原理基本相同，主要是利用偏心锤的高速旋转，使振动设备因离心力而产生振动。它们各有自己的工作特点和适用范围，需根据工程实际情况进行选用。

（1）插入式振动器

插入式振动器，它由振动棒、软轴和电动机三部分组成（图 1-4-54）。振动棒是振动器的工作部分，内部装有偏心振子，电机开动后，由于偏心振子的作用使整个棒体产生高频微幅的振动。振动器工作时，依靠插入混凝土中的振动棒产生的振动力，使混凝土密实成型。插入式振动器的适用范围最广泛，可用于大体积混凝土、基础、柱、梁、墙、厚度较大的板及预制构件的捣实工作。

插入式振动器时的振捣方法有两种（图 1-4-55）：一种是垂直振捣，即振动棒与混凝土表面垂直，其特点是容易掌握插点距离、控制插入深度（不得超过振动棒长度的 1.25 倍）、不易产生漏振、不易触及钢筋和模板、混凝土受振后能自

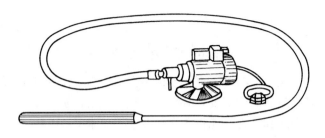

图 1-4-54 插入式振动器

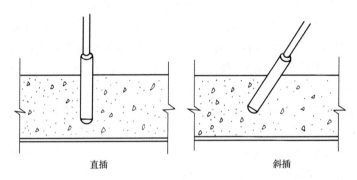

直插   斜插

图 1-4-55 插入式振动器时振捣方法

然沉实、均匀密实。另一种是斜向振捣，即振动棒与混凝土表面成一定角度，其特点是操作省力、效率高、出浆快、易于排除空气、不会发生严重的离析现象、振动棒拔出时不会形成孔洞。

使用插入式振动器垂直操作时的要点是："直上和直下，快插与慢拨；插点要均匀，切勿漏插点；上下要插动，层层要扣搭；时间掌握好，密实质量佳"。

操作要点中的"快插慢拨"：快插是为了防止先将表面混凝土振实而无法振捣下部混凝土，与下面混凝土发生分层、离析现象；慢拔是为了使混凝土填满振动棒抽出时所形成的空隙。振动过程中，宜将振动棒上下略为抽动，以使上下混凝土振捣均匀。

振捣时插点排列要均匀，可采用"行列式"或"交错式"（见图 1-4-56）的

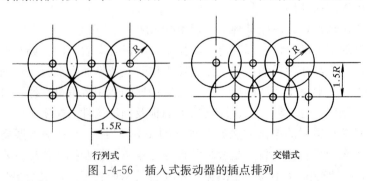

行列式   交错式

图 1-4-56 插入式振动器的插点排列

次序移动，且不得混用，以免漏振。每次移动间距应不大于振捣器作用半径的1.4倍，一般振动棒的作用半径为30～40cm。振动器与模板的距离不应大于振动器作用半径的0.5倍，并应避免碰撞模板、钢筋、芯管、吊环、预埋件或空心胶囊等。

振动棒振捣混凝土应符合下列规定：

1）应按分层浇筑厚度分别进行振捣，振动棒的前端应插入前一层混凝土中，插入深度不应小于50mm；

2）振动棒应垂直于混凝土表面并快插慢拔均匀振捣；当混凝土表面无明显塌陷、有水泥浆出现、不再冒气泡时，可结束该部位振捣；

3）振动棒与模板的距离不应大于振动棒作用半径的0.5倍；振捣插点间距不应大于振动棒的作用半径的1.4倍。

（2）表面振动器

它是将在电动机转轴上装有左右两个偏心块的振动器固定在一个平板上而成。电机开动后，带动偏心块高速旋转，从而使整个设备产生振动，通过平板将振动传给混凝土。其振动作用深度较小，仅适用于厚度较薄而表面较大的结构，如平板、楼地面、屋面等构件。

表面振动器在使用时，在每一位置应连续振动一定时间，一般为25～40s，以混凝土表面出现浆液，不再下沉为准；移动时成排依次振捣前进，前后位置和排与排间相互搭接应有3～5cm，防止漏振。表面振动器的有效作用深度，在无筋或单筋平板中约为200mm，在双筋平板中约为120mm。在振动倾斜混凝土表面时，应由低处逐渐向高处移动。

表面振动器振捣混凝土应符合下列规定：

1）表面振动器振捣应覆盖振捣平面边角；

2）表面振动器移动间距应覆盖已振实部分混凝土边缘；

3）倾斜表面振捣时，应由低处向高处进行振捣。

（3）附着式振动器

它是固定在模板外侧的横挡或竖挡上，振动器的偏心块旋转时产生的振动力通过模板传给混凝土，从而使混凝土被振捣密实。它适用于振捣钢筋较密、厚度较小等不宜使用插入式振动器的结构。

使用外部振动器时，其振动作用深度约为250mm左右，当构件尺寸较大时，需在构件两侧安设振动器同时进行振捣；一般是在混凝土入模后开动振动器进行振捣，混凝土浇筑高度须高于振动器安装部位，当钢筋较密或构件断面较深较窄时，也可采取边浇筑边振动的方法；外部振动器应与模板紧密连接，其设置间距应通过试验确定，一般为每隔1～1.5m设置一个；振动时间的控制是以混凝土不再出现气泡，表面呈水平时为准。

附着振动器振捣混凝土应符合下列规定：

1）附着振动器应与模板紧密连接，设置间距应通过试验确定；

2）附着振动器应根据混凝土浇筑高度和浇筑速度，依次从下往上振捣；

3）模板上同时使用多台附着振动器时应使各振动器的频率一致，并应交错设置在相对面的模板上。

4.3.7　混凝土养护

混凝土成型后，为保证混凝土在一定时间内达到设计要求的强度，并防止产生收缩裂缝，应及时做好混凝土的保湿养护工作。养护的目的就是给混凝土提供一个较好的强度增长环境。混凝土的强度增长是依靠水泥水化反应进行的结果，而影响水泥水化反应的主要因素是温度和湿度：温度越高水化反应的速度越快，而湿度高则可避免混凝土内水分丢失，从而保证水泥水化作用的充分，当然水化反应还需要足够的时间，时间越长，水化越充分，强度就越高。因此混凝土养护实际上是为混凝土硬化提供必要的温度、湿度条件。

混凝土保湿养护可采用洒水、覆盖、喷涂养护剂等方式。选择养护方式应考虑现场条件、环境温湿度、构件特点、技术要求、施工操作等因素。

1. 混凝土的养护时间

混凝土养护应在混凝土浇筑完毕 12h 以内，进行覆盖和洒水养护。混凝土的养护时间主要与水泥品种有关。混凝土的养护时间应符合下列规定：

（1）采用硅酸盐水泥、普通硅酸盐水泥或矿渣硅酸盐水泥配制的混凝土，不应少于 7d；采用其他品种水泥时，养护时间应根据水泥性能确定；

（2）采用缓凝型外加剂、大掺量矿物掺合料配制的混凝土，不应少于 14d；

（3）抗渗混凝土、强度等级 C60 及以上的混凝土，不应少于 14d；

（4）后浇带混凝土的养护时间不应少于 14d；

（5）地下室底层墙、柱和上部结构首层墙、柱宜适当增加养护时间；

2. 洒水养护

洒水养护是指用麻袋或草帘等材料将混凝土表面覆盖，并经常洒水使混凝土表面处于湿润状态的养护方法。洒水养护应符合下列规定：

（1）洒水养护宜在混凝土裸露表面覆盖麻袋或草帘后进行，也可采用直接洒水、蓄水等养护方式；洒水养护应保证混凝土处于湿润状态。

大面积结构如地坪、楼板、屋面等可采用蓄水养护。

（2）当日最低温度低于 5℃时，不应采用洒水养护。

3. 覆盖养护

覆盖养护是指以塑料薄膜为覆盖物，使混凝土表面空气隔绝，可防止混凝土内的水分蒸发，水泥依靠混凝土中的水分完成水化作用而凝结硬化，从而达到养护目的。覆盖养护应符合下列规定：

（1）覆盖养护宜在混凝土裸露表面覆盖塑料薄膜、塑料薄膜加麻袋、塑料薄膜加草帘进行；

（2）塑料薄膜应紧贴混凝土裸露表面，塑料薄膜内应保持有凝结水；

（3）覆盖物应严密，覆盖物的层数应按施工方案确定。

4. 喷涂养护剂养护

喷涂养护剂养护是指将养护剂喷涂在混凝土表面，溶液挥发后在混凝土表面结成一层塑料薄膜，使混凝土表面与空气隔绝，封闭混凝土内的水分不再被蒸发，从而完成水泥水化作用。喷涂养护剂养护应符合下列规定：

（1）应在混凝土裸露表面喷涂覆盖致密的养护剂进行养护；

（2）养护剂应均匀喷涂在结构构件表面，不得漏喷；养护剂应具有可靠的保湿效果，保湿效果可通过试验检验；

（3）养护剂使用方法应符合产品说明书的有关要求。

4.3.8　混凝土结构施工质量检查

混凝土结构施工质量检查可分为过程控制检查和拆模后的实体质量检查。过程控制检查应在混凝土施工全过程中，按施工段划分和工序安排及时进行；拆模后的实体质量检查应在混凝土表面未做处理和装饰前进行。

1. 过程控制检查

混凝土浇筑前应检查混凝土送料单，核对混凝土配合比，确认混凝土强度等级，检查混凝土运输时间，测定混凝土坍落度，必要时测定混凝土扩展度。

混凝土施工应检查混凝土输送、浇筑、振捣等工艺要求；浇筑时模板的变形、漏浆等；浇筑时钢筋和预埋件位置；混凝土试件制作；混凝土养护等。

2. 拆模后的实体质量检查

（1）构件的轴线位置、标高、截面尺寸、表面平整度、垂直度；

（2）预埋件数量、位置；

（3）构件的外观缺陷；

（4）构件的连接及构造做法。

（5）结构的轴线位置、标高、全高垂直度；

3. 混凝土的强度检验评定

混凝土的强度等级必须符合设计要求。检验混凝土的强度等级应在现场留置试件、由实验室试验后进行评定。

（1）试件制作

用于检验结构构件混凝土强度等级的试件，应在混凝土浇筑地点随机制作，采用标准养护。标准养护就是在温度 $20\pm3℃$ 和相对湿度为 90% 以上的潮湿环境或水中的标准条件下进行养护。评定强度用试块需在标准养护条件下养护 $28d$，再进行抗压强度试验，所得结果就作为判定结构或构件是否达到设计强度等级的依据。

混凝土的试件是边长为150mm的立方体,当采用非标准尺寸试件时,应将其抗压强度乘以尺寸折算系数,折算成边长为150mm的标准尺寸试件抗压强度。尺寸折算系数按下列规定采用:

1)当混凝土强度等级低于C60时,对边长为100mm的立方体试件取0.95,对边长为200mm的立方体试件取1.05。

2)当混凝土强度等级不低于C60时,宜采用标准尺寸试件;使用非标准尺寸试件时,尺寸折算系数应由试验确定,其试件数量不应少于30个对组。

(2)混凝土的取样

试件的取样频率和数量应符合下列规定:

1)每100盘,但不超过100m³的同配合比混凝土,取样次数不应少于一次;

2)每一工作班拌制的同配合比的混凝土不足100盘和100m³时其取样次数不应少于一次;

3)当一次连续浇筑同配合比混凝土超过1000m³时,每200m³取样不应少于一次;

4)对房屋建筑,每一楼层、同一配合比的混凝土,取样不应少于一次。

每次取样应至少制作一组标准养护试件;同条件养护的试件组数,可根据实际需要确定。每组三个试件应由同一盘或同一车的混凝土中取样制作。

(3)每组试件强度代表值

每组混凝土试件强度代表值的确定,应符合下列规定:

1)取三个试件强度的算术平均值作为每组试件的强度代表值;

2)当一组试件中强度的最大值或最小值与中间值之差超过中间值的15%时,取中间值作为该组试件的强度代表值;

3)当一组试件中强度的最大值和最小值与中间值之差均超过中间值的15%时,该组试件的强度不应作为评定的依据。

(4)混凝土强度等级评定

混凝土强度应分批进行检验评定。一个检验批的混凝土应由强度等级相同、试验龄期相同、生产工艺条件和配合比基本相同的混凝土组成。

对大批量、连续生产的混凝土强度应按统计方法评定。对小批量或零星生产的混凝土强度应按非统计方法评定。

1)统计方法评定

A. 当混凝土的生产条件在较长时间内能保持一致,且同一品种混凝土的强度变异性能保持稳定时,一个检验批的样本容量应为连续的三组试件,其强度应同时满足下列要求:

$$m_{fcu} \geqslant f_{cu,k} + 0.7\sigma_0 \tag{1-4-22}$$

$$f_{cu,min} \geqslant f_{cu,k} - 0.7\sigma_0 \tag{1-4-23}$$

检验批混凝土立方体抗压强度的标准差应按下式计算:

$$\sigma_0 = \sqrt{\frac{\sum_{i=1}^{n} f_{cu,i}^2 - n m_{fcu}^2}{n-1}} \tag{1-4-24}$$

当混凝土强度等级不高于 C20 时，其强度的最小值尚应满足下式要求：

$$f_{cu,min} \geqslant 0.85 f_{cu,k} \tag{1-4-25}$$

当混凝土强度等级高于 C20 时，其强度的最小值尚应满足下式要求：

$$f_{cu,min} \geqslant 0.90 f_{cu,k} \tag{1-4-26}$$

式中　m_{fcu}——同一检验批混凝土立方体抗压强度的平均值（N/mm²）；

$f_{cu,k}$——混凝土立方体抗压强度标准值（N/mm²）；

σ_0——检验批混凝土立方体抗压强度的标准差（N/mm²）；当检验批混凝土强度标准差 σ_0 计算值小于 2.5N/mm²时，应取2.5N/mm²；

$f_{cu,min}$——同一检验批混凝土立方体抗压强度的最小值（N/mm²）；

$f_{cu,i}$——前一个检验期内同一品种、同一强度等级的第 i 组混凝土试件的立方体抗压强度代表值；

n——前一检验期内的样本容量，在该期间内样本容量不应少于 45。

每个检验期持续时间不应超过三个月，且在检验期内验收批总批数不得少于 15 组。

B. 当混凝土的生产条件在较长时间内不能保持一致，其强度变异性能不稳定，或在前一检验期内的同一品种混凝土没有足够的强度数据用以确定验收批混凝土强度标准差时，应由不少于 10 组的试件代表一个验收批，其强度应同时符合下列要求：

$$m_{fcu} \geqslant f_{cu,k} + \lambda_1 S_{fcu} \tag{1-4-27}$$

$$f_{cu,min} \geqslant \lambda_2 f_{cu,k} \tag{1-4-28}$$

同一检验批混凝土立方体强度的标准差应按下式计算：

$$S_{fcu} = \sqrt{\frac{\sum_{i=1}^{n} f_{cu,i}^2 - n m f_{cu}^2}{n-1}} \tag{1-4-29}$$

式中　S_{fcu}——同一检验批混凝土立方体抗压强度的标准差（N/mm²）。当检验批混凝土强度标准差 S_{fcu} 计算值小于 2.5N/mm²时，应取 2.5N/mm²；

λ_1、λ_2——合格判定系数，按表 1-4-46 取用；

n——验收批内混凝土试件的总组数。

混凝土强度的合格评定系数　　　　　　　　　　　表 1-4-46

试件组数	10～14	15～19	≥20
λ_1	1.15	1.05	0.95
λ_2	0.90	0.85	

2）非统计法评定

当用于评定的样本容量小于 10 组时，对于零星生产的预制构件的混凝土或现场搅拌批量不大的混凝土，应采用非统计方法评定混凝土强度。按非统计方法评定混凝土强度时，其强度应同时符合下列规定：

$$m_{fcu} \geq \lambda_3 f_{cu,k} \qquad\qquad (1-4-30)$$

$$f_{cu,min} \geq \lambda_4 f_{cu,k} \qquad\qquad (1-4-31)$$

式中 λ_3、λ_4——合格判定系数，按表 1-4-47 取用。

混凝土强度的非统计法合格评定系数   表 1-4-47

混凝土强度等级	<C60	≥C60
λ_3	1.15	1.10
λ_4	0.95	

当对混凝土试件强度的代表性有怀疑时，可采用非破损检验方法或从结构、构件中钻取芯样的方法，按有关标准的规定，对结构构件中的混凝土强度进行推定，作为是否进行处理的依据。

4. 混凝土缺陷修整

混凝土结构构件拆模后，应从其外观上检查有无露筋、蜂窝、孔洞、夹渣、疏松、裂缝以及构件外表、外形、几何尺寸偏差等缺陷。

混凝土结构缺陷可分为尺寸偏差缺陷和外观缺陷。尺寸偏差缺陷和外观缺陷可分为一般缺陷和严重缺陷。混凝土结构尺寸偏差超出规范规定，但尺寸偏差对结构性能和使用功能未构成影响时，应属于一般缺陷；而尺寸偏差对结构性能和使用功能构成影响时，应属于严重缺陷。外观缺陷分类应符合表 1-4-48 的规定。

混凝土结构外观缺陷分类   表 1-4-48

名称	现象	严重缺陷	一般缺陷
露筋	构件内钢筋未被混凝土包裹而外露	纵向受力钢筋有露筋	其他钢筋有少量露筋
蜂窝	混凝土表面缺少水泥砂浆而形成石子外露	构件主要受力部位有蜂窝	其他部位有少量蜂窝
孔洞	混凝土中孔穴深度和长度均超过保护层厚度	构件主要受力部位有孔洞	其他部位有少量孔洞
夹渣	混凝土中夹有杂物且深度超过保护层厚度	构件主要受力部位有夹渣	其他部位有少量夹渣
疏松	混凝土中局部不密实	构件主要受力部位有疏松	其他部位有少量疏松
裂缝	缝隙从混凝土表面延伸至混凝土内部	构件主要受力部位有影响结构性能或使用功能的裂缝	其他部位有少量不影响结构性能或使用功能的裂缝

名称	现　　象	严重缺陷	一般缺陷
连接部位缺陷	构件连接处混凝土有缺陷及连接钢筋、连接件松动	连接部位有影响结构传力性能的缺陷	连接部位有基本不影响结构传力性能的缺陷
外形缺陷	缺棱掉角、棱角不直、翘曲不平、飞边凸肋等	清水混凝土构件有影响使用功能或装饰效果的外形缺陷	其他混凝土构件有不影响使用功能的外形缺陷
外表缺陷	构件表面麻面、掉皮、起砂、沾污等	具有重要装饰效果的清水混凝土构件有外表缺陷	其他混凝土构件有不影响使用功能的外表缺陷

施工过程中发现混凝土结构缺陷时，应认真分析缺陷产生的原因。对严重缺陷施工单位应制定专项修整方案，方案应经论证审批后再实施，不得擅自处理。

（1）混凝土结构外观一般缺陷修整应符合下列规定：

1）对于露筋、蜂窝、孔洞、夹渣、疏松、外表缺陷，应凿除胶结不牢固部分的混凝土，应清理表面，洒水湿润后应用 1∶2～1∶2.5 水泥砂浆抹平；

2）应封闭裂缝；

3）连接部位缺陷、外形缺陷可与面层装饰施工一并处理。

（2）混凝土结构外观严重缺陷修整应符合下列规定：

1）对于露筋、蜂窝、孔洞、夹渣、疏松、外表缺陷，应凿除胶结不牢固部分的混凝土至密实部位，清理表面，支设模板，洒水湿润，涂抹混凝土界面剂，应采用比原混凝土强度等级高一级的细石混凝土浇筑密实，养护时间不应少于 7d。

2）开裂缺陷修整应符合下列规定：

A. 对于民用建筑的地下室、卫生间、屋面等接触水介质的构件，均应注浆封闭处理，注浆材料可采用环氧、聚氨酯、氰凝、丙凝等。对于民用建筑不接触水介质的构件，可采用注浆封闭、聚合物砂浆粉刷或其他表面封闭材料进行封闭；

B. 对于无腐蚀介质工业建筑的地下室、屋面、卫生间等接触水介质的构件以及有腐蚀介质的所有构件，均应注浆封闭处理，注浆材料可采用环氧、聚氨酯、氰凝、丙凝等。对于无腐蚀介质工业建筑不接触水介质的构件，可采用注浆封闭、聚合物砂浆粉刷或其他表面封闭材料进行封闭；

C. 清水混凝土的外形和外表严重缺陷，宜在水泥砂浆或细石混凝土修补后用磨光机械磨平。

（3）混凝土结构尺寸偏差缺陷修整：

1）混凝土结构尺寸偏差一般缺陷，可采用装饰修整方法修整。

2）混凝土结构尺寸偏差严重缺陷，应会同设计单位共同制定专项修整方案，结构修整后应重新检查验收。

5. 现浇混凝土结构的位置和尺寸偏差

现浇混凝土结构的位置、尺寸的偏差及检验方法应符合表 1-4-49 的规定。

现浇结构的位置、尺寸的偏差及检验方法 表 1-4-49

项 目			允许偏差（mm）	检验方法
轴线位置	整体基础		15	经纬仪及尺量
	独立基础		10	经纬仪及尺量
	柱、墙、梁		8	尺量
垂直度	柱、墙层高	≤6m	10	经纬仪或吊线、尺量
		>6m	12	经纬仪或吊线、尺量
	全高≤300m		$H/30000+20$	经纬仪、尺量
	全高>300m		$H/10000$ 且≤80	经纬仪、尺量
标 高	层 高		±10	水准仪或拉线、尺量
	全 高		±30	水准仪或拉线、尺量
截面尺寸	基础		+15，−10	尺量
	柱、梁、板、墙		+10，−5	尺量
	楼梯相邻踏步高差		±6	尺量
电梯井洞	中心位置		10	尺量
	长、宽尺寸		+25，0	尺量
表 面 平 整			8	2m 靠尺
预埋件中心位置	预埋板		10	尺量
	预埋螺栓		5	尺量
	预埋管		5	尺量
	其他		10	尺量
预留洞、孔中心线位置				尺量

4.3.9 混凝土的冬期施工

1. 混凝土冬期施工原理

（1）温度与混凝土凝结硬化的关系

混凝土的凝结硬化是由于水泥的水化作用的结果。水泥的水化作用的速度在合适的湿度条件下主要取决于环境的温度，温度越高，水泥的水化作用就越迅速、完全，混凝土的硬化速度快、强度就越高；当温度较低时，混凝土的硬化速度较慢、强度较低。当温度降至 0℃ 以下时，混凝土中的水会结冰，水泥不能与冰发生化学反应，水化作用基本停止，强度无法提高。因此，为确保混凝土结构的质量，我国规范规定：根据当地多年气温资料，室外日平均气温连续 5d 低于 5℃ 时，即进入冬期施工阶段，混凝土结构工程应采取冬期施工措施，并应及时采取气温突然下降的防冻措施。

（2）冻结对混凝土质量的影响

混凝土中的水结冰后，体积膨胀（8％～9％），在混凝土内部产生冰胀应力，很容易使强度较低的混凝土内部产生微裂缝。同时，减弱混凝土和钢筋之间的粘结力，从而极大地影响结构构件的质量。受冻的混凝土在解冻后，其强度虽能继续增长，但已不能达到原设计的强度等级。

（3）冬期施工临界强度

试验证明，混凝土遭受冻结带来的危害与遭冻的时间早晚、水灰比有关。遭冻时间愈早、水灰比愈大，则后期混凝土强度损失愈多。当混凝土达到一定强度后，再遭受冻结，由于混凝土已具有的强度足以抵抗冰胀应力，其最终强度将不会受到损失。因此为避免混凝土遭受冻结带来危害，使混凝土在受冻前达到的这一强度称为混凝土冬期施工的临界强度。

冬期施工中，就是尽量不让混凝土受冻，或让其受冻时，已达到临界强度值而保证混凝土最终强度不受到损失。

2. 混凝土冬期施工的工艺要求

（1）混凝土材料选择及搅拌

冬期施工配制混凝土宜选用硅酸盐水泥或普通硅酸盐水泥（早期强度增长快，水化热高等特点）。用于冬期施工混凝土的粗、细骨料中，不得含有冰、雪冻块及其他易冻裂物质。冬期施工混凝土配合比应根据施工期间环境气温、原材料、养护方法、混凝土性能要求等经试验确定，并宜选择较小的水胶比和坍落度。

1）冬期施工混凝土搅拌前，原材料的预热应符合下列规定：

A. 宜加热拌合水。当仅加热拌合水不能满足热工计算要求时，可加热骨料。拌合水与骨料的加热温度可通过热工计算确定，加热温度不应超过表 1-4-50 的规定；

拌合用水及骨料最高加热温度（℃）　　　　　表 1-4-50

水泥强度等级	拌合水	骨料
42.5 以下	80	60
42.5、42.5R 及以上	60	40

B. 水泥、外加剂、矿物掺合料不得直接加热，应事先贮于暖棚内预热。

2）冬期施工混凝土搅拌应符合下列规定：

A. 液体防冻剂使用前应搅拌均匀，由防冻剂溶液带入的水分应从混凝土拌合水中扣除；

B. 蒸汽法加热骨料时，应加大对骨料含水率测试频率，并应将由骨料带入的水分从混凝土拌合水中扣除；

C. 混凝土搅拌前应对搅拌机械进行保温或采用蒸汽进行加温，搅拌时间应比常温搅拌时间延长 30s～60s；

D. 凝土搅拌时应先投入骨料与拌合水，预拌后再投入胶凝材料与外加剂。胶凝材料、引气剂或含引气组分外加剂不得与 60℃以上热水直接接触。

（2）混凝土的运输与浇筑

1）混凝土的运输、输送

混凝土拌合物的出机温度不宜低于 10℃，入模温度不应低于 5℃；对预拌混凝土或需远距离输送的混凝土，混凝土拌合物的出机温度可根据运输和输送距离经热工计算确定，但不宜低于 15℃。

混凝土运输、输送机具及泵管应采取保温措施。当采用泵送工艺浇筑时，应采用水泥浆或水泥砂浆对泵和泵管进行润滑、预热。混凝土运输、输送与浇筑过程中应进行测温，温度应满足热工计算的要求。

混凝土分层浇筑时，分层厚度不应小于 400mm。在被上一层混凝土覆盖前，已浇筑层的温度应满足热工计算要求，且不得低于 2℃。

2）混凝土浇筑

混凝土浇筑前，应清除地基、模板和钢筋上的冰雪和污垢，并应进行覆盖保温。

混凝土分层浇筑时，分层厚度不应小于 400mm。在被上一层混凝土覆盖前，已浇筑层的温度应满足热工计算要求，且不得低于 2℃。

采用加热方法养护现浇混凝土时，应考虑加热产生的温度应力对结构的影响，并应合理安排混凝土浇筑顺序与施工缝留置位置。

3）冬期浇筑的混凝土，其受冻临界强度应符合下列规定：

A. 当采用蓄热法、暖棚法、加热法施工时，采用硅酸盐水泥、普通硅酸盐水泥配制的混凝土，不应低于设计混凝土强度等级值的 30%；采用矿渣硅酸盐水泥、粉煤灰硅酸盐水泥、火山灰质硅酸盐水泥、复合硅酸盐水泥配制的混凝土时，不应低于设计混凝土强度等级值的 40%；

B. 当室外最低气温不低于 −15℃时，采用综合蓄热法、负温养护法施工的混凝土受冻临界强度不应低于 4.0MPa；当室外最低气温不低于 −30℃时，采用负温养护法施工的混凝土受冻临界强度不应低于 5.0MPa；

C. 强度等级等于或高于 C50 的混凝土，不宜低于设计混凝土强度等级值的 30%；

D. 对有抗渗要求的混凝土，不宜低于设计混凝土强度等级值的 50%。

E. 对有抗冻耐久性要求的混凝土，不宜低于设计混凝土强度等级值的 70%。

3. 混凝土冬期施工的方法

混凝土浇筑后应采用适当的方法进行养护，保证混凝土在受冻前至少已达到临界强度，才能避免混凝土受冻发生强度损失。冬期施工中混凝土的养护方法很多，有蓄热法，加热法，掺外加剂法等，各自有不同的适用范围。

（1）蓄热法

蓄热法就是采用保温材料覆盖在混凝土的表面，尽量减少混凝土中水泥水化热和热拌混凝土中的原有热量的散失，延缓混凝土的冷却速度，保证混凝土在冻结前达到所要求的强度的一种冬期施工方法。

蓄热法适用于室外最低气温不低于-15℃时，对地面以下的工程或表面系数不大于 $5m^{-1}$ 的结构，并应对结构易受冻部位加强保温措施。

若根据工程的实际情况和当地气温条件，把一些其他的有效方法与蓄热法结合起来使用，可扩大其使用范围，既节约成本又方便施工。

在混凝土中掺用早强型外加剂，可尽早使混凝土达到临界强度；或加热混凝土原材料，提高混凝土的入模温度，既可延缓冷却时间，又可提高混凝土硬化速度；或采用高效保温材料，如聚苯乙烯泡沫塑料和岩棉；或采用快硬早强水泥，以提高混凝土的早期强度等措施都可应用于蓄热法施工中，以增强其养护效果。

（2）加热法

当混凝土在一定龄期内采用蓄热法养护达不到要求时，可采用加热养护等其他养护方法。具体加热养护的方法很多，有蒸汽加热、电热法等。

1）蒸汽加热法：就是在混凝土浇筑以后在构件或结构的四周通以压力不超过 70kPa 的低压饱和蒸汽进行养护。混凝土在较高温度和湿度条件下，可迅速达到要求强度。

采用蒸汽加热的具体方法有暖棚法、加热模板等。

暖棚法是将整个结构用棚盖住，内部通以蒸汽使棚内温度升高，从而达到加热混凝土的目的。养护时，棚内温度不得低于 5℃，并应保持混凝土表面湿润。采用暖棚法养护对热能的利用率不高，加热混凝土不直接，温度不好控制，但施工较方便。

加热模板法主要用于大模板工程中，它是用钢管代替大模板的横竖龙骨，并将钢管连接成贯通的回路，在钢管中通以蒸汽，可加热模板，模板再与混凝土进行热交换，从而达到加热养护混凝土的目的。为了减少热量损失，还在大模板的背面设有保温层。养护达到要求强度后，应在混凝土冷却至 5℃后拆除模板和保温层，当混凝土和外界温差大于 20℃时，拆模后的混凝土表面，应采取使其缓慢冷却的临时覆盖措施。蒸汽加热模板法具有耗用蒸汽少，热能利用率高，对混凝土加热均匀等优点，故在冬期施工中应用广泛。

2）电热法　就是通过电加热混凝土的方法来进行养护，常用的有电极法和电热器法。

电极法是在混凝土浇筑时插入电极（φ6～φ12 钢筋），通以交流电，利用混凝土做导体，将电能转变为热能，对混凝土进行养护。为保证施工安全，防止热量散失，应在混凝土表面覆盖后进行电加热。加热时，混凝土的升、降温速度应满足规范规定的要求，养护混凝土的最高温度不得超过表 1-4-51 的规定。

电热法养护混凝土的最高温度（℃）   表 1-4-51

结构表面系数（m⁻¹）		
<10	10～15	>15
40		35

混凝土内部电阻随着混凝土强度的提高而增长，当强度较高时，加热效果不好，故混凝土采用电热法养护时仅应加热到设计的混凝土强度标准值的 50%，且电极的布置应保证混凝土受热均匀。加热时的电极电压宜为 50～110V，在素混凝土和每立方米混凝土含钢量不大于 50kg 的结构中，可采用 120～200V 的电压加热。加热过程中，应经常观察混凝土表面的湿度，当表面开始干燥时，应先停电，浇温水湿润混凝土表面，待温度有所下降后，再继续通电加热。

电热器法是利用电流通过安有电阻丝的电热器发热来对结构或构件加热。电热器有板状和棒状，根据具体情况而定。养护时，把电热器贴近混凝土构件表面来加热混凝土。这是一种间接加热法，热效率不如电极法高，耗电量也大，但施工较方便，也不受混凝土中钢筋疏密的影响。

总之，电热法具有施工方便、设备简单、能耗小、适应范围广等优点，但在加热过程中需耗费大量电能，成本较高，不太经济，故只在其他养护方法不能满足要求的前提下才采用。

（3）掺外加剂法

在混凝土内掺入适量的外加剂，可改善混凝土的某些性能，使其满足混凝土冬期施工的需要。目前工程施工中常用的外加剂有早强剂、防冻剂、减水剂、加气剂等。

1）防冻剂和早强剂

冬期施工中，常将防冻剂和早强剂共同使用，使得混凝土在负温下不但不冻结，而且强度还可以较快增长，从而尽快达到临界强度。

常用抗冻剂除氯盐外，还有氨水、尿素等。为有效利用各种外加剂的优点，常使用复合防冻剂，如氯化钙与氯化钠复合剂，氯化钙和亚硝酸钠复合剂、氯化钙复合剂和尿素等。

施工中需注意，掺有防冻剂的混凝土，应严禁使用高铝水泥；且严格控制混凝土水胶比，由骨料带入的水分及防冻剂溶液中的水分均应从拌合用水中扣除。

由于氯盐对钢筋有腐蚀作用，故对氯盐的使用有严格规定：在钢筋混凝土中掺用氯盐类防冻剂时，氯盐掺量按无水状态计算不得超过水泥重量的 1%，掺用氯盐的混凝土必须振捣密实，且不宜采用蒸汽养护。

2）减水剂

混凝土中掺入减水剂，在混凝土和易性不变的情况下，可大量减少施工用水，因而混凝土孔隙中的游离水减少，混凝土冻结时承受的破坏力也明显减少。

同时由于施工用水的减少，可提高混凝土中防冻剂和早强剂的溶液浓度，从而提高混凝土的抗冻能力。

常用的减水剂如木质素磺酸钙减水剂，用量为水泥用量的 0.2%～0.3%，可减水 10%～15%，提高强度 10%～20%，此类减水剂价格较低，但减水效果不如高效减水剂，高效减水剂如 NNO 减水剂，用量为水泥用量的 0.5%～0.8%，减水 10%～25%，提高强度 20%～25%，增加坍落度 2～3 倍，用于冬期施工，作用显著，但其价格较高。

3）加气剂

在混凝土中掺入加气剂，能在混凝土中产生大量微小的封闭气泡。混凝土受冻时，部分水被冰的膨胀压力挤入气泡中，从而缓解了冰的膨胀压力和破坏性，而防止混凝土遭到破坏。常用加气剂为松香热聚物，其用量为水泥用量的 0.005%～0.015%，使用时需将加气剂配成溶剂使用，其配合比为加气剂：氢氧化钠：热水＝5：1：150，热水温度控制在 70～80℃ 范围内。松香热聚物加气剂是用松香、苯酚、硫酸、氢氧化钠等按一定比例配制而成。

混凝土工程冬期施工应加强对骨料含水率、防冻剂掺量的检查，以及原材料、入模温度、实体温度和强度的监测；应依据气温的变化，检查防冻剂掺量是否符合配合比与防冻剂说明书的规定，并应根据需要调整配合比。

§4.4　预应力混凝土工程

预应力混凝土是指在结构或构件承受使用荷载之前，预先在混凝土受拉区施加一定的预压应力并产生一定压缩变形的混凝土。

预应力混凝土按施加预应力的方式不同可分为：先张法预应力混凝土、后张法预应力混凝土和自应力混凝土。按预应力筋与混凝土的粘结状态不同可分为：有粘结预应力混凝土、无粘结预应力混凝土和缓粘结预应力混凝土等。

4.4.1　预应力用钢材

预应力混凝土结构的钢筋有非预应力钢筋和预应力筋。常用的预应力筋主要有预应力螺纹钢筋、钢丝和钢绞线三种。

预应力钢丝是采用优质高碳钢盘条经酸洗或磷化后冷拔制成的。根据深加工的要求不同，可分为冷拉钢丝、消除应力钢丝、刻痕钢丝等；根据表面形状的不同，可分为光圆钢丝和螺旋肋钢丝等。

预应力钢绞线一般是用 7 根冷拉钢丝在绞线机上以一根钢丝为中心，其余 6 根钢丝围绕其进行螺旋状绞合，并经消除应力回火处理制成。钢绞线的整根破断力大，柔性好，施工方便，是预应力混凝土工程的主要材料。

预应力混凝土用螺纹钢筋，亦称精轧螺纹钢筋，是一种热轧成带有不连续的外螺纹的直条钢筋，可直接用配套的连接器接长和螺母锚固。这种钢筋具有锚固简单、无需冷拉焊接、施工方便等优点。

4.4.2 预应力张拉锚固体系

预应力张拉锚固体系是预应力混凝土结构和施工的重要组成部分，完善的预应力张拉锚固体系包括锚具、夹具、连接器及锚下支承系统等。锚具是后张法预应力混凝土构件中为保持预应力筋的拉力并将其传递到混凝土上所用的永久性锚固装置。夹具是先张法预应力混凝土构件施工时为保持预应力筋拉力并将其固定在张拉台座（设备）上的临时锚固装置。连接器是将多段预应力筋连接形成一条完整预应力锚束的装置。锚下支承系统是指与锚具配套的布置在锚固区混凝土中的锚垫板、螺旋筋或钢丝网片等。

锚（夹）具按锚固方式不同可分为：夹片式锚具、支承式锚具、锥锚式锚具和握裹式锚具。夹片式锚具主要有单孔和多孔锚具等；支承式锚具主要有镦头锚具、螺杆锚具等；锥锚式锚具主要有钢质锥形锚具、冷（热）铸锚具等；握裹式锚具主要有挤压锚具、压接锚具、压花锚具等。

锚（夹）具应具有可靠的锚固能力，并不超过预期的滑移值。此外，锚（夹）具应构造简单、加工方便、体形小、价格低、全部零件互换性好。夹具和工具锚还应具有多次重复使用的性能。

1. 几种常用的预应力张拉锚固体系

（1）预应力螺纹钢筋锚具

预应力螺纹钢筋的螺母（亦称锚具）与连接器见图 1-4-57。预应力螺纹钢筋

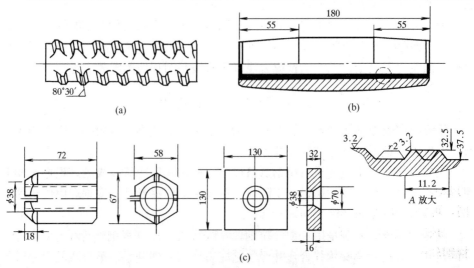

图 1-4-57 精轧螺纹钢筋锚具与连接器

（a）精轧螺纹钢筋外形；（b）连接器；（c）锥形螺母与垫板

的外形为无纵肋而横肋不相连的螺扣，螺母与连接器的内螺纹应与之匹配，防止钢筋从中拉脱。螺母分为平面螺母和锥形螺母两种。锥形螺母可通过锥体与锥孔的配合，保证预应力筋的正确对中；开缝的作用是增强螺母对预应力筋的夹持作用。螺母材料采用 45 号钢，调质热处理后硬度为 HB220～253，垫板也相应分为平面垫板和锥形孔垫板。

（2）钢丝锚具

1）钢质锥形锚具

钢质锥形锚具由锚环与锚塞组成，见图 1-4-58。锚环采用 45 号钢，锥度为5°，调质热处理硬度为 HB251～283。锚塞也采用 45 号钢，表面刻有细齿，热处理硬度为 HRC55～60。为防止预应力钢丝在锚具内卡伤或卡断，锚环两端出口处必须有倒角，锚塞小头还应有 5mm 无齿段。这种锚具适用于锚固 12～24ϕ^P5 的钢丝束。

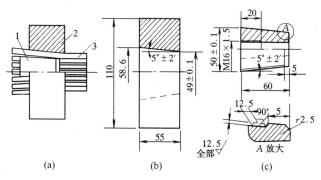

图 1-4-58　钢质锥形锚具

（a）组装图；（b）锚环；（c）锚塞

1—锚塞；2—锚环；3—钢丝束

钢质锥形锚具使用时，应保证锚环孔中心、预留孔道中心和千斤顶轴线三者同心，以防止压伤钢丝或造成断丝。锚塞的预压力宜为张拉力的 50%～60%。

2）镦头锚具

镦头锚具是利用钢丝两端的镦粗头来锚固预应力钢丝的一种锚具。镦头锚具加工简单，张拉方便，锚固可靠，成本较低，但对钢丝束的等长要求较严。这种锚具可根据张拉力大小和使用条件设计成多种形式和规格，能锚固任意根数的钢丝。

常用的镦头锚具有：锚杯与螺母（张拉端用）、锚板（固定端用），见图1-4-59。锚具材料采用 45 号钢，锚杯与锚板调质热处理硬度 HB251～283，锚杯底部（锚板）的锚孔，沿圆周分布，锚孔间距：对 ϕ^P5 钢丝，不小于 8mm；对ϕ^P7 钢丝，不小于 11mm。

（3）钢绞线锚具

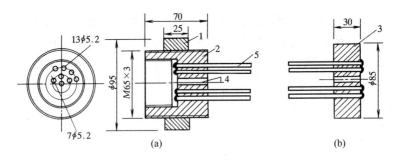

图 1-4-59　钢丝束镦头锚具

（a）张拉端锚环与螺母；（b）固定端锚板

1—螺母；2—锚杯；3—锚板；4—排气孔；5—钢丝

1）单孔夹片锚（夹）具

单孔夹片锚（夹）具由锚环和夹片组成，见图 1-4-60。锚环的锥角为 7°，采用 45 号钢或 20Cr 钢，调质热处理，表面硬度不应小于 HB225（或 HRC20）。夹片有三片式与二片式两种，三片式夹片按 120°铣分，二片式夹片的背面上有一条弹性槽，以提高锚固性能。夹片的齿形为锯齿形细齿。为了使夹片达到芯软齿面硬，夹片采用 20Cr 钢，化学热处理表面硬度不应小于 HRC57。

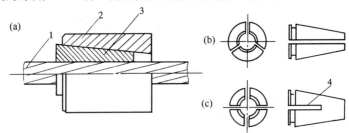

图 1-4-60　单孔夹片锚具

（a）组装图；（b）三夹片；（c）二夹片

1—钢绞线；2—锚环；3—夹片；4—弹性槽

单孔夹片锚具主要用于无粘结预应力混凝土结构中的单根钢绞线的锚固，也可用作先张法构件中锚固单根钢绞线的夹具。

单孔夹片锚（夹）具应采用限位器张拉锚固或采用带顶压器的千斤顶张拉后顶压锚固。为使混凝土构件能承受预应力筋张拉锚固时的局部承载力，单孔锚具应与锚垫板和螺旋筋配套使用。

2）多孔夹片锚具

多孔夹片锚具也称群锚，由多孔的锚板（图 1-4-61）与夹片（图 1-4-60b、c）组成。在每个锥形孔内装一副夹片，夹持一根钢绞线。这种锚具的优点是每束钢绞线的根数不受限制；任何一根钢绞线锚固失效，都不会引起整束预应力筋锚固失效。

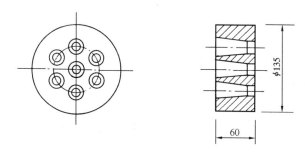

图 1-4-61　多孔夹片锚具

为使混凝土构件能承受预应力筋张拉锚固时的局部承载力，多孔锚具应与锚垫板和螺旋筋配套使用。

对于多孔夹片锚具，应采用相应吨位的千斤顶整束张拉，只有在特殊情况下，才可采用小吨位千斤顶逐根张拉锚固。

为降低梁的高度，有时采用多孔扁形锚具，与之对应的留孔材料采用扁形波纹管，常用锚固 2～5 根钢绞线的扁锚。张拉时有配套的液压千斤顶。

3）挤压锚具

挤压锚具是利用液压挤压机将套筒挤紧在钢绞线端头上的一种锚具，见图 1-4-62。套筒内衬有硬钢丝螺旋圈，在挤压后硬钢丝全部脆断，一半嵌入钢套筒，一半压入钢绞线，从而增加钢套筒与钢绞线之间的机械咬合力和摩阻力。锚具下设有钢垫板与螺旋筋。挤压锚具的锚固性能可靠，宜用于内埋式固定端。

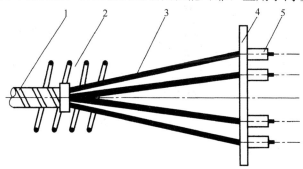

图 1-4-62　挤压锚具

1—波纹管；2—螺旋筋；3—钢绞线；4—钢垫板；5—挤压套筒

2. 连接器

为了接长预应力筋或便于预应力筋的分段张拉，常采用连接器。按使用部位不同，可分为锚头连接器与接长连接器。

（1）锚头连接器

锚头连接器设置在构件端部，用于锚固前段预应力筋束，并连接后段预应力筋束。锚头连接器的构造如图 1-4-63 所示，其连接体是一块增大的锚板。锚板

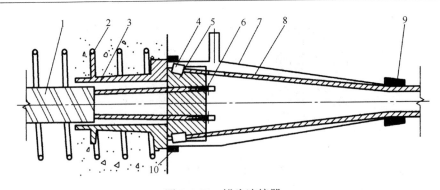

图 1-4-63　锚头连接器

1—波纹管；2—螺旋筋；3—铸铁喇叭管；4—挤压锚具；5—连接体；6—夹片；
7—白铁护套；8—钢绞线；9—钢环；10—打包钢条

中部的锥形孔用于锚固前段束，锚板外周边的槽口用于挂住后段束的挤压头。连接器外包喇叭形白铁护套，并沿连接体外圆绕上打包钢条一圈，用打包机打紧钢条固定挤压头。

（2）接长连接器

接长连接器设置在孔道的直线区段，用于接长预应力筋。接长连接器与锚头连接器的不同处是将锚板上的锥形孔改为孔眼，两段钢绞线的端部均用挤压锚具固定。张拉时连接器应有足够的活动空间。其构造如图 1-4-64 所示。

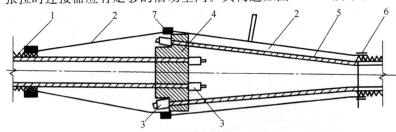

图 1-4-64　接长连接器

1—波纹管；2—白铁护套；3—挤压锚具；4—锚板；5—预应力筋；6—钢环；7—打包钢条

4.4.3　预应力用液压千斤顶

预应力张拉机构由预应力用液压千斤顶、高压油泵和外接油管三部分组成。常用的液压千斤顶有：拉杆式千斤顶、穿心式千斤顶、锥锚式千斤顶和前置内卡式千斤顶四类。选用千斤顶型号与吨位时，应根据预应力筋的张拉力和所用的锚具形式确定。

1. 拉杆式千斤顶

拉杆式千斤顶是单活塞张拉千斤顶，由主油缸、主缸活塞、回油缸、回油活塞、连接器、传力架、活塞拉杆等组成，见图 1-4-65。拉杆式千斤顶适用于张拉

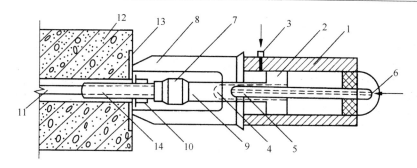

图 1-4-65　拉杆式千斤顶张拉原理示意图

1—主缸；2—主缸活塞；3—主缸进油孔；4—副缸；5—副缸活塞；6—副缸进油孔；7—连接器；
8—传力架；9—拉杆；10—螺母；11—预应力筋；12—混凝土构件；13—预埋钢板；14—螺丝端杆

带螺丝端杆锚具、锥形螺杆锚具、钢丝镦头锚具等锚具的预应力筋。目前，常用的拉杆式千斤顶是 YL60 型，最大张拉力 600kN，张拉行程 150mm。

2. 穿心式千斤顶

穿心式千斤顶是一种具有穿心孔，利用双液压缸张拉预应力筋和顶压锚具的双作用千斤顶。它由张拉油缸、顶压油缸（即张拉活塞）、顶压活塞和回程弹簧等组成，见图 1-4-66。常用型号 YC60，公称张拉力为 600kN，张拉行程为 150mm，顶压力为 300kN，顶压行程为 50mm。张拉前，首先将预应力筋穿过千斤顶固定在千斤顶尾部的工具锚上。这种千斤顶的适应性强，既可张拉用夹片锚具锚固的钢绞线束；也可张拉用钢质锥形锚具锚固的钢丝束。

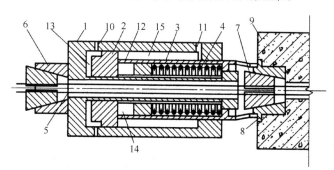

图 1-4-66　YC60 型千斤顶

1—张拉油缸；2—顶压油缸；3—顶压活塞；4—回程弹簧；5—预应力筋；6—工具锚；7—楔块；
8—锚环；9—构件；10—张拉缸油嘴；11—顶压缸油嘴；12—油孔；13—张拉工作油室；14—顶
压工作油室；15—张拉回程油室

3. 锥锚式千斤顶

锥锚式千斤顶是一种具有张拉、顶锚和退楔功能的三作用千斤顶，由主缸、副缸、退楔装置、锥形卡环等组成，见图 1-4-67。这种千斤顶专门用于张拉带锥形锚具的钢丝束。常用的型号有 YZ38 型、YZ60 型和 YZ85 型等。

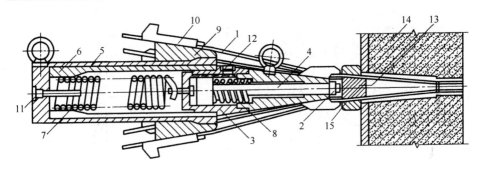

图 1-4-67　锥锚式千斤顶

1—预应力筋；2—顶压头；3—副缸；4—副缸活塞；5—主缸；6—主缸活塞；

7—主缸拉力弹簧；8—副缸压力弹簧；9—锥形卡环；10—楔块；11—主缸油嘴；

12—副缸油嘴；13—锚塞；14—构件；15—锚环

4. 前置内卡式千斤顶

前置内卡式千斤顶是将工具锚安装在千斤顶前部的一种小型穿心式千斤顶，适用于张拉单根钢绞线。YDCQ型前置内卡式千斤顶由外缸、内缸、活塞、前后端盖、顶压器、工具锚等组成，见图 1-4-68。这种千斤顶的张拉力为 180～250kN，张拉行程为 160～200mm，预应力筋的工作长度短（约 250mm）。张拉时既可自锁锚固，也可顶压锚固。

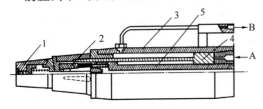

图 1-4-68　YDCQ 型前置内卡式千斤顶

A—进油；B—回油

1—顶压器；2—工具锚；3—外缸；4—活塞；5—拉杆

4.4.4　预应力混凝土施工工艺

1. 先张法施工

先张法是在构件浇筑混凝土之前，首先张拉预应力筋，并将其临时锚固在台座或钢模上，然后浇筑构件的混凝土。待混凝土达到一定强度后放松预应力筋，借助混凝土与预应力筋的粘结力，使混凝土产生预压应力，如图 1-4-69 所示。这种方法广泛适用于中小型预制预应力混凝土构件的生产。

先张法生产工艺，可分为长线台座法与机组流水法。长线台座法具有设备简单、投资省、效率高等特点，是一种经济实用的现场型生产方式。

（1）台座

台座是先张法生产的主要设备之一，它承受预应力筋的全部张拉力。因此，台座应有足够的承载力、刚度和稳定性，以避免台座破坏或变形导致的预应力筋张拉失败或预应力损失。

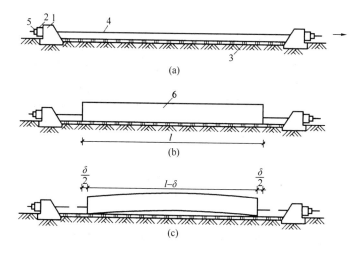

图 1-4-69　先张法施工示意图

（a）张拉预应力筋；（b）浇筑混凝土构件；（c）放张预应力筋

1—台座承力结构；2—横梁；3—台面；4—预应力筋；5—锚固夹具；6—混凝土构件

台座按构造形式不同，可分为墩式台座、槽式台座和钢模台座。

1）墩式台座

墩式台座由承力台墩、台面与横梁组成，其长度宜为 100～150m。台座的承载力应根据构件的张拉力大小，设计成 200～500kN/m。台座的宽度主要取决于构件的布筋宽度，以及张拉预应力筋和浇筑混凝土是否方便，一般不大于 2m。在台座的端部应留出张拉操作场地和通道，两侧要有构件运输和堆放的场地。

墩式台座的基本形式有重力式（图 1-4-70）和构架式（图 1-4-71）两种。重力式台座主要靠台座自重平衡张拉力产生的倾覆力矩；构架式台座主要靠土压力来平衡张拉力所产生的倾覆力矩。

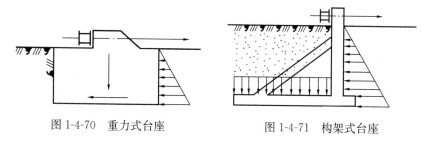

图 1-4-70　重力式台座　　　　图 1-4-71　构架式台座

2）槽式台座

槽式台座由钢筋混凝土压杆、上下横梁和台面等组成（图 1-4-72），既可承受张拉力，又可作为蒸汽养护槽，适用于张拉吨位较大的大型构件。

台座的长度一般不大于 76m，宽度随构件外形及制作方式而定，一般不小于 1m。为便于混凝土运输和蒸汽养护，槽式台座多低于地面。

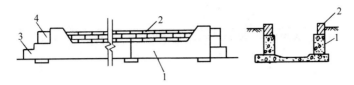

图 1-4-72　槽式台座

1—混凝土压杆；2—砖墙；3—下横梁；4—上横梁

3）钢模台座

钢模台座是将制作构件的钢模板做成具有相当刚度的结构，作为预应力筋的锚固支座，将预应力筋直接放在模板上进行张拉。如图 1-4-73 所示为大型屋面板钢模台座示意图。

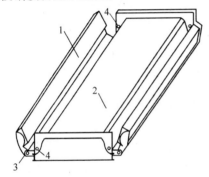

图 1-4-73　大型屋面板钢模台座示意图

1—侧模；2—底模；3—活动铰；
4—预应力筋锚固孔

（2）预应力筋铺设

为了便于构件脱模，在铺设预应力筋之前，对长线台座的台面应先刷隔离剂。隔离剂不应沾污预应力筋，以免影响其与混凝土的粘结。如果预应力筋遭受污染，应使用适当的溶剂清刷干净。在生产过程中，应防止雨水冲刷台面上的隔离剂。

预应力钢丝宜用牵引车铺设。如果钢丝需要接长，可借助于钢丝拼接器用 20～22 号铁丝密排绑扎。刻痕钢丝的绑扎长度不应小于 $80d$（d 为钢丝直径）。

预应力钢绞线接长时，可用接长连接器。预应力钢绞线与工具式螺杆连接时，可采用套筒式连接器。

（3）预应力筋张拉

预应力筋的张拉应严格按设计要求进行。

1）张拉控制应力

《混凝土结构设计规范》GB 50010—2010 中规定，预应力筋的张拉控制应力 σ_{con} 分别为：消除应力钢丝、钢绞线取值 $\leqslant 0.75f_{ptk}$；中强度预应力钢丝取值 $\leqslant 0.70f_{ptk}$；预应力螺纹钢筋取值 $\leqslant 0.85f_{pyk}$。消除应力钢丝、钢绞线、中强度预应力钢丝的张拉控制应力值不应小于 $0.4f_{ptk}$；预应力螺纹钢筋的张拉控制应力值不宜小于 $0.5f_{pyk}$。并且规定当要求提高构件在施工阶段的抗裂性能而在使用阶段受压区内设置的预应力筋，或要求部分抵消由于松弛、孔道摩擦、预应力筋与台座之间的温差等因素产生的预应力损失时，可以适当提高 $0.05f_{ptk}$ 或 $0.05f_{pyk}$。《混凝土结构工程施工规范》GB 50666—2011 中规定预应力筋的张拉控制应力应符合设计及专项施工方案的要求，并规定了当施工中需要超张拉时，调整后的最大张拉控制应力 σ_{con} 应符合表 1-4-52 中的规定。

预应力筋张拉控制应力 $\boldsymbol{\sigma}_{con}$ 取值（N/mm²）　　　表 1-4-52

预应力筋种类	张拉控制应力 σ_{con}	
	一般情况	超张拉情况
消除应力钢丝、钢绞线	$\leqslant 0.75 f_{ptk}$	$\leqslant 0.80 f_{ptk}$
中强度预应力钢丝	$\leqslant 0.70 f_{ptk}$	$\leqslant 0.75 f_{ptk}$
预应力螺纹钢筋	$\leqslant 0.85 f_{pyk}$	$\leqslant 0.90 f_{pyk}$

注：f_{ptk} 为预应力钢丝和钢绞线的抗拉强度标准值；f_{pyk} 为预应力螺纹钢筋的屈服强度标准值。

2）张拉程序

预应力筋的张拉程序是使预应力筋达到预应力值的工艺过程，对预应力筋的施工质量影响较大，在预应力筋张拉前必须设计出完整具体的施工方案。预应力筋张拉程序一般可按下列程序之一进行。

$$0 \rightarrow 1.05\,\sigma_{con}\,（持荷 2\text{min}）\rightarrow \sigma_{con} \quad 或者\ 0 \rightarrow 1.03\,\sigma_{con}$$

采用上述张拉程序的目的是为了减少应力松弛损失。所谓应力松弛是指钢材在常温、高应力状态下由于塑性变形而使应力随时间的延续而降低的现象。这种现象在张拉后的头几分钟内发展得特别快，往后趋于缓慢。

成组张拉时，应预先调整初应力，以保证张拉时每根钢筋的应力均匀一致。初应力值一般取 $10\%\sigma_{con}$。

（4）预应力筋放张

预应力筋放张时，混凝土强度必须符合设计要求；当设计无规定时，混凝土强度不得低于设计强度等级的 75%。采用消除应力钢丝和钢绞线作预应力筋的先张法构件，尚不应低于 30MPa。

预应力筋放张应根据构件类型与配筋情况，选择正确的顺序与方法，否则会引起构件翘曲、开裂和预应力筋断裂等现象。

1）放张顺序

预应力筋的放张顺序，如设计无要求时，应符合下列规定：

A. 对承受轴心预压力的构件（如拉杆、桩等），所有预应力筋应同时放张；

B. 对承受偏心预压力的构件（如梁等），应先同时放张预压力较小区域的预应力筋，再同时放张预压力较大区域的预应力筋；

C. 当不能按上述规定放张时，应分阶段、对称、相互交错地放张。

放张后预应力筋的切断顺序，宜由放张端开始，逐次切向另一端。

2）放张方法

预应力筋放张工作，应缓慢进行，防止冲击。常用的放张方法如下：

A. 用千斤顶拉动单根预应力筋，松开螺母。放张时由于混凝土与预应力筋已粘结成整体，松开螺母的间隙只能是最前端构件外露预应力筋的伸长，因此，所施加的应力往往超过控制应力的10%，应注意安全。

B. 采用两台台座式千斤顶整体缓慢放松，应力均匀，安全可靠。放张用台座式千斤顶可专用或与张拉合用。为防止台座式千斤顶长期受力，可采用垫块顶紧。

C. 对板类构件的钢丝或钢绞线，放张时可直接用手提砂轮锯或氧炔焰切割。放张工作宜从生产线中间开始，以减少回弹量且有利于脱模；每块板应从外向内对称放张，以免因构件扭转而端部开裂。

为了检查构件放张时钢丝与混凝土的粘结是否可靠，切断钢丝时应测定钢丝向混凝土内的回缩情况，一般不宜大于1.0mm。

2. 后张法施工

后张法是先制作混凝土构件或结构，待混凝土达到一定强度后，直接在构件或结构上张拉预应力筋，并用锚具将其锚固在构件端部，使混凝土产生预压应力的施工方法。后张法施工示意图如图1-4-74所示。

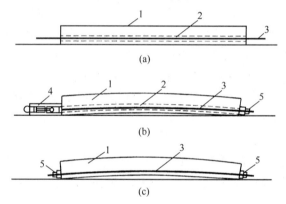

图1-4-74　后张法施工示意图
(a) 制作混凝土构件；(b) 张拉预应力筋；(c) 预应力筋的锚固与孔道灌浆
1—混凝土构件；2—预留孔道；3—预应力筋；4—千斤顶；5—锚具

这种方法广泛应用于大型预制预应力混凝土构件和现浇预应力混凝土结构工程。

(1) 孔道留设

预应力筋的孔道形状有直线、曲线和折线三种。孔道内径应比预应力筋外径或需穿过孔道的锚具（连接器）外径大6～15mm；且孔道面积应大于预应力筋面积的3～4倍。此外，在孔道的端部或中部应设置灌浆孔，其孔距不宜大于12m（抽芯成型）或30m（波纹管成型）。曲线孔道的高差大于等于300mm时，在孔道峰顶处应设置泌水孔，泌水孔外接管伸出构件顶面长度不宜小于300mm，泌水孔可兼作灌浆孔。

预应力筋孔道成型可采用钢管抽芯、胶管抽芯和预埋管法。对孔道成型的基本要求是：孔道的尺寸与位置应正确，孔道的线形应平顺，接头不漏浆等。孔道端部的预埋钢板应垂直于孔道中心线。孔道成型的质量直接影响到预应力筋的穿入与张拉，应严格把关。

1）钢管抽芯法

预先将钢管埋设在模板内的孔道位置处，在混凝土浇筑过程中和浇筑之后，每隔一定时间慢慢转动钢管，使之不与混凝土粘结，待混凝土凝固后抽出钢管，即形成孔道。该法只适用于直线孔道。

钢管应平直光滑，预埋前应除锈、刷油。固定钢管用的钢筋井字架间距不宜大于 1.0m，与钢筋骨架扎牢。钢管的长度不宜大于 15m，以便转动与抽管。

抽管时间与混凝土性质、气温和养护条件有关。一般在混凝土初凝后、终凝前，以手指按压混凝土，不粘浆又无明显印痕时即可抽管（常温下为 3～6h）。抽管顺序宜先上后下，抽管方法可用人工或卷扬机。抽管要边抽边转，速度均匀，并与孔道成一直线。

2）胶管抽芯法

选用 5～7 层帆布夹层的普通橡胶管。使用时先充气或充水，持续保持压力为 0.8～1.0MPa，此时胶管直径可增大约 3mm，密封后浇筑混凝土。待混凝土达到一定强度后抽管，抽管时应先放气或水，待管径缩小与混凝土脱离，即可拔出。此法可适用于直线孔道或一般的折线与曲线孔道。

3）预埋波纹管法

波纹管主要有金属波纹管和塑料波纹管两种。

金属波纹管是由薄钢带（厚 0.28～0.60mm）经压波后卷成（图 1-4-75），它具有重量轻、刚度好、弯折方便、连接简单、摩阻系数小、与混凝土粘结良好等优点，可做成各种形状的孔道。波纹管预埋在混凝土构件中不再抽出，施工方便，质量可靠，应用最为广泛。

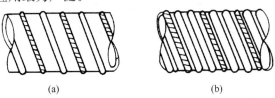

图 1-4-75　金属波纹管

（a）单波纹管；（b）双波纹管

塑料波纹管是以高密度聚乙烯（HDPE）或聚丙烯（PP）塑料为原料，采用挤塑机和专用制管机经热挤定型而成。塑料波纹管具有强度高、刚度大、摩擦系数小、不导电和防腐性能好等特点，宜用于曲率半径小、密封性能以及抗疲劳要求高的孔道。

波纹管的安装，应根据预应力筋的曲线坐标在侧模或箍筋上划线，以波纹管底为准；波纹管的固定，可采用钢筋支架（钢筋直径不宜小于10mm），间距不宜大于1.2m。钢筋支架应固定在箍筋上，箍筋下面要用垫块垫实。波纹管安装就位后，必须用铁丝将波纹管与钢筋支架扎牢，以防浇筑混凝土时波纹管上浮而引起质量事故。

灌浆孔与波纹管的连接，见图1-4-76。其做法是在波纹管上开洞，其上覆盖海绵垫片与带嘴的塑料弧形压板，并用铁丝扎牢，再用增强塑料管插在嘴上，并将其引出梁顶面不小于300mm。

（2）预应力筋制作

预应力筋的制作，主要根据所用的预应力钢材品种、锚具形式及生产工艺等确定。

1）预应力螺纹钢筋

预应力螺纹钢筋的制作，一般包括下料和连接等工序。

预应力螺纹钢筋的下料长度按下式计算（图1-4-77）

$$L = l_1 + l_2 + l_3 + l_4 \tag{1-4-32}$$

式中 l_1——构件的孔道长度（mm）；

l_2——固定端外露长度（mm），包括螺母、垫板厚度，预应力筋外露长度，精轧螺纹钢筋不小于150 mm；

l_3——张拉端垫板和螺母所需的长度（mm），精轧螺纹钢筋不小于110mm；

l_4——张拉时千斤顶与预应力筋间连接器所需的长度（mm），不应小于l_2。

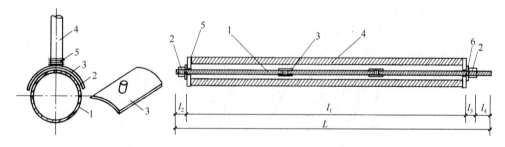

图1-4-76 灌浆孔留设
1—波纹管；2—海绵垫片；
3—塑料弧形压板；4—增强
塑料管；5—铁丝

图1-4-77 预应力螺纹钢筋下料长度计算简图
1—预应力螺纹钢筋；2—螺母；3—连接器；4—构件；
5—端部钢板；6—锚具垫板

2）钢丝束

钢丝束的制作，一般包括下料、镦头和编束等工序。

采用镦头锚具时，钢丝的下料长度L，按照预应力筋张拉后螺母位于锚杯中部的原则进行计算（图1-4-78）。

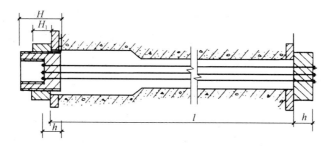

图 1-4-78　钢丝下料长度计算简图

$$L = l + 2h + 2\delta - K(H - H_1) - \Delta l - C \qquad (1\text{-}4\text{-}33)$$

式中　l——孔道长度（mm），按实际量测；

　　　h——锚杯底厚或锚板厚度（mm）；

　　　δ——钢丝镦头预留量，取 10mm；

　　　K——系数，一端张拉时取 0.5，两端张拉时取 1.0；

　　　H——锚杯高度（mm）；

　　　H_1——螺母厚度（mm）；

　　　Δl——钢丝束张拉伸长值（mm）；

　　　C——张拉时构件混凝土弹性压缩值（mm）。

采用镦头锚具时，同束钢丝应等长下料，其相对误差不应大于钢丝长度的 1/5000，且不应大于 5mm。钢丝下料宜采用限位下料法。钢丝切断后的端面应与母材垂直，以保证镦头质量。

钢丝束镦头锚具的张拉端应扩孔，以便钢丝穿入孔道后伸出固定端一定长度进行镦头。扩孔长度一般为 500mm。

钢丝编束与张拉端锚具安装同时进行。钢丝一端先穿入锚杯镦头，在另一端用细铁丝将内外圈钢丝按锚杯处相同的顺序分别编扎，然后将整束钢丝的端头扎紧，并沿钢丝束的整个长度适当编扎几道。

采用钢质锥形锚具时，钢丝下料方法同钢绞线束。

3）钢绞线束

钢绞线束的下料长度 L，当一端张拉另一端固定时可按下式计算：

$$L = l + l_1 + l_2 \qquad (1\text{-}4\text{-}34)$$

式中　l——孔道的实际长度（mm）；

　　　l_1——张拉端预应力筋外露的工作长度，应考虑工作锚厚度、千斤顶长度与工具锚厚度等，一般取 600～900mm；

　　　l_2——固定端预应力筋的外露长度，一般取 150～200mm。

钢绞线的切割，宜采用砂轮锯；不得采用电弧切割，以免影响材质。

（3）预应力筋穿入孔道

根据穿束与浇筑混凝土之间的先后关系，可分为后穿束法和先穿束法。

后穿束法即在浇筑混凝土后将预应力筋穿入孔道。此法可在混凝土养护期间内进行穿束，不占工期。穿束后即进行张拉，预应力筋不易生锈，应优先采用；但对波纹管质量要求较高，并在混凝土浇筑时必须对成孔波纹管进行有效的保护，否则可能会引起漏浆、瘪孔以致穿束困难。

先穿束法即在浇筑混凝土之前穿束。此法穿束省力，但穿束占用工期，预应力筋的自重引起的波纹管摆动会增大孔道摩擦损失，束端保护不当易生锈。

钢丝束应整束穿入，钢绞线可整束或单根穿入孔道。穿束可采用人工穿入，当预应力筋较长穿束困难时，也可采用卷扬机和穿束机进行穿束。

预应力筋穿入孔道后应对其进行有效的保护，以防外力损伤和锈蚀；对采用蒸汽养护的预制混凝土构件，预应力筋应在蒸汽养护结束后穿入孔道。

（4）预应力筋张拉

预应力筋张拉时，构件的混凝土强度应符合设计要求，且同条件养护的混凝土抗压强度不应低于设计强度等级的 75%，也不得低于所用锚具局部承压所需的混凝土最低强度等级。

1）张拉控制应力

预应力筋的张拉控制应力应符合设计及专项施工方案的要求。当施工中需要超张拉时，调整后的最大张拉控制应力 σ_{con} 应符合表 1-4-52 的规定。

2）张拉程序

目前所使用的钢丝和钢绞线都是低松弛，则张拉程序可采用 $0 \rightarrow \sigma_{con}$；对普通松弛的预应力筋，若在设计中预应力筋的松弛损失取大值时，则张拉程序为 $0 \rightarrow \sigma_{con}$ 或按设计要求采用。

预应力筋采用钢筋体系或普通松弛预应力筋时，采用超张拉方法可减少预应力筋的应力松弛损失。对支承式锚具其张拉程序为：

$$0 \rightarrow 1.05\sigma_{con} \text{（持荷 2min）} \rightarrow \sigma_{con}$$

对楔紧式（如夹片式）锚具其张拉程序为：

$$0 \rightarrow 1.03\sigma_{con}$$

以上两种超张拉程序是等效的，可根据构件类型、预应力筋与锚具、张拉方法等选用。

3）张拉方法

预应力筋的张拉方法，应根据设计和专项施工方案的要求采用一端张拉或两端张拉。当设计无具体要求时，有粘结预应力筋长度不大于 20m 时可采用一端张拉，大于 20m 时宜两端张拉。预应力筋为直线形时，一端张拉的长度可放宽至 35m。采用两端张拉时，可两端同时张拉，也可一端先张拉锚固，另一端补张拉。当同一截面中多根预应力筋采用一端张拉时，张拉端宜分别设置在结构的两端。当两端同时张拉同一根预应力筋时，宜先在一端锚固，再在另一端补足张拉力后进行锚固。

4）张拉顺序

预应力筋的张拉顺序应符合设计要求，当设计无具体要求时，可采用分批、分阶段对称张拉，以免构件承受过大的偏心压力。同时应尽量减少张拉设备的移动次数。

平卧重叠制作的构件，宜先上后下逐层进行张拉。为了减少上下层之间因摩阻引起的预应力损失，可自上而下逐层加大张拉力。当隔离层效果较好时，可采用同一张拉值。

（5）孔道灌浆与端头封裹

后张法孔道灌浆的作用：A. 保护预应力筋，防止锈蚀；B. 使预应力筋与构件混凝土有效地粘结，以控制裂缝的开展并减轻梁端锚具的负荷。因此，必须重视孔道灌浆的质量。

预应力筋张拉后，孔道应及时灌浆，因在高应力状态下预应力筋容易生锈。

1）灌浆材料

孔道灌浆用的水泥浆应具有较大的流动性、较小的干缩性与泌水性。灌浆用水泥应优先采用强度等级不低于 42.5 级的普通硅酸盐水泥。

灌浆用水泥浆的性能应符合下列规定：A. 采用普通灌浆工艺时稠度宜控制在 12~20s，采用真空灌浆工艺时稠度宜控制在 18~25s；B. 水胶比不应大于 0.45；C. 自由泌水率宜为 0，且不应大于 1%，泌水应在 24h 内全部被水泥浆吸收；D. 采用普通灌浆工艺时，自由膨胀率不应大于 10%，采用真空灌浆工艺时，自由膨胀率不应大于 3%；E. 边长为 70.7mm 的立方体水泥浆试块，经 28d 标准养护后的抗压强度不应低于 30MPa；F. 所采用的外加剂应与水泥作配合比试验并确定掺量后使用。

2）灌浆施工

灌浆前，孔道应湿润、洁净。灌浆用的水泥浆要过筛，在灌浆过程中应不断搅拌，以免沉淀析水。

灌浆设备采用灰浆泵。灌浆工作应连续进行，并应排气通顺。在灌满孔道并封闭排气孔后，宜再继续加压至 0.5~0.7MPa，并稳压 1~2min，稍后再封闭灌浆孔。当泌水较大时，宜进行二次灌浆或泌水孔重力补浆。

曲线孔道灌浆后（除平卧构件），水泥浆由于重力作用下沉，少量水分上升，造成曲线孔道顶部的空隙较大。为了使曲线孔道顶部灌浆密实，应在曲线孔道的上曲部位设置的泌水管内人工补浆。

在预留孔道比较狭小、孔道比较复杂的情况下，可以采用真空辅助灌浆，即在预应力孔道的一端采用真空泵抽吸孔道中的空气，使孔道内形成负压为 0.8~1.0MPa 的真空度，然后在孔道的另一端采用灌浆泵进行灌浆。

3）端头封裹

预应力筋锚固后的外露长度应不小于30mm，多余部分宜用砂轮锯切割。锚具应采用封头混凝土保护。封锚的混凝土宜采用与构件同强度等级的细石混凝土，其尺寸应大于预埋钢板尺寸，锚具的保护层厚度不应小于50mm。锚具封裹前，应将封头处原有混凝土凿毛，封裹后与周边混凝土之间不得有裂纹。

3. 无粘结预应力施工

无粘结预应力是后张预应力技术的一个重要分支。无粘结预应力混凝土是指配有无粘结预应力筋、靠锚具传力的一种预应力混凝土。其施工过程是：先将无粘结预应力筋安装固定在模板内，然后再浇筑混凝土，待混凝土达到设计强度后进行张拉锚固。这种混凝土的最大优点是无需留孔灌浆，施工简便，但对锚具要求高。

（1）无粘结预应力筋

无粘结预应力筋是指施加预应力后沿全长与周围混凝土不粘结的预应力筋。它由预应力钢材、涂料层和外包层组成，见图1-4-79。

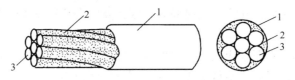

图 1-4-79   无粘结预应力筋
1—塑料护套；2—涂料层；3—钢绞线

预应力钢材可采用$\phi^P 12.7$和$\phi^P 15.2$钢绞线；涂料层应采用防腐润滑油脂；外包层宜采用高密度聚乙烯护套，其韧性、抗磨性与抗冲击性要好。

（2）无粘结预应力筋铺设

在铺设前，应对无粘结预应力筋逐根进行外包层检查，对有轻微破损者，可包塑料带补好，对破损严重者应予报废。对配有镦头式锚具的钢丝束应认真检查锚杯内外螺纹、镦头外形尺寸、是否漏镦，并将定位连杆拧入锚杯内。无粘结预应力筋的铺设应严格按设计要求的曲线形状，正确就位并固定牢靠。

在单向连续梁板中，无粘结预应力筋的铺设基本上与非预应力筋相同。无粘结预应力筋的曲率，可用铁马凳控制。铁马凳高度应根据设计要求的无粘结预应力筋曲率确定，铁马凳间隔不宜大于2m并应用铁丝与无粘结预应力筋扎紧。

铺设双向配筋的无粘结预应力筋时，无粘结预应力筋需要配制成两个方向的悬垂曲线，由于两个方向的无粘结预应力筋互相穿插，给施工操作带来困难，因此必须事先编出无粘结预应力筋的铺设顺序。其方法是将各向无粘结预应力筋各搭接点处的标高标出，对各搭接点相应的两个标高分别进行比较，若一个方向某一无粘结预应力筋的各点标高均分别低于与其相交的各筋相应点标高时，则该筋就可以先放置。按此规律编出全部无粘结预应力筋的铺设顺序。

成束配置的多根无粘结预应力筋，应保持平行走向，防止相互扭绞。为了便于单根张拉，在构件端头处无粘结预应力筋应改为分散配置。

（3）无粘结预应力筋张拉

无粘结预应力筋宜采取单根张拉，张拉设备宜选用前置内卡式千斤顶，锚固体系选用单孔夹片锚具。

由于无粘结预应力筋一般为曲线配筋，当长度超过 25m 时，宜采取两端张拉；当筋长超过 50m 时，宜采取分段张拉。

无粘结预应力筋的张拉力、张拉顺序等与有粘结后张法基本相同。

（4）端部处理

无粘结预应力筋张拉完毕后，应及时对锚固区进行保护。锚固区必须有严格的密封防护措施，严防水汽进入产生锈蚀。

无粘结预应力筋的外露长度不应小于 30mm，多余部分可用手提砂轮锯切割。在锚具与承压板表面涂以防水涂料、锚具端头涂防腐油脂后，罩上封端塑料盖帽。锚具经上述处理后，对凹入式锚固区，再用微膨胀混凝土或低收缩防水砂浆密封；对凸出式锚固区，可采用外包钢筋混凝土圈梁封闭。

思　考　题

4.1　试述钢筋与混凝土共同工作的原理。

4.2　简述钢筋混凝土施工工艺过程。

4.3　简述模板工程的作用及基本要求？

4.4　试述钢定型模板的特点及组成。

4.5　现浇结构构件（基础、柱、梁板）的模板构造有什么特点？

4.6　简述现浇结构模板支架的类型及搭设要求。

4.7　现浇结构拆模时应注意哪些问题？

4.8　模板工程设计应考虑哪些荷载？简述模板及支架设计的内容。

4.9　试述钢筋的种类及其主要性能。如何进行钢筋进场验收？

4.10　试述钢筋的焊接方法。如何保证焊接质量？

4.11　简述机械连接方法。如何进行直螺纹连接的质量控制？

4.12　如何计算钢筋的下料长度？

4.13　试述钢筋代换的原则及方法。

4.14　简述常用的通用硅酸盐水泥品种有哪几种？如何进行选用？

4.15　简述外加剂的种类和选用。

4.16　试分析水胶比、砂率对混凝土质量的影响。

4.17　混凝土配料时为什么要进行施工配合比换算？如何换算？

4.18　搅拌机为何不宜超载？试述进料容量与出料容量的关系。

4.19　如何使混凝土搅拌均匀？为何要控制搅拌机的转速和搅拌时间？

4.20　如何确定搅拌混凝土时的搅拌顺序？

4.21　何为混凝土开盘鉴定以及如何组织开盘鉴定？

4.22　何为混凝土运输和混凝土输送？混凝土运输有何要求？简述输送泵输送混凝土的要求。

4.23　混凝土浇筑时应注意哪些事项？试述施工缝留设的原则和处理方法。

4.24　大体积混凝土施工应注意哪些问题？

4.25　如何进行水下混凝土浇筑？

4.26　试述混凝土振捣密实原理。

4.27　试述振捣器的种类、工作原理及使用范围。

4.28　使用插入式振捣器时，为何要上下抽动、快插慢拔？插点布置方式有哪几种？

4.29　试述湿度、温度与混凝土硬化的关系。保温养护和加热养护应注意哪些问题？

4.30　试分析混凝土产生质量缺陷的原因及补救方法。如何检查和评定混凝土的质量？

4.31　为什么要规定冬期施工的"临界强度"？冬期施工应采取哪些措施？

4.32　影响混凝土质量有哪些因素？在施工中如何才能保证质量？

4.33　什么叫预应力混凝土？其优点有哪些？

4.34　什么是锚具、夹具、连接器？

4.35　试述常用锚具的适用范围。

4.36　怎样根据预应力筋和锚具类型的不同选择张拉千斤顶？

4.37　先张法台座有哪几种？设计台座时主要验算什么？

4.38　先张法施工时，预应力筋什么时候才可放张？怎样进行放张？

4.39　试比较先张法与后张法施工的不同特点及其适用范围。

4.40　什么叫超张拉？为什么要超张拉并持荷 2mim？采用超张拉时为什么要规定最大限值？

4.41　后张法施工时，怎样计算预应力筋的张拉力？如何控制张拉力？

4.42　后张法孔道留设方法有几种？留设孔道时应注意哪些问题？

4.43　后张法孔道灌浆的作用是什么？对灌浆材料的要求如何？怎样设置灌浆孔和泌水孔？

4.44　无粘结筋的张拉端和锚固端的构造如何？铺设无粘结筋时应注意哪些问题？

习　　题

4.1　某建筑物有 5 根 L1 梁，每根梁配筋如图所示，试编制 5 根 L1 梁钢筋配料单。

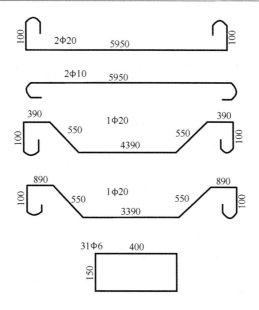

4.2　某主梁筋设计为 5 根Φ 25 的钢筋，现在无此钢筋，仅有Φ 28 与Φ 20 的钢筋，已知梁宽为 300mm，应如何代换？

4.3　某梁采用 C30 混凝土，原设计纵筋为 6φ20 （$f_y = 310N/mm^2$）已知梁断面 $b \times h = 300mm \times 300mm$，试用 HPB235 级钢筋 （$f_y = 210N/mm^2$）进行代换。

4.4　某剪力墙长、高分别为 5700mm 和 2900mm，施工气温 250℃，混凝土浇筑速度为 6m/h，采用组合式钢模板，试选用内、外钢楞。

4.5　设混凝土水胶比为 0.6，已知设计配合比为水泥∶砂∶石子 = 260kg∶650kg∶1380kg，现测得工地砂含水率 3%，石子含水率 1%，试计算施工配合比。若搅拌机的装料容积为 400L，每次搅拌所需材料分别是多少？

4.6　一设备基础长、宽、高分别为 20m、8m、3m，要求连续浇筑混凝土，搅拌站设有三台 400L 搅拌机，每台实际生产率 5m³/h，若混凝土运输时间为 24min，初凝时间为 2h，每浇筑层厚度为 300mm，试确定：

(1) 混凝土浇筑方案；

(2) 每小时混凝土的浇筑量；

(3) 完成整个浇筑工作所需的时间。

4.7　先张法生产某种预应力混凝土叠合板，混凝土强度等级为 C40，预应力钢丝直径为 5mm，其极限抗拉强度 $f_{ptk} = 1570N/mm^2$，单根张拉，若超张拉系数为 1.05：

(1) 试确定张拉程序及张拉控制应力；

(2) 计算张拉力并选择张拉机具；

(3) 计算预应力筋放张时，混凝土应达到的强度值。

第5章 结构安装工程

结构安装工程即是在现场或工厂制作结构构件或构件组合，用起重机械在施工现场将其起吊并安装到设计位置，形成装配式结构。结构安装工程按结构类型可分为混凝土结构安装工程和钢结构安装工程。其中，混凝土结构又可分为单层厂房结构安装、多高层混凝土结构安装；钢结构安装分为高层钢结构安装、大跨度钢结构安装。

结构安装工程是装配式结构工程施工的主导工种工程，对结构的安装质量、安装进度及工程成本有重大影响，工程人员对此应有足够的重视。结构安装工程存在构件的类型多、受机械设备和吊装方法影响大、构件吊装应力状态变化大、高空作业多等特点，这些直接影响到施工方案的制定和施工安全。

§5.1 单层工业厂房结构安装工程

单层工业厂房除基础外，其他构件均采用预制，屋面板、吊车梁、地基梁、支撑、天沟板等中小型构件多采用预制场工厂制作；屋架、柱等大型构件则采用现场预制。构件的安装包括吊装前的准备工作、构件吊装工艺与方法、结构吊装方案等内容。

5.1.1 安装前的准备工作

1. 混凝土构件的制作

混凝土构件的制作分为工厂制作（预制构件厂）和现场制作。中小型构件，如屋面板、墙板、吊车梁等，多采用工厂制作；大型构件或尺寸较大不便运输的构件，如屋架、柱等，则采用现场制作。在条件许可时，应尽可能采用叠浇法制作，叠层数量由地基承载能力和施工条件确定，一般不超过4层，上下层之间应做好隔离层，上层构件的浇筑应待下层构件混凝土达到设计强度的30%后才可进行，构件制作场地应平整坚实，并有排水措施。

混凝土构件的制作，可采用台座、钢平模和成组立模等方法。台座表面应光滑平整，在2m长度上平整度的允许偏差为3mm，在气温变化较大的地区应留有伸缩缝。预制构件模板可根据实际情况选择木模板、组合钢模板进行搭设，模板的连接和支撑要牢靠，拆除模板时，要保证混凝土的表面质量和对强度的要求。钢筋安装时，要保证其位置及数量的正确，确保保护层厚度符合设计的要求。

对于混凝土薄板可采用平板式振动器，对于厚大构件则可采用插入式振动器。

2. 混凝土构件的运输和堆放

构件运输过程，通常要经过起吊、装车、运输和卸车等工序。目前构件运输的主要方式为汽车运输，多采用载重汽车和平板拖车（图 1-5-1）。除此之外，在距离远而又有条件的地方，也可采用铁路和水路运输。在运输过程中为防止构件变形、倾倒、损坏，对高宽比过大的构件或多层叠放运输的构件，应采用设置工具或支承框架、固定架、支撑等予以固定，构件的支承位置和方法要得当，以保证构件受力合理，各构件间应有隔板或垫木，且上下垫木应保证在同一垂直线上。运输道路应坚实平整，有足够的转弯半径和宽度，运速适当，行驶平稳。构件运输时混凝土强度应满足设计要求，若设计无要求时，则不应低于设计强度等级的 75%。

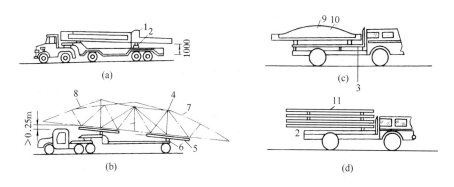

图 1-5-1　构件运输示意图

（a）柱子运输；（b）屋架运输；（c）吊车梁运输；（d）屋面板运输

1—柱子；2—垫木；3—支架；4—绳索；5—平衡架；6—铰；7—屋架；8—竹杆；

9—铅丝；10—吊车梁；11—屋面板

构件应按照施工组织设计的平面布置图进行堆放，以免出现二次搬运。堆放构件时，应使构件堆放状态符合设计受力状态。构件应放置在垫木上，各层垫木的位置应在一条垂直线上，以免构件折断。构件的堆置高度，应视构件的强度、垫木强度、地面承载力等情况而定。

3. 构件质量检查与弹线编号

在吊装前应对构件进行质量检查，检查内容包括：构件尺寸制作偏差、预埋件位置及尺寸、构件裂痕与变形、混凝土强度等。吊装时混凝土强度需满足设计要求，若设计无要求，柱混凝土强度应不低于设计强度的 75%，屋架混凝土强度应达到设计强度的 100%，且孔道的灌浆强度不应低于 15MPa，方可进行吊装。

为便于构件安装的对位、校正，须在构件上弹出几何中心线或安装准线。要求如下：

柱：柱身几何中心线，且与基础杯口中心线吻合，若柱为工字形截面，还应在翼缘上弹出一条与中心线相平行的线，此外，在柱顶面和牛腿上面要弹出屋架及吊车梁安装线（见图1-5-2）。

屋架：上弦顶面几何中心线、并从跨中向两端分别弹出天窗架、屋面板的安装基准线、屋架端部基准线。

吊车梁：断面及顶面弹出安装中心线。

在对构件弹线的同时，应按设计图纸统一对构件逐一编号。

4. 杯形基础准备

主要包括弹定位轴线及杯底操平。先复核杯口尺寸，利用经纬仪根据柱网轴线在杯口顶面标出十字交叉的柱子吊装中心线，作为吊装柱的对位及校正准线。杯形基础的杯底应留设负误差，吊装前根据柱及对应基础的实际制作尺寸，确定杯底垫浆厚度，并用水泥砂浆或细石混凝土找平（图1-5-3）。

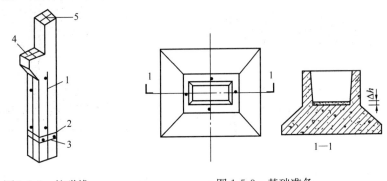

图1-5-2　柱弹线
1—柱中心线；2—标高控制线；
3—基础顶面线；4—吊车梁对
位线；5—屋架对位线

图1-5-3　基础准备

5.1.2　构件安装工艺

构件安装一般包括：绑扎、起吊、对位、临时固定、校正和最后固定等工序。

1. 柱的安装

（1）柱的绑扎

柱的绑扎方法、绑扎位置和绑扎点数应视柱的形状、长度、截面、配筋、起吊方法及起重机性能等因素而定。因柱起吊时吊离地面的瞬间由自重产生时弯矩最大，其最合理的绑扎点位置，应按柱产生的正负弯矩绝对值相等的原则来确定。一般中小型柱（自重13t以下）大多采用一点绑扎；重柱或配筋少而细长的柱（如抗风柱）为防止在起吊过程中柱身断裂，常采用两点甚至三点绑扎。对于有牛腿的柱，其绑扎点应选在牛腿以下 200mm 处。工字形断面和双肢柱，应选在矩形断面处，否则应在绑扎位置用方木加固翼缘，以免翼缘在起吊时损坏。

按柱起吊后柱身是否垂直，分为直吊法和斜吊法，相应的绑扎方法有：

1）斜吊绑扎法　当柱平卧起吊的抗弯能力满足要求时，可采用斜吊绑扎（图 1-5-4）。该方法的特点是柱不需翻身，起重钩可低于柱顶，当柱身较长，起重机臂长不够时，用此法较方便，但因柱身倾斜，就位时对中较困难。

2）直吊绑扎法　当柱平卧起吊的抗弯能力不足时，吊装前需先将柱翻身后再绑扎起吊，这时就要采取直吊绑扎法（图 1-5-5）。该方法的特点是吊索从柱的两侧引出，上端通过卡环或滑轮挂在铁扁担上。起吊时，铁扁担位于柱顶上，柱身呈垂直状态，便于柱垂直插入杯口和对中、校正。但由于铁扁担高于校顶，需用较长的起重臂。

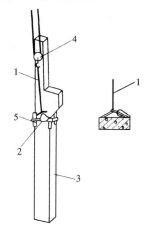

图 1-5-4　柱的斜吊绑扎法

1—吊索；2—活络卡环；
3—柱；4—滑车；5—方木

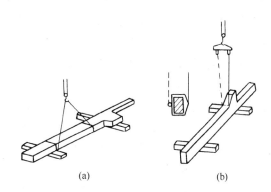

图 1-5-5　柱的翻身及直吊绑扎法

（a）柱翻身绑扎法；（b）柱直吊绑扎法

3）两点绑扎法　当柱身较长，一点绑扎和抗弯能力不足时可采用两点绑扎起吊（图 1-5-6）。

（2）柱的起吊

柱子起吊方法主要有旋转法和滑行法。按使用机械数量可分为单机起吊和双机抬吊。

1）单机吊装

A. 旋转法　起重机边升钩，边回转起重臂，使柱绕柱脚旋转而呈直立状态，然后将其插入杯口中（图 1-5-7）。

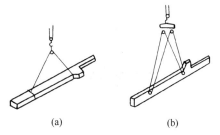

图 1-5-6　柱的两点绑扎法

（a）斜吊；（b）直吊

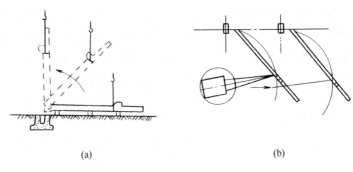

图 1-5-7　旋转法吊柱

（a）旋转过程；（b）平面布置

其特点是：柱在平面布置时，柱脚靠近基础，为使其在吊升过程中保持一定的回转半径（起重臂不起伏），应使柱的绑扎点、柱脚中心和杯口中心点三点共弧。该弧所在圆的圆心即为起重机的回转中心，半径为圆心到绑扎点的距离。若施工现场受到限制，不能布置成三点共弧，则可采用绑扎点与基础中心或柱脚与基础中心两点共弧布置。但在起吊过程中，需改变回转半径和起重臂仰角，工效低且安全度较差。旋转法吊升柱振动小，生产效率较高，但对起重机的机动性要求高。此法多用于中小型柱的吊装。

B. 滑行法　柱起吊时，起重机只升钩，起重臂不转动，使柱脚沿地面滑升逐渐直立，然后插入基础杯口（图 1-5-8）。采用此法起吊时，柱的绑扎点布置在杯口附近，并与杯口中心位于起重机的同一工作半径的圆弧上，以便将柱子吊离地面后，稍转动起重臂杆，就可就位。采用滑行法吊柱，具有以下特点：在起吊过程中起重机只需转动起重臂即可吊柱就位，比较安全。但柱在滑行过程中受到振动，使构件、吊具和起重机产生附加内力。为了减少滑行阻力，可在柱脚下面设置托木或滚筒。滑行法用于柱较重、较长或起重机在安全荷载下的回转半径不够；现场狭窄、柱无法按旋转法排放布置，或采用桅杆式起重机吊装等情况。

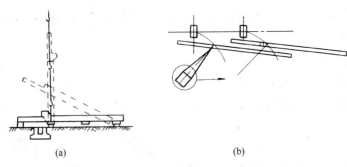

图 1-5-8　滑行法吊柱

（a）滑行过程；（b）平面布置

2）双机抬吊　当柱子体形、重量较大，一台起重机为性能所限，不能满足吊装要求时，可采用两台起重机联合起吊。其起吊方法可采用旋转法（两点抬吊）和滑行法（一点抬吊）。

双机抬吊旋转法是用一台起重机抬柱的上吊点，另一台抬柱的下吊点，柱的布置应使两个吊点与基础中心分别处于起重半径的圆弧上，两台起重机并立于柱的一侧（图 1-5-9）。

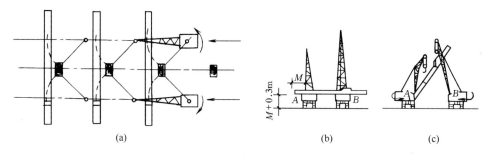

图 1-5-9　双机抬吊旋转法
（a）柱的平面布置；（b）双机同时提升吊钩；（c）双机同时向杯口旋转

起吊时，两机同时同速升钩，至柱离地面 0.3m 高度时，停止上升；然后，两起重机的起重臂同时向杯口旋转；此时，从动起重机 A 只旋转不提升，主动起重机 B 则边旋转边提升吊钩直至柱直立，双机以等速缓慢落钩，将柱插入杯口中。

双机抬吊滑行法柱的平面布置与单机起吊滑行法基本相同。两台起重机相对而立，其吊钩均应位于基础上方（图 1-5-10）。起吊时，两台起重机以相同的升钩、降钩、旋转速度工作。故宜选择型号相同的起重机。

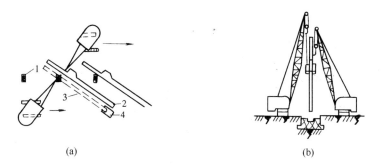

图 1-5-10　双机抬吊滑行法
（a）俯视图；（b）立面图
1—基础；2—柱预制位置；3—柱翻身后位置；4—滚动支座

采用双机抬吊，为使各机的负荷均不超过该机的起重能力，应进行负荷分配（图 1-5-11），其计算方法如下：

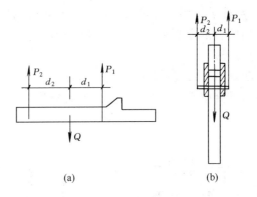

图 1-5-11 负荷分配计算简图

（a）两点抬吊；（b）一点抬吊

$$P_1 = 1.25 \, Q \, d_2 / (d_1 + d_2) \tag{1-5-1}$$
$$P_2 = 1.25 \, Q \, d_1 / (d_1 + d_2) \tag{1-5-2}$$

式中 Q——柱的重量（t）；

P_1——第一台起重机的负荷（t）；

P_2——第二台起重视的负荷（t）；

d_1、d_2——分别为起重机吊点至柱重心的距离（m）；

1.25——双机抬吊可能引起的超负荷系数，若有不超荷的保证措施，可不乘此系数。

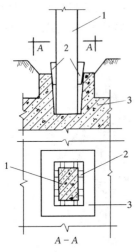

图 1-5-12 柱的临时固定

1—柱；2—楔块；3—基础

（3）柱的对位与临时固定

柱脚插入杯口后，应悬离杯底 30～50mm 处进行对位。对位时，应先沿柱子四周向杯口放入 8 只楔块，并用撬棍拨动柱脚，使柱子安装中心线对准杯口上的安装中心线，保持柱子基本垂直。当对位完成后，即可落钩将柱脚放入杯底，并复查中线，待符合要求后，即可将楔子打紧，使之临时固定（图 1-5-12）。当柱基的杯口深度与柱长之比小于 1/20，或具有较大牛腿的重型柱，还应增设带花篮螺丝的缆风绳或加斜撑等措施加强柱临时固定的稳定。

（4）柱的校正

柱的校正包括平面位置校正、垂直度校正和标高校正。平面位置的校正，在柱临时固定前进行对位时就已完成，而柱标高则在吊装前已通过按实际校长调整杯底标高的方法进行了校正。垂直度的校正，则应在柱临时固定后进行。柱垂直度的校正直接影响吊车梁、屋架等安装的准确性，要求垂直偏差的允许值为：当柱高小于或等于 5m 时偏差为 5mm；当柱高大于 5m 且小于 10m 时偏差为 10mm；当柱高大于或等于 10m 时偏差为 1/1000 柱高且小于或等于 20mm。

柱垂直度的校正方法，对中小型柱或垂直偏差值较小时，可用敲打楔块法；对重型柱则可用千斤顶法、钢管撑杆法、缆风绳校正法（图 1-5-13）。

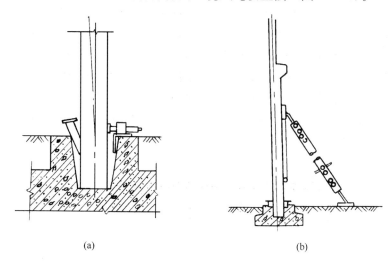

(a)　　　　　　　　　　　　(b)

图 1-5-13　柱垂直度校正方法
(a) 千斤顶校正法；(b) 钢管撑杆法

（5）柱的最后固定

柱校正后，应将楔块以每两个一组对称、均匀、分次打紧，并立即进行最后固定。其方法是在柱脚与杯口的空隙中浇筑比柱混凝土强度等级高一级的细石混凝土。混凝土的浇筑分两次进行。第一次浇至楔块底面，待混凝土达到 25％的设计强度后，拔去楔块，再浇筑第二次混凝土至杯口顶面，并进行养护；待第二次浇筑的混凝土强度达到 75％设计强度后，方能安装上部构件。

2. 吊车梁的安装

吊车梁的类型通常有 T 形、鱼腹式和组合式等几种。安装时应采用两点绑扎，对称起吊，当跨度为 12m 时亦可采用横吊梁，一般为单机起吊，特重的也可用双机抬吊。吊钩应对准吊车梁重心使其起吊后基本保持水平，对位时不宜用撬棍顺纵轴方向撬动吊车梁。吊车梁的校正可在屋盖吊装前进行，也可在屋盖吊装后进行。对于重型吊车梁宜在屋盖吊装前进行，边吊吊车梁边校正。吊车梁的校正包括标高、垂直度和平面位置等内容。

吊车梁标高主要取决于柱子牛腿标高，在柱吊装前已进行了调整，若还存在微小偏差，可待安装轨道时再调整。

吊车梁垂直度和平面位置的校正可同时进行。

吊车梁的垂直度可用垂球检查，偏差值应在5mm以内。若有偏差，可在两端的支座面上加斜垫铁纠正，每叠垫铁不得超过3块。

吊车梁平面位置的校正，主要是检查吊车梁纵轴线以及两列吊车梁间的跨度是否符合要求。按施工规范要求，轴线偏差不得大于5mm，在屋架安装前校正时，跨距不得有正偏差，以防屋架安装后柱顶向外偏移。吊车梁平面位置的校正方法，通常有通线法和平行移轴法。通线法是根据柱的定位轴线用经纬仪和钢尺准确地校好一跨内两端的四根吊车梁的纵轴线和轨距，再依据校正好的端部吊车梁，沿其轴线拉上钢丝通线，两端垫高200mm左右，并悬挂重物拉紧，逐根拨正吊车梁（图1-5-14）。平行移轴法是根据柱和吊车梁的定位轴线间的距离（一般为750mm），逐根拨正吊车梁的安装中心线（图1-5-15）。

吊车梁校正后，应立即焊接牢固，并在吊车梁与柱接头的空隙处浇筑细石混凝土进行最后固定。

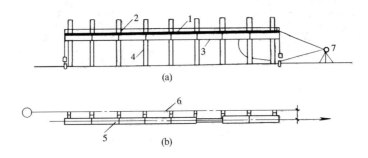

图 1-5-14 通线法校正吊车梁

（a）立面图；（b）平面图

1—柱；2—圆钢；3—吊车梁；4—钢丝；5—吊车梁纵轴线；

6—柱轴线；7—经纬仪

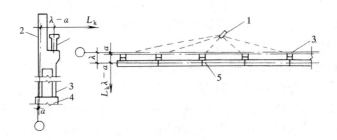

图 1-5-15 平行移轴法校正吊车梁

1—经纬仪；2—标记；3—柱；4—柱基础；5—吊车梁

3. 钢筋混凝土屋架的安装

（1）屋架的扶直与就位

钢筋混凝土屋架一般在施工现场平卧重叠预制，吊装前尚应将屋架扶直和就位。屋架是平面受力构件，扶直时在自重作用下屋架承受平面外力，部分改变了构件的受力性质，特别是上弦杆易挠曲开裂。因此，需事先进行吊装应力验算，如截面强度不够，则应采取加固措施。

　　按起重机与屋架相对位置不同，屋架扶直可分为正向扶直与反向扶直两种。

　　1）正向扶直　起重机位于屋架下弦一侧，首先以吊钩中心对准屋架上弦中点，收紧吊钩，然后略略起臂使屋架脱模，接着起重机升钩并升臂使屋架以下弦为轴缓慢转为直立状态（图 1-5-16a）。

　　2）反向扶直　起重机位于屋架上弦一侧，首先以吊钩对准屋架上弦中点，接着升钩并降臂。使屋架以下弦为轴缓慢转为直立状态（图 1-5-16b）。

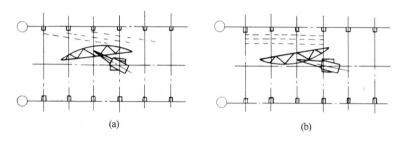

图 1-5-16　屋架的扶直

（a）正向扶直；（b）反向扶直

　　正向扶直与反向扶直的区别在于扶直过程中，一升臂，一降臂，以保持吊钩始终在上弦中点的垂直上方。升臂比降臂易于操作且比较安全，应尽可能采用正向扶直。

　　屋架扶直后，应立即就位，即将屋架移往吊装前的规定位置。就位的位置与屋架的安装方法、起重机的性能有关。应考虑屋架的安装顺序、两端朝向等问题且应少占场地，便于吊装作业。一般靠柱边斜放或以 3～5 榀为一组平行柱边纵向就位，用支撑或 8 号铁丝等与已安装好的柱或已就位的屋架拉牢，以保持稳定。

　　（2）屋架的绑扎

　　屋架的绑扎点应选在上弦节点处，左右对称，并高于屋架重心，以免屋架起吊后晃动和倾翻。吊索与水平线的夹角不宜小于 45°，以免屋架承受过大的横向压力。必要时，为了减小绑扎高度及所受的横向压力可采用横吊梁。吊点的数目及位置与屋架的形式和跨度有关，一般应经吊装验算确定。

　　当屋架跨度小于或等于 18m 时，采用两点绑扎（图 1-5-17a）；当跨度为 18～24m 时，采用四点绑扎（图 1-5-17b）；当跨度为 30～36m 时，采用 9m 横吊梁，四点绑扎（图 1-5-17c）；侧向刚度较差的屋架，必要时应进行临时加固（图 1-5-17d）。

　　（3）屋架的起吊和临时固定

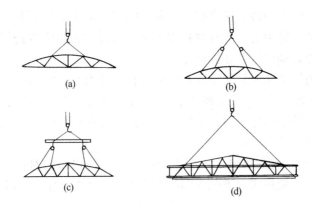

图 1-5-17   屋架的绑扎方法

(a) 两点绑扎；(b) 四点绑扎；(c) 横吊梁，四点绑扎；(d) 临时加固

屋架的起吊是先将屋架吊离地面约 500mm，然后将屋架转至吊装位置下方，再将屋架吊升超过柱顶约 300mm，然后将屋架缓慢放至柱顶，对准建筑物的定位轴线。该轴线在屋架吊装前已用经纬仪放到了柱顶。规范规定，屋架下弦中心线对定位轴线的移位允许偏差为 5mm。屋架的临时固定方法是：第一榀屋架用四根缆风绳从两边将屋架拉牢，亦可将屋架临时支撑在抗风柱上。其他各榀屋架的临时固定是用两根工具式支撑（屋架校正器）撑在前一榀屋架上（图 1-5-18）。

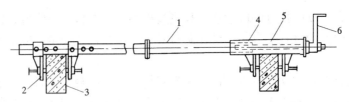

图 1-5-18   屋架校正器

1—钢管；2—撑脚；3—屋架上弦；4—螺母；5—螺杆；6—摇把

（4）屋架的校正与最后固定

屋架的校正一般可采用校正器校正。对于第一榀屋架则可用缆风绳进行校正。屋架的垂直度可用经纬仪或线坠进行检查。用经纬仪检查竖向偏差的方法是在屋架上安装三个卡尺，一个安在上弦中点附近，另两个分别安在屋架两端。自屋架几何中心向外量出一定距离（一般 500mm）在卡尺上做出标记，然后在距离屋架中心线同样距离（500mm）处安设经纬仪，观测三个卡尺上的标记是否在同一垂直面上。用线坠检查屋架竖向偏差的方法与上述步骤基本相同，但标记距屋架几何中心的距离可短些（一般为 300mm），在两端头卡尺的标记间连一通线，自屋架顶部卡尺的标记向下挂线坠，检查三个卡尺标记是否在同一垂直面上。若卡尺的标记不在同一垂直面上，可通过转动工具式支撑上的螺栓纠正偏差，并在屋架两端的柱顶垫入斜垫铁。

屋架校正完毕后，立即用电焊最后固定。焊接时，应先焊接屋架两端成对角线的两侧边，避免两端同侧施焊，以免因焊缝收缩使屋架倾斜。

（5）屋架的双机抬吊

当屋架的重量较大，一台起重机的起重量不能满足要求时，则可用两台起重机抬吊屋架，其方法有一机回转、一机跑吊及双机跑吊两种。

1）一机回转、一机跑吊　该方法屋架布置在跨中，两台起重机分别停于屋架的两侧（图 1-5-19a），1 号机在吊装过程中只回转不移动，因此，其停机位置距屋架起吊前的吊点与屋架安装至柱顶后的吊点应相等。2 号机在吊装过程中需回转及移动，其行走中心为屋架安装后各屋架吊点的连线。开始时两台起重机同时提升屋架至一定高度（超过履带），2 号机将屋架由起重机一侧转至机前，然后两机同时提升屋架至超过柱顶，2 号机带屋架前进至屋架安装就位的停机点，1 号机则作回转动作以相配合，最后两机同时缓慢将屋架下降至柱顶对位。

2）双机跑吊　屋架在跨内一侧就位。开始时，两台起重机同时提升吊钩，将屋架提升至一定高度，使屋架回转时不致碰及其他屋架或柱；然后 1 号机带屋架向后退至停机点，2 号机则带屋架向前移动，使屋架到达安装就位位置。两机再同时升高屋架超过柱顶，最后同时缓慢下降至柱顶就位（图 1-5-19b）。

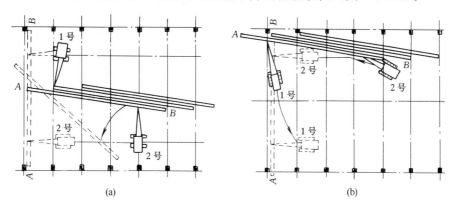

图 1-5-19　屋架的双机抬吊
（a）一机回转、一机跑吊；（b）双机跑吊

4. 天窗架及屋面板的安装

天窗架可与屋架组合一次安装，亦可单独安装，视起重机的起重能力和起吊高度而定。前者高空作业少，但对起重机要求较高，后者为常用方式，安装时需待天窗架两侧屋面板安装后进行。钢筋混凝土天窗架一般可采用两点或四点绑扎（图 1-5-20）。其校正、临时固定亦可用缆风绳、木撑或临时固定器（校正器）进行。

屋面板预埋有吊环，为充分发挥起重机效率，一般采用一钩多吊（图 1-5-21）。板的安装应自两边檐口左右对称地逐块安向屋脊或两边左右对称地逐块吊向中央，

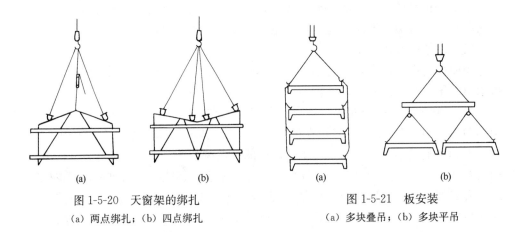

图 1-5-20　天窗架的绑扎　　　　图 1-5-21　板安装

（a）两点绑扎；（b）四点绑扎　　　（a）多块叠吊；（b）多块平吊

以免支承结构不对称受荷，有利于下部结构的稳定。屋面板就位、校正后，应立即与屋架上弦或支承梁焊牢。

5.1.3　结　构　安　装

1. 结构安装方案

单层工业厂房结构安装方案的主要内容是：起重机的选择、结构安装方法、起重机开行路线及停机点的确定、构件平面布置等。

（1）起重机的选择

起重机的选择直接影响到构件安装方法，起重机开行路线与停机点位置、构件平面布置等在安装工程中占有重要地位。起重机的选择包含起重机类型的选择和起重机型号的确定两方面内容。

1）起重机类型的选择

单层工业厂房结构安装起重机的类型，应根据厂房外形尺寸、构件尺寸、重量和安装位置、施工现场条件、施工单位机械设备供应情况以及安装工程量、安装进度要求等因素，综合考虑后确定。对于一般中小型厂房，由于平面尺寸不大，构件重量较轻，起重高度较小，厂房内设备为后安装，因此以采用自行杆式起重机比较适宜，其中尤以履带式起重机应用最为广泛。

对于重型厂房，因厂房的跨度和高度都大，构件尺寸和重量亦很大，设备安装往往要同结构安装平行进行，故以采用重型塔式起重机或纤缆式桅杆起重机较为适宜。

2）起重机型号的确定

起重机的型号应根据构件重量、构件安装高度和构件外形尺寸确定，使起重机的工作参数，即起重量、起重高度及回转半径足以适应结构安装的需要（图1-5-22）。以下主要讨论履带式起重机型号的选择。

① 起重量

起重机的起重量必须满足下式要求：

$$Q \geqslant Q_1 + Q_2 \qquad (1\text{-}5\text{-}3)$$

式中　Q——起重机的起重量（t）；

　　　Q_1——构件重量（t）；

　　　Q_2——索具重量（t）。

② 起重高度

起重机的起重高度必须满足所吊构件的高度要求（图 1-5-23）。

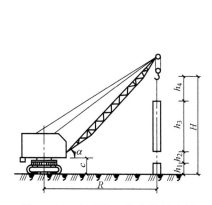

图 1-5-22　起重机工作参数的选择

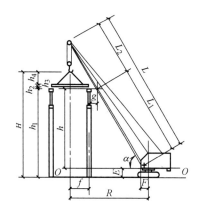

图 1-5-23　数解法求最小起重臂长

$$H \geqslant h_1 + h_2 + h_3 + h_4 \qquad (1\text{-}5\text{-}4)$$

式中　H——起重机的起重高度（m），从停机面至吊钩的垂直距离；

　　　h_1——安装支座表面高度（m），从停机面算起；

　　　h_2——安装间隙，一般不小于 0.3m；

　　　h_3——绑扎点至构件底面的距离（m）；

　　　h_4——索具高度，自绑扎点至吊钩中心的距离，视具体情况而定，不小于 1m。

③ 起重半径

起重机起重半径的确定可按以下三种情况考虑：

当起重机可以不受限制地开到构件安装位置附近安装时，对起重半径无要求，在计算起重量和起重高度后，便可查阅起重机起重性能表或性能曲线来选择起重机型号及起重臂长，并可查得在此起重量和起重高度下相应的起重半径，作为确定起重机开行路线及停机位置时参考。

当起重机不能直接开到构件安装位置附近去安装构件时，应根据起重量、起重高度和起重半径三个参数，查起重机起重性能表或性能曲线来选择起重机型号及起重臂长。

当起重机的起重臂需要跨过已安装好的结构去安装构件时（如跨过屋架或天窗架吊屋面板），为了避免超重臂与已安装结构相碰，或当所吊构件宽度大，为使构件不碰起重臂，均需要计算出起重机吊该构件的最小臂长及相应的起重半径。其方法有数解法和图解法。

A. 数解法

$$L = L_1 + L_2 = \frac{h}{\sin\alpha} + \frac{f+g}{\cos\alpha} \qquad (1\text{-}5\text{-}5)$$

式中　L——起重臂长度（m）；

　　　h——起重臂底铰至屋面板安装支座的高度（m）；

$$h = h_1 - E$$

　　　h_1——停机面至屋面板安装支座的高度（m）；

　　　f——起重钩需跨过已安装好构件的距离（m）；

　　　g——起重臂轴线与已安装好结构间的水平距离，至少取 1m；

　　　α——起重臂的仰角；

　　　E——起重臂底铰至停机面的距离（m）。

为求得最小起重臂长，可对式（1-5-5）进行微分，并令 $\mathrm{d}L/\mathrm{d}\alpha = 0$ 即

$$\frac{\mathrm{d}L}{\mathrm{d}\alpha} = \frac{-h\cos\alpha}{\sin^2\alpha} + \frac{(f+g)\sin\alpha}{\cos^2\alpha} = 0$$

得
$$\alpha = \arctan \sqrt[3]{\frac{h}{f+g}} \qquad (1\text{-}5\text{-}6)$$

将 α 值代入式（1-5-5），可求得所需起重臂的最小长度。据此，可选出适当的起重臂长。然后由实际采用的 L 及 α 值，计算出起重半径 R：

$$R = F + L\cos\alpha \qquad (1\text{-}5\text{-}7)$$

根据 R 和 L 查起重机性能表或性能曲线，复核起重量及起重高度，即可由 R 值确定起重机安装屋面板时的停机位置。

B. 图解法

如图 1-5-24 所示，首先按比例（一般不小于 1：200）绘出构件的安装标高和实际地面线；然后由 $0.3 + n + h + d$ 定出 P_1 点的位置。由 m 值定出 P_2 的位置，m 值为起重臂轴线与已安装屋架间的水平距离，其值依起重臂横截面高度、起重臂仰角 α 以及安全间隔等数值而定，一般取为 1m。再由起重机底铰至停机面的距离绘出平行于停机面的直线 EF，联接 P_1P_2，并延长使之与 EF 相交于 P_3（此点即

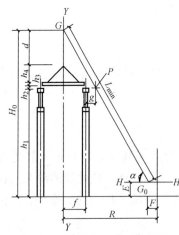

图 1-5-24　图解法求最小起重臂长

1—起重机回转中心线；2—柱子；

3—屋架；4—天窗架；5—屋面板

为起重臂底铰的位置），最后量出 P_1P_3 的长度，即为所求的起重机的最小起重臂长。

2. 结构安装方法

单层工业厂房的结构安装方法，有分件安装法和综合安装法两种。

（1）分件安装法（又称大流水法）

分件安装法是起重机每开行一次只安装一种或几种构件。通常起重机分三次开行安完单层工业厂房的全部构件（图1-5-25）。

这种安装法的一般顺序是：起重机第一次开行，安装完全部柱子并对柱子进行校正和最后固定；第二次开行，安装全部吊车梁、连系梁及柱间支撑等；第三次开行，按节间安装屋架、天窗架、屋盖支撑及屋面构件（如檩条、屋面板、天沟等）。

分件安装法的主要优点是：构件校正、固定有足够的时间；构件可分批进场，供应较单安装现场

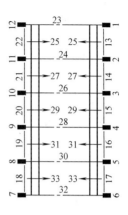

图 1-5-25　分件安装

1、2、3……—安装构件顺序

不致过分拥挤，平面布置较简单；起重机每次开行吊同类型构件，索具勿需经常更换，安装效率高。其缺点是不能为后续工序及早提供工作面，起重机开行路线长。

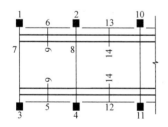

图 1-5-26　综合安装

1、2、3……—安装顺序

（2）综合安装法（又称节间安装法）

综合安装法是起重机每移动一次就安装完一个节间内的全部构件。即先安装这一节间柱子，校正固定后立即安装该节间内的吊车梁、屋架及屋面构件，待安装完这一节间全部构件后，起重机移至下一节间进行安装（图1-5-26）。

综合安装的优点是：起重机开行路线较短，停机点位置少，可使后续工序提早进行，使各工种进行交叉平行流水作业，有利于加快整个工程进度。其缺点在于同时安装多种类型构件，起重机不能发挥最大效率；且构件供应紧张，现场拥挤，校正困难。故此法应用较少，只有在某些结构（如门式框架）必须采用综合安装时，或采用桅杆式起重机安装时，才采用这种方法。

3. 起重机的开行路线及停机位置

起重机的开行路线与停机位置和起重机的性能、构件尺寸及重量、构件平面位置、构件的供应方式、安装方法等有关。

（1）安装柱子时，根据厂房跨度、柱的尺寸及重量、起重机性能等情况，可沿跨中开行或跨边开行（图1-5-27）。

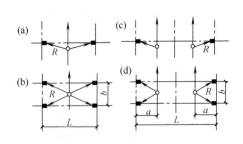

图 1-5-27   起重机安装柱时的
开行路线及停机位置

1）若柱布置在跨内，起重机在跨内开行，每个停机位置可安 1～4 根柱。

① 当起重半径 $R \geqslant L/2$ 时，起重机沿跨中开行，每个停机点可安装两根柱（图 1-5-27a）；

② 当起重半径 $R \geqslant \sqrt{\left(\dfrac{L}{2}\right)^2 + \left(\dfrac{b}{2}\right)^2}$ 时，则可安装四根柱（图 1-5-27b）；

③ 当起重半径 $R < L/2$ 时，起重机沿跨边开行，每个停机位置可安装一根柱（图 1-5-27c）；

④ 当起重半径 $R \geqslant \sqrt{a^2 + \left(\dfrac{b}{2}\right)^2}$ 时，沿跨边开行，每个停机位置可安装两根柱（图 1-5-27d）。

式中　R——起重机的起重半径（m）；

　　　L——厂房跨度（m）；

　　　b——柱的间距（m）；

　　　a——起重机开行路线至跨边的距离（m）。

2）若柱布置在跨外，起重机沿跨外开行，停机位置与沿跨内靠边开行相似。

（2）屋架扶直就位及屋盖系统安装时，起重机在跨内开行。图 1-5-28 所示为一单跨车间采用分件安装法起重机开行路线及停机位置图。起重机从 A 轴线进场，沿跨外开行安装 A 列柱，再沿 B 轴线跨内开行安装 B 列柱，然后再转到 A 轴线一侧扶直屋架并将其就位，再转到 B 轴线安装 B 列

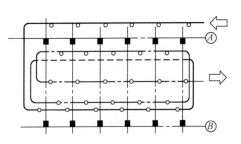

图 1-5-28   起重机开行路线及停机位置

连系梁、吊车梁等，随后再转到 A 轴线安 A 列连系梁、吊车梁等构件，最后再转到跨中安装屋盖系统。

当单层工业厂房面积大或具有多跨结构时，为加快工程进度，可将其划分为若干施工段，选用多台起重机同时施土。每合起重机可以独立作业并担负一个区段的全部安装工作，也可选用不同性能起重机协同作业，分别安装柱和屋盖结构，组织大流水施工。

当厂房为多跨并列且具有纵横跨时，可先安装各纵向跨，以保证起重机在各纵向跨安装时，运输道路畅通。若有高低跨，则应先安高跨，后安低跨并向两边逐步展开安装作业。

4. 构件平面布置与安装前构件的就位、堆放

（1）构件的平面布置

构件的平面布置是结构安装工程的一项重要工作，影响因素众多，布置不当将直接影响工程进度和施工效率。故应在确定起重机型号和结构安装方案后结合施工现场实际情况来确定。单层工业厂房需要在现场预制的构件主要有柱和屋架，吊车梁有时也在现场制作。其他构件则在构件厂或预制场制作，运到现场就位安装。

1）构件平面布置的要求

构件平面布置应尽可能满足以下要求：

① 各跨构件宜布置在本跨内，如有困难可考虑布置在跨外且便于安装的地方；

② 构件布置应满足其安装工艺要求，尽可能布置在起重机起重半径内；

③ 构件间应有一定距离（一般不小于 1m），便于支模和浇筑混凝土，对重型构件应优先考虑，若为预应力构件尚应考虑抽管、穿筋的操作场所；

④ 各种构件的布置应力求占地最少，保证起重机及其他运输车辆运行道路的畅通，当起重机回转时不致与建筑物或构件相碰；

⑤ 构件布置时应注意安装时的朝向，避免空中调头，影响施工进度和安全；

⑥ 构件应布置在坚实的地基上，在新填土上布置构件时，应采取措施（如夯实、垫通长木板等）防止地基下沉，以免影响构件质量。

2）柱的布置

柱的布置按安装方法的不同，有斜向布置和纵向布置两种。

① 柱的斜向布置　若以旋转法起吊，按三点共弧布置（图 1-5-29），其步骤如下：

首先确定起重机开行路线至柱基中心的距离 a，a 的最大值不超过起重机吊装该柱时的最大起重半径 R，也不能小于起重机的最小起重半径 R'，以免起重机离基坑太近而失稳。此外，应注意起重机回转时，其局部不与周围构件或建筑物相碰。综合考虑上述条件，即可画出起重机的开行路线。

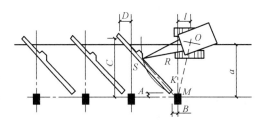

图 1-5-29　柱斜向布置方式之一
（三点共弧）

随即，确定起重机的停机位置。以柱基中心 M 为圆心，安装该柱的起重半径 R 为半径画弧，与起重机开行路线相交于 O 点，该 O 点即为安装该柱的起重机停机位置。然后，以停机位置 O 为圆心，OM 为半径画弧，在靠近柱基的弧上选点 K 作为柱脚中心的位置，再以 K 为圆心，以柱脚到吊点的距离为半径画弧，与 OM 为半径所画弧相交于 S，连接 KS 得柱的中心线。据此画出预制位置图，标出柱顶、柱脚与柱到纵横轴线的距离 A、B、C、D，作为支模依据。

布置柱时尚应注意牛腿的朝向。当柱布置在跨内，牛腿应朝向起重机；当柱布置在跨外，牛腿则应背向起重机。

由于受场地或柱子尺寸的限制，有时难以做到三点共弧，则可按两点共弧布置，其方法有以下两种：

一种是将柱脚与柱基中心安排在起重半径 R 的圆弧上，而将吊点置于起重半径 R 之外（图1-5-30）。安装时先用较大的起重半径 R' 起吊，并起升起重臂，当起重半径变为 R 后，停止升臂，再按旋转法安装柱。

另一种是将吊点与柱基安排在起重半径 R 的同一圆弧上，而柱脚斜向任意方向（图1-5-31）。安装时，柱可按旋转法起吊，也可用滑行法起吊。

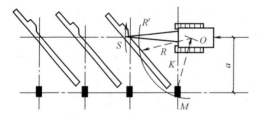

图1-5-30 柱斜向布置方式之二
（柱脚、柱基中心两点共弧）

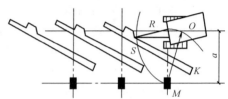

图1-5-31 柱斜向布置方式之三
（吊点、柱基两点共弧）

② 柱的纵向布置 当采用滑行法安装柱时，可纵向布置，预制柱的位置与厂房纵轴线相平行（图1-5-32）。若柱长小于12m，为节约模板及场地，两柱可叠浇并排成两行。柱叠浇时应刷隔离剂，浇筑上层柱混凝土时，需待下层柱混凝土强度达到 5.0N/mm² 后方可进行。

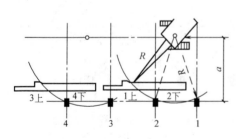

图1-5-32 柱的纵向布置

3）屋架的布置

屋架一般在跨内平卧叠浇预制，每叠3~4榀，其布置方式有三种：正面斜向布置、正反斜向布置和正反纵向布置（图1-5-33）。因正面斜向布置使屋架扶直就位方便，故应优先选用该布置方式。若场地受限则可选用其他布置方式。确定屋架的预制位置，还要考虑屋架的扶直，堆放要求及扶直的先后顺序，先扶直者应放在上层。屋架跨度大，转动不易，布置时应注意屋架两端的朝向。图1-5-33中 $l/2+3$(m) 表示提供预应力屋架抽管穿筋之用的最小距离。每两垛屋架间留有1m空隙，以便立模和浇混凝土。

4）吊车梁的布置

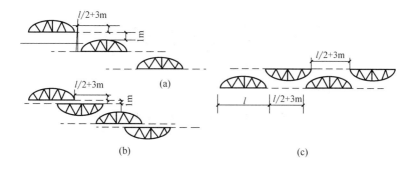

图 1-5-33　屋架预制时的布置方式

（a）正面斜向布置；（b）正反斜向布置；（c）正反纵向布置

若吊车梁在现场预制，一般应靠近柱基础顺纵轴线或略作倾斜布置，亦可插在柱子之间预制。若具有运输条件，可另行在场外集中预制。

（2）构件安装前的就位和堆放

由于柱在预制阶段已按安装阶段的就位要求布置，当柱的混凝土强度达到安装要求后，应先吊柱，以便空出场地布置其他构件，如屋面板、屋架、吊车梁等。

1）屋架的就位

屋架在扶直后，应立即将其转移到吊装前的就位位置，屋架按就位位置的不同，可分为同侧就位和异侧就位（图 1-5-34）。屋架的就位方式一般有两种：一种是斜向就位，另一种是成组纵向就位。

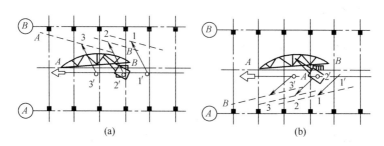

图 1-5-34　屋架就位示意图

（a）同侧就位；（b）异侧就位

① 屋架的斜向就位

屋架的斜向就位（图 1-5-35），可按以下方法确定：

由于安装屋架时，起重机一般沿跨中开行，因此，可画出起重机的开行路线。停机位置的确定是以欲安装的某轴线与起重机开行路线的交点为圆心，以所选安装屋架的起重半径 R 为半径画弧，与开行路线相交于 O_1、O_2、O_3……如图 1-5-35 所示。这若干交点即为停机位置。

屋架靠柱边就位，但距柱边净距不小于 200mm，并可利用柱作为屋架的临

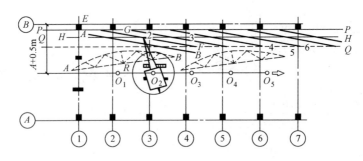

图 1-5-35　屋架斜向就位

时支撑。这样，便可定出屋架就位的外边线 $P—P$；另外，起重机在安装屋架和屋面板时，机身需要回转，若起重机机身回转半径为 A，则在距起重机开行路线 $A+0.5$m 范围内不宜布屋架及其他构件，据此，可画出内边线 $Q—Q$，$P—P$ 和 $Q—Q$ 两线间即为屋架扶直就位的控制位置。当然，屋架就位宽度不一定这样大，可根据实际情况缩小。

在确定屋架就位范围后，画出 $P—P$、$Q—Q$ 的中心线 $H—H$，屋架就位后其中点均在 $H—H$ 线上。这里以安②轴线屋架为例。以停机点 O_2 为圆心，R 为半径画弧交 $H—H$ 于 G 点，G 点即为②轴线屋架就位后的中点，再以 G 为圆心，以屋架跨度的 1/2 为半径，画弧交 $P—P$、$Q—Q$ 两线于 E、F 两点，连接 E、F 即为②轴线屋架的就位位置。其他屋架的就位位置均平行于此屋架，相邻两屋架中点的间距为此两屋架轴线间的距离。只有①轴线屋架若已安装抗风柱，需退到②轴线屋架的附近就位。

② 屋架的纵向就位

屋架的纵向就位，一般以 4～5 榀为一组靠柱边顺纵轴线排列。屋架与柱之间，屋架与屋架之间的净距不小于 200mm，相互间用铁丝及支撑拉紧撑牢。每组屋架间应留有 3m 左右的间距作为横向通道。每组屋架的就位中心线，应大致安排在该组屋架倒数第二榀的吊装轴线之后 2m 处，这样可避免在已安装好的屋架下面去绑扎安装屋架，且屋架起吊后不与已安装的屋架相碰（图 1-5-36）。

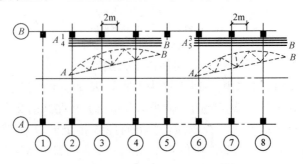

图 1-5-36　屋架成组纵向就位

2）吊车梁、连系梁和屋面板的堆放

构件运到施工现场应按施工平面图规定位置，按编号及构件安装顺序进行就位或集中堆放。吊车梁、连系梁就位位置，一般在其安装位置的柱列附近，跨内跨外均可，有时对屋面板等小型构件可采用随运随吊，以免现场过于拥挤。梁式构件可叠放 2~3 层，屋面板的就位位置，可布置在跨内或跨外，根据起重机吊屋面板时所需要的起重半径，当屋面板跨内就位时，应退后 3~4 个节间沿柱边堆放；当跨外就位时，则应退 1~2 个节间靠柱边堆放。屋面板的叠放，一般为6~8 层。

以上介绍的是单层工业厂房构件平面布置的一般原则和方法，但其平面布置，往往会受众多因素的影响，制定方案时，必须充分考虑现场实际，确定切实可行的构件平面布置图（图 1-5-37）。

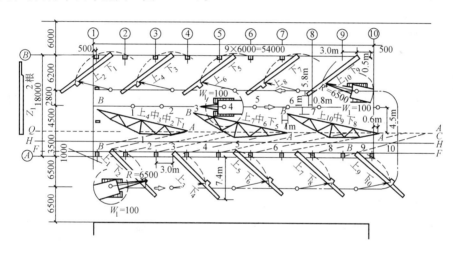

图 1-5-37　某车间预制构件平面布置图

§5.2　多高层混凝土结构安装工程

多高层民用建筑、多层工业厂房常采用的结构体系之一是装配式钢筋混凝土框架结构，它的梁、柱、板等构件均在工厂或现场预制后进行安装，从而节省了现场施工模板的搭、拆工作。不仅节约了模板，而且可以充分利用施工空间进行平行流水作业，加快施工进度；同时，也是实现建筑工业化的重要途径。但该结构体系构件接头较复杂，安装工程量大，结构用钢量比现浇框架约增加 10~20kg/m²，工程造价比现浇框架结构约增加 30%~50%，并且施工时需要相应的起重、运输和安装设备。

装配式框架结构形式，主要是梁板式和无梁式两种。梁板式结构由柱、主梁、次梁及楼板等组成。柱子长度取决于起重机的起重能力，条件可能时应尽量加大柱子长度（二、三层至四层一节），以减少柱子接头数量，提高安装效率。主梁多沿横向框架方向布置，次梁沿纵向布置。若起重条件允许，还可采用梁柱整体式构件（H形、T形的构件）进行安装。柱与柱的接头应设在弯矩较小的地方，也可设在梁柱节点处。无梁式结构由柱和板组成，这种结构多采用升板法施工。

多层装配式框架结构施工的特点是：高度大、占地少、构件类型多、数量大，接头复杂，技术要求高。为此，应着重解决起重机械选择，构件的供应、现场平面布置以及结构安装方法等。

5.2.1 起重机械选择

起重机械选择主要根据工程特点（平面尺寸、高度、构件重量和大小等）、现场条件和现有机械设备等来确定。

装配式框架结构安装常用的起重机械有自行式起重机（履带式、汽车式、轮胎式）和塔式起重机（轨道式、自升式）。一般5层以下的民用建筑、高度在18m以下的多层工业厂房或外形不规则的房屋，宜选用自行式起重机。10层以下或房屋总高度在25m以下，宽度在15m以内，构件重量在2～3t，一般可选用QT1-6型塔式起重机或具有相同性能的其他轻型塔式起重机。

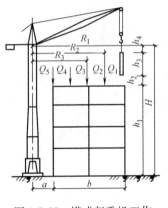

图 1-5-38 塔式起重机工作参数计算简图

在选择塔式起重机型号时，首先应分析结构情况，绘出剖面图，并在图上标注各种主要构件的重量 Q_i 及安装时所需起重半径 R_i，然后根据现有起重机的性能，验算其起重量、起重高度和起重半径是否满足要求（图 1-5-38）。当塔式起重机的起重能力用起重力矩表示时，应分别计算出吊装主要构件所需的起重力矩，$M_i = Q_i \cdot R_i (kN \cdot m)$，取其中最大值作为选择依据。

5.2.2 起重机械布置

塔式起重机的布置主要应根据建筑物的平面形状、构件重量、起重机性能及施工现场环境条件等因素确定。通常塔式起重机布置在建筑物的外侧，有单侧布置和双侧（或环形）布置两种方案（图 1-5-39）。

1. 单侧布置

当建筑物宽度较小（15m左右），构件重量较轻（2t左右）时常采用单侧布置。其起重半径应满足：

$$R \geqslant b + a \tag{1-5-8}$$

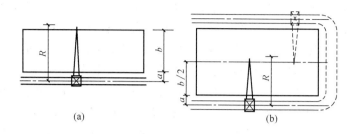

图 1-5-39 塔式起重机跨外布置

(a) 单侧布置；(b) 双侧（环形）布置

式中 R——起重机吊最远构件时的起重半径（m）；

b——房屋宽度（m）；

a——房屋外侧至塔轨中心线的距离（$a=3\sim5$m）。

该布置方案具有轨道长度较短，构件堆放场地较宽等特点。

2. 双侧布置

当建筑物宽度较大（$b>17$m）或构件较重，单侧布置时起重力矩不能满足最远构件的安装要求，起重机可双侧布置，其起重半径应满足：

$$R \geqslant b/2 + a \tag{1-5-9}$$

当场地狭窄，在建筑物外侧不可能布置起重机或建筑物宽度较大，构件较重，起重机布置在跨外其性能不能满足安装需要时，也可采用跨内布置，其布置方式有跨内单行布置和跨内环形布置两种（图 1-5-40）。该布置方式结构稳定性差，构件多布置在起重半径之外，且对建筑物外侧围护结构安装较困难；在建筑物一端还需留 $20\sim30$m 长的场地供起重机装卸之用。因此，应尽可能不采用跨内布置，尤其是跨内环形布置。

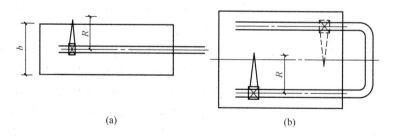

图 1-5-40 塔式起重机跨内布置

(a) 单行布置；(b) 环形布置

5.2.3 装配式框架结构安装

1. 柱子吊装

装配式框架结构由柱、主梁、次梁、楼板等组成。结构柱截面一般为方形或矩形。为了便于预制和吊装，各层柱的截面应尽量保持不变，而以改变混凝土强度等级来适应荷载变化。当采用塔式起重机进行吊装时，柱长以 1～2 层楼高为宜；对于 4～5 层框架结构，若采用履带式起重机吊装，则柱长通常采用一节到顶的方案，柱与柱的接头宜设在弯矩较小的地方或梁柱节点处。

框架柱由于长细比过大，吊装时必须合理选择吊点位置和吊装方法，以免在吊装过程中产生裂缝或断裂。通常，当柱长在 12m 以内时，可采用一点绑扎，当柱长超 12m 时，则可采用两点绑扎，必要时应进行吊装应力和抗裂度验算。应尽量避免三点或多点绑扎和起吊。柱子起吊方法与单层厂房柱子相同。框架底层柱与基础杯口的连接方法亦与单层厂房相同。柱的临时固定多采用固定器或管式支撑（图 1-5-41）。

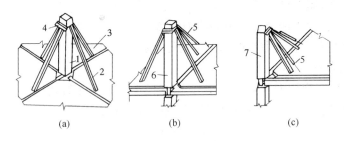

图 1-5-41　柱子的临时固定设备

1—上节内柱；2—斜撑；3—楼板；4—环箍；5—管式支撑竖杆；
6—上节边柱；7—上节角柱

2. 柱子校正

柱子垂直度的校正一般用经纬仪、线坠进行。柱的校正需要 2～3 次：首先在脱钩后电焊前进行初校；在柱接头电焊后进行第二次校正，观测电焊时钢筋受热收缩不均引起的偏差；此外，在梁和楼板安装后还需检查一次，以便消除梁柱接头电焊而产生的偏差。柱在校正时，应力求上下节柱正确以消除积累偏差，但当下节柱经最后校正仍存在偏差，若在允许范围内可以不再作调整。在此情况下吊装上节柱时，一般应使上节柱底部中心线对准下节柱顶中心线和标准中心线的中点（即 $a/2$ 处，图 1-5-42），而上节柱的顶部，在校正时仍以标准中心线为准，以此类推。在柱的校正过程中，当垂直度和水平位移均有偏差时，若垂直偏移较大，则应先校正垂直度，而后校正水平位移，以减少柱顶倾覆的可能性。柱的垂直度允许偏移值 $\leqslant H/1000$（H 为柱高），且不大于 10mm，水平位移允许在 5mm 以内。

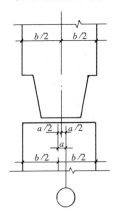

图 1-5-42　上下节柱校正时中心线偏差的调整

a—下节柱顶中心线偏差；
b—柱宽

由于多层框架结构的柱子细长，在强烈阳光照射下，温差会使柱产生弯曲变形，因此在柱的校正工作中，通常采取以下措施予以消除：

（1）在无阳光（如阴天、早晨、晚间）影响下进行校正。

（2）在同一轴线上的柱，可选择第一根柱（标准柱）在无温差影响下精确校正，其余柱均以此柱作为校正标准。

（3）预留偏差。其方法是在无温差条件下弹出柱的中心线。在有温差条件下校正 $l/2$ 处的中心线，使其与杯口中心线垂直（图 1-5-43a），测得柱顶偏移值为 Δ；再在同方向将柱顶增加偏移值 Δ（图 1-5-43b）；当温差消失后该柱回到垂直状态（图 1-5-43c）。

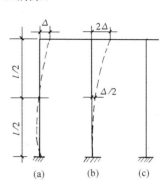

图 1-5-43　预留偏差简图

3. 构件的接头

在多层装配式框架结构中，构件接头质量直接影响整个结构的稳定和刚度。因此，接头施工时，应保证钢筋焊接和二次灌浆质量。

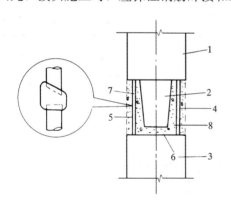

图 1-5-44　榫式接头

1—上柱；2—上柱榫头；3—下柱；4—坡口焊；
5—下柱外伸钢筋；6—砂浆；7—上柱外
伸钢筋；8—后浇接头混凝土

（1）柱的接头

柱的接头形式有三种：榫式接头、插入式接头和浆锚接头。

榫式接头（图 1-5-44）是上下柱预制时各向外伸出一定长度（宜大于 25 倍纵向钢筋直径）的钢筋，柱安装时使钢筋对准用坡口焊加以焊接。为承受施工荷载，上柱底部有突出的混凝土榫头，钢筋焊接后用高强度等级水泥或微膨胀水泥拌制比柱混凝土设计强度等级高 25% 的细石混凝土进行接头浇筑。待接头混凝土达到 75% 设计强度后，再吊装上层构件。为了使上下柱伸出的钢筋能对准，柱预制时最好用连续通长钢筋，为了避免过大的焊接应力对柱子垂直度的影响，对焊接顺序和焊接方法要周密考虑。

浆锚接头（图 1-5-45）是在上柱底部外伸四根长约 300～700mm 的锚固钢筋，在下柱顶部则预留四个深约 350～750mm、孔径约 2.5～4.0d（d 为锚固钢筋直径）的浆锚孔。在插入上柱之前，先在浆锚孔内灌入快凝砂浆，在下柱顶面亦满铺厚约 10mm 的砂浆，然后把上柱锚固钢筋插入孔内，使上下柱连成整体。也可以用灌浆或后压浆工艺。浆锚接头不需要焊接，避免了焊接工作带来的诸多

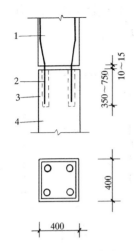

图 1-5-45　浆锚接头
1—上柱；2—上柱外伸锚固
钢筋；3—浆锚孔；4—下柱

不利因素，但连接质量低于榫式接头。

柱、墙板等构件灌浆施工时，环境温度不低于5℃，当连接部位养护温度低于10℃时，应采取加热保温措施；当采用压浆法施工时，灌浆应从下口灌入，当浆料从上口流出后应及时封堵。

插入式接头（图 1-5-46）也是将上节柱做成榫头，而下节柱顶部做成杯口。上节柱插入杯口，后用水泥砂浆灌注成整体。此种接头不用焊接，安装方便，造价低，但在大偏心受压时，必须采取构造措施，以避免受拉边产生裂缝。

（2）柱与梁的接头

装配式框架柱与梁的接头视结构设计要求而定。可以是刚接，也可以是铰接。接头形式有浇筑整体式、牛腿式和齿槽式等，其中以浇筑整体式接头应用最为广泛。

整体式接头（图 1-5-47），是把柱与柱、柱与梁浇筑在一起的刚接节点，抗震性能好。其具体做法是：柱为每层一节，梁搁在柱上，梁底钢筋按锚固长度要求上弯或焊接。在节点绑扎好箍筋后，浇筑混凝土至楼板面，待混凝土强度达 $10N/mm^2$ 即可安装上节柱。上节柱与榫式接头相似，上、下柱钢筋单面焊接，然后第二次浇筑混凝土至上柱的接头上方并留 35mm 空隙，用 1:1:1 的细石混凝土捻缝，以形成梁柱刚接接头。

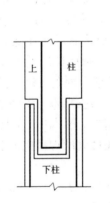

图 1-5-46　插入式接头

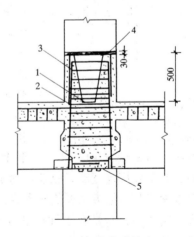

图 1-5-47　整体式接头
1—定位预埋件；2—ϕ12 定位箍筋；
3—单面焊 $4d\sim6d$；4—捻干硬性
混凝土；5—单面焊 $8d$

4. 结构安装方法

多高层装配式框架结构的安装方法，与单层厂房相似，亦分为分件安装法和综合安装法两种（图 1-5-48）。

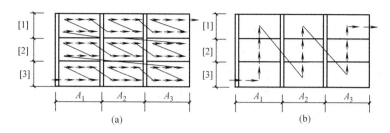

图 1-5-48　多层装配式框架结构安装方法

（a）分层分段流水安装法；（b）综合安装法

A_1、A_2、A_3—施工段；[1]、[2]、[3]—施工层（与楼层高度相同）

（1）分件安装法

分件安装法根据流水方式的不同，又可分为分层分段流水安装法和分层大流水安装法两种。分层分段流水安装法（图 1-5-48a）即是以一个楼层为一个施工层（若柱是两层一节，则以两个楼层为一个施工层），每一个施工层再划分为若干个施工段。起重机在每一段内按柱、梁、板的顺序分次进行安装，直至该段的构件全部安装完毕，再转向另一施工段。待一层构件全部安装完毕并最后固定后再安装上一层构件。图 1-5-49 是塔式起重机跨外开行，采用分层分段流水安装法安装梁板式框架结构一个楼层的施工顺序。该结构在楼层平面内划分为 4 个施工段，起重机首先依次安装第 Ⅰ 施工段的 1～14 号柱，在这段时间内，柱的校正、焊接、接头灌浆等工序亦依次进行。起重机在安完 14 号柱后，回头安装 15～33 号主梁和次梁，同时进行各梁的焊接和灌浆等工序。这样就完成了第 Ⅰ

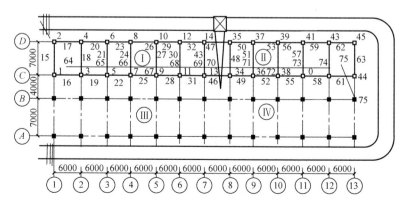

图 1-5-49　用分层分段流水安装法安装梁板结构

Ⅰ、Ⅱ、Ⅲ、Ⅳ—施工段编号；1、2、3……—构件安装顺序施工段中柱和梁的安装并形成框架，保证了结构的稳定性，然后如法安装第Ⅱ施工段中的柱和梁。待第Ⅰ、Ⅱ施工段的柱和梁安装完毕，再回头依次安装这两个施工段中64～75号楼板，然后照此安装第Ⅲ、Ⅳ两个施工段。一个施工层完成后再往上安装另一施工层。

分层大流水安装法是每个施工层不再划分施工段，而按一个楼层组织各工序的流水，其临时固定支撑很多，只适用于面积不大的房屋安装工程。

分件安装法是装配式框架结构最常用的方法。其优点是：容易组织安装、校正、焊接、灌浆等工序的流水作业；便于安排构件的供应和现场布置工作；每次安装同类型构件，可减少起重机变幅和索具更换的次数，从而提高安装速度和效率，各工序的操作比较方便和安全。

（2）综合安装法

综合安装法是以一个柱网（节间）或若干个柱网（节间）为一个施工段，以房屋的全高为一个施工层来组织各工序的流水。起重机把一个施工段的构件安装至房屋的全高，然后转移到下一个施工段（图1-5-48b）。综合安装法适用于下述情况：采用自行式起重机安装框架结构时；塔式起重机不能在房屋外侧进行安装时；房屋宽度较大和构件较重以致只有把起重机布置在跨内才能满足安装要求时。

图1-5-50是使用两台履带式起重机跨内开行采用综合安装法安装一幢两层装配式框架结构的实例。该工程中，［Ⅰ］号起重机安装CD跨构件，首先安装第一节间的1～4号柱（柱一节到顶），随即安装该节间的第一层5～8号梁，形成框架后，接着安装9号楼板；然后安装第二层10～13号梁和14号板。然后，起重机后退一个停机位置，再用相同顺序安装第二节间，依此类推，直至安装完CD跨全部构件后退场。［Ⅱ］号起重机则在AB跨开行，负责安装AB跨的柱、梁和楼板，再加上BC跨的梁和楼板，安装方法与［Ⅰ］号起重机相同。

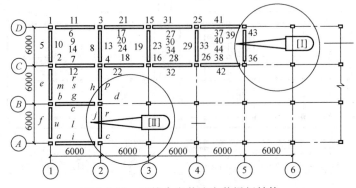

图1-5-50　用综合安装法安装梁板结构

1、2、3……—［Ⅰ］号起置机安装顺序；a、b、c……—［Ⅱ］号起重机安装顺序

综合安装法在工程结构施工中很少采用，其原因在于：工人操作上下频繁且劳动强度大，柱基与柱子接头混凝土尚未达到设计强度标准值的 75%，若立即安装梁等构件，结构稳定性难以保证；现场构件的供应与布置复杂，对提高安装效率及施工管理水平有较大的影响。

5. 构件的平面布置

装配式框架结构除有些较重、较长的柱需在现场就地预制外，其他构件大多在工厂集中预制后运往施工现场安装。因此，构件平面布置主要是解决柱的现场预制位置和工厂预制构件运到现场后的堆放问题。

构件平面布置是多层装配式框架结构安装的重要环节之一，其合理与否，将对安装效率产生直接影响。其原则是：

① 尽可能布置在起重机服务半径内，避免二次搬运；

② 重型构件靠近起重机布置，中小型构件则布置在重型构件的外侧；

③ 构件布置地点应与安装就位的布置相配合，尽量减少安装时起重机的移动和变幅；

④ 构件叠层预制时，应满足安装顺序要求：先安装的底层构件预制在上面，后安装的上层构件预制在下面。

柱为现场预制的主要构件，布置时应首先考虑。根据与塔式起重机轨道的相对位置的不同，其布置方式可分为平行、倾斜和垂直三种（图 1-5-51）。平行布置为常用方案，柱可叠浇，几层柱可通长预制，能减少柱接头的偏差。倾斜布置可用旋转法起吊，适宜于较长的柱。垂直布置适合起重机跨中开行，柱的吊点在起重机的起重半径内。

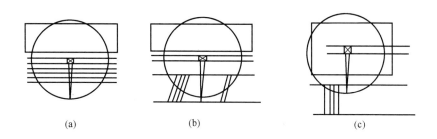

图 1-5-51　使用塔式起重机安装柱的布置方案
(a) 平行布置；(b) 倾斜布置；(c) 垂直布置

图 1-5-52 所示是塔式起重机跨外环形安装一幢五层框架结构的构件平面布置方案。全部柱分别在房屋两侧预制，采用两层叠浇，紧靠塔式起重机轨道外侧倾斜布置；为减少柱的接头和构件数量，将五层框架柱分两节预制，梁、板和其他构件由工厂用汽车运来工地，堆放在柱的外侧。这样，全部构件均布置在塔式起重机工作范围之内，不需二次搬运，且能有效发挥起重机的起重能力。房屋内

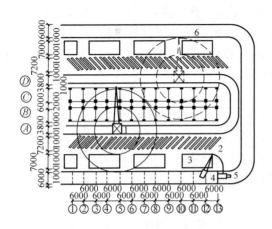

图 1-5-52　塔式起重机跨外环行时构件布置图
1—塔式起重机；2—柱子预制场地；3—梁板堆放场地；
4—汽车式起重机；5—载重汽车；6—临时通路

部和塔式起重轨道内未布置构件，组织工作简化。但该方案要求房屋两侧有较多的场地。

图 1-5-53 所示是采用自升式塔式起重机安装一幢 16 层框架结构的施工平面布置。考虑到构件堆放于房屋南侧，故该机的安装位置稍偏南。由于起重机起重半径内的堆场不大，因此，除墙板、楼板考虑一次就位外，其他构件均需二次搬运，在附近设中转站，现场用一台履带式起重机卸车。在这种情况下，当堆场较小，构件存放量不大，为避免二次搬运，在条件允许的情况下，最好采用随运随吊的方案。

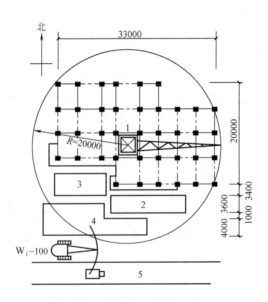

图 1-5-53　自升式塔式起重机安装框架结构的构件平面布置图
1—自升式塔式起重机；2—墙板堆放区；3—楼板堆放区；
4—梁柱堆放区；5—履带吊

5.2.4　装配式墙板安装

装配式墙板分为剪力墙和外挂墙两种：前者主要由内、外墙板和楼板组成；后者是在承重框架上悬挂轻质外墙板。本节主要介绍剪力墙墙板安装。

1. 墙板的制作、运输和堆放

墙板制作方法有台座法、机组流水法和成组立模法等三种。前者多为在施工现场进行生产，采用自然养护或蒸汽养护，后两者多为预制厂生产成批构件。

墙板的运输一般采用立放，运输车上有特制支架，墙板侧立倾斜放置在支架上。运输车有外挂式墙板运输车和内插式墙板运输车两种。前一种是将墙板靠放在车架两侧，用花篮螺丝将电板上的吊环与车架拴牢，其优点是起吊高度低，装卸方便，有利于保护外饰面等。后一种则是将墙板插放在车架以利用车架顶部丝杆或木楔将墙板固定，此法起吊高度较高，采用丝杠顶压固定墙板时，易将外饰面挤坏，只可运输小规格的墙板。

大型墙板的堆放方法有插放法和靠放法两种。插放法是将墙板插在插放架上拴牢（图1-5-54），堆放时不受墙板规格的限制，可以按吊装顺序堆放，其优点是便于查找板号，但需占用较大场地。靠放法是将不同型号的墙板靠放在靠放架上（图1-5-55），优点是占用场地少，费用省。

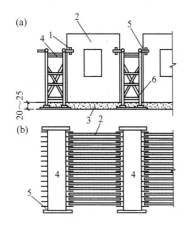

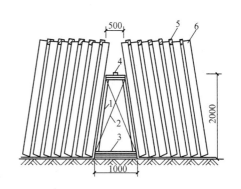

图1-5-54　插放架示意图

（a）立面图；（b）平面图

1—木楔；2—墙板；3—干砂；4—铺板；

5—活动横档；6—梯子

图1-5-55　靠放架示意图

1—斜撑；2—拉杆；3—下档；

4—吊钩；5—隔木；6—墙板

2. 墙板的安装方案

（1）安装机械的选择

装配式墙板建筑施工中，墙板的装卸、堆放、起吊就位，操作平台和建筑材料的运输均由安装机械来完成。为此，安装机械的性能必须满足墙板、楼板和其他构件在施工范围内的水平和垂直运输、安装就位，以及解决构件卸车和其他材料的综合吊运问题。目前，常用的安装机械有QT60/80型和QT1-6型等塔式起重机，亦可用W_1-100型履带式起重机，但其起重半径小，需增加鸟嘴架，安装速度慢。

（2）安装方案的确定

装配式墙板建筑常用的安装方案有下述三种。

1）堆存安装法

该法就是将预制好的墙板，按吊装顺序运至施工现场，在安装机械的工作回转半径范围内，堆存一定数量构件（一般为1～2层全部配套的构件）的安装方法。其特点是：组织工作简便，结构安装工作连续，所需运输设备数量较少，安装机械效率高；但占用场地较多。

2）原车安装法

该法是按照安装顺序的要求，配备一定数量的运输工具配合安装机械，及时将墙板运抵现场，直接从运输工具上进行吊装就位。其特点是：可减少装卸次数，节约堆放架和堆放场地；但施工组织管理较复杂，需要较多的运输车辆。

3）部分原车安装法

该法介于上述两种方法之间。其特点在于构件既有现场堆放，又有原车安装。一般是对于特殊规格、非标准构件现场堆放，而通用构件除现场少量堆放外，大部分组织原车安装。这种安装方法比较适应目前的管理水平，应用较多。

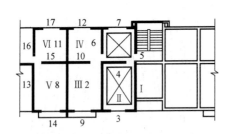

图 1-5-56　逐间封闭的安装顺序示意图

1、2、3……—墙板安装顺序号；Ⅰ、Ⅱ、Ⅲ……—逐
间封闭顺序号；⊠—标准间

3. 墙板安装顺序

墙板安装顺序一般采用逐间封闭吊装法。为了避免误差积累，一般从建筑物的中间单元或建筑物一端第二个单元开始吊装，按照先内墙后外墙的顺序逐间封闭（图 1-5-56）。这样可以保证建筑物在施工期间的整体性，便于临时固定，封闭的第Ⅰ间为标准间，作为其他墙板吊装的依据。

4. 墙板的安装工艺

墙板安装的工艺流程如图 1-5-57 所示。

（1）抄平放线

首先校核测量放线的原始依据，如标准桩和水平桩等。然后用经纬仪由标准桩定出控制轴线，不得少于 4 根。其他轴线根据控制轴线用钢尺量出，并标于基础上。由控制轴线和基础轴线，用经纬仪定出各楼层上的轴线，该轴线必须由基础轴线向上引。轴线标定后，用经纬仪四周封闭复核。再根据楼层轴线，定出墙板两侧边线，墙板节点线，异形构件和门口位置线等。楼板标高控制线用水准仪和钢尺根据基础墙上的水平线逐层标出，该标高控制线一般设在墙板顶面下 100mm 处，以便于抄平测量。

（2）找平灰饼的设置和铺灰

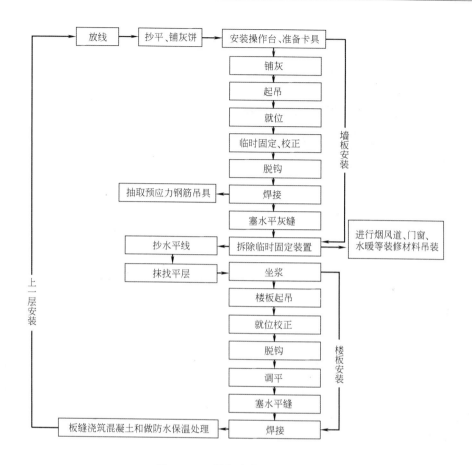

图 1-5-57 墙板安装的工艺流程

墙板底部应安装在同一水平标高上，为此在每块墙板的位置线上，根据抄平的结果做两个控制墙板板底标高的 1∶3 水泥砂浆灰饼，待灰饼具有足够强度后，进行墙板安装。墙板安装采用随铺灰随安装的方法，铺灰厚度要超过找平灰饼20mm，且砂浆均匀密实。

（3）墙板的安装

墙板的绑扎采取万能扁担（横吊梁带 8 根吊索），既能起吊墙板又能起吊楼板。吊装时，标准房间用操作平台来固定墙板和调整墙板的垂直度，楼梯间以及不宜安放操作平台的房间则用水平拉杆和转角固定器临时固定（图 1-5-58）。操作平台根据房屋的平面尺寸制作。在其栏杆上附设墙板固定器，用来临时固定墙板。转角固定器用于不放操作台的房间内外纵墙和内外横墙的临时固定，与水平拉杆配套使用。水平拉杆的长度按开间轴线确定，卡头宽度按墙板厚度确定。墙板校正，以墙板两侧边线和内横墙间距为依据，建筑物的四个角须用经纬仪以底层轴线为准进行校正。当墙根底部和两侧边相符后，用靠尺检查垂直

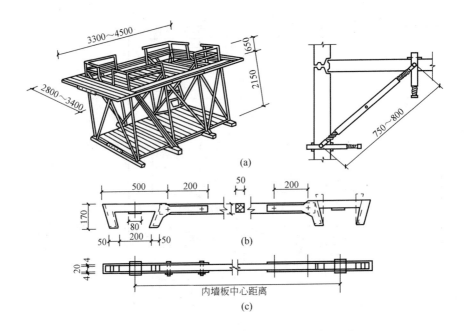

图 1-5-58　操作台、转角固定器、水平拉杆图

（a）墙板操作台；（b）转角固定器；（c）水平拉杆

度。若墙板位置误差小，可用撬棍拨动墙扳进行调整，误差大时，必须将墙板重新起吊进行调整。校正后立即进行墙板的最后固定，墙板间安设工具式模板进行灌浆（图 1-5-59）。

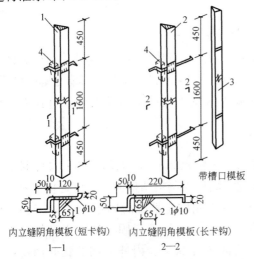

图 1-5-59　板缝工具式模板

1—短卡钩模板；2—长卡钩模板；

3—带槽口模扳；4—木楔

（4）板缝施工

1）外墙板板缝的防水施工

外墙板板缝的防水有构造防水和材料防水两种，目前主要采取以构造防水为主、材料防水为辅的方法。施工时，必须保证板缝构造完整，如有损坏，应认真修补，在每层楼吊装完后，立即将宽 40～60mm，长度较楼层高 100mm 的塑料条，沿空腔立槽由上而下插入。勾缝采用吊篮脚手架，首先剔除板缝内由于浇筑板缝混凝土而粘结在缝壁上的灰浆等，再用防水砂浆勾底灰，并在十字缝、底层水平缝、阳台板下

缝处涂防水胶油，安装好十字缝处的沔水口，最后用掺玻璃纤维的 1∶2 水泥砂浆勾抹压实，并将外墙板边角缺损处加以修补。

2）外墙板板缝的保温施工

由于外墙板板缝采用构造防水，形成冷空气传导，是造成结露的重要部位。为此北方地区在立缝空腔后壁安设一条厚 20mm、宽 200mm 的通长泡沫聚苯乙烯，水平缝也安设一条厚 20mm、高 110mm 的通长泡沫聚苯乙烯，作为切断冷空气渗透的保温隔热材料。施工前先把裁好的泡沫聚苯乙烯用热沥青粘贴在油毡条上，当每层楼板安装后，顺立缝空腔后壁自上而下插入，使其严实地附在空腔后壁上。此外，在浇筑外外墙板板缝混凝土时，它还可以起外侧模的作用。

3）立缝混凝土的浇筑

为了达到装配整体式的要求，墙板交接处的上部采用焊接，底部下角处预留锚接钢筋，墙板侧边留有传递剪力的销键，上下层间还设有插筋，再通过立缝浇筑混凝土使其连接成整体。板缝断面小、高度大，为此多用坍落度较大（12～15cm）的细石混凝土浇筑，并用细长杆件仔细加以捣实。

§5.3 钢结构安装工程

5.3.1 钢结构材料与连接

1. 钢结构的材料

（1）材料的类型

目前，在我国的钢结构工程中常用的钢材主要有普通碳素钢、普通低合金钢和热处理低合金钢三类。其中以 Q235、16Mn、16Mnq、16Mnqv 等几种钢材应用最为普遍。

Q235 钢属于普通碳素钢主要用于建筑工程，其屈服点分别为 235N/mm² 和具有良好的塑性和韧性。

16Mn 钢属于普通低合金钢，其屈服点为 345N/mm²，强度高，塑性及韧性好，也是我国建筑工程使用的主要钢种。

16Mnq 钢、16Mnqv 钢为我国桥梁工程用钢材，具有强度高，韧性好且具有良好的耐疲劳性能。

（2）材料的选择

各种结构对钢材要求各有不同，选用时应根据要求对钢材的强度、塑性、韧性、耐疲劳性能、焊接性能、耐锈性能等全面考虑。对厚钢板结构、焊接结构、低温结构和采用含碳量高的钢材制作的结构，还应防止脆性破坏。

承重结构钢材应保证抗拉强度、伸长率、屈服点和硫、磷的极限含量；焊接结构应保证碳的极限含量；除此之外，必要时还应保证冷弯性能。对重级工作制和起重量等于或大于50t的中级工作制焊接吊车梁或类似结构的钢材，还应有常温冲击韧性的保证；计算温度等于或低于−20℃时，Q235钢应具有−20℃下冲击韧性的保证，Q345钢应具有−40℃下冲击韧性的保证。对于高层建筑钢结构构件节点约束较强，以及厚板等于或大于50mm，并承受沿板厚方向拉力作用的焊接结构，应对厚板方向的断面收缩率加以控制。

（3）材料的验收和堆放

钢材验收的主要内容是：钢材的数量和品种是否与订货单符合，钢材的质量保证书是否与钢材上打印的记号符合，核对钢材的规格尺寸，钢材表面质量检验即钢材表面不允许有结疤裂纹折叠和分层等缺陷，表面锈蚀深度不得超过其厚度负偏差值的1/2。

钢材堆放要减少钢材的变形和锈蚀，节约用地，并使钢材提取方便。露天堆放场地要平整并高于周围地面，四周有排水沟，雪后易于清扫；堆放时尽量使钢材截面的背面向上或向外，以免积雪、积水。堆放在有顶棚的仓库内，可直接堆放在地坪上（下垫楞木），小钢材亦可堆放在架子上，堆与堆之间应留出通道以便搬运。堆放时每隔5～6层放置楞木，其间距以不引起钢材明显变形为宜。一堆内上、下相邻钢材须前后错开，以便在其端部固定标牌和编号。标牌应标明钢材的规格、钢号、数量和材质验收证明书号，并在钢材端部根据其钢号涂以不同颜色的油漆。

2. 钢结构的制作

钢构件制作的工艺流程：放样、号料和切割→矫正和成型→边缘和球节点加工→制孔和组装→焊接和焊接检验→表面处理→涂装和编号→构件验收与拼装。

（1）放样、号料和切割

放样工作包括核对图纸的安装尺寸和孔距；以1∶1的大样放出节点；核对各部分的尺寸；制作样板和样杆作为下料弯制、铣、刨、制孔等加工的依据。放样时，铣、刨的工件要考虑加工余量，一般为5mm，焊接构件要按工艺要求放出焊接收缩量，焊接收缩量应根据气候、结构断面和焊接工艺等确定。高层钢结构的框架柱尚应预留弹性压缩量，相邻柱的弹性压缩量相差不超过5mm，若图纸要求桁架起拱，放样时上下弦应同时起拱。

号料工作包括检查核对材料；在材料上划出切割、铣、刨、弯曲、钻孔等加工位置；打冲孔；标出零件编号等。号料应注意以下问题：根据配料表和样板进行套裁，尽可能节约材料；应有利于切割和保证构件质量；当有工艺规定时，应按规定的方向取料。

切割下料的方法有气割、机械切割和等离子切割。

气割法是利用氧气与可燃气体混合产生的预热火焰加热金属表面达到燃烧温度并使金属发生剧烈氧化，释放出大量的热促使下层金属燃烧，同时通以高压氧气射流，将氧化物吹除而引起一条狭小而整齐的割缝。随着割缝的移动切割出所需的形状。目前，主要的气割方法有手工气割、半自动气割和特型气割等。气割法具有设备使用灵活、成本低、精度高等特点，是目前使用最为广泛的切割方法，能够切割各种厚度的钢材，尤其是厚钢板或带曲线的零件。气割前需将钢材切割区域表面的铁锈、污物等清除干净，气割后应清除熔渣和飞溅物。

机械切割是利用上下两剪切刀具的相对运动来切断钢材，或利用锯片的切削运动将钢材分离，或利用锯片与工件间的摩擦发热使金属熔化而被切断。常用的切割机械有剪板机、联合冲剪机、弓锯床、砂轮切割机等。其中剪切法速度快、效率高，但切口较粗糙；锯割可以切割角钢、圆钢和各类型钢，切割速度和精度都较好。

等离子切割法是利用高温高速等离子焰流将切口处金属及其氧化物熔化并吹掉来完成切割，所以能切割任何金属，特别是熔点较高的不锈钢及有色金属铝、铜等。

（2）矫正和成型

1）矫正

钢材使用前，由于材料内部的残余应力及存放、运输、吊运不当等原因，会引起钢材原材料变形；在加工成型过程中，由于操作和工艺原因会引起成型件变形；构件在连接过程中会存在焊接变形等。因此，必须对钢结构进行矫正，以保证钢结构制作和安装质量。钢材的矫正方式主要有矫直、矫平、矫形三种。矫正按外力来源分为火焰矫正、机械矫正和手工矫正等；按矫正时钢材的温度分为热矫正和冷矫正。

钢材的火焰矫正是利用火焰对钢材进行局部加热，被加热处理的金属由于膨胀受阻而产生压缩塑性变形，使较长的金属纤维冷却后缩短而完成。通常火焰加热位置、加热形式和加热热量是影响火焰矫正效果的主要因素。加热位置应选择在金属纤维较长的部位。加热形式有点状加热、线状加热和三角形加热。不同的加热热量使钢材获得不同的矫正变形的能力。低碳钢和普通低合金钢的加热温度为 $600\sim800℃$。

钢材的机械矫正是在专用矫正机上进行的。矫正机主要有拉伸矫正机、压力矫正机、辊压矫正机等。拉伸矫正机（图 1-5-60）适用于薄板扭曲、型钢扭曲、钢管、带钢和线材等的矫正；压力矫正机适用于板材、钢管和型钢的局部矫正；辊压矫正机适用于型材、板材等的矫正（图 1-5-61）。

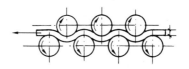

图 1-5-60 拉伸矫正机矫正　　图 1-5-61 辊压矫正机矫正

钢材的手工矫正是利用锤击的方式对尺寸较小的钢材进行矫正。由于其矫正力小、劳动强度大、效率低，仅在缺乏或不便使用机械矫正时采用。

2）成型

钢材的成型主要是指钢板卷曲和型材弯曲。

钢板卷曲是通过旋转辊轴对板材进行连续三点弯曲而形成。当制件曲率半径较大时，可在常温状态下卷曲；如制件曲率半径较小或钢板较厚时，则需将钢板加热后进行。钢板卷曲分为单曲率卷曲和双曲率卷曲。单曲率卷曲包括对圆柱面、圆锥面和任意柱面的卷曲（图1-5-62），因其操作简便，工程中较常用。双曲率卷曲可以进行球面及双曲面的卷曲。

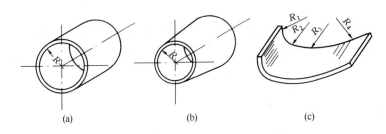

图1-5-62 单曲率卷曲钢板
（a）圆柱面卷曲；（b）圆锥面卷曲；（c）任意柱面卷曲

型材弯曲包括型钢弯曲和钢管弯曲。型钢弯曲时，由于截面重心线与力的作用线不在同一平面上，同时型钢除受弯曲力矩外还受扭矩的作用，所以型钢断面会产生畸变。畸变程度取决于应力的大小，而应力的大小又取决于弯曲半径。弯曲半径越小，则畸变程度越大。在弯曲时，若制减的曲率半径较大，一般应采用冷弯，反之则应采用热弯。钢管在弯曲过程中，为尽可能减少钢管在弯曲过程中的变形，通常应在管材中加入填充物（砂或弹簧）后进行弯曲；用滚轮和滑槽压在管材外面进行弯曲；用芯棒穿入管材内部进行弯曲。

（3）边缘和球节点加工

在钢结构加工中，当图纸要求或下述部位一般需要边缘加工。1）吊车梁翼缘板、支座支承面等图纸有要求的加工面；2）焊缝坡口；3）尺寸要求严格的加劲板、隔板、腹板和有孔眼的节点板等。常用的机具有刨边机、铣床、碳弧气割等。近年来常以精密切割代替刨铣加工，如半自动、自动气割机等。

螺栓球宜热锻成型，不得有裂纹、叠皱、过烧；焊接球宜采用钢板热压成半圆球，表面不得有裂纹、折皱，并经机械加工坡口后焊成半圆球。螺栓球和焊接球的允许偏差应符合规范要求。网架钢管杆件直端宜采用机械下料，管口曲线采用自动切管机下料。

（4）制孔和组装

螺栓孔共分两类三级，其制孔加工质量和分组应符合规范要求。组装前，连接接触面和沿焊缝边缘每边 30～50mm 范围内的铁锈、毛刺、污垢、冰雪等清除干净；组装顺序应根据结构形式、焊接方法和焊接顺序等因素确定；构件的隐蔽部位应焊接、涂装，并经检查合格后方可封闭，完全封闭的构件内表面可不涂装；当采用夹具组装时，拆除夹具不得损伤母材，残留焊疤应修抹平整。

（5）表面处理、涂装和编号

表面处理主要是指对使用高强度螺栓连接时接触面的钢材表面进行加工，即采用砂轮、喷砂等方法对摩擦面的飞边、毛刺、焊疤等进行打磨。经过加工使其接触处表面的抗滑移系数达到设计要求额定值。

钢结构的腐蚀是长期使用过程中不可避免的一种自然现象，在钢材表面涂刷防护涂层，是目前防止钢材锈蚀的主要手段。通常应从技术经济效果及涂料品种和使用环境方面，综合考虑后作出选择。不同涂料对底层除锈质量要求不同，一般来说常规的油性涂料湿润性和透气性较好，对除锈质量要求可略低一些，而高性能涂料如富锌涂料等，对底层表面处理要求较高。涂料、涂装遍数、涂层厚度均应满足设计要求，当设计对涂层厚度无要求，宜涂装 4～5 遍；涂层干漆膜总厚度：室外为 $150\mu m$，室内为 $125\mu m$，其允许偏差 $-25\mu m$。涂装工程由工厂和安装单位共同承担时，每遍涂层干漆膜厚度的允许误差为 $-5\mu m$。

通常，在构件组装成型之后即用油漆在明显之处按照施工图标注构件编号。此外，为便于运输和安装，对重大构件还要标注重量和起吊位置。

（6）构件验收与拼装

构件出厂时，应提交下列资料：产品合格证；施工图和设计变更文件，设计变更的内容应在施工图中相应部位注明；制作中对技术问题处理的协议文件；钢材、连接材料和涂装材料的质量证明书或试验报告；焊接工艺评定；高强度螺栓摩擦面抗滑移系数试验报告、焊缝无损检验报告及涂层检测资料；主要构件验收记录；预拼装记录；构件发运和包装清单。

由于受运输吊装等条件的限制，有时构件要分成两段或若干段出厂，为了保证安装的顺利进行，应根据构件或结构的复杂程度，或者设计另有要求时，由建设单位在合同中另行委托制作单位在出厂前进行预拼装。除管结构为立体预拼装，并可设卡、夹具外，其他结构一般均为平面预拼装。分段构件预拼装或构件与构件的总体拼装，如为螺栓连接，在预拼装时，所有节点连接板均应装上，除检查各部位尺寸外，还应用试孔器检查板叠孔的通过率。

3. 钢构件的连接和固定

钢构件的连接方式通常有焊接和螺栓连接。随着高强螺栓连接和焊接连接的大量采用，对被连接件的要求愈来愈严格。如构件位移、水平度、垂直度、磨平顶紧的密贴程度、板叠摩擦面的处理、连接间隙、孔的同心度、未焊表面处理等，都应经质量监督部门检查认可，方能进行紧固和焊接，以免留下难以处理的隐患。焊接和高强度栓并用的连接，当设计无特殊要求时，应按先栓后焊的顺序施工。

（1）钢构件的焊接连接

1）钢构件焊接连接的基本要求

钢构件焊接连接的基本要求是：施工单位首次采用的钢材、焊接材料、焊接方法、接头形式、焊接位置、焊后热处理等各种参数的组合，应在钢结构制作及安装前进行焊接工艺评定试验。焊接工艺评定试验方法和要求，以及免予工艺评定的限制条件，应符合现行国家标准《钢结构焊接规范》GB 50661 的有关规定。常用的焊接方法及特点见表1-5-1。

常用的焊接方法及特点　　　　　　　　　　　　表 1-5-1

焊接方法		特　点	适用范围
手工焊	交流焊机	设备简易，操作灵活，可进行各种位置的焊接	普通钢结构
	直流焊机	焊接电流稳定，适用于各种焊条	要求较高的钢结构
埋弧自动焊		生产效率高，焊接质量好，表面成型光滑，操作容易，焊接时无弧光，有害气体少	长度较长的对接或贴角焊缝
埋弧半自动焊		与埋弧自动焊基本相同，操作较灵活	长度较短，弯曲焊缝
CO_2 气体保护焊		利用 CO_2 气体或其他惰性气体保护的光焊丝焊接，生产效率高，焊接质量好，成本低，易于自动化，可进行全位置焊接	用于钢板

2）焊接接头

钢结构的焊接接头按焊接方法分为熔化接头和电渣焊接头两大类。在手工电弧焊中，熔化接头根据焊件厚度、使用条件、结构形状的不同又分为对接接头、角接接头、T形接头和搭接接头等形式。对厚度较厚的构件，为了提高焊接质量，保证电弧能深入焊缝的根部，使根部能焊透，同时获得较好的焊缝形态，通常要开坡口。焊接接头形式见表1-5-2。

焊接接头形式　　　　　　　　　　　　表 1-5-2

序号	名　称	图　示	接头形式	特　点
1	对焊接头		不开坡口 V、X、U 形坡口	应力集中较小，有较高的承载力
2	角焊接头		不开坡口	适用厚度在 8mm 以下
			V、K 形坡口	适用厚度在 8mm 以下
			卷边	适用厚度在 2mm 以下
3	T 形接头		不开坡口	适用厚度在 30mm 以下的不受力构件
			V、K 形坡口	适用厚度在 30mm 以上的只承受较小剪应力构件
4	搭接接头		不开坡口	适用厚度在 12mm 以下的钢板
			塞焊	适用双层钢板的焊接

3）焊缝形式

焊缝形式按施焊的空间位置可分为平焊缝、横焊缝、立焊缝及仰焊缝四种（图 1-5-63）。平焊的熔滴靠自重过渡，操作简便，质量稳定；横焊因熔化金属易下滴，而使焊缝上侧产生咬边，下侧产生焊瘤或未焊透等缺陷；立焊成缝较为困难，易产生咬边、焊瘤、夹渣、表面不平等缺陷；仰焊必须保持最短的弧长，因此常出现未焊透、凹陷等质量缺陷。

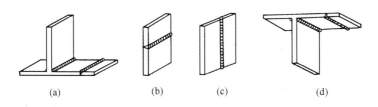

图 1-5-63　各种位置焊缝形式示意图
（a）平焊；（b）横焊；（c）立焊；（d）仰焊

焊缝形式按结合形式分为对接焊缝、角接焊缝和塞焊缝三种（图 1-5-64）。对接焊缝主要尺寸有：焊缝有效高度 s、焊缝宽度 c、余高 h。角焊缝主要以高度 k 表示，塞焊缝则以熔核直径 d 表示。

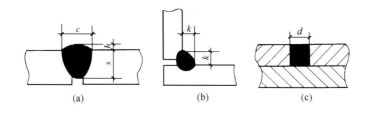

图 1-5-64　焊缝形式
（a）对接焊缝；（b）角接焊缝；（c）塞焊缝

（2）普通螺栓连接

普通螺栓是钢结构常用的紧固件之一，用作钢结构中的构件连接、固定，或钢结构与基础的连接固定。

常用的普通螺栓有六角螺栓、双头螺栓和地脚螺栓等。

六角螺栓按其头部支承面大小及安装位置尺寸分大六角头和六角头两种；按制造质量和产品等级则分为 A、B、C 三种。A 级螺栓又称精制螺栓，B 级螺栓又称半精制螺栓。A、B 级螺栓适用于拆装式结构或连接部位需传递较大剪力的重要结构的安装中。C 级螺栓又称粗制螺栓，适用于钢结构安装的临时固定。

双头螺栓多用于连接厚板和不便使用六角螺栓连接处，如混凝土屋架、屋面梁悬挂吊件等。

地脚螺栓一般有地脚螺栓、直角地脚螺栓、锤头螺栓和锚固地脚螺栓等形式。通常，地脚螺栓和直角地脚螺栓预埋在结构基础中用以固定钢柱；锤头螺栓是基础螺栓的一种特殊形式，在浇筑基础混凝土时将特制模箱（锚固板）预埋在基础内，用以固定钢柱；锚固地脚螺栓是在已形成的混凝土基础上经钻机制孔后，再浇筑固定的一种地脚螺栓。

（3）高强度螺栓连接

高强度螺栓是用优质碳素钢或低合金钢材料制作而成的，具有强度高，施工方便、安装速度快、受力性能好、安全可靠等特点，已广泛地应用于大跨度结构、工业厂房、桥梁结构、高层钢框架结构等的钢结构工程中。

高强度螺栓的拧紧分为初拧和终拧两步进行，可减小先拧与后拧的高强度螺栓预拉力的差别。对大型节点应分为初拧、复拧和终拧三步进行，增加复拧是为了减少初拧后过大的螺栓预拉力损失。施工时应从螺栓群中央顺序向外拧，即从节点中刚度大的中央按顺序向不受约束的边缘施拧，同时，为防止高强度螺栓连接处的表面处理涂层发生变化影响预拉力，应在当天终拧完毕。

5.3.2   钢框架结构安装

1. 钢框架结构安装前的准备工作

钢框架结构安装前的准备工作主要有：编制施工方案，拟定技术措施，构件检查，安排施工设备、工具、材料，组织安装力量等。

（1）制定钢结构安装方案

在制定钢结构安装方案时，主要应根据建筑物的平面形状、高度、单个构件的质量、施工现场条件等来确定安装方法、流水段的划分、起重机械等。

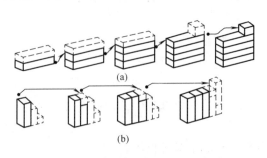

图 1-5-65   钢框架安装方法示意图

（a）分层安装法；（b）分单元退层安装法

钢框架结构的安装方法有分层安装法和分单元退层安装法两种（图 1-5-65）。分层安装法即是按结构层次，逐层安装柱梁等构件，直至整个结构安装完毕，这种方法能减少高空作业量，适用于固定式起重机的吊装作业。分单元退层安装法是将若干跨划分成一个单元。一直安装到顶层，后逐渐退层安装。这种方法上下交叉作业多，应注意施工安全，适用于移动式起重机的吊装作业。

钢框架结构的平面流水段划分应考虑钢结构在安装过程中的对称性和整体稳定性。其安装顺序一般应由中央向四周扩展，以利焊接误差的减少和消除（图1-5-66）。立面流水以一节钢柱（各节所含层数不一）为单元，每个单元以主梁

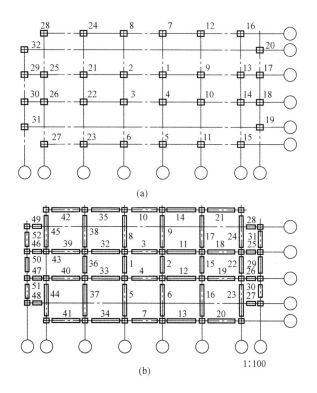

图 1-5-66　某钢结构安装平面流水段划分

（a）柱子安装顺序图；（b）主梁安装顺序图

或钢支撑、带状桁架安装成框架为原则；其次是次梁、楼板及非结构构件的安装（图 1-5-67）。

高层钢框架结构安装皆用塔式起重机，要求塔式起重机有足够的起重能力，起重幅度应满足吊装要求；所用钢丝绳要满足起吊高度要求；其起吊速度应能满足安装要求。在多机作业时，臂杆要有足够的高差且塔机之间应保持足够的安全距离，以保证施工安全。

对于外附式塔式起重机要根据塔身允许的自由高度来确定锚固次数，塔机的锚固点应选择有利于钢结构加固，并能先形成框架整体结构以及有利于幕墙安装的部位，且对锚固点应进行计算。

对于内爬式塔式起重机，爬升的位置应满足塔身自由高度和钢结构每节柱单元安装高度的要求；基座与钢结构梁、柱的连接方法，应进行计算确定；塔机所在位置的钢结构，应在爬升前焊接完毕，形成整体。

（2）钢框架结构构件质量检查

钢框架结构构件数量多，制作精度要求高，因此，在构件制作时，安装单位应派人参加构件制作过程及成品的质量检查工作；构件成品出厂时，各项检验数

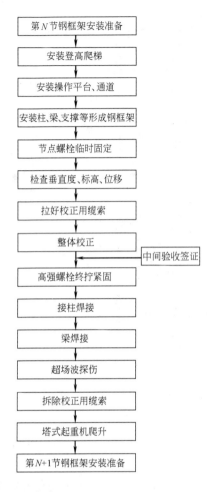

图 1-5-67 一个立面安装流水段
内的安装程序

据应交安装单位，作为采取相应技术措施的依据。其内容包括：施工图中设计变更修改部位；材质证明和试验报告；构件检查记录；合格证书；高强螺栓摩擦系数试验；焊接无损伤检查记录及试组装记录等技术文件。

高层钢结构的柱、主梁和支撑等主要构件，在中转库进行质量复检。其复检的主要内容包括：构件尺寸与外观检查；构件加工精度的检查；焊缝的外观检查和无损探伤检查。

(3) 钢构件的运输和现场堆放

钢构件的运输可采用公路、铁路或海（河）运等方式，运输工具的选用需考虑钢构件的尺寸、质量、桥涵、隧道的净空尺寸等因素。钢构件一般宜采用平运，其吊点位置应合理选择。钢构件的运输过程中的支垫应受力合理且牢固，多层叠放时，应保证支垫在同一垂线上。

钢构件按照安装流水顺序由中转堆场配套运入现场堆放。其堆放场地应平整、坚实、排水良好；构件应分类型、单元、型号堆放，便于清点和预检。堆放构件应确保不变形，无损伤，稳定性好，一般梁、柱叠放不宜超过 6 块。在布置堆放场地时，应尽量考虑少占场地，一般情况下，结构安装用地面积宜为结构占地面积的 1.5 倍。

(4) 钢柱基础准备

钢结构安装前应对建筑物的定位轴线、基础中心线和标高、地脚螺栓位置等进行检查，并应进行基础检测和办理交接验收。

定位轴线以控制柱为基准。待基础混凝土浇筑完毕后根据控制桩将定位轴线引测到柱基钢筋混凝土底板面上，随后预检定位线是否同原定位线重合、封闭，纵横定位轴线是否垂直、平行。

独立柱基的中心线应与定位轴线相重合，并以此为依据检查地脚螺栓的预埋位置。

在柱基中心表面和钢柱底面之间，应有安装间隙作为钢柱安装的标高调整，此间隙规范规定为 50mm。基准标高点一般设置在柱基底板的适当位置，四周加以保护，作为整个钢结构工程施工阶段的标高依据。以基准标高点为依据，对钢柱柱基表面进行标高实测，将测得的标高偏差用平面图表示，作为临时支承标高块调整的依据。

（5）柱基地脚螺栓准备

柱基地脚螺栓的预埋方法主要有直埋法和套管法两种。

直埋法即是利用套板控制地脚螺栓间的距离，立固定支架控制地脚螺栓群不变形，在挂基底板绑扎钢筋时埋入并同钢筋连成一体，然后浇筑混凝土一次固定。此法产生的偏差较大且调查困难。

套管法是先按套管直径纳径比地脚螺栓大 2～3 倍制作套管，并立固定架将柱基埋入浇筑的混凝土中，待柱基底板的定位轴线和柱中心线检查无误后，再在套管内插入螺栓，使其对准中心线，通过附件和焊接加以固定，最后在套管内注浆锚固螺栓。此法能保证地脚螺栓的施工质量，但费用较高。

（6）标高块设置

在钢柱吊装之前，应根据钢柱预检（实际长度、牛腿间距离、钢柱底板平整度等）结果，在柱子基础表面浇筑标高块（图 1-5-68），以精确控制钢结构上部结构的标高。标高块采用无收缩砂浆并立模浇筑，其强度不宜小于 $30N/mm^2$，标高块面须埋没厚度为 16～20mm 的钢面板。浇筑标高块之前应凿毛基础表面，以增强粘结。

2. 钢框架结构构件的安装

钢框架结构安装时，平面内从中间的一个节间（标准节框架）开始，以一个节间的柱网为一个安装单元，先安装柱，随即安装主梁，迅速形成空间结构单元，并逐步扩大拼装单元。垂直方向自下而上组成稳定结构后分层次安装次要构件。柱与柱，主梁与柱的接头处用临时螺栓连接；临时螺栓数量应根据安装过程所承受的荷载计算确定，并要求每个节点上临时螺栓不应少于安装孔总数的 1/3 且不少于 2 个，待校正结束后，再按设计所要求的连接方式进行连接。

（1）钢构件的起吊

钢框架结构柱，多以 3～4 层为一节，节与节之间用坡口焊连接。钢柱的吊点在吊耳处（柱子在制作时在吊点部位焊有吊耳，吊装完毕后再割去）。根据钢柱的质量和起重机的起重量，钢柱的吊装可采用单机起吊或双机抬吊（图 1-5-69）。单机起吊时需在柱子根部设置垫木，用旋转法吊装，严禁柱根部拖地；双机抬吊时，钢柱吊离地面后在空中进行回直。

钢梁吊装时，一般在钢梁上冀缘处开孔作为吊点。吊点位置取决于钢梁的跨度。对于重量轻的次梁和其他小梁，可采用多头吊索一次吊装若干根（图 1-5-70）。有时，为了减少高空作业，加快吊装速度，也采用将柱梁在地面组装成排架后进行整体吊装。

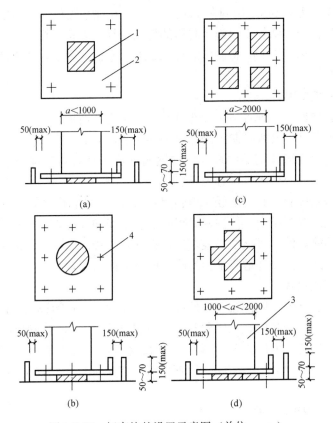

图1-5-68　标高块的设置示意图（单位：mm）

（a）单独一方块形；（b）单独一圆块形；（c）四块形；（d）十字形

1—标高块；2—基础表面；3—钢柱；4—地脚螺栓

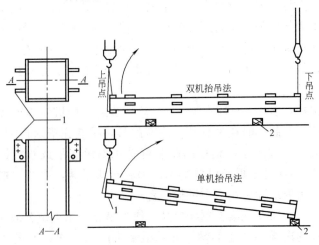

图1-5-69　钢柱吊装示意图

1—吊耳；2—垫木

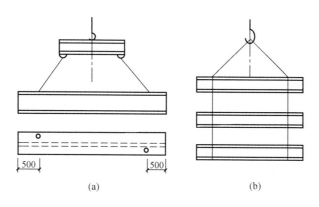

图 1-5-70 钢架吊装示意图（单位：mm）

（a）单根梁起吊；（b）多根梁起吊

（2）钢构件的校正

1）柱的校正

柱的校正包括标高、轴线位移、垂直度等。钢柱就位后，其校正顺序是：先调整标高，再调整轴线位移，最后调整垂直度。柱要按规范要求进行校正，标准柱的垂直偏差应校正到零。当上下节柱发生扭转错位时，可在连接上下柱的耳板处加垫板予以调整。

钢框架结构安装中，建筑物的高度可以按相对标高控制，也可以按设计标高控制。采用相对标高安装时，不考虑焊缝收缩变形和荷载对柱的压缩变形，只考虑柱全长的累计偏差不大于分段制作允许偏差再加上荷载对柱的压缩变形值和柱焊接收缩值的总和。用设计标高控制安装时，每节柱的调整都要以地面第一节柱的柱底标高基准点进行柱标高的调整，要预留焊缝收缩量、荷载对柱的压缩量。同层柱顶标高偏差不超过 5mm，否则，需进行调整，多用低碳钢板垫到规定要求。如误差过大（大于 20mm），不宜一次调整到位，可先调整一部分，待下次再调整，以免调整过大会影响支撑的安装和钢梁表面标高。

钢框架结构每节柱的定位轴线，一定要从地面的控制轴线直接引上来，标注在下节柱顶，作为下节柱顶的实际中心线。安装上节柱只需柱底对准下节钢柱的实际中心线即可。应特别注意不得用下节柱的柱顶位置线作为上节柱的定位轴线。校正轴线位移时应考虑钢柱的扭转，钢柱扭转对框架安装十分不利。

钢框架结构柱垂直度校正直接影响到结构安装质量与安全，为了控制误差，通常应先确定标准柱。所谓标准柱即是能够控制框架平面轮廓的少数柱子，一般情况下多选择平面转角柱为标准柱。通常，取标准柱的柱基中心线为基准点，用激光经纬仪以基准点为依据对标准柱的垂直度进行观测（图 1-5-71）。在安装观测时，为了纠正因钢结构振动产生的误差和仪器安置误差、机械误差等，激光仪每测一次转动 90°，在目标上共测 4 个激光点，以这 4 个激光点的相交点为准量

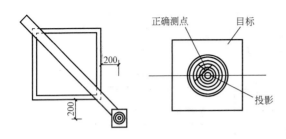

图 1-5-71 钢柱顶的激光测量目标

（单位：mm）

测安装误差。为使激光束通过，在激光仪上方的金属或混凝土楼板上皆需固定或埋设一个小钢管，激光仪设置在地下室底板的基准点上。

其他柱子的误差量测不用激光经纬仪，而用丈量法，即以标准柱为依据，在角柱上沿柱子外侧拉设钢丝绳组成平面方格封闭状，用钢尺丈量距离，超过允许范围则需调整。

2）梁的校正

安装框架主梁时，要根据焊缝收缩量预留焊缝变形量。安装主梁时对柱子垂直度的监测，除监测安放主梁的柱子的两端垂直度变化外，还要监测相邻与主梁连接的各根柱子的垂直度变化情况，保证柱子除预留焊缝收缩值外，各项偏差均符合规范的规定。框架梁应注意梁面标高的校正，在测出梁两端标高误差后，偏差超过允许误差，可通过扩大端部装连接孔的方法予以校正。

（3）钢框架结构的焊接施工

1）焊接准备工作

焊条必须符合设计要求的规格，应存放在仓库内并保持干燥，焊条的药皮如有剥落、变质、污垢、受潮生锈等均不准使用；垫板和引弧板均用低碳钢板制作，间隙过大的焊缝宜用紫铜板；焊机型号正确且工作正常，必要的工具应配备齐全，放在设备平台上的设备排列应符合安全规定，电源线路要合理且安全可靠，要装配稳压电源，事先放好设备平台，确保能焊接到所有部位；焊条预热；柱与柱、柱与梁上下冀缘的坡口焊接，电焊前应对坡口组装的质量进行检查，焊前需对坡口进行清理。

2）焊接顺序

钢框架结构焊接顺序的正确与否，对焊接质量关系重大。一般情况下应从中心向四周扩展，采用结构对称、节点对称的焊接顺序（图1-5-72）。一节柱（三层）的竖向焊接顺序是：

A. 上层主梁→压型钢板支托→压型钢板点焊；

B. 下层主梁→压型钢板支托→压型钢板点焊；

C. 中层主梁→压型钢板支托→压型钢板点焊；

D. 上柱与下柱焊接。

3）焊接工艺流程

柱与柱、柱与梁之间的焊接多为坡口焊，其工艺流程如图1-5-73所示。

（4）钢框架结构的高强度螺栓连接施工

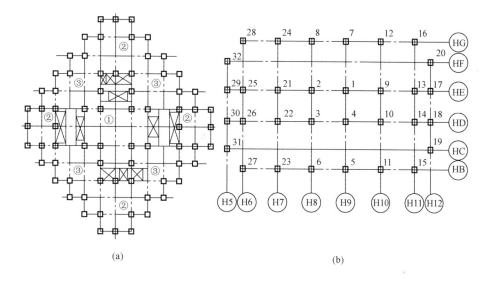

图 1-5-72　高层钢结构的焊接顺序

（a）工程 1 的焊接顺序；（b）工程 2 柱子的焊接顺序

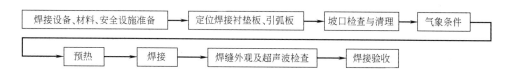

图 1-5-73　焊接工艺流程

1）高强度螺栓连接的施工准备工作

高强度螺栓使用前，应按有关规定对高强度螺栓的各项性能进行检验。运输过程中应防止损坏。螺栓有污染等异常现象，应用煤油清洗，并按高强度螺栓验收规程进行复验，经复验扭矩系数合格后方能使用。高强度螺栓应放在干燥、通风、避雨、防潮的仓库内，并不得污损。安装时，应按当天需用量领取，当天没用完的螺栓，必须装回容器内加以妥善保管。安装高强度螺栓时，接头摩擦面上不允许有毛刺、铁屑、油污、焊接飞溅物，摩擦面应干燥，无结露、积霜、积雪，并不得在雨天进行安装。使用定扭矩扳手紧固高强度螺栓时，应班前对其进行校核，合格后方能使用。

2）高强度螺栓的安装顺序

一个接头上的高强度螺栓，应从螺栓群中部开始安装，逐个拧紧。大型节点的拧紧应分为初拧、复拧、终拧。初拧扭矩为施工扭矩的 50％左右，复拧扭矩等于初拧扭矩，终拧扭矩等于施工扭矩。

当接头既有高强度螺栓连接又有电焊连接时，是先紧固还是先焊接，应按设计要求规定的顺序进行。当设计无规定时，按先紧固后焊接的施工工艺顺序进行，即先终拧完高强度螺栓再焊接焊缝。

高强度螺栓应自由穿入螺栓孔内，当板层发生错孔时，应用铰刀扩孔修整，修整后孔的最大直径不得大于原孔径再加 2mm；扩孔数量不得超过一个接头螺栓孔的 1/3。严禁用气割进行高强度螺栓孔的扩孔修整工作。

一个接头多颗高强度螺栓穿入方向应一致，垫圈有倒角的一侧应朝向螺栓头和螺母，螺母有圆台的一面应朝向垫圈，螺母和垫圈不应装反。在槽钢、工字钢翼缘上安装高强度螺栓时，其斜面应使用斜度相协调的斜垫圈。

3）高强度螺栓的紧固方法

高强度螺栓的紧固是采用专门扳手拧紧螺母，使螺栓杆内产生要求的拉力。工程上，常用的大六角头高强度螺栓一般用扭矩法和转角法拧紧。

扭矩法一般可用初拧和终拧两次拧紧。初拧扭矩用终拧扭矩的 60%～80%，其目的是通过初拧，使接头各层钢板达到充分密贴。再用终拧扭矩将螺栓拧紧。若板层较厚或叠层较多，初拧后板层达不到充分密贴，还需增加复拧，复拧扭矩和初拧扭矩相同。

转角法也是以初拧和终拧两次进行。初拧用定扭矩扳手以终拧扭矩的 30%～50% 进行，使接头各层钢板达到充分密贴，再在螺母和螺栓杆上面通过圆心画一条直线，然后用扭矩扳手转动螺母一个角度，使螺栓达到终拧要求。转动角度的大小在施工前由试验确定。转角法拧紧高强度螺栓时，初拧用扭矩法，终拧用转角法。因转角法拧紧高强度螺栓时，其轴力的离散性很大，所以，目前已很少采用转角法紧固高强度螺栓。

5.3.3　大跨度空间钢结构安装

空间结构是由许多杆件沿平面或立面按一定规律组成的大跨度屋盖结构，一般采用钢管或型钢焊接或螺栓连接而成。由于杆件之间互相支撑，所以结构的稳定性好，空间刚度大，能承受来自各个方向的荷载。下面以网架结构为例，介绍常用的空间结构安装方法。

钢网架结构安装根据结构形式和施工条件的不同常采用高空散装法、分条或分块安装法、高空滑移法、整体吊装法、整体提升法、整体顶升法等。

1. 高空散装法

高空散装法即是将小拼单元或散件（单根杆件及单个节点）直接在设计位置进行总拼的方法，通常有全支架法和悬挑法两种。全支架法尤其适用于以螺栓连接为主的散件高空拼装。全支架法拼装网架时，支架顶部常用木板或其他脚手板满铺，作为操作平台，焊接时应注意防火。由于散件在高空拼装，无需大型垂直运输设备。但搭设大规模的拼装支架需耗用大量的材料。悬挑法则多用于小拼单元的高空拼装，或球面网壳三角形网格的拼装。悬挑法拼装网架时，需要预先制作好小拼单元，再用起重机将小拼单元吊至设计标高就位拼装。悬挑法拼装网架搭设支架少，节约架料，但要求悬挑部分有足够的刚度，以保证其几何尺寸的不变。

（1）吊装机械的选择与布置

吊装机械的选择，主要应根据结构特点、构件重量、安装标高以及现场施工与现有设备条件而定。高空拼装需要起重机操作灵活和运行方便，并使其起重幅度覆盖整个钢网架结构施工区域。工程上多选用塔式起重机，当选用多台塔式起重机，在布置时还应考虑其工作时的相互干扰。

（2）拼装顺序的确定

拼装时一般从脊线开始，或从中间向两边发展，以减少积累偏差和便于控制标高。其具体方案应根据建筑物的具体情况而定。图 1-5-74 所示是某工程的拼装顺序（大箭头表示总的拼装顺序，小箭头表示每榀钢桁架的拼装顺序），总的拼装顺序是从建筑物一端开始向另一端以两个三角形同时推进，待两个三角

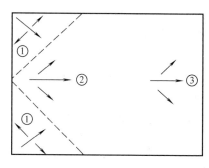

图 1-5-74　网架的拼装顺序

形相交后，即按人字形逐拼向前推进，最后在另一端的正中闭合。每榀屋架的拼装顺序，在开始的两个三角形部分由屋脊部分开始分别向两边拼装，两个三角形相交后，则由交点开始同时向两边拼装。

（3）标高及轴线的控制

大型网架为多支承结构，支承结构的轴线和标高是否准确，影响网架的内力和支承反力。因此，支承网架的柱子的轴线和标高的偏差应小，在网架拼装前应予以复核（要排除阳光温差的影响）。拼装网架时，为保证其标高和各榀屋架轴线的准确，拼装前需预先放出标高控制线和各榀屋架轴线的辅助线。若网架为折线型起拱，则可以控制脊线标高为准；若网架为圆弧线起拱，则应逐个节点进行测量。在拼装过程中，应随时对标高和轴线进行测量并依次调整，使网架总拼装后纵横总长度偏差、支座中心偏移、相邻支座高差、最低最高支座差等指标均符合网架规程的要求。

（4）支架的拼装

网架高空散装法的支架应进行专门设计，对重要的或大型工程还应进行试压，以保证其使用的可靠性。首先要保证拼装支架的强度和刚度，以及单肢及整体稳定性要求。其次支架的沉降量要稳定，在网架拼装过程中应经常观察支架的变形情况，避免因拼装支架变形而影响网架的拼装精度，必要时可用千斤顶进行调整。

（5）支架的拆除

网架拼装完毕并进行全面检查后，拆除全部支顶网架的方木和千斤顶。考虑到支架拆除后网架中央沉降最多，故按中央中间和边缘三个区分阶段按比例下降

支架，即分六次下降，每次下降的数值，三个区的比例是2:1.5:1。下降支架时要严格保证同步下降，避免由于个别支点受力而使这些支点处的网架杆件变形过大甚至破坏。

2. 分条或分块安装法

分条或分块安装法是指将网架分成条状或块状单元，分别由起重机吊装至高空设计位置就位搁置，然后再拼装成整体的安装方法。条状单元即是网架沿长跨方向分割为若干区段，而每个区段的宽度可以是一个网格至三个网格，其长度则为短跨的跨度。块状单元即是网架沿纵横方向分割后的单元形状为矩形或正方形。当采用条状单元吊装时，正放类网架通常在自重作用下自身能形成稳定体系，可不考虑加固措施，比较经济；而斜放类网架分成条状单元后需要大量的临时加固杆件，不太经济。当采用块状单元吊装时，斜放类网架则只需在单元周边加设临时杆件，加固杆件较少。

分条或分块安装法的特点是：大部分焊接拼装工作在地面进行，有利于提高工程质量；拼装支架耗用量极少；网架分单元的重量与现场起重设备相适应，有利于降低工程成本。

(1) 网架单元划分

网架分条分块单元的划分，应以起重机的负荷能力和网架结构特点而定。其划分方法主要有下述几种：

1) 网架单元相互紧靠，可将下弦双角钢分开在两个单元上。此法多用于正放四角锥网架（图1-5-75）。

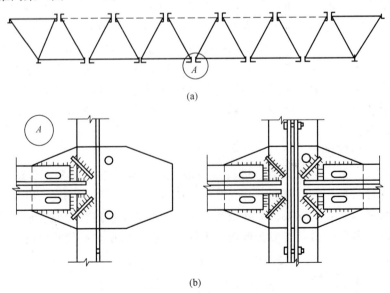

(a)

(b)

图 1-5-75　正放四角锥网架条状单元划分

(a) 网架条状单元；(b) 剖分式安装节点

2）网架单元相互紧靠，单元间上弦用剖分式安装节点连接。此法多用于斜正放四角锥网架（图 1-5-76）。

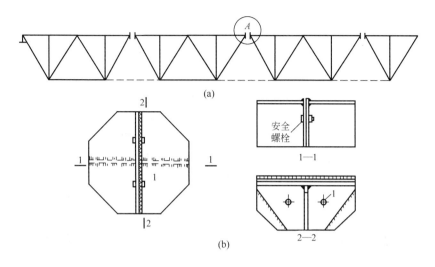

图 1-5-76　斜放四角锥网架条状单元划分

（a）网架条状单元；（b）剖分式安装节点

3）单元之间空一节间，该节间在网架单元吊装后再在高空拼装，此法多用于两向正交正放等网架（图 1-5-77）

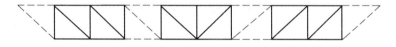

图 1-5-77　两向正交正放网架条状单元划分

注：实线部分为条状单元，虚线部分为在高空后拼的杆件

（2）网架挠度的调整

网架条状单元在吊装就位过程中的受力状态为平面结构体系，而网架结构是空间结构体系，所以条状单元两端搁置在支座上后，其挠度值比网架设计挠度值要大。若网架跨度较大，相对高跨比小，或采用轻屋面，则条状单元两端搁置后的中央挠度往往超过形成整体后网架的挠度。因此，条状单元合拢前应先将其顶高，使中央挠度与网架形成整体后该处挠度相同。由于分条分块安装法多在中小跨度网架中应用，可用钢管作顶撑，在钢管下端设千斤顶，调整标高时将千斤顶顶高即可。如果在设计时考虑到分条安装的特点而加高了网架高度，则分条安装时就不需要调整挠度。

（3）网架尺寸控制

分条或分块网架单元尺寸必须准确，以保证高空总拼时节点吻合和减少偏差。一般可采用预拼装或套拼的办法进行尺寸控制。同时，还应尽量减少中间转运，如需运输，应用特制专用车辆，防止网架单元变形。

3. 高空滑移法

高空滑移法是指分条的网架单元在事先设置的滑轨上单条滑移到设计位置拼接成整体的安装方法。此条状单元可以在地面拼成后用起重机吊至支架上，亦可用小拼单元或散件在高空拼装平台上拼成条状单元。高空支架一般设在建筑物的一端。高空滑移法由于是在土建完成框架或圈梁后进行，网架的空中安装作业可与建筑物内部施工平行进行，缩短了工期；拼装支架只在局部搭设，节约了大量的支架架料；对牵引设备要求不高，通常只需卷扬机即可。高空滑移法适用于现场狭窄的地区施工；也适用于车间屋盖的更换、轧钢、机械等厂房设备基础、设备与屋面结构平行施工或开口施工方案等的跨越施工；体育馆、影剧院等建筑物的屋盖网架施工（图1-5-78）。

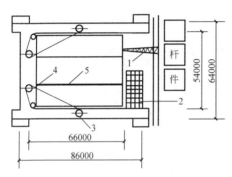

图 1-5-78   网架高空滑移施工的平面布置
1—拼装用塔式起重机；2—拼装平台；
3—绞磨；4—滑轮；5—滑移轨道

（1）挠度控制

当单条滑移时，施工挠度情况与分条安装法相同。当逐条积累滑移时，滑移过程中仍呈两端自由搁置的立体桁架。若网架设计未考虑施工工况，则在施工中应采取增加起拱高度、开口部分增设三层网架、在中间增设滑轨等措施。一般情况下应按施工工况（滑移和拼装阶段）进行网架挠度验算，其验算内容是：当跨度中间无支点时，杆件内力和跨中挠度值；当跨度中间有支座时，杆件内力、支点反力和挠度值。

（2）网架单元的滑移

网架单元拼装工作完成后，即可进行滑移。通常是在网架支座下设滚轮，使滚轮在滑动轨道上滑移（图1-5-79）；亦可在网架支座下设支座底板，使支座底板沿预埋在钢筋混凝土框架梁上的预埋钢板滑移（图1-5-80）。网架滑移可用卷扬机或手扳葫芦牵引。根据牵引力的大小及网架支座之间的系杆承载力，可采用一点或多点牵引。牵引速度不宜大于 1.0m/min，牵引力可按滑动摩擦或滚动摩擦进行计算。

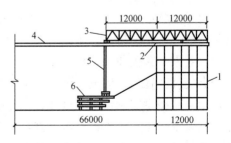

图 1-5-79   滑移轨道和滑移程序
1—拼装平台；2—杆件；滚轮；3—网架；
4—主滑动轨道；5—格构式钢柱；
6—辅助滑动轨道

滑动摩擦的启动牵引力：

$$F_t = \mu_1 \cdot \xi \cdot G_{ok} \qquad (1\text{-}5\text{-}10)$$

式中　F_t——总启动牵引力；

$\quad G_{ok}$——网架总自重标准值；

$\quad \mu_1$——滑动摩擦系数，在自然轧制表面、经初除锈充分润滑的钢与钢之间可取 $0.12 \sim 0.15$；

$\quad \xi$——阻力系数，当有其他因素影响牵引力时，可取 $1.3 \sim 1.5$。

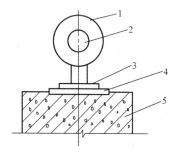

图 1-5-80　钢板滑动支座
1—球节点；2—杆件；3—支座钢板；
4—预埋钢板；5—钢筋混凝土框架梁

滚动摩擦的起动牵引力：

$$F_t \geqslant (K/r_1 + \mu_2 r/r_1) \cdot G_{ok} \qquad (1\text{-}5\text{-}11)$$

式中　F_t——总起动牵引力；

$\quad G_{ok}$——网架总自重标准值；

$\quad K$——滚动摩擦系数，钢制轮与钢之间可取 0.5mm；

$\quad \mu_2$——滚轮与滚动轴之间的滚动摩擦系数，对经机械加工后充分润滑的钢与钢之间的摩擦系数，可取 0.1；

$\quad r_1$——滚轮的外圈半径（mm）；

$\quad r$——轴的半径（mm）。

4. 整体安装法

整体安装法即是先将网架在地面上拼装成整体，然后用起重设备将其整体提升到设计标高位置并加以固定。该施工方法不需要高大的拼装支架，高空作业少，易保证焊接质量，但需要起重量大的起重设备，技术较复杂。因此，此法对球节点的钢管网架（尤其是三向网架等杆件较多的网架）较适宜。根据所用设备的不同，整体安装法又分为多机抬吊法、拔杆提升法、千斤顶提升法和千斤顶顶升法等。

（1）多机抬吊法

多机抬吊法即是先在地面上对网架进行错位拼装（即拼装位置与安装轴线错开一定距离，以避开柱子的位置），然后用多台起重机（多为履带式起重机或汽车式起重机）将拼装好的网架整体提升到柱顶以上，在空中对位后落于柱顶并加以最后固定。多机抬吊法适用于高度和重量都不大的中、小型网架结构。

1）网架的拼装

为防止网架整体提升时与柱子相碰，错开的距离取决于网架提升过程中网架与柱子或柱子牛腿之间的净距，一般不得小于 $10 \sim 15$cm，同时要考虑网架拼装的方便和空中移位时起重机工作的方便。需要时可与设计单位协商，将网架的部分边缘杆件留待网架提升后再焊接，或变更部分影响网架提升的柱子牛腿（图 1-5-81）。

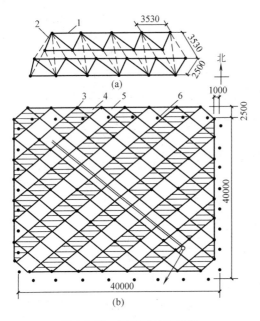

图 1-5-81   网架的地面拼装

（a）工厂拼成的立体桁架；（b）网架拼装平面图

1—平面桁架；2—连接平面桁架的钢管；

3—砖墩；4—工厂拼成的立体桁架；

5—现场拼装的构件；6—柱子

钢网架在构件厂加工后，将单件拼成小单元的平面桁架或立体桁架运至工地，再在拼装位置将小单元桁架拼成整个网架。工地拼装可采用小钢柱或小砖墩（顶面做 10cm 厚的细石混凝土找平层）作为临时支柱。临时支柱的数量及位置，取决于小单元桁架的尺寸和受力特点。为保证拼装网架的稳定，每个立体桁架小单元下设四个临时支柱。此外，在框架轴线的支座处必须设临时支柱，待网架全部拼装和焊接之后，框架轴线以内的各个临时支柱先拆除，整个网架就支承在周边的临时支柱上。为便于焊接，框架轴线处的临时支柱高约 80cm，其余临时支柱的高度按网架的起拱要求相应提高。

网架的尺寸应根据柱轴线量出（要预放焊接收缩量），标在临时支柱上。网架球形支座与钢管的焊接，一般采用等强度对接焊，为保证安全，在对焊处增焊 6～8mm 的贴角焊缝。管壁厚度大于 4mm 的焊件，接口宜做成坡口。为使对接焊缝均匀和钢管长度稍可调整，应加用套管。拼装时先装上下弦杆，后装斜腹杆，待两榀桁架间的钢管全部放入并矫正后，再逐根焊接钢管。

2）网架的吊装

中小型网架多用四台履带式起重机（或汽车式起重机、轮胎式起重机）抬吊，亦可用两台履带式起重机或一根拔杆吊装。图 1-5-82 所示为某体育馆 40m×40m 钢网架用四台履带式起重机抬吊的情况。该网架连同索具的总重约 600kN，所需起吊高度至少 21m。施工时选用两台 L-952、一台 W-1001 和一台 W-1252 型起重机，每台起重机负荷 150kN。L-952 型起重机，用 24m 长的起重杆，起重高度和起重量均可满足要求；W-1001 和 W-1252 型起重机，为满足起重高度要求需用 25m 长的起重杆，但此时起重量不够，为提高其起重能力，各加用两根缆风绳于起重杆，以满足 150kN 吊装荷载的提升需要，起重杆在加了两根缆风绳后不能回转，只能靠调整缆风绳来改变其俯仰角。在布置起重机时，W-1001 和 W-1252 型起重机的纵向中心线必须与拼装和就位的网架边线中点的连线重合（图 1-5-82b 中的 b、a 点）；L-952 型起重机满负荷吊装，起重杆不能俯仰只能回转，故该机的回转中心必须处于上述两位置（图 1-5-82b 中的 c、d 点）连线的垂直平分线上。

多机抬吊中应特别注意各台起重机的起吊速度一致，以避免起重机超负荷，网架受扭，焊缝开裂等事故发生。通常，起吊前要测量各台起重机的起吊速度，供吊装选用；亦可将两台起重机的吊索用滑轮穿通（图 1-5-82c）。

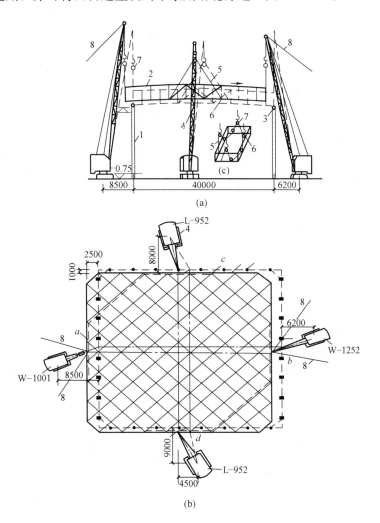

图 1-5-82　多机抬吊钢网架

(a) 立面图；(b) 平面图；(c) 吊装吊索穿通方法

1—柱子；2—网架；3—弧形铰支座；4—起重机；5—吊索；6—吊点；

7—滑轮；8—缆风绳

当网架抬吊到比柱顶标高高出 30cm 左右时，进行空中移位，将网架移至柱顶之上。网架落位时，为使网架支座中心线准确地与柱顶中线吻合，事先在网架

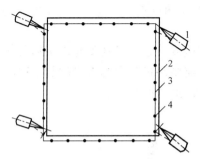

图 1-5-83   起重机在两侧抬吊屋架

1—起重机；2—网架拼装位置；

3—网架安装位置；4—柱子

四角各拴一根钢丝绳，利用倒链进行对线就位。

若网架重量较小，或四台起重机的起重量都满足要求时，宜将四台起重机布置在网架两侧（图 1-5-83），网架安装时只需四台起重机同时回转即完成网架空中移位的要求。

（2）拔杆提升法

拔杆提升法即是先在地面上错位拼装网架，然后用多根独脚拔杆将网架整体提升到柱顶以上，在空中移位，就位安装。此法多用于大型钢管球节点网架的安装。

1）网架空中移位

网架空中移位是利用每根拔杆两侧起重滑轮组中的水平力不等而使网架水平移动。网架提升时（图 1-5-84a），每根拔杆两侧滑轮组夹角相等，上升速度一致，两侧滑轮组受力相等 $T_1 = T_2$，其水平分力亦相等 $H_1 = H_2$，此时网架以水平状态垂直上升。滑轮组内拉力及其水平力按下式求得：

$$\left.\begin{array}{l} T_1 = T_2 = G/(2\sin\alpha) \\ H_1 = H_2 = T_1\cos\alpha \end{array}\right\} \tag{1-5-12}$$

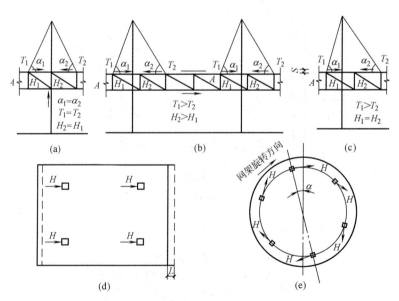

图 1-5-84   拔杆提升法的空中移位

（a）网架提升时平衡状态；（b）网架移位时不平衡状态；（c）网架移位后恢复平衡状态；

（d）矩形网架平移；（e）圆形网架旋转

S—网架移位时下降距离；L—网架水平移位距离；α—网架旋转角度

式中　G——每根拔杆所负担的网架重量；

　　　α——起重滑轮组与网架间的夹角（此时 $\alpha_1 = \alpha_2 = \alpha$）。

　　网架在空中移位时（图 1-5-84b），每根拔杆同一侧的滑轮组钢丝绳缓慢放松，而另一侧则不动。放松的钢丝绳因松弛而使拉力 T_2 变小，这就形成钢丝绳内力的不平衡（$T_1 > T_2$），因而 $H_1 > H_2$，也使网架失去平衡，使网架向 H_1 所指方向移动，直至滑轮组钢丝绳不再放松又重新拉紧时为止，即此时又恢复了水平力相等（$H_1 = H_2$），网架也就又恢复了平衡状态（图 1-5-84c）。网架在空中移位时，拔杆两侧起重滑轮组受力不等，可按下式计算：

$$\left.\begin{array}{l} T_1 \sin\alpha_1 + T_2 \sin\alpha_2 = G \\ T_1 \cos\alpha_1 = T_2 \cos\alpha_2 \end{array}\right\} \tag{1-5-13}$$

由于 $\alpha_1 > \alpha_2$，所以 $T_1 > T_2$。

　　网架在空中移位时，要求至少有两根以上的拔杆吊住网架，且其同一侧的起重机滑轮组不动，因此在网架空中移位时只平移而不倾斜。由于同一侧滑轮组不动，所以网架除平移外，还产生以 O 点为圆心，OA 为半径的圆周运动，而使网架产生少量的下降。

　　网架空中移位的方向，与拔杆的布置有关。图 1-5-84d 所示矩形网架，4 根拔杆对称布置，拔杆的起重平面都平行于网架一边。因此，使网架产生位移的水平分力 H 亦平行于网架的一边，因而网架便产生平移运动。图 1-5-84e 所示圆形网架，用 6 根均布在圆周上的拔杆提升，拔杆的起重平面垂直于网架半径，因此，水平分力 H 是作用在圆周上的切向力，使网架产生绕圆心的旋转运动。

　　2）起重设备的选择与布置

　　网架拔杆提升施工起重设备的选择与布置的主要工作包括：拔杆选择与吊点布置、缆风绳与地锚布置、起重滑轮组与吊点索具的穿法、卷扬机布置等。图 1-5-85 所示为某直径 124.6m 的钢网架用 6 根拔杆整体提升时的起重设备布置情况。

　　拔杆的选择取决于其所承受的荷载和吊点布置。网架安装时的计算荷载为：

$$Q = (K_1 Q_1 + Q_2 + Q_3) K_3 \tag{1-5-14}$$

式中　Q——计算荷载（kN）；

　　　K_1——荷载系数 1.1（如网架重量经过精确计算可取 1.0）；

　　　Q_1——网架自重（kN）；

　　　Q_2——附加设备（包括脚手架、通风管等）自重（kN）；

　　　Q_3——吊具自重（kN）；

　　　K_3——由提升差异引起的受力不均匀系数，如网架重量基本均匀，各点提升差异控制在 10cm 以下时，此系数取 1.30。

　　网架吊点的布置不仅与吊装方案有关，还与提升时网架的受力性能有关。在网架提升过程中，不但某些杆件的内力可能会超过设计时的计算内力，而且对某

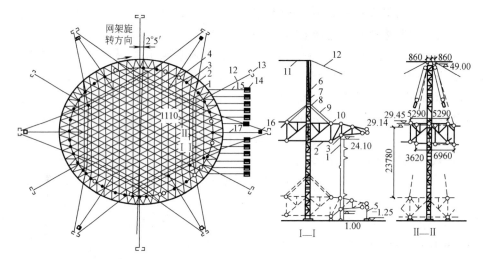

图 1-5-85　直径 124.6m 的钢网架用拔杆提升时的设备布置

1—柱子；2—钢网架；3—网架支座；4—提升后再焊的杆件；5—拼装用钢支柱；6—独脚拔杆；
7—滑轮组；8—铁扁担；9—吊索；10—吊点；11—平缆风绳；12—斜缆风绳；13—地锚；14—起
重卷扬机；15—起重钢丝绳（从网架边缘到拔杆底座一段未画出）；16—校正用卷扬机；17—校正
用钢丝绳

些杆件还可能引起内力符号改变而使杆件失稳。因此，应经过网架吊装验算来确定吊点的数量和位置。当起重能力、吊装应力和网架刚度满足要求时，应尽量减少拔杆和吊点的数量。

缆风绳的布置，应使多根拔杆相互连成整体，以增加整体稳定性。每根拔杆至少要有 6 根缆风绳（有平缆风绳与斜缆风绳之分，用平缆风绳将几根拔杆连成整体），缆风绳要根据风荷载、吊重、拔杆偏斜、缆风绳初应力等荷载，按最不利情况组合后计算选择；地锚要可靠，缆风绳的地锚可合用，地锚也应计算确定。

起重滑轮组的受力计算可按式（1-5-12）、式（1-5-13）进行，根据计算结果选择滑轮的规格，大吨位起重滑轮组的钢丝绳穿法，有顺穿和花穿两种，如用一台卷扬机牵引，宜采用花穿法（钢丝绳单头从滑轮组中间引出）。

卷扬机的规格，要根据起重钢丝绳的内力大小确定。为减少提升差异，尽量采用相同规格的卷扬机。起重用的卷扬机宜集中布置，以便于指挥和缩短电气线路。校正用的卷扬机宜分散布置，以便就位安装。

3）轴线控制

网架拼装支柱的位置，应根据已安装好的柱子的轴线精确量出，以消除基础制作与柱子安装时轴线误差的积累。柱子安装后如先灌浆固定，应选择阳光温差影响最小的时刻测量柱子的垂直偏差，绘出柱顶位移图，再结合网间的制作误差来分析网架支座轴线与柱顶轴线吻合的可能性和纠正措施。如柱子安装后暂时不灌浆固定，则网架提升前，将 6 根控制柱先校正灌浆固定，待网架吊上去对准 6 根控制柱的轴线后，其他柱顶轴线则根据网架支座轴线来校正，并先及时吊柱间梁，以增加柱子的稳定性，然后再将网架落位固定。

4）拔杆拆除

网架吊装工作完成后，拔杆宜用倒拆法拆除。即在网架上弦节点处挂两副起重滑轮组吊住拔杆，然后由最下一节开始逐节拆除拔杆。

（3）电动螺杆提升法

电动螺杆提升法是利用电动螺杆提升机，将在地面上拼装好的钢网架整体提升至设计标高，再就位固定。其优点是不需要大型吊装设备，施工简便。

电动螺杆提升机安装在支承网架的柱子上，提升网架时的全部荷载均由这些柱子承担，且只能进行垂直提升，设计时要考虑在两柱间设置托梁，网架的支点坐落在托梁上。网架拼装不需要错位，可在原位进行拼装。提升机设置的数量和位置，既要考虑吊点反力与提升机的提升能力相适应，又要考虑使各提升机的负荷大致相等，各边中间支座处较大，越往两端反力越小（图 1-5-86）。网架提升过程中要特别重视结构的稳定性，结构设计要考虑施工工况，施工时还应有保证稳定的措施。通常，为设置提升机，在柱顶上设置短钢柱，短钢柱上设置钢横梁，提升机则安装在横梁跨度中间（图 1-5-87）。提升机的螺杆下端连接吊杆，

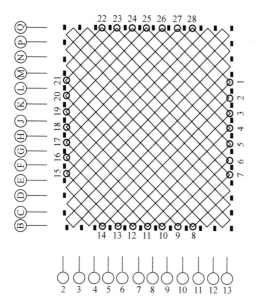

图 1-5-86　网架提升时吊点布置图

（标○处为吊点位置）

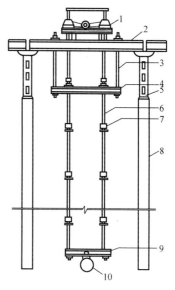

图 1-5-87　网架提升设备

1—提升机；2—上横梁；3—螺杆；

4—下横梁；5—短钢柱；6—吊杆；

7—接头；8—框架柱子；9—横吊

梁；10—支座钢球

吊杆下端连接横吊梁，在横吊梁中部用钢销与网架支座钢球上的吊环相连。在上横梁上用螺杆吊住下横梁，用作拆卸吊杆时工人的操作。提升网架要注意同步控制，提升过程中要随时纠正提升差异。待网架提升到托梁以上时安装托梁，待托梁固定后网架即可下落就位。

思 考 题

5.1　单层工业厂房结构安装前的准备工作有哪些？

5.2　试述构件安装工艺。

5.3　柱子安装时吊点选择应考虑什么原则？

5.4　柱绑扎有哪几种方法？试述其适用范围。

5.5　何谓旋转法、滑行法？双机抬吊旋转法起重机如何工作？

5.6　如何进行柱的对位与临时固定？

5.7　试述柱的校正和最后固定方法。

5.8　吊车梁的校正方法有哪些？如何进行最后固定？

5.9　试述屋架的扶直就位方法及绑扎点的选择。正向扶直和反向扶直各有何特点？

5.10　屋架如何绑扎、吊升、对位、临时固定、校正和最后固定？

5.11　单层厂房结构安装方案的主要内容是什么？结构安装方法有哪两种？各有何特点？

5.12　起重机选择的依据是什么？

5.13　现场预制有几种平面布置方法？如何确定起重机开行路线、停机位置和柱的预制位置？

5.14　屋架的预制和安装就位有几种布置方式？如何确定其位置？

5.15　装配式框架结构安装如何选择起重机械？塔式起重机的平面布置方案有哪几种？

5.16　试述装配式框架结构柱的安装、校正和接头方法。

5.17　简述装配式墙板的制作、运输、堆放以及吊装工艺过程。

5.18　试述墙板安装的工艺流程。

5.19　墙板安装的方法有哪些？

5.20　墙板吊装过程中应注意哪些安全事项？

5.21　钢构件在工厂加工制作的基本流程包括哪些？

5.22　钢框架结构安装前的准备工作主要包括哪些？

5.23　简述钢结构安装的分层安装法和分单元退层安装法。

5.24　试述钢结构工程主要的连接方式及各连接方法的优缺点和适用范围。

5.25　试述钢柱基础的准备工作内容。

5.26　空间网架结构的安装方法有哪些？各自适用范围是什么？

习　　题

5.1　某厂房柱重 28t，柱宽 0.8m。现用一点绑扎双机抬吊，试对起重机进行负荷分配，要求最大负荷一台为 20t，另一台为 15t，试求需加垫木厚度。

5.2　某厂房柱的牛腿标高 8m，吊车梁长 6m，高 0.8m，当起重机停机面标高为 −0.3m 时，试计算安装吊车梁的起重高度。

5.3　某车间跨度 24m，柱距 6m，天窗架顶面标高 18m，层面板厚度 240mm，试选择履带式起重机的最小臂长（停机面标高 −0.2m，起重臂底铰中心距地面高度 2.1m）。

5.4　某车间跨度 21m，柱距 6m，吊柱时，起重机分别沿纵轴线的跨内和跨外一侧开行。当起重半径为 7m，开行路线距柱纵轴线为 5.5m 时，试对柱作"三点共弧"布置，并确定停机点。

5.5　某单层工业厂房跨度为 18m，柱距 6m，9 个节间，选用 W_1-100 履带式起重机进行结构安装，安装屋架时的起重半径为 9m，试绘制屋架的斜向就位图。

第6章 道 路 工 程

经过 30 多年的发展，我国的高速公路、城市市政道路有了快速的发展，成效显著。高速公路在材料、设计、施工等方面取得了举世瞩目的成果，我国幅员辽阔，平原、丘陵、山地、沙漠、冻土等地质地貌复杂，道路工程的各种工程技术问题均能遇到。我国城市发展更为日新月异，城市人口百万级（含千万级）的城市干道工程已成为各大城市的交通命脉。本章以当前我国最新的有关公路和城市道路的工程技术标准、规范为依据，着重于系统阐明路面工程的基本概念、基本技术理论和基本方法，并尽可能地引入这一领域内的新技术、新理论和新进展。

§6.1 沥 青 路 面 工 程

6.1.1 施工前的准备工作

施工前的准备工作主要有确定料源及进场材料的质量检验、施工机具设备选型与配套、修筑试验路段等项工作。

1. 确定料源及进场材料的质量检验

对进场的沥青材料，应检验生产厂家所附的试验报告，检查装运数量、装运日期、定货数量、试验结果等，并对每批沥青进行抽样检测，试验中如有一项达不到规定要求时，应加倍抽样试验，如仍不合格时，则退货并索赔。

2. 施工机械检查

施工前应对各种施工机具进行全面的检查。包括拌合与运输设备的检查；洒油车的油泵系统、洒油管道、量油表、保温设备等的检查；矿料撒铺车的传动和液压调整系统的检查，并事先进行试撒，以便确定撒铺每一种规格矿料时应控制的间隙和行驶速度；摊铺机的规格和机械性能的检查；压路机的规格、主要性能和滚筒表面的磨损情况的检查。

3. 铺筑试验路段

在沥青路面修筑前，应用计划使用的机械设备和混合料配合比铺筑试验路段，主要研究合适的拌合时间与温度；摊铺温度与速度；压实机械的合理组合、压实温度和压实方法；松铺系数；合适的作业段长度等。并在沥青混合料压实12h 后，按标准方法进行密实度、厚度的抽样检查。

6.1.2　沥青表面处治路面施工

沥青表面处治路面是用沥青和细粒矿料按拌合法或层铺法施工成厚度不超过30mm 的薄层路面面层，主要适用于三级及三级以下的公路、城市道路的支路、县镇道路、各级公路的施工便道及在旧沥青面层上加铺的罩面层或磨耗层，主要是用来抵抗行车的磨损和大气作用，并增强防水性，提高平整度，改善路面的行车条件。

单层式沥青表面处治路面是浇洒一次沥青，撒布一次集料铺筑而成的厚度为1.0～1.6cm（乳化沥青表面处治为0.5cm）；双层式是浇洒二次沥青，撒布二次集料铺筑而成的厚度为 1.5～2.5cm（乳化沥青表面处治为1cm）；三层式是浇洒三次沥青，浇撒三次集料铺筑而成的厚度为2.5～3.0cm（乳化沥青表面处治为3cm）。

1. 施工准备

沥青表面处治施工应在路缘石安装完成以后进行，基层必须清扫干净。施工前应检查沥青洒布车的油泵系统、输油管道、油量表、保温设备等。集料撒布机使用前应检查其传动和液压调整系统，并应进行试洒，确定撒布各种规格集料时应控制下料间隙及行驶速度。

2. 施工方法

层铺法三层式沥青表面处治的施工一般可按下列工序进行：

（1）浇洒第一层沥青

在透层沥青充分渗透，或在已做透层或封层并已开放交通的基层清扫后，就可按要求的速度浇洒第一层沥青。沥青浇洒时的温度一般情况是：石油沥青的洒布温度为 130～170℃，煤沥青的洒布温度为 80～120℃；乳化沥青可在常温下洒布，当气温偏低、破乳及成型过慢时，可将乳液加温后洒布，但乳液温度不得超过 60℃。浇洒应均匀，当发现浇洒沥青后有空白、缺边时，应及时进行人工补洒，当有沥青积聚时应刮除。沥青浇洒长度应与集料撒布机的能力相配合，应避免沥青浇洒后等待较长时间才撒布集料。

（2）撒布第一层集料

第一层集料在浇洒主层沥青后立即进行撒布。当使用乳化沥青时，集料撒布应在乳液破乳之前完成。撒布集料后应及时扫匀，应覆盖施工路面，厚度应一致，集料不应重叠，也不应露出沥青；当局部有缺料时，应及时进行人工找补，局部过多时，应将多余集料扫出。前幅路面浇洒沥青后，应在两幅搭接处暂留10～15cm 宽度不撒石料，待后幅浇撒沥青后一起撒布集料。

（3）碾压

撒布一段集料后，应立即用 6～8t 钢筒双轮压路机碾压，碾压时每次轮迹应重叠约 30cm，并应从路边逐渐移至路中心，然后再从另一边开始移向路中心，以此作为一遍,宜碾压3~4遍。碾压速度开始不宜超过2km/h,以后适当增加。

第二、三层的施工方法和要求应与第一层相同,但可采用8~10t压路机。当使用乳化沥青时,第二层撒布碎石作为嵌缝料后还应增加一层封层料。

单层式和双层式沥青表面处治的施工顺序与三层式基本相同,只是相应地减少或增加一次洒布沥青、铺撒一次矿料和碾压工作。沥青表面处治应进行初期养护,当发现有泛油时,应在泛油处补撒嵌缝料,嵌缝料应与最后一层石料规格相同,并应扫匀;当有过多的浮动集料时,应扫出路面,并不得搓动已经粘着在位的集料;如有其他破坏现象,也应及时进行修补。

6.1.3 沥青贯入式路面施工

沥青贯入式路面是在初步压实的碎石(或破碎砾石)上分层浇洒沥青、撒布嵌缝料,或再在上部铺筑热拌沥青混合料封层,经压实而成的沥青面层,其厚度宜为4~8cm,但乳化沥青贯入式路面的厚度不宜超过5cm;当贯入层上部加铺拌和的沥青混合料面层时,路面总厚度宜为6~10cm,其中拌和层厚度宜为2~4cm。由于沥青贯入式路面的强度构成主要是靠矿料的嵌挤作用和沥青材料的粘结力,因而具有较高的强度和稳定性,而且沥青贯入式路面是一种多孔隙结构,为了防止路表水的浸入和增强路面的水稳定性,在最上层应撒布封层料或加铺拌和层;当乳化沥青贯入式路面铺筑在半刚性基层上时,应铺筑下封层;当沥青贯入层作为连结层时,可不撒表面封层料。

1. 撒布主层集料

撒布主层集料时应控制松铺厚度,避免颗粒大小不匀,尽可能采用碎石摊铺机摊铺主层集料,在无条件下也可采用人工撒布。撒布后严禁车辆在撒布好的集料层上通行。

2. 碾压主层集料

主层集料撒布后用6~8t的钢筒压路机进行初压,碾压时应自边缘逐渐移向路中心,每次轮迹应重叠约30cm,然后检查路拱和纵向坡度;当不符合要求时,应调整、找平后再压,直至集料无显著推移为止。再用10~12t压路机进行碾压,每次轮迹重叠1/2左右,直至主层集料嵌挤稳定,无显著轮迹为止。

3. 浇洒第一层沥青

主层集料碾压完毕后,应立即浇洒第一层沥青,浇洒方法与沥青表面处治层施工相同。当采用乳化沥青贯入时,应防止乳液下漏过多,可在主层集料碾压稳定后,先撒布一部分上一层嵌缝料,再浇洒主层沥青。乳化沥青在常温下洒布,当气温偏低需要加快破乳速度时,可将乳液加温后洒布,但乳液温度不得超过60℃。

4. 撒布第一层嵌缝料

主层沥青浇洒完成后,应立即撒布第一层嵌缝料,嵌缝料的撒布应均匀并应扫匀,不足处应找补。当使用乳化沥青时,石料撒布应在破乳前完成。

5. 碾压

嵌缝料扫匀后应立即用 8～12t 钢筒式压路机进行碾压，轮迹应重叠轮宽的 1/2 左右，宜碾压 4～6 遍，直至稳定为止。碾压时随压随扫，并应使嵌缝料均匀嵌入。当气温较高使碾压过程发生较大推移现象时，应立即停止碾压，待气温稍低时再继续碾压。

6. 浇洒第二层沥青，撒布第二层嵌缝料，碾压，再浇洒第三层沥青。

7. 撒布封层料。

8. 终压

用 6～8t 压路机碾压 2～4 遍，然后开放交通，并进行交通管制，使路面全宽受到行车的均匀碾压。

6.1.4 热拌沥青混合料路面施工

热拌沥青混合料路面采用厂拌法施工时，集料与沥青均在拌合机内进行加热与拌合，并在热的状态下摊铺碾压成型。

1. 热拌沥青混合料的拌制

沥青混合料必须在沥青拌合厂（场、站）采用拌合机械进行拌制，可采用间歇式拌合机或连续式拌合机拌制。间歇式拌合机是拌合设备在拌合过程中骨料烘干与加热是连续进行的，而加入矿粉和沥青后的拌合是间歇（周期）式进行的。

连续式拌合机是矿料烘干、加热与沥青混合料拌合均为连续进行的，且拌合速度较高，连续式拌合机应具备根据材料含水量变化调整矿料上料比例、上料速度、沥青用量的装置，且当工程材料来源或质量不稳定时，不得采用连续式拌合机拌制。

2. 热拌沥青混合料的运输

热拌沥青混合料应采用较大吨位的自卸汽车运输。运输时，应防止沥青与车厢板粘结，车厢应清扫干净，车箱底板及周壁应涂一薄层油水（柴油∶水＝1∶3）混合液，但不得有余液积聚在车厢底部。运料车应用篷布覆盖以保温、防雨、防污染，夏季运输时间短于 0.5h 时可不覆盖；混合料运料车的运输能力应比拌合机拌合或摊铺能力略有富余，施工过程中摊铺机前方应有运料车在等候卸料。

3. 热拌沥青混合料摊铺

热拌沥青混合料的摊铺工作应包括摊铺前的准备工作、摊铺机各种参数的选择与调整、摊铺作业等。

摊铺前的准备工作应包括下承层的准备、施工测量、摊铺机的检查等。

摊铺前应先调整摊铺机的机构参数和运行参数。其中，机构参数包括熨平板的宽度、摊铺厚度、熨平板的拱度、初始工作迎角、布料螺旋与熨平板前缘的距离、振捣梁行程等。摊铺机的运行参数是摊铺机的作业速度，摊铺沥青混合料时应缓慢、均匀、连续不间断；在摊铺过程中，不得随意变更速度或中途停顿；摊铺速度应根据拌合机的产量、施工机械配套情况及摊铺层厚度、宽度来确定,并应为 2～6m/min。

摊铺机的各种参数确定以后,即可进行沥青混合料路面的摊铺作业。首先应对熨平板加热,以免热沥青混合料将会冷粘于熨平板底上,并随板向前移动时拉裂铺层表面,使之形成沟槽和裂纹,即使在夏季也必须如此。

热拌沥青混合料应采用机械摊铺,对高速公路、一级公路和城市快速路、主干路宜采用两台以上的摊铺机成梯队作业,进行联合摊铺;相邻两幅之间应有重叠,重叠宽度宜为 5～10cm;相邻两台摊铺机宜间距 10～30m,且不得造成前面摊铺机的混合料冷却;当混合料不能满足不间断摊铺时,可采用全宽度摊铺机一幅摊铺。摊铺机在开始受料前应在料斗内涂刷防止粘结的柴油;摊铺机应具有自动式或半自动式调节摊铺厚度及找平装置;具有足够容量的受料斗,在运料车换车时能连续摊铺,并有足够的功率推动运料车;具有可加热的振动熨平板或振动夯等初步压实装置,且摊铺机宽度可以调整。

4. 热拌沥青混合料的压实及成型

碾压是热拌沥青混合料路面施工的最后一道工序,要获得好的路面质量最终是靠碾压来实现。碾压的目的是提高沥青混合料的强度、稳定性和耐疲劳性。碾压工作包括碾压机械的选型与组合、压实温度、碾压速度、碾压遍数、压实方法的确定以及压实质量检查等。

沥青混合料路面的压实程序分为初压、复压、终压(包括成型)三个阶段,压路机应以慢而匀速的速度碾压。初压是整平和稳定混合料,同时又为复压创造条件,初压应在混合料摊铺后较高温度下进行,并不得产生推移、发裂。其压实温度应根据沥青稠度、压路机类型、气温、铺筑层厚度、混合料类型经试压确定。初压时,压路机应从外侧向中心碾压,相邻碾压带应重叠 1/3～1/2 轮宽,最后碾压路中心部分,压完全幅为一遍。

初压后紧接着进行复压,复压是使混合料密实、稳定、成型。复压宜采用重型压路机,碾压遍数应经试压确定,并不宜少于 4～6 遍。

终压应紧接着复压后进行,其目的是消除碾压轮产生的轮迹,最后形成平整的路面。终压可选择双轮钢筒式压路机或关闭振动的振动压路机碾压,碾压不宜少于 2 遍,路面应无轮迹。

5. 接缝

在施工过程中应尽可能避免出现接缝,不可避免时,应做成垂直接缝,并通过碾压尽量消除接缝痕迹,提高接缝处沥青路面的传荷能力。

(1) 纵向接缝

两条摊铺带相接处,必须有一部分搭接,才能保证该处与其他部分具有相同的厚度。搭接的宽度应前后一致,搭接施工有冷接缝和热接缝两种。冷接缝施工是指新铺层与经过压实后的已铺层进行搭接,搭接宽度约为 3～5cm,在摊铺新铺层时，对已铺层带接茬处边缘进行铲修垂直，新摊铺带与已摊铺带的松铺厚度相同。热接缝施工一般是在使用两台以上摊铺机梯队作为时采用，此时两条毗邻摊铺带的混合料都还处于压实前的热状态，所以纵向接缝容易处理，而且连接强度较好。

（2）横向接缝

相邻两幅及上下层的横向接缝均应错位 1m 以上，横向接缝有斜接缝和平接缝两种。高速和一级公路中下层的横向接缝可采用斜接缝，而上面层则应采用垂直的平接缝，其他等级公路的各层均应采用斜接缝。处理好横向接缝的基本原则是将第一条摊铺带的尽头边缘锯成垂直面，并与纵向边缘成直角。

6.1.5　乳化沥青碎石混合料路面施工

乳化沥青碎石混合料是指由乳化沥青与矿料在常温状态下拌合而成，压实后剩余空隙率在 10% 以上的常温沥青混合料。乳化沥青碎石混合料适用于三级及三级以下的公路、城市道路支线的沥青面层、二级公路的罩面层施工，以及各级道路的沥青路面的连接层或找平层。而乳化沥青碎石混合料路面的沥青面层宜采用双层式，下层应采用粗粒式沥青碎石混合料，上层应采用中粒式或细粒式沥青碎石混合料；单层式只宜在少雨干燥地区或半刚性基层上使用；而在多雨潮湿地区必须做上封层或下封层。

1. 混合料摊铺

已拌制好的混合料应立即运至施工现场进行摊铺，拌制的混合料宜用沥青摊铺机摊铺，当采用人工摊铺时，应采取防止混合料离析的措施。混合料应具有充分的施工和易性，混合料的拌合、运输和摊铺应在乳液破乳前结束，在拌合与摊铺过程中已破乳的混合料，应予以废弃。

2. 碾压

混合料摊铺完毕，厚度、平整度、路拱横坡等符合设计要求和规范要求后，即可进行碾压，其碾压可按热拌沥青混合料的规定进行，但在混合料摊铺后，采用 6t 左右的轻型压路机初压，碾压 1～2 遍，使混合料初步稳定，再用轮胎压路机或轻型钢筒式压路机碾压 1～2 遍。

§6.2　水泥混凝土路面工程

水泥混凝土路面是由混凝土面板与基层所组成，具有刚度大、强度高、稳定性好、使用寿命长等特点，适用于各级公路特别是高速公路和一级公路。水泥混凝土面板必须具有足够的抗折强度，良好的抗磨耗、抗滑、抗冻性能，以及尽可能低的线膨胀系数和弹性模量；混凝土拌合物应具有良好的施工和易性，使混凝土路面能承受荷载应力和温度应力的综合疲劳作用，为行驶的汽车提供快速、舒适、安全的服务。

6.2.1　轨模式摊铺机施工

轨模式摊铺机施工是由支撑在平底型轨道上的摊铺机将混凝土拌合物摊铺在基层上，摊铺机的轨道与模板连在一起，安装时同步进行。

1. 拌合与运输

拌合质量是保证水泥混凝土路面的平整度和密实度的关键，而混凝土各组成材料的技术指标和配合比计算的准确性是保证混凝土拌合质量的关键。

在运输过程中，为了保证混凝土的工作性，应考虑蒸发水和水化失水，以及因运输颠簸和振动使混凝土发生离析等。

拌合物运到摊铺现场后，倾卸于摊铺机的卸料机内，卸料机械有侧向和纵向卸料机两种。侧向卸料机在路面铺筑范围外操作，自卸汽车不进入路面铺筑范围，因此要有可供卸料机和汽车行驶的通道；纵向卸料机在路面铺筑范围内操作，由自卸汽车后退卸料，因此在基层上不能预先安放传力杆及其支架。

2. 铺筑与振捣

(1) 轨模安装

轨道式摊铺机施工的整套机械是在轨道上移动前进，并以轨道为基准控制路面表面高程。由于轨道和模板同步安装，统一调整定位，因此将轨道固定在模板上，既可作为水泥混凝土路面的侧模，也是每节轨道的固定基座。轨道的高程控制、铺轨的平直、接头的平顺，将直接影响路面的质量和行驶性能。

(2) 摊铺

摊铺是将倾卸在基层上或摊铺机箱内的混凝土按摊铺厚度均匀地充满模板范围内。摊铺机械有刮板式、箱式和螺旋式三种。刮板式摊铺机本身能在模板上自由地前后移动，在前面的导管上左右移动。由于刮板自身也要旋转，可以将卸在基层上的混凝土堆向任意方向摊铺。

箱式摊铺机是混凝土通过卸料机卸在钢制箱子内。箱子在机械前进行驶时横向移动，同时箱子的下端按松散厚度刮平混凝土。螺旋式摊铺机是用正反方向旋转的旋转杆（直径约50cm）将混凝土摊开，螺旋后面有刮板，可以准确地调整高度，如图1-6-1所示。

(3) 振捣

水泥混凝土摊铺后，就应进行振捣。振捣可采用振捣机或插入式振捣器进行。混凝土振捣机是跟在摊铺机后面，对混凝土拌合物进行再次整平和捣实的机械。插入式振捣器主要是对路面板的边部进行振捣，以达到应有的密实性和均匀性。

3. 表面修整

捣实后的混凝土要进行平整、精光、纹理制作等工序，使竣工后的混凝土路面具有良好的路用性能。精光工序是对混凝土表面进行最后的精细修整，使混凝土表面更加致密、平整、美观。

　　纹理制作是提高高等级公路水泥混凝土路面行车安全的抗滑措施之一。水泥混凝土路面的纹理制作可分为两类：一类是在施工时，水泥混凝土处于塑性状态（即初凝前），或强度很低时采取的处理措施，如拉毛（槽）、压纹（槽）、嵌石等施工工艺；另一类是水泥混凝土完全凝结硬化后，或使用过程中所采取的措施，如在混凝土面层上用切槽机切出深 5～6mm、宽 3mm、间距为 20mm 的横向防滑槽等施工工艺。

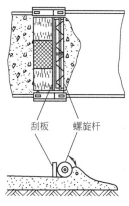

刮板　　螺旋杆

图 1-6-1　螺旋式摊铺机施工

　　4. 接缝施工

　　混凝土面层是由一定厚度的混凝土板组成，具有热胀冷缩的性质，混凝土板会产生不同程度的膨胀和收缩，这些变形会受到板与基础之间的摩阻力和粘结力，以及板的自重和车轮荷载的约束，致使板内产生过大的应力，造成板的断裂或拱胀等破坏。为了避免这些缺陷，混凝土路面必须在纵横两个方向建造许多接缝，把整个路面分割成许多板块。

　　（1）横向接缝

　　横向接缝是垂直于行车方向的接缝，有胀缝、缩缝和施工缝三种。

　　1）胀缝

　　胀缝是保证板体在温度升高时能部分伸张，从而避免产生路面板在热天的拱胀和折断破坏的接缝。胀缝与混凝土路面中心线垂直，缝壁垂直于板面，宽度均匀一致，相邻板的胀缝应设在同一横断面上，如图 1-6-2 所示。

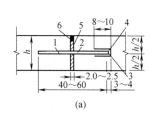
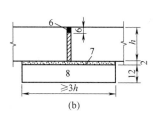
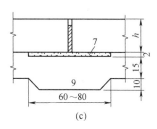

(a)　　　　　　　　(b)　　　　　　　　(c)

图 1-6-2　胀缝的构造形式（尺寸单位：cm）

（a）传力杆式；（b）枕垫式；（c）基层枕垫式

1—传力杆固定端；2—传力杆活动端；3—金属套筒；4—弹性材料；5—软木板；

6—沥青填缝料；7—沥青砂；8—C10 水泥混凝土预制枕垫；9—炉渣石灰土

　　胀缝的施工分浇筑混凝土完成时设置和施工过程中设置两种。浇筑完成时设置胀缝适用于混凝土板不能连续浇筑的情况，施工时，传力杆长度的一半穿过端部挡板，固定于外侧定位模板中，混凝土浇筑前先检查传力杆位置，浇筑时应先摊铺下层混凝土，用插入式振捣器振实，并校正传力杆位置后，再浇筑上层混凝土；浇筑邻板时，应拆除顶头木模，并设置下部胀缝板、木制嵌条和传力杆套筒。

施工过程中设置胀缝适用于混凝土板连续浇筑的情况，施工时，应预先设置好胀缝板和传力杆支架，并预留好滑动空间，为保证胀缝施工的平整度和施工的连续性，胀缝板以上的混凝土硬化后用切缝机按胀缝板的宽度切二条线，待填缝时，将胀缝板上的混凝土凿去。

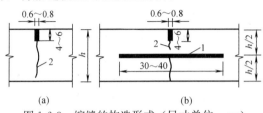

图 1-6-3　缩缝的构造形式（尺寸单位：cm）

（a）无传力杆的假缝；（b）有传力杆的假缝

1—传力杆；2—自行断裂缝

2）缩缝

缩缝是保证板因温度和湿度的降低而收缩时沿该薄弱断面缩裂，从而避免产生不规则裂缝的横向接缝。缩缝一般采用假缝形式，即只在板的上部设缝隙，当板收缩时将沿此薄弱断面有规则的自行断裂，如图 1-6-3 所示。

由于缩缝缝隙下面板断裂面凸凹不平，能起到一定的传荷作用，一般不需设传力杆，但对交通繁重或地基水文条件不良的路段，也应在板厚中央设置传力杆。

横向缩缝的施工方法有压缝法和切缝法两种。压缝法在混凝土捣实整平后，利用振动梁将"T"形振动压缝刀准确地按接缝位置振出一条槽，然后将铁制或木制嵌缝条放入，并用原浆修平槽边，待混凝土初凝前泌水后取出嵌条，形成缝槽。切缝法是在凝结硬化后的混凝土中，用锯缝机锯割出要求深度的槽口。

3）施工缝

施工缝是由于混凝土不能连续浇筑而中断时设置的横向接缝。施工缝应尽量设在胀缝处，如不可能，也应设在缩缝处，多车道施工缝应避免设在同一横断面上，如图 1-6-4 所示。

（2）纵向接缝

纵缝是指平行于混凝土行车方向的接缝。纵缝一般按 3～4.5m 设置，如图 1-6-5 所示。纵向假缝施工应预先将拉杆采用门形式固定在基层上，或用拉杆旋

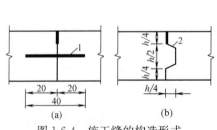

图 1-6-4　施工缝的构造形式

（单位：cm）

（a）无传力杆的施工缝；（b）有传力杆的施工缝

1—传力杆；2—涂沥青

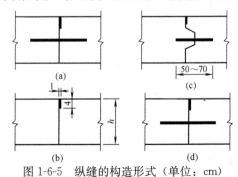

图 1-6-5　纵缝的构造形式（单位：cm）

（a）假缝带拉杆；（b）平头缝；（c）企口缝加拉杆；（d）平头缝加拉杆

转机在施工时置入，假缝顶面缝槽用锯缝机切成，深为 6～7cm，使混凝土在收缩时能从此缝向下规则开裂，防止因锯缝深度不足而引起不规则裂缝。纵向平头缝施工时应根据设计要求的间距，预先在横板上制作拉杆置放孔，并在缝壁一侧涂刷隔离剂，顶面用锯缝机切成深度为 3～4cm 的缝槽，用填料填满。纵向企口缝施工时应在模板内侧做成凸榫状，拆模后，混凝土板侧面即形成凹槽，需设置拉杆时，模板在相应位置处钻圆孔，以便拉杆穿入。

（3）接缝填封

混凝土板养生期满后应及时填封接缝。填缝前，首先将缝隙内泥砂清除干净并保持干燥，然后浇灌填缝料。填缝料的灌注高度，夏天应与板面齐平，冬天宜稍低于板面。

6.2.2　滑模式摊铺机施工

水泥混凝土滑模施工的特征是不架设边缘固定模板，将布料、松方控制、高频振捣棒组、挤压成形滑动模板、拉杆插入、抹面等机构安装在一台可自行的机械上，通过基准线控制，能够一遍摊铺出密实度高、动态平整度优良、外观几何形状准确的水泥混凝土路面。滑模式摊铺机是不需要轨道，整个摊铺机的机架是支承在四个液压缸上，可以通过控制机械上下移动，以调整摊铺机铺层厚度，并在摊铺机的两侧设置有随机移动的固定滑模板。滑模式摊铺机一次通过就可以完成摊铺、振捣、整平等多道工序。

1. 基准线设置

滑模摊铺水泥混凝土路面的施工基准设置有基准线、滑靴、多轮移动支架和搬动方铝管等多种方式。滑模摊铺水泥混凝土路面的施工基准线设置，宜采用基准线方式。基准线设置形式视施工需要可采用单向坡双线式、单向坡单线式和双向坡双线式。单向坡双线式基准线的两根基准线间的横坡应与路面一致；单向坡单线式基准线必须在另一侧具备适宜的基准，路面横向连接摊铺，其横坡应与已铺路面一致；双向坡双线式基准线的两根基准线直线段应平行，且间距相等，并对应路面高程，路拱靠滑模摊铺机调整自动铺成。

2. 混凝土搅拌、运输

混凝土的最短搅拌时间，应根据拌合物的粘聚性（熟化度）、均质性及强度稳定性由试拌确定，一般情况下，单立轴式搅拌机总拌合时间为 80～120s；双卧轴式搅拌机总搅拌时间为 60～90s，上述两种搅拌机原材料到齐后的纯拌合最短时间分别不短于 30s、35s，连续式搅拌楼的最短搅拌时间不得短于 40s，最长搅拌时间不宜超过高限值的 2 倍。

混凝土的运输应根据施工进度、运量、运距及路况来配备车型和车辆总数，其总运力应比总拌合能力略有富余。

3. 滑模摊铺

（1）滑模摊铺前，应：1）检查板厚；2）检查辅助施工设备机具；3）检查基层；4）横向连接摊铺检查。

（2）滑模摊铺机的施工要领：

1）机手操作滑模摊铺机应缓慢、均速，连续不间断地摊铺。

2）摊铺中，机手应随时调整松方高度控制板进料位置，开始应略设高些，以保证进料。正常状态下应保持振捣仓内砂浆料位高于振捣棒10cm左右，料位高低上下波动控制在±4cm之内。

3）滑模摊铺机以正常摊铺速度施工时，振捣频率可在6000～11000r/min之间调整，宜采用9000r/min左右。应防止混凝土过振、漏振、欠振。当混凝土偏稀时，应适当降低振捣频率，加快摊铺速度，但最快不得超过3m/min，最小振捣频率不得小于6000r/min；当新拌混凝土偏干时，应提高振捣频率，但最大不得大于11000r/min，并减慢摊铺速度，最小摊铺速度应控制在0.5～1m/min；滑模摊铺机起步时，应先开启振捣棒振捣2～3min，再推进，滑模摊铺机脱离混凝土后，应立即关闭振捣棒。

4）滑模摊铺纵坡较大的路面，上坡时，挤压底板前仰角应适当调小，同时适当调小抹平板压力；下坡时，前仰角应适当调大，抹平板压力也应调大。抹平板合适的压力应为板底3/4长度接触路面抹面。

5）滑模摊铺弯道和渐变段路面时，单向横坡，使滑模摊铺机跟线摊铺，应随时观察并调整抹平板内外侧的抹面距离，防止压垮边缘。摊铺中央路拱时，计算机控制条件下，输入弯道和渐变段边缘及路拱中几何参数，计算机自动控制生成路拱；手控条件下，机手应根据路拱消失和生成几何位置，在给定路段范围内分级逐渐消除或调成设计路拱。

6）摊铺单车道路面，应视路面的设计要求配置一侧或双侧打纵缝拉杆的机械装置。侧向拉杆装置的正确插入位置应在挤压底板的中下或偏后部。拉杆打入有手推、液压、气压等几种方式，压力应满足一次打（推）到位的要求，不允许多次打入。

7）机手应随时密切观察所摊铺的路面效果，注意调整和控制摊铺速度，振捣频率，夯实杆、振动搓平梁和抹平板位置、速度和频率。

思　考　题

6.1　沥青路面施工前的准备工作有哪些？

6.2　试简述沥青表面处治路面和沥青贯入式路面的施工方法。

6.3　采用轨道式摊铺机施工的水泥混凝土路面的接缝有哪几种？

第7章 桥 梁 工 程

桥梁墩台施工中主要介绍石料及混凝土砌块墩台、混凝土及钢筋混凝土墩台和高桥墩施工工艺及施工要点。装配式桥梁施工中构件的预制、运输，构件的架设方法。预应力混凝土梁桥悬臂施工中施工挂篮的构造及结构的主要特点、梁段的浇筑程序、梁段合拢的临时支承及施工要点、分段吊装系统的设计与施工、接缝的类型与技术处理。拱桥施工中拱架的设计、施工预拱度的设置；有支架拱桥拱圈混凝土的浇筑程序，拱架的卸落装置和卸落；劲性骨架拱肋的构造及特点；钢管混凝土拱桥混凝土浇筑施工工艺；缆索吊装系统的组成以及吊装系统的设计；装配式钢筋混凝土拱桥的施工验算。斜拉桥索塔的施工工艺；主梁的构造及施工工艺；斜拉索的制作、安装和防护；斜拉索的更换施工工艺。

§7.1 沉 井 施 工

沉井的施工方法与墩台基础所在地点的地质和水文情况有关。施工前，应根据设计单位提供的地质资料决定是否增加补充施工钻探，为编制施工技术方案提供准确依据，并对洪汛、凌汛、河床冲刷、通航及漂流物等做好调查研究。需要在施工中渡汛、渡凌的沉井，应制订必要的措施，确保安全。尽量利用枯水季节进行施工。如施工需经过汛期，应有相应的措施。沉井下沉前，应对附近的堤防、建筑物和施工设备采取有效的防护措施，并在下沉过程中，经常进行沉降观测及观察基线、基点的设置情况。

圆形沉井：在下沉过程中易控制方向；使用抓泥斗抓土，要比其他类型的沉井更能保证其刃脚均匀的支撑在土层上；在侧压力的作用下，井壁只受轴向压力（侧向压力均匀分布时），或稍受挠曲（侧向压力非均匀分布时）；对水流方向或斜交均有利。

矩形沉井：具有制造简单，基础受力有利的优点，常能配合墩台（或其他结构物）底部平面形状。四角一般做成圆角，以减少井壁摩阻力和取土清孔的困难。矩形沉井在侧压力作用下，井壁受较大的挠曲力矩；在流水中阻水系数较大，冲刷较严重。

圆端形沉井：控制下沉、受力条件、阻水冲刷均较矩形有利，但沉井制造较复杂。

对平面尺寸较大的沉井，可在沉井中设隔墙，使沉井由单孔变成双孔或多孔。

　　沉井基础施工一般可分为旱地施工、水中筑岛施工及浮运沉井施工三种。

　　旱地沉井基础施工是桥梁墩台位于旱地时，沉井可就地制造、挖土下沉、封底、填充井孔以及浇筑顶板（图1-7-1所示）。

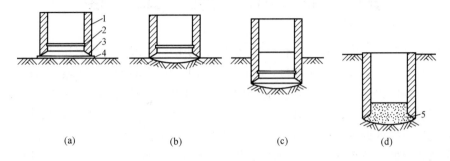

图 1-7-1　沉井施工顺序图

1—井壁；2—凹槽；3—刃脚；4—承垫木；5—素混凝土封底

　　在水流速不大，水深在 3～4m 以内，可采用水中筑岛的方法施工，如图1-7-2所示。

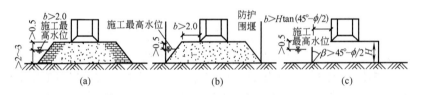

图 1-7-2　水中筑岛沉井施工

　　当水深较大，如超过 10m 时，筑岛法很不经济，且施工困难，可改用浮运法施工。沉井在岸边做成，利用在岸边铺成的滑道滑入水中，然后用绳索引到设计墩位。沉井井壁可做成空体形式或采用其他措施使沉井浮于水上，也可以在船坞内制成浮船定位和吊放下沉或利用潮汐，水位上涨浮起，再浮运至设计位置。沉井就位后，用水或混凝土灌入空体，徐徐下沉至河底；或依靠在悬浮状态下接长沉井及填充混凝土使其逐步下沉，施工中的每个步骤均需保证沉井本身足够的稳定性。沉井刃脚切入河床一定深度后，可按前述下沉方法施工。

§7.2　围　堰　施　工

　　施工围堰属于临时性围堰范畴，其主要作用是确保主体工程及附属设施在修建过程中不受水流侵袭，保证正常施工条件。为此临时围堰的修筑，是根据主体工程所在的位置、现场情况和实际需要进行布置。围堰修筑还必须对施工期间各种影响（雨水、潮汐、风浪、季节等）和航行、灌溉等有关因素一并加以考虑。

施工围堰根据其不同条件，分为土围堰、土袋围堰、钢板桩围堰、钢筋混凝土板桩围堰、竹、铅丝笼围堰、套箱围堰、双壁钢围堰等。对围堰的一般规定和要求：

1）围堰高度应高出施工期间可能出现的最高水位（包括浪高）50～70cm；

2）围堰的外形应考虑河流断面被压缩后，流速增大引起水流对围堰、河床的集中冲刷及影响航道、导流等因素，并应满足堰身强度和稳定的要求；

3）围堰坑内面积应满足施工需要（包括坑内的集水沟、排水井、工作预留空间等所必需的工作面）；

4）围堰断面应满足围堰自身强度和稳定性的要求；

5）围堰修筑要求防水严密，尽量减少渗漏，以减轻排水工作量，为此必须注意堰身的修筑质量；

6）除工程本身需要外，一般情况下宜充分利用枯水期进行施工，如在洪水、高潮期施工应对围堰进行严密的防护。

§7.3 桥 墩 施 工

桥梁墩台是桥梁的重要结构，它不仅起到支承上部结构荷载的作用，而且可将上部结构荷载传递给基础，还要受到风力、流水压力以及可能发生的冰压力、船只和漂流物的撞击力作用，还要连接两岸道路，挡住桥台台背的填土。

桥梁墩台的施工方法通常可分为两大类，一类是现场浇筑与砌筑；另一类是预制拼装的混凝土砌块、钢筋混凝土或预应力混凝土构件。浇筑与砌筑的墩台工序简便，所采用的机具较少，技术操作难度较小，但施工工期较长，需耗费较多的劳动力与物力。预制拼装构件其结构形式轻便，既可以确保工程质量、减轻工人劳动强度，又可以加快工程进度、提高工程效益，主要用于山谷架桥、跨越平缓无漂流物的河沟、河滩等桥梁，尤其是在缺少砂石地区与干旱缺水地区、工地干扰多、施工现场狭窄的墩台建造，其效果更为显著。

7.3.1 石料及混凝土砌块墩台施工

1. 石砌墩台在砌筑前，应按设计放出实样挂线砌筑。形状比较复杂的墩台，应先做出配料设计图（如图 1-7-3 所示），注明砌块尺寸；形状比较单一的，也要根据砌体高度、尺寸、错缝等，先行放样配备材料。

2. 墩台在砌筑基础的第一层砌块时，如基底为土质，只在已砌石块侧面铺上砂浆即可，不需坐浆；如基底为岩层或混凝土基础，应将其表面清洗、润湿后，先坐浆再砌筑石块。

3. 砌筑斜面墩台时，斜面应逐层收坡，以保证规定的坡度。若用块石或料石砌筑，应分层放样加工，石料应分层分块编号，砌筑时对号入座。

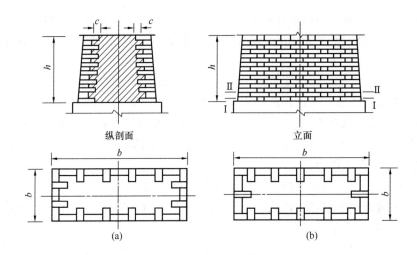

纵剖面　　　　　　　　　立面

(a)　　　　　　　　　　　(b)

图 1-7-3　桥墩配料大样图

(a) 桥墩Ⅰ-Ⅰ剖面；(b) 桥墩Ⅱ-Ⅱ剖面

h 方向注明石料高度及灰缝厚度；b 方向注明灰缝宽度及石料尺寸；

c 方向注明错缝尺寸

4. 墩台应分段分层砌筑。

5. 混凝土预制块墩台安装顺序应从角石开始，竖缝应用厚度较灰缝略小的铁片控制，安装后立即用扁铲捣实砂浆。

6. 墩台砌筑方法为：同一层石料及水平灰缝的厚度要均匀一致，每层按水平砌筑、丁顺相间，砌筑灰缝要相互垂直。砌筑顺序应先角石，再镶面，后填腹。填腹石的分层高度应与镶面相同；圆端、尖端及转角形砌体的砌筑顺序应自顶点开始，按丁顺排列接砌镶面石。

7.3.2　混凝土及钢筋混凝土墩台施工

1. 一般混凝土及钢筋混凝土墩台施工

常用的模板有：

固定式模板，又称组合式模板，一般是用木材或竹材制作，其各部件均在现场加工制作和安装，主要是由立柱、肋木、壳板、撑木、拉杆（或钢箍）、枕梁与铁件等组成。其整体性好，模板接缝少，适应性强，能根据墩台形状进行制作和组装，不需起重设备，运输安装方便，但重复使用率低，材料消耗量大，装拆、清理较麻烦，因此一般只宜用于中小规模的个别墩台。

拼装式模板，是由各种尺寸的标准模板利用销钉连接并与拉杆、加劲构件等组成墩台所需形状的模板。其特点是模板在工厂内加工制造，板面平整，尺寸准确，体积小，质量小，拆装容易，运输方便，适用于高大桥墩，或在同类墩台较多时，待混凝土达到拆模强度后，可以整块拆除，直接或略加修正即可周转使用。

整体吊装模板，常用钢板和型钢加工而成。其安装时间短，施工进度快，利于提高施工质量；将拼装模板的高空作业改为平地操作，施工安全；模板刚度大，可少设拉筋，节约钢材；可利用模板外框架作简易脚手架；结构简单，装拆方便，可重复使用。但需要一套吊装设备。

组合式定型钢模板，是以各种长度、宽度和转角标准构件，用定型的连接件将钢模板组拼成结构所需的模板，具有体积小、重量轻、运输方便、装拆简单、接缝紧密等特点，适用于在平地上拼装、整体吊装的结构。

2. V 形墩台施工

通常对这类桥墩可分为 V 形墩结构、锚跨结构和挂孔部分三个施工阶段，其中 V 形墩是全桥的施工重点，是由两个斜腿和其顶部主梁组成倒三角形结构。其施工步骤如图 1-7-4 所示。

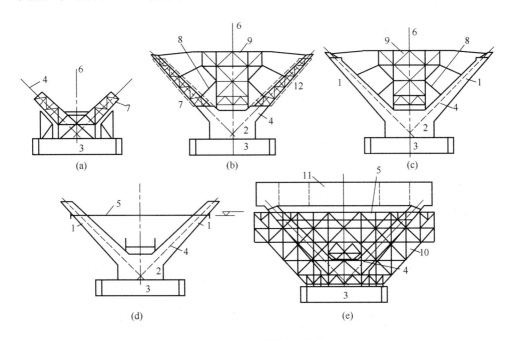

图 1-7-4　V 形墩施工步骤

1—斜腿；2—墩座；3—承台；4—高频焊管、钢丝束；5—预应力拉杆；6—墩中心线；
7—劲性钢架（第 1 节）；8—角钢拉杆；9—平衡架；10—膺架；11—梁体；
12—劲性钢架（第 2 节）

（1）将斜腿内的高强钢丝束、锚具与高频焊管连成一体并和第 1 节劲性骨架一起安装在墩座及斜腿位置处，浇筑墩座混凝土，如图 1-7-4(a) 所示。

（2）安装平衡架、角钢拉杆及第 2 节劲性骨架，如图 1-7-4(b) 所示。

（3）分两段对称浇筑斜腿混凝土，如图 1-7-4(c) 所示。

（4）张拉临时斜腿预应力拉杆，并拆除角钢拉杆及部分平衡架构件，如图1-7-4(d) 所示。

（5）安装 V 形腿间墩旁膺架，浇筑主梁 0 号节段混凝土，张拉斜腿及主梁钢丝束或粗钢筋。最后拆除临时预应力拉杆及墩旁膺架，使其形成 V 形结构，如图 1-7-4(e) 所示。

7.3.3 高桥墩施工

公路或铁路通过深沟宽谷或大型水库时，常采用高桥墩。高桥墩的施工设备与一般桥墩所采用的设备大致相同，但其模板有所不同，高桥墩的模板一般有滑升模板、提升模板、滑升翻板、爬升模板、翻板钢模等几种，而这些模板都是依附于已浇筑混凝土墩壁上，随着墩身的逐步加高而向上升高。

§7.4 桥梁结构施工

7.4.1 装配式桥梁施工

装配式桥梁施工包括构件的预制、运输和安装等各个阶段和过程。

1. 支架便桥架设法

支架便桥架设法是在桥孔内或靠墩台旁顺桥向用钢梁或木料搭设便桥作为运送梁、板构件的通道，在通道上面设置走板、滚筒或轨道平车，从对岸用绞车将梁、板牵引至桥孔后，再横移至设计位置定位安装，如图 1-7-5 所示。

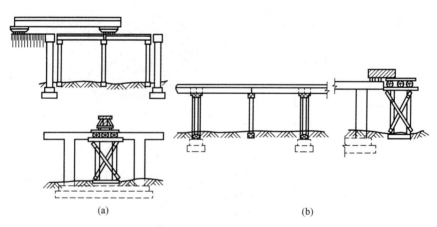

(a)　　　　　　　　　　(b)

图 1-7-5　支架便桥架设法
（a）设在桥孔内的支架便桥；（b）设在墩台旁的支架便桥

2. 自行式吊机架设法

由于自行式吊机本身有动力，不需要临时动力设备以及任何架设设备的工作准备，且安装迅速，缩短工期。适用于中小跨径的预制梁吊装。图 1-7-6 为吊机和绞车配合架设法示意图。

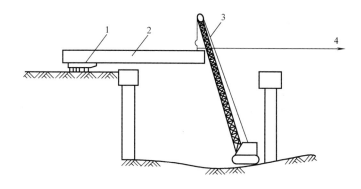

图 1-7-6　吊机和绞车配合架设法
1—走板滚筒；2—预制梁；3—吊机起重臂；4—绞车

3. 双导梁穿行式架设法

双导梁穿行式架设法是在架设跨间设置两组导梁，导梁上配置有悬吊预制梁的轨道平车和起重行车或移动式龙门架，将预制梁在双导梁内吊运到指定位置后，再落梁、横移就位。双导梁穿行式架设法如图 1-7-7 所示。

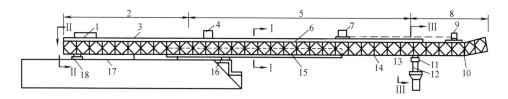

图 1-7-7　双导梁穿行式架设法
1—平衡压重；2—平衡部分；3—人行便桥；4—后行车；5—承重部分；
6—行车轨道；7—前行车；8—引导部分；9—绞车；10—装置特殊接头；
11—横移设备；12—墩上排架；13—花篮螺丝；14—钢桁架导梁；15—预
制梁；16—预制梁纵向滚移设备；17—纵向滚道；18—支点横移设备

双导梁穿行式架设法的安装程序为：

（1）在桥头路堤上拼装导梁和行车；（2）吊运预制梁；（3）预制梁和导梁横移；（4）先安装两个边梁，再安装中间各梁。全跨安装完毕横向焊接联系后，将导梁推向前进，安装下一跨。

7.4.2　预应力混凝土桥梁悬臂施工

预应力混凝土桥梁悬臂施工分为悬臂浇筑（简称悬浇）法和悬臂拼装（简称悬拼）法两种。悬浇法是当桥墩浇筑到顶以后，在墩上安装脚手钢桁架并向两侧伸出悬臂以供垂吊挂篮，对称浇筑混凝土，最后合拢；悬拼法是将逐段分成预制块件进行拼装，穿束张拉，自成悬臂，最后合拢。悬臂施工适用于梁的上翼缘承受拉应力的桥梁形式，如连续梁、悬臂梁、T形刚构、连续刚构等桥型。采用悬臂施工法不仅在施工期间对桥下通航、通行干扰小，而且充分利用了预应力混凝土抗拉和承受负弯矩的特性。

1. 预应力混凝土桥梁悬臂浇筑

移动挂篮悬臂施工法的主要工作内容包括，在墩顶浇筑起步梁段（0号块），在起步梁段上拼装悬浇挂篮并依次分段悬浇梁段，最后分段及总体合拢。如图1-7-8所示。

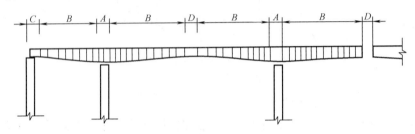

图 1-7-8　悬浇分段示意图
A—墩顶梁段；B—对称悬浇梁段；C—支架现浇梁段；D—合拢梁段

挂篮是一个能沿梁顶滑动或滚动的承重构架，锚固悬挂在已施工的前端梁段上，在挂篮上可进行下一梁段的模板、钢筋、预应力管道的安设、混凝土浇筑、预应力筋张拉、孔道灌浆等项工作。完成一个节段的循环后，挂篮即可前移并固定，进行下一节段的施工，如此循环直至悬浇完成。

施工挂篮按构造形式可分为桁架式（包括平弦无平衡重式、菱形、弓弦式等，如图1-7-9所示）、斜拉式（包括三角斜拉式和预应力斜拉式）、型钢式和混合式四种；按抗倾覆平衡方式可分为压重式、锚固式和半锚固半压重式三种；按行走方式可分为一次行走到位和两次行走到位两种；按其移动方式可分为滚动式、组合式和滑动式三种。

用挂篮逐段悬浇施工的主要工序为：浇筑0号段，拼装挂篮，浇筑1号（或2号）段，挂篮前移、调整、锚固，浇筑下一梁段，依次类推完成悬臂浇筑，挂篮拆除，合拢。

当挂篮安装就位后，即可进行梁段混凝土浇筑施工。其工艺流程挂篮前移就位→安装箱梁底模→安装底板及肋板钢筋→浇筑底板混凝土并养生→安装肋板模板、顶板模板及肋内预应力管道→安装顶板钢筋及顶板预应力管道→浇筑肋板及顶板混凝土→检查并清洁预应力管道→混凝土养生→拆除模板→穿预应力钢束→张拉预应力钢束→孔道灌浆。

由于不同的悬臂浇筑和合拢程序，引起的结构恒载内力不同，体系转换时徐

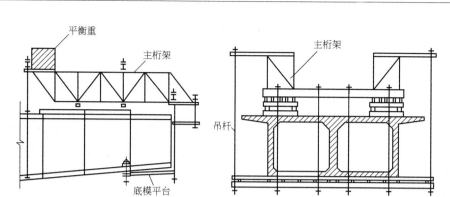

图 1-7-9　平行桁架式挂篮

变引起的内力重分布也不相同，因而采取不同的悬浇和合拢程序将在结构中产生不同的最终恒载内力，对此应在设计和施工中充分考虑。

合拢程序一　从一岸顺序悬浇、合拢

如图 1-7-10 所示，采用这种合拢方法，施工机具、设备、材料可从一岸通过已成结构直接运输到作业面或其附近，由于在施工期间，单 T 构悬浇完后很快合拢，形成整体，因而在未成桥前结构的稳定性和刚度强，但作业面较少。

合拢程序二　从两岸向中间悬浇、合拢

采用这种合拢方法较程序一可增加一个作业面，其施工进度可加快。

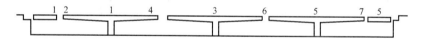

图 1-7-10　合拢程序一

合拢程序三　按 T 构—连续梁顺序合拢

如图 1-7-11 所示，采用这种合拢方法是将所有悬臂施工部分由简单到复杂地连接起来，最后在边跨或次边跨合拢。其最大特点是由于对称悬浇和合拢，因而对结构受力及分析较为有利，特别是对收缩、徐变，但在结构总合拢前，单元呈悬臂状态的时间较长，稳定性较差。

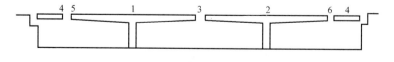

图 1-7-11　合拢程序三

2. 预应力混凝土桥梁悬臂拼装

预应力混凝土桥梁悬臂拼装（简称悬拼）施工法，是将主梁沿顺桥向划分成适当长度并预制成块件，将其运至施工地点进行安装，经施加预应力后使块件成为整体的桥梁施工方法。而预制块件的预制长度，主要取决于悬拼吊机的起重能力，一般为2～5m。

（1）梁段预制

梁段块件在预制前应对其分段预制长度进行控制，以便于预制和安装。分段预制长度应考虑预制拼装的起重能力；满足预应力管道弯曲半径及最小直线段长度的要求；梁段规格应尽量少，以利于预制和模板重复使用；在条件允许前提下，尽量减少梁段数；符合梁体配束要求，在拼合面上保证锚固钢束对称性，以便在施工阶段梁体受力平衡等因素来确定。梁段块件的预制方法有长线预制和短线预制二种。

长线预制法是在工厂或施工现场按桥梁底缘曲线制作固定式底座，在底座上安装模板进行梁段混凝土浇筑工作。长线预制需要较大的场地，其底座的最小长度应为桥孔跨径的一半，并要求施工设备能在预制场内移动。固定式底座的形成可采用预制场的地形堆筑土胎，上铺砂石并浇筑混凝土而形成底座；也可在盛产石料的地区，用石料砌成所需的梁底缘形状；在地质情况较差的预制场地，还可采用桩基础，在基础上搭设排架而形成梁底缘曲线，如图1-7-12所示。

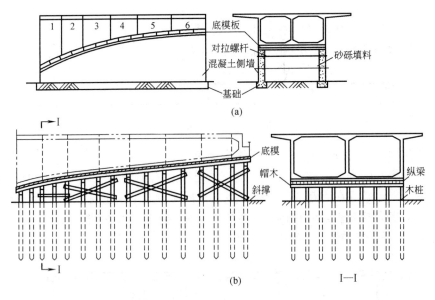

图1-7-12　长线预制箱梁梁段台座

（a）土石胎台座；（b）桩基础台座

短线预制法是由可调整内、外模板的台车与端梁来进行的。当第一节段块件混凝土浇筑完毕，在其相对位置上安装下一节段块件的模板，并利用第一节段块件混凝土的端面作为第二节段的端模来完成第二节段块件混凝土的浇筑工作，如

图 1-7-13 所示。这种预制方法适用于箱梁块件的工厂化生产，每条生产线平均五天生产四个梁段。

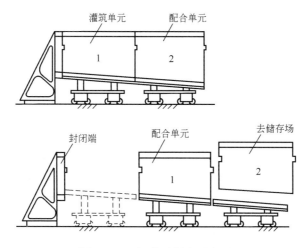

图 1-7-13　短线预制法示意图

（2）梁段吊运、存放、整修及运输

梁段吊点一般设置在腹板附近，有四种设置方式，即在翼板下腹板两侧留孔，用钢丝绳与钢棒穿插起吊，如图 1-7-14（a）所示；直接用钢丝绳捆绑，如图 1-7-14（b）所示；在腹板上预留孔穿过底板，用精轧螺纹钢穿过底板锚固起吊，如图 1-7-14（c）所示；在腹板上埋设吊环，如图 1-7-14（d）所示。

吊点位置应绝对可靠，考虑动载和冲击安全系数应大于 5。对图 1-7-14（a）、（b）、（c）三种设置方式，由于底板等自重经腹板传至吊点，腹板将承受拉力，因此应先张拉一部分腹板竖向预应力筋。为改善梁段在起吊过程中的受力状态，应尽量降低吊点高度。

（3）分件吊装系统的设计与施工

当桥墩施工完成后，先施工 0 号块件，0 号块件为预制块件的安装提供必要的施工作业面，可以根据预制块件的安装设备，决定 0 号块件的尺寸；安装挂篮或吊机；从桥墩两侧同时、对称地安装预制块件，以保证桥墩平衡受力，减少弯曲力矩。

0 号块件常采用在托架上现浇混凝土，待 0 号块件混凝土达到设计强度等级后，才开始悬拼 1 号块件。因而分段吊装系统是桥梁悬拼施工的重要机具设备，其性能直接影响着施工进度和施工质量，也直接影响着桥梁的设计和分析计算工作。常用的吊装系统有浮运吊装、移动式吊车吊装、悬臂式吊车吊装、桁式吊车吊装、缆索吊车吊装、浮式吊车吊装等类型。

移动式吊机外型相似于悬浇施工的挂篮，是由承重梁、横梁、锚固装置、起吊装置、行走系统和张拉平台等几部分组成，如图 1-7-15 所示。施工时，先将预

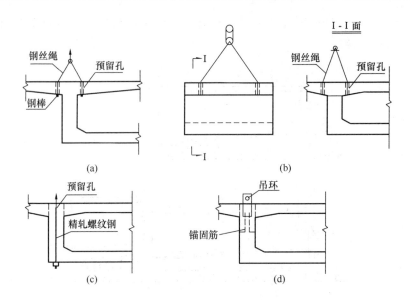

图 1-7-14　梁段吊点设置方式

（a）钢丝绳与钢棒吊点；（b）钢丝绳捆绑吊点；（c）精轧螺纹钢吊点；

（d）吊环吊点

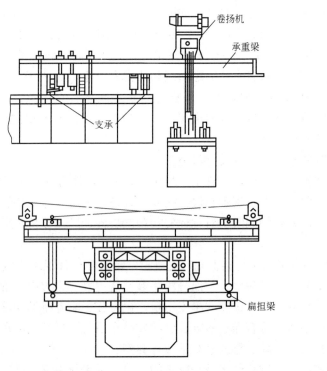

图 1-7-15　移动式吊车悬拼施工

制节段从桥下或水上运至桥位处，然后用吊车吊装就位。

悬臂吊车由纵向主桁梁、横向起重桁架、锚固装置、平衡重、起重索、行走系和工作吊篮等部分所组成。适用于桥下通航，预制节段可浮运至桥跨下的情况。纵向主桁架是悬臂吊机的主要承重结构，根据预制节段的质量和悬拼长度，采用贝雷桁节、万能杆件、大型型钢等拼装。图 1-7-16 是贝雷桁节拼成的吊重为 40t 的悬臂吊车。

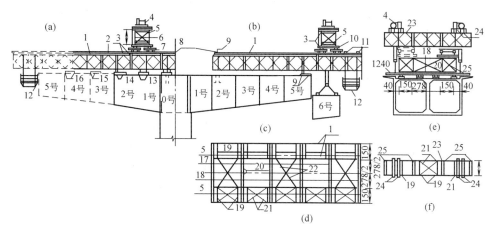

图 1-7-16　用贝雷桁节拼制的悬臂吊机（除铁以 mm 计外，其余均以 cm 计）

(a) 吊装 1～5 号块立面；(b) 吊装 6～9 号块立面；(c) 1/2 上弦平面；

(d) 1/2 下弦平面；(e) 侧面；(f) 横担桁架平面

1—吊机主桁架单层双排共计贝雷 44 片；2—钢轨；3—枕木；4—卷扬机；5—撑架用角钢 50×50×5；

6—横担桁架；7—平车共 8 台；8—锚固吊环；9—工字钢 240；10—平车之间用角钢联结成一整体；

11—工字钢 120 共 4 根；12—吊篮；13—吊装 1 号块支承；14—吊装 3 号块支承；15—吊装 4 号

块支承；16—吊装 5 号块支承；17—水平撑 Φ15 圆木；18—水平撑用角钢 120×1200×10 制；

19—水平撑 8×10 圆木；20—十字撑 Φ10 圆木；21—十字撑 8×10 方木；

22—十字撑 Φ15 圆木；23—横担桁架单层单排贝雷共 6 片；

24—滑车横担梁；25—角钢撑架

（4）悬臂拼装接缝设计与施工

悬臂拼装时，预制块件接缝的处理分湿接缝和胶接缝两大类。不同的施工阶段和不同的部位，交叉采用不同的接缝形式。湿接缝系用高强细石混凝土或高强度等级水泥砂浆，湿接缝施工占用工期长，但有利于调整块件的位置和增强接头的整体性，通常用于拼装与 0 号块连接的第一对预制块件，也是悬拼 T 构的基准梁段。胶接缝是在梁段接触面上涂一层约 0.8mm 厚的环氧树胶加水泥薄层而形成的接缝，胶接缝能消除水分对接头的有害影响；胶接缝主要有平面型、多齿型、单级型和单齿型等形式，如图 1-7-17。

由于 1 号块件的施工精度直接影响到以后各节段的相对位置，以及悬拼过程中的标高控制，1 号块件与 0 号块件之间采用湿接缝处理，其施工程序为：吊机

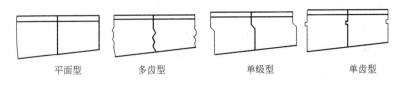

平面型　　　　多齿型　　　　单级型　　　　单齿型

图 1-7-17　胶接缝的形式

就位→提升、起吊1号梁段→安设波纹管→中线测量→丈量湿接缝宽度→调整铁皮管→高程测量→检查中线→固定1号梁段→安装湿接缝模板→浇筑湿接缝混凝土→湿接缝的养护、拆模→张拉力筋→压浆。在拼装过程中，如拼装上翘误差过大，难以用其他方法补救时，可增设一道湿接缝来调整。增设的湿接缝宽度，必须用凿打块件端面的办法来提供。

2号块件以后各节段的拼装，其接缝采用胶接缝。胶接缝的施工程序为：吊机前移就位→梁段起吊→初步定位试拼→检查并处理管道接头→移开梁段→穿临时预应力筋入孔→接缝面上涂胶接材料→正式定位、贴紧梁段→张拉临时预应力筋→放松起吊索→穿永久预应力筋→张拉预应力筋后移挂篮→进行下一梁段拼装。

7.4.3　拱　桥　施　工

拱桥施工方法主要根据其结构形式、跨径大小、建桥材料、桥址环境的具体情况以及方便、经济、快捷的原则而定。

石拱桥根据采用的材料的不同可以是片石拱、块石拱或料石拱等；根据其布置形式可以是实腹式石板拱或空腹式石板拱和石肋（或肋板）拱等。对于石拱桥，主要采用拱架施工法。而混凝土预制块的施工与石拱桥相似。

钢筋混凝土拱桥包括钢筋混凝土箱板拱桥、箱肋拱桥、劲性骨架钢筋混凝土拱桥等。拱桥从结构立面上可分上承式拱桥、中承式拱桥和下承式拱桥。对于钢筋混凝土拱桥的施工方法，可根据不同的情况来综合考虑。如在允许设置拱架或无足够吊装能力的情况下，各种钢筋混凝土拱桥均可采用在拱架上现浇或组拼拱圈的拱架施工法；为了节省拱架材料，使上、下部结构同时施工，可采用无支架（或少支架）施工法；根据两岸地形及施工现场的具体情况，可采用转体施工法；对于大跨径拱桥还可以采用悬臂施工法，即自拱脚开始采用悬臂浇筑或拼装逐渐形成拱圈至拱顶合拢成拱；必要时还可以采用组合法，如对主拱圈两拱脚段采用悬臂施工，跨中段先采用劲性骨架成拱，然后在骨架上浇筑混凝土后形成最后拱圈，或者先采用转体施工劲性骨架，然后在骨架上浇筑混凝土成拱。

桁架拱桥、桁式组合拱桥一般采用预制拼装施工法。对于小跨径桁架拱桥可采用有支架施工法，对于不能采用有支架施工的大跨径桁架拱桥则采用无支架施工法，如缆索吊装法、悬臂安装法、转体施工法等。

刚架拱桥可以采用有支架施工法、少支架施工法或无支架施工法。

1. 拱架

砌筑石拱桥或安装混凝土预制块拱桥，以及现浇混凝土或钢筋混凝土拱圈时，需要搭设拱架，以承受全部或部分主拱圈和拱上建筑的重量，保证拱圈的形状符合设计要求。拱架按其使用的材料可分为木拱架、钢拱架、竹拱架、竹木混合拱架、钢木组合拱架、土牛胎拱架等形式；拱架按其结构形式可分为排架式、撑架式、扇形式、桁架式、叠桁式、斜拉式等。在设计和安装拱架时，应结合实际条件进行多方面的技术经济比较。主要原则是稳定可靠，结构简单，受力情况清楚，装卸便利和能重复使用。

（1）拱架的构造与安装

1）钢桁架拱架

常备拼装式桁架形拱架是由标准节段、拱顶段、拱脚段和连接杆等用钢销或螺栓连接的，拱架一般采用三铰拱，其横桥向由若干组拱片组成，每组的拱片数及组数由桥梁跨径、荷载大小和桥宽决定，每组拱片及各组间由纵、横连接系连成整体，其构造如图 1-7-18 所示。

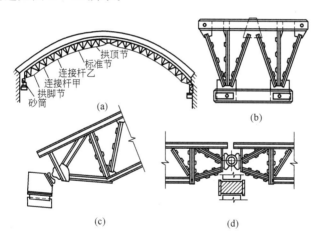

图 1-7-18　常备拼装式桁架形拱架
（a）常备拼装式；（b）标准节；（c）拱脚节；（d）拱顶节

在装配式公路钢桁架节段的上弦接头处加上一个不同长度的钢铰接头，即可拼成各种不同曲度和跨径的拱架，在拱架两端应另加设拱脚段和支座，构成双铰拱架。拱架的横向稳定由各片拱架间的抗风拉杆、撑木和风缆等设备来保证。拱架构造如图 1-7-19 所示。

用万能杆件拼装拱架是用万能杆件补充一部分带铰的连接短杆。拼装时，先拼成桁架节段，再用长度不同的连接短杆连成不同曲度和跨径的拱架。装配式公路钢桥桁架或万能杆件桁架与木拱盔组合的钢木组合拱架是由钢桁架及其上面的帽木、立柱、斜撑、横梁及弧形木等杆件构成。

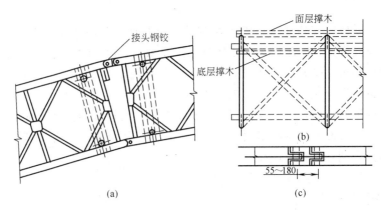

图 1-7-19　装配式公路钢桥桁架节段拼装式拱架（单位：mm）
(a) 桁节联结；(b) 拱架横向联结；(c) 钢铰接头平面

2）扣件式钢管拱架

扣件式钢管拱架一般有满堂式、预留孔满堂式、立柱式扇形等几种形式。满堂式钢管拱架（如图 1-7-20 所示）用于高度较小，在施工期间对桥下空间无特殊要求的情况。立柱式扇形钢管拱架是先用型钢组成立柱，以立柱为基础，在起拱线以上范围用扣件钢管组成扇形拱架。

图 1-7-21 是一种组合钢管拱架，即在拱肋下用型钢组成的钢架（或用贝雷桁片组成）拼成 4 排纵梁，并置于万能杆件框架上，再在纵梁上用钢管扣件组成拱架，其横向两侧各拉两道抗风索，以加强拱架稳定性。

（2）拱架的卸落与拆除

由于拱上建筑、拱背材料、连拱等因素对拱圈受力有影响，因此应选择对拱体产生最小应力时来卸架，过早或过迟卸架都对拱圈受力不利，一般在砌筑完成后 20～30d，待砌筑砂浆强度达到设计强度的 75％以后才能卸落拱架。

用木楔作为卸落设备，在满布式拱架中较常用，在拱式拱架中也有应用。简单木楔（图 1-7-22a）是由两块 1∶6～1∶10 斜面的硬木楔形块组成，构造简单，在落架时，用锤轻轻敲击木楔小头，将木楔取出，拱架即可落下。组合木楔（图 1-7-22b）是由三块楔形木和一根对拉螺栓组成，在卸架时只需扭松螺栓，木楔便落下，拱架即可逐渐降落。组合木楔比简单木楔更为稳定和均匀。

砂筒（图 1-7-22c）是由铸铁制成圆筒或用方木拼成方盒，砂筒上面的顶心可用方材或混凝土制成，砂筒与顶心间的空隙应以沥青填塞，以免砂子受潮不易流出。卸架是靠砂子从砂筒下部的泄砂孔流出而实现的，因此要求砂筒内的砂子干燥、均匀、洁净，卸架时靠砂子的泄出量来控制砂筒顶心的降落量（即控制拱架卸落的高度）分数次进行卸落，这样能使拱架均匀下降而不受震动。

拱架卸落的过程，实质上是由拱架支承的拱圈（或拱上建筑已完成的整个拱桥上部结构）的重力逐渐转移给拱圈自身来承担的过程。满布式拱架的卸落程序

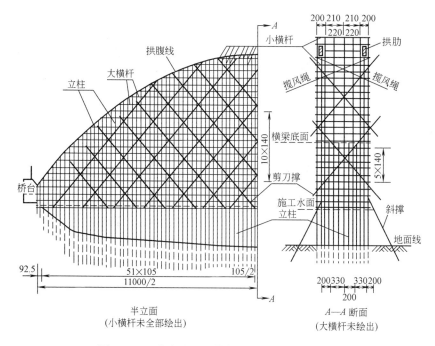

图 1-7-20　满堂式钢管拱架示意图（单位：mm）

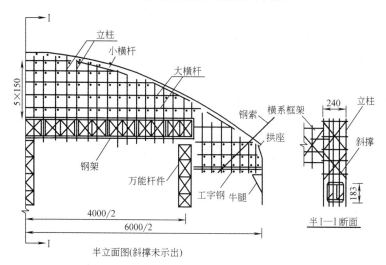

图 1-7-21　组合式钢管拱架

可根据算出和分配的各支点的卸落量，从拱顶开始，逐次同时向拱脚对称地卸落。钢桁架拱架的卸落设备既可放置于拱顶，也可放置于拱脚；当卸架设备位于拱顶时可在支撑的情况下，逐次松动卸架设备，逐次卸落拱架，直至拱架脱离拱圈体后，拆除拱架。当卸架设备（一般为砂筒）位于拱脚时，为了防止拱架与墩台顶紧而阻止拱架下降，因而应在拱脚三角垫与墩台间设置木楔。卸架时，先松

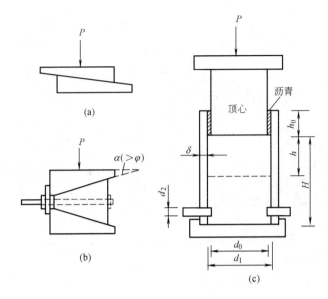

图 1-7-22   卸落设备

（a）简单木楔；（b）组合木楔；（c）砂筒

动木楔，再逐次对称泄砂落架。

当拱架与拱圈体之间有一定空间时，其卸架程序与方法同满布式拱架；对于拼装成钢桁架的拱架的卸落，可利用拱圈体进行拱架的分节拆除，拆除的拱架节段可用缆索吊车吊运，其拆除方法如图 1-7-23 所示。

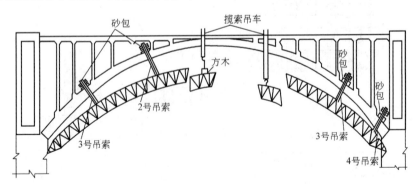

图 1-7-23   拼装式钢桁架拱架的拆除示意图

2. 现浇钢筋混凝土拱桥

（1）在支架和拱架上浇筑混凝土拱圈

当拱桥的跨径较小（一般小于 16m）时，拱圈混凝土应按全拱圈宽度，自两端拱脚向拱顶对称地连续浇筑，并在拱脚混凝土初凝前浇筑完毕。如果预计不能在规定的时间内浇筑完毕，应在拱脚处预留一个隔缝，最后浇筑隔缝混凝土。

当拱桥跨径较大（一般大于 16m）时，为了避免拱架变形而产生裂缝以及减少混凝土收缩应力，拱圈应采取分段浇筑的施工方案。分段位置的确定是使拱架受力对称、均衡、拱架变形小为原则，一般分段长度为 6～15m。分段浇筑的程序应符合设计要求，且对称于拱顶，使拱架变形保持对称、均衡和尽可能地小。但应在拱架挠曲线为折线的拱架支点、节点、拱脚、拱顶等处宜设置分段点并适当预留间隔缝。间隔缝的位置应避开横撑、隔板、吊杆及刚架节点等处；间隔缝的宽度一般为 50～100cm，以便于施工操作和钢筋连接；为了缩短拱圈合拢和拱架拆除的时间，间隔缝内的混凝土强度可比拱圈高一等级的半干硬性混凝土。

对于大跨径的箱形截面的拱桥，一般采取分段分环的浇筑方案。分环有分成二环浇筑和分成三环浇筑两种方案。分成二环浇筑是先分段浇筑底板（第一环），然后分段浇筑腹板、横隔板及顶板混凝土（第二环）；分成三环浇筑是先分段浇筑底板（第一环），然后分段浇筑腹板和横隔板（第二环），最后分段浇筑顶板（第三环）。图 1-7-24 所示的是箱形截面拱圈采用分段分环浇筑示意。

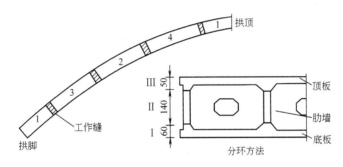

图 1-7-24　分段分环浇筑施工程序

（2）在拱架上组装并现浇箱形截面拱圈

在拱架上组拼箱形截面拱圈是一种预制和现浇相结合完成拱圈全截面的施工方法，只需较少的吊装设备，施工安全简便，主要适用于箱形截面板拱和箱肋拱桥。

箱形肋拱桥在拱架上组装腹板时，应从拱脚开始，两端对称到拱顶，横向应先安装两箱肋的内侧腹板，后安装肋间横系梁，最后安装边腹板及箱内横隔板；每安装一块，应立即与已安装好的一块腹板及横隔板的钢筋焊接，接着安装下一块；预制块组装完后，应立即浇筑接头混凝土，以保证拱架的稳定，接头混凝土应由拱脚向拱顶对称浇筑；待接头混凝土达到设计强度等级后，从拱脚向拱顶浇筑底板，完成整个箱形拱肋的施工。

箱形肋拱桥的施工程序与箱形板拱桥基本相似，但它的拱上建筑大多数是采用轻型的梁板式结构，车道板一般采用预制拼装，在拱架上组装拱圈，这样可充分利用吊装设备。图 1-7-25 所示为在拱架上组装并现浇形成拱圈的箱肋拱桥。

3. 装配式钢筋混凝土拱桥施工

装配式混凝土（钢筋混凝土）拱桥主要包括双曲拱、肋拱、组合箱形拱、悬

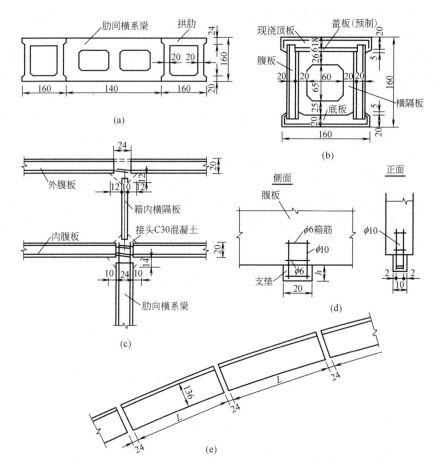

图 1-7-25   在拱架上组装并现浇的箱肋拱桥构造（单位：cm）
(a) 拱圈截面；(b) 拱肋组合截面；(c) 腹板、横隔板及分梁组合接头；
(d) 腹板支垫结构；(e) 腹板分段示意图

砌拱、桁架拱、刚架拱和扁壳拱等。

装配式混凝土（钢筋混凝土）拱桥的施工方案主要采用无支架或少支架施工，因而在无支架或少支架施工的各个阶段，对拱圈必须在预制、吊运、搁置、安装、合拢、裸拱及施工加载等各个阶段进行强度和稳定性的验算，以确保桥梁的安全和工程质量。对于在吊运、安装过程中的验算，应根据施工机械设备、操作熟练程度和可能发生的撞击等情况，考虑 1.2～1.5 的冲击系数。在拱圈及拱上建筑的施工过程中，应经常对拱圈进行挠度观测，以控制拱轴线的线形。

（1）拱肋的预制

拱肋的预制主要有立式预制、卧式预制和卧式叠层预制等几种。拱肋的立式预制主要有土牛拱胎立式预制、木架立式预制和条石台座立式预制。当取土及填土困难时，可采用木架立式预制，但在拆除支架时应注意拱肋的强度和受力状态。条石台座立式预制的条石台座由几个条石支墩、底模支架和底模等所组成，如图 1-7-26 所示。条石支墩用 M5 砂浆砌筑块石而成，支墩的平面尺寸应根据拱肋的长度和宽度决定，支墩的高度应根据拱肋端头下标高及便于横移拱肋操作确定。底模支架由槽钢、角钢等型钢组成，底模可采用组合钢模，为了便于脱模，可将钢模点焊在底模支架上，且底模应根据拱肋标高作适当预弯。

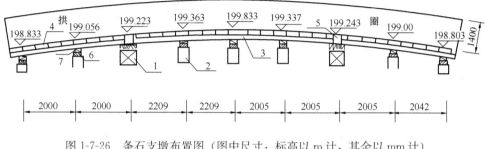

图 1-7-26　条石支墩布置图（图中尺寸：标高以 m 计，其余以 mm 计）

1—滑道支墩；2—条石支墩；3—底模支架；4—底模；

5—船形滑板；6—木楔；7—混凝土箱梁

拱肋一般采用分段预制、分段吊装，一般分为一段（拱肋跨径在 30m 以内）、三段（拱肋跨径在 30～80m 以内）和五段（拱肋跨径大于 80m），因此理论上的接头宜选择在自重弯矩最小的位置及其附近，但一般为等分，这样各段的重力基本相同。

（2）拱肋的接头形式

拱肋的接头形式一般有对接接头、搭接接头和现浇接头等种形式。

拱肋分二段吊装时，多采用对接形式，如图 1-7-27(a)、(b) 所示。吊装时，先使中段拱肋定位，再将边段拱肋向中段拱肋靠拢，以防中段拱肋搁置在边段拱肋上，增加扣索拉力及中段拱肋搁置弯矩。对接接头在连接处为全截面通缝，要求接头材料强度高，一般采用螺栓或电焊钢板等。

分三段吊装的拱肋，由于接头处在自重弯矩较小的部位，一般采用搭接形式，如图 1-7-27(c) 所示。拱肋吊装时，边段拱肋与中段拱肋逐渐靠拢，拱肋通过搭接混凝土接触面的抗压来传递轴向力而快速成拱。

用简易排架施工的拱肋，可采用主筋焊接或主筋环状套接的现浇接头形式，如图 1-7-27(d) 所示。

（3）拱座

拱座是拱肋与墩台的连接处。拱座的主要形式有图 1-7-28 所示的几种形式。

预埋钢板法是在拱座上预埋角钢和型钢，与边段拱肋端头的型钢焊接。按无铰拱设计的肋拱桥，其拱肋应采用插入式以加强与墩台的连接，拱肋插入端应适当加长拱肋，安装时将拱肋加长部分插入拱座预留孔内，合拢定位后，即可封槽。

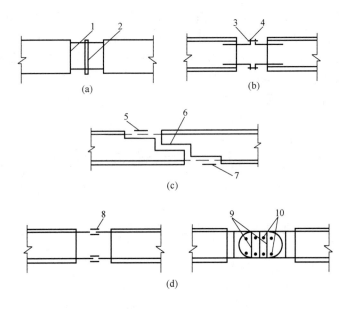

图 1-7-27 拱肋接头形式

(a) 电焊钢板或型钢对接接头；(b) 法兰盘螺栓对接接头；

(c) 环氧树脂粘接及电焊主筋搭接接头；(d) 主筋焊接或主筋环状套接绑扎现浇接头

1—预埋钢板或型钢；；2—焊缝；3—螺栓；4、5—电焊；6—环氧树脂；

7—电焊；8—主筋对接和绑焊；9—箍筋；10—横向插销

（4）无支架施工

肋拱、箱形拱的无支架施工包括扒杆、龙门架、塔式吊机、浮吊、缆索吊装等吊装方案，而缆索吊装是应用最为广泛的施工方案。这里主要阐述缆索吊装施工。

根据拱桥缆索吊装的特点，其一般的吊装程序为（针对五段吊装方案）：边段拱肋的吊装并悬挂，次边段的吊装并悬挂，中段的吊装及合拢，拱上构件的吊装等。

缆索吊装前的准备工作包括预制构件的质量检查、墩台拱座尺寸的检查、跨径与拱肋的误差调整等工作。

缆索吊装设备（图1-7-29）是由主索、天线滑车、起重索、牵引索、起重及牵引绞车、主索地锚、塔架、风缆、主索平衡滑轮、电动卷扬机、链滑车及各种滑轮等部件组成。在吊装时，缆索设备除上述各部件外，还有扣索、扣索排架、扣索地锚、扣索绞车等部件。缆索设备适用于高差较大的垂直吊装和架空纵向运输，吊运量从几吨到几十吨范围内变化，纵向运距从几十米到几百米。

缆索吊装设备在使用前必须进行试拉和试吊。试拉包括地锚的试拉、扣索的试拉。试吊主要是主索系统的试吊，一般分跑车空载反复运转、静载试吊和吊重运行三个阶段。在各阶段试吊中，应连续观测塔架位移、主索垂度和主索受力的

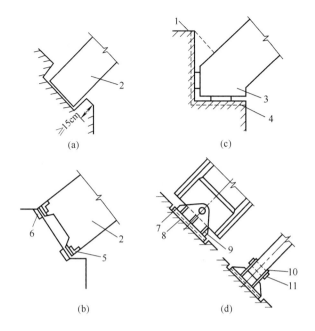

图 1-7-28 拱座的形式

（a）插入式拱座；（b）预埋钢板拱座；（c）方形拱座；（d）钢铰连接拱座

1—预留槽；2—拱肋；3—拱座；4—铸铁垫板；5—预埋角钢；6—预埋钢板；

7—铰座底座；8—预埋钢板；9—加劲钢板；10—铰轴支承；11—钢铰轴

均匀程度；动力装置工作状态、牵引索、起重索在各转向轮上的运转情况；主索地锚稳固情况以及检查通讯、指挥系统的通畅性能和各作业组之间的协调情况。试吊后应综合各种观测数据和检查情况，对设备的技术状况进行分析和鉴定，提出改进措施，确定能否进行正式吊装。

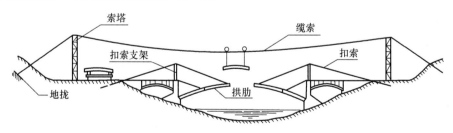

图 1-7-29 缆索吊装布置示意图

三段和五段缆索吊装螺栓接头拱肋吊装就位的方法基本相似，这里重点阐述五段缆索吊装方案。首先是边段拱肋悬挂就位，在无支架施工中，边段拱肋和次边段拱肋的悬均采用扣索，扣索按支承扣索的结构物的位置和扣索本身的特点可分为天扣、塔扣、通扣和墩扣等类型，如图 1-7-30 所示。

拱肋拱顶段定位后焊接接缝，其合拢可参见图 1-7-31 所示。

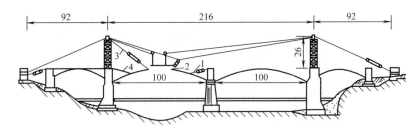

图 1-7-30　边段拱肋悬挂方法（单位：m）
1—墩扣；2—天扣；3—塔扣；4—通扣

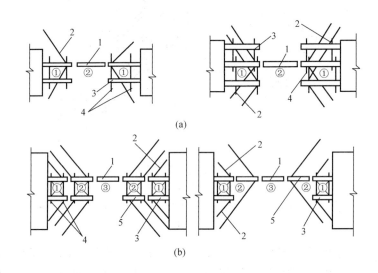

图 1-7-31　三段、五段吊装单肋合拢示意图（图中数字为施工程序号）
（a）三段吊装单肋合拢；（b）五段吊装单肋合拢
1—基肋；2—风缆；3—边段；4—横夹木；5—次边段

（5）拱肋施工稳定措施

拱肋的稳定包括纵向稳定和横向稳定。拱肋的纵向稳定主要取决于拱肋的纵向刚度，在拱肋的结构设计中已考虑了裸拱状态下的纵向稳定，只要在吊装过程中控制好接头标高、选择合适单位接头形式、及时完成接头的连接工作，使拱肋尽快由铰接状态转化为无铰状态，就能满足纵向稳定，如采用稳定缆风索、临时横向联系等措施。而拱肋的横向稳定，只有在拱肋形成无铰拱，并在拱肋之间用钢筋混凝土横系梁连接成整体后才能保证，但在施工过程中一片或两片拱肋的横向稳定，必须通过设置缆风索和临时横向连接等措施才能实现，如采用下拉索、拱肋多点张拉等措施。

4. 钢管混凝土拱桥

钢材在弹性工作阶段时，其泊松比变动很小，在 0.25～0.30 之间，而混凝土的泊松比是随着纵向力的增长从低应力的 0.167 左右逐渐增至 0.5，接近破坏时将超过0.5。因此，内填型圆钢管混凝土随着轴向力的增大，混凝土的泊松比迅速超过钢管的泊松比，使得混凝土的径向变形受到钢管的约束而处于三向受力状态（图1-7-32），其承载力大大提高。同时，钢管的套箍作用大大提高了混凝土的塑性性能，使得混凝土，特别是高强混凝土脆性的弱点得到克服。另一方面，混凝土内填于钢管之内，增强了钢管的管壁稳定性，刚度也远大于钢结构，使其整体稳定性也有极大的提高。

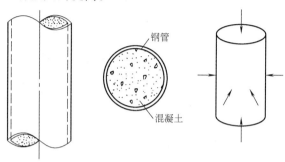

图1-7-32 钢管混凝土受力示意图

　　钢管混凝土结构是属于钢-混凝土组合结构中的一种，根据钢管与混凝土的组合关系，可分为内填型和内填外包型两种，如图1-7-33所示。

　　内填型钢管混凝土根据有无配筋，可分为配筋型和不配筋型两种。一般所指的钢管混凝土均指不配筋型。配筋型的还可分为配纵筋（或螺旋筋）和配钢管束的，如图1-7-34所示。在钢管混凝土中配纵筋的主要目的是为了满足这种结构构造或连接方面的要求；配钢管束是为了进一步提高承载力。

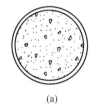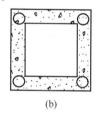

(a)　　　　(b)

图1-7-33 钢管混凝土结构形式示意图

（a）内填型；（b）内填外包型

　　（1）钢管混凝土材料的制作与施工要求

　　钢管混凝土拱桥中的钢管可采用直缝焊接管、螺旋焊接管和无缝钢管。螺旋焊接管和无缝钢管均有专业生产厂家生产，除非用量很大，一般要根据厂家的生产规格选用。无缝钢管分热轧（挤压、扩）和冷拔（轧）两种，其钢管的内、外表面不得有裂缝、折叠、轧折、离层、发纹和结疤，这些缺陷必须完全清除干净。用于直缝焊接管的钢板在下料之前应根据设计图纸绘制加工图，其内容包括按杆件编号的加工大样图、厂内试拼简图工地试拼简图和堆放与发送顺序图等。卷管方向应与钢板压延方向一致；在卷板过程中，应注意保证管端平面与管轴线垂直。为了满足小直径钢管接缝处的圆度要求，可在卷管前沿钢板边缘15cm左右进行局部压圆。卷管后应进行校圆，校圆分整体校圆和局部校圆两道工序，整体校圆可在卷板机上进行，也可在整体校圆夹具上进行；局部校圆采用薄钢板剪

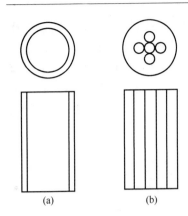

图 1-7-34　配筋钢管混凝土
(a) 配纵筋式；(b) 配钢管束

成直径为钢管内径的圆弧的一部分作为样板，将样板内靠筒体口附近进行检查。校圆后的筒体直缝焊接采用自动焊，板端坡口应在卷管前开好。

钢管拱肋应根据实际情况每条拱肋分数段安装，钢骨架的加工制作台应能满足每段拱肋按 1∶1 大样放样的要求。钢管组拼时以拱肋中轴线为准。钢管拱肋骨架的弧线当采用直缝焊接管时，由于管节较短（通常在 1.2～2.0m），可以采用分段直线逼近，相邻管节长度不应过于悬殊；当采用螺旋焊接管时，由于管节较长（一般为 12.0～20.0m），则应将其弯成弧形。

钢管拱肋组拼成拱肋在焊接前，对于小直径钢管可采用点焊定位；对于大直径钢管可另用附加钢筋焊于钢管外壁，作为临时固定连焊，固定点的距离宜取 300mm 左右，但不得少于三点。重要受力肢管，为了确保连结处的焊接质量，可在管内接缝处增加附加衬管，衬管可采用宽为 20mm、厚度为 3mm 的钢板，与管内壁保持 0.5mm 的膨胀间隙，以确保焊缝根部的质量。

对于桁式拱肋的钢管骨架，弦杆与腹杆及平联的连接尺寸和角度必须准确，连接处的间隙应按板全展开图要求进行放样。焊接时应根据间隙大小，选用适当直接的焊条，其焊接顺序应考虑焊接变形的影响，由焊接工艺试验确定，要求焊接变形及焊接残余应力最小。

为了便于混凝土的浇筑，要求混凝土的坍落度大、和易性好，且不泌水、不离析，同时为充分发挥钢管的套箍作用，要求混凝土的收缩率小，填充饱满，因此主要靠外加剂来解决。为了满足混凝土强度、和易性要求，常采用减水剂和高效减水剂，以降低用水量，减少水灰比，增大混凝土流动性，提高混凝土强度和耐久性。

钢管内混凝土的填充程度对钢管极限承载力影响极大，为了保证管内混凝土的密实性，减小混凝土收缩系数和空隙率的最好做法是加入膨胀剂。为了改善混凝土性能，降低干缩变形和水化热，减少水泥用量，在钢管混凝土的管内混凝土有时还掺入粉煤灰，由于粉煤灰颗粒很小，填充于混凝土的部分气孔和毛细孔管，可改善混凝土组分的颗粒级配，增加致密性；粉煤灰的球形颗粒的滚珠作用可改善混合料的可浇筑性，从而进一步减少用水量；粉煤灰中活性氧化硅和活性氧化铝能与水泥水化产生氢氧化钙，起二次水化反应，生成不溶性的胶结性能更佳的水化硅酸铝凝胶，增强硬化混凝土的密实性，并且改善其抗腐蚀、水腐蚀能力。

(2) 钢管混凝土拱桥的施工技术

　　钢管混凝土拱桥的拱肋形成分钢管拱肋的形成和管内混凝土的浇灌，因此，钢管拱肋既是结构的一部分，又兼作浇灌混凝土的支架和模板。拱肋的安装方法有：无支架缆索吊装；整片拱肋或少支架浮吊安装；少支架缆索吊装；吊桥式缆索吊装；转体施工；支架上组装；千斤顶斜拉扣挂悬拼等。

　　采用劲性骨架浇筑拱肋是先将拱肋的全部受力钢筋按设计要求的形状和尺寸制成，并安装就位合拢形成钢骨架，然后在钢骨架上逐段在钢骨架外浇筑混凝土而形成钢筋混凝土拱肋。钢骨架不仅能满足拱肋的要求，而且在施工中还起临时拱架的作用。悬臂拼装的拼装顺序如图 1-7-35 所示。

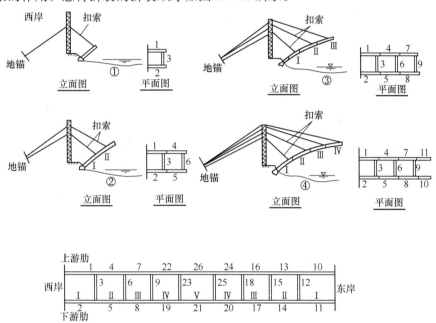

图 1-7-35　钢管拱肋拼装流程示例

注：①图中阿拉伯数字表示吊装就位顺序

②图中罗马数字表示钢骨架分段

　　由于钢管混凝土劲性骨架中，先浇的混凝土凝结成形后可作为承重结构的一部分与劲性骨架共同承受后浇各部分混凝土的重力，同时，钢管中的混凝土也参与钢骨架共同承受钢骨架外包混凝土的重力，从而降低了钢骨架的用钢量，减少了钢骨架的变形。图 1-7-36 是一座主拱肋为单箱三室截面、采用钢管混凝土作为劲性骨架施工的上承式钢管混凝土拱桥的劲性骨架构造图。图 1-7-37 是钢管混凝土拱肋缆索吊装示意图。

　　钢管混凝土拱肋的管内混凝土有泵送顶升、高位抛落和人工浇捣等三种浇筑方法。人工浇捣是用索道吊点悬吊活动平台，在平台上分两处向管内浇灌混凝土加载顺序是从拱脚向拱顶对称、均衡地浇灌，并可通过严格控制拱顶上冒及墩台

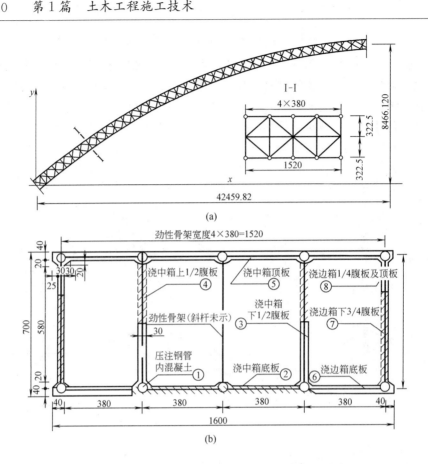

图 1-7-36   钢管混凝土劲性骨架构造及浇筑顺序图（单位：cm）

位移来调整浇灌顺序，以使施工中钢管拱肋的应力不超过规定值。泵送顶升是在两拱脚设置输送泵，对称泵送混凝土；泵送时应在钢管上每隔一定距离开设气孔，以便减少管内空气压力；在泵送时应按设计规定的浇灌顺序浇灌，如设计无规定，应以有利于拱肋受力和稳定性为原则进行浇灌，并严格控制拱肋变形。图1-7-38为桁式钢管混凝土拱肋采用泵送顶升浇灌法施工示例。

7.4.4   斜 拉 桥 施 工

斜拉桥的施工包括墩塔施工、主梁施工、斜拉索的制作安装三大部分。由于斜拉桥属于高次超静定结构，所采用的施工方法和安装程序与成桥后的主梁线形和结构恒载内力有密切的联系；其次，在施工阶段随着斜拉桥结构体系和荷载状态的不断变化，结构内力和变形亦随之不断发生变化，因此需要对斜拉桥的每一施工阶段进行详尽分析、验算，求得斜拉索张拉吨位和主梁挠度、塔柱位移等施工控制参数的理论计算值，对施工的顺序做出明确的规定，并在施工中加以有效的管理和控制。

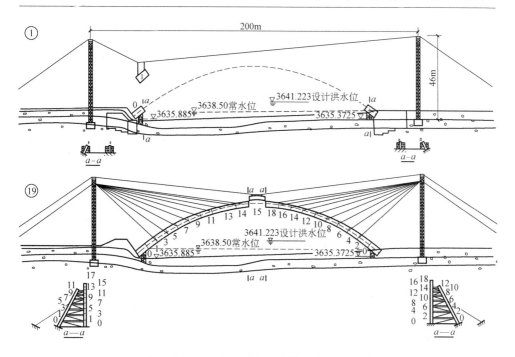

图 1-7-37 钢管混凝土拱肋缆索吊装示意图

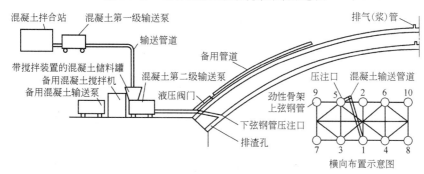

图 1-7-38 泵送顶升法浇灌管内混凝土示例

1. 索塔施工

索塔是斜拉桥的一个重要组成部分，又是主要的受力构件，除自重引起的轴力外，还有水平荷载以及通过拉索传递给索塔的竖向荷载和水平荷载。索塔一般是由塔座、塔柱、横梁、塔冠等几部分所组成的。

（1）钢筋混凝土索塔

斜拉桥混凝土索塔的施工方法主要有滑模法、翻模法、爬模法等，施工的主要机具设备有塔吊、电梯、钢支架、滑升模板系统、翻升模板系统、爬升模板系统等。索塔节段施工工艺流程为：接头凿毛、清洗、测量放线→绑扎钢筋、预应力体系的安装→内外模板提升及安装→测量、调整模板→验收符合要求后固定模板→浇筑混凝土→混凝土养护→进行下一节段施工。在斜拉索锚固区，预应力体系的张拉时间应按设计要求进行，但在挂索前一定要张拉全部预应力筋，并完成压浆待强期。

1）起重设备的选用与安装

索塔施工属于高空作业，工作面狭小，其施工工期影响着全桥的总工期，起重设备是索塔施工的关键。而起重设备的选择随索塔的结构形式、规模、桥位地形等条件确定，必须满足索塔施工的垂直运输、起吊荷载、吊装高度、起吊范围的要求。

起重设备一般采用塔吊辅以人货两用电梯，但也可以采用万能杆件或贝雷架等通用杆件配备卷扬机、电动葫芦装配的提升吊机，或采用满布支架配备卷扬机、摇头扒杆起重等。但目前一般采用塔吊辅以人货两用电梯，如图1-7-39所示，在图中方案1为先在索塔正面架设一台塔吊待上横梁完成后，再利用此塔吊在上横梁上面安装另一台塔吊；方案2为在索塔的正面且靠近索塔处安装一台塔吊；方案3为在索塔的下游方向靠近索塔处安装一台塔吊；方案4为先在索塔正面架设一台塔吊，待主梁0号块完成后，利用此塔吊在0号块上安装另一台塔吊。

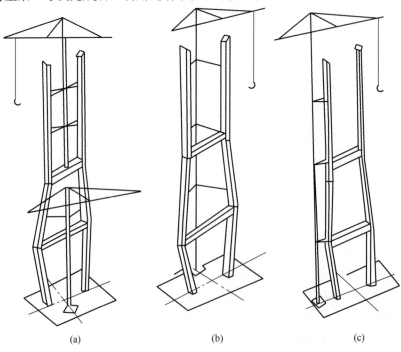

(a)　　　　　　　(b)　　　　　　　(c)

图 1-7-39　塔吊布置方案

(a) 方案1和4；(b) 方案2；(c) 方案3

2）拉索锚固段施工

斜拉桥拉索锚固段是将多个拉索作用的局部集中力传递给塔柱的重要受力结

构。拉索在塔顶部的锚固形式目前常用的有拉索锚固钢横梁结构形式和预应力构造锚固形式。

① 钢横梁构造锚固段的施工

拉索锚固钢横梁的作用在于避免索塔混凝土因索力的作用而产生裂缝，有利于斜拉桥的整体安全及长期正常使用。其构造如图 1-7-40 所示。

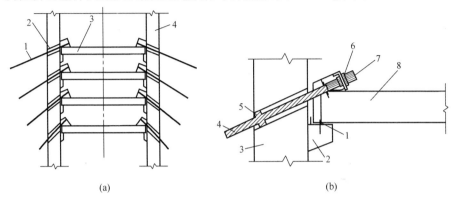

(a)　　　　　　　　　　　　(b)

图 1-7-40　钢横梁锚固段示意图

（a）钢横梁锚固段构造

1—拉索；2—预埋拉索钢套管；3—钢横梁；4—塔壁

（b）钢横梁锚固图

1—支撑；2—塔壁牛腿；3—塔壁；4—拉索；5—减振装置；6—锚固螺母；7—锚头；8—钢横梁

钢横梁本身是一个独立而稳定的构件，它支承在空心塔塔壁预埋牛腿上，两端的刚性垂直支承可在顺、横桥向作微小的移动和转动，但在两端都设置了顺桥向、横桥向的限位装置。锚固钢横梁承受拉索的垂直分力，通过钢横梁的垂直支撑传至塔壁牛腿上，而两侧拉索的不平衡水平力，则通过锚固箱传至钢横梁上，钢横梁通过限位装置将不平衡水平力传递给索塔塔壁，而大部分水平拉力由钢横梁承担。钢横梁的安装顺序为用塔吊吊起，移入塔内，支承于牛腿上，并对准预埋件；调整横梁，使拉索锚箱与塔内预埋钢套管精确对准；安装限位装置。

当钢横梁的吨位过大，主塔施工的垂直起吊能力不足时，可采取分节加工，现场安装后进行高强螺栓连接。由于上塔柱一般截面尺寸不大，临时设施较多，加上塔壁设有牛腿，安装时不很方便，因此在考虑施工方案时，应充分仔细地考虑钢横梁的尺寸和安装方法。

② 环向预应力构造锚固段施工

环向预应力索能克服斜拉索的水平分力，防止混凝土塔在拉索锚固力的作用下开裂，如图 1-7-41 所示。

环向预应力拉索锚固段的施工包括模板安装，预应力索的安装，钢套管定位，混凝土浇筑，预应力索的张拉压浆等工序。其施工程序为安装劲性骨架→绑

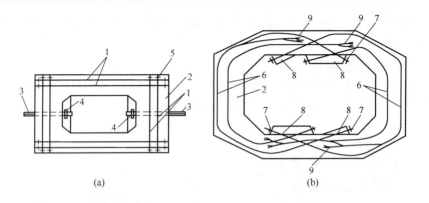

图 1-7-41　预应力束布置示意图

(a) 塔身直线预应力平面示意图；(b) 塔身环向预应力平面示意图

1—直线预应力筋；2—塔身；3—拉索；4—拉索锚具；5—直线预应力锚具；6—塔身环
向预应力筋；7—螺母锚固端；8—锚头混凝土；9—埋置锚固端

扎钢筋→安装拉索钢套管→钢套管定位→安装预应力管道及预应力束→安装模板
→浇筑混凝土→养护→拆模→张拉预应力→压浆→养护待强→验收。

3）斜拉桥索鞍施工

鞍座体采用分块预制时，应在工厂进行试拼装，确认各几何尺寸和误差均在
规定的范围以内，再运到现场进行安装。索鞍的安装程序为：预埋定位架→放出
索鞍中心线（十字线）→标出索鞍体中线轴线→分块吊装→索鞍就位→精确调整
定位架→索鞍全焊接定位→涂装→下一道工序施工。

（2）钢—混凝土混合索塔

钢—混凝土混合索塔是指拉索锚固去采用钢箱梁，其他部位采用混凝土的索
塔。钢锚箱的构造如图 1-7-42 所示。

钢—混凝土混合索塔的施工程序为：分节浇筑下塔柱混凝土→横梁施工→分

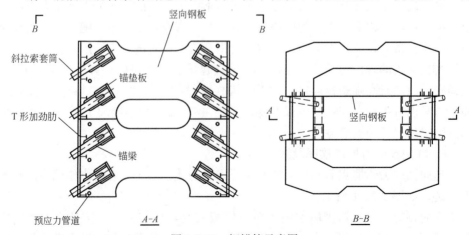

图 1-7-42　钢锚箱示意图

节浇筑中塔柱混凝土→拉索锚固段施工。拉索锚固段的施工步骤为：测量放线→钢构件的加工预制→钢构件的运输→钢梁安装→斜拉索钢套管调整定位→钢筋、预应力筋的安装→模板的安装→混凝土的浇筑→养护→预应力筋的施工→外涂装→下一节段施工。

2. 主梁施工

斜拉桥的主梁有预应力混凝土梁、钢箱梁、结合梁、钢-混凝土混合式梁和钢管混凝土空间桁架组合式梁等形式。斜拉桥主梁的施工方法大体上可分为顶推法、转体法、支架法和悬臂法等几种。

（1）预应力混凝土梁施工

1）悬臂浇筑法

斜拉桥主梁的悬臂浇筑均采用挂篮施工，其施工程序与一般预应力混凝土连续梁基本相同，但由于斜拉桥结构比较复杂，超静定次数高，斜拉索位置及各部位尺寸要求精确，难免结构内力发生变化，因此斜拉桥主梁的悬臂浇筑工艺又有其自身的特点。

悬臂浇筑程序如图 1-7-43 所示。支架上立模浇筑 0 号和 1 号块→拼装连体挂篮→对称浇筑 2 号梁段→挂篮分解前移→对称悬臂浇筑梁段并挂索→依次对称悬臂浇筑各梁段混凝土并挂索。

斜拉索的索距长度是由设计确定的，施工单位根据最大的梁段重力设计挂篮，并由设计者确认，悬臂浇筑梁段的划分，一般是采用一个或二分之一个索距，当梁的单位重较小时也可采用两个索距长度一次悬浇。

无索区主梁一般需在支架或托架上施工。支架或托架安装好后，先进行预压，以消除非弹性变形，然后安装模板及钢筋，浇筑混凝土，待其强度达到要求后，施加预应力，然后拼装挂篮，进行主梁的悬臂浇筑。

2）悬臂拼装法

悬臂频装法根据吊装所采用设备的不同可分为悬臂吊机、缆索吊机、大型浮吊、挂篮吊机及各种自制吊机拼装法。图 1-7-44 为一箱形断面预应力混凝土斜拉桥，采用悬臂吊机拼装。

（2）钢箱梁施工

钢主梁的施工可采用支架上拼装、悬臂拼装、顶推法和平转法等。由于钢主梁中，常用的截面形式为钢箱梁，其常采用的施工方案为支架拼装法和悬臂拼装法。

钢箱梁的施工工艺为：

1）钢箱梁的制作

大跨度斜拉桥钢箱梁一般采用平衡悬臂安装架设，即钢箱梁按照设计要求分段制作，运至桥位处逐段吊装，钢箱梁节段之间全断面焊接或螺栓连接，直至跨中合拢。钢箱梁的加工制造，依据其结构特点和设备条件，一般采用反装法和正

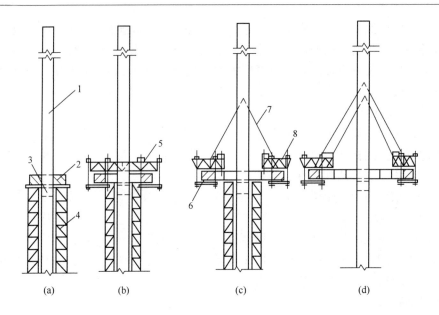

图 1-7-43　悬臂浇筑程序

(a) 支架上立模浇筑号 0 和 1 号块；(b) 拼装连体挂篮，对称浇筑 2 号梁段；(c) 挂篮分解
前移，对称悬臂浇筑梁段并挂索；(d) 依次对称悬浇，挂索

1—索塔；2—立支架现浇梁段；3—下横梁；4—现浇支架；5—联体挂篮；6—悬浇梁段；
7—斜拉索；8—悬浇挂篮

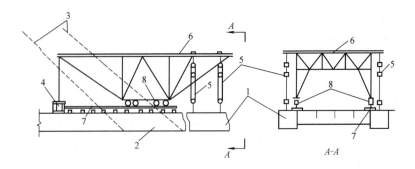

图 1-7-44　悬臂拼装示意图

1—待拼梁段；2—已拼梁段；3—拉索；4—后锚螺旋千斤顶；5—起重滑轮组；
6—钢制悬吊门架；7—运梁轨道；8—运梁平车

装法。反装法就是桥面板朝下、底板朝上的组装方法，首先组装钢箱梁的面板，然后依次组装横隔板、纵隔板、外腹板，最后组装底板；而正装法与反装法正好相反，先组装底板、斜底板，然后依次组装横隔板、纵隔板、外腹板，最后组装面板。

由于大跨度斜拉桥箱形梁为正交异性板结构，所以可将面板、底板、纵隔板、腹板和风嘴等所有的构件分成便于起吊和运输的若干有纵、横肋的独立构件，然后将这些板单元按正装法或反装法在胎架上按一定的顺序组装成钢箱梁。根据钢箱梁的结构特点，分为二阶段或三阶段制造。二阶段制造法是指在钢箱梁制造中分为板单元制造阶段和钢箱梁组装焊接阶段，板单元构件是在工厂制造，第二阶段是在胎架上匹配组装焊接成箱梁节段；三阶段制造法是将每节钢箱梁分为板单元构件单件组装与焊接，单元或块件组装焊接成整箱，沿纵向分成两个或三个单元。

2）临时固结措施

斜拉桥钢箱梁悬臂拼装施工过程中，因悬臂不断伸长，受风荷载以及施工荷载的影响，结构的稳定性和安全性较差，塔梁需要临时固结。常用的方法是在钢箱梁与塔柱下横梁（或墩顶）间设临时支座以承受压应力；在下横梁腹板与隔板（或墩顶）上安装支座与钢箱梁横隔板直接施焊或以钢拉杆相连接，以承受拉应力，主梁合拢后即予解除。

3）钢箱梁安装及定位

斜拉桥钢箱梁的安装一般为：

边跨及辅助跨钢箱梁安装。一般预制钢箱梁由船舶水运至桥位处起吊架设，为保证运梁船和设备不能到达的无水和浅水区域钢箱梁的运输和安装，需要在辅助墩和主引桥过渡墩间搭设临时支架，并在辅助墩外一定水域内增设适当的临时墩，以搭设用于运移和临时搁置钢箱梁的施工排架和移梁轨道，为此一般应设计临时排架，如图 1-7-45 所示。

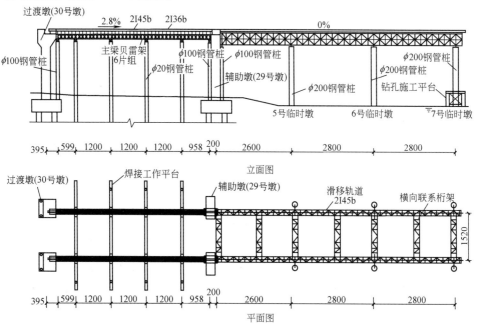

图 1-7-45　边跨钢箱梁施工排架布置图（单位：cm）

无索区梁段安装。在完成索塔封顶后，即开始在索塔上搭设无索区梁段支承托架，并在其上铺设移梁轨道；其次吊、移梁段；最后挂索、安装桥面吊机。

钢箱梁标准梁段的悬拼。在完成桥面吊机的安装、试吊和第一对斜拉索的第二次张拉并拆除 0 号块与支承托架间的支承钢楔块后，即可开始对称悬拼标准梁段，如图 1-7-46 所示。标准梁段的施工程序为前一梁段斜拉索的安装→斜拉索第一次张拉→桥面吊机前移→斜拉索第二次张拉并检验→起吊拼装钢箱梁→钢箱梁定位→钢箱梁焊接→本梁段斜拉索安装→循环施工。

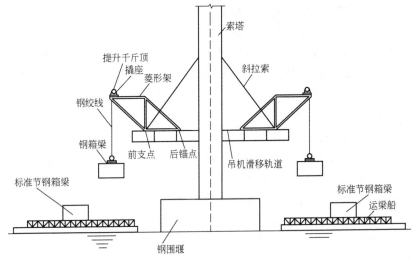

图 1-7-46   标准梁段吊装

钢箱梁合拢段施工。钢箱梁的合拢有边跨合拢和中跨合拢，由于边跨合拢与中跨合拢形式基本相同，而且梁段为非标准段。中跨合拢的方法有强制合拢法和温差合拢法，强制合拢法是在温差与日照影响最小的时候将两端箱梁用钢扁担或钢桁架临时固结，嵌入合拢段块件钢条填塞处理结合部缝隙，焊接完成后解除临时固结及其他约束，完成体系转换；温差合拢法也称为无应力合拢法，是利用温差对钢箱梁的影响，在一天中温度相对较低的时候将合拢段梁体安放在合拢口，在温升与日照影响之前，施焊完毕，解除塔墩临时固结，完成体系转换。

4）钢箱梁的连接

现代斜拉桥钢箱梁节段之间的现场连接方式有全焊接、栓焊结合和全栓接三种。采用全焊接连接方式的钢箱梁，U 形肋嵌补段对接焊和肋角角焊均处于仰角位置施焊，而仰焊工作条件差，质量控制难度较大，其焊接方法有自动焊、半自动焊和手工焊三种。栓焊结合是钢箱梁桥面板采用焊接，U 形肋采用高强度螺栓连接，具有足够的刚度、承载力和耐久性。

3. 斜拉索施工

斜拉索是一种柔性拉杆，是斜拉桥的重要组成部分，斜拉桥梁体重量和桥面荷载主要由拉索传递至塔、墩，再传至地基基础。目前各类斜拉桥所用的斜拉索主要采用经多种防腐处理制作的高强平行钢丝和平行钢绞线两种拉索。

（1）平行钢丝拉索的施工

平行钢丝拉索的施工包括：拉索的制作、运输、放索、牵索张拉、张拉锚固、索力调整等内容。

1）平行钢丝拉索的制作

平行钢丝拉索是经涂脂处理后按正六边形或缺角六边形平行并拢定形捆扎并轻度扭绞成束后，加缠高强度聚酯包带和热挤高密度聚乙烯塑料护套或染色 PE 套，再于两端安装钢套管和锚具。平行钢丝拉索构造如图 1-7-47 所示。

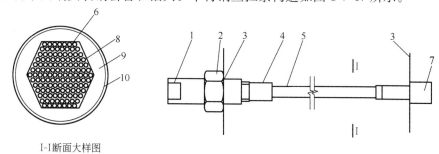

I-I断面大样图

图 1-7-47　平行钢丝拉索结构图

1—张拉端锚筒；2—锚圈；3—锚垫板；4—过渡钢管；5—拉索；6—平行钢丝；7—固定端锚饼；
8—2 层玻璃丝带或 2 层涤纶带；9—热挤 PE 塑料护套；10—PVE 缠包带

平行钢丝拉索的结构体系分为三个主要部分，①锚固部分，又分为张拉端锚固和固定端锚固两种形式；②过渡部分，由钢导管、锚筒过渡延伸钢管、减振器、防水罩等组成；③中间部分，由高强钢丝、玻璃丝带、PE 防护、缠包带等组成。单根圆钢丝直径常用 5mm、7mm 两种，锚具一般采用冷铸镦头锚。

平行钢丝拉索的制作有工厂制作和施工现场制作两种形式，目前一般采用工厂制作形式。制作成品平行钢丝拉索的工艺流程为钢丝入厂基本性能检验与试验→计算下料长度→钢丝稳定化处理→钢丝基本性能检验→钢丝粗下料→排列编束→钢束扭绞成型→下料齐头→分段抽检、焊接牵引拉钩→高压气流冲洗→绕缠包带→热挤 PE 护套双层共挤（PE＋彩色 PE），外表面为双螺旋线→水槽冷却→测量护套厚度及偏差→精确下料，磨光两端面→端部安装锚具部分剥除 PE 套→锚板穿丝→分丝镦头→环养钢球冷铸→锚头养生固化→超张拉检验→缠绕麻袋片或 PVE 保护层→编号标识→出厂质量检验→卷盘包装→出厂→仓储、待运。

钢丝下料后，由机械引入按拉索断面排列的梳理盘中，穿丝梳理，使若干根高强钢丝相互之间处于平行的位置，边梳理牵引边用六角形卡箍紧束，并用扎丝每隔 2m 随之临时扎紧，使编束后的钢丝顺直、紧密。为了便于穿过管道和进行锚固，钢丝横断面应呈六边形或缺角六边形排列。拉索在运输、装卸、安装过程中易松散，因此钢丝成束后，要在扭绞机上进行大节距轻度扭绞。

由于拉索都是钢材组成的，如不采取防护措施，将会直接影响到拉索的使用寿命。一般来说，拉索外表钢丝先锈蚀，中间后锈蚀，这时钢丝的受力会出现重分配，可能引起更多钢丝的破坏，导致整根拉索破坏。拉索的防护按时间可分为临时防护和永久防护；按位置可分为内层防护和外层防护；按功能可分为施工防护和结构防护；按防护的层数可分为2层、3层、4层或更多层防护。

2）拉索的吊装、运输和进索的方法

为了便于拉索的吊装、运输和移动，需将直线形的拉索弯卷成圆盘，索盘的内径一般不小于2.0m，索盘两端挡板外径视索长与索径而定。放索盘有立式放索盘与水平放索盘两种，如图1-7-48所示，而常用的是立式放索盘。

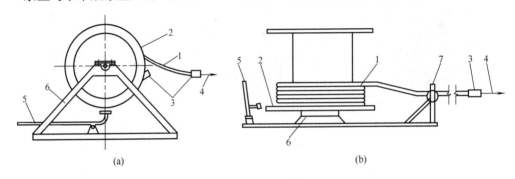

图1-7-48   放索盘示意图

（a）立式放索盘放索

1—拉索；2—索盘；3—锚头；4—卷扬机牵引；5—刹车；6—支架

（b）水平放索盘放索

1—拉索；2—索盘；3—锚头；4—卷扬机牵引；5—刹车；6—托盘；7—导向滑轮

拉索的进索方法有桥面进索、水面进索和桥侧进索三种施工方法。桥面进索是由一个固定位置，将索从地面或水面吊至桥面，再从固定位置将索放至梁端或连索盘一起运至梁端后再放索。水面放索是将放索盘置于运输船上，运索船航行至悬臂施工的梁端前方水面停泊，在梁端或梁端挂篮上安装转向装置，在桥面塔柱下方安装卷扬机牵引进索。

3）拉索在桥面上的移动

拉索从索盘上释放出来进入梁端、塔端钢套管前，需在桥面上移动一段较长的距离，为了保护好拉索的PE防护外套不受损伤，常采用滚筒法、移动平车法、垫层拖拉法三种方法来移动拉索。

4）拉索的挂设

拉索挂设的关键，是如何将拉索两端锚头引出锚箱或锚垫板外，拧上锚圈固定。常用的挂索方法有吊点法、硬牵引法、软牵引法、承重导索法四种方法，而每一种挂索方法又有三种锚固顺序，即梁端先锚固作为固定端，塔端后锚固作为张拉端；塔端先锚固作为固定端，梁端后锚固作为张拉端；梁、塔两端同时作为张拉端锚固。

吊点法是指利用吊装设备作为拉索挂设时起吊、牵引的动力，完成拉索的挂设施工，如图 1-7-49 和图 1-7-50 所示。吊点法的起吊设备可利用塔柱、汽车吊或安装在塔顶的其他起吊设备。其施工方法为：拉索上桥面后，用卷扬机或平车将拉索自梁端放至塔柱下方桥面上，或从塔柱下方索盘上牵引放索至梁端，安装吊点索夹、张拉丝杆。吊机吊点下放桥面，钩挂拉索上的索夹，边提升、边牵引拉索。一端锚具安装就位。吊点向另一端索孔移动，直至将预先安装的千斤顶张拉杆引出张拉端锚固端垫板外，安装张拉千斤顶，拧上千斤顶锚固螺帽，临时固定，解除吊点，完成一根索的安装。

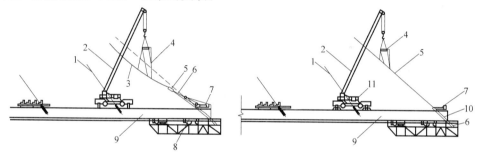

图 1-7-49　塔端先锚固梁端后锚固施工示意图

1—已安装拉索；2—汽车吊扒杆；3—拉索；4—吊点；5—锚头；6—牵引索；7—反力架；8—挂篮；
9—主梁；10—张拉千斤顶；11—汽车吊

硬牵引法是通过卷扬机钢丝绳和转向滑轮就可完成挂索的方法，如图 1-7-51 和图 1-7-52 所示。梁端先锚固、塔端后锚固的施工方法为：从下横梁、上横梁或塔顶鹰架卷扬机 3 中放出钢丝绳，穿入索塔内腔，通过转向滑轮转向后，由塔柱壁中拉索索道钢管穿出到塔外，与拉索上的硬牵引头相连接。从卷扬机 2 中放出钢丝绳，通过转向滑轮转向后，下放钢丝绳，扣住索夹提升拉索；利用手拉葫芦或卷扬机，从梁端锚垫板外通过梁端拉索索道钢管绑住拉索梁端锚头，将冷铸锚头拉出梁端锚垫板，并用锚圈固定；收紧卷扬机 2、3。当冷铸锚头超出塔端锚垫板时，拧入锚圈，放松卷扬机，拆除牵引索、起吊索，安装张拉千斤顶，完成一根索的挂设。

软牵引法，又称分级牵引法、多级牵引法，就是利用多股钢绞线通过特殊连接器或组合式多节张拉杆与索头加长杆相连，配合千斤顶牵引挂索的方法。

承重导索法是在待安装拉索的上方安装一根斜向承重导索，每隔一定距离放置一个吊点，悬吊着拉索沿承重导索运动，直至完成拉索的挂设的施工方法，如图 1-7-53 所示。

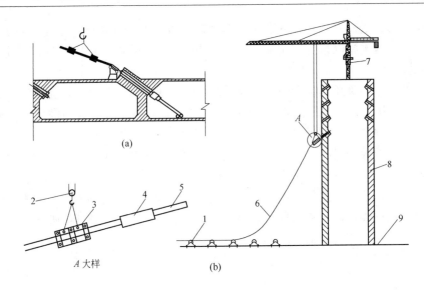

图 1-7-50 吊点法安装（挂索）示意图（梁端先锚固，塔端后锚固）

(a) 梁端安装拉索；(b) 塔端安装拉索

1—滚轮；2—吊点；3—吊运索夹；4—锚头；5—张拉杆；6—待安装拉索；

7—塔吊；8—索塔；9—梁面

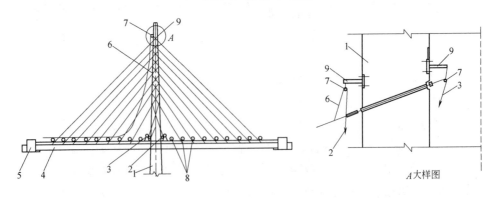

图 1-7-51 塔端先锚固、梁端后锚固安装示意图

1—拉索；2—拉索锚头；3—长拉杆；4—主梁顶板；5—组合螺帽；6—千斤顶；

7—撑脚；8—主梁隔板；9—滚轮

5）拉索的张拉与索力的调整

拉索的张拉形式主要有①塔端张拉、梁端锚固；②梁端张拉、塔端锚固；③塔、梁两端同时张拉三种形式。由于塔的刚度比梁大，塔腔内空间较梁体内空间大，千斤顶的移动、安装较方便、安全，因此目前，对于斜拉桥拉索空腔索塔张拉常采用第一种形式，实心索塔常采用第二种形式。张拉程序为张拉前的准备工作→安装千斤顶→张拉杆拧入冷铸锚杯→拧入张拉杆工具锚圈→调整各部分的相应位置→施加5%设计索力→检查并调整安装位置，记录初始值→解除安装千

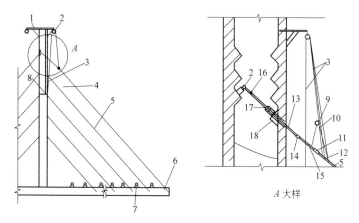

图 1-7-52 梁端先锚固、塔端后锚固挂索示意图

1—塔顶支架；2—转向滑轮；3—钢丝绳；4—转向滑轮；5—拉索；6—主梁；7—滚轮；8—卷扬机；9—滑轮组；10—吊点索；11—张拉端冷铸锚；12—吊点抱箍；13—牵引钢绞线；14—接头；15—张拉杆；16—牵引钢丝绳；17—连续快速千斤顶；18—塔端钢锚箱

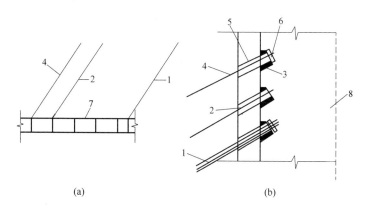

图 1-7-53 承重导索安装示意图

1—已安装拉索；2—待安装拉索；3—锚箱；4—承重导索；5—待安装拉索上方索道管；6—承重导索锚具；7—主梁；8—塔柱

斤顶时的吊点或支点垫的约束→分级施力直至达到一次张拉所要求的拉力值→与张拉同步拧紧锚圈量测应力、应变值→检验、与设计应力应变值核对→外观检查（锚垫板、锚箱、塔柱结构等变形情况，拉索有无断丝、滑丝现象）→检验合格、拆除千斤顶、张拉杆，进入下一根索的张拉周期。

一般来说斜拉桥从施工到成桥状态，需要通过索力的调整来达到控制标高和梁内应力的目的，索力调整一般与索力张拉在同一部位进行，张拉与调整共用一套设备，这样施工支架、升降平台、千斤顶悬吊设施等均可共用，以节省成本与时间。

（2）钢绞线拉索的施工

钢绞线拉索的结构体系是由两端的锚固段，隐埋在塔、梁内部的过渡段和外露部分的中间段三部分所组成。锚固段分张拉端与固定端，由锚环、锚圈、锚垫板、防水装置、保护装置等组件所组成；过渡段组成与平行钢丝拉索相同；中间段由钢绞线、内防护、外防护所组成。钢绞线由根直径 5mm 或 7mm 的圆形钢丝绞制成单股钢束，各单股钢束平行排列，形成钢绞线索。

1）平行钢绞线拉索与平行钢丝拉索的比较

① 拉索的制作

平行钢丝拉索全部在工厂制作完成，质量控制容易得到保证，其受力均匀、轴向刚度较大、材料利用率较高。平行钢绞线拉索的各个零部件均在工厂制作完成，而大部分的组装、防护工程须在建桥工地完成，受力均匀性较差，要求材料强度相对较高；用群锚与夹片锚固拉索的新型钢绞线拉索在桥梁上使用的年限较短。

② 拉索的运输、安装

平行钢丝拉索的运输需要大直径卷盘，受公路净空、净宽的限制，需大型起吊设备进行装、卸作业，安装和张拉需要重型千斤顶，张拉端结构内需要较大的空间，牵挂索时牵引力大，需特殊设计牵引装置。平行钢绞线拉索的运输时其索盘直径相对较小，装卸作业、起吊、运输及安装较容易，挂索时牵引力小，张拉空间相对要求较小。

③ 拉索的防护性能

平行钢丝拉索索体部分与两端锚固部分均在工厂整体进行加工，施工时间短，整体防护性好，其防护性能明显优于钢绞线拉索。平行钢绞线拉索的防护层数较多，防护施工时间长，防护施工的环境条件较差，其整体性也较差。

④ 拉索的张挂

钢绞线拉索能化整为零，施工方便性明显优越于钢丝拉索，但工期要长一些。

⑤ 拉索的受力性能

平行钢丝拉索的材料强度较低，受力均匀性较好；平行钢绞线拉索的材料强度较高，但受力均匀性稍差。平行钢丝拉索抗挠曲性能稍弱于平行钢绞线拉索。

⑥ 拉索的更换

两种形式的拉索在拆卸过程中的方法是一致的，只在安装时有所不同。平行钢丝拉索的更换为整索卸载、退锚、更换，是安装过程的逆过程。平行钢绞线拉索安装过程为单根束牵引张拉，由若干根单股钢绞线束组装形成。

⑦ 拉索的造价

对于索长短于 300m、索重轻于 15000kg 的拉索来说，两种型号拉索的总体费用相差不大；对于超过上述长度与重量的拉索来说，受加工场地、运输、吊装的影响，平行钢丝拉索的总体费用要超过平行钢绞线拉索。

2）拉索挂设

拉索的挂设可分为刚性索和柔性索两种情况，而刚性索挂设过程分为：设置牵引系统、安装外套管、钢绞线牵引挂设；柔性索挂设不需要安装外套管，其余的与刚性索挂设相同。

① 设置牵引系统

牵引系统是由卷扬机和循环钢丝绳、牵引绳和连接器、塔顶钢支架、塔内钢支架、塔外工作平台、梁底平台车等所组成，其中梁底平台车随主梁一起移动。

② 安装梁端与塔柱端锚具

钢绞线锚具为夹片式群锚，该锚具为自锚体系，不需设顶锚装置。梁端利用吊机或手拉葫芦等小型吊装机具吊运至梁端锚箱位置，人工辅助对中就位；塔端利用塔吊或塔顶提升卷扬机提升至待安装位置，人工辅助对中就位。锚环就位后，进行临时固定，以防止掉落、移位。

③ 安装外套管

④ 钢绞线的安装

A. 第1、2根钢绞线的安装

第1、2根钢绞线已经随同斜拉索外套 HDPE 管一同起吊至塔外。首先塔外操作人员分别将第1、2根钢绞线与塔腔内的卷扬机钢丝绳连接，并操作卷扬机牵引进入塔内，与此同时桥面操作人员也将钢绞线按计算长度与编号从索盘放索后，安装进桥面的锚具内。其次，使用吨位较小的拉索专用千斤顶，按照预先计算得到的张拉索力，分别将钢绞线张拉到规定的应力。

B. 其余钢绞线的安装

当拉索 HDPE 外套管已经被两根张拉后的钢绞线支撑以后，就可以进行其余的钢绞线安装，也称为标准阶段钢绞线的安装，如图 1-7-54 所示。

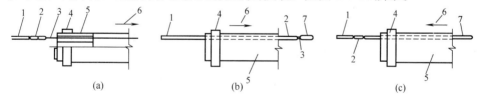

图 1-7-54 锚头处穿入钢绞线的工艺流程图
（a）牵引索通过锚具示意图（1/2 剖面）；（b）牵引索与钢绞线连接示意图；
（c）钢绞线牵引出锚示意图
1—牵引索；2—连接器；3—Φ5 高强钢丝；4—锚圈；5—锚环；6—牵引方向；7—钢绞线

标准段钢绞线的安装方法为：

（A）从塔顶将卷扬机的牵引钢丝绳沿塔柱内腔自由放下，牵引钢丝绳达到所需锚具位置处；安装与高强钢丝相连接的连接器；把钢丝绳插入锚具按安装顺序规定的锚孔内，并继续向下放出钢丝绳。

（B）桥面工作平台上拖动已准备好的钢绞线绕过定位导向轮，将钢绞线与穿索板连接牢固；钢绞线通过高强钢丝，与牵引钢丝绳联成一条线。

（C）操作塔顶卷扬机回拉钢丝绳，并连同钢绞线一起牵引到塔外工作位置。当钢绞线露出塔端斜拉索外套口后，塔外操作人员分别将两根钢绞线与塔内的卷扬机钢丝绳通过连接器连接，并操作卷扬机将钢绞线牵进塔内，把钢绞线拉入锚具。

（D）当钢绞线拉出锚环面后，调整钢绞线两端长度，检查单根钢绞线外层PE防护套剥除长度是否准确，然后在张拉端和固定端对应的钢绞线锚孔内安装夹片。

（E）将千斤顶、压力传感器装到刚穿好的钢绞线上，并张拉至预先计算的应力。重复以上步骤，直至完成全部钢绞线的安装。

3）拉索张拉

钢绞线拉索的张拉采用两阶段张拉法，先化整为零、逐股安装、逐股张拉，再集零为整。当每根拉索各股钢绞线全部安装并初张拉后，再一次性整体张拉到位。

① 单股束分束张拉

单股束张拉为拉丝式，即千斤顶张拉力直接传递给钢绞线丝的一种张拉方式。采用"等值张拉法"，即每股束的张拉力均相等，以满足每股拉索平均受力的要求。

② 整体张拉

在单根钢绞线张拉完毕并经紧索、索箍及减振器安装后，还需对初步形成的索股进行整体张拉，以检验是否达到设计要求的索力。在全部钢绞线张拉完成，整体张拉开始之前，对所有锚固夹片进行预压，保证工作夹片锚固的平整度。整体张拉的方法为拉锚式，即采用大吨位、短行程、穿心式双作用千斤顶，在张拉端通过张拉可调式锚具，从而达到整体张拉索股的目的。

整体张拉时，千斤顶先空载运行3～5cm，再安装工具锚及其夹片，当油压表指针初动时油表读数对应的张拉力作为整体张拉的初张力。以初始张力作为起点，进行整体分级张拉，当索力达到设计要求时，旋紧锚具锚固，稳压3min后，千斤顶回油，锚固完成。

斜拉桥拉索施工过程控制是以整体线形（控制标高）为主，索力调整为辅，当主梁安装至某一段，出现控制标高反常与设计值不相符时，或同一梁段两根索股索力相差过大的情况时，可配合采用整体张拉的方法来调整索力。

思 考 题

7.1 桥梁上部结构的施工方法有哪些？各有何特点？

7.2　缆索起重机的构造如何?

7.3　装配式桥梁的架设安装方法有哪些?

7.4　预应力混凝土连续梁桥的施工方法有哪些? 各有何特点?

7.5　悬臂施工法可分为哪几类? 各有何特点?

7.6　块件悬臂拼装的接缝有哪几类? 接缝的施工要求和程序是什么?

7.7　拱桥的施工方法有哪些? 各有何特点?

7.8　拱架的种类有哪些? 对拱架的要求是什么?

7.9　拱架的卸架方法有哪些? 其卸架程序是什么?

7.10　试简述斜拉桥的施工程序、特点。

第8章 地下工程

地下工程包括地下建筑、隧道、管涵等的结构工程施工工艺及方法，以及基坑边坡工程等。本教材主要介绍逆作法、盾构、顶管等施工方法。

§8.1 逆作法施工技术

8.1.1 逆作法的工艺原理与优缺点

对于深度大的多层地下室结构，传统的方法是开敞式自下而上施工，即放坡开挖或支护结构围护后垂直开挖，挖土至设计标高后，浇筑混凝土底板，然后自下而上逐层施工各层地下室结构，出地面后再逐层进行地上结构施工。

逆作法的工艺原理是：在土方开挖之前，先沿建筑物地下室轴线（适用于两墙合一情况）或建筑物周围（地下连续墙只用作支护结构）浇筑地下连续墙，作为地下室的边墙或基坑支护结构的围护墙，同时在建筑物内部的相关位置（多为地下室结构的柱子或隔墙处，根据需要经计算确定）浇筑或打下中间支承柱（亦称中柱桩）。然后开挖土方至地下一层顶面底标高处，浇筑该层的楼盖结构（留有部分工作孔），这样已完成的地下一层顶面楼盖结构即用作周围地下连续墙刚度很大的支撑。然后人和设备通过工作孔下去逐层向下施工各层地下室结构。与此同时，由于地下一层的顶面楼盖结构已完成，为进行上部结构施工创造了条件，所以在向下施工各层地下室结构时可同时向上逐层施工地上结构，这样地面上、下同时进行施工（图 1-8-1），直至工程结束。但是在地下室浇筑混凝土底板之前，上部结构允许施工的层数要经计算确定。

逆作法施工，根据地下一层的顶板结构封闭还是敞开，分为封闭式逆作法和敞开式逆作法。前者在地下一层的顶板结构完成后，上部结构和地下结构可

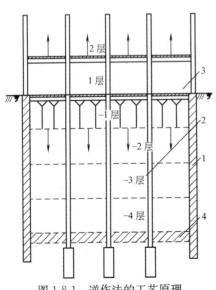

图 1-8-1 逆作法的工艺原理

1—地下连续墙；2—中间支撑柱；3—地面层
楼面结构；4—底板

以同时进行施工，有利于缩短总工期；后者上部结构和地下结构不能同时进行施工，只是地下结构自上而下的逆向逐层施工。

还有一种方法称为半逆作法，又称局部逆作法。其施工特点是：开挖基坑时，先放坡开挖基坑中心部位的土体，靠近围护墙处留土以平衡坑外的土压力，待基坑中心部位开挖至坑底后，由下而上顺作施工基坑中心部位地下结构至地下一层顶，然后同时浇筑留土处和基坑中心部位地下一层的顶板，用作围护墙的水平支撑，而后进行周边地下结构的逆作施工，上部结构亦可同时施工。

根据上述逆作法的施工工艺原理，可以看出逆作法具有下述特点：

1. 缩短工程施工的总工期。

具有多层地下室的高层建筑，如采用传统方法施工，其总工期为地下结构工期加地上结构工期，再加装修等所占之工期。而用封闭式逆作法施工，一般情况下只有地下一层占部分绝对工期，而其他各层地下室可与地上结构同时施工，不占绝对工期，因此，可以缩短工程的总工期。地下结构层数愈多，工期缩短愈显著。

2. 基坑变形小，减少深基坑施工对周围环境的影响。

采用逆作法施工，是利用地下室的楼盖结构作为支护结构地下连续墙的水平支撑体系，其刚度比临时支撑的刚度大得多，而且没有拆撑、换撑工序，因而可减少围护墙在侧压力作用下的侧向变形。此外，挖土期间用作围护墙的地下连续墙，在地下结构逐层向下施工的过程中，成为地下结构的一部分，而且与柱（或隔墙）、楼盖结构共同作用，可减少地下连续墙的沉降，即减少了竖向变形。这一切都使逆作法施工可以最大限度地减少对周围相邻建筑物、道路和地下管线的影响，在施工期间可保证其正常使用。

3. 简化基坑的支护结构，有明显的经济效益。

采用逆作法施工，一般地下室外墙与基坑围护墙采用两墙合一的形式，一方面省去了单独设立的围护墙，另一方面可在工程用地范围内最大限度扩大地下室面积，增加有效使用面积。此外，围护墙的支撑体系由地下室楼盖结构代替，省去大量支撑费用。而且楼盖结构即支撑体系，还可以解决特殊平面形状建筑或局部楼盖缺失所带来的布置支撑的困难，并使受力更加合理。由于上述原因，再加上总工期的缩短，因而在软土地区对于具有多层地下室的高层建筑，采用逆作法施工具有明显的经济效益。

4. 施工方案与工程设计密切有关。

按逆作法进行施工，中间支承柱位置及数量的确定、施工过程中结构受力状态、地下连续墙和中间支承柱的承载力以及结构节点构造、软土地区上部结构施工层数控制等，都与工程设计密切相关，需要施工单位与设计单位密切配合研究解决。

5. 施工期间楼面恒载和施工荷载等通过中间支承柱传入基坑底部，压缩土体，可减少土方开挖后的基坑隆起。同时中间支承柱作为底板的支点，使底板内力减小，而且无抗浮问题存在，使底板设计更趋合理。

对于具有多层地下室的高层建筑采用逆作法施工虽有上述一系列优点，但逆作法施工和传统的顺作法相比，亦存在一些问题，主要表现在以下几方面：

1. 由于挖土是在顶部封闭状态下进行，基坑中还分布有一定数量的中间支承柱（亦称中柱桩）和降水用井点管，使挖土的难度增大，在目前尚缺乏小型、灵活、高效的小型挖土机械情况下，多利用人工开挖和运输，虽然费用并不高，但机械化程度较低。

2. 逆作法用地下室楼盖作为水平支撑，支撑位置受地下室层高的限制，无法调整。如遇较大层高的地下室，有时需另设临时水平支撑或加大围护墙的断面及配筋。

3. 逆作法施工需设中间支承柱，作为地下室楼盖的中间支承点，承受结构自重和施工荷载，如数量过多施工不便。在软土地区由于单桩承载力低，数量少会使底板封底之前上部结构允许施工的高度受限制，不能有力地缩短总工期，如加设临时钢立柱，则会提高施工费用。

4. 对地下连续墙、中间支承柱与底板和楼盖的连接节点需进行特殊处理。在设计方面尚需研究减少地下连续墙（其下无桩）和底板（软土地区其下皆有桩）的沉降差异。

5. 在地下封闭的工作面内施工，安全上要求使用低于36V的低电压，为此则需要特殊机械。有时还需增设一些垂直运输土方和材料设备的专用设备。还需增设地下施工需要的通风、照明设备。

8.1.2 逆作法施工技术

1. 施工前准备工作

（1）编制施工方案

在编制施工方案时，根据逆作法的特点，要选择逆作施工形式、布置施工孔洞、布置上人口、布置通风口、确定降水方法、拟定中间支承柱施工方法、土方开挖方法以及地下结构混凝土浇筑方法等。

（2）选择逆作施工形式

以上介绍了逆作法分为封闭式逆作法、开敞式逆作法和半逆作法三种施工形式。从理论上讲，封闭式逆作法由于地上、地下同时交叉施工，可以大幅度缩短工期。但由于地下工程在封闭状态下施工，给施工带来一定不便；通风、照明要求高；中间支承柱（中柱桩）承受的荷载大，其数量相对增多、断面增大；增大了工程成本。因此，对于工期要求短，或经过综合比较经济效益显著的工程，在技术可行的条件下应优先选用封闭式逆作法。当地下室结构复杂、工期要求不紧、技术力量相对不足时，应考虑开敞式逆作法或半逆作法，半逆作法多用于地下结构面积较大的工程。

（3）施工孔洞布置

逆作法施工是在顶部楼盖封闭条件下进行，在进行各层地下室结构施工时，需进行施工设备、土方、模板、钢筋、混凝土、施工人员等的上下运输，所以需预留一个或几个上下贯通的垂直运输通道。为此，在设计时就要在适当部位预留一些从地面直通地下室底层的施工孔洞。亦可利用楼梯间或无楼板处作为垂直运输孔洞。

2. 中间支承柱施工

中间支承柱的作用，是在逆作法施工期间，于地下室底板未浇筑之前与地下连续墙一起承受地下和地上各层的结构自重和施工荷载；在地下室底板浇筑后，与底板连接成整体，作为地下室结构的一部分，将上部结构及承受的荷载传递给地基。

中间支承柱的位置和数量，要根据地下室的结构布置和制定的施工方案详细考虑后经计算确定，一般布置在柱子位置或纵、横墙相交处。中间支承柱所承受的最大荷载，是地下室已修筑至最下一层、而地面上已修筑至规定的最高层数时的荷载。因此，中间支承柱的直径一般比设计的较大。由于底板以下的中间支承柱要与底板结合成整体，多做成灌注桩形式，其长度亦不能太长，否则影响底板的受力形式，与设计的计算假定不一致。有的采用预制桩（钢管桩等）作为中间支承柱。采用灌注桩时，底板以上的中间支承柱的柱身，多为钢筋混凝土柱或 H 型钢柱，断面小而承载能力大，而且也便于与地下室的梁、柱、墙、板等连接。

由于中间支承柱上部多为钢柱，下部为混凝土柱，所以，多采用灌注桩方法进行施工，成孔方法视土质和地下水位而定。

在泥浆护壁下用反循环或正循环潜水电钻钻孔时（图 1-8-2），顶部要放护筒。钻孔后吊放钢管，钢管的位置要十分准确，否则与上部柱子不在同一垂线上对受力不利，因此钢管吊放后要用定位装置调整其位置。钢管的壁厚按其承受的荷载计算确定。利用导管浇筑混凝土，钢管的内径要比导管接头处的直径大 50～100mm。而用钢管内的导管浇筑混凝土时，超压力不可能将混凝土压上很高，所以钢管底端埋入混凝土不可能很深，一般为 1m 左右。为使钢管下部与现浇混凝土柱能较好地结合，可在钢管下端加焊竖向分布的钢筋。混凝土柱的顶端一般高出底板面 30mm 左右，高出部分在浇筑底板时将其凿除，以保证底板与中间支承柱连成一体。混凝土浇筑完毕吊出导管。由于钢管外面不浇筑混凝土，钻孔上段中的泥浆需进行固化处理，以便在清除开挖的土方时，防止泥浆到处流淌、恶化施工环境。泥浆的固化处理方法，是在泥浆中掺入水泥形成自凝泥浆，使其自凝固化。水泥掺量约 10%，可直接投入钻孔内，用空气压缩机通过软管进行压缩空气吹拌，使水泥与泥浆很好地拌合。

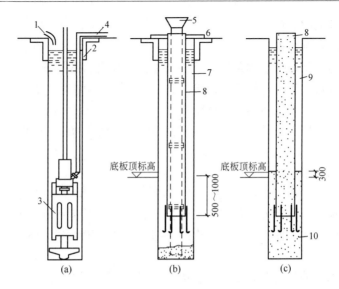

图 1-8-2 泥浆护壁用反循环钻孔灌注桩施工方法浇筑中间支承柱

(a) 泥浆反循环钻孔;(b) 吊放钢管、浇筑混凝土;(c) 形成自凝泥浆

1—补浆管;2—护筒;3—潜水电钻;4—排浆管;5—混凝土导管;

6—定位装置;7—泥浆;8—钢管;9—自凝泥浆;10—混凝土桩

中间支承柱亦可用套管式灌注桩成孔方法(图 1-8-3),它是边下套管、边用抓斗挖孔。由于有钢套管护壁,可用串筒浇筑混凝土,亦可用导管法浇筑,要边

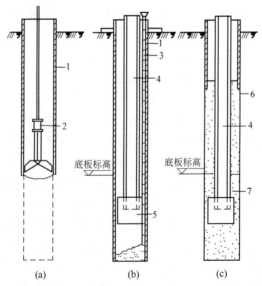

图 1-8-3 中间支承柱用大直径套管式灌注桩施工

(a) 成孔;(b) 吊放 H 型钢、浇筑混凝土;(c) 抽套管、填砂

1—套管;2—抓斗;3—混凝土导管;4—H 型钢;5—扩大的桩头;

6—填砂;7—混凝土桩

浇筑混凝土边上拔钢套管。支承柱上部用 H 型钢或钢管,下部浇筑成扩大的桩头。混凝土柱浇至底板标高处,套管与 H 型钢间的空隙用砂或土填满,以增加上部钢柱的稳定性。

在施工期间要注意观察中间支承柱的沉降和升抬的数值。由于上部结构的不断加荷,会引起中间支承柱的沉降;而基础土方的开挖,其卸载作用又会引起坑底土体的回弹,使中间支承柱升抬。要求事先精确地计算确定中间支承柱最终是沉降还是升抬以及沉降或升抬的数值,目前还有一定的困难。

有时中间支承柱用预制打入桩(多数为钢管桩),则要求打入桩的位置十分准确,以便处于地下结构柱、墙的位置,且要便于与水平结构的连接。

图 1-8-4 为某工程"逆作法"施工时中间支承柱的布置情况。其中支承柱为大直径钻孔灌注桩,桩径 2m,桩长 30m,共 35 根。

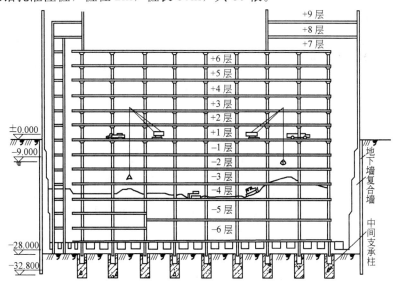

图 1-8-4 中间支承柱布置

3. 降低地下水

在软土地区进行逆作法施工,降低地下水位是必不可少的。通过降低地下水位,使土壤产生固结,可便于封闭状态下挖土和运土,可减少地下连续墙的变形,更便于地下室各层楼盖利用土模进行浇筑,防止底模沉陷过大,引起质量事故。由于用逆作法施工的地下室一般都较深,在软土地区施工多采用深井泵或加真空的深井泵进行地下水位降低。

4. 地下室土方开挖

地下室挖土与楼盖浇筑是交替进行,每挖土至楼板底标高,即进行楼盖浇筑,然后再开挖下一层的土方。图 1-8-5 表示某工程的施工顺序和出土口采用的提升土方的机械设备。

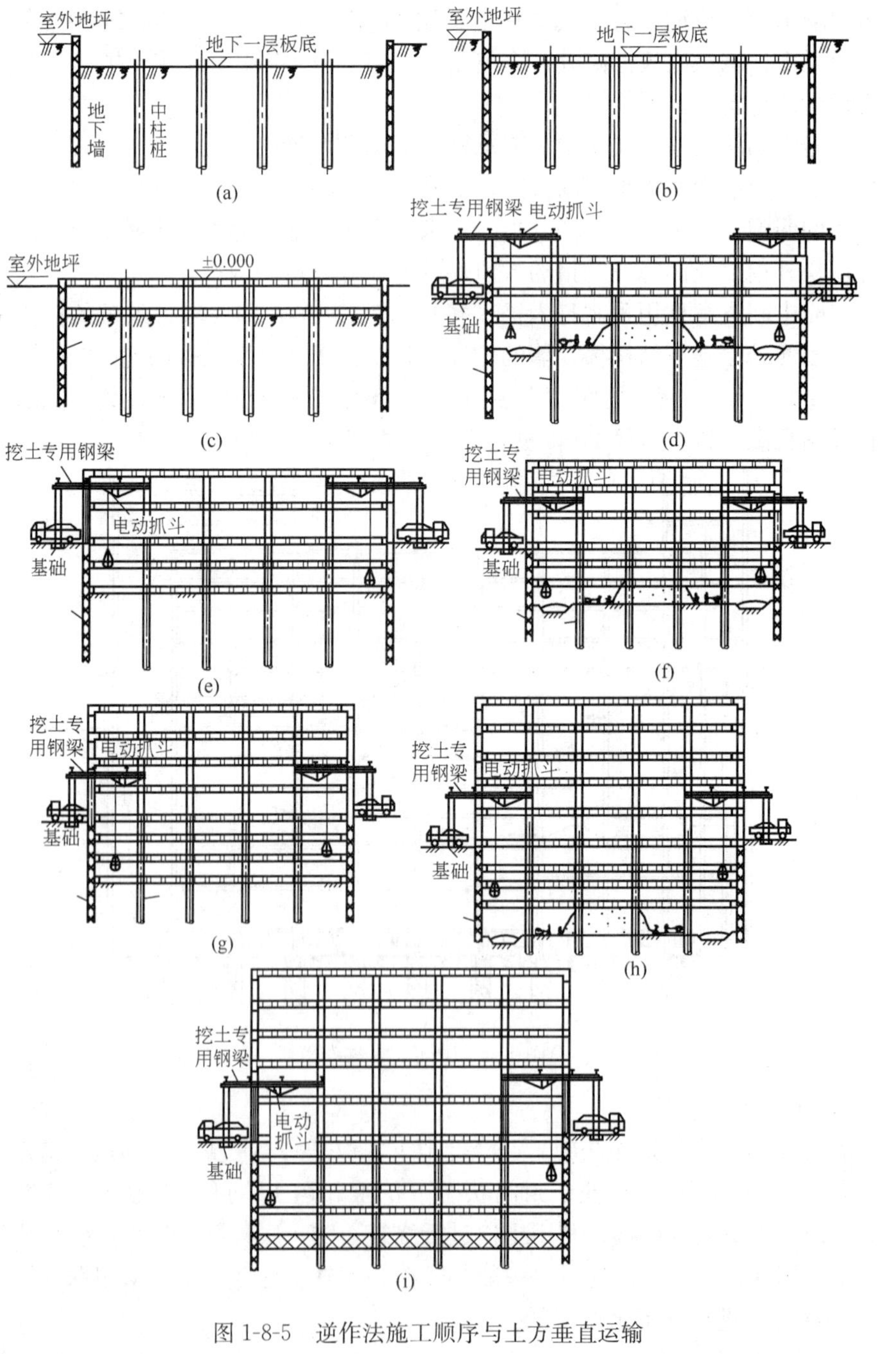

图 1-8-5　逆作法施工顺序与土方垂直运输

（a）开挖地下一层土方；（b）浇筑地下一层楼盖；（c）浇筑±0.000 标高处楼盖；（d）施工上部一层结构，同时开挖地下二层土方；（e）施工上部二层结构，同时浇筑地下二层楼盖；（f）施工上部三层结构，同时开挖地下三层土方；（g）施工上部四层结构，同时浇筑地下三层楼盖；（h）施工地上五层结构，同时开挖地下四层土方；（i）浇筑地下室底

5. 地下室结构施工

根据逆作法的施工特点，地下室结构不论是哪种结构形式都是由上而下分层浇筑的。地下室结构的浇筑方法有两种：

（1）利用土模浇筑梁

对于地面梁板或地下各层梁板，挖至其设计标高后，将土面整平夯实，浇筑一层厚约 50mm 的素混凝土（地质好抹一层砂浆亦可），然后刷一层隔离层，即成楼板模板。对于梁模板，如土质好可用土胎模，按梁断面挖出槽穴（图 1-8-6b）即可，如土质较差可用模板搭设梁模板（图 1-8-6a）。

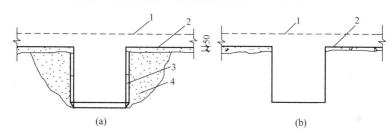

图 1-8-6　逆作法施工时的梁、板模板

(a) 用钢模板组成梁模；(b) 梁模用土胎膜

1—楼板面；2—素混凝土层与隔离层；3—钢模板；4—填土

至于柱头模板如图 1-8-7 所示，施工时先把柱头处的土挖出至梁底以下 500mm 左右处，设置柱子的施工缝模板，为使下部柱子易于浇筑，该模板宜呈斜面安装，柱子钢筋通穿模板向下伸出接头长度，在施工缝模板上面组立柱头模板与梁模板相连接。如土质好柱头可用土胎模，否则就用模板搭设。下部柱子挖出后搭设模板进行浇筑。

施工缝处的浇筑方法，国内外常用的方法有三种，即直接法、充填法和注浆法。

直接法（图 1-8-8a）即在施工缝下部继续浇筑混凝土时，仍然浇筑相同的混凝土，有时添加一些铝粉以减少收缩。为浇筑密实可做一假牛腿，混凝土硬化后可凿去。

充填法（图 1-8-8b）即在施工缝处留出充填接缝，待混凝土面处理后，再于接缝处充填膨胀混凝土或无浮浆混凝土。

注浆法（图 1-8-8c）即在施工缝处留出缝隙，待后浇混凝土硬化后用压力压入水泥浆充填。

在上述三种方法中，直接法施工最简单，

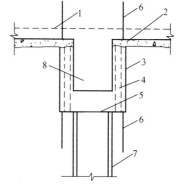

图 1-8-7　柱头模板与施工缝

1—楼板面；2—素混凝土层与隔离层；3—柱头模板；4—预留浇筑孔；5—施工缝；6—柱筋；7—H 型钢；8—梁

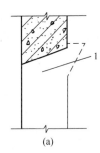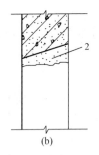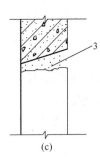

图 1-8-8 施工缝处的浇筑方法

(a) 直接法；(b) 充填法；(c) 注浆法

1—浇筑混凝土；2—充填无浮浆混凝土；3—压入水泥浆

成本亦最低。施工时可对接缝处混凝土进行二次振捣，以进一步排除混凝土中的气泡，确保混凝土密实和减少收缩。

（2）利用支模方式浇筑梁板

用此法施工时，先挖去地下结构一层高的土层，然后按常规方法搭设梁板模板，浇筑梁板混凝土，再向下延伸竖向结构（柱或墙板）。为此，需解决两个问题，一个是设法减少梁板支撑的沉降和结构的变形；另一个是解决竖向构件的上、下连接和混凝土浇筑。

为了减少楼板支撑的沉降和结构变形，施工时需对土层采取措施进行临时加固。加固的方法：可以浇筑一层素混凝土，以提高土层的承载能力和减少沉降，待墙、梁浇筑完毕，开挖下层土方时随土一同挖去，这就要额外耗费一些混凝土；另一种加固方法是铺设砂垫层，上铺枕木以扩大支承面积（图 1-8-9），这样上层柱子或墙的钢筋可插入砂垫层，以便与下层后浇筑结构的钢筋连接。有时还

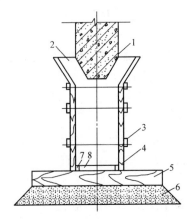

图 1-8-9 墙板浇筑时的模板

1—上层墙；2—浇筑入仓口；3—螺栓；4—模板；5—枕木；

6—砂垫层；7—插筋用木条；8—钢模板

可用其他吊模板的措施来解决模板的支撑问题。

至于逆作法施工时混凝土的浇筑方法，由于混凝土是从顶部的侧面入仓，为便于浇筑和保证连接处的密实性，除对竖向钢筋间距适当调整外，构件顶部的模板需做成喇叭形。

由于上、下层构件的结合面在上层构件的底部，再加上地面土的沉降和刚浇筑混凝土的收缩，在结合面处易出现缝隙。为此，宜在结合面处的模板上预留若干压浆孔，以便用压力灌浆消除缝隙，保证构件连接处的密实性。

8.1.3　逆作法施工实例

上海基础工程科研楼的逆作法施工是我国第一个按封闭式逆作法施工的工程。该建筑物地下两层，地上五层（塔楼为六层），平面轴线尺寸为 39.85m× 13.8m，地上部分为框架结构、钢管柱和预制梁板。地下室是由地下连续墙作外墙，墙厚为 500，墙深 13.5～15.5m，开挖深度 6m，局部 10m。中间支承柱为直径 900mm 的钻孔灌注桩，上部为直径 400mm 的钢管，桩长 27m。

该工程的施工程序是：

（1）施工地下连续墙和中间支承柱钻孔灌注桩。

（2）开挖地下一层土方，构筑顶部圈梁、杯口、腰圈梁、纵横支撑梁和吊装地下一层楼板。

（3）吊装地上 1～3 层的柱、梁、板结构，同时交叉进行地下 2 层的土方开挖。土方完成后，进行底板垫层、钢筋混凝土底板的浇筑。因为经过计算，在底板未完成之前，地下连续墙和中间支承柱只能承受地面上三层的荷载。

（4）待底板养护期满，吊装地上 4～5 层的柱、梁、板结构。地下平行地完成内部隔墙等结构工程。

（5）地上、地下同时进行装修和水电等工程。

工艺程序如图 1-8-10 所示。

该工程地下室用斗容量 0.15m³ 的 WY-15 型液压挖土机挖土，用机动翻斗车水平运至楼梯间的预留孔洞处出土。混凝土在基准面上用手推车运输，通过挂在预留孔洞中的串桶进行浇筑。

中间支承柱共九根，直径 900mm，用 CZQ-80 型潜水电钻配合砂石泵反循环施工。中间柱的施工荷载最大，吊装地上一层时荷载（指设计控制荷载）为 550kN，吊装二层时为 950kN，吊装三层时为 1180kN。中间支承柱钻深 28m。地下二层土方开挖结束、地上吊装三层后，北面与南面的地下连续墙的沉降值为 −4mm 和 −5mm，但中间支承柱却上升 +10mm，这是土体回弹造成的结果。

该工程利用西端外楼梯间作为垂直运输的孔洞，土方由此吊出，地下施工所需的大型设备和构件也由此吊入。同时，在地下一层的底板上留有分布的孔洞，作为施工窗口，亦作为地下室隔墙浇筑混凝土用的孔洞。

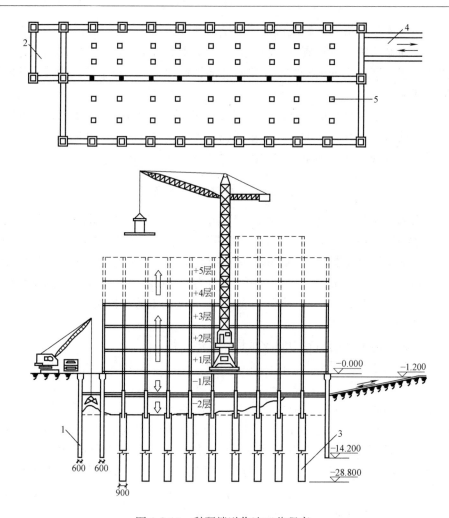

图 1-8-10   科研楼逆作法工艺程序

1—地下连续墙；2—垂直运输孔洞；3—钻孔灌注桩中间支承柱；4—斜车道；5—分布的孔洞

§8.2 盾 构 法 施 工

8.2.1 概   述

盾构法施工是以盾构掘进机在地下掘进，边稳定开挖面（掘削面）边在机内安全地进行开挖和衬砌作业，从而构筑隧道（地下工程）的施工方法。盾构掘进机通常是指用于土层的隧道掘进机，简称盾构，在实际工程中，隧道掘进机和盾构的称呼并不严格区分。隧道掘进机是指在金属外壳的掩护下进行岩土层开挖或切割、岩土体排运、管片拼装或衬砌现浇、整机推进和衬砌壁后灌浆的隧道挖掘机械系统。它是一个既可以支承地层压力又可以在地层中推进的活动钢筒结构。盾构法施工工艺见图 1-8-11 所示。

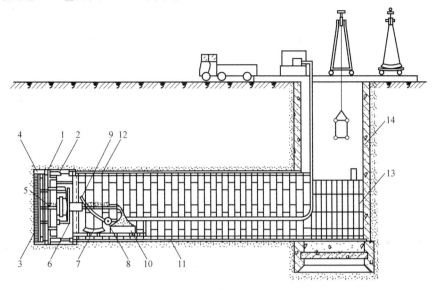

图 1-8-11　盾构法施工工艺

1—盾构；2—盾构千斤顶；3—盾构正面网格；4—出土转盘；5—出土皮带运输机；

6—管片拼装机；7—管片；8—压浆泵；9—压浆孔；10—出土机；11—管片衬砌；

12—盾尾空隙中的压浆；13—后盾管片；14—竖井

盾构法施工的大致过程如下：

（1）建造竖井。

（2）把盾构主机和配件分批吊入始发竖井中，并在预定始发掘进位置上组装成整机，随后调试其性能使之达到设计要求。

（3）盾构从始发竖井的墙壁上开孔处出发，沿设计轴线掘进。盾构机的掘进是靠盾构前部的旋转掘削刀盘掘削土体，掘削土体过程中必须始终维持开挖面的稳定（即保证开挖面土的土体不出现坍塌）。为满足这个要求必须保证刀盘后面土舱内土体对地层的反作用压力（称为被动土压）大于等于地层的土压（称为主动土压）；靠舱内的出土器械（螺旋杆传送系统或者吸泥泵）出土；靠中部的推进千斤顶推进盾构前进；由后部的举重臂和形状保持器拼装管环（也称隧道衬砌）及保持形状；随后再由尾部的背后注浆系统向衬砌与地层间的缝隙中注入填充浆液，以使防止隧道和地面的下沉。

（4）盾构掘进到达预定终点的竖井（接收竖井）时盾构进入该竖井，掘进结束。随后检修盾构或解体盾构运出。

上述施工过程中保证开挖面稳定的措施、盾构沿设计路线的高精度推进（盾构的方向、姿态控制）、衬砌作业的顺利进行这三项工作最为关键，有人将其称为盾构工法的三大要素。

盾构法施工的主要优点体现在：①除竖井施工外，施工作业均在地下进行，既不影响地面交通，亦可减少对附近居民的噪声和振动影响；②盾构推进、出土、拼装衬砌等主要工序循环进行，施工易于管理；③土方量较少；④穿越河道时不影响航运；⑤施工不受风雨等气候条件影响；⑥在土质差、水位高的地方建设埋深较大的隧道，盾构法有较高的技术经济优越性。

盾构法施工的缺点主要表现在：①当隧道曲线半径过小时，施工较为困难；②在陆地建造隧道时，如隧道覆土太浅，则盾构法施工困难很大，而在水下时，如覆土太浅则盾构法施工不够安全；③盾构施工中采用全气压方法以疏干和稳定地层时，对劳动保护要求较高，施工条件差；④盾构法隧道上方一定范围内的地表沉陷难以完全防止，特别是在饱和含水松软的土层中，要采取严密的技术措施才能把沉陷限制在很小的限度内；⑤在饱和含水地层中，盾构法施工所用的拼装衬砌，对达到整体结构防水性的技术要求较高。

当代城市建筑、公用设施和各种交通日益繁杂，市区明挖隧道施工对城市生活的干扰问题日趋严重，特别在市区中心遇到隧道埋深较大、地质复杂的情况，若用明挖法建造隧道则很难实现。在这种条件下采用盾构法对城市地下铁道、上下水道、电力通信、市政公用设施等各种隧道建设具有明显优点。此外，在建造穿越水域、沼泽地和山地的公路和铁路隧道或水工隧道中，盾构法也往往因它在特定条件下的经济合理性而得到采用。

8.2.2 盾构机械类型及构造

（1）盾构机械分类及其适用性

盾构的分类方法较多，从不同的角度有不同的分类。

按挖掘方式分为：手工挖掘式、半机械挖掘式和机械挖掘式三种。

按掘削面的挡土形式，盾构可分为开放式、部分开放式、封闭式三种。

① 开放式：不设隔板，掘削面敞开，并可直接看到掘削面的掘削方式。

② 部分开放式：掘削面不完全敞开，而是部分敞开的掘削方式。隔板上开有取出掘削土砂出口的盾构，即网格式盾构也称挤压式盾构。

③ 封闭式：一种设置封闭隔板的机械式盾构。掘削面封闭不能直接看到掘削面，而是靠各种装置间接地掌握掘削面的方式。

按加压稳定掘削面的形式，盾构可分为压气式、泥水加压式、削土加压式、加水式、加泥式、泥浆式六种。

① 压气式：即向掘削面施加压缩空气，用该气压稳定掘削面。

② 泥水加压式：即用外加泥水向掘削面加压稳定掘削面。

③ 削土加压式（也称土压平衡式）：即用掘削下来的土体的土压稳定掘削面。

④ 加水式：即向掘削面注入高压水，通过该水压稳定掘削面。

⑤ 泥浆式：即向掘削面注入高浓度泥浆靠泥浆压力稳定掘削面。

⑥ 加泥式：即向掘削面注入润滑性泥土，使之与掘削下来的砂卵混合，由该混合泥土对掘削面加压稳定掘削面。

按盾构切削断面形状分为圆形、非圆形两大类。圆形又可分为单圆形、半圆形、双圆搭接形、三圆搭接形。非圆形又分为马蹄形、矩形（长方形、正方形、凹矩形、凸矩形）、椭圆形（纵向椭圆形、横向椭圆形）。

按盾构机的直径（D）尺寸大小可分为：超小型（$D \leqslant 1m$）、小型（$1m < D \leqslant 3.5m$）、中型（$3.5m < D \leqslant 6m$）、大型（$6m < D \leqslant 14m$）、特大型（$14m < D \leqslant 17m$）、超特大型（$D > 17m$）。

（2）盾构机械的基本构造

盾构由通用机械（外壳、掘削机构、挡土机构、推进机构、管片组装机构、附属机构等部件）和专用机构组成。专用机构因机种的不同而异。如对土压盾构而言，专用机构即为排土机构、搅拌机构、添加材注入装置；而对泥水盾构而言，专用机构系指送、排土机构，搅拌机构。

1）泥水加压盾构

泥水加压盾构以机械盾构为基础，由盾壳、开挖机构、推进机构、送排泥浆机构、拼装机构、附属机构等组成，其主要结构如图 1-8-12 所示。

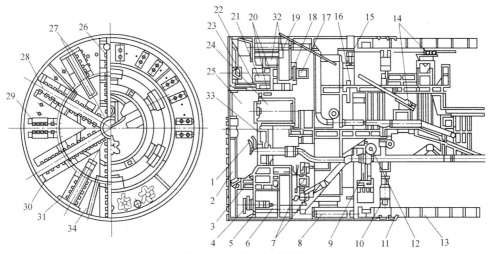

图 1-8-12 泥水加压盾构

1—中部搅拌器；2—切削刀盘；3—转鼓凸台；4—下部搅拌器；5—盾壳；6—排泥浆管；
7—刀盘驱动马达；8—盾构千斤顶；9—举重臂；10—真圆保持器；11—盾尾密封；12—闸门；
13—衬砌环；14—药液注入装置；15—支承滚轮；16—转盘；17—切削刀盘内齿圈；
18—切削刀盘外齿圈；19—送泥浆管；20—刀盘支承密封装置；21—轮鼓；22—超挖刀控制装置；
23—刀盘箱形环座；24—进入孔；25—泥水室；26—切削刀；27—超挖刀；28—主刀梁；
29—副刀梁；30—主刀槽；31—副刀槽；32—固定鼓；33—隔板；34—刀盘

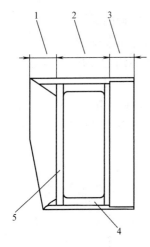

图 1-8-13　盾壳

1—切口环；2—支承环；3—盾尾；
4—纵向加强肋；5—形状加强肋

① 盾壳

盾壳为钢板焊成的圆形壳体，由切口环、支承环和盾尾三部分组成（图 1-8-13）。

切口环位于盾构的前部，前端设有刃口，施工时可以切入土中。刃口大都采用耐磨钢材焊成，切口环为平直式，环口呈内锥形切口。

支承环位于盾构的中部，是盾构受力的主要部分，它由外壳、环状加强肋和纵向加强肋组成，盾构千斤顶就布置在此间并将千斤顶推力传给壳体。

尾部位于盾壳尾部，由环状外壳与安装在内侧的密封装置构成。其作用是支承坑道周边防止地下水与注浆材料被挤入盾构隧道内，保持各自泥浆压力，同时也是进行隧道衬砌组装的地方。密封装置为多级密封结构（图 1-8-14）。

② 开挖机构

开挖机构由切削刀盘、泥水室、泥水搅拌装置、刀盘支承密封系统、刀盘驱动系统等部分组成。大型泥水加压盾构常用周边支承式支承刀盘。这种支承式具有作业空间大、受力较好等特点。中小型泥水加压盾构的刀盘多用中心支承式。常用刀盘支承型式如图 1-8-15 所示。

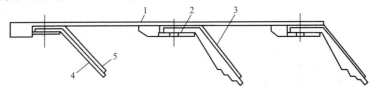

图 1-8-14　盾尾三级密封结构

1—盾尾；2—钢丝刷密封；3—钢板；4—人造橡胶密封；5—防护板

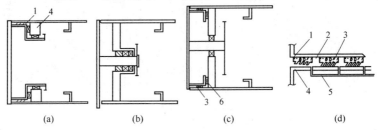

图 1-8-15　刀盘支承与密封结构

（a）周边支承式；（b）中心支承式；（c）混合支承式；（d）密封结构

1—转鼓；2—润滑油脂腔；3—多唇密封环；4—固定鼓；5—润滑油注入管道；6—轴承

③ 推进机构、拼装机构、真圆保持器

推进机构主要由盾构千斤顶和液压设备组成。盾构千斤顶沿支承环圆周均匀分布，千斤顶的台数和每个千斤顶推力要根据盾构外径、总推力大小、衬砌构造、隧道断面形状等条件而定。推进机构的液压设备主要由液压泵、驱动马达、操作控制装置、油冷却装置和输油管路组成。除操作控制装置安装在支承环工作平台上外，其余大多数都安装在盾构后面的液压动力台车上。

拼装机构即为衬砌拼装器，其主要设备为举重臂，以液压为动力。一般举重臂安装在支承环后部。中小型盾构因受空间限制也有的安装在盾构后面的台车上。举重臂作旋转、径向运动，还能沿隧道中线作往复运动，完成这些运动的精度应能保证待装配的衬砌管片的螺栓孔与已拼装好的管片螺栓孔对好，以便插入螺栓固定。常用的衬砌拼装器有环形式、中空轴式、齿轮齿条式三种，其中以环形拼装器（图 1-8-16）最多。

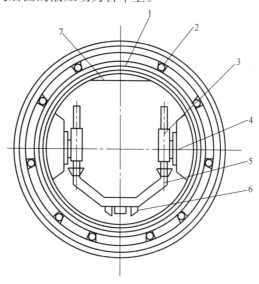

图 1-8-16　环形拼装器

1—转盘；2—支承滚轮；3—径向伸缩臂；4—纵向伸缩臂；5—举重臂；6—爪钩；7—平衡重

真圆保持器是为把衬砌环组装在正确位置上设置的调整设备，以顶伸式（图 1-8-17）最多。

④ 送排泥机构

送、排泥机构由送泥水管、排泥浆管、闸门、碎石机、泥浆泵、驱动机构、

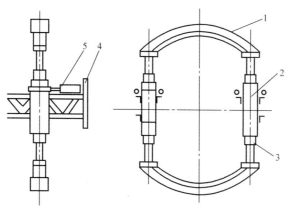

图 1-8-17　真圆保持器

1—扇形顶块；2—支撑臂；3—伸缩千斤顶；4—支架；

5—纵向滑动千斤顶

流量监控机构等组成。该机构大部分设备都安装在盾构后端的后续台车上。

⑤ 附属机构

泥水加压盾构的附属机构由操作控制设备、动力变电设备、后续台车设备、泥水处理设备等组成。

泥水加压盾构施工的工作过程为：开启刀盘驱动液压马达，驱动转鼓并带动切削刀盘转动。开启送泥泵，将一定浓度的泥浆泵入送泥管压入泥水室中。再开启盾构千斤顶，使盾构向前推进。此时切削刀盘上的切削刀便切入土层，切下的土渣与地下水顺着刀槽流入泥水室中，土渣经刀盘与搅拌器的搅拌而成为浓度更大的泥浆。随着盾构不断地推进，土渣量不断地增加，泥水不断地注入，泥水室内的泥浆压力逐渐增大，当泥水室的泥浆压力足以抵抗开挖面的土压力与地下水压力时，开挖面就能保持相对稳定而不致坍塌。只要控制进入泥水室的泥水量和土渣量与从泥水室中排出去的泥浆量相平衡，开挖工作就能顺利进行。当盾构向前推进到一个衬砌环宽度后，即可进行拼装衬砌。将缩回的千斤顶继续伸出，重新推进，进行下一工序。从泥水室排出的浓泥浆经排泥管及碎石机，由排泥泵运至地面泥水处理设备进行泥水分离处理，被分离出的土渣运至弃渣场，处理后的泥水再送入泥水室继续使用。

泥水加压盾构的优点为：适用范围较大，多用于含水率较高的砂质、砂砾石层、江河、海底等特殊的超软弱地层中。能获得其他类型盾构难以达到的较小的地表沉陷与隆起。由于开挖面泥浆的作用，刀具和切削刀盘的使用寿命相应地增长。泥水加压盾构排出的土渣为浓泥浆输出，泥浆输送管道较其他排渣设备结构简单方便。泥水加压盾构的操作控制亦比较容易，可实现远距离的遥控操作与控制。由于泥水加压盾构的排渣过程始终在密闭状态下进行，故施工现场与沿途隧道十分干净而不受土渣污染。

泥水加压盾构的缺点为：由于切削刀盘和泥水室泥浆的阻隔，不能直接观察到开挖面的工作情况，对开挖面的处理和故障的排除均十分困难。泥水加压盾构必须有泥水分离设备配套才能使用，而泥水分离设备结构复杂、规模较大，尤其在黏土层中进行开挖时，泥水分离更加困难。庞大的泥水处理设备占地面积也较大，在市内建筑物稠密区使用较困难。泥水加压盾构在目前各类盾构中是最为复杂的，也是价格最贵的。

2）土压平衡盾构

土压平衡盾构是在总结泥水加压盾构和其他类型盾构优缺点的基础上发展起来的一种新型盾构，在结构和原理上与泥水加压盾构有很多相似之处。

土压平衡盾构由盾壳、开挖机构、推进机构、拼装机构和附属机构等组成。其主要结构如图1-8-18所示。

① 盾壳：土压平衡盾构的盾壳结构同泥水加压盾构。

② 开挖机构：开挖机构由切削刀盘、泥土仓、切削刀盘支承系统、切削刀

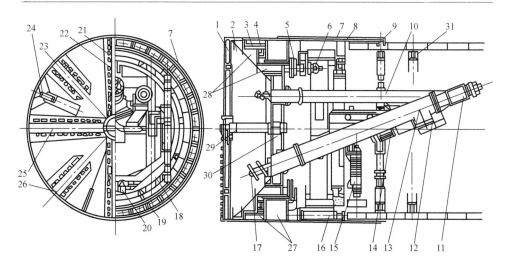

图 1-8-18 土压平衡盾构

1—切削刀盘；2—泥土仓；3—密封装置；4—支承轴承；5—驱动齿轮；6—液压马达；7—注浆管；
8—盾壳；9—盾尾密封装置；10—小螺旋输送机；11—大螺旋输送机驱动液压马达；12—排土闸门；
13—大螺旋输送机；14——闸门滑阀；15—拼装机构；16—盾构千斤顶；17—大螺旋输送机叶轮轴；
18—拼装机转盘；19—去承滚轮；20—举升臂；21—切削刀；22—主刀槽；23—副刀槽；24—超挖刀；
25—主刀梁；26—副刀梁；27—固定鼓；28—转鼓；29—中心轴；30—隔板；31—真圆保持器

盘驱动系统等部分组成。除泥土仓不同于泥水室外，其余基本上同泥水加压盾构。

土压平衡盾构的泥土仓是由刀盘、转鼓、中间隔板所围成的空间，转鼓呈内锥形，前端与切削刀盘外缘连成一体，后端与中间隔板相配合。泥土仓与开挖面之间的唯一通道是刀槽，其余处于完全封闭状态。

土压平衡盾构的刀盘支承系统如图 1-8-15（c）所示的混合支承式，既有周边支承，也有中心支承，这是大型土压平衡盾构常用的刀盘支承形式。

③ 推进机构、拼装机构、真圆保持器

土压平衡盾构的推进机构、拼装机构及真圆保持器同手工挖掘式盾构。

④ 排土机构

土压平衡盾构的排土机构由大螺旋输送机、小螺旋输送机、排土闸门、闸门滑阀、驱动马达等组成。排土闸门是土压平衡盾构的关键部位，常用的排土闸门型式如图 1-8-19 所示。

⑤ 附属机构

土压平衡盾构的附属机构由操作控制设备、动力变电设备、后续台车设备等组成。在操作控制设备中，土压平衡盾构重点是对土压的管理，土压管理主要是通过电子计算机将安装于盾构有关重要部位的土压计信号收集并综合处理，进行自动调节控制。或者发出信号，指示出有关数据进行人工调节控制。

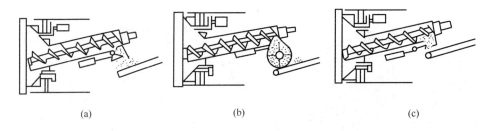

图 1-8-19　排土闸门形式

（a）活瓣式；（b）回转叶轮式；（c）闸门式

　　土压平衡盾构的工作过程为：开启液压马达，驱动转鼓带动切削刀盘旋转，同时开启盾构千斤顶，将盾构向前推进。土渣被切下并顺着刀槽进入泥土仓。随着盾构千斤顶的不断推进，切削刀盘不断地旋转切削，经刀槽进入泥土仓的土渣不断增多。这时开启螺旋输送机，调整闸门开度，使土渣充满螺旋输送机。当泥土仓与螺旋输送机中的土渣积累到一定数量时，开挖面被切下的土渣经刀槽进入泥土仓内的阻力加大，当这个阻力足以抵抗土层的土压力和地下水的水压力时，开挖面就能保持相对稳定而不致坍塌。这时，只要保持从螺旋输送机与泥土仓中输送出去的土渣量与切削下来流入泥土仓中的土渣量相平衡，开挖工作就能顺利进行。土压平衡盾构就是通过土压管理来保持土压力或土渣量的相对平衡与稳定来进行工作的。

　　土压平衡盾构的优点为：能适应较大的土质范围与地质条件，能用于粘结性、非粘结性、甚至含有石块、砂砾石层、有水与无水等多种复杂的土层中，土压平衡盾构无泥水处理设备，施工速度较高，比泥水加压盾构价格低廉，能获得较小的沉降量，也可实现自动控制与远距离遥控操作。

　　土压平衡盾构的缺点为：由于有隔板将开挖面封闭，不能直接观察到开挖面变化情况，开挖面的处理和故障排除较为困难。切削刀头、刀盘盘面磨损较大，刀头寿命比泥水加压盾构短。

　　3）复合式盾构

　　复合式盾构是一种不同于一般盾构的新型盾构，其主要特点是具有一机三模式和复合刀盘，即：一台盾构可以分别采用土压平衡、敞开式或半敞开式（局部气压）三种掘进模式掘进；刀盘既可以单独安装掘进硬岩的滚刀或掘进软土的齿刀，也可以两种掘进刀具混装。因此，复合式盾构既适用于较高强度（抗压强度不超过 80MPa）的岩石地层和软流塑地层施工，也适用于软硬不均匀地层的施工，并能根据地层条件及周边环境条件需要采用适当的掘进模式掘进，确保开挖面地层稳定，控制地表沉降，保护建（构）筑物。在盾构穿过地层为软硬不均匀且复杂变化的复合地层时，应根据地层软硬情况、地下水状况、地表沉降控制要求等选择合适的掘进模式。当地层软弱、地下水丰富且地表沉降要求高时，应采用土压平衡模式掘进；当地层较硬且稳定可采用敞开模式掘进；当地层软硬不均匀时，则可采用半敞开模式或土压平衡模式掘进。

复合式盾构的土压平衡、敞开式和半敞开式三种掘进模式在掘进中可以相互转换，在掘进模式转换过程中，特别是土压平衡和敞开模式相互转换时，采用半敞开模式来逐步过渡并在地层条件较好、稳定性较高的地层中完成掘进模式转换，有利于防止在掘进模式转换中发生涌水、地层过大沉降或明塌，确保施工安全。不同的刀具其破岩（土）机理不同，相同的刀具对不同地层掘进效果差异大，因此，在掘进前，应针对盾构掘进通过的地层在隧道纵向和横断面的分布情况来确定具体的掘进刀具的组合布置方式和更换刀具的计划。如：全断面为岩石地层应采用盘形滚刀破岩；全断面为软土（岩）应采用齿刀掘进；断面内为岩、土软硬混合地层则应采用滚刀和齿刀混合布置。

地层的软硬不均匀会对刀具产生非正常的磨损（如弦磨、偏磨等）甚至损坏，因此，在软硬不均复杂地层的盾构掘进中，应通过对盾构掘进速率、参数和排出渣土等的变化状况观察分析或采取进仓观测等方法加强对刀具磨损的检测，据此及时调整或恰当实施换刀计划，以较少的刀具消耗实现较高的掘进效率。

（3）盾构尺寸和盾构千斤顶推力的确定

盾构，特别是大型盾构，是针对性很强的专用施工机械，每个用盾构法施工的隧道都需要根据地质水文条件、隧道断面尺寸、建筑界限、衬砌厚度和衬砌拼装方式等专门设计制造专用的盾构，很少几个隧道通用一个盾构。在盾构设计时，首先是拟定盾构几何尺寸，同时要计算盾构千斤顶的推力。盾构几何尺寸主要是拟定盾构外径 D 和盾构本体长度 L_M 以及盾构灵敏度 L_M/D。

1）盾构外径 D

盾构外径应根据管片外径、盾尾空隙和盾尾板厚进行确定，如图 1-8-20 所示，盾构外径 D 可以按下式计算：

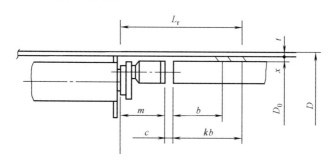

图 1-8-20 盾构外径和盾尾长度计算

$$D = D_0 + 2(x + t) \qquad (1\text{-}8\text{-}1)$$

式中 D_0——管片外径；

t——盾尾钢板厚度。此厚度应能保证在荷载作用下不致发生明显变形，通常按经验公式或参照已有盾构盾尾板厚选用，经验公式：$t=0.02+0.01$ $(D-4)$，当$D<4$m时，D取4m进行计算；

x——盾尾空隙，按以下方法确定：

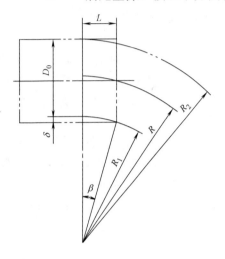

①管片组装时的富余量，以装配条件出发，按$0.01D_0\sim0.008D_0$考虑；

②盾构在曲线上施工和蛇行修正时必需的最小富余量，可参照图1-8-21按下式计算：

$$x=\frac{\delta}{2}=\frac{R_1(1-\cos\beta)}{2}$$

$$\approx\frac{L_M^2}{4(R-0.5D_0)} \qquad (1-8-2)$$

根据日本盾尾空隙的实践，多取$20\sim30$mm，盾构推进之后，盾尾空隙和盾尾板厚之和，原封不动的保留下来，形成衬砌背后的空隙，再行压浆。

图 1-8-21 在曲线上施工时的盾尾空隙

2）盾构长度 L

盾构长度为图 1-8-22 所示的 L 值，此长度为盾构前端至后端的距离，其中盾构本体长度 L_M 按下式计算：

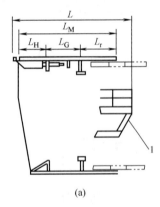

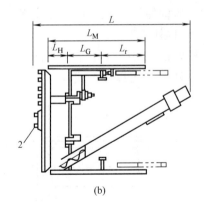

(a)　　　　　　　　　　　(b)

图 1-8-22 盾构长度

(a) 敞胸式；(b) 闭胸式

1—后方平台；2—切削刀盘

$$L_M=L_H+L_G+L_\gamma \qquad (1-8-3)$$

式中　L_H——盾构切口环长度，对手掘式盾构，$L_H=L_1+L_2$，其中 L_1 为盾构前檐长度，此前檐长度在盾构插入松软土层后，能使地层保持自

然坡度角 φ（一般取 45°），还应使压缩空气不泄漏（采用气压法时），L_1 大致取 300～500mm，视盾构直径大小而定；L_2 为开挖所需长度，当考虑人工开挖时，其最大值为 $L_2 = D/\tan\varphi$ 和或 $L_2 < 2\text{m}$，当为机械开挖时要考虑在 L_2 范围内能容纳开挖机具；

L_G——盾构支承环长度，主要取决于盾构千斤顶长度，它与预制管片宽度口有关，$L_G = b + b_c$，其中 b_c 为便于维修千斤顶的富余量，取 200～300mm；

L_r——盾构的盾尾长度（图 1-8-20），取 $L_r = kb + m + c$，其中 k 为盾尾遮盖衬砌长度系数，取 1.3～2.5；m 为盾构千斤顶尾座长度；c 为富余量，取 100～300mm。

3）盾构灵敏度 L_M/D

在盾构直径和长度确定以后，通过盾构总长 L 与盾尾外径 D 之间的比例关系，可以衡量盾构推进时的灵敏度，以下一些经验数据可作为确定普通盾构灵敏度的参考：

小型盾构　　　$D = 2～3\text{m}$，$L_M/D = 1.50$

中型盾构　　　$D = 3～6\text{m}$，$L_M/D = 1.00$

大型盾构　　　$D = 6～9\text{m}$，$L_M/D = 0.75$

特大型盾构　$D > 9～12\text{m}$，$L_M/D = 0.45～0.75$

这些数据除了能保证灵敏度外，还能保证盾构推进时的稳定性。

4）盾构千斤顶推力的确定

盾构千斤顶应有足够的推力克服盾构推进时所遇到的阻力。这些推进阻力主要有：

① 盾构四周与地层间的摩阻力或粘结力 F_1；

② 盾构切口环刃口切入土层产生的贯入阻力 F_2；

③ 开挖面正面阻力 F_3：

A. 采用人工开挖，半机械开挖盾构对工作面支护阻力；

B. 采用机械化开挖盾构时，作用在切削刀盘上的推进阻力；

④ 曲线施工，蛇行修正施工时的变向阻力 F_4；

⑤ 在盾尾处盾尾板与衬砌间的摩阻力 F_5；

⑥ 盾构后面台车的牵引阻力 F_6。

此外，还有盾构自重引起的摩阻力、纠偏时的阻力和阻板阻力等，将以上各种推进阻力累计起来，并考虑一定的富余量，即为盾构千斤顶的总推力。

$$\sum F = F_1 + F_2 + F_3 + F_4 + F_5 + F_6 \tag{1-8-4}$$

式中　$\sum F$——推进阻力总和；

F_1——砂性土时为 $\mu_1(\pi D L_M P_m + G_1)$，黏性土时为 $C\pi D L_M$；

F_2———utK_PP_m；

F_3———$\frac{\pi}{4}D^2P_f$；

F_4———RS；

F_5———μ_2G_2；

F_6———μ_3G_3（在隧道纵坡段应考虑纵坡的影响）；

μ_1———钢盾壳与土层的摩擦系数；

μ_2———钢盾尾板与衬砌的摩擦系数；

μ_3———台车车轮与钢轨间的摩擦系数；

D———盾构外径；

L_M———盾构本体长度；

G_1———盾构重量；

G_2———一个衬砌环重量；

G_3———盾构后面台车重量；

P_m———用在盾构上的平均土压力；

P_f———开挖面正面阻力（支护千斤顶压力，作用在盾构隔板上的土压力和泥浆压力等）；

C———土的粘结力；

K_p———被动土压力系数；

R———地层抗力；

μ———开挖面周长；

t———切口环刃口贯入深度；

S———阻力板（与盾构推进方向垂直伸出的板，依地层抗力控制盾构方向）在推进方向的投影面积。

盾构千斤顶总推力也可按以下经验公式计算：

$$P = pA \tag{1-8-5}$$

式中　p———单位面积工作面总推力，当为人工开挖盾构和半机械化开挖、机械化开挖盾构时，取 $700\sim1100kN/m^2$；当为闭胸式盾构、土压平衡式盾构和泥土加式盾构时，取 $1000\sim1300kN/m^2$；

　　　A———开挖面的面积。

盾构千斤顶台数的确定与盾构断面大小有关，一般小断面盾构采用 $20\sim30$ 台，大断面盾构采用 $31\sim38$ 台。每台千斤顶推力，小断面盾构为 $1000\sim1500kN$，大断面盾构为 $1600\sim2500kN$。

为了给确定盾构的几何尺寸及盾构总推力提供参考，表 1-8-1 列出了曾经使用过的几个水底道路隧道总推力一览表。

已建水底道路隧道盾构的几何尺寸及盾构总推力一览表　　　表 1-8-1

隧道名称	直径 D (m)	长度 L_M (m)	灵敏度 L_M/D	重量 G_1 (t)	盾构千斤顶只数 (个)	盾构总推力 (kN)	盾壳厚度
荷兰 Vehicular	9.17	5.73	0.63	400	30	60000	70
美国林肯隧道	9.63	4.71	0.49	304	28	64400	63+12.7
美国 Brooklyn Battery	9.63	4.71	0.49	315	28	64400	63+12.7
美国 Queens Midtown	9.65	5.70	0.59		28	56000	
比利时 Ahtwerpen	9.50	5.50	0.576	275	32	64000	70
Rotherhite	9.35	5.49	0.586		40	67000	
莫斯科地铁	9.50	4.73	0.50	340	36	35000	
上海打浦路隧道	10.20	6.63	0.65	400	40	80000	
上海延安东路隧道	11.26	7.80	0.69	480	40	88000	

（4）盾构选型

根据工程需求（隧道尺寸、长度、覆盖土厚度、地层状况、环境条件需求等）选定盾构机类型（具体构造、稳定开挖面的方式、施工方式等等）的工作，简称为盾构选型。

选择盾构机时必须综合考虑下列因素：①满足设计要求；②安全可靠；③造价低；④工期短；⑤对环境影响小。盾构机机型选择正确与否是盾构隧道工程施工成败的关键。盾构法施工自应用以来，因盾构选型欠妥或者不恰当，致使隧道施工过程出现事故的情况很多。如：选型不恰当，开挖面喷水，掘进被迫停止；开挖面坍塌致使周围建筑物基础受损；地层变形、地表沉降，致使地下管道设施受损，引起管道破裂，造成喷水、喷气、通信中断、停电等事故。严重时整条隧道报废的事例也屡见不鲜。由此可见，盾构选型工作的重要性。

盾构选型必须严守以下几项原则：

1）选用与工程地质匹配的盾构机型，确保施工绝对安全。

2）辅以合理的辅助工法。

3）盾构的性能应能满足工程推进的施工长度和线形的要求。

4）选定的盾构机的掘进能力可与后续设备、始发基地等施工设备匹配。

5）选择对周围环境影响小的机型。

以上原则中以能绝对保证开挖面稳定、确保施工安全的机型为最重要。为了选择合适的盾构机型除应对土质条件、地下水条件进行勘查外，还应对场地环境作充分的勘察。通常的盾构选型的程序如图 1-8-23 所示。

8.2.3　盾构施工的准备工作

盾构施工的准备工作主要有：盾构竖井的修建，盾构拼装的检查，盾构施工附属设施的准备。

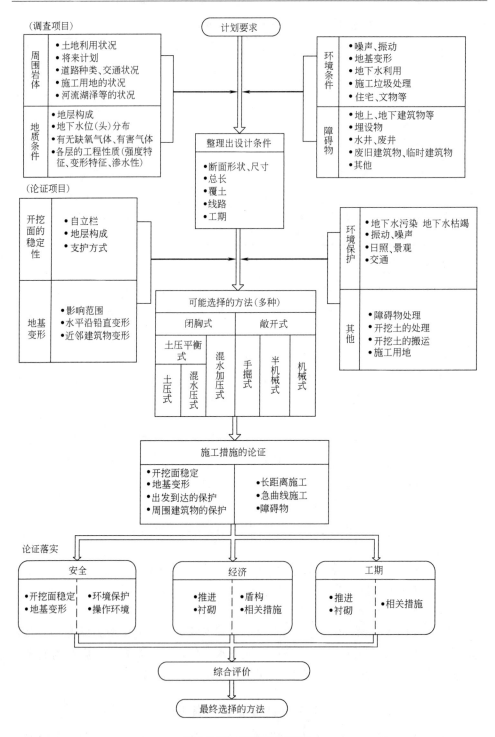

图 1-8-23   盾构选型流程

（1）盾构竖井的修建

盾构施工是在地面（或河床）以下一定深度进行暗挖施工的，因而在盾构起始位置上要修建一竖井进行盾构的拼装，称为盾构拼装井；在盾构施工的终点位置还需拆卸盾构并将其吊出，也要修建竖井，这个竖井称盾构到达井或盾构拆卸井。此外，长隧道中段或隧道弯道半径较小的位置还应修建盾构中间井，以便盾构的检查和维修以及盾构转向。竖井一般都修建在隧道中线上，当不能在隧道中线上修建竖井时，也可在偏离隧道中线的地方建造竖井，然后用横通道或斜通道与竖井连接。盾构竖井的修建要结合隧道线路上的设施综合考虑，成为隧道线路上的通风井、设备井、排水泵房、地铁车站等永久结构，否则是不经济的。

盾构拼装井，是为吊入和组装盾构、运入衬砌材料和各种机具设备以及出渣、作业人员的进出而修建的。盾构拼装井的形式多为矩形，也有圆形。矩形断面拼装井的结构及有关尺寸要求见图 1-8-24。

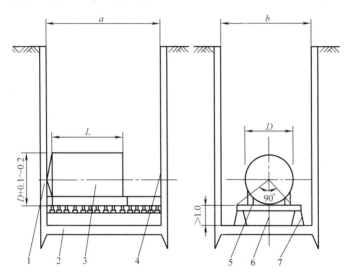

图 1-8-24　盾构拼装井（单位：m）

1—盾构进口；2—竖井；3—盾构；4—后背；5—导轨；6—横梁；7—拼装台基础

D—盾构直径；L—盾构长度；A—拼装井长度；B—拼装井宽度

拼装井的长度要能满足盾构推进时初始阶段的出渣，运入衬砌材料、其他设备以及进行连续作业与盾构拼装检查所需的空间。一般拼装井长度 A 为 $L+(0.5\sim1.0)$m，在满足初始作业要求的情况下，A 值越小越好，拼装井的宽度 B 一般取：$D+(1.6\sim2)$m。

盾构拼装井内设置盾构拼装台，盾构拼装台一般为钢结构或钢筋混凝土结构。台上设有导轨，承受盾构自重和盾构移动时的其他荷载，支承盾构的两根导轨，应能保证盾构向前推进时，方向准确而不发生摆动，且易于推进。两根导轨的间距，取决于盾构直径的大小，两导轨的支承夹角多选为 $60°\sim90°$。导轨平面的高度一般由隧道设计和施工要求及支承夹角大小来决定。

当盾构在拼装台上安装完，并把掘进准备工作完成后，盾构就可以进洞。竖井井壁上给盾构的预留进口比盾构直径稍大（见图 1-8-24），进口事先用薄钢板与混凝土做成临时性封门，临时封门既要能方便拆除又能满足承受土、水压力和止水要求。临时封门拆除后就可逐步推进盾构进洞。

盾构刚开始挖掘推进时，其推进反力要靠竖井井壁承担，为确保盾构推进时，不致因后部竖井壁面的倾斜而引起盾构起始轴心线的偏移，为此必须保证竖井后部壁面（后背）与隧道中心线的垂直度。在盾构与后背间通常采用废衬砌管片（管片顶部预留孔，作为垂直运输进出口）作为后座传力设施，为保证后座传力管片刚度，管片之间要错缝，连接螺栓要拧紧，顶部开口部分在不影响垂直运输的区段须加支撑拉杆拉住。盾尾脱离竖井后，在拼装台基座与后座管片表面之间要及时用木楔打好，使拼好的后座管片平稳地坐落在盾构拼装台基座的导轨上，以保证施工安全。一般在盾构到达下一个竖井后才拆除后座管片，若隧道较长，盾构推力已能由隧道衬砌与地层间摩阻力来平衡（此时盾构至少要推进 200m），也可拆除后座管片。

盾构中间井和到达井的结构尺寸，要求与盾构拼装井基本相同，但应考虑盾构推进过程中出现的蛇行而引起盾构起始轴心线与隧道中心线的偏移，故应将盾构进出口尺寸做得稍大于拼装井的开口尺寸，一般是将拼装井开口尺寸加上蛇形偏差量作为中间井和到达井进出口开口尺寸。

竖井的施工方法取决于竖井的规模、地层的地质水文条件、环境条件等，常用的施工方法有：明挖法、沉井法、地下连续墙法等。但施工中要注意以下问题：①必须对盾构的出口区段地层、进口区段地层和竖井周围地层采取注浆加固措施，以稳定地层；②当地下水较大时，应采取降水措施，防止井内涌水、冒浆及底部隆起；③随着竖井沉入深度的增加，对井底开挖工作要特别小心，以防地下水上涌，造成淹井事故。

（2）盾构拼装的检查

盾构的拼装一般在拼装井底部的拼装台上进行，小型盾构也可在地面拼好后整体吊入井内。拼装必须遵照盾构安装说明书进行，拼装完毕的盾构，都应做如下项目的技术检查，检查合格后方可投入使用。

1）外观检查

检查盾构外表有无与设计图不相符的部件、错件和错位件；与内部相通的孔眼是否畅通；检查盾构内部所有零部件是否齐全，位置是否准确，固定是否牢靠；检查防锈涂层是否完好。

2）主要尺寸检查

盾构的圆度与不直度误差的大小，对推进过程中的蛇行量影响很大，因此在圆度和直度偏差方面，应满足相关要求。

3）液压设备检查

① 耐压试验：以液压设备允许的最高压力，在规定的时间里，进行加压，检查各设备、管路、阀门、千斤顶等有无异常。

② 在额定压力下，检查液压设备的动作性能是否良好。

4）无负荷运转试验检查

① 盾构千斤顶的动作试验检查；

② 拼装机构的动作试验检查；

③ 刀盘的回转试验检查；

④ 螺旋输送机的运转试验检查；

⑤ 真圆保持器的运转试验检查；

⑥ 泵组和其他设备的运转试验检查。

5）电器绝缘性能检查

检查各用电设备的绝缘阻抗值是否在有关说明规定之内，对无明确规定的用电设备，应保证其绝缘阻抗值在 5MΩ 以上。

6）焊接检查

检查盾构各焊接处的焊缝有否脱、裂现象，必要时进行补焊。具体规定可参见有关焊接规范。

（3）盾构施工附属设备的准备

盾构施工所需的附属设备，随盾构类型、地质条件、隧道条件不同而异。一般来说，盾构施工设备分为洞内设备和洞外设备两部分。

1）洞内设备

洞内设备是指除盾构外从竖井井底到开挖面之间所安装的设备。这些设备的配置必须根据土质条件、施工方式、施工计划、开挖速度、洞外设备进行均衡考虑。

① 排水设备

隧道内的排水设备主要是排除开挖面的涌水，洞内漏水和施工作业后的废水，常用的有水泵、水管、闸阀等。这些设备最好能随开挖面移动，以便迅速、及时地清除开挖面积水。

② 装渣设备

人工挖掘盾构是人工装渣；半机械化盾构由机械装渣；除泥水加压盾构用排泥泵出渣外，其余盾构的装渣设备一般都与皮带运输机配合使用。

③ 运输设备

盾构法的洞内运输，大多采用电力机车有轨运输方式。在进行配套时应考虑开挖土量、衬砌构件、压浆材料、临时设备、各类机械设备的运输情况和运送的循环时间，一般有：电瓶机车、装渣斗车、平板车、轨道设备等。

④ 背后压浆设备

背后压浆设备随压浆方式与材料性质不同而异。无论采取何种方式压浆，都得配置足够容量的设备，应配置的主要设备有：注浆泵、浆液搅拌设备、浆液运输设备、浆液输送管道和阀门等。

⑤ 通风设备

长大隧道除采用气压法施工外，都应设置通风设备。

⑥ 衬砌设备

衬砌设备由一次衬砌设备和二次衬砌设备构成。一次衬砌设备主要指管片组装设备，由设置在盾尾的拼装机、真圆保持器及管片运输和提升机构组成。二次衬砌设备有混凝土运输设备、衬砌模板台车、混凝土灌筑设备、振捣器等。

⑦ 电器设备

洞内电器设备由动力、照明、输电、控制等设备组成。

⑧ 工作平台设备

工作平台紧跟盾构并与其相连接，是一次衬砌、背后注浆及排水设备、配电控制设备和盾构液压系统泵组的安装固定场所，随盾构前进安放在后续台车上，为减少后续台车对盾构的影响，也可采用独立自行式的台车。

2）洞外设备

在洞外必须设置所需的容量足够的设备，并确保设备用地。

① 低压空气设备

采用气压法施工时，需提供干净、适宜的湿度及温度、气压和气量符合要求的空气。这些设备有：低压空气压缩机、鼓风机及相应的气体输送管道、阀门、消声除尘器、净化装置等辅助设备。

② 高压空气设备

主要为开挖面的风动没备提供所需高压空气，这类设备有：高压空气压缩机及相应辅助设备。

③ 土渣运输设备

包括洞内运至地面的设备、运至弃渣场的设备两部分。

从洞内向地面运输应配的设备由运输和提升方法确定，一般为：渣斗的提升起重设备；转运土渣的渣仓或漏斗，皮带运输机其他垂直运输设备。

运至弃渣场的设备，根据土渣的物理性状与状态确定运输方式后再作选择。

④ 电力设备

洞外电力设备的重点是配备自用电源。盾构施工时，除采用双回路电源供电外，还应设置容量足以维持排水、照明、送气的自备发电机组的"自发电"最小电源。

⑤ 通信联络设备

这部分设备由保持正常工作时的联络设备与发生紧急情况的警报设备构成。

这些设备除具有较好的防潮性能外，可靠性要高，而且还能安置备用通信联络设备。

8.2.4 盾构的开挖和推进

（1）盾构的开挖

盾构的开挖分敞胸（口）式、闭胸式和网格式开挖三种方式。无论采取什么开挖方式，在盾构开挖之前，必须确保出发竖井的盾构进口封门拆除后地层暴露面的稳定性，必要时应对竖井周围和进出口区域的地层预先进行加固。拆除封门的开挖工作要特别慎重，对敞胸式开挖的盾构要先从封门顶部开始拆除，拆一块立即用盾构内的支护挡板进行支护，防止暴露面坍塌。对于挤压开挖和闭胸切削开挖的盾构，一般由下而上拆除封门，每拆除一块就立即用土砂充填，以抵抗土层压力。盾构通过临时封门后应用混凝土将管片后座与竖井井壁四周的间隙填实，防止土砂流入，并使盾构推进时的推力均匀传给井壁。有时还要立即压浆防止土层松动、沉陷。

1）敞胸（口）式开挖

敞胸开挖必须在开挖面能够自行稳定的条件下进行，属于这种开挖方法的盾构有人工挖掘式、半机械化挖掘式盾构等。在进行敞胸开挖过程中，原则上是将盾构切口环与活动的前檐固定连接，伸缩工作平台插入开挖面内，插入深度取决于土层的自稳性和软硬程度，使开挖工作自始至终都在切口环的保护下进行。然后从上而下分部开挖，每开挖一块便立即用开挖面支护千斤顶支护，支护能力应能防止开挖面的松动，即使在盾构推进过程中这种支护也不能缓解与拆除，直到推进完成进行下一次开挖为止。敞口开挖时要避免开挖面暴露时间过长，所以及时支护是敞口开挖的关键。采用敞口式开挖，处理孤立的障碍物、纠偏、超挖均比其他方式容易。

在坚硬的土层中开挖面不需要其他措施就能自稳，可直接采用人工或机械挖掘。但在松软的含水层中采用敞口式开挖，则可采用人工井点降水盾构施工法或气压盾构施工法来稳定开挖面。

2）挤压式开挖

挤压式开挖属闭胸式盾构开挖方式之一，当闭胸式盾构胸板上不开口时称全挤压式，当闭胸式盾构胸板上开口时称部分挤压式。挤压式开挖适合于流动性大而又极软的黏土层或淤泥层。

全挤压式开挖，依靠盾构千斤顶的推力将盾构切口推入土层中，使切口环前方区域中的土渣被挤向盾构的上方和周围，而不从盾构内出渣，这种全封闭状态下进行的开挖工作取决于盾构千斤顶的推力并依靠千斤顶推力的不同组合来调整控制盾构的开挖作业。

部分挤压式开挖又称局部挤压式开挖。它与全挤压式开挖不同之处，在于闭胸盾构的胸板上有开口，当盾构向前推进时，一部分土渣从这个开口进入隧道内，进入的土渣被运输机械运走。其余大部分土渣都被挤向盾构的上方和四周。开挖作业是通过调整开口率与开口位置和千斤顶推力来进行的。

无论是全挤压开挖或部分挤压开挖，都会造成地表隆起，但地表隆起程度随盾构埋深而异，尤其是砂质地层随着推进阻力增大，地表隆起与盾构的方向控制都较困难。

3）密闭切削式开挖

密闭切削式开挖也属闭胸式开挖方式之一，这类闭胸式盾构有泥水加压盾构和土压平衡盾构。密闭切削开挖主要靠安装在盾构前端的大刀盘的转动在隧道全断面连续切削土体，形成开挖面。密闭切削开挖是对开挖面进行全封闭状态下进行的。其刀盘在不转动切土时正面支护开挖面而防止坍塌。密闭切削开挖适合自稳性较差的土层。密闭切削开挖在弯道施工或纠偏时不如敞口式便于超挖，清除障碍物也较困难。但密闭切削开挖速度快，机械化程度高。

4）网格式开挖

网格式开挖的开挖面由网格梁与隔板分成许多格子。开挖面的支撑作用是由土的黏聚力和网格厚度范围的阻力（与主动土压力相等）而产生的，当盾构推进时，克服这项阻力，土体就从格子里呈条状挤出来。要根据土的性质，调节网格的开孔面积，格子过大会丧失支撑作用，格子过小会引起对地层的挤压扰动等不利影响。网格式开挖一般不能超前开挖，全靠调整盾构千斤顶编组进行纠偏。

（2）盾构推进和纠偏

盾构进入地层后，随着工作面不断开挖，盾构也不断向前推进。盾构推进过程中应保证盾构中心线与隧道设计中心线的偏差在规定范围内。而导致盾构偏离隧道中线的因素很多，如土层不均匀，地层中有孤石等障碍物造成开挖面四周阻力不一致，盾构千斤顶的顶力不一致，盾构重心偏于一侧，闭胸挤压式盾构上浮，盾构下部土体流失过多造成盾构叩头下沉等，这些因素将使盾构轨迹变成蛇行。因此，在盾构推进过程中要随时测量，了解偏差，及时纠偏。纠偏主要靠以下几个方面来综合控制。

1）正确调整盾构千斤顶的工作组合

一个盾构四周均匀分布有几十个千斤顶负责盾构推进，一般应对这几十个千斤顶分组编号，进行工作组合。每次推进后应测量盾构的位置，再根据每次纠偏量的要求，决定下次推进时启动哪些编号千斤顶，停开哪些编号千斤顶，一般停开偏离方向相反处的千斤顶，如盾构已右偏，应向左纠偏，故停开左边千斤顶，开启右边千斤顶。停开的千斤顶要尽量少，以利提高推进速度，减少液压设备的损坏。盾构每推进一环的纠偏量应有所限制，以免引起衬砌拼装困难和对地层过大的扰动。

盾构推进时的纵坡和曲线也是靠调整千斤顶的工作组合来控制。一般要求每次推进结束时盾构纵坡应尽量接近隧道纵坡。

2）调整开挖面阻力

人为的调整开挖面阻力也能纠偏。调整方法与盾构开挖方式有关：敞胸式开挖可用超挖或欠挖来调整；挤压式开挖可用调整进土孔位置及胸板开口大小来实现；密闭切削式开挖是通过切削刀盘上的超挖刀与伸出盾构外壳的翼状阻力板来改变推进阻力。

3）控制盾构自转

盾构在施工中由于受各种因素的影响，将会产生绕盾构本身轴线的自转现象，当转动角度达到某一限值后，就会对盾构的操纵、推进、衬砌拼装、施工量测及各种设备的正常运转带来严重的影响。盾构产生旋转的主要原因有：盾构两侧土层有明显的差别；施工时对某一方位的超挖环数过多；盾构重心不通过轴线；大型旋转设备（如举重臂、切削大刀盘等）的旋转等。控制盾构自转一般采用在盾构旋转的反方向一侧增加配重的办法进行，压重的数量根据盾构大小及要求纠正的速度，可以从几十吨到上百吨。此外，还可以在盾壳外安装水平阻力板和稳定器来控制盾构自转。

盾构到达终点进入竖井时，应注意的问题与加固地层的方法完全与出发井情况相同。须在离终点一定距离处，检查盾构的方向，平面位置，纵向位置，并慎重修正，小心推进。否则会造成盾构中心轴线与隧道中心线相差太多，出现错位的严重现象。

此外，采用挤压式盾构开挖时，会产生盾构后退现象，导致地表沉降，因此施工时务必采取有效措施，防止盾构后退。根据施工经验，每环推进结束后采取维持顶力（使盾构不进）屏压5～10min。可有效防止盾构后退。在拼管片时，要使一定数量千斤顶轴对称地轮流维持顶力，防止盾构后退。

8.2.5 盾构衬砌施工，衬砌防水和向衬砌背后压浆

（1）盾构衬砌施工

盾构法修建隧道常用的衬砌类型有：预制的管片衬砌、现浇混凝土衬砌、挤压混凝土衬砌以及先安装预制管片外衬后再现浇混凝土内衬的复合式衬砌。其中，以管片衬砌最为常见。下面对这几种常用的衬砌的施工简单介绍一下。

1）管片衬砌施工

管片衬砌就是采用预制管片，随着盾构的推进在盾尾依次拼装衬砌环，由衬砌环纵向依次连接而成的衬砌结构。

预制管片的种类很多，按预制材料分有：铸铁管片、钢管片、钢筋混凝土管片、钢与钢筋混凝土组合管片。按结构形式分有：平板形管片（图1-8-25）、箱形管片（图1-8-26）。

管片接头一般可用螺栓连接。但有的平板形管片不用螺栓连接，而采用榫槽

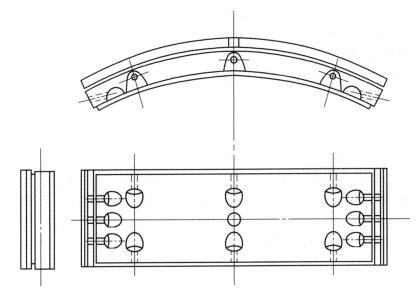

图 1-8-25   平板形管片

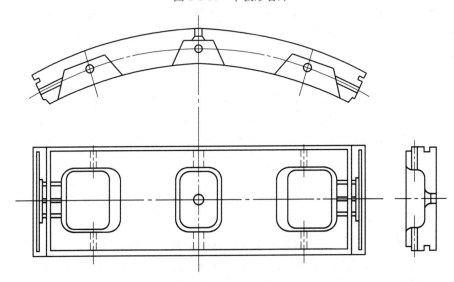

图 1-8-26   箱形管片

式接头或球铰式接头,这种不用螺栓连接的管片也称砌块。

管片衬砌环一般分标准管片、封顶管片和邻接管片三种,转弯时将增加楔形管片。

管片拼装可通缝拼装,亦可错缝拼装。通缝拼装是每环管片的纵向缝环环对齐,错缝拼装是每环管片的纵向缝环环错开 1/3～1/2 宽度。前者拼装方便,后者拼装麻烦但受力较好。管片拼装方法分先纵后环和先环后纵两种:先纵后环是管片按先底部后两侧再封顶的次序，逐次安装成环，每装一块管片，对应千斤顶就伸缩一次；先环后纵是管片依次安装成环后，盾构千斤顶一齐伸出将衬砌环推向已完成的隧道衬砌进行纵向连接。先环后纵法用得较少，尤其在推进阻力较大，容易引起盾构后退的情况下不宜采用。

管片拼装前，应做好管片质量的检查工作，检查外观、形状、裂纹、破损、止水带槽有无异物，检查管片尺寸误差是否符合要求。管片拼装结束后，除按规定拧紧每个连接螺栓外，还应检查安装好的衬砌环是否真圆，必要时用真圆保持器进行调整，以保证下一拼装工序顺利进行。盾构推进时的推力反复作用在临近几个衬砌环上，容易引起已拧紧的螺栓松动，必须对推力影响消失的衬砌环进行第二次拧紧螺栓工作，以保证管片的紧密连接与防水要求。

2）现浇混凝土衬砌施工

采用现浇混凝土进行盾构隧道衬砌施工可以改善衬砌受力状况，减少地表沉陷，同时可节省预制管片的模板及省去管片预制工作和管片运输工作。

目前采用挤压式现浇混凝土衬砌施工（图1-8-27）是盾构隧道衬砌施工的发展新趋势。这种方法采用自动化程度较高的泵送混凝土通过管道输送到盾尾衬砌施工作业面，经盾构后部专设的千斤顶对衬砌混凝土进行挤压施工，在施工中必须恰如其分地掌握好盾构前进速度与盾尾内现浇混凝土的施工速度及衬砌混凝土凝固的快慢关系。采用挤压混凝土衬砌施工时要求围岩在施工时保持稳定，不致在挤压时变形。

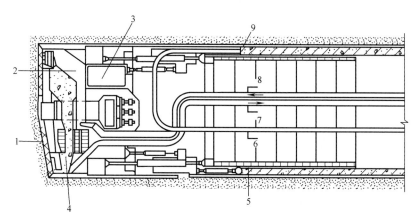

图 1-8-27　挤压式现浇混凝土衬砌施工
1—护壁支撑面；2—空气缓冲器；3—空气闸；4—碎石土渣；5—混凝土模板；
6—混凝土输送管；7—土渣运输管；8—送料管；9—结束端模板

（2）衬砌防水

隧道衬砌除应满足结构强度和刚度要求外，还应解决好防水问题，以保证隧道在运营期间有良好的工作环境，否则会因为衬砌漏水而导致结构破坏、设备锈蚀、照明减弱，危害行车安全和影响外观。此外，在盾构施工期间也应防止泥、水从衬砌接缝中流入隧道，引起隧道不均匀沉降和横向变形而造成事故。

隧道衬砌防水施工主要解决管片本身的防水和管片接缝防水问题。

1）管片本身防水

管片本身防水施工主要满足管片混凝土的抗渗要求和管片预制精度要求。

①管片混凝土的抗渗要求

隧道在含水地层内，由于地下水压力的作用，要求衬砌应具有一定的抗渗能力，以防止地下水的渗入。为此，在施工中应做到以下几方面：首先，应根据隧道埋深和地下水压力，提出经济合理的抗渗指标；对预制管片混凝土级配应采取密实级配，设计有规定时按设计要求办理，设计无明确规定时一般按高密实度（抗渗等级P8）标准施工。此外还应严格控制水灰比（一般不大于0.4），且可适当掺入减水剂来降低混凝土水灰比；在管片生产时要提出合理的工艺要求，对混凝土振捣方式、养护条件、脱模时间、防止温度应力而引起裂缝等均应提出明确的工艺条件对管片生产质量要有严格的检验制度，并减少管片堆放、运输和拼装过程的损坏率。

②管片制作精度要求

在管片制作时，采用高精度钢模，减少制作误差，是确保管片接头面密贴不产生较大初始缝隙的可靠措施。此外，由于管片制作精度不够，容易造成盾构推进时衬砌的顶碎和崩落并导致漏水。过去钢筋混凝土管片不如铸铁或钢制管片，其主要原因就在于钢筋混凝土管片制作精度不够引起隧道漏水。

为保证钢筋混凝土管片制作精度，在制造钢模时要采用高精度机械加工。为了保证钢模有足够刚度，以保证在长期使用过程中不变形，一般要求钢模应比管片重。

管片各部分制作精度的尺寸误差（图1-8-28），参照日本隧道规范应符合表1-8-2的要求。

管片尺寸误差表　　　　　　　　　　　　　　　　表 1-8-2

管片种类		铸　铁				混凝土				钢　制			
	管片外径（m）	$D<4$	$4{\leqslant}D<6$	$6{\leqslant}D<8$	$D{\geqslant}8$	$D<4$	$4{\leqslant}D<6$	$6{\leqslant}D<8$	$D{\geqslant}8$	$D<4$	$4{\leqslant}D<6$	$6{\leqslant}D<8$	$D{\geqslant}8$
水平组装时的不圆度	螺孔中心半径（mm）	±5	±7	±8	±12	±7	±10	±10	±15	±7	±10	±10	±15
	外径误差（mm）	±7	±10	±15	±20	±7	±10	±15	±20	±7	±10	±15	±20

续表

管片种类	铸 铁	混凝土	钢 制
各部最小厚度（a）	−1.0	0	
宽 度（b）	±0.5	±1.0	±1.5
弧长或弦长（c）	±0.5	±1.0	±1.5
螺孔间距 d（d'）	±0.5	±1.0	±1.0

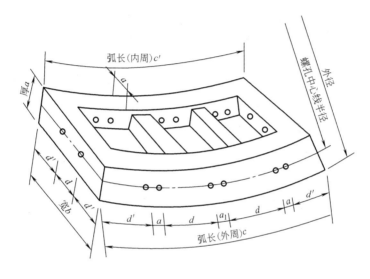

图 1-8-28　管片尺寸

2）管片接缝防水

前述确保管片制作精度的目的主要使管片接缝接头的接触面密贴，使其不产生较大的初始缝隙。但接触面再密贴，不采取接缝防水措施仍不能保证接缝不漏水。目前，管片接缝防水措施主要有密封垫防水、嵌缝防水、螺栓孔防水、二次衬砌防水等。

①密封垫防水

管片接缝分环缝和纵缝两种。采用密封垫防水是接缝防水的主要措施，如果防水效果良好，可以省去嵌缝防水工序或只进行部分嵌缝。密封垫要有足够的承压能力（纵缝密封垫比环缝稍低）、弹性复原力和粘着力，使密封垫在盾构千斤顶顶力的往复作用下仍能保持良好的弹性变形性能。因此，密封垫一般采用弹性密封垫，弹性密封防水主要是利用接缝弹性材料的挤密来达到防水目的。弹性密封垫有未定型和定型制品两种，未定型制品有现场浇涂的液状或膏状材料，如焦油聚氨酯弹性体。定型制品通常使用的材料是各种不同硬度的固体氯丁橡胶、泡沫氯丁橡胶、丁基橡胶或天然橡胶、乙丙胶改性的橡胶及遇水膨胀防水橡胶等加工制成的各种不同断面的带形制品，其断面形式有抓斗形、齿槽形（梳形）等品种。一般使用的弹性密封垫有以下两类：

A. 硫化橡胶类弹性密封垫

图 1-8-29 所示的各种形式硫化橡胶类弹性密封垫具有高度的弹性，复原能力强，即使接头有一定量的张开，仍处于压密状态，有效地阻挡了水的渗漏。由于它们设计成不同的形状，不同的开孔率和各种宽度、高度，以适应水密性要求的压缩率和压缩的均匀度，当拼装稍有误差时密封垫的一定长度可以保证有一定的接触面积防水。为了使弹性密封垫正确就位，牢固固定在管片上，并使被压缩量得以储存，应在管片的环缝及纵缝连接面上设有粘贴及套箍密封垫的沟槽，沟槽在管片上的位置、形式等对防水密封效果有直接关系，沟槽可沿管片肋面四周兜一圈，也有兜半圈（L形）及 3/4 圈（门形）的，一般来说兜一圈的水密效果好，尤其是 T 形缝及十字缝接头处。沟槽按防水要求，又分为单密封沟槽与双密封沟槽两种。沟槽断面为倒梯形，槽宽一般为 30～50mm，槽深为 15～30mm。沟槽尺寸要与密封垫相适应，如图 1-8-30 所示。弹性密封垫对管片的粘结面清洁度标准要求严格，本身制作成本较高，特别是带齿槽的密封垫。

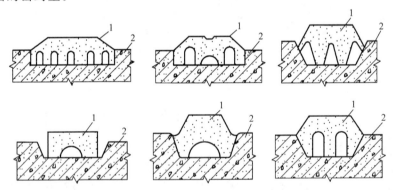

图 1-8-29   硫化橡胶类弹性密封垫

1—硫化橡胶弹性密封垫；2—钢筋混凝土衬砌

B. 复合型弹性密封垫

复合型密封垫是由不同材料组合而成的，它是用诸如泡沫橡胶类，且具有高弹性复原力材料为芯材，外包致密性、黏性好的覆盖层而组成的复合带状制品。芯材多用氯丁胶、丁基胶做成的橡胶海绵（也称多孔橡胶、泡沫胶），覆盖层多用未硫化的丁基胶或异丁胶为主材的致密自黏性腻子胶带、聚氯乙烯胶泥带等材料。复合型弹性密封垫的优点是集弹性、黏性于一身，芯材的高弹性使其在接头微张开下仍不失水密性，覆盖层的自黏性使其与接头面的混凝土之间和密封垫之间的粘结紧密牢固。如图 1-8-31 所示为几种类型的复合型弹性密封垫。

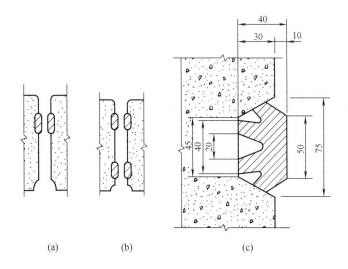

图 1-8-30 密封沟槽（单位：mm）
（a）单密封沟槽；（b）双密封沟槽；（c）密封沟槽详图

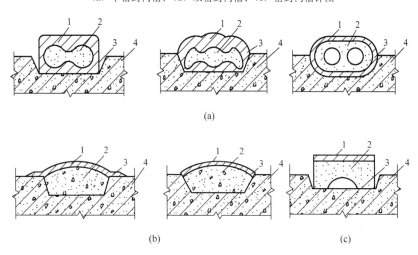

图 1-8-31 复合型弹性密封垫
（a）完全包裹式；（b）局部外仓式；（c）双层叠加式
1—自黏性腻子带；2—海绵橡胶；3—粘合涂层；4—混凝土或钢筋混凝土衬砌

② 嵌缝防水

嵌缝防水是以接缝密封垫防水作为主要防水措施的补充措施。即在管片环缝、纵缝中沿管片内侧设置嵌缝槽（图 1-8-32），用止水材料在槽内填嵌密实来达到防水目的，而不是靠弹性压密防水。

嵌缝填料要求具有良好的不透水性、粘结性、耐久性、延伸性、耐药性、抗老化性、适应一定变形的弹性，特别要能与潮湿的混凝土结合好，具有不流坠的

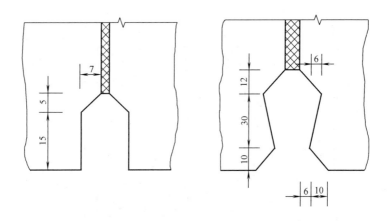

图 1-8-32　嵌缝槽形式（单位：mm）

抗下垂性，以便于在潮湿状态下施工。目前采用环氧树脂系、聚硫橡胶系、聚氨酯或聚硫改性的环氧焦油系及尿素系树脂材料较多。若采用两次衬砌，仅要求暂时止水，可用无弹性的廉价水泥、石棉化合物。环氧焦油系材料嵌缝效果好，对管片接缝变形有一定的适应性。此外也有采用预制橡胶条来作嵌缝材料的，此法适用于拼装精确的管片环上，具有更换方便、作业环境不污染等优点。但T缝和十字缝接头处理困难，而且要靠此完全嵌密止水也有问题，一般只能起到引水作用。

嵌缝作业在管片拼装完成后过一段时间才能进行，即在盾构推进力对它无影响，且衬砌变形相对稳定时进行。

③ 螺栓孔防水

管片拼装完之后，若在管片接缝螺栓孔外侧的防水密封垫止水效果好，一般就不会再从螺栓孔发生渗漏。但在密封垫失效和管片拼装精度差的部位上的螺栓孔处会发生漏水，因此必须对螺栓孔进行专门防水处理。

采用橡胶或聚乙烯及合成树脂等做成环形密封垫圈时，靠拧紧螺栓时的挤压作用使其充填到螺栓孔间，起到止水作用（图1-8-33）。在隧道曲线段，由于管片螺栓插入螺孔时常出现偏斜，螺栓紧固后使防水垫圈局部受压，容易造成渗漏水，此时可采用图1-8-34所示的防水方法，即采用铝制杯形罩，将弹性嵌缝材料束紧到螺母部位，并依靠专门夹具挤紧，待材料硬化后，拆除夹具，止水效果很好。

在日本采用如图1-8-35所示塑料螺栓孔套管，在浇筑混凝土时预埋在螺栓孔中，与密封圈结合起来防水，效果较好。

④ 二次衬砌防水

以拼装管片作为单层衬砌，其接缝防水措施仍不能完全满足止水要求时，可在管片内侧再浇筑一层混凝土或钢筋混凝土二次衬砌，构成双层衬砌，以使隧道

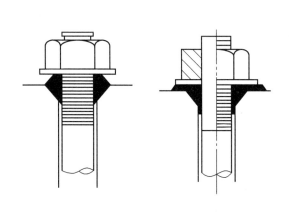

图 1-8-33 接头螺栓孔防水

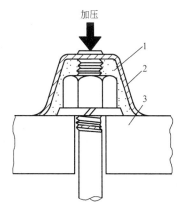

图 1-8-34 铝杯罩螺栓孔防水
1—嵌缝材料；2—止水铝质罩壳；3—管片

衬砌符合防水要求。在二次衬砌施工前，应对外层管片衬砌内侧的渗漏点进行修补堵漏，污泥必须冲洗干净，最好凿毛。当外层管片衬砌已趋于基本能防水时，方可进行二次衬砌施工。二次衬砌做法各异，有的在外层管片衬砌内直接浇筑混凝土内衬砌；有的在外层衬砌内表面先喷注一层15～20mm 厚的找平层后粘贴油毡或合成橡胶类的防水卷材，再在内贴式防水层上浇筑混凝土内衬。混凝土内衬砌的厚度应根据防水和混凝土内衬砌施工的需要决定，一般约为 150～300mm。

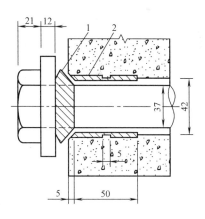

图 1-8-35 螺栓孔套管（单位：mm）
1—密封圈；2—塑料套管（厚 4mm）

二次衬砌混凝土浇筑一般在钢模台车配合下采用泵送混凝土浇筑。每段浇筑长度 8～10m，由于浇筑时隧道拱顶部分质量不易保证，容易形成空隙，故在顶部必须预留一定数量的压浆孔，以备压注水泥砂浆补强。此外也有用喷射混凝土来进行内衬砌施工的。

单层与双层衬砌防水各有其特点。由于采用了二次衬砌，内外两层衬砌成为整体结构，从而达到抵抗外荷载与防水的目的。但却导致了开挖断面增大，增加了开挖土方量，施工工序也复杂，使工期延长、材料增多、造价增大。目前大多数国家都致力于研究解决单层衬砌防水技术，逐步以单层衬砌防水取代二次衬砌防水，以提高建造隧道的经济效益。

（3）向衬砌背后压浆

在盾构隧道施工过程中，为了防止隧道周围土体变形，防止地表沉降和地层压力增长等，应及时对盾尾和管片衬砌之间的建筑空隙进行充填压浆。压浆还可以改善隧道衬砌的受力状态，使衬砌与周围土层共同变形，减小衬砌在自重及拼装荷载作用下的椭圆率。用螺栓连接管片组成的衬砌环，接头处活动性很大，故管片衬砌属几何可变结构。此外，在隧道周围形成一种水泥连接起来的地层壳体，能增强衬砌的防水效能。因此只有在那些能立即填满衬砌背后空隙的地层中施工时，才可以不进行压浆工作，如在淤泥地层中闭胸挤压施工。

压浆可采用盾壳外表上设置的注浆管随盾构推进同步注浆，也可由管片上的预留注浆孔进行压浆。压浆方法分一次压浆和二次压浆两种，后者是指盾构推进一环后，立即用风动压浆机（$0.5\sim0.6$MPa）通过管片压浆孔向衬砌背后压浆粒径为 $3\sim5$mm 的石英砂或卵石，形成的孔隙率为 69%，以防止地层坍塌。继续推进 $5\sim8$ 环后，进行二次压浆，注入以水泥为主要胶结材料的浆体（配合比为水泥：黄泥＝1：1，水灰比为 0.4，或水泥：黄泥：细砂＝1：2：2，水灰比为 0.5，坍落度为 $15\sim18$cm），充填到豆粒砂的孔隙内，使之固结，注浆压力为 $0.6\sim0.8$MPa。一次压浆是在地层条件差，盾尾空隙一出现就会发生坍塌，故随着盾尾的出现，立即压注水泥砂浆（配合比为水泥：黄砂＝1：3），并保持一定压力。这种工艺对盾尾密封装置要求较高，盾尾密封装置极易损坏，造成漏浆。此外，相隔 30m 左右还需进行一次额外的控制压浆。压力可达 1.0MPa，以便强迫充填衬砌背后遗留下来的空隙。若发现明显的地表沉陷或隧道严重渗漏时，局部还需进行补充压浆。

压浆要左右对称，从下向上逐步进行，并尽量避免单点超压注浆，而且在衬砌背后空隙未被完全充填之前，不允许中途停止工作。在压浆时，除将正在压浆的孔眼及其上方的压浆孔的塞子取掉外（用来将衬砌背后与地层之间的空气挤出），其余压浆孔的塞均需拧紧。一个孔眼的压浆工作一直要进行到上方一个压浆孔中出现灰浆为止。

§8.3 地下工程顶管法

8.3.1 概 述

顶管法又称顶进法，是将预先造好的管道，按设计要求分节用液压千斤顶支承于后墩上，将管道逐渐压入土层中去，同时，将管内工作面前的泥土，在管内开挖、运输的一种现代化的管道敷设施工技术。顶管施工是继盾构施工之后而发展起来的一种地下管道施工方法，它不需要开挖面层，并且能够穿越公路、铁道、河川、地面建筑物、地下构筑物以及各种地下管线等，是一种短距离、小管径类地下管线工程施工方法，在许多国家被广泛采用。可以应用于水利水电工程、市政、供水、公路、铁路、电力和电讯等部门，顶管材料可以是混凝土预制管、钢管、现代工程塑料管等，也可以是有压管、无压管。

顶管法施工受到地质条件的限制，顶进时顶进管既承受很大的推进力又承受使用时的荷载，应力非常复杂，为了保证正常使用寿命，施工前必须了解管路所通过的土层及管路承受的荷载，土层的性质对顶管设备组成、挖土和运土方式、力学计算条件以及推顶方法都起决定作用。顶管法施工技术主要适用于土层，在软岩和其他松软地层中也有使用。

顶管法的使用已有百余年历史，最早始于 1896 年美国的北太平洋铁路铺设工程的施工中。美国于 1980 年曾创造了 9.5h 顶进 49m 的记录，施工速度快，施工质量比小盾构法好。日本最早的一次顶管施工是在 1948 年，施工地点是在尼崎市的一条铁路下面。当时顶的是一根内径为 600mm 的铸铁管，顶距只有 6m，主顶是一种手摇液压千斤顶。直到 1957 年前后，日本才采用液压油泵来驱动油缸作为主顶动力。

我国的顶管施工最早始于 20 世纪 50 年代。但一开始都是些手掘式顶管，设备也比较简陋。在 1964 年前后，上海一些单位已进行了大口径机械式顶管的各种试验。当时，口径在 2m 的钢筋混凝土管的一次推进距离可达 120m，同时，也开创了使用中继间的先河。在此以后，又进行了多种口径、不同形式的机械顶管的试验，其中土压式居多，其中，也搞了一些水冲顶管的试验。

1967 年前后上海已研制成功人不必进入管子的小口径遥控土压式机械顶管机，口径有 $\phi700 \sim \phi1050$mm 多种规格。在施工实例中，有穿过铁路、公路的，也有在一般道路下施工的。这些掘进机，全部是全断面切削，采用皮带输送机出土。同时，已采用了液压纠偏系统，并且纠偏油缸伸出的长度已用数字显示。到 1969 年为止，这类掘进机累计施工距离已超过 400m。

1978 年前后，上海又开发成功挤压法顶管，这种顶管特别适用于软黏土和淤泥质黏土，但要求覆土深度须大于两倍的管外径。采用挤压法顶管，比普通手掘式顶管效率提高一倍以上。

我国浙江镇海穿越甬江工程，于 1981 年 4 月完成直径 2.6m 的管道，采用五只中继环从甬江的一岸单向顶进 581m，终点偏位上下、左右均小于 1cm。

1984 年前后，我国的北京、上海、南京等地先后引进国外先进的机械式顶管设备，从而使我国的顶管技术上了一个新台阶。尤其是上海市政公司引进了日本伊势机公司的 $\phi800$mm Telemale 顶管掘进机以后，随之也引进了一些顶管理论、施工技术和管理经验。随后，诸如土压平衡理论、泥水平衡理论、管接口形式和制管新技术都慢慢地流行起来。

1986 年，上海基础工程公司用 4 根长度在 600m 以上的钢质管道先后穿越黄浦江，其中黄浦江上游引水工程关键之一的南市水场输水管道，单向一次顶进 1120m，并成功地将计算机控制中继环指导纠偏、陀螺仪激光导向等先进技术应用于超千米顶管施工中。

1988年，上海研制成功我国第一台 ϕ2720mm多刀盘土压平衡掘进机，先后在虹漕路、浦建路等许多工地使用，取得了令人满意的效果。

1992年，上海研制成功国内第一台加泥式 ϕ1440mm土压平衡掘进机。用于广东省汕头市金砂东路的繁忙路段施工，施工结束所测得的最终地面最大沉降仅有8mm，该点位于出洞洞口前上方。其余各点的沉降均小于4mm。该类型的掘进机目前已成系列，最小的为 ϕ1440mm，最大的为 ϕ3540mm。该机中的 ϕ1650mm机种荣获了上海市1995年科技成果三等奖。

1997年我国上海又成功地完成了2条长756m穿越黄浦江的倒虹管，管径2.2m，从浦西至浦东处于黄浦江底-26m深的位置。这表明我国长距离顶管技术已进入到世界先进水平行列。

到目前为止，顶管施工随着城市建设的发展已越来越普及，应用的领域也越来越宽。顶管施工从最初主要用于下水道施工，发展到近来运用到自来水管、煤气管、动力电缆、通信电缆和发电厂循环水冷却系统等许多管道的施工中。并在顶管的基础上发展成一门非开挖施工技术，还成立了各种非开挖施工协会，创办了有关的专业刊物。

随着顶管施工的普及和专业化，它的理论也日臻完善。即使最简单的手掘式顶管施工，也需要从理论上来论证其挖掘面是否稳定。该稳定包括两个方面的内容：第一是工具管前方挖掘面上的土体是否稳定；第二是工具管前上方的覆土层是否稳定。如果发现有不稳定的现象，就必须采用有效的辅助措施使其保持稳定。

目前，在顶管施工中最为流行约有三种平衡理论：气压平衡、泥水平衡和土压平衡理论。

所谓气压平衡又有全气压平衡和局部气压平衡之分。全气压平衡使用得最早，它是在所顶进的管道中及挖掘面上都充满一定压力的空气，以空气的压力来平衡地下水的压力。而局部气压平衡则往往只有掘进机的土舱内充以一定压力的空气，达到平衡地下水压力和疏干挖掘面土体中地下水的作用。

泥水平衡理论就是以含有一定量黏土的且具有一定相对密度的泥浆水充满掘进机的泥水舱，并对它施加一定的压力，以平衡地下水压力和土压力的一种顶管施工理论。按照该理论，泥浆水在挖掘面上能形成泥膜，以防止地下水的渗透，然后再加上一定的压力就可平衡地下水压力，同时，也可以平衡土压力。该理论用于顶管施工始于20世纪50年代末期。

土压平衡理论就是以掘进机土舱内泥土的压力来平衡掘进机所处土层的土压力和地下水压力的顶管理论。

从目前发展趋势来看，土压平衡理论的应用已越来越广，因而采用土压平衡理论设计出来的顶管掘进机也应用得越来越普遍。

8.3.2　顶管施工的分类及特点

顶管施工的分类方法很多，而且每一种分类方法都只是从某一个侧面强调某一方面，不能也无法概全，所以，每一种分类方法都有其局限性。下面介绍几种使用最为普通的分类方法。

按照前方挖土方式的不同，顶管可分为三种：① 普通顶管——管前用人工挖土，设备简单，能适应不同的土质，但工效较低；② 机械化顶管——工作面采用机械挖土，工效高，但对土质变化的适应性较差，该方法又分为全面挖掘式和螺旋钻进式两种，亦可与人工挖土相结合；③ 水射顶管——使用水力射流破碎土层，工作面要求密闭，破碎的土块与水混合成泥浆，用水力运输机械运出管外，多用于穿越河流的顶管，现场要求有供水源和排水道，这种顶管的机头是密封的。

按所顶管子口径之大小，顶管可分为大口径、中口径、小口径和微型四种：① 大口径多指 $\phi2000mm$ 以上的顶管，人能在这样口径的管道中站立和自由行走。大口径的顶管设备也比较庞大，管子自重也较大，顶进比较复杂。最大口径可达 $\phi5000mm$，比小型盾构还大。② 中口径是指人猫着腰可以在其内行走的管子，但有时不能走得太远。这种管子口径为 $\phi1200\sim\phi1800mm$。在顶管中占大多数。③ 小口径是指人只能在管内爬行，有时甚至于爬行也比较困难的管子。这种管子口径在 $\phi500\sim\phi1000mm$ 之间。④ 微型顶管其口径很小，人无法进入管子里，通常在 $\phi400mm$ 以下，最小的只有 $\phi75mm$。这种口径的管子一般都埋得较浅，所穿越的土层有时也很复杂，已成为顶管施工的一个新的分支，技术发展很快，这种顶管在形式上也不断创新。

按推进管前工具管或掘进机的作业形式来分，推进管前只有一个钢制的带刃口的管子，具有挖土保护和纠偏功能的被称为工具管，人在工具管内挖土，这种顶管则被称为手掘式；如果工具管内的土是被挤进来再做处理的就被称为挤压式。挤压式顶管只适用于软黏土中，而且覆土深度要求比较深。通常条件下，不用任何辅助施工措施。手掘式只适用于能自立的土中，如果在含水量较大的砂土中，则需要采用降水等辅助施工措施。如果是比较软的黏土则可采用注浆以改善土质，或者在工具管前加网格，以稳定挖掘面。手掘式的最大特点是在地下障碍较多且较大的条件下，排除障碍的可能性最大、最好。

按推进管的管材，顶管可分为钢筋混凝土管顶管和钢管顶管以及其他管材的顶管。

按顶进管子轨迹的曲直，顶管可分为直线顶管和曲线顶管。其中，曲线顶管技术相当复杂，是顶管施工的难点之一。

按工作坑和接收坑之间距离的长短，顶管可分为普通顶管和长距离顶管。而长距离顶管是随顶管技术不断发展而发展的。过去把 100m 左右的顶管就称为长距离顶管。而现在随着注浆减摩技术水平的提高和设备的不断改进，百米已不成为长距离了。现在通常把一次顶进 300m 以上距离的顶管才称为长距离顶管。

顶管施工是一门涉及知识面广、施工管理要求高、施工作业要求严的综合性施工技术。近十余年来，随着各国经济的不断发展、城市化进程的加速和下水道普及率的提高以及旧城区的改造，公用事业的发展，顶管施工也越来越普及。

顶管施工有一个最突出的特点就是适应性问题。针对不同的土质、不同的施工条件和不同的要求，必须选用与之适应的顶管施工方式，这样才能达到事半功倍的效果；反之则可能使顶管施工出现问题，严重的会使顶管施工失败，给工程造成巨大损失。

在特殊地层和地表环境下施工，顶管法具有很多优点。与明挖管方法相比，其主要优点在于：①减少土方工程的开挖量，可以减少对路面、绿化等设施的破坏，减少建筑垃圾集中搬运的污染；②节约沟管基座材料，可以减少水泥、砂石料的用量；③不干扰地面交通，对穿越交叉路口、铁路道口、河堤尤为显著；④不必搬迁地面建（构）筑物，顶管法可穿越地面和地下建筑；⑤施工场地少，有利于市区建筑密集地段新管道的铺设和旧管道的维修；⑥施工噪声少，减少对沿线环境的影响；⑦直接在松软土层或富水松软地层中敷设中、小型管道，无需挖槽或开挖土方，可避免为疏干和固结土体而采用降低水位等辅助措施，从而大大加快了施工进度。但也有以下不足之处：①曲率半径小而且多种曲线组合在一起时，施工就非常困难；②在软土层中容易发生偏差，而且纠正这种偏差又比较困难，管道容易产生不均匀下沉；③推进过程中如果遇到障碍物时处理这些障碍物则非常困难；④在覆土浅的条件下显得不很经济。

与盾构施工相比，顶管法主要优点在于：①推进完了不需要进行衬砌，节省材料，同时也可缩短工期；②工作坑和接收坑占用面积小，公害少；③挖掘断面小，渣土处理量少；④作业人员少；⑤造价比盾构施工低；⑥地面沉降小。但也有如下缺点：①超长距离顶进比较困难，曲率半径变化大时施工也比较困难；②大口径，如 φ5000mm 以上的顶管几乎不太可能；③在转折多的复杂条件下施工则工作坑和接收坑都会增加。

8.3.3　顶管法的基本设备构成

顶管法主要由顶进设备、工具管、中继环、工程管及吸泥设备等构成。下面分别介绍各部分的功能。

1. 顶进设备

顶进设备主要包括后座立油缸、顶铁和导轨等，其具体布置如图 1-8-36 所示。

后座设置在主油缸与反力墙之间，其作用是将油缸的集中力分散传递给反力墙。通常采用分离式，即每个主油缸后各设置一块后座。

主油缸是顶进设备的核心，有多种顶力规格。常用行程 1.1m、顶力 400t 的

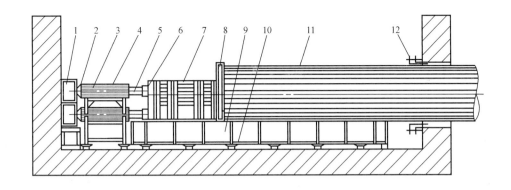

图 1-8-36 顶进设备布置图

1—后座；2—调整垫；3—后座支架；4—油缸支架；5—主油缸；6—刚性顶铁；
7—U 形顶铁；8—环形顶铁；9—导轨；10—预埋板；11—管道；12—穿墙止水

组合布置方式，对称布置四只油缸，最大顶力可达 1600t。

顶铁主要是为了弥补油缸行程不足而设置的。顶铁的厚度一般小于油缸行程，形状为 U 形，以便于人员进出管道，其他形状的顶铁主要起扩散顶力的作用。

导轨在顶管时起导向作用，在接管时作为管道吊放和拼焊平台。导轨的高度约 1m，顶进时，管道沿橡皮导轨滑行，不会损伤外部防腐涂层。

2. 工具管（又称顶管机头）

工具管安装于管道前端，是控制顶管方向、出泥和防止塌方等多功能装置。外形与管道相似，它由普通顶管中的刃口演变而来，可以重复使用。目前常用三段双铰型工具管，如图 1-8-37 所示。前段与中段之间设置一对水平铰链，通过上下纠偏油缸，可使前段绕水平铰上下转动；同样，垂直铰链通过左右纠偏油缸可实现（由中段带动）前段绕垂直铰链作左右转动。由此实现顶进过程的纠偏。

工具管的前段与铰座之间用螺栓固定，可方便拆卸，这样根据土质条件可更换不同类型的前段。为了防止地下水和泥砂由段间缝隙进入，段间连接处内、外设置两道止水圈（它能承受地下水头压力），以保证工具管纠偏过程在密封条件下进行。

工具管内部分冲泥舱、操作室和控制室三部分。冲泥舱前端是尺脚及格栅，其作用是切土和挤土，并加强管口刚度，防止切土时变形，冲泥舱后是操作室，由胸板隔开。工人在操作室内操纵冲泥设备。泥砂从格栅被挤入冲泥舱，冲泥设备将其破碎成泥浆，泥浆通过吸泥口、吸泥管和清理阴井被水力吸泥机排放到管外。工具管的后部为控制室，是顶管施工的控制中心，用以了解顶管过程、操纵纠偏机械、发出顶管指令等。

工具管尾部设泥浆环，可向管道与土体间隙压注泥浆，用以减少管壁四周摩

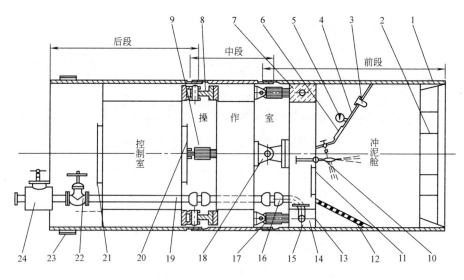

图 1-8-37　三段双铰型工具管

1—刃脚；2—格栅；3—照明灯；4—胸板；5—真空压力表；6—观察窗；7—高压水仓；
8—垂直铰链；9—左右纠偏油缸；10—水枪；11—小水密门；12—吸口格栅；13—吸泥口；
14—阴井；15—吸管进口；16—双球活接头；17—上下纠偏油缸；18—水平铰链；19—吸
泥管；20—气闸门；21—大水密门；22—吸泥管闸阀；23—泥浆环；24—清理阴井

擦阻力。

3. 中继环

长距离顶管，采用中继环接力顶进技术是十分有效的措施，中继环是长距离顶管中继接力的必需设备。

其实质是将长距离顶管分成若干段，在段与段之间设置中继接力顶进设备（中继环），如图 1-8-38 所示，以增大顶进长度，中继环内成环形布置有若干中继油缸，中继油缸工作时，后面的管段成了后座，前面的管段被推向前方。这样可以分段克服摩擦阻力，使每段管道的顶力降低到允许顶力范围内。

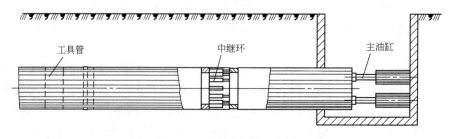

图 1-8-38　中继顶管示意图

常用中继环的构造如图 1-8-39 所示。前后管段均设置环形梁，于前环形梁上均布中继油缸，两环形梁间设置替顶环，供拆除中继油缸使用。前后管段间采用套接方式，其间有橡胶密封圈，防止泥水渗漏。施工结束后割除前后管段环形梁，以不影响管道的正常使用。

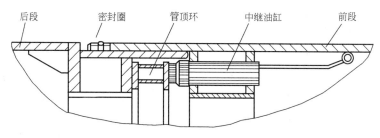

图 1-8-39 中继环构造

4. 工程管

工程管是地下工程管道的主体，目前顶进的工程管主要是根据地下管道直径确定的圆形钢管，通常管径为 1.5～3.0m，当管径大于 4m 时，顶进困难，施工不一定经济。美国用顶管法施工地下人行通道的管道直径已达 4m，顶进距离超过 400m，并认为是经济的。

5. 吸泥设备

管道顶进过程中，正前方不断有泥砂进入工具管的冲泥舱，通常采用水枪冲泥，水力吸泥机排放，由管道运输。

水力吸泥机的优点是结构简单，其特点是高压水走弯道，泥水混合体走直道，能量损失小，出泥效率高，可连续运输。

8.3.4 顶管法的顶力计算

顶管的顶推力随顶进长度增加而增大，但受管道强度限制不能无限增大，因此采用管尾推进方法时，必须解决管道强度允许范围内的顶进距离问题和中继接力顶进的合理位置。

管道顶进阻力，主要由正面阻力和管壁四周摩擦阻力两部分组成，即

$$D = \frac{1}{4} \pi a D^2 + \pi f D L \tag{1-8-6}$$

式中　D——管道的外径；

　　　L——管道顶进长度；

　　　a——正面阻力系数，与工具管构造有关，施工时一般控制在 $a = 30 \sim 50 \text{t/m}^2$；

　　　f——管壁四周的平均摩擦系数（t/m^2）。

根据工程情况，也可按下列公式估算顶力：

$$P = f \times [2 \times (G_v + G_z) \times D \times L + P_0] \tag{1-8-7}$$

式中　P——总顶力；

　　　f——管道外壁与土的摩擦系数；

G_v——形成土拱的垂直土压力；

G_z——形成土拱的侧向土压力；

D——管道外径；

L——顶管设计长度；

P_0——管道总重。

长距离顶管的正面阻力可认为是常数，管壁四周摩擦阻力与顶进长度成正比。为了减少管壁四周摩擦阻力，工程中采用管壁外压注触变泥浆方法，即在工具管尾部将触变泥浆压送至管壁外，在管周围形成一定厚度的泥浆套，使顶进的管道在泥浆套中向前滑移。实践证明，采用泥浆减阻后，摩擦阻力可大幅度下降。当采用触变泥浆后，管壁四周的摩擦系数基本与管道的覆土深度无关，与土层的物理力学性质关系也不大。

管道弯曲是管道摩擦阻力增大的主要原因，此处管壁局部对土体产生附加压力，管壁与土体间的触变泥浆被挤掉。在长距离顶管施工中，由于工期较长，触变泥浆容易失水，沿顶进管程适当设置补浆孔，及时补给新配制的泥浆，对于减小阻力是很必要的。

顶管法设计时，应首先根据管道大小和地层特性估算顶力，根据顶进设备的能力确定中继接力长度及其他辅助措施。

顶管顶推力计算是顶管施工中最常用的、最基本的计算之一，不同的顶管方法，其顶推力的计算方法也有所不同，应根据具体工程分析计算。

8.3.5　顶管施工的基本原理

顶管施工就是借助于主顶油缸及管道间中继间等的推力，把工具管或掘进机从工作坑内穿过土层一直推到接收坑内吊起。与此同时，也就把紧随工具管或掘进机后的管道埋设在两坑之间，这是一种非开挖的敷设地下管道的施工方法，如图 1-8-40 所示，共有 19 部分。

一个比较完整的顶管施工大体包括以下十六大部分：

（1）工作坑和接收坑——工作坑也称基坑。工作坑是安放所有顶进设备的场所，也是顶管掘进机的始发场所。工作坑还是承受主顶油缸推力的反作用力的构筑物。接收坑是接收掘进机的场所。通常管子从工作坑中一只只推进，到接收坑中把掘进机吊起以后，再把第一节管子推出一定长度后，整个顶管工程才基本告结束。有时在多段连续顶管的情况下，工作坑也可当接收坑用，但反过来则不行，因为一般情况下接收坑比工作坑小许多，顶管设备是无法安放的。

（2）洞口止水圈——洞口止水圈是安装在工作坑的出洞洞口和接收坑的进洞洞口，具有防止地下水和泥砂流到工作坑和接收坑的功能。

（3）掘进机——掘进机是顶管用的机器，它总是安放在所顶管道的最前端，它有各种形式，是决定顶管成败的关键所在。在手掘式顶管施工中是不用掘进机

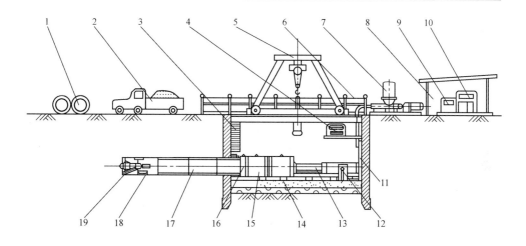

图 1-8-40　顶管施工图

1—混凝土管；2—运输车；3—扶梯；4—主顶油泵；5—行车；6—安全护栏；

7—润滑注浆系统；8—操纵房；9—配电系统；10—操纵系统；11—后座；

12—测量系统；13—主顶油缸；14—导轨；15—弧形顶铁；16—环形顶铁；

17—混凝土管；18—运土车；19—机头

而只用一只工具管。不管哪种形式，掘进机的功能都是取土和确保管道顶进方向的正确性。

（4）主顶装置——主顶装置由主顶油缸、主顶油泵和操纵台及油管等四部分构成。主顶油缸是管子推进的动力，它多呈对称状布置在管壁周边。在大多数情况下都成双数，且左右对称。主顶油缸的压力油由主顶油泵通过高压油管供给。常用的压力在 32～42MPa 之间，高的可达 50MPa。主顶油缸的推进和回缩是通过操纵台控制的，操纵方式有电动和手动两种，前者使用电磁阀或电液阀，后者使用手动换向阀。

（5）顶铁——顶铁有环形顶铁和弧形或马蹄形顶铁之分。环形顶铁的主要作用是把主顶油缸的推力较均匀地分布在所顶管子的端面上。弧形或马蹄形顶铁是为了弥补主顶油缸行程与管节长度之间的不足。弧形顶铁用于手掘式、土压平衡式等许多方式的顶管中，它的开口是向上的，便于管道内出土。而马蹄形顶铁则是倒扣在基坑导轨上的，开口方向与弧形顶铁相反。它只用于泥水平衡式顶管中。

（6）基坑导轨——基坑导轨是由两根平行的箱形钢结构焊接在轨枕上制成的。它的作用主要有两点：一是使推进管在工作坑中有一个稳定的导向，并使推进管沿该导向进入土中；二是让环形、弧形顶铁工作时能有一个可靠的托架。基坑导轨有的用重轨制成，但重轨较脆，容易折断。重轨制成的基坑导轨的优点是耐磨性好。

（7）后座墙——后座墙是把主顶油缸推力的反力传递到工作坑后部土体中去

的墙体。它的构造会因工作坑的构筑方式不同而不同。在沉井工作坑中，后座墙一般就是工作井的后方井壁。在钢板桩工作坑中，必须在工作坑内的后方与钢板桩之间浇筑一座与工作坑宽度相等的厚度为 0.5～1m 的钢筋混凝土墙，目的是使推力的反力能比较均匀地作用到土体中去，尽可能地使主顶油缸的总推力的作用面积大些。由于主顶油缸较细，对于后座墙的混凝土结构来讲只相当于几个点，如果把主顶油缸直接抵在座墙上，则后座墙极容易损坏。为了防止此类事情发生，在后座墙与主顶油缸之间，我们再垫上一块厚度在 200～300mm 之间的钢结构构件，称之为后靠背。通过它把油缸的反力较均匀地传递到后座墙上，这样后座墙也就不太容易损坏。

（8）推进用管及接口——推进用管分为多管节和单一管节两大类。多管节的推进管大多为钢筋混凝土管，管节长度有 2～3m 不等。这类管都必须采用可靠的管接口，该接口必须在施工时和施工完成以后的使用过程中都不渗漏。这种管接口形式有企口形、T 形和 F 形等多种形式。单一管节的是钢管，它的接口都是焊接成的，施工完工以后变成一根刚性较大的管子。它的优点是焊接接口不易渗漏，缺点是只能用于直线顶管，而不能用于曲线顶管。除此之外，也有些PVC 管可用于顶管，但一般顶距都比较短。铸铁管在经过改造后也可用于顶管。

（9）输土装置——输土装置会因不同的推进方式而不同。在手掘式顶管中，大多采用人力劳动车出土；在土压平衡式顶管中，有蓄电池拖车、土砂泵等方式出土；在泥水平衡式顶管中，都采用泥浆泵和管道输送泥水。

（10）地面起吊设备——地面起吊设备最常用的是门式行车，它操作简便、工作可靠，不同口径的管子应配不同吨位的行车，其缺点是转移过程中拆装比较困难。汽车式起重机和履带式起重机也是常用的地面起吊设备，其优点是转移方便、灵活。

（11）测量装置——通常用得最普遍的测量装置就是置于基坑后部的经纬仪和水准仪。使用经纬仪来测量管子的左右偏差，使用水准仪来测量管子的高低偏差。有时所顶管子的距离比较短，也可只用上述两种仪器的任何一种。在机械式顶管中，大多使用激光经纬仪，它是在普通的经纬仪上加装一个激光发射器而构成的。激光束打在掘进机的光靶上，观察光靶上光点的位置就可判断管子顶进的高低和左右偏差。

（12）注浆系统——注浆系统由拌浆、注浆和管道三部分组成。拌浆是把注浆材料兑水以后再搅拌成所需的浆液。注浆是通过注浆泵来进行的，它可以控制注浆的压力和注浆量。管道分为总管和支管，总管安装在管道内的一侧。支管则把总管内压送过来的浆液输送到每个注浆孔去。

（13）中继站——中继站亦称中继间，它是长距离顶管中不可缺少的设备。中继站内均匀地安装有许多台油缸，这些油缸把它们前面的一段管子推进一定长度以后，如 300mm，然后再让它后面的中继站或主顶油缸把该中继站油缸缩回。

这样一只连一只、一次连一次就可以把很长的一段管子分几段顶。最终依次把由前到后的中继站油缸拆除，一个个中继站合拢即可。

（14）辅助施工——顶管施工有时离不开一些辅助的施工方法，如手掘式顶管中常用的井点降水、注剂等，又如进出洞口加固时常用的高压旋喷施工和搅拌桩施工等。不同的顶管方式以及不同的土质条件应采用不同的辅助施工方法。顶管常用的辅助施工方法有井点降水、高压旋喷、注剂、搅拌桩、冻结法等多种，都要因地制宜地使用才能达到事半功倍的效果。

（15）供电及照明——顶管施工中常用的供电方式有两种：在距离较短和口径较小的顶管中以及在用电量不大的手掘式顶管中，都采用直接供电。如动力电用380V，则由电缆直接把380V电输送到掘进机的电源箱中。另一种是在口径比较大而且顶进距离又比较长的情况下，都是把高压电如1000V的高压电输送到掘进机后的管子中，然后由管子中的变压器进行降压，降至380V再送到掘进机的电源箱中去。高压供电的好处是中途损耗少而且所用电缆可细些，但高压供电危险性大，要慎重，更要做好用电安全工作和采取各种有效的防触电、漏电措施。照明通常也有低压和高压两种：手掘式顶管施工中的行灯应选用12～24V低压电源。若管径大的，照明灯固定的则可采用220V电源，同时，也必须采取安全用电措施来加以保护。

（16）通风与换气——通风与换气是长距离顶管中不可缺少的一环，不然的话，则可能发生缺氧或气体中毒现象，千万不能大意。顶管中的换气应采用专用的抽风机或者采用鼓风机。通风管道一直通到掘进机内，把混浊的空气抽离工作井，然后让新鲜空气自然地补充。或者使用鼓风机，使工作井内的空气强制流通。

顶管施工的流程大体如图1-8-41所示。

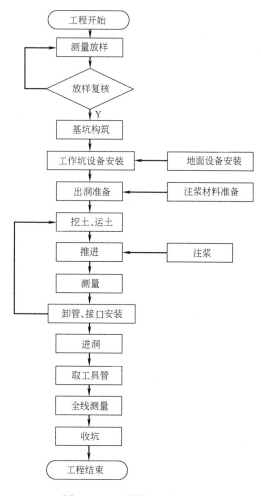

图 1-8-41　顶管施工流程图

8.3.6　顶管法施工技术

顶管法施工包括顶管工作坑的开挖、穿墙管及穿墙技术、顶进与纠偏技术、局部气压与冲泥技术和触变泥浆减阻技术。顶管施工目前已基本形成一套完整独立的系统。

1. 顶管工作坑的开挖

工作坑主要安装顶进设备，承受最大的顶进力，要有足够的坚固性。一般选用圆形结构，采用沉井法或地下连续墙法施工。沉井法施工时，在沉井壁管道顶进处要预设穿墙管，沉井下沉前，应在穿墙管内填满黏土，以避免地下水和土大量涌入工作坑中。

采用地下连续墙法施工时，在管道穿墙位置要设置钢制锥形管，用楔形木块填塞。开挖工作井时，木块起挡土作用。井内要现浇各层圈梁，以保持地下墙各槽段的整体性。在顶管工作面的圈梁要有足够的高度和刚度，管轴线两侧要设置两道与圈梁嵌固的侧墙，顶管时承受拉力，保证圈梁整体受力。工作坑最小长度的估算方法如下：

（1）按正常顶进需要计算

$$L \geqslant b_1 + b_2 + b_3 + l_1 + l_2 + l_3 + l_4 \qquad (1\text{-}8\text{-}8)$$

式中　b_1——后座厚度，$b_1 = 40 \sim 65\text{cm}$；

b_2——刚性顶铁厚度，$b_2 = 25 \sim 35\text{cm}$；

b_3——环形顶铁厚度，$b_3 = 12 \sim 30\text{cm}$；

l_1——工程管段长度；

l_2——主油缸长度；

l_3——井内留接管最小长度，一般取 70cm；

l_4——管道回弹及富余量，一般取 30cm。

近似计算为：

$$L \geqslant 4.2\text{m} + l_1$$

（2）按最初穿墙状态需要计算

$$L \geqslant b_1 + b_2 + b_3 + l_2 + l_4 + l_5 + l_6 \qquad (1\text{-}8\text{-}9)$$

式中　l_5——工具管长度；

l_6——第一节管道长度。

近似计算为：

$$L \geqslant 6.0\text{m} + l_5$$

工作坑长度应按上述两种方法计算并取其较大值。

2. 穿墙管及穿墙技术

穿墙管是在工作坑的管道顶进位置预设的一段钢管，其目的是保证管道顺利顶进，且起防水挡土作用。穿墙管要有一定的结构强度和刚度，其构造如图

1-8-42所示。

从打开穿墙管网板，将工具管顶出井外，到安装好穿墙止水，这一过程称为穿墙。穿墙是顶管施工中一道重要工序，因为穿墙后工具管方向的准确程度将会给以后管道的方向控制和管道拼接工作带来一定影响。

为了避免地下水和土大量涌入工作坑，穿墙管内事先填满经过夯实的黄黏土。打开穿墙管网板，应立刻将工具管顶进，这时穿墙管内的黄黏土被挤压，堵住穿墙管与工具管之间的环缝，起临时止水作用。当其尾部接近穿墙管，泥浆环尚未进洞时，停止顶进，安装穿墙止水装置，如图1-8-43所示。止水圈不宜压得太紧，

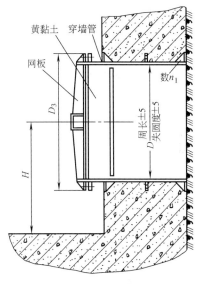

图 1-8-42　穿墙管构造图

以不漏浆为准，并留下一定的压缩量，以便磨损后仍能压紧止水。

3. 顶进与纠偏技术

工程管下放到工作坑中，在导轨上与顶进管道焊接好后，便可启动千斤顶。各千斤顶的顶进速度和顶力要确保均匀一致。

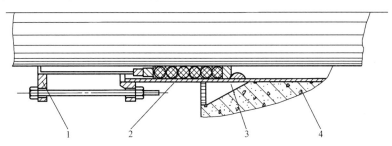

图 1-8-43　穿墙管止水装置
1—扎兰；2—盘根；3—挡墙；4—穿墙管

在顶进过程中，要加强方向检测，及时纠偏。纠偏通过改变工具管管端方向实现，必须随偏随纠，否则，偏离过多，造成工程管弯曲而增大摩擦力，加大顶进困难。一般讲，管道偏离轴线主要是工具管受外力不平衡造成，事先能消除不平衡外力，就能防止管道的偏位。因此，目前正在研究采用测力纠偏法。其核心是利用测定不平衡外力的大小来指导纠偏和控制管道顶进方向。

4. 局部气压与冲泥技术

在长距离顶管中，工具管采用局部气压施工往往是必要的。特别是在流砂或易坍方的软土层中顶管，采用局部气压法，对于减少出泥量、防止塌方和地面沉

裂、减少纠偏次数等都具有明显效果。

局部气压的大小以不塌方为原则，可等于或略小于地下水压力，但不宜过大，气压过大会造成正面土体排水固结，使正面阻力增加。局部气压施工中，若工具管正面遇到障碍物或正面格栅被堵，影响出泥，必要时人员需进入冲泥舱排除或修理，此时由操作室加气压，人员则在气压下进入冲泥舱，称气压应急处理。

管道顶进中由水枪冲泥，冲泥水压力一般为 15～20MPa，冲下的碎泥由水力吸泥机通过管道排放到井外。

5. 触变泥浆减阻技术

管外四周注触变泥浆，在工具管尾部进行，先压后顶，随顶随压，出口压力应大于地下水压力，压浆量控制在理论压浆量的 1.2～1.5 倍，以确保管壁外形成一定厚度的泥浆套。长距离顶管施工需注意及时给后继管道补充泥浆。

8.3.7　工程应用实例——顶管法施工技术在大秦水库输水管重建施工中的应用

大秦水库的地下输水管道重建工程，曾提出多种施工方案进行比较，最后确定采用顶管法施工方案。重建的地下输水管道设计内径为 1.2m 钢管道，设计要求 1/100 的坡降，工程实际顶进 92.78m，仅用了 36 天完成，收到较好的效果。现将该工程的设计和施工做法简述如下：

1. 管线布置

顶管法施工技术既适用于直线敷设管线，也适用转弯的管线。管线应布置在土质比较坚实的原生土中，如果条件所限，也可以布置在较密实的填土中，但均需满足一个条件，即挖洞土体必须要形成土拱。布置管线时，应考虑两端易连接相应的建筑物，尽量建在宜利用原土和已有建筑物作为顶管后座，以减少工程量。同时还应考虑满足布置工作坑，废土运输、排水、通风、管道运输和容易就位施工现场的地方。本工程管线布置在土坝下原两小山岗的原生土中，并布置为直线，管线总长为 100m。

2. 顶力计算

目前对顶力的计算尚无精确的公式，可按公式（1-8-7）估算顶力。

本工程按上述公式计算总顶力为 456t，施工时在管道底垫了钢板而减少了顶力，实际总顶力为 255t。

3. 管道设计

（1）结构分析

主要荷载有：施工压力、土压力、水压力、自重等；管道的结构分析按普通管道计算，但需要验算在顶力作用下管道轴向受压（假定管道四周可自由变形）时，管道是否满足稳定要求，如果不能满足轴向受压稳定要求，必须在中间设置加劲环（可起导向与加劲作用），以缩短轴向的计算长度。本工程管道主要受稳定条件控制，中间设置了两道加劲环才满足要求。

（2）预制管道

应考虑制作、运输、工作坑的大小等因素。本工程采用工厂制管：每节管长度 3.5～3.8m，管壁厚度 12mm。

（3）管径

管径有一定的限制，主要受管道的使用功能、管内作业和总顶力等因素影响。管径首先应满足使用要求，同时，管径越小，作业空间窄，效率低；管径越大，总顶力就越大。因此，管径要求一般取下限 0.8m，上限 3m 为宜。本工程考虑输水要求，取管内径 1.2m。

4. 后座设计

后座的作用是支承千斤顶的反力，承受反力时，必须保证不变形、不移位。因此后座的设计要考虑地质和地形条件。根据经验，后座重量一般为设计总顶力的 1.2～1.5 倍，本工程后座采用 M5 水泥砂浆砌块石，后座重量初始时为 200t，当顶进 65.2m 时，后座发生了位移变形；后来加大到 465t，顶管工程才完成。

后座支承千斤顶处墙体采用 C20 钢筋混凝土捣制，以保证有足够强度，它的工作面浇筑成与顶管轴线垂直，保证顶管管道按设计方向顶进。

5. 工作坑设计

工作坑的设计，主要受管道内外交通、运土、管道就位、千斤顶位置、测量、通风、排水等因素影响。

一般工作坑的设计按下述公式考虑：

$$L_工 = L_管 + L_顶 + L_余 \tag{1-8-10}$$

式中　$L_工$——工作坑长度；

　　　$L_管$——管道分节的最大长度；

　　　$L_顶$——千斤顶长度；

　　　$L_余$——富余长度。

$$B_工 = D + B_安 + b \tag{1-8-11}$$

式中　$B_工$——工作坑宽度；

　　　D——管道外径；

　　　$B_安$——通风、排水等机械安装位置；

　　　b——工作位置。

根据实践经验，工作坑采用长度 10～15m、宽 4～5m 为宜。本工程工作坑采用长度 9m、宽 4m。

6. 开挖、顶进与偏差控制

（1）开挖

开挖有机械开挖和人工开挖两种方法，本工程采用人工开挖。人工开挖的特点是工具少、工艺简单、操作方便、劳动强度大，但可采用轮班作业。

开挖管洞的质量是进度的关键，挖洞大小和方向要准确。本工程的管洞开挖首先是将土体圆心以下三分之一的土体挖成管外径一样大小，但不超挖；圆心以上三分之一的土体按管外径超挖 1～2mm，以减少顶力。遇到塌方时，采用强行顶管，然后在管内挖土。本工程挖洞时曾出现了离洞口 7.47m 和 85.02m 处出现塌方，都是采用强制顶进通过。为了保证挖洞规格，随时用水平仪、经纬仪检查方位和误差。

（2）顶进

管洞挖好，并检查高程、方位无误差后，铺贴薄钢板，用作导向并减少摩擦力作用，才可进行顶管。顶管程序为：首先检查导轨中线间距，安装高度；把合格的预制管道放下工作坑就位；把千斤顶施力加至管圆心以下三分之一处，若检查无误后，则放进横梁、顶铁，启动液压千斤顶，将管道逐段顶进；等油泵走完一行程后，关闭油泵，然后加顶梁、顶铁，再次启动液压千斤顶，继续顶进至剩余接头段。

（3）偏差控制

顶管施工时，要使顶进的管线与设计管线完全一致是不可能的，因此，测量纠偏是顶管施工技术的一项重要工序，当发现顶管偏位时，要及时纠正，绝忌累计纠偏。顶管出现偏差的因素有：洞挖不合格，千斤顶加力不均匀、力点偏移，土壤的局部变化等。当发生顶管偏差时，可采用木支撑或小千斤顶顶管头，边支撑边顶进，如果管头偏左，先将左边洞壁挖宽少许，再用支撑或小千斤顶一边支于左管道头，另一边支于右洞壁；如果管头偏右，调偏方法则相反；如果管头偏低，用木支撑或千斤顶一边支于洞底，一边支于管道头顶部；如果管头偏高，则要挖低洞底部。本工程顶管全部顶完时偏差：偏离轴线 10mm，高程偏差 37mm，均在允许范围内。

7. 接头与灌浆

（1）接头

管道接头也是顶管施工中的一个重要工序，其作用是：顶进时在管与管之间传递纵向力，在管线改变方向时传递横向力。根据本工程的管道使用功能要求，管道与管道接头之间要求密封。本工程管道接头在工作坑内进行焊接，顶管完成后，焊缝按国家验收标准，用 X 光及磁探探伤检测，焊缝均符合验收标准。

（2）灌浆

顶管施工中的灌浆有防渗、固结、回填作用。灌浆孔的布置为管顶每隔 10m造一孔，管道两侧每隔 5m 造一孔，造孔时采用品字形。灌浆程序：先灌两侧，后灌顶部；先灌稀液（水泥：水为 1∶3），后灌浓液（水泥：水为 1∶1～1∶2）。

大秦水库采用顶管法施工技术改建输水管道实践证明，采用顶管法施工与挖埋法比较，顶管法实际工程开支比挖埋法节约工程投资 56%，工期缩短 54 天，工程投入运用后未发现渗漏水现象。取得了良好的经济效益和社会效益。

顶管法毕竟有它的局限性，对于城市地下管线工程，一定要根据地质条件、地层特征和经济性等多种因素综合分析，切忌盲目使用。

顶管法施工技术仍在不断改进和发展之中，例如：① 减少顶力的方法，可以在洞底铺设薄钢板等，使原来管道对土的摩擦变为对钢的摩擦，这样摩擦力会大为减少；在管壁外灌注泥浆或润滑剂，以减少摩擦力。② 管道较长或顶力较大时设中继站，采用分段顶进或两头顶进。③ 依靠高新科技和计算机应用技术，在顶管头装置精密测量和自动导航仪表，来控制导向管掌握和控制顶管方向；现场管理人员可以在操作室控制，依靠计算机监控装置，采用三维仿真专家系统软件，指导工作面机械人完成工程指令。随着科学技术的发展，顶管法施工的工艺、方法也不断发展改进；并随社会经济发展的同时，人们对资源、环境、污染等因素的重视，已认识到必须走可持续发展的道路。因此，顶管法施工仍会是现代地下管线施工的一项重要施工技术。

思 考 题

8.1　简述逆作法的原理及施工特点。

8.2　逆作法地下室结构的浇筑方法有哪些？各有什么特点？

8.3　何为盾构法施工？盾构法施工的三大要素是什么？盾构法施工在隧道工程及地下工程施工中有何特点？

8.4　简述盾构机械的类型及其基本构造组成。盾构选型的基本原则有哪些？

8.5　简述各类盾构的施工工作过程要点及其适用范围、优缺点。

8.6　盾构法施工的准备工作主要有哪些？

8.7　盾构的开挖方式可分为哪几种？各种开挖方式又有何特点？

8.8　盾构在推进过程中如何控制盾构中心线与隧道设计中心线的偏差在规定范围内？

8.9　为什么要解决隧道衬砌防水问题？隧道衬砌防水方法有哪些？

8.10　简述盾构施工引起地表下沉的规律、原因及其控制方法。

8.11　什么是顶管法？它有什么优缺点？

8.12　顶管施工有哪几种分类方法？各方法如何分类？

8.13　顶管法主要由哪些设备等构成？各部分的功能是什么？

8.14　顶管法施工主要包括哪些内容？试简述之。

第9章 脚手架工程

脚手架是土木工程施工必备的重要设施，它是为保证高处作业安全、顺利进行施工而搭设的工作平台或作业通道。

过去我国的脚手架主要利用竹、木材料。以后发展出现了钢管扣件式脚手架以及各种钢制工具式脚手架。20 世纪 80 年代以后，随着土木工程的发展，又开发出一系列新型脚手架，如升降式脚手架等。

脚手架的种类很多，按其搭设位置分为外脚手架和里脚手架两大类；按其所用材料分为竹脚手架与金属脚手架；按其构造形式分为多立杆式、门式、悬挑（挂）式、升降式等。目前脚手架的发展趋势是采用高强度金属材料制作、具有多种功用的组合式脚手架，可以适用不同情况作业的要求。

对脚手架的基本要求是：工作面满足工人操作、材料堆置和运输的需要；结构有足够的承载能力和稳定性，变形满足要求；装拆简便，便于周转使用。

外脚手架按搭设安装的方式有四种基本形式，即落地式脚手架、悬挑式脚手架、悬挂式脚手架及升降式脚手架（图 1-9-1）。搭设高度不大的里脚手架一般用小型工具式的脚手架，如搭设高度较大时可用移动式里脚手架或满堂搭设的脚手架。

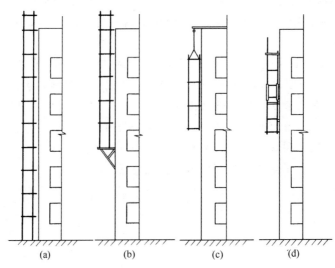

图 1-9-1　外脚手架的几种形式

（a）落地式；（b）悬挑式；（c）悬挂式；（d）升降式

§9.1 扣件式钢管脚手架

扣件式钢管脚手架由立杆、纵向水平杆、横向水平杆、剪刀撑、脚手板等组成。它可用于外脚手架（图1-9-2），也可作内部的满堂脚手架和模板支架，是目前常用的一种脚手架。

扣件式钢管脚手架的特点是：通用性强；搭设高度大；装卸方便；坚固耐用。

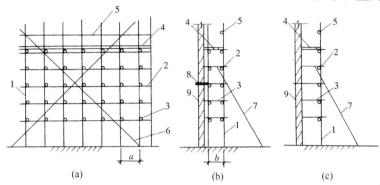

图 1-9-2　扣件式钢管外脚手架

(a) 立面；(b) 侧面（双排）；(c) 侧面（单排）

1—立杆；2—纵向水平杆；3—横向水平杆；4—脚手板；

5—栏杆；6—剪刀撑；7—抛撑；8—连墙件；9—墙体

9.1.1　组　成　构　件

扣件式脚手架是由标准钢管杆件（立杆、横杆、剪刀撑）和特制扣件组成的脚手架框架与脚手板、防护构件、连墙件等组成的。

1. 钢管杆件

钢管杆件一般采用外径48mm、壁厚3.6mm的焊接钢管或无缝钢管。用于立杆、纵向水平杆、剪刀撑的钢管最大长度不宜超过6.5m，最大重量不宜超过25.8kg，以便适合人工搬运。用于横向水平杆的钢管长度应适应脚手板的宽度。

2. 扣件

扣件用可锻铸铁或用铸钢板制造，其基本形式有三种（图1-9-3）：供两根成垂直相交钢管连接用固定的直角扣件、供两根成任意角度相交钢管连接用的回转扣件和供两根对接钢管连接用的对接扣件。

图 1-9-3　扣件形式

(a) 直角扣件；(b) 回转扣件；

(c) 对接扣件

在使用中，虽然回转扣件可连接任意角度的相交钢管，但对直角相交的钢管应用直角扣件连接，而不应用回转扣件连接。

3. 脚手板

脚手板有两种形式，一种是钢、木制成的长形脚手板，如冲压钢脚手板（一般用厚 2mm 的钢板冲压而成，长度 2～4m，宽度 250mm，表面设有防滑措施），又如厚度不小于 50mm 的杉木板或松木板，长度 3～5m，宽度 250～300mm。另一种是竹脚手板，它采用毛竹或楠竹制作成竹串片板或竹笆板。

4. 连墙件

当扣件式钢管脚手架用于外脚手架时，必须设置连墙件。连墙件将立杆与主体结构连接在一起，可有效地防止脚手架的失稳与倾覆。常用的连接形式有刚性连接与柔性连接两种，但都必须同时满足承受拉力和压力的要求。

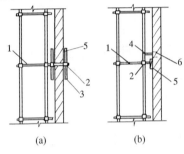

刚性连接一般通过连墙杆、扣件和墙体上的预埋件连接（图1-9-4）。这种连接方式具有较大的刚度，其既能受拉，又能受压，在荷载作用下变形较小。

柔性连接则通过钢丝或小直径的钢筋、顶撑、木楔等与墙体上的预埋件连接，其刚度较小（图 1-9-4b），只能用于高度 24m 以下的脚手架。

图 1-9-4   连墙件

（a）刚性连接；（b）柔性连接

1—连墙杆；2—扣件；3—刚性钢管；
4—钢丝；5—木楔；6—预埋件

5. 底座

底座一般采用厚8mm，边长 150～200mm 的钢板作底板，上焊 150mm 高的钢管。底座形式有内插式和外套式两种（图1-9-5），内插式的外径 D_1 比立杆内径小 2mm，外套式的内径 D_2 比立杆外径大 2mm。

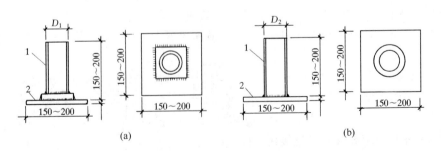

图 1-9-5   扣件钢管架底座

（a）内插式底座；（b）外套式底座

1—承插钢管；2—钢板底座

9.1.2　搭设的基本要求

钢管扣件脚手架搭设中应注意地基平整坚实，底部设置底座和垫板，并有可靠的排水措施，以防止积水浸泡地基。

双排脚手架立杆横距 1.05～1.55m，纵距 1.2～2.0m；单排脚手架的横距 1.2～1.4m，纵距 1.2～2.0m，脚手架的步距 1.5～1.8m。脚手架立杆的纵、横距及步距根据荷载大小确定。单排脚手架横向水平杆伸入墙内的长度不应小于 180mm。

单排脚手架的搭设高度不大于 24m；双排脚手架的搭设高度不大于 50m。高度大于 50m 的双排脚手架应采用分段搭设的措施。

纵向水平杆应设置与立杆的内侧，其接长可采用对接扣件或搭接连接。主节点处必须设置一根横向水平杆，用直角扣件扣接并严禁拆除。立杆的接长除顶层顶步外，必须采用对接扣件连接。

剪刀撑与地面的夹角宜在 45°～60°范围内。交叉的两根剪刀撑分别通过回转扣件扣在立杆及小横杆的伸出部分上，以避免两根剪刀撑相交时把钢管别弯。剪刀撑的长度较大，因此除两端扣紧外，中间尚需增加 2～4 个扣接点。

连墙件设置需从底部第一根纵向水平杆处开始，布置应均匀，设置位置应靠近脚手架杆件的节点处，与结构的连接应牢固。每个连墙件的布置间距可参考表 1-9-1。在搭设时，必须配合施工进度，使一次搭设的高度不应超过相邻连墙件以上 2 步。

连墙件布置的最大间距　　　　　　　　　　　表 1-9-1

脚手架高度（m）		竖向间距	水平间距	每个连墙件覆盖面积
双　排	≤50	3h	3l_a	≤40
	>50	2h	3l_a	≤27
单　排	≤24	3h	3l_a	≤40

说明：h—脚手架的步距（m）；l_a—脚手架的纵距（m）。

开口形脚手架的两端必须设置连墙件，其垂直间距不应大于建筑物的层高，并不应大于 4m。

§9.2　碗扣式钢管脚手架

碗扣式钢管脚手架是一种多功能脚手架，可用于里、外脚手架。其杆件节点处采用碗扣承插连接，由于碗扣是固定在钢管上的，构件全部轴向连接，力学性能好，其连接可靠，组成的脚手架整体性好，不存在扣件丢失问题。在我国近年来发展较快，现已广泛用于房屋、桥梁、涵洞、隧道、烟囱、水塔、大坝、大跨度棚架等多种工程施工中。

9.2.1 基 本 构 造

碗扣式钢管脚手架由钢管立杆、横杆、碗扣接头等组成。其基本构造和搭设要求与扣件式钢管脚手架类似，不同之处主要在于碗扣接头。

碗扣接头（图1-9-6）是由上碗扣、下碗扣、横杆接头和上碗扣的限位销等组成。在立杆上焊有下碗扣和上碗扣的限位销，将上碗扣套入立杆内。在横杆和斜杆上焊有插头，组装时，将横杆和斜杆插入下碗扣内，压紧和旋转上碗扣，利用限位销固定上碗扣。碗扣间距600mm，碗扣处可同时连接多根横杆，可以互相垂直或偏转一定角度。可组成直线形、曲线形、直角交叉等多种形式。

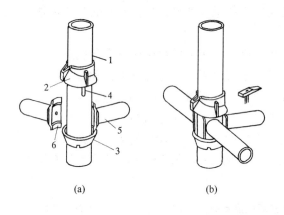

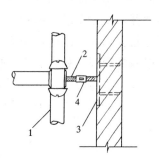

图 1-9-6   碗扣接头
（a）连接前；（b）连接后
1—立杆；2—上碗扣；3—下碗扣；4—限位销；
5—横杆；6—横杆插头

图 1-9-7   碗扣式脚手架的连墙件
1—脚手架；2—连墙杆；3—预埋件；
4—调节螺栓

9.2.2 搭 设 要 求

碗扣式钢管脚手架立柱横距为0.9～1.2m，纵距根据脚手架荷载可为1.2～1.5m，步架高为1.8～2.0m。脚手架垂直度对搭设高度在30m以下应控制在1/500以内，高度在30m以上的应控制在1/1000以内；总高垂直度偏差应不大于100mm。

碗扣式脚手架的连墙件应均匀布置。对高度在30m以下的脚手架，脚手架每40m² 竖向面积应设置1个；对高层或荷载较大的脚手架每20～25m² 竖向面积应设置1个。连墙件应尽可能设置在碗扣接头内（图1-9-7）。

§9.3 门式脚手架

门式脚手架是一种工厂生产、现场组拼的脚手架，是当今国际上应用最普遍的脚手架之一。它不仅可作为外脚手架，也可作为移动式里脚手架或满堂脚手架。门式脚手架因其几何尺寸标准化，结构合理、受力性能好，施工中装拆容易、安全可靠、经济实用等特点，广泛应用于建筑、桥梁、隧道、地铁等工程施工，若在门架下部安放轮子，也可以作为机电安装、油漆粉刷、设备维修、广告制作的活动工作平台。

门式脚手架的搭设高度应满足设计计算条件，并且，对落地、密目式安全网全封闭不应超过 40～55m；对悬挑、密目式安全立网全封闭不应超过 18～24m。

9.3.1 基本构造

门式脚手架基本单元是由门架、交叉撑、水平加固杆和连接棒组合而成（图 1-9-8）。若干基本单元通过连接器在竖向叠加，组成一个多层框架。在水平方向，用加固杆和水平梁架使相邻单元连成整体，加上斜梯、栏杆柱和横杆组成上下步相通的外脚手架。

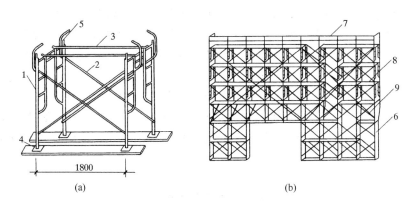

图 1-9-8　门式脚手架

（a）基本单元；（b）组合成的外脚手架

1—门架；2—交叉支撑；3—水平加固杆；4—调节螺栓；
5—连接棒；6—梯子；7—栏杆；8—脚手板；9—剪刀撑

9.3.2 搭设要求

门式脚手架的搭设顺序为：铺放垫木→安放底座→设立门架→安装交叉支撑→安装扫地杆→安装梯子→安装水平加固杆→安装连墙杆→……逐层向上……→安装剪刀撑。

在门式脚手架的顶层、连墙件设置层必须设置纵向水平加固杆。在搭设高度范围内，当搭设高度小于或等于40m时，至少每2步门架应设置1道水平加固杆；当搭设高度大于40m时，每步门架应设置1道。水平加固杆在层面上应连续设置。此外，在脚手架的转角处、开口型脚手架端部以及悬挑脚手架每步门架应设置1道。

门式脚手架剪刀撑的设置必须符合下列规定：

当门式脚手架搭设高度在24m及以下时。在脚手架的转角处、两端及中间间隔不超过15m的外侧立面必须各设置一道剪刀撑。并应由底至顶连续设置；当脚手架搭设高度超过24m时。在脚手架全外侧立面上必须设置连续剪刀撑；对于悬挑脚手架，在脚手架全外侧立面上必须设置连续剪刀撑。

连墙件的设置应满足计算要求，根据搭设高度，竖向间距控制在 $2h \sim 3h$（h 为步距），水平间距为 $2l \sim 3l$（l 为跨距）。在转角处或开口型脚手架端部，必须增设连墙件，连墙件的垂直间距不应大于建筑物的层高，且不应大于4.0m。

§9.4　升降式脚手架

升降式脚手架是沿结构外表面搭设的脚手架，它通过脚手架构件之间或脚手架与墙体之间互为支承、相互提升，可随结构施工逐渐提升，用于结构施工；在结构完成后，又可逐渐下降，作为装饰施工脚手架。近年来在高层建筑及筒仓、竖井、桥墩等施工中发展了多种形式的升降式脚手架，其中常用的有自升降式、互升降式、整体升降式三种类型。

升降式脚手架主要优点有：①脚手架不需沿建（构）筑物全高搭设（一般搭设3～4层高）；②脚手架不落地，不占施工场地；③可用于结构与装饰施工。但这种脚手架一次性投资较大，因此设计时应使其具有通用性，以便在不同的结构施工中周转使用。

9.4.1　自升降式脚手架

自升降脚手架由一个脚手架全高的固定架与一个2m左右高度的活动架组成，它们均可独立附墙，而两者之间又可相互上下运动。固定架及活动架的升降是通过手动或电动倒链来实现的。在结构或装饰施工时，活动架和固定架用附墙螺栓与墙体锚固；当脚手架需要升降时，活动架与固定架中的一个架子仍然锚固在墙体上，另一个架子则放松附墙螺栓，以固定在墙上的架子为支承，用倒链对另一个架子进行升降。通过活动架和固定架交替附墙，互相升降，脚手架即可沿着墙体上逐层升降（图1-9-9）。

自升降脚手架的优点是脚手架可单片独立升降，可用于局部结构的施工。但其刚度较小，提升活动架时固定架上端悬臂高度较大，稳定性较差；此外，在升

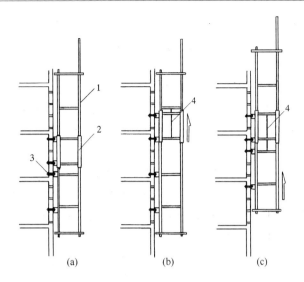

图 1-9-9　自升降式脚手架爬升过程

(a) 爬升前的位置；(b) 活动架爬升（半个层高）；

(c) 固定架爬升（半个层高）

1—固定架；2—活动架；3—附墙螺栓；4—倒链

降过程中操作人员位于被升降的架体上，安全性较差。

9.4.2　互升降式脚手架

互升降式脚手架分为甲、乙两种单元，通过倒链交替对甲、乙两单元进行升降，有时也可用塔式起重机提升。在结构或装饰施工时，甲单元与乙单元均用附墙螺栓与墙体锚固，两架之间无相对运动；当脚手架需要升降时，甲（或乙）单元锚固在墙体上，将相邻的乙（或甲）单元与墙体分离，使用倒链对其升降。通过甲、乙两单元交替附墙，相互升降，脚手架即可沿着墙体逐层升降（图 1-9-10）。与自升降式脚手架相比，互升降式脚手架优点是：结构简单、刚度大；提

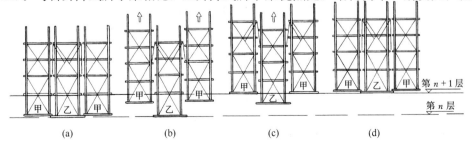

图 1-9-10　互升降式脚手架爬升过程

(a) 第 n 层作业；(b) 提升甲单元；(c) 提升乙单元；(d) 第 $n+1$ 层作业

升时操作人员位于固定在墙体上的单元上，易于操作、安全性好。但其使用必须沿结构四周全部布置，对局部的结构部位无法使用。

9.4.3 　 整体升降式脚手架

在超高的建筑或构筑物的结构施工中，整体升降式脚手架有明显的优越性，它结构整体好、升降快捷方便、机械化程度高、经济效益显著，是一种很有推广价值的外脚手架。

整体升降式外脚手架（图 1-9-11）一般以电动升降机为提升动力，使整个外脚手架沿建筑物外墙或柱整体向上爬升。搭设高度依结构施工层的层高而定，一般取 4 个层高加上安全栏的高度为架体的总高度。脚手架宽以 0.8～1m 为宜。

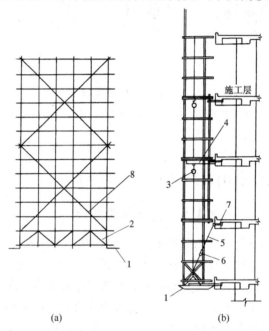

(a) 　　　　　　　　　(b)

图 1-9-11 　 整体升降式外脚手架

(a) 立面图；(b) 侧面图

1—承力架；2—加固桁架；3—电动提升机；4—挑梁；

5—斜拉杆；6—调节螺栓；7—附墙螺栓；8—剪刀撑

设计时可将架子沿建筑物外围分成若干单元，每个单元的宽度根据建筑物的开间而定，一般在 4～6m。

施工前应做好有关准备工作：

加工制作承力架等构件，准备电动升降机、钢丝绳等材料；

按结构平面图先确定承力架的位置，并在结构混凝土墙或梁内预埋螺栓或预留螺栓孔；

如结构的最下几层的层高或平面形状与上部不同（这在建筑中常见），应对下面几层搭设一般的外脚手架。

承力架通过 M25～M30 的螺栓与混凝土结构固定，承力架外侧用斜拉杆与上层结构拉结固定。在承力架上面搭设下层脚手架，再逐步搭向上整个架体，随搭随设置拉结点，并设剪刀撑。

安装工字钢挑梁，将电动升降机挂在挑梁下，开动电动升降机便可开始爬升。爬升到位后，先将承力架与结构固定。检查符合安全要求后，脚手架可开始使用。

与爬升操作顺序相反，利用电动升降机可使脚手架逐层下降，此时，应注意把留在结构中的上预留孔修补完毕。

另有一种液压提升整体式的脚手架-模板组合体系（图1-9-12），亦称整体提升钢平台体系。它通过设在建（构）筑内部的支承立柱及立柱顶部的平台桁架，利用液压设备进行脚手架的升降，同时也可升降结构的混凝土的模板。这种体系在超高层建筑中普遍使用。

整体提升脚手架安全性尤为重要，施工中应执行以下安全管理规定：

安装与拆卸整体提升脚手架必须由具有相应资质的单位承担，应当编制拆装方案、制

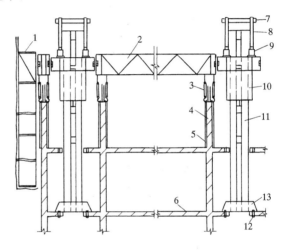

图 1-9-12　液压整体提升大模板

1—吊脚手；2—平台桁架；3—模板提升倒链；4—墙板；
5—大模板；6—楼板；7—支承挑架；8—提升支承杆；
9—千斤顶；10—提升导向架；11—支承立柱；12—固
定螺栓；13—底座

定安全施工措施，并由专业技术人员现场监督。安装完毕后，安全单位应当进行自检，出具自检合格证明，并向施工单位进行安全使用说明，办理验收手续并签字。

整体提升脚手架在使用前应当组织有关单位进行验收，也可以委托具有相应资质的检验检测机构进行验收，验收合格的方可使用。

§9.5　里 脚 手 架

里脚手架搭设于建（构）筑物内部，其使用过程中装拆较频繁，故要求轻便灵活，装拆方便。通常将其做成工具式的，结构形式有折叠式、支柱式和门架式。

图 1-9-13 所示为角钢折叠式里脚手架，其架设间距，砌墙时不超过 2m，粉

刷时不超过2.5m。根据施工层高,沿高度可以搭设两步脚手,第一步高约1m,第二步高约1.65m。

图1-9-14所示为套管式支柱,它是支柱式里脚手架的一种,将插管插入立管中,以销孔间距调节高度,在插管顶端的凹形支托内搁置方木横杆,横杆上铺设脚手架。架设高度为1.5~2.1m。

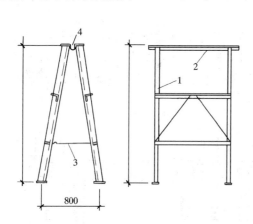 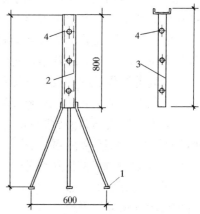

图1-9-13　折叠式里脚手架

1—立柱;2—横楞;3—挂钩;4—铰链

图1-9-14　套管式支柱

1—支脚;2—立管;3—插管;4—销孔

门架式里脚手架由两片A形支架与门架组成(图1-9-15)。其架设高度为1.5~2.4m,两片A形支架间距2.2~2.5m。

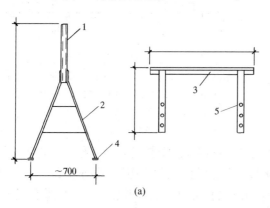 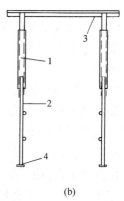

(a)　　　　　　　　　　　　　　(b)

图1-9-15　门架式里脚手架

(a)A形支架与门架;(b)安装示意

1—立管;2—支脚;3—门架;4—垫板;5—销孔

对高度较高的结构内部施工,如建筑的顶棚等可利用移动式里脚手架(图1-9-16),如作业面大、工程量大,则常常在施工区内搭设满堂脚手架,材料可用扣件式钢管、碗扣式钢管或用毛竹等。

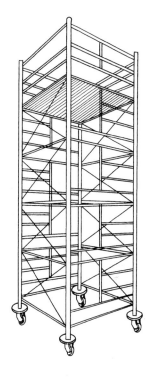

图 1-9-16 移动式里脚手架

思 考 题

9.1 扣件式钢管脚手架的构造如何？其搭设有何要求？

9.2 碗扣式脚手架、门式脚手架的构造有哪些特点？搭设中应注意哪些问题？

9.3 升降式脚手架有哪些类型？其构造有何特点？

9.4 试述自升式脚手架及互升式脚手架的升降原理。

9.5 整体式脚手架的安全管理有何要求？

9.6 里脚手架的结构有何特点？

第10章 防 水 工 程

§10.1 概　述

防水工程是房屋建筑一项十分重要的部分，不仅关系到建筑物的使用寿命，而且直接影响到生产活动和人民生活。其质量的优劣，涉及材料、设计、施工和使用保养等各方面，所以，在防水工程施工中，必须严格把好质量关，以保证结构的耐久性和正常使用。

根据防水使用的部位不同，防水工程包括屋面（楼地面）防水工程和地下防水工程。屋面（楼地面）防水工程主要是防止雨雪对屋面或生活用水对楼地面的间歇性浸透作用。地下防水工程主要是防止地下水对建筑物（构筑物）的经常性浸透作用。

根据防水的工作方式划分，防水工程分为材料防水和构造防水两大类。材料防水是靠建筑材料阻断水的通路，以达到防水的目的或增加抗渗漏的能力，如卷材防水、涂膜防水、混凝土及水泥砂浆刚性防水以及黏土、灰土类防水等。构造防水则是利用混凝土的密实度或采取合适的构造形式，阻断水的通路，以达到防水的目的，如止水带和空腔构造等。主要应用领域包括房屋建筑的屋面、地下、外墙、室内以及道路桥梁、地下空间等市政工程。

防水材料品种繁多，按其主要原料分为4类：

① 沥青类防水材料。以天然沥青、石油沥青和煤沥青为主要原材料，制成的沥青油毡、纸胎沥青油毡、溶剂型和水乳型沥青类或沥青橡胶类涂料、油膏，具有良好的粘结性、塑性、抗水性、防腐性和耐久性。

② 橡胶塑料类防水材料。以氯丁橡胶、丁基橡胶、三元乙丙橡胶、聚氯乙烯、聚异丁烯和聚氨酯等原材料，可制成弹性无胎防水卷材、防水薄膜、防水涂料、涂膜材料及油膏、胶泥、止水带等密封材料，具有抗拉强度高，弹性和延伸率大，粘结性、抗水性和耐气候性好等特点，可以冷用，使用年限较长。

③ 水泥类防水材料。对水泥有促凝密实作用的外加剂，如防水剂、加气剂和膨胀剂等，可增强水泥砂浆和混凝土的憎水性和抗渗性；以水泥和硅酸钠为基料配置的促凝灰浆，可用于地下工程的堵漏防水。

④ 金属类防水材料。薄钢板、镀锌钢板、压型钢板、涂层钢板等可直接作为屋面板，用以防水。薄钢板用于地下室或地下构筑物的金属防水层。薄铜板、薄铝板、不锈钢板可制成建筑物变形缝的止水带。金属防水层的连接处要焊接，

并涂刷防锈保护漆。

根据防水工程使用材料的性状不同，防水工程分为柔性防水和刚性防水两大类。柔性防水一般包括卷材防水和涂膜防水，具有重量轻、施工方便、延展性好、防水效果好等特点。刚性防水一般包括砂浆防水和混凝土刚性层防水，具有较好的耐久性。它可以和柔性防水共同使用，同时作为柔性防水层的保护层。

根据建筑物的类别、重要程度、使用功能要求等，我国规范将建筑物的地下防水和屋面防水均划分为四个等级，根据防水等级、防水层耐用年限来选用防水材料和进行构造设计，见表 1-10-1。

防水等级和设防要求 表 1-10-1

屋面防水		
防水等级	建筑类别	设防要求
Ⅰ级	重要建筑和高层建筑	二道防水设防
Ⅱ级	一般建筑	一道防水设防
地下工程防水		
防水等级	防水标准	
一级	不允许渗水，结构表面无湿渍	
二级	不允许漏水，结构表面可有少量湿渍； 房屋建筑地下工程：湿渍总面积不大于总防水面积的 1/1000，任意 100m² 防水面积不超过 2 处，单个湿渍面积不大于 0.1m²； 其他地下工程：湿渍总面积不大于防水面积的 2/1000，任意 100m² 防水面积不超过 3 处，单个湿渍面积不大于 0.2m²	
三级	有少量漏水点，不得有线流和漏泥砂； 任意 100m² 防水面积上的漏水或湿渍点数不超过 7 处，单个漏水点的最大漏水量不大于 2.5L/d，单个湿渍面积不大于 0.3m²	
四级	有漏水点，不得有线流和漏泥砂； 整个工程平均漏水量不大于 2L/(m²·d)，任意 100m² 防水面积的平均漏水量不大于 4L/(m²·d)	

目前主要使用的防水工程规范及技术规程包括：《地下工程防水技术规范》、《地下防水工程质量验收规范》、《屋面工程技术规范》、《屋面工程质量验收规范》、《种植屋面工程技术规程》、《建筑室内防水工程技术规程》、《建筑外墙防水工程技术规程》、《聚乙烯丙纶卷材复合防水工程技术规程》、《聚合物水泥、渗透结晶型防水材料应用技术规程》、《房屋渗漏修缮技术规程》、《地下工程渗漏治理技术规程》等。

§10.2 屋 面 防 水 工 程

除临时建筑外，普通建筑屋面防水一般采用两道设防，多用柔性防水层和刚性防水层结合的方式。柔性防水层多采用卷材防水或涂膜防水，刚性防水层多采用细石混凝土防水层。

10.2.1　卷　材　防　水　屋　面

卷材防水屋面是目前屋面防水的一种主要方法，尤其是在重要的工业与民用建筑工程中，应用十分广泛。卷材防水屋面通常是采用胶结材料将沥青防水卷材、高聚物改性沥青防水卷材、合成高分子防水卷材等柔性防水材料粘成一整片能防水的屋面覆盖层。胶结材料取决于卷材的种类，若采用沥青卷材，则以沥青胶结材料做粘贴层，一般为热铺；若采用高聚物改性沥青防水卷材或合成高分子防水卷材，则以特制的胶粘剂做粘贴层，一般为冷铺。

1. 卷材防水屋面的构造

卷材防水屋面一般由结构层、隔气层、保温层、找平层、防水层和保护层组成（图1-10-1）。其中隔气层和保温层在一定的气温条件和使用条件下可不设。

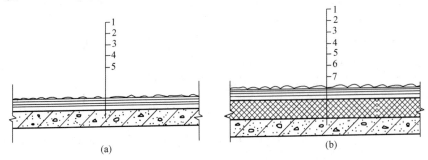

图 1-10-1　卷材防水屋面构造示意图
（a）不保温卷材防水屋面；（b）保温卷材防水屋面
1—保护层；2—卷材防水层；3—结合层；4—找平层；5—保温层；
6—隔气层；7—结构层

卷材防水屋面属柔性防水屋面，其优点是：重量轻，防水性能较好，尤其是防水层具有良好的柔韧性，能适应一定程度的结构振动和胀缩变形。缺点是：造价高，特别是沥青卷材易老化、起鼓、耐久性差，施工工序多，工效低，维修工作量大，产生渗漏时修补找漏困难等。

2. 卷材防水屋面的材料

（1）沥青

沥青是一种有机胶凝材料。在土木工程中，目前常用的是石油沥青。石油沥青按其用途可分为建筑石油沥青、道路石油沥青和普通石油沥青三种。建筑石油沥青黏性较高，多用于建筑物的屋面及地下工程防水；道路石油沥青则用于拌制沥青混凝土和沥青砂浆或道路工程；普通石油沥青因其温度稳定性差，黏性较低，在建筑工程中一般不单独使用，而是与建筑石油沥青掺配经氧化处理后使用。

针入度、延伸度和软化点是划分沥青牌号的依据。工程上通常根据针入度指标确定牌号，每个牌号则应保证相应的延伸度和软化点。例如，建筑石油沥青按针入度指标划分为 10 号、30 号乙、30 号甲三种。在同品种的石油沥青中，其牌号增大时，则针入度和延伸度增大，而软化点则减小。沥青牌号的选用，应根据当地的气温及屋面坡度情况综合考虑，气温高、坡度大，则选用小牌号，以防止流淌；气温低、坡度小，要选用大牌号，以减小脆裂。石油沥青牌号及主要技术质量标准见表 1-10-2。

石油沥青牌号及主要技术标准 表 1-10-2

石油沥青牌号	针入度 25℃	延伸度(mm) 25℃	软化点℃ 不小于	石油沥青牌号	针入度 25℃	延伸度(mm) 25℃	软化点℃ 不小于
60 甲	41～80	600	45	30 乙	21～40	30	60
60 乙	41～80	400	45	10	5～20	10	95
30 甲	21～80	30	70				

沥青贮存时，应按不同品种、牌号分别存放，避免雨水、阳光直接淋晒，并要远离火源。

（2）卷材

1）沥青卷材

沥青防水卷材，按制造方法的不同可分为浸渍（有胎）和辊压（无胎）两种。石油沥青卷材又称油毡和油纸。油毡是用高软化点的石油沥青涂盖油纸的两面，再撒上一层滑石粉或云母片而成。油纸是用低软化点的石油沥青浸渍原纸而成的。建筑工程中常用的有石油沥青油毡和石油沥青油纸两种。根据每平方米原纸质量（克），石油沥青有 200 号、350 号和 500 号三种标号，油纸有 200 号和350 号两种标号。卷材防水屋面工程用油毡一般应采用标号不低于 350 号的石油沥青油毡。油毡和油纸在运输、堆放时应竖直搁置，高度不超过两层；应贮存在阴凉通风的室内，避免日晒雨淋及高温高热。

2）高聚物改性沥青卷材

高聚物改性沥青防水卷材是以合成高分子聚合物改性沥青为涂盖层，纤维织物或纤维毡为胎体，粉状、粒状、片状或薄膜材料为覆盖材料制成可卷曲的片状材料。目前，我国所使用的有 SBS 改性沥青柔性卷材、APP 改性沥青卷材、铝箔塑胶卷材、化纤胎改性沥青卷材、废胶粉改性沥青耐低温卷材等。高聚物改性沥青防水卷材的规格见表 1-10-3，其物理性能见表 1-10-4。

高聚物改性沥青防水卷材规格 表 1-10-3

厚度（mm）	宽度（mm）	每卷长度（m）	厚度（mm）	宽度（mm）	每卷长度（m）
2.0	≥1000	15.0～20.0	4.0	≥1000	7.5
3.0	≥1000	10.0	5.0	≥1000	5.0

高聚物改性沥青防水卷材的物理性能　　　　　　　　表 1-10-4

项　目		性　能　要　求			
		Ⅰ类	Ⅱ类	Ⅲ类	Ⅳ类
拉伸性能	拉力	≥400N	≥400N	≥50N	≥200N
	延伸率	≥30％	≥5％	≥200％	≥3％
耐热度（85±2℃，2h）		不流淌，无集中性气泡			
柔性（−5～−25℃）		绕规定直径圆棒无裂纹			
不透水性	压力	≥0.2MPa			
	保持时间	≥30min			

注：1. Ⅰ类指聚酯毡胎体，Ⅱ类指麻布胎体，Ⅲ类指聚乙烯胎体，Ⅳ类指玻纤毡胎体；

　　2. 表中柔性的温度范围系指不同档次产品的低温性能。

3）合成高分子卷材

合成高分子防水卷材是以合成橡胶、合成塑脂或二者的共混体为基料，加入适量的化学助剂和填充料等，经不同工序加工而成可卷曲的片状防水材料；或把上述材料与合成纤维等复合形成两层或两层以上的可卷曲的片状防水材料。目前，常用的有三元乙丙橡胶防水卷材、氯化聚乙烯防水卷材、氯化聚乙烯—橡胶共混体防水卷材、氯硫化聚乙烯防水卷材等。合成高分子防水卷材其外观质量必须满足以下要求：折痕每卷不超过 2 处，总长度不超过 20mm；不允许出现粒径大于 0.5mm 的杂质颗粒；胶块每卷不超过 6 处，每处面积不大于 4mm；缺胶每卷不超过 6 处，每处不大于 7mm，深度不超过本身厚度的 30％。其规格见表 1-10-5，物理性能见表 1-10-6。

合成高分子防水卷材规格　　　　　　　　表 1-10-5

厚度(mm)	宽度(mm)	每卷长度(m)	厚度(mm)	宽度(mm)	每卷长度(m)
1.0	≥1000	20.0	1.5	≥1000	20.0
1.2	≥1000	20.0	2.0	≥1000	10.0

合成高分子防水卷材的物理性能　　　　　　　　表 1-10-6

项　目		性　能　要　求		
		Ⅰ类	Ⅱ类	Ⅲ类
拉伸能力		≥7MPa	≥2MPa	≥9MPa
断裂伸长率		≥450％	≥100％	≥10％
低温弯折率		−40℃	−20℃	−20℃
		无裂缝		
不透水性	压力	≥0.3MPa	≥0.2MPa	≥0.3MPa
	保持时间	≥30mm		
热老化保持率	拉伸强度	≥80％		
（80±2℃，168h）	断裂伸长率	≥70％		

注：Ⅰ类指弹性体卷材，Ⅱ类指塑性体卷材，Ⅲ类指加合成纤维的卷材

（3）冷底子油

冷底子油是用 10 号或 30 号石油沥青加入挥发性溶剂配制而成的溶液。石油沥青与轻柴油或煤油以 4∶6 的配合比调制而成的冷底子油为慢挥发性冷底子油，涂喷后 12～48h 干燥；石油沥青与汽油或苯以 3∶7 的配合比调制而成的冷底子油为快挥发性冷底子油，涂喷后 5～10h 干燥。调制时先将熬好的沥青倒入料桶中，再加入溶剂，并不停地搅拌至沥青全部溶化为止。

冷底子油具有较差强的渗透性和憎水性，并使沥青胶结材料与找平层之间的粘结力增强。喷涂冷底子油的时间，一般应待找平层干燥后进行。若需在潮湿的找平层上涂喷冷底子油，则应待找平层水泥砂浆略具强度能够操作时，方可进行。冷底子油可喷涂或涂刷，涂刷应薄而均匀，不得有空白、麻点或气泡。待冷底子油油层干燥后，即可铺贴卷材。

（4）沥青胶结材料

沥青胶是用石油沥青按一定配合量掺入填充料（粉状或纤维状矿物质）混合熬制而成。用于粘贴油毡作防水层或作为沥青防水涂层以及接头填缝之用。

在沥青胶结材料中加入填充料的作用是：提高耐热度、增加韧性、增强抗老化能力。填充料的掺量：采用粉状填充料（滑石粉等）时，掺入量为沥青质量的 10%～25%，采用纤维状填充料（石棉粉等），掺入量为沥青质量的 5%～10%。填充料的含水率不宜大于 3%。

沥青胶结材料的主要技术性能指标是耐热度、柔韧性和粘结力。其标号用耐热度表示，标号由 S-60～S-85。使用时，如屋面坡度大且当地历年室外极端最高气温高时，应选用标号较高的胶结材料，反之，则应选用标号较低的胶结材料。其标号的具体选用见表 1-10-7。

沥青胶标号选用表表

表 1-10-7

屋面坡度	历年室外极端最高温度	沥青标号
1%～3%	小于 38℃	S-60
	38～41℃	S-65
	41～45℃	S-70
3%～15%	小于 38℃	S-65
	38～41℃	S-70
	41～45℃	S-75
15～25%	小于 38℃	S-75
	38～41℃	S-80
	41～45℃	S-85

沥青胶结材料的配制，一般采用 10 号、30 号、60 号石油沥青，或上述两种或三种牌号的沥青熔合。当采用两种标号沥青进行熔合时，其配合比可按下列

公式计算:

$$B_g = \frac{T - T_2}{T_1 - T_2} \times 100\% \tag{1-10-1}$$

$$B_d = 100\% - B_g \tag{1-10-2}$$

式中　B_g——熔合物中高软化点石油沥青含量(%);

　　　B_d——熔合物中低软化点石油沥青含量(%);

　　　T——熔合后沥青胶结材料所需的软化点(℃);

　　　T_1——高软化点石油沥青的软化点(℃);

　　　T_2——低软化点石油沥青的软化点(℃)

熬制沥青胶时,应先将沥青破碎成80~100mm块状料再放入锅中加热熔化,使其完全脱水至不再起泡沫时,除去杂物,再将预热过的填充料缓慢加入,同时不停地搅拌,直至达到规定的熬制温度(表1-10-8),除去浮石杂质即熬制完成。沥青胶结材料的加热温度和时间,对其质量有极大的影响。温度必须按规定严格控制,熬制时间以3~4h为宜。若熬制温度过高,时间过长,则沥青质增多,油分减少,韧性差,粘结力降低,易老化,这对施工操作、工程质量及耐久性都有不良影响。

沥青胶结材料的加热温度和使用温度　　　　表1-10-8

类　别	加热温度(℃)	使用温度(℃)
普通石油沥青或掺建筑石油沥青的普通石油沥青胶结材料	不应高于280	不宜低于240
建筑石油沥青胶结材料	不应高于240	不宜低于190

(5)胶粘剂

胶粘剂是高聚物改性沥青卷材和合成高分子卷材的粘贴材料。高聚物改性沥青卷材的胶粘剂主要有氯丁橡胶改性沥青胶粘剂、CCTP抗腐耐水冷胶料等。前者由氯丁橡胶加入沥青和助剂以及溶剂等配制而成,外观为黑色液体,主要用于卷材与基层、卷材与卷材的粘结,其粘结剪切强度大于等于5N/cm,粘结剥离强度大于等于8N/cm;后者是由煤沥青经氯化聚烯烃改性而制成的一种溶剂型胶粘剂,具有良好的抗腐蚀、耐酸碱、防水和耐低温等性能。合成高分子卷材的胶粘剂主要有氯丁系胶粘剂(404胶)、丁基胶粘剂、BX-12胶粘剂、BX-12乙组份、XY-409胶等。

3. 卷材防水屋面的施工

(1)沥青卷材防水屋面的施工

1)基层的处理

基层处理得好坏,直接影响屋面的施工质量。要求基层要有足够的强度和刚度,承受荷载时不产生显著变形,一般采用水泥砂浆、沥青砂浆和细石混凝土找平层作基层。水泥砂浆配合比(体积比)1:2.5~1:3,水泥强度等级不低于

32.5 级；沥青砂浆配合比（重量比）1：8；细石混凝土强度等级为 C15，找平层厚度为 15～35mm。为防止由于温差及混凝土构件受缩而使卷材防水层开裂，找平层应留分格缝，缝宽为 20mm，其留设位置应在预制板支承端的拼缝处，其纵横向最大间距，当找平层为水泥砂浆或细石混凝土时，不宜大于 6m；当找平层为沥青砂浆时，则不宜大于 4m。并于缝口上加铺 200～300mm 宽的油毡条，用沥青胶结材料单边点贴，以防结构变形将防水层拉裂。在突出屋面结构的连接处以及基层转角处，均应做成边长为 100mm 的钝角或半径为 100～150mm 的圆弧。找平层应平整坚实，无松动、翻砂和起壳现象。

　2）卷材铺贴

卷材铺贴前应先熬制好沥青胶和清除卷材表面的撒料。沥青胶的沥青成分应与卷材中沥青成分相同。卷材铺贴层数一般为 2～3 层，沥青胶铺贴厚度一般在 1～1.5mm 之间，最厚不得超过 2mm。

卷材的铺贴方向应根据屋面坡度或是否受振动荷载而确定。当屋面坡度小于 3％时，宜平行于屋脊铺贴；屋面坡度大于 15％或屋面受振动时，应垂直于屋脊铺贴；屋面坡度在 3％～15％之间时，可平行或垂直于屋脊铺贴。卷材防水屋面的坡度不宜超过 25％，否则应在短边搭接处将卷材用钉子钉入找平层内固定，以防卷材下滑。此外，在铺贴卷材时，上下层卷材不得相互垂直铺贴。

平行于屋脊铺贴时，由檐口开始，各层卷材的排列如图 1-10-2（a）所示。两幅卷材的长边搭接（又称压边），应顺水流方向；短边搭接（又称接头），应顺主导风向。平行于屋脊铺贴效率高，材料损耗少。此外，由于卷材的横向抗拉强度远比纵向抗拉强度高，因此，此方法可以防止卷材因基层变形而产生裂缝。

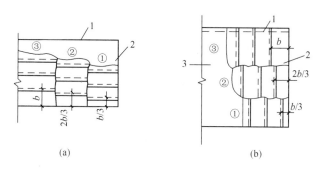

图 1-10-2　卷材铺贴方向
（a）平行于屋脊铺贴；（b）垂直于屋脊铺贴
①②③—卷材层次；b—卷材幅宽；1—屋脊；2—山墙；3—主导风向

垂直于屋脊铺贴时，应从屋脊开始向檐口进行，以免出现沥青胶超厚而铺贴不平等现象。各层卷材的排列如图 1-10-2（b）所示。压边应顺主导风向，接头应顺水流方向。同时，屋脊处不能留设搭接缝，必须使卷材相互越过屋脊交错搭接以增强屋脊的防水性和耐久性。

当铺贴连续多跨或高低跨房屋屋面时，应按先高跨后低跨，先远后近的顺序进行。对同一坡面，则应先铺好水落口天沟女儿墙和沉降缝等地方，特别应做好泛水处，然后顺序铺贴大屋面的卷材。

为防止卷材接缝处漏水，卷材间应具有一定的搭接宽度，通常各层卷材的搭接宽度，长边不应小于70mm，短边不应小于100mm，上下两层及相邻两幅卷材的搭接缝均应错开，搭接缝处必须用沥青胶结材料仔细封严。

卷材的铺贴方法有浇油法、刷油法、刮油法和撒油法等四种。浇油法是将沥青胶浇到基层上，然后推着卷材向前滚动使卷材与基层沾贴紧密；刷油法是用毛刷将沥青胶刷于基层，刷油长度以300～500mm为宜，出油边不应大于50mm，然后快速铺压卷材；刮油法是将沥青胶浇到基层上后，用5～10mm的胶皮刮板刮开沥青胶铺贴；撒油法是在铺第一层卷材时，先在卷材周边涂满沥青，中间用蛇形花撒的方法撒油铺贴，其余各层则仍按浇油、刷油、刮油方法进行铺贴，此法多用于基层不太干燥需做排气屋面的情况。待各层卷材铺贴完后，在其面层上浇一层2～4mm厚的沥青胶，趁热撒上一层粒径为3～5mm的小豆石（绿豆砂），并加以压实，使豆石和沥青胶粘结牢固，未粘结的豆石随即清扫干净。

沥青卷材防水层最容易产生的质量问题是：防水层起鼓、开裂、沥青流淌、老化、屋面漏水等。

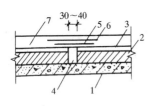

图 1-10-3　排气物面
（单位 mm）

1—屋面板；2—保温层；3—找平层；4—排气道；5—卷材条点贴；6—卷材条加固层；7—防水层

为防止起鼓，要求基层干燥，其含水率在 6% 以内，避免雨、雾、霜天气施工，隔气层良好；防止卷材受潮；保证基层平整，卷材铺贴涂油均匀、封闭严密，各层卷材粘贴密实，以免水分蒸发空气残留形成气囊而使防水层产生起鼓现象。在潮湿环境下解决防水层起鼓的有效方式是将屋面做成排气屋面，即在铺贴第一层卷材时，采用条铺、花铺等方法使卷材与基层间留有纵横相互贯通的排气道（图 1-10-3），并在屋面或屋脊上设置一定的排气孔与大气相通，使潮湿基层中的水分能及时排走，从而避免卷材起鼓。

为防止沥青胶流淌，要求沥青胶有足够的耐热度，较高的软化点，涂刷均匀，其厚度不得超过 2mm，且屋面坡度不宜过大。

防水层破裂的主要原因是：结构层变形、找平层开裂；屋面刚度不够，建筑物不均匀下沉；沥青胶流淌，卷材接头错动；防水层温度收缩，沥青胶变硬、变脆而拉裂；防水层起鼓后内部气体受热膨胀等。

此外，沥青在热能阳光空气等的长期作用下，内部成分将逐渐老化，为延长防水层的使用寿命，通常设置保护层是一项重要措施，保护层材料有绿豆砂、云母、蛭石、水泥砂浆、细石混凝土和块体材料等。

（2）高聚物改性沥青卷材防水屋面施工

1）基层处理

高聚物改性沥青卷材防水屋面可用水泥砂浆、沥青砂浆和细石混凝土找平层作基层。要求找平层抹平压光，坡度符合设计要求，不允许有起砂、掉灰和凹凸不平等缺陷存在，其含水率一般不宜大于 9%，找平层不应有局部积水现象。找平层与突起物（如女儿墙、烟囱、通气孔、变形缝等）相连接的阴角，应做成均匀光滑的小圆角；找平层与檐口、排水口、沟脊等相连接的转角，应抹成光滑一致的圆弧形。

2）施工要点

高聚物改性沥青卷材施工方法有冷粘剂粘贴法和火焰热熔法两种。

冷粘法施工的卷材主要是指 SBS 改性沥青卷材、APP 改性沥青卷材、铝箔面改性沥青卷材等。施工前应清除基层表面的突起物，并将尘土杂物等扫除干净，随后用基层处理剂进行基层处理，基层处理剂系由汽油等溶剂稀释胶粘剂制成，涂刷时要均匀一致。待基层处理剂干燥后，可先对排水口、管根等容易发生渗漏的薄弱部位，在其中心 200mm 范围内，均匀涂刷一层胶粘剂，涂刷厚度以 1mm 左右为宜。干燥后即可形成一层无接缝和弹塑性的整体增强层。铺贴卷材时，应根据卷材的配置方案（一般坡度小于 3% 时，卷材应平行于屋脊配置；坡度大于 15% 时，卷材应垂直于屋脊配置；坡度在 3%～15% 之间时，可据现场条件自由选定），在流水坡度的下坡开始弹出基准线，边涂刷胶粘剂边向前滚铺卷材，并及时辊压压实。用毛刷涂刷时，蘸胶液应饱满，涂刷要均匀。滚铺卷材不要卷入空气和异物。平面与立面相连接处的卷材，应由下向上压缝铺贴，并使卷材紧贴阴角，不允许有明显的空鼓现象存在。当立面卷材超过 300mm 时，应用氯丁系胶粘剂（404 胶）进行粘贴或用木砖钉木压条与粘贴并用的方法处理，以达到粘贴牢固和封闭严密的目的。卷材纵横搭接宽度为 100mm，一般接缝用胶粘剂粘合，也可采用汽油喷灯进行加热熔接，其中，以后者效果更为理想。对卷材搭接缝的边缘以及末端收头部位，应刮抹膏状胶粘剂进行粘合封闭处理，其宽度不应小于 10mm。必要时，也可在经过密封处理的末端收头处，再用掺入水泥重量 20% 的 108 胶水泥砂浆进行压缝处理。

热熔法施工的卷材主要以便 APP 改性沥青卷材较为适宜。采用热熔法施工可节省冷粘剂，降低防水工程造价，特别是当气温较低时或屋面基层略有湿气时尤其适合。基层处理时，必须待涂刷基层处理剂 8h 以上方能进行施工作业。火焰加热器的喷嘴距卷材面的距离应适中，一般为 0.5m 左右，幅宽内加热应均匀。以卷材表面熔融至光亮黑色为度，不得过分加热或烧穿卷材。卷材表面热熔后应立即铺贴，滚铺时应排除卷材下面的空气，使之平展不得有折皱，并辊压粘贴牢固。搭接部位经热风焊枪加热后粘贴牢固，溢出的自粘胶刮平封口。

为屏蔽或反射阳光的辐射和延长卷材的使用寿命，在防水层铺设工作完成后，可在防水的表面上采用边涂刷冷粘剂边铺撒蛭石粉保护层或均匀涂刷银色或绿色涂料作保护层。

高聚物改性沥青卷材严禁在雨天雪天施工，五级风及其以上时不得施工，气温低于0℃时不宜施工。

（3）合成高分子卷材防水屋面施工

1）基层处理

合成高分子卷材防水屋面应以水泥砂浆找平层作为基层，其配合比为1∶3（体积比），厚度为15～30mm，其平整度用2m长直尺检查最大空隙不应超过5mm，空隙仅允许平缓变化。如预制构件（无保温层时）接头部位高低不齐或凹坑较大时，可用掺水泥量15％108胶的1∶2.5～1∶3水泥砂浆找平，基层与突出屋面结构相连的阴角，应抹成均匀一致和平整光滑的圆角，而基层与檐口、天沟、排水口等相连接的转角则应做成半径为100～200mm的光滑圆弧。基层必须干燥，其含水率一般不应大于9％。

2）施工要点

待基层表面清理干净后，即可涂布基层处理剂，一般是将聚氨酯涂膜防水材料的甲料、乙料、二甲苯按1∶1.5∶3的配合比搅拌均匀，然后将其均匀涂布在基层表面上，干燥4h以上，即可进行后续工序的施工。在铺贴卷材前需有聚氨酯甲料和乙料按1∶1.5的配合比搅拌均匀后，涂刷在阴角、排水口和通气孔根部周围作增强处理。其涂刷宽度为距离中心200mm以上，厚度以1.5mm左右为宜，固化时间应大于24h。

待上述工序均完成后，将卷材展开摊铺在平整干净的基层上，用滚刷蘸满氯丁系胶粘剂（404胶等），均匀涂布在卷材上，涂布厚度要均匀，不得漏涂，但沿搭接缝部位100mm处不得涂胶。涂胶粘剂后静置10～20min，待胶粘剂结膜干燥到不粘手指时，将卷材用纸筒芯卷好，然后再将胶粘剂均匀涂布在基层处理剂已基本干燥的洁净基层上，经过10～20min干燥，接触时不粘手指，即可铺贴卷材。卷材铺贴的一般原则是铺设多跨或高低跨屋面时，应先高跨后低跨、先远后近的顺序进行；铺设同一跨屋面时，应先铺设排水比较集中的部位，按标高由低向高进行。卷材应顺长方向进行配制，并使卷材长方向与水流坡度垂直，其长边搭接应顺流水坡度方向。卷材的铺贴应根据配制方案，沿先弹出的基准线，将已涂布胶粘剂的卷材圆筒从流水下坡开始展铺，卷材不得有折皱，也不得用力拉伸卷材，并应排除卷材下面的空气，辊压粘贴牢固。卷材铺好后，应将搭接部位的结合面清扫干净，采用与卷材配套的接缝专用胶粘剂（如氯丁系胶粘剂），在搭接缝结合面上均匀涂刷，待其干燥不粘指后，辊压粘牢。除此之外，接缝口应采用密封材料封严，其宽度不应小于10mm。

合成高分子卷材防水屋面保护层施工与高聚物改性沥青卷材防水屋面保护层

施工要求相同。

10.2.2　涂膜防水屋面

涂膜防水是指以高分子合成材料为主体的防水涂料，涂布在结构物表面结成坚韧防水膜。它适用于各种混凝土屋面的防水，其中以装配式钢筋混凝土施工中应用较为普遍。

1. 防水材料

（1）防水涂料

防水涂料是指以液体高分子合成材料为主体，在常温下呈无定型状态，涂刷在结构物的表面能形成具有一定弹性的防水膜物料。防水涂料有以下优点：防止板面风化，延伸性好，重量轻，能形成无接缝的完整防水膜，施工简单，维修方便等。

防水涂料品种很多，技术性能不尽相同，质量相差悬殊，因此，使用时必须选择耐久性、延伸性、粘结性、不透水性和耐热度较高的且便于施工的优质防水涂料，以确保屋面防水的质量。常用的板面防水涂料有如下几种：

1）沥青基防水涂料

沥青基防水涂料主要包括石棉乳化沥青涂料和石灰膏乳化沥青涂料等乳化沥青涂料。乳化沥青涂料是一种冷施工防水涂料，系由石油沥青在乳化剂（肥皂、松香、石灰膏、石棉等）水溶液作用下，经过乳化机的强烈搅拌分散，沥青被分散成 $1\sim6\mu m$ 的细颗粒，被乳化剂包裹起来形成乳化液，涂刷在板面上。水分蒸发后，沥青颗粒聚成膜，形成均匀稳定、粘结良好的防水层。其灰膏乳化沥青配合比见表 1-10-9。

石灰膏乳化沥青配合比　　　　　　　　　表 1-10-9

石油沥青	石灰膏（干石灰质量）	石棉绒	水
$30\sim35$	$14\sim18$	$3\sim5$	$45\sim50$

2）高聚物改性沥青防水涂料

高聚物改性沥青防水涂料又称橡胶沥青类防水涂料，其成膜物质中的胶粘材料是沥青和橡胶（再生橡胶或合成橡胶）。该类涂料有水乳型和溶剂型两种，是以橡胶对沥青进行改性作为基础，用再生橡胶进行改性，以减少沥青的感温性，增加弹性，改善低温下的脆性和抗裂性；用氯丁橡胶进行改性，使沥青的气密性、耐化学腐蚀性、耐光性等显著改善。目前，我国使用较多的溶剂型橡胶沥青防水涂料有：氯丁橡胶沥青防水涂料（表 1-10-10）、再生橡胶沥青防水涂料、丁基橡胶沥青防水涂料等；水乳型橡胶沥青防水涂料有：水乳型再生橡胶沥青防水涂料、水乳型氯丁橡胶沥青防水涂料等。溶剂型涂料具有如下特点：能在各种复杂表面形成无接缝的防水膜，具有较好的韧性和耐久性，涂料成膜较快，同时具备良好的耐水性和抗腐蚀剂，能在常温或较低温度下冷施工。但一次成膜较薄，以汽油或苯为溶剂，才生产贮运和使用过程中有燃爆危险，氯丁橡胶价格较贵，生产成本较高。水乳型涂料具有如下特点：能在复杂表面形成无接缝的防水膜，具有一定的柔韧性和耐久性，无毒、无味、不燃，安全可靠，可在常温下冷施工，不污染环境，操作简单，维修方便，可在稍潮湿但无积水的表面施工。但需多次涂刷才能达到厚度要求，稳定性较差，气温低于 5℃时不宜施工。

溶剂型氯丁橡胶沥青防水涂料技术性能　　　　　　　　　　　　表 1-10-10

项次	项　　目	性能指标
1	外观	黑色黏稠液体
2	耐热性（85℃，5h）	无变化
3	粘结力	＞0.25N/mm
4	低温柔韧性（−40℃，1h，绕 ϕ5mm 圆棒弯曲）	无裂纹
5	不透水性（动水压 0.2MPa，3h）	不透水
6	耐裂性（基层裂缝≤0.8mm）	涂膜不裂

3）合成高分子防水涂料

合成高分子防水涂料是以合成橡胶或合成树脂为主要成膜物质，配制成的单组分或多组分的防水涂料。最常用的有聚氨酯防水涂料和丙烯酸酯防水涂料等。聚氨酯防水涂料是双组分化学反应固化型的高弹性防水涂料，涂刷在基层表面上，经过常温交联固化，能形成一层橡胶状的整体弹性涂膜，可以阻挡水对基层的渗透而起到防水作用。聚氨酯涂膜具有弹性好、延伸能力强，对基层的伸缩或开裂适应性强，温度适应性好，耐油、耐化学药品腐蚀性能好，涂膜无接缝。适用于高层建筑屋面结构复杂的设有刚性保护层的上人屋面，施工方便，应用广泛。丙烯酸酯防水涂料是一种丙烯酸酯类共聚树脂乳液为主体配制而成的水乳型涂料。可与水乳型氯丁橡胶沥青防水涂料和水乳型再生橡胶沥青防水涂料等配合使用，使防水层具有浅色外观。该涂料形成的涂膜成橡胶状，柔韧性、弹性好，能抵抗基层龟裂时产生的应力。可以冷施工，可涂刷、刮涂和喷涂，施工方便，该涂料以水为稀释剂，无溶剂污染，不燃、无毒，施工安全。除此之外，还可调制成各种色彩，使屋面具有良好的装饰效果。

4）水泥基防水涂料

新型聚合物水泥基防水材料分为通用型 GS 防水材料和柔韧性 JS 防水材料两种。

通用型防水材料是由丙烯酸乳液和助剂组成的液料与由特种水泥、级配砂及矿物质粉末组成的粉料按特定比例组合而成双组分防水材料。两种材料混合后发生化学反应，既形成表面涂层防水，又能渗透到底材内部形成结晶体阻遏水的通过，达到双重防水效果。产品突出粘结性能，适用于室内地面、墙面的防水。

柔韧型防水材料是由丙烯酸乳液及助剂（液料）和水泥、级配砂及胶粉（粉料）按比例组成的双组分、强韧塑胶改性聚合物水泥基防水浆料。将粉料和液料混合后涂刷，形成一层坚韧的高弹性防水膜，该膜对混凝土和水泥砂浆有良好的粘附性，与基面结合牢固，从而达到防水效果。产品突出柔韧性能，能够抵御轻微的震动及一定程度的位移，主要适应于土建工程施工环境。

水泥基防水涂料适用范围

A：室内外水泥混凝土结构、砂浆砖石结构的墙面、地面；

B：卫生间、浴室、厨房、楼地面、阳台、水池的地面和墙面防水；

C：用于铺贴石材、瓷砖、木地板、墙纸、石膏板之前的抹底处理，可达防止潮气和盐分污染的效果。

（2）密封材料

土木工程用的密封材料，系指充填于建筑物及构筑物的接缝、门窗框四周、玻璃镶嵌部位以及裂缝处，能起到水密、气密性作用的材料。目前，我国常用的屋面密封材料包括改性沥青密封材料和合成高分子密封材料两大类。

1）改性沥青密封材料

改性沥青密封材料是以沥青为基料，用合成高分子聚合物进行改性，加入填充料和其他化学助剂配制而成的膏状密封材料。主要有改性沥青基嵌缝油膏等。改性沥青基嵌缝油膏是以石油沥青为基料，掺以少量废橡胶粉、树脂或油脂类材料以及填充料和助剂制成的膏状体。适于钢筋混凝土屋面板板缝嵌填。它具有炎夏不流淌，寒冬不脆裂，粘结力强，延伸性、耐久性、弹塑性好及常温下可冷施工等特点。

2）合成高分子密封材料

合成高分子密封材料是以合成高分子材料为主体，加入适量的化学助剂、填充料和着色剂，经过特定的生产工艺加工而成的膏状密封材料。主要有聚氯乙烯胶泥、水乳型丙烯酸酯密封膏、聚氨酯弹性密封膏等。聚氯乙烯胶泥是以聚氯乙烯树脂和煤焦油为基料，按一定比例加改性材料及填充料，在 $130\sim140℃$ 温度下塑化而成的热灌嵌缝防水材料。这种材料具有良好的耐热性、粘结性、弹塑性、防水性以及较好的耐寒、耐腐蚀性和抗老化能力。不但可用于屋面嵌缝，还可用于屋面满涂。其价格适中。聚氯乙烯胶泥的技术指标和配合比分别见表 1-10-11、表 1-10-12。聚氯乙烯胶泥适用于各种坡度的屋面防水工程，并适用于有硫酸、盐酸、硝酸和氢氧化钠等腐蚀介质的屋面工程。水乳型丙烯酸酯密封膏是以丙烯酸酯乳液为胶粘剂，掺以少量的表面活性剂、增塑剂、改性剂以及填充料、颜料配制而成。其特点为：无溶剂污染，无毒、不燃，贮运安全可靠；良好的粘结性、延伸性、耐低温性、耐热性及抗大气老化性；可提供多种色彩与密封基层配色；并且可在潮湿基层上施工，操作方便等。聚氨酯弹性密封膏是以异氰酸基为基料和含有活性氢化物的固化剂组成的一种常温固化型弹性密封材料。

该材料是一种新型密封材料，比其他溶剂型和水乳型密封膏的性能优良，具有模量低、延伸率大、弹性高、粘结性好、耐低温、耐水、耐油、耐酸碱、抗疲劳及使用年限长，并且价格适中等特点，可用于防水要求中等或偏高的工程。

聚氯乙烯胶泥技术指标   表 1-10-11

名称	抗拉强度（20±3)℃	粘结强度（20±3)℃	延伸度（20±3)℃	耐热度
单位	MPa	MPa	%	℃
指标	＞0.05	＞0.1	＞200	≥80

聚氯乙烯胶泥配合比   表 1-10-12

成　分	名　　　称	单位	数量
主　剂	煤胶油	份	100
	聚氯乙烯树脂	份	10～15
增塑剂	苯二甲酸二辛酯或苯二甲酸二丁酯	份	8～15
稳定剂	三盐基硫酸铅或硬脂酸钙、硬脂酸盐类	份	0.2～1
填充剂	滑石粉、粉煤灰、石英粉	份	10～30

2. 涂膜防水屋面施工

（1）自防水屋面板的制作要求

自防水屋面板应按自防水构件的要求进行设计与施工，以保证其具有足够的密实性、抗渗性和抗裂性，同时，还必须做好附加层，以满足防水的要求。制作屋面板时，混凝土宜用不低于 42.5 级的普通硅酸盐水泥；粗骨料的最大粒径不超过板厚的 1/3，一般为不超过 15mm，细骨料宜采用中砂或粗砂，粗细骨料含泥量应分别不超过 1% 和 2%，以减少混凝土的干缩；每立方米混凝土中水泥的最小用量不少于 330kg，水灰比不大于 0.55，为改善混凝土的和易性，还可掺入适量的外加剂。浇筑混凝土时，宜采用高频低振幅的小型平板振动器振捣密实，混凝土收水后应再次压实抹光，自然养护时间不得少于 14d。尤其重要的是自防水构件在制作、运输及安装过程中，必须采取有效措施，确保不出现裂缝，从而保证屋面的防水质量。

（2）板缝嵌缝施工

1）板缝要求

当屋面结构采用装配式钢筋混凝土板时，板缝上口的宽度，应调整为 20～40mm；当板缝宽度大于 40mm 或上窄下宽时，板缝应设构造钢筋，以防止灌缝混凝土脱落开裂而导致嵌缝材料流坠。板缝下部应用不低于 C20 的细石混凝土浇筑并捣固密实，且预留嵌缝深度，可取接缝深度的 0.5～0.7 倍（图 1-10-4）。板缝在浇混凝土之前，应充分浇水湿润，冲洗干净。在浇筑混凝土时，必须随浇随清除接缝处构件表面的水泥浆。混凝土养护要充分，接触嵌缝材料的混凝土表面必须平整、密实，不得有蜂窝、露筋、起皮、起砂和松动现象。板缝必须干燥。

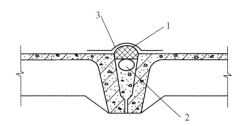

图 1-10-4 板缝密封防水处理
1—密封材料；2—背衬材料；3—保护层

2）嵌缝材料防水施工

在嵌缝前，必须先用刷缝机或钢丝刷清除板缝两侧表面浮灰、杂物并吹净。随即用基层处理剂涂刷，涂刷宜在铺放背衬材料后进行，涂刷应均匀，不得漏涂。待其干燥后，及时热灌或冷嵌密封材料。当采用改性沥青密封材料热灌施工时，应由下向上进行，尽量减少接头数量，一般应先灌垂直于屋脊的板缝，后灌平行于屋脊的板缝，同时，在纵横交叉处宜沿平行于屋脊的两侧板缝各延伸浇灌 150mm，并留成斜槎；当采用改性沥青密封材料冷嵌法施工时，应先用少量密封材料批刮在缝槽两侧，分次将密封材料嵌填在缝内，用力压嵌密实，并与缝壁粘结牢固。嵌填时，密封材料与缝壁不得留有空隙，并防止裹入空气，接头应采用斜槎。当采用合成高分子密封材料施工时，单组分密封材料可直接使用，多组分密封材料应根据规定的比例准确计量，拌合均匀。每次拌合量、拌合时间和拌合温度应按所用密封材料的要求严格控制。密封材料可使用挤出枪或腻子刀嵌填。嵌填应饱满，防止形成气泡和孔洞。若采用挤出枪施工，应根据接缝的宽度选用口径合适的挤出嘴，均匀挤出密封材料嵌填，并由底部逐渐充满整个接缝。多组分密封材料拌合后应按规定的时间用完，未混合的多组分密封材料和未用完的单组分密封材料应密封存放。密封材料严禁在雨天或雪天施工，并且当风力在五级及以上不得施工。此外，还应考虑密封材料施工的气温环境。

（3）板面防水涂膜施工

板面防水涂膜施工应在嵌缝完毕后进行，一般采用手工抹压、涂刷或喷涂等方法。防水涂膜应分层分遍涂布。待先涂的涂层干燥成膜后，方可涂布后一层涂料。当采用涂刷方法时，上下层应交错涂刷，接槎宜在板缝处，每层涂刷厚度应均匀一致。涂膜防水层的厚度：沥青基防水涂膜在Ⅲ级防水屋面单独使用时不应小于 8mm，在Ⅳ防水屋面或复合使用时不小于 4mm；高聚物改性沥青防水涂膜应不小于 3mm，在Ⅲ级防水屋面上复合使用时不小于 1.5mm；合成高分子防水涂膜不小于 2mm，在Ⅲ级防水屋面上复合使用时不小于 1mm。防水涂膜施工，需铺设胎体增强材料，当屋面坡度小于 15% 时，则可平行于屋脊铺设；而屋面坡度大于 15% 时，则应垂直于屋脊铺设，并由屋面最低处向上操作。胎体长边搭接宽度不得小于 50mm；短边搭接宽度不得小于 70mm。若采用两层胎体增强材料时，上下层不得互相垂直铺设，搭接缝应错开，其间距不应小于幅宽的 1/

3。在天沟、檐口、檐沟、泛水等部位，均加铺有胎体增强材料的附加层。水落口周围与屋面交接处，应作密封处理，并加铺两层有胎体增强材料的附加层。

沥青基防水涂膜施工时，施工顺序为先做节点、附加层，再进行大面积涂布；涂层中夹铺胎体增强材料时，应边涂边铺胎体，胎体应刮平排除气泡，并与涂料粘牢；屋面转角活立面涂层，应涂布多遍，不得流淌、堆积。用细砂、云母、蛭石等撒布材料作保护层时，应筛去粉砂，在涂刷最后一遍涂料时，边涂边撒布均匀，不得露底。待涂料干燥后，清除多余的撒布材料，施工气温宜为5～35℃。

在高聚物改性沥青防水涂膜施工时，屋面基层的干燥程度应根据涂料的特性而定，若采用溶剂型涂料，则基层应干燥，基层处理剂应充分搅拌，涂刷均匀，覆盖完整，干燥后方可进行涂膜施工。其最上层涂层的涂刷不应少于两遍，其厚度不应小于1mm。若用水乳型涂料，以撒布料作保护层，则在撒布后应进行辊压粘牢，溶剂型涂料施工环境气温宜为－5～35℃，水乳型涂料施工环境气温宜为5～35℃。

在合成高分子防水涂膜施工时，应待屋面基层干燥后，涂布基层处理剂，以隔断基层潮气，防止防水涂膜起鼓。涂布要均匀，不得过厚或过薄，不允许见底，在底胶涂布后干燥固化24h以上，才能进行防水涂膜施工。防水涂料可用涂刮或喷涂方法进行涂布，当采用涂刮时，每遍涂刮的方向宜与前一方向垂直，重涂的时间间隔应以前遍涂膜干燥的时间来确定，如聚氨酯涂膜宜为24～72h。多组分涂料应按配合比准确计量，搅拌均匀，配制后应及时使用。配料时可加入适量的缓凝剂或促凝剂来调节固化时间，缓凝剂有磷酸、苯磺酸氯等；促凝剂有二丁基烯等。在涂层中夹铺胎体增强材料时，位于胎体下面的涂层厚度不宜小于1mm，最上面的涂层不应少于两遍。当保护层为撒布材料（细砂、云母或蛭石），应在涂刷最后一遍涂层后，在涂层尚未固化前，再将撒布材料撒在涂层上；当保护层为块材（马赛克、饰面砖等），应在涂膜完全固化后，再进行块材铺贴，并按规范要求留设分格缝，分格面积不宜大于100m，分格缝宽度不宜小于20mm。

水泥基防水涂料的施工是先搅拌，将液料倒入容器中，再将粉料慢慢加入，同时充分搅拌3～5min至形成无生粉团和颗粒的均匀浆料即可使用（最好使用搅拌器）。再涂刷：用毛刷或滚刷直接涂刷在基面上，力度使用均匀，不可漏刷；一般需涂刷2遍（根据使用要求而定），每次涂刷厚度不超过1mm；前一次略微干固后再进行后一次涂刷（刚好不粘手，一般间隔1～2h），前后垂直十字交叉涂刷，涂刷总厚度一般为1～2mm；如果涂层已经固化，涂刷另一层时先用清水湿润。然后养护：施工24h后建议用湿布覆盖涂层或喷雾洒水对涂层进行养护。最后检查（闭水试验）：卫生间、水池等部位请在防水层干固后（夏天至少24h，冬天至少48h）储满水48h以检查防水施工是否合格。轻质墙体须做淋水试验。

10.2.3 刚性防水屋面

根据防水层所用材料的不同，刚性防水屋面可分为普通细石混凝土防水屋面、补偿收缩混凝土防水屋面及块体刚性防水屋面。刚性防水屋面的结构层宜为整体现浇的钢筋混凝土或装配式钢筋混凝土板。现重点介绍细石混凝土刚性防水屋面。

1. 屋面构造

细石混凝土刚性防水屋面，一般是在屋面板上浇筑一层厚度不小于 40mm 的细石混凝土，作为屋面防水层（图 1-10-5）。刚性防水屋面的坡度宜为 2%～3%，并应采用结构找坡，其混凝土不得低于 C20，水灰比不大于 0.55，每立方米水泥最小用量不应小于 330kg，灰砂比为 1：2～1：2.5。为使其受力均匀，有良好的抗裂和抗渗能力，在混凝土中应配置直

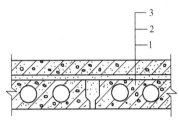

图 1-10-5 细石混凝土刚性防水屋面
1—预制板；2—隔离层；
3—细石混凝土防水层

径为 $\phi 4～\phi 6$，间距为 100～200mm 的双向钢筋网片，且钢筋网片在分格缝处应断开，其保护层厚度不小于 10mm。

细石混凝土防水层宜用普通硅酸盐水泥，当采用矿渣硅酸盐水泥时应采取减小泌水性措施；水泥强度等级不低于 42.5 级，防水层的细石混凝土和砂浆中，粗骨料的最大粒径不宜大于 15mm，含泥量不应大于 1%；细骨料应采用中砂或粗砂，含泥量不应大于 2%，拌合水应采用不含有害物质的洁净水。

2. 施工工艺

（1）分格缝设置

为了防止大面积的细石混凝土屋面防水层由于温度变化等的影响而产生裂缝，对防水层必须设置分格缝。分格缝的位置应按设计要求确定，一般应留在结构应力变化较大的部位，如设置在装配式屋面结构的支承端、屋面转折处、防水层与突出屋面板的交接处，并应与板缝对齐，其纵横间距不宜大于 6m。一般情况下，屋面板支承端每个开间应留横向缝，屋脊应留纵向缝，分格的面积以 20m 左右为宜。

（2）细石混凝土防水层施工

在浇筑防水层细石混凝土前，为减少结构变形对防水层的不利影响，宜在防水层与基层间设置隔离层。隔离层可采用纸筋灰或麻刀灰、低强度等级砂浆、干铺卷材等。在隔离层做好后，便在其上定好分格缝位置，再用分格木条隔开作为分格缝，一个分格缝范围内的混凝土必须一次浇筑完毕，不得留施工缝。浇筑混凝土时应保证双向钢筋网片设置于防水层中部，防水层混凝土应采用机械捣实，表面泛浆后抹平，收水后再次压光。待混凝土初凝后，将分格木条取出，分格缝

处必须有防水措施，通常采用油膏嵌缝，有的在缝口上再做覆盖保护层。

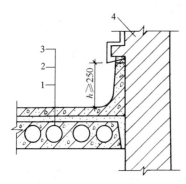

图 1-10-6   泛水施工
1—结构层；2—隔离层；3—细石混凝土
防水层；4—砖墙

细石混凝土防水层施工时，屋面泛水与屋面防水层应一次做成，否则会因混凝土或砂浆不同收缩和结合不良造成渗漏水，泛水高度不应低于 250mm（图 1-10-6）。以防止雨水倒灌或爬水现象引起渗漏水。

细石混凝土防水层，由于其收缩弹性很小，对地基不均匀沉降、外荷载等引起的位移和变形，对温差和混凝土收缩、徐变引起的应力变形等敏感性大，容易产生开裂，因此，这种屋面多用于结构刚度好、无保温层的钢筋混凝土屋盖上。只要设计合理、施工措施得当，防水效果是可以得到保证的。此外，在施工中还应注意：防水层细石混凝土所用水泥的品种、最小用量、水灰比以及粗细骨料规格和级配等应符合规范的要求；混凝土防水层的施工气温宜为 5～35℃，不得在负温和烈日暴晒下施工；防水层混凝土浇筑后，应及时养护，并保持湿蓄润，补偿收缩混凝土防水层宜采用水养护，养护时间不得少于 14d。

§10.3 地 下 防 水 工 程

地下工程的防水方案，大致可分为以下三类：

1. 防水混凝土结构

利用提高混凝土结构本身的密实度和抗渗性来进行防水。它既是防水层，又是承重、维护结构，具有施工简便、成本较低、工期较短、防水可靠等优点，是解决地下工程防水的有效途径，因而应用广泛。

2. 加防水层

即在地下结构物的表面另加防水层，使地下水与结构隔离，以达到防水的目的。常用的防水层有水泥砂浆、卷材、沥青胶结材料和金属防水层等。可根据不同的工程对象、防水要求及施工条件选用。

3. 渗排水措施

既"以防为主，防排结合"。通常利用盲沟、渗排水层等方法将地下水排走，以达到防水的目的。此法多用于重要的、面积较大的地下防水工程。

10.3.1 卷 材 防 水 层

地下卷材防水层是一种柔性防水层，是用沥青胶将几层卷材粘贴在地下结构基层的表面上而形成的多层防水层，它具有较好的防水性和良好的韧性，能适应结构振动和微小变形，并能抵抗酸、碱、盐溶液的侵蚀，但卷材吸水率大，机械强度低，耐久性差，发生渗漏后难以修补。因此，卷材防水层只适应于形式简单的整体钢筋混凝土结构基层和以水泥砂浆、沥青砂浆或沥青混凝土为找平层的基层。

1. 卷材及胶结材料的选择

地下卷材防水层宜采用耐腐蚀的卷材和玛琋脂，如胶油沥青卷材、沥青玻璃布卷材、再生胶卷材等。耐酸玛琋脂应采用角闪石棉、辉绿岩粉、石英粉或其他耐酸的矿物质粉为填充料；耐碱玛琋脂应采用滑石粉、温石棉、石灰石粉、白云石粉或其他耐碱的矿物质粉为填充料。铺贴石油沥青卷材必须用石油沥青胶结材料，铺贴胶油沥青卷材必须用胶油沥青胶结材料。防水层所用的沥青，其软化点应比基层及防水层周围介质可能达到的最高温度高出 20℃～25℃，且不低于40℃。沥青胶结材料的加热温度、使用温度及冷底子油的配制方法参见屋面防水部分。

2. 卷材的铺贴方案

将卷材防水层铺贴在地下需防水结构的外表面时，称为外防水。此种施工方法，可以借助土压力压紧，并可与承重结构一起抵抗有压地下水的渗透和侵蚀作用，防水效果好。外防水的卷材防水层铺贴方式，按其与防水结构施工的先后顺序，可分为外防外贴法和外防内贴法两种。

(1) 外防外贴法

外防外贴法是在垫层上先铺贴好底板卷材防水层，进行地下需防水结构的混凝土底板与墙体施工，待墙体侧模拆除后，再将卷材防水层直接铺贴在墙面上，然后砌筑保护墙（图 1-10-7）。外防外贴法的施工顺序是先在混凝土底板垫层上做 1：3 的水泥砂浆找平层，待其干燥后，再铺贴底板卷材防水层，并在四周伸出与墙身卷材防水层搭接。保护墙分为两部分，下部为永久性保护墙，高度不小于 $B+200$mm（B 为底板厚度）；上部为临时保护墙，高度一般为 450～600mm，用石灰砂浆砌筑，以便拆除。保护墙砌筑完毕后，再浆伸出的卷材搭接接头临时贴在保护墙上。然后进行混凝土底板与墙身施工，墙体拆模后，在墙面上抹水泥砂浆找平层并刷冷底子油，再将临时保护墙拆除，找出各层卷材搭接接头，并将其表面清理干净。此处卷材应错槎接缝（图 1-10-8），依次逐层铺贴，最后砌筑永久性保护墙。

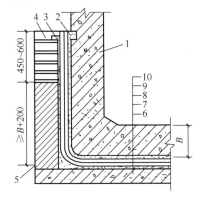

图 1-10-7　外防外贴法（单位：mm）

1—需防水结构墙体；2—永久性木条；

3—临时性木条；4—临时性保护墙；

5—永久性保护墙；6—垫层；

7—找平层；8—卷材防水层；

9—保护层；10—底板

（2）外防内贴法

外防内贴法是在垫层四周先砌筑保护墙，然后将卷材防水层铺贴在垫层与保护墙上，最后进行地下需防水结构的混凝土底板与墙体施工（图1-10-9）。外防内贴法的施工是先在混凝土底板垫层四周永久性砌筑保护墙，在垫层表面上及保护墙内表面上抹1：3水泥砂浆找平层，待其基本干燥并满涂冷底子油后，沿保护墙及底板铺贴防水卷材。铺贴完毕后，在立面上，应在涂刷防水层最后一道沥青胶时，趁热粘上干净的热砂或散麻丝，待其冷却后，立即抹一层10～20mm厚的1：3水泥砂浆保护层；在平面上铺设一层30～50mm厚的1：3水泥砂浆或细石混凝土保护层，最后再进行需防水结构的混凝土底板和墙体施工。

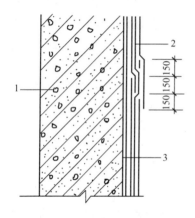

图1-10-8　防水错槎接缝
1—需防水结构；2—防水层；
3—找平层

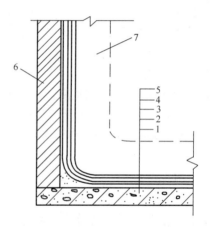

图1-10-9　外防内贴法（单位：mm）
1—垫层；2—找平层；3—卷材防水层；4—保护层；
5—底板；6—保护墙；7—需防水结构墙体

内贴法与外贴法相比，其优点是：卷材防水层施工较简便，底板与墙体防水层可一次铺贴完，不必留接槎，施工占地面积较小。但也存在着结构不均匀沉降，对防水层影响大，易出现渗漏水现象。竣工后出现渗漏水，修补较难等缺点。工程上只有当施工条件受限时，才采用内贴法施工。

3. 卷材防水层的施工

铺贴卷材的基层必须牢固，无松动现象，基层表面应平整洁净，阴阳角处均应做成圆弧形或钝角。卷材铺贴前，宜使基层表面干燥，在平面上铺贴卷材时，若基层表面干燥有困难，则第一层卷材可用沥青胶结材料铺贴在潮湿的基层上，但应使卷材与基层贴紧。必要时卷材层数应比设计增加一层。在立面上铺贴卷材时，为提高卷材与基层的粘结，基层表面应涂满冷底子油，待冷底子油干燥后再铺贴。铺贴卷材时，每层沥青胶涂刷应均匀，其厚度一般为1.5～2.5mm。外贴法铺贴卷材应先铺平面，后铺立面，平立面交接处应交叉搭接；内贴法宜先铺立面，后铺平面。铺贴立面卷材时，应先铺转角后铺大面。卷材的搭接长度要求，长边不应小于 100mm，短边不应小于 150mm。上下两层和相邻两幅卷材的接缝应相互错开 1/3 幅宽，并不得相互垂直铺贴。在平面与立面的转角处，卷材的接缝应留在平面上距离立面不小于 600mm 处。所有转角处均应铺贴附加层。附加层可用两层同样的卷材或一层抗拉强度较高的卷材。附加层应按加固处的形状仔细粘贴紧密，卷材与基层和各层卷材间必须粘贴紧密，多余的沥青胶接材料应挤出，搭接缝必须用沥青胶仔细封严。最后一层卷材铺贴好后，应在其表面上均匀地涂刷一层厚为 1～1.5mm 的热沥青胶结材料。

10.3.2　水泥砂浆防水层

水泥砂浆防水层是一种刚性防水层，即在构筑物的底面和两侧分层涂抹一定厚度的水泥砂浆，利用砂浆本身的憎水性和密实性来达到抗渗防水的效果。但这种防水层抵抗变形能力差，固不适用于受振动荷载影响的工程或结构上易产生不均匀沉陷的工程，亦不适用于受腐蚀、高温及反复冻融的砖砌体工程。

常用的水泥砂浆防水层主要有刚性多层防水层、掺外加剂的防水砂浆防水层和膨胀水泥或无收缩性水泥砂浆防水层等类型。

1. 刚性多层防水层

刚性多层防水层是利用素灰（即稠度较小的水泥浆）和水泥砂浆分层交替抹压均匀密实，构成一个多层的整体防水层。这种防水层，做在迎水面时，宜采用五层交叉抹面（图 1-10-10），做在背水面时，宜采用四层交叉抹面，即将第四层表面抹平压光即可。

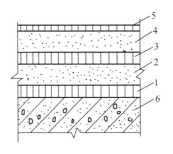

图 1-10-10　五层交叉抹面做法
1、3—素灰层；2、4—砂浆层；
5—水泥浆层；6—结构基层

采用五层交叉抹面的具体做法是：第一、三层为素灰层，水灰比为 0.37～0.4，稠度为 70mm 的水泥浆，其厚度为 2mm，分两次抹压密实，主要起防水作用。第二、四层为水泥砂浆层，配合比为 1:2.5（水泥：砂），水灰比为 0.6～0.65，稠度为 70～80mm，每层厚度 4～5mm。水泥砂浆层主要起着对素灰层的保护、养护和加固作用，同时也起一定的防水作用。第五层为水泥浆层，厚度 1mm，水灰比为 0.55～0.6，在第四层水泥砂浆抹压两遍后，用毛刷均匀涂刷水泥浆一道并随第四层一道压光。

刚性多层防水层，由于素灰层与水泥砂浆层相互交替施工，各层粘贴紧密，密实性好，当外界温度变化时，每一层的收缩变形均受其他层的约束，不易发生裂缝；同时各层配合比、厚度及施工时间均不同，毛细孔形成也不一致，后一层施工能对前一层的毛细孔起堵塞作用，所以具有较高抗渗能力，能达到良好的

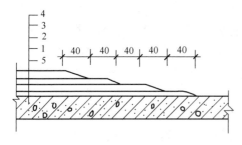

图 1-10-11   防水层留槎方法（单位：mm）
1、3—素灰层；2、4—砂浆层；5—结构基层

防水效果。每层防水层施工要连续进行，不留施工缝。若必须留施工缝时，则应留成阶梯坡形槎（图 1-10-11），接槎要依照层次顺序操作，层层搭接紧密。接槎一般宜留在地面上，亦可留在墙面上，但均需离开阴阳角处 200mm。

2. 掺外加剂防水砂浆防水层

通常，在普通水泥砂浆中掺入一定量的防水剂形成防水砂浆，由于防水剂与水泥水化作用而形成不溶性物质或憎水性薄膜，可填充堵塞或封闭水泥砂浆中的毛细管道，从而获得较高的密实性，提高其抗渗能力。防水剂的品种繁多，常用的有防水浆、避水浆、防水粉、氯化铁防水剂、硅酸钠防水剂等。这里以氯化铁防水砂浆防水层施工为例，作简单介绍。氯化铁防水砂浆防水层施工时，在清理好的基层上，先刷水泥浆一道，然后分两次抹垫层的防水砂浆，其配合比为 1：2.5：0.3（水泥：砂：防水剂），水灰比为 0.45～0.5，其厚度为 12mm，抹垫层防水砂浆后，一般隔 12h 左右，再刷一道水泥浆，并随刷随抹面层防水砂浆，其配合比 1：3：0.3（水泥：砂：防水剂），水灰比为 0.5～0.55，其厚度为 13mm，也分两次抹。面层防水砂浆抹完后，在终凝前应反复多次抹压密实并压光。氯化铁防水砂浆可在潮湿条件下使用，防水剂价格较便宜，但防水层抗裂性较差。

3. 膨胀水泥或无收缩性水泥砂浆防水层

这种防水层主要是利用水泥膨胀和无收缩的特性来提高砂浆的密实性和抗渗性，其砂浆的配合比为 1：2.5（水泥：砂），水灰比为 0.4～0.5。涂抹方法与防水砂浆相同，但由于砂浆凝结快，故在常温下配制的砂浆必须在 1h 内使用完毕。

在配制防水砂浆时，宜采用强度等级不低于 32.5 级的普通硅酸盐水泥或膨胀水泥，也可采用矿渣硅酸盐水泥；宜采用中砂或粗砂。基层表面要坚实、粗糙、平整、洁净。涂刷前基层应洒水湿润，以增强基层与防水层的粘结力。各种水泥砂浆防水层的阴阳角均应做成圆弧或钝角。圆弧半径一般为：阳角 10mm，阴角 50mm。水泥砂浆防水层无论迎水面或背水面其高度均应至少超出室外地坪 150mm。水泥砂浆防水层施工时，气温不应低于 5℃，且基层表面应保持正温，掺用氯化物金属盐类防水剂及膨胀剂的防水砂浆，不应在 35℃ 以上或烈日照射下施工。防水层做完后，应立即进行浇水养护，养护时的环境温度不宜低于 5℃，并保持防水层湿润，当使用普通硅酸盐水泥时，养护时间不应少于 14d，在此期间不得受静水压力作用。

10.3.3 涂膜防水层

地下工程常用的防水涂料主要有沥青基防水涂料和高聚物改性沥青防水涂料等。这里以水乳型再生橡胶沥青防水涂料为例作介绍。

水乳型再生橡胶沥青防水涂料是以沥青、橡胶和水为主要材料，掺入适量的增塑剂及抗老化剂，采用乳化工艺制成。其粘结、柔韧、耐寒、耐热、防水、抗老化能力等均优于纯沥青和沥青胶，并具有质量轻、无毒、无味、不易燃烧、冷施工等特点。而且操作简便，不污染环境，经济效益好，与一般卷材防水层相比可节约造价30%，还可在较潮湿的基层上施工。

水乳型再生橡胶沥青防水涂料由水乳型A液和B液组成，A液为再生胶乳液，呈漆黑色，细腻均匀，稠度大，黏性强，密度约1.1g/cm。B液为液化沥青，呈浅黑黄色，水分较多，黏性较差，密度约1.04g/cm。当两种溶液按不同配合比（质量比）混合时，其混合料的性能各不相同。若混合料中沥青成分居多时，则可减少橡胶与沥青之间的内聚力，其粘结性、涂刷性和浸透性能良好，此时施工配合比可按A液∶B液＝1∶2；若混合料中橡胶成分居多时，则具有较高的抗裂性和抗老化能力，此时施工配合比可按A液∶B液＝1∶1。所以在配料时，应根据防水层的不同要求，采用不同的施工配合比。水乳型再生橡胶沥青防水涂料既可单独涂布形成防水层，也可衬贴玻璃丝布作为防水层。当地下水压不大时做防水层或地下水压较大时做加强层，可采用二布三油一砂做法；当在地下水位以上做防水层或防潮层，可采用一布二油一砂做法，铺贴顺序为先铺附加层和立面，再铺平面；先铺贴细部，再铺贴大面，其施工方法与卷材防水层相类似。适用于屋面、墙体、地面、地下室等部位及设备管道防水防潮、嵌缝补漏、防渗防腐工程。

10.3.4 防水混凝土

防水混凝土是以调整混凝土配合比或掺外加剂等方法，来提高混凝土本身的密实性和抗渗性，使其具有一定防水能力的特殊混凝土。防水混凝土具有取材容易、施工简便、工期较短、耐久性好、工程造价低等优点。因此，在地下工程中防水混凝土得到了广泛使用。

目前，常用的防水混凝土主要有普通防水混凝土、外加剂防水混凝土等。

1. 防水混凝土的性能及配制方法

（1）普通防水混凝土

普通防水混凝土即是在普通混凝土骨料级配的基础上，通过调整和控制配合比的方法，提高自身密实度和抗渗性的一种混凝土。它不仅要满足结构的强度要求，还要满足结构的抗渗要求。

1）对原材料的要求

水泥强度等级不低于42.5级，在不受侵蚀介质和冻融作用时，宜采用普通硅酸盐水泥、火山灰硅酸盐水泥和粉煤灰硅酸盐水泥。如掺外加剂，也可采用矿渣硅酸盐水泥。在受冻融作用时，宜采用普通硅酸盐水泥；在受硫酸盐侵蚀作用时，可采用火山灰硅酸盐水泥、粉煤灰硅酸盐水泥。普通防水混凝土的骨料级配要好，一般可采用碎石、卵石和碎矿渣，石子含泥量不大于1%，针状、片状颗粒不大于15%，最大粒径不宜大于40mm，吸水率不大于1.5%。砂宜采用含泥量不大于3%的中、粗砂，平均粒径为0.4mm左右。普通防水混凝土所用的水应为不含有害物质的洁净水。

2）普通防水混凝土的配制方法。

配制普通防水混凝土通常以控制水灰比，适当增加砂率和水泥用量的方法，来提高混凝土的密实性和抗渗性。水灰比一般不大于0.6，每立方米混凝土水泥用量不少于320kg，砂率以35%～40%为宜，灰砂比为1∶2～1∶2.5，普通防水混凝土的坍落度以3～5cm为宜，当采用泵送工艺时，混凝土坍落度不受此限制。在防水混凝土的成分配合中，砂石级配、含砂率、灰砂比、水泥用量与水灰比之间存在着相互制约关系，防水混凝土配制的最优方案，应根据这些相互制约因素确定。除此之外，还应考虑设计对抗渗的要求，通过初步配合比计算、试配和调整，最后确定出施工配合比，该配合比既要满足地下防水工程抗渗等级等各项技术的要求，又要符合经济的原则。普通防水混凝土配合比设计，一般采用绝对体积法进行。但必须注意，在实验室试配时，考虑实验室条件与实际施工条件的差别，应将设计的抗渗标准提高0.2MPa来选定配合比。实验室固然可以配制出满足各种抗渗等级的防水混凝土，但在实际工程中由于各种因素的制约往往难以做到，所以，更多的是采用掺外加剂的方法来满足防水的要求。

（2）外加剂防水混凝土

外加剂防水混凝土是在混凝土中加入一定量的有机或无机物，以改善混凝土的性能和结构组成，提高其密实性和抗渗性，达到防水要求。外加剂防水混凝土的种类很多，下面仅对常用的加气剂防水混凝土、减水剂防水混凝土和三乙醇胺防水混凝土作简单介绍。

1）加气剂防水混凝土

加气剂防水混凝土是在普通混凝土中掺入微量的加气剂配制而成的。目前常用的加气剂有松香酸钠、松香热聚物、烷基磺酸钠和烷基苯磺酸钠等。在混凝土中加入加气剂后，会产生大量微小而均匀的气泡，使其黏滞性增大，不易松散离析，显著地改善了混凝土的和易性，同时抑制了沉降离析和泌水作用，减少混凝土的结构缺陷。由于大量气泡存在，使毛细管性质改变，提高了混凝土的抗渗性。我国对加气混凝土含气量要求控制在3%～5%范围；松香酸钠掺量为水泥质量的0.03%；松香热聚物掺量为水泥质量的0.005%～0.015%；水灰比宜控制在0.5～0.6之间；水泥用量为250～300kg，砂率为28%～35%。砂石级配、坍落度与普通混凝土要求相同。

2）减水剂防水混凝土

减水剂防水混凝土是在混凝土中掺入适量的减水剂配制而成。减水剂的种类很多，目前常用的有：木质素磺酸钙、MF（次甲基萘磺酸钠）、NNO（亚甲基二萘磺酸钠）、糖蜜等。减水剂具有强烈的分散作用，能使水泥成为细小的单个粒子，均匀分散于水中。同时，还能使水泥微粒表面形成一层稳定的水膜，借助于水的润滑作用，水泥颗粒之间，只要有少量的水即可将其拌合均匀而使混凝土的和易性显著增加。因此，混凝土掺入减水剂后，在满足施工和易性的条件下，可大大降低拌合用水量，使混凝土硬化后的毛细孔减少，从而提高了混凝土的抗渗性。采用木质素磺酸钙，其掺量为水泥质量的 0.15%～0.3%；采用 MF、NNO，其掺量为水泥质量的 0.5%～1.0%；采用糖蜜，其掺量为水泥质量的 0.2%～0.35%。减水剂防水混凝土，在保持混凝土和易性不变的情况下，可使混凝土用水量减少 10%～20%，混凝土强度等级提高 10%～30%，抗渗性可提高一倍以上。减水剂防水混凝土适用于一般防水工程及对施工工艺有特殊要求的防水工程。

3）三乙醇胺防水混凝土

三乙醇胺防水混凝土是在混凝土中随拌合水掺入一定量的三乙醇胺防水剂配制而成。三乙醇胺加入混凝土后，能增强水泥颗粒的吸附分散与化学分散作用，加速水泥的水化，水化生成物增多，水泥石结晶变细，结构密实，因此提高了混凝土的抗渗性。在冬季施工时，除了掺入占水泥质量 0.05% 的三乙醇胺以外，再加入 0.5% 的氯化钠及 1% 的亚硝酸钠，其防水效果会更好。三乙醇胺防水混凝土，抗渗性好，质量稳定，施工简便。特别适合工期紧，要求早强及抗渗的地下防水工程。

2. 防水混凝土工程施工

防水混凝土工程质量的优劣，除了取决于设计材料及配合成分等因素以外，还取决于施工质量。通过大量的地下工程渗漏水事故分析表明，施工质量差是造成防水工程渗漏水的主要原因之一。因此，对施工中的各主要环节，如混凝土的搅拌、运输、浇筑、振捣、养护等，均应严格遵循施工验收规范和操作规程的规定进行施工，以保证防水混凝土工程质量。

（1）施工要点

防水混凝土工程的模板应平整且拼缝严密不漏浆，模板构造应牢固稳定，通常固定模板的螺栓或铁丝不宜穿过防水混凝土结构，以免水沿缝隙渗入，当墙较高需要对拉螺栓固定模板时，应在预埋套管或螺栓上加焊止水环，阻止渗水通路。

绑扎钢筋时，应按设计要求留足保护层，不得有负误差。留设保护层应以相同配合比的细石混凝土或水泥砂浆制成垫块，严禁钢筋垫钢筋或将钢筋用铁钉、铅丝直接固定在模板上，以防止水沿钢筋侵入。

防水混凝土应采用机械搅拌，搅拌时间不应少于 2min。对掺外加剂的混凝土，应根据外加剂的技术要求确定搅拌时间，如加气剂防水混凝土搅拌时间约为 2～3min。

防水混凝土应分层浇筑，每层厚度不宜超过 30～40cm，相邻两层浇筑时间间隔不应超过 2h，夏季可适当缩短。浇筑混凝土的自由下落高度不得超过 1.5m，否则应使用串筒、溜槽等工具进行浇筑。防水混凝土应采用机械振捣，严格控制振捣时间（以 10～30s 为宜），并不得漏振、欠振和超振。当掺有加气剂或减水剂时，应采用高频插入振捣器振捣，以保证防水混凝土的抗渗性。

防水混凝土的养护对其抗渗性能影响极大，因此，必须加强养护。一般混凝土进入终凝（浇筑后 4～6h）即应进行覆盖，浇水湿润养护不少于 14d。防水混凝土不宜采用电热养护和蒸气养护。

（2）施工缝

为了保证地下结构的防水效果，施工时应尽可能不留或少留施工缝，尤其是不得留设垂直施工缝。在墙体中留设水平施工缝，其处理方法根据施工缝的断面形式有凸缝、凹缝及钢板止水片等几种（图 1-10-12）。

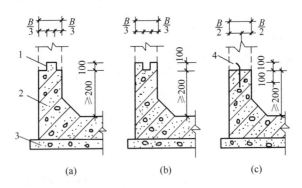

图 1-10-12　施工缝断面形式（单位：mm）

(a) 凸缝；(b) 凹缝；(c) 钢板止水片

1—施工缝；2—构筑物；3—垫层；4—钢板止水片

施工缝是防水的薄弱环节之一，施工中应尽量不留或少留。底板的混凝土应连续浇筑，墙体不得留垂直施工缝。墙体水平施工缝不应留在剪力或弯矩最大处，也不宜留在底板与墙体交接处，最低水平施工缝距底板面不少于 200mm，距穿墙孔洞边缘不少于 300mm。如必须留设垂直施工缝时，应留在结构变形缝处。

在施工缝上继续浇筑混凝土时，应将施工缝处的混凝土表面凿毛，清除浮渣并用水冲洗干净保持湿润，再铺上一层厚 20～50mm 的水泥砂浆，其材料和灰砂比应与混凝土相同。

思 考 题

10.1 试述卷材防水屋面的组成及对材料的要求。

10.2 屋面防水卷材有哪几类?

10.3 什么叫冷底子油? 有何作用? 如何配制?

10.4 沥青胶中常用的填充料有哪些? 其作用是什么?

10.5 沥青胶熬制的温度和时间对其质量有何影响?

10.6 什么叫胶粘剂? 胶粘剂有哪几种?

10.7 沥青卷材防水屋面基层如何处理? 为什么找平层要留分格缝?

10.8 如何进行沥青卷材的铺贴? 有哪些铺贴方法?

10.9 沥青卷材防水屋面防水层最容易产生的质量问题有哪些? 如何处理?

10.10 试述高聚物改性沥青卷材防水屋面对防水层施工及对基层处理的要求。

10.11 试述合成高分子卷材防水屋面对防水层施工及对基层处理的要求。

10.12 常用的防水涂料有哪些? 各有何特点?

10.13 密封材料有哪些? 各有何特点?

10.14 涂膜防水屋面对屋面板有何要求? 如何对板缝进行防水施工?

10.15 简述涂膜防水的施工方法。

10.16 刚性防水屋面根据防水层所用材料的不同有哪几种?

10.17 细石混凝土刚性防水层的施工特点是什么?

10.18 地下工程防水方案有哪些?

10.19 地下防水层的卷材铺贴方案有哪些? 各具什么特点?

10.20 水泥砂浆防水层的施工特点是什么?

10.21 试述防水混凝土的防水原理、配制及适用范围。

第11章 装 饰 装 修 工 程

建筑装饰装修工程是指为保护建筑物的主体结构、完善建筑物的使用功能和美化建筑物，采用装饰装修材料或饰物，对建筑物的内外表面及空间进行的各种处理过程。装饰装修工程包括抹灰、门窗、玻璃、吊顶、隔断、饰面、涂饰、裱糊、刷浆和花饰等内容。

装饰装修工程项目繁多，涉及面广，工程量大，施工工期长，耗用的劳动量多。为了加快施工进度、降低工程成本、满足装饰功能、增强装饰效果，应该进一步提高装饰装修工程工业化施工水平，实现结构与装饰合一，大力发展新型装饰材料，优化施工工艺。

§11.1 抹 灰 工 程

抹灰工程按使用材料和装饰效果不同，可分为一般抹灰和装饰抹灰两大类。

11.1.1 一 般 抹 灰

一般抹灰系指采用石灰砂浆、水泥砂浆、水泥混合砂浆、聚合物水泥砂浆、和麻刀石灰、纸筋石灰、石膏灰等抹灰材料进行的涂抹施工。

1. 一般抹灰的分类及组成

按使用要求、质量标准和操作工序不同，一般抹灰有高级抹灰和普通抹灰两级。高级抹灰适用于大型公共建筑物、纪念性建筑物（剧院、礼堂、展览馆等）以及有特殊要求的高级建筑等。普通抹灰适用于一般居住、公用和工业建筑（住宅、宿舍、教学楼等）以及建筑物中的附属用房（车库、仓库等）。

其组成、主要工序及质量要求如下：

高级抹灰：一层底层，数层中层，一层面层，多遍成活。主要工序为阴阳角找方，设置标筋、分层赶平、修整，表面压光。要求抹灰表面光滑、洁净、颜色均匀、无抹纹，线角和灰线平直方正，清晰美观。

普通抹灰：一层底层、一层中层、一层面层（或一层底层、一层面层）。主要工序为阳角找方、设置标筋、分层赶平、修整和表面压光。要求表面洁净，接搓平整、线角顺直、清晰。

为了保证抹灰质量，做到表面平整、避免裂缝，一般抹灰工程施工是分层进行的。抹灰的组成如图 1-11-1 所示。

底层主要起与基层粘结的作用，所用材料应根据基层的不同而异。基层为砌体时，由于黏土砖、砌块与砂浆的粘结力较好，又有灰缝存在，一般采用水泥砂浆打底；基层为混凝土时，为了保证粘结牢固，一般应采用混合砂浆或水泥砂浆打底；基层为木板条、苇箔、钢丝网时，由于这些材料与砂浆的粘结力较低，特别是木板条容易吸水膨胀，干燥后收缩，导致抹灰层脱落，因此，底层砂浆中应掺入适量的麻刀等材料，并在操作时将砂浆挤入基层缝隙内，使之拉结牢固。

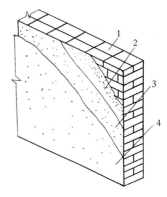

图 1-11-1　抹灰层的组成
1—基层；2—底层；3—中层；4—面层

中层主要起找平作用，根据质量要求不同，可一次或几次涂抹。所用材料基本与底层相同。

面层亦称罩面，主要起装饰作用，必须仔细操作，确保表面平整、光滑、无裂痕。各抹灰层厚度应根据基层材料、砂浆种类、墙面平整度、抹灰质量以及气候、温度条件而定。抹灰层平均总厚度应根据基层材料和抹灰部位而定，均应符合规范要求。

2. 材料质量要求

为了保证抹灰工程质量，应对抹灰材料的品种、质量严格要求。

石灰膏应用块状生石灰淋制，淋制时必须用孔径不大于 3mm×3mm 的筛过滤，并贮存在沉淀池中。熟化时间，常温下一般不少于 15d；用于罩面时，不应少于 30d。在沉淀池中的石灰膏应加以保护，防止其干燥、冻结和污染。使用时，石灰膏内不得含有未熟化的颗粒和其他杂质。抹灰用的石灰膏可用磨细生石灰粉代替，其细度应通过 4900 孔/cm² 筛。

抹灰用的砂子应过筛，不得含有杂物。装饰抹灰用的集料（石粒、砾石等），应耐光坚硬，使用前必须冲洗干净。干粘石用的石粒应干燥。

抹灰用的纸筋应浸透、捣烂、洁净；罩面纸筋宜机碾磨细，稻草、麦秸、麻刀应坚韧干燥，不含杂质，其长度不得大于 30mm。稻草、麦秸应经石灰浆浸泡处理。

掺入装饰砂浆中的颜料，应耐碱、耐光。

3. 一般抹灰施工

（1）基层处理

抹灰前必须对基层予以处理，如砖墙灰缝剔成凹槽，混凝土墙面凿毛或刮 108 胶水泥腻子，板条间应有 8～10mm 间隙（图 1-11-2）；应清除基层表面的灰尘、污垢；填平脚手架孔洞、管线沟槽、门窗框缝隙并洒水湿润。在不同结构基层的交接处（如板条墙、砖墙、混凝土墙的连接处）应先铺钉一层金属网（图 1-11-3），其与相交基层的搭接宽度应各不小于 100mm，以防抹灰层因基层温度变化胀缩不一而产生裂缝。在门口、墙、柱易受碰撞的阳角处，宜用 1∶3 的水泥砂浆抹出不低于 1.5m 高的护角（图 1-11-4）。对于砖砌体的基层，应待砌体充分沉降后，方能进行底层抹灰，以防砌体沉降拉裂抹灰层。

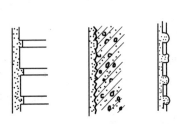

图 1-11-2　抹灰基层处理
(a) 砖基层；(b) 混凝土基层；
(c) 板条基层

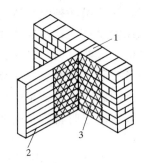

图 1-11-3　不同基层接缝处理
1—砖墙；2—板条墙；3—钢丝网

为了控制抹灰层的厚度和平整度，在抹灰前还必须先找好规矩，即四角规方，横线找平，竖线吊直，弹出准线和墙裙、踢脚板线，并在墙面做出标志（灰饼）和标筋（冲筋），以便找平。图 1-11-5 所示为抹灰操作中灰饼与冲筋的作法。

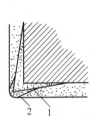

图 1-11-4　墙柱阳角包角抹灰
1—1:1:4水泥白灰砂浆；2—1:2水泥砂浆

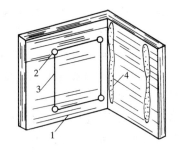

图 1-11-5　抹灰操作中灰饼与冲筋作法
1—基层；2—灰饼；3—引线；4—冲筋

(2) 抹灰施工

一般房屋建筑中，室内抹灰应在上、下水、燃气管道等安装完毕后进行。抹灰前必须将管道穿越的墙洞和楼板洞填嵌密实。散热器和密集管道等背后的墙面抹灰，宜在散热器和管道安装前进行，抹灰面接槎应顺平。室外抹灰工程应在安装好门窗框、阳台栏杆、预埋件，并将施工洞口堵塞密实后进行。

抹灰层施工采用分层涂抹，多遍成活。分层涂抹时，应使底层水分蒸发、充分干燥后再涂抹下一层。中层砂浆抹灰凝固前，应在层面上每隔一定距离交叉划出斜痕，以增强与面层的粘结力。各种砂浆的抹灰层，在凝结前，应防止快干、水冲、撞击和振动；凝结后，应采取措施防止沾污和损坏。水泥砂浆的抹灰层应在湿润的条件下养护。

纸筋或麻刀灰罩面，应待石灰砂浆浆或混合砂浆底灰 7～8 成干后进行。若底灰过干应浇水湿润，罩面灰一般用铁皮抹子或塑料抹子分两遍抹成，要求抹平压光。

石灰膏罩面是在石灰砂浆或混合砂浆底灰尚潮湿的情况下刮抹石灰膏。刮抹后约 2h 待石灰膏尚未干时压实赶平，使表面光滑不裂。

石膏罩面时，先将底层灰（1∶2.5～3 石灰砂浆或 1∶2∶9 混合砂浆）表面用木抹子带水搓细，待底层灰 6～7 成干时罩面。罩面用 6∶4 或 5∶5 石膏石灰膏灰浆，用小桶随拌随用，灰浆稠度 80mm 为宜。

冬期施工时，抹灰砂浆应采取保温措施，涂抹时，砂浆的温度不宜低于 5℃。砂浆抹灰层硬化初期不得受冻。气温低于 5℃ 时，室外抹灰所用砂浆可掺入混凝土防冻剂，其掺量应由试验确定；涂料墙面的抹灰砂浆中，不得掺入含氯盐的防冻剂。抹灰层可采取加温措施加速干燥；如采用加热空气时，应设通风设备排除湿气。

（3）机械喷涂抹灰

抹灰施工可采取手工抹灰和机械化抹灰两种方法。手工抹灰指人工用抹子涂抹砂浆。手工抹灰劳动强度大、施工效率低，但工艺性较强。

机械化抹灰可提高功效，减轻劳动强度和保证工程质量，是抹灰施工的发展方向。目前应用较广的为机械喷涂抹灰，它的工艺流程如图 1-11-6 所示。其工作原理是利用灰浆泵和空气压缩机把灰浆和压缩空气送入喷枪，在喷嘴前造成灰浆射流，将灰浆喷涂在基层上。

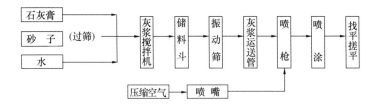

图 1-11-6　机械喷涂抹灰工艺流程

11.1.2　装　饰　抹　灰

装饰抹灰的种类很多，但底层的做法基本相同（均为 1∶3 水泥砂浆打底），仅面层的做法不同。现将常用的装饰抹灰简述如下。

1. 水刷石

水刷石是一种饰面人造石材，美观、效果好、施工方便。其做法为：先将 1∶3 水泥砂浆底层湿润，再薄刮厚为 1mm 水泥浆一层，随即抹厚为 8～12mm、稠度为 50～70mm、配合比为 1∶1.25 的水泥石渣，并注意抹平压实，待其达到一定强度（用手指按无指痕）时，用刷子刷掉面层水泥浆，使石子表面全部外露，然后用水冲洗干净。水刷石可以现场操作，也可以工厂预制。

2. 水磨石

水磨石花纹美观、润滑细腻。其做法为：在1∶3水泥砂浆底层上洒水湿润，刮水泥浆一层（厚1～1.5mm）作为粘结层，找平后按设计要求布置并固定分格嵌条（铜条、铝条、玻璃条），随后将不同色彩的水泥石子浆（水泥∶石子＝1∶1～1.25）填入分格中，厚为8mm（比嵌条高出1～2mm），并抹平压实。待罩面灰半凝固（1～2d）后，用磨石机浇水开磨，磨至光滑发亮为止。每次磨光后，用同色水泥浆填补砂眼，每隔3～5d再按同法磨第二遍或第三遍。最后，有的工程还要求用草酸擦洗和进行打蜡。水磨石可以现场制作，也可以工厂预制，二者工序基本相同，只是在预制时要按设计规定的尺寸、形状制成模框，并在底层中加入钢筋。

3. 干粘石

干粘石施工方便、造价较低，且美观、效果好。其做法为：先在已经硬化的厚为12mm的1∶3水泥砂浆底层上浇水湿润，再抹上一层厚为6mm的1∶2～2.5的水泥砂浆中层，随即抹厚为2mm的1∶0.5水泥石灰膏浆粘结层，同时将配有不同颜色的（或同色的）小八厘石渣略掺石屑后甩粘拍平压实在粘结层上。拍平压实石子时，不得把灰浆拍出，以免影响美观，待有一定强度后洒水养护。

有时可用喷枪将石子均匀有力地喷射于粘结层上，用铁抹子轻轻压一遍，使表面搓平。如在粘结砂浆中掺入108胶，可使粘结层砂浆抹得更薄，石子粘得更牢。

4. 斩假石（剁斧石）

又称人造假石，是一种由凝固后的水泥石屑浆经斩琢加工而成的人造假石饰面。斩假石施工时，先用1∶2～1∶2.5水泥砂浆打底，待24h后浇水养护，硬化后在表面洒水湿润，刮素水泥浆一道，随即用1∶1.25水泥石渣（内掺30%石屑）浆罩面，厚为10mm，抹完后要注意防止日晒或冰冻，并养护2～3d（强度达60%～70%），然后用剁斧将面层斩毛。剁斧要经常保持锋利，剁的方向要一致，剁纹深浅和间距要均匀，一般两遍成活，以达到石材细琢面的质感。

5. 拉毛灰和洒毛灰

拉毛灰施工时，先将底层用水湿透，抹上1∶（0.05～0.3）∶（0.5～1）水泥石灰罩面砂浆，随即用硬棕刷或铁抹子进行拉毛。棕刷拉毛时，用刷蘸砂浆往墙上连续垂直拍拉，拉出毛头。铁抹子拉毛时，则不蘸砂浆，只用抹子粘结在墙面随即抽回，要做到快慢一致，拉的均匀整齐，色泽一致，不露底，在一个平面上要一次成活，避免中断留槎。

洒毛灰，又称撒云片，施工时用茅草小帚蘸 1：1 水泥砂浆或 1：1：4 水泥石灰砂浆，由上往下洒在湿润的底层上。洒出的云朵须错乱多变、大小相称、空隙均匀。亦可在未干的底层上刷上颜色，然后不均匀地洒上罩面灰，并用抹子轻轻压平，部分露出带色的底子灰，使洒出的云朵具有浮动感。

6. 喷涂饰面

喷涂饰面是用喷枪将聚合物砂浆均匀喷涂在底层上形成面层装饰效果。此种砂浆掺加有 108 胶或二元乳液等聚合物，具有良好的抗冻性及和易性，能提高装饰面层的表面强度与粘结强度。通过调整砂浆的稠度和喷射压力的大小，可喷成砂浆饱满、波纹起伏的"波面"，或表面不出浆而满布细碎颗粒的"粒状"，亦可在表面涂层上再喷以不同色调的砂浆点，形成"花点套色"。

其分层做法为：①10～13mm 厚 1：3 水泥砂浆打底，木抹搓平。采用滑升、大模板工艺的混凝土墙体，可以不抹底层砂浆，只作局部找平，但表面必须平整。在喷涂前，先喷刷 1：3（胶：水）108 胶水溶液一道，以保证涂层粘结牢固。②3～4mm 厚喷涂饰面层，要求三遍成活。③饰面层收水后，在分格缝处用铁皮刮子沿着靠尺刮去面层，露出基层，做成分格缝，缝内可涂刷聚合物水泥浆。④面层干燥后，喷罩甲基硅醇钠憎水剂，以提高涂层的耐久性和减少对饰面的污染。

近年来还广泛采用塑料涂料（如水性或油性丙烯树脂、聚氨酯等）作喷涂的饰面材料。实践证明，外墙喷塑是今后建筑装饰的一个发展方向，它具有防水、防潮、耐酸、耐碱，面层色彩可任意选定，对气候的适应性强，施工方便，工期短等优点。

7. 滚涂饰面

滚涂饰面施工时，先将带颜色的聚合物砂浆均匀涂抹在底层上，随即用平面或带有拉毛、刻有花纹的橡胶、泡沫塑料滚子，滚出所需的图案和花纹。其分层作法为：①10～13mm 厚水泥砂浆打底，木抹搓平；②粘贴分格条（施工前在分格处先刮一层聚合物水泥浆，滚涂前用涂有 108 胶水溶液的电工胶布贴上，等饰面砂浆收水后揭下胶布）；③3mm 厚色浆罩面，随抹随用辊子滚出各种花纹；④待面层干燥后，喷涂有机硅水溶液。

8. 弹涂饰面

彩色弹涂饰面，是用电动弹力器将水泥色浆弹到墙面上，形成 1～3mm 左右的圆状色点。由于色浆一般由 2～3 种颜色组成，不同色点在墙面上相互交错、相互衬托，犹如水刷石、干粘石；亦可做成单色光面、细麻面、小拉毛拍平等多种形式。实践证明，这种工艺既可在墙面上做底灰，再作弹涂饰面；也可直接弹涂在基层较平整的混凝土板、加气板、石膏板、水泥石棉板等板材上。其施工流程为：基层找平修正或做砂浆底灰→调配色浆刷底色→弹力器做头道色点→弹力器做二道色点→弹力器局部找均匀→树脂罩面防护层。

§11.2 饰面板（砖）工程

饰面板（砖）的种类很多，常用的有天然石（大理石、花岗石）饰面板、人造石（大理石、水磨石、水刷石）饰面板、饰面砖（釉面瓷砖、面砖、陶瓷锦砖）和饰面墙板、金属饰面板等。

11.2.1 常用材料及要求

1. 天然石饰面板

常用的天然石饰面板有大理石和花岗石饰面板。要求表面平整、边缘整齐，棱角不得损坏，表面不得有隐伤、风化等缺陷，并应具有产品合格证。选材时应使饰面色调和谐，纹理自然、对称、均匀，做到浑然一体；并注意把纹理、色彩最好的饰面板用于主要的部位，以提高装饰效果。

2. 人造石饰面板

人造石饰面板主要有预制水磨石、水刷石饰面板、人造大理石饰面板。要求几何尺寸准确，表面平整、边缘整齐、棱角不得损坏，面层石粒均匀、色彩协调，无气孔、裂纹、刻痕和露筋等缺陷。

3. 饰面砖

常用的饰面砖有釉面瓷砖、面砖等。要求表面光洁、质地坚固，尺寸、色泽一致，不得有暗痕和裂纹，性能指标均应符合现行国家标准的规定。釉面瓷砖有白色、彩色、印花、图案等多个品种。面砖有毛面和釉面两种，颜色有米黄、深黄、乳白、淡蓝等多种。

4. 饰面墙板

随着建筑工业化的发展，结构与装饰合一也是装饰装修工程的发展方向。饰面墙板就是将墙板制作与饰面结合，一次成型，从而进一步扩大了装饰装修工程的内容，加速了装饰装修工程的进度。

5. 金属饰面板

金属饰面板有铝合金板、镀锌板、彩色压型钢板、不锈钢板和铜板等多种。金属板饰面典雅庄重，质感丰富。尤其是铝合金板墙面价格便宜，易于加工成型，具有高强、轻质、经久耐用，便于运输和施工，表面光亮，可反射太阳光及防火、防潮、耐腐蚀的特点，是一种高档的建筑装饰，装饰效果别具一格，应用较广。

11.2.2 饰面板（砖）施工

饰面板（砖）可采用胶粘剂粘贴和传统的镶贴、安装方法进行施工，分别介绍如下。

1. 饰面板（砖）胶粘法施工

　　胶粘法施工即利用胶粘剂将饰面板（砖）直接粘贴于基层上。此种施工方法具有工艺简单、操作方便、粘结力强、耐久性好、施工速度快等优点，是实现装饰装修工程干法施工的有效措施。

　　2. 饰面板（砖）传统法施工

　　（1）小规格板材施工

　　对于边长小于 400mm 的小规格的饰面板一般采用镶贴法施工。施工时先用 1:3 水泥砂浆打底划毛，待底子灰凝固后找规矩，并弹出分格线，然后按镶贴顺序，将已湿润的板材背面抹上厚度为 2～3mm 的素水泥浆进行粘贴，用木槌轻敲，并注意随时用靠尺找平找直。

　　（2）大规格板材施工

　　对于边长大于 400mm 或安装高度超过 1m 的饰面板，多采用安装法施工。安装的工艺有湿法工艺、干法工艺和 G·P·C 工艺。

　　1）湿法工艺

　　按照设计要求在基层表面绑扎钢筋骨架，并在饰面板材周边侧面钻孔，以便与钢筋骨架连接（见图 1-11-7）。板材安装前，应对基层抄平并进行预排。安装时由下往上，每层从中间或从一端开始依次将饰面板用铜丝或铅丝与钢筋骨架绑扎固定。板材与基层间的缝隙（即灌浆厚度），一般为 20～50mm，灌浆前，应先在竖缝内填塞 15～20mm 深的麻丝或泡沫塑料条以防漏浆，然后用 1:2.5 水泥砂浆分层灌缝，待下层初凝后再

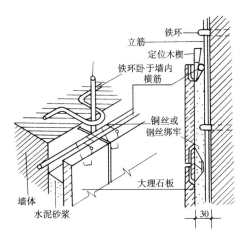

图 1-11-7　湿法工艺

灌上层，直到距上口 50～100mm 处为止，待安装好上一层板后再继续灌缝处理，依次逐层往上操作。每日安装固定后，需将饰面清理干净，如饰面层光泽受到影响，可以重新打蜡出光。要注意采取措施保护棱角。

　　2）干法工艺

　　干法工艺是直接在板上打孔，然后用不锈钢连接器与埋在混凝土墙体内的膨胀螺栓相连，板与墙体间形成 80～90mm 空气层（图 1-11-8）。此种工艺一般多用于 30m 以下的钢筋混凝结构，不适用于砖墙或加气混凝土基层。

　　3）G·P·C 工艺

　　G·P·C 工艺是干法工艺的发展，它是把以钢筋混凝土作衬板、石材作面板（两者用不锈钢连接环连接，并浇筑成整体）的复合板，通过连接器具悬挂到钢筋混凝土结构或钢结构上的作法，见图 1-11-9。

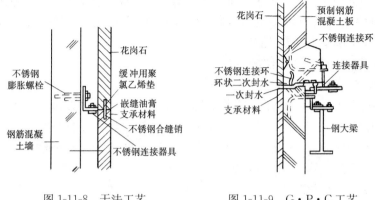

图 1-11-8 干法工艺 　　　　图 1-11-9 G·P·C工艺

（3）面砖或釉面瓷砖的镶贴

镶贴面砖或釉面瓷砖的主要工序为：基层处理、湿润基体表面→水泥砂浆打底→选砖、预排→浸砖→镶贴面砖→勾缝→清洁面层。基层应平整而粗糙，镶贴前应清理干净并加以湿润。底子灰抹后一般养护1~2d，方可进行镶贴。

墙面镶贴时，要注意以下要点：

1）镶贴前要找好规矩。用水平尺找平，校核方正，算好纵横皮数和镶贴块数，划出皮数杆，定出水平标准，进行预排。瓷砖墙面常见的排砖法见图1-11-10。

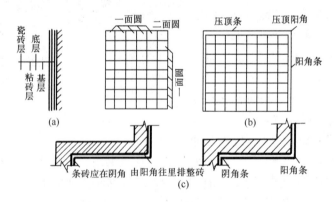

图 1-11-10 瓷砖墙面排砖示意图

2）在有脸盆镜箱的墙面，应按脸盆下水管部位分中，往两边排砖。肥皂盒可按预定尺寸和砖数排砖。

3）先用废瓷砖按粘结层厚度用混合砂浆贴灰饼。贴灰饼时，将砖的楞角翘出，以楞间作为标准，上下用托线板挂直，横向用长的靠尺板或小线拉平。灰饼间距1.5m左右。

4）铺贴釉面瓷砖时，先浇水湿润墙面，再根据已弹好的水平线（或皮数杆），在最下面一皮砖的下口放好垫尺板（平尺板），并注意地漏标高和位置，然后用水平尺检验，作为贴第一皮砖的依据。贴时一般由下往上逐层粘贴。

5）除采用掺 108 胶水泥浆作粘结层，可以抹一行（或数行）贴一行（或数行）外，其他均将粘结砂浆满铺在瓷砖背面，逐块进行粘贴。108 胶水泥浆要随调随用，在 15℃ 环境下操作时，从涂抹 108 胶水泥浆到镶贴瓷砖和修整缝隙止，全部工作宜在 3h 内完成，要注意随时用棉丝或干布将缝中挤出的浆液擦净。

6）镶贴后的每块瓷砖，当采用混合砂浆粘结层时，可用小铲把轻轻敲击；当采用 108 胶水泥浆粘结层时，可用手轻压，并用橡皮锤轻轻敲击，使其与基层粘结密实牢固。并要用靠尺随时检查平正方直情况，修正缝隙。凡遇粘结不密实缺灰情况时，应取下瓷砖重新粘贴，不得在砖口处塞灰，防止空鼓。

7）贴时一般从阳角开始，使不成整块的砖留在阴角。先贴阳角大面，后贴阴角、凹槽等难度较大的部位。

8）贴到上口须成一线，每层砖缝须横平竖直。

9）瓷砖镶贴完毕后，用清水或布、棉丝清洗干净，用同色水泥浆擦缝。全部工程完成后要根据不同污染情况，用棉丝、砂纸清理或用稀盐酸刷洗，并用清水紧跟冲刷。

§11.3　涂　饰　工　程

涂饰工程包括油漆涂饰和涂料涂饰，它是将胶体的溶液涂敷在物体表面、使之与基层粘结，并形成一层完整而坚韧的保护薄膜，借此达到装饰、美化和保护基层免受外界侵蚀的目的。

11.3.1　油　漆　涂　饰

1. 建筑工程中常用的油漆

建筑工程中常用油漆的种类及其主要特性如下：

（1）清油

清油又称鱼油、熟油，干燥后漆膜柔软，易发黏。多用于调稀厚漆、红丹防锈漆以及打底及调配腻子，也可单独涂刷于金属、木材表面。

（2）厚漆

厚漆又称铅油，有红、白、黄、绿、灰、黑等色。使用时需加清油、松香水等稀释。漆膜柔软，与面漆粘结性能好，但干燥慢，光亮度、坚硬性较差。可用于各种涂层打底或单独作表面涂层，亦可用来调配色油和腻子。

（3）调合漆

调合漆有油性和磁性两类。油性调合漆的漆膜附着力强，有较高的弹性，不易粉化、脱落及龟裂，经久耐用，但漆膜较软，干燥缓慢，光泽差，适用于室外面层涂刷。磁性调合漆常用的有脂胶调合漆和酚醛调合漆等，漆膜较硬，颜色鲜明，光亮平滑，能耐水洗，但耐气候性差，易失光，龟裂和粉化，故仅用于室内面层涂刷。调和漆有大红、奶油、白、绿、灰、黑等色，不需调配，使用时只需调匀或配色，稠度过大时可用松节油或200号溶剂汽油稀释。

（4）清漆

以树脂为主要成膜物质，分油质清漆和挥发性清漆两类。油质清漆又称凡立水，常用的有酯胶清漆、酚醛清漆、钙酯清漆和醇酸清漆等。漆膜干燥快，光泽透明，适用于木门窗、板壁及金属表面罩光。挥发性清漆又称泡立水，常用的有漆片，漆膜干燥快、坚硬光亮，但耐水、耐热、耐气候性差，易失光，多用于室内木材面层的油漆或家具罩面。

此外，还有磁漆、大漆、硝基纤维漆（即蜡克）、耐热漆、耐火漆、防锈漆及防腐漆等。

2. 油漆涂饰施工

油漆工程施工包括基层处理、打底子、抹腻子和涂刷油漆等工序。

（1）基层处理

为了使油漆和基层表面粘结牢固，节省材料，必须对涂刷的木料、金属、抹灰层和混凝土等基层表面进行处理。木材基层表面油漆前，要求将表面的灰尘、污垢清除干净，表面上的缝隙、毛刺、节疤和脂囊修整后，用腻子填补。抹腻子时对于宽缝、深洞要深入压实，抹平刮光。磨砂纸时要打磨光滑，不能磨穿油底，不可磨损棱角。

金属基层表面油漆前，应清除表面锈斑、尘土、油渍、焊渣等杂物。

抹灰层和混凝土基层表面油漆前，要求表面干燥、洁净，不得有起皮和松散处等，粗糙的表面应磨光，缝隙和小孔应用腻子刮平。

（2）打底子

在处理好的基层表面上刷底子油一遍（可适当加色），并使其厚薄均匀一致，以保证整个油漆面色泽均匀。

（3）抹腻子

腻子是由油料加上填料（石膏粉、大白粉）、水或松香水拌制成的膏状物。抹腻子的目的是使表面平整。对于高级油漆施工，需在基层上全部抹一层腻子，待其干后用砂纸打磨，然后再抹腻子，再打磨，直到表面平整光滑为止，有时，还要和涂刷油漆交替进行。腻子磨光后，清理干净表面，再涂刷一道清油，以便节约油漆。

（4）涂刷油漆

油漆施工按质量要求不同分为普通油漆、中级油漆和高级油漆等。一般松软木材面、金属面多采用普通或中级油漆；硬质木材面、抹灰面则采用中级或高级油漆。涂饰的方法有刷涂、喷涂、擦涂、揩涂及滚涂等多种。

3. 油漆工程的安全技术

油漆材料、所用设备必须有专人保管，且设置在专用库房内，各类储油原料的桶必须有封盖。

在油漆材料库房内，严禁吸烟，且应有消防设备，其周围有火源时，应按防火安全规定，隔绝火源。

油漆原料间照明，应有防爆装置，且开关应设在门外。

使用喷灯，加油不得加满，打气不应过足，使用时间不宜过长，点火时，灯嘴不准对人。

操作者应做好人体保护工作，坚持穿戴安全防护用具。

使用溶剂时（如甲苯等有毒物质）时，应防护好眼睛、皮肤等，且随时注意中毒现象。

熬胶、烧油桶应离开建筑物 10m 以外，熬炼桐油时，应距建筑物 30～50m。

在喷涂硝基漆或其他挥发性、易燃性溶剂稀释的涂料时不准使用明火。

为了避免静电集聚引起事故，对罐体涂漆应有接地线装置。

11.3.2　涂　料　涂　饰

建筑涂料的品种很多，分类方法也各不相同，按成膜物质分为有机系涂料（如丙烯酸树脂及其乳液涂料）、无机系涂料（如硅酸盐涂料）、有机无机复合涂料（如丙烯酸—硅溶胶复合乳液涂料）；按其分散介质分类有溶剂型涂料（如丙烯酸酯溶液涂料）、水溶性涂料（如聚乙烯醇水玻璃内墙涂料）、水乳型涂料（如苯乙烯—丙烯酸乳液涂料）；按涂料功能分类有装饰涂料、防火涂料、防水涂料、防腐涂料、防霉涂料及防结露涂料等；按涂层质感分类有薄质涂料、厚质涂料和复层建筑涂料等；按在建筑的使用部位分类有内墙涂料、外墙涂料、地面涂料、顶棚涂料及屋面防水涂料等。本书仅以乳胶漆为例介绍。

乳胶漆属乳液型涂料，是以合成树脂乳液为主要成膜物质，加入颜料、填料以及保护胶体、增塑剂、耐湿剂、防冻剂、消泡剂、防霉剂等辅助材料，经过研磨或分散处理而制成的涂料。其种类很多，通常以合成树脂乳液来命名，如醋酸乙烯乳胶漆、丙烯酸酯乳胶漆、苯—丙乳胶漆、乙—丙乳胶漆、聚氨酯乳胶漆等。乳胶漆作为墙涂料可以洗刷，易于保持清洁，因而很适宜作内墙面装饰。

乳胶漆具有以下特点：

（1）安全无毒

乳胶漆以水为分散介质，随水分的蒸发而干燥成膜，施工时无有机溶剂逸出，不污染空气，不危害人体，且不浪费溶剂。

（2）涂膜透气性好

乳胶漆形成的涂膜是多孔而透气的，可避免因涂膜内外湿度差而引起鼓泡或结露。

（3）操作方便

乳胶漆可采用刷涂、滚涂、喷涂等施工方法，施工后的容器和工具可以用水洗刷，而且涂膜干燥较快，施工时两遍之间的间歇只需几小时，这有利于连续作业和加快施工进度。

（4）涂膜耐碱性好

该漆具有良好的耐碱性，可在初步干燥、返白的墙面上涂刷，基层内的少量水分则可通过涂膜向外散发，而不致顶坏涂膜。

乳胶漆适宜于混凝土、水泥砂浆、石棉水泥板、纸面石膏板等基层。要求基层有足够的强度，无粉化、起砂或掉皮现象。新墙面可用乳胶加老粉作腻子嵌平，磨光后涂刷。旧墙面应先除去风化物、旧涂层，用水清洗干净后方能涂刷。

喷涂时空气压缩机的压力应控制在 0.5～0.8MPa。手握喷斗要稳，出料口与墙面垂直，喷嘴距墙面 500mm 左右。先喷涂门、窗口，然后横向来回旋喷墙面，防止漏喷和流坠。顶棚和墙面一般喷两遍成活，两遍间隔约 2h。顶棚与墙面喷涂不同颜色的涂料时，应先喷涂顶棚，后喷涂墙面。喷涂前用纸或塑料布将不喷涂的部位，如门窗扇及其他装饰体遮盖住，以免污染。

刷涂时，可用排笔，先刷门、窗口，然后竖向、横向涂刷两遍，其间隔时间为 2h。要求接头严密，颜色均匀一致。

§11.4　建筑幕墙工程

建筑幕墙是由金属构件与玻璃、铝板、石材等面板材料组成的建筑外围护结构。它大片连续，不承受主体结构的荷载，装饰效果好、自重小、安装速度快，是建筑外墙轻型化、装配化较为理想的形式，因此，在现代建筑中得到广泛的应用。

幕墙结构的主要部分如图 1-11-11 所示，由面板构成的幕墙构件连接在横梁

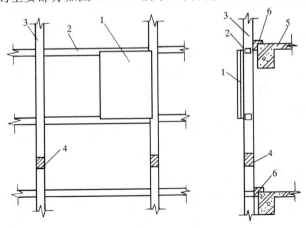

图 1-11-11　幕墙组成示意图

1—幕墙构件；2—横梁；3—立柱；4—立柱活动接头；5—主体结构；6—立柱悬挂点

上，横梁连接在立柱上，立柱悬挂在主体结构上。为了使立柱在温度变化和主体结构侧移时有变形的余地，立柱上下由活动接头连接，使立柱各段可以上下相对移动。

建筑幕墙按面板材料可分为玻璃幕墙、铝板幕墙、石材幕墙、钢板幕墙、预制彩色混凝土板幕墙、塑料幕墙、建筑陶瓷幕墙和铜质面板幕墙等。

11.4.1　玻　璃　幕　墙

1. 玻璃幕墙分类

由于结构及构造形式不同，玻璃幕墙可分为明框玻璃幕墙、隐框玻璃幕墙、半隐框玻璃幕墙和全玻璃幕墙等；以施工方法不同，又可分为现场组合的分件式玻璃幕墙和工厂预制后再在现场安装的单元式玻璃幕墙。

明框玻璃幕墙的玻璃板镶嵌在铝框内，形成四边都有铝框固定的幕墙构件。而幕墙构件又连接在横梁上，形成横梁、立柱均外露，铝框分隔明显的立面。明框玻璃幕墙是最传统的形式，工作性能可靠，相对于隐框玻璃幕墙更容易满足施工技术水平的要求，应用广泛。

隐框玻璃幕墙一般是将玻璃用硅酮结构密封胶（也称结构胶）粘结在铝框上，大多数情况下，不再加金属构件，铝框全部隐蔽在玻璃后面，形成大面积全玻璃镜面。这种幕墙，玻璃与铝框之间完全靠结构胶粘结，结构胶要承受玻璃的自重、玻璃面板所承受的风荷载和地震荷载，还有温度变化等作用，因此，结构胶是保证隐框玻璃幕墙安全性的最关键因素。

将玻璃两对边镶嵌在铝框内，另外两对边用结构胶粘结在铝框上，则形成半隐框玻璃幕墙，其中，立柱外露、横梁隐蔽的称竖框横隐玻璃幕墙；横梁外露、立柱隐蔽的称竖隐横框玻璃幕墙。

为游览观光需要，建筑物底层、顶层及旋转餐厅的外墙，有时使用大面积玻璃板，而且支撑结构也都采用玻璃肋，称之为全玻璃幕墙。高度不超过 4.5m 的全玻璃幕墙，可以直接以下部为支撑；超过 4.5m 的全玻璃幕墙，宜采用上部悬挂，以防失稳问题发生。

2. 玻璃幕墙常用材料

玻璃幕墙所使用的材料，概括起来，有骨架材料、面板材料、密封填缝材料、粘结材料和其他小材料五大类型。幕墙材料应符合国家现行产业标准的规定，并应有出厂合格证。幕墙作为建筑物的外围护结构，经常受自然环境不利因素的影响。因此，要求幕墙材料要有足够的耐候性和耐久性，具备防风雨、防日晒、防盗、防撞击、保温隔热等功能。

幕墙无论在加工制作、安装施工中，还是交付使用后，防火都是十分重要的。因此，应尽量采用不燃材料或难燃材料。但目前国内外都有少量材料还是不防火的，如双面胶带、填充棒等。因此，在设计及安装施工中都要加倍注意，并采取防火措施。

隐框和半隐框幕墙所使用的结构硅酮密封胶，必须有性能和与接触材料相容性试验合格报告。接触材料包括铝合金型材、玻璃、双面胶带和耐候硅酮密封胶等。所谓相容性是指结构硅酮密封胶与这些材料接触时，只起粘结作用，而不发生影响粘结性能的任何化学变化。

玻璃是玻璃幕墙的主要材料之一，它直接制约幕墙的各项性能，同时也是幕墙艺术风格的主要体现者。幕墙所采用的玻璃通常有：钢化玻璃、热反射玻璃、吸热坡璃、夹层玻璃、夹丝（网）玻璃和中空玻璃等。使用时应注意选择。

3. 玻璃幕墙安装施工

玻璃幕墙现场安装施工有单元式和分件式两种方式。单元式施工是将立柱、横梁和玻璃板材在工厂已拼装为一个安装单元（一般为一层楼高度），然后在现场整体吊装就位。分件式安装施工是最一般的方法，它将立柱、横梁、玻璃板材等材料分别运到工地，现场逐件进行安装，其主要工序如下。

（1）放线定位

即将骨架的位置弹到主体结构上。放线工作应根据土建单位提供的中心线及标高控制点进行。对于由横梁、立柱组成的幕墙骨架，一般先弹出立柱的位置，然后再将立柱的锚固点确定。待立柱通长布置完毕，再将横梁弹到立柱上。如果是全玻璃安装，则应首先将玻璃的位置弹到地面上，再根据外缘尺寸确定锚固点。放线是玻璃幕墙施工中技术难度较大的一项工作，要求充分掌握设计意图，并需具备丰富的工作经验。

（2）预埋件检查

为了保证幕墙与主体结构连接可靠，幕墙与主体结构连接的预埋件应在主体结构施工时，按设计要求的数量、位置和方法进行埋设。施工安装前，应检查各连接位置预埋件是否齐全，位置是否符合设计要求。预埋件遗漏、位置偏差过大、倾斜时，要会同设计单位采取补救措施。

（3）骨架安装施工

依据放线的位置，进行骨架安装。常采用连接件将骨架与主体结构相连。连接件与主体结构可以通过预埋件或后埋锚栓固定，但当采用后埋锚栓固定时，应通过试验确定其承载力。骨架安装一般先安装立柱（因为立柱与主体结构相连），再安装横梁。横梁与立柱的连接依据其材料不同，可以采用焊接、螺栓连接、穿插件连接或用角铝连接等方法。

（4）玻璃安装

玻璃的安装，因玻璃幕墙的类型不同，而固定玻璃的方法也不相同。钢骨架，因型钢没有镶嵌玻璃的凹槽，多用窗框过渡，将玻璃安装在铝合金窗框上，再将窗框与骨架相连。铝合金型材的幕墙框架，在成型时，已经将固定玻璃的凹槽随同整个断面一次挤压成型，可以直接安装玻璃。玻璃与硬性金属之间，应避免直接接触，要用封缝材料过渡。对隐框玻璃幕墙，在玻璃框安装前应对玻璃及四周的铝框进行必要的清洁，保证嵌缝耐候胶能可靠粘结。安装前玻璃的镀膜面应粘贴保护膜加以保护，交工前再全部揭去。

（5）密封处理

玻璃或玻璃组件安装完毕后，必须及时用耐候密封胶嵌缝密封，以保证玻璃幕墙的气密性、水密性等性能。

（6）清洁维护

玻璃幕墙安装完成后，应从上到下用中性清洁剂对幕墙表面及外露构件进行清洁，清洁剂使用前应进行腐蚀性检验，证明对铝合金和玻璃无腐蚀作用后方可使用。

11.4.2 铝 板 幕 墙

铝板幕墙强度高、质量轻；易于加工成型、质量精度高、生产周期短；防火、防腐性能好；装饰效果典雅庄重、质感丰富，是一种高档次的建筑外墙装饰。但铝板幕墙节点构造复杂、施工精度要求高，必须有完备的工具和经过培训有经验的工人才能操作完成。

铝板幕墙主要有铝合金板和骨架组成，骨架的立柱、横梁通过连接件与主体结构固定。铝合金板可选用已生产的各种定型产品，也可根据设计要求，与铝合金型材生产厂家协商定做。常见断面如图 1-11-12 所示。承重骨架由立柱和横梁拼成，多为铝合金型材或型钢制作。铝板与骨架用连接件连成整体，根据铝板的截面类型，连接件可以采用螺钉，也可采用特制的卡具。

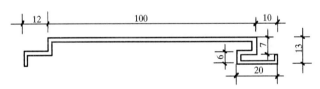

图 1-11-12　铝板断面示意图

铝板幕墙的主要施工工序为：放线定位→连接件安装→骨架安装→铝板安装→收口处理。

铝板幕墙安装要求控制好安装高度、铝板与墙面的距离、铝板表面垂直度。施工后的幕墙表面应做到表面平整、连接可靠，无翘起、卷边等现象。

§11.5　裱　糊　工　程

11.5.1　常用材料及质量要求

壁纸是室内装饰中常用的一种装饰材料，广泛用于墙面、柱面及顶棚的裱糊装饰。裱糊工程常用的材料有塑料壁纸、墙布、金属壁纸、草席壁纸和胶粘剂等。

1. 塑料壁纸

塑料壁纸是目前应用较为广泛的壁纸。塑料壁纸主要以聚氯乙烯（PVC）为原料生产。塑料壁纸大致可分为三类，即普通壁纸、发泡壁纸和特种壁纸。

普通壁纸是以木浆纸作为基材，表面再涂以高分子乳液，经印花、压花而成。这种壁纸花色品种多，适用面广，价格低廉，耐光、耐老化、耐水擦洗，便于维护、耐用，广泛用于一般住房及公共建筑的内墙、柱面、顶棚的装饰。

发泡壁纸，亦称浮雕壁纸，是以纸作基材，涂塑掺有发泡剂的聚氯乙烯糊状料，印花后，再经加热发泡而成。壁纸表面呈凹凸花纹，立体感强，装饰效果好，并富有弹性。这类壁纸又有高发泡印花、低发泡印花、压花等品种。其中，高发泡纸发泡率较大，表面呈比较突出的、富有弹性的凹凸花纹，是一种装饰、吸声多功能壁纸，适用于影剧院、会议室、讲演厅、住宅顶棚等装饰。低发泡纸是在发泡平面印有图案的品种，适用于室内墙裙、客厅和内廊的装饰。

所谓特种壁纸，是指具有特殊功能的塑料面层壁纸，如耐水壁纸、防火壁纸、抗腐蚀壁纸、抗静电壁纸、健康壁纸、吸声壁纸等。

2. 墙布

墙布没有底纸，为便于粘贴施工，要有一定的厚度，才能比较挺括上墙。墙布的基材有玻璃纤维织物、合成纤维无纺布等，表面以树脂乳液涂复后再印刷。由于这类织物表面粗糙，印刷的图案也比较粗糙，装饰效果较差。

3. 金属壁纸

金属壁纸面层为铝箔，由胶粘剂与底层贴合。金属壁纸有金属光泽，金属感强，表面可以压花或印花。其特点是强度高、不易破损、不会老化、耐擦洗、耐沾污、是一种高档壁纸。

4. 草席壁纸

它以天然的草、席编织物作为面料。草席料预先染成不同的颜色和色调，用不同的密度和排列编织，再与底纸贴合，可得到各种不同外观的草席面壁纸。这种壁纸形成的环境使人更贴近大自然，适应了人们返朴归真的趋势，并有温暖感。缺点是较易受机械损失，不能擦洗，保养要求高。

对壁纸的质量要求如下：

壁纸应整洁、图案清晰。印花壁纸的套色偏差不大于1mm，且无漏印。压花壁纸的压花深浅一致，不允许出现光面。此外，其褪色性、耐磨性、湿强度、施工性均应符合现行材料标准的有关规定。材料进场后经检验合格方可使用。运输和贮存时，所有壁纸均不得日晒雨淋；压延壁纸应平放；发泡壁纸和复合壁纸则应竖放。

胶粘剂应按壁纸的品种选用。

11.5.2　塑料壁纸的裱糊施工

1. 材料选择

塑料壁纸的选择包括选择壁纸的种类、色彩和图案花纹。选择时应考虑建筑物的用途、保养条件、有无特殊要求、造价等因素。

胶粘剂应有良好的粘结强度和耐老化性以及防潮、防霉和耐碱性，干燥后也要有一定的柔性，以适应基层和壁纸的伸缩。

商品壁纸胶粘剂有液状和粉状两种。液状的大多为聚乙烯醇溶液或其部分缩醛产物的溶液及其他配合剂。粉状的多以淀粉为主。液状的使用方便，可直接使用，粉状的则需按说明配制。胶粘剂用户也可自行配制。

2. 基层处理

基层处理好坏对整个壁纸粘贴质量有很大的影响。各种墙面抹灰层只要具有一定强度，表面平整光洁，不疏松掉面都可直接粘贴塑料壁纸，例如水泥白灰砂浆、白灰砂浆、石膏砂抹灰、纸筋灰、石膏板、石棉水泥板等。

对基层总的要求是表面坚实、平滑，无毛刺、砂粒、凸起物、剥落和起鼓、大的裂缝，否则应视具体情况作适当的基层处理。

视基层情况可局部批嵌，凸出物应铲平，并填平大的凹槽和裂缝；较差的基层则宜满批。干后用砂纸磨光磨平。批嵌用的腻子可自行配制。

为防止基层吸水过快，引起胶粘剂脱水而影响壁纸粘结，可在基层表面刷一道用水稀释的 108 胶作为底胶进行封闭处理。刷底胶时，应做到均匀、稀薄、不留刷痕。

3. 粘贴施工要点

（1）弹垂直线

为使壁纸粘贴的花纹、图案、线条纵横连贯，在底胶干后，应根据房间大小、门窗位置、壁纸宽度和花纹图案进行弹线，从墙的阴角开始，以壁纸宽度弹垂直线，作为裱糊时的操作准线。

（2）裁纸

裱糊用壁纸，纸幅必须垂直，以保证花纹、图案纵横连贯一致。裁纸应根据实际弹线尺寸统筹规划。纸幅要编号并按顺序粘贴。分幅拼花裁切时，要照顾主要墙面花纹对称完整。裁切的一边只能搭缝，不能对缝。裁边应平直整齐，不得有纸毛、飞刺等。

（3）湿润

以纸为底层的壁纸遇水会受潮膨胀，约 5～10min 后胀足，干燥后又会收缩。因此，施工前，壁纸应浸水湿润，充分膨胀后粘贴上墙，可以使壁纸贴得平整。

（4）刷胶

胶粘剂要求涂刷均匀、不漏刷。在基层表面涂刷胶粘剂应比壁纸刷宽 20～30mm，涂刷一段，裱糊一张。如用背面带胶的壁纸，则只需在基层表面涂刷胶粘剂。裱糊顶棚时，基层和壁纸背面均应涂刷胶粘剂。

（5）裱糊

裱糊施工时，应先贴长墙面，后贴短墙面，每个墙面从显眼的墙角以整幅纸开始，将窄条纸的现场裁切边留在不显眼的阴角处。裱糊第一幅壁纸前，应弹垂直线，作为裱糊时的准线。第二幅开始，先上后下对缝裱糊。对缝必须严密，不显接搓，花纹图案的对缝必须端正吻合，拼缝对齐后，再用刮板由上向下赶平压实。挤出的多余胶粘剂用湿棉丝及时揩擦干净，不得有气泡和斑污。每次裱糊 2～3 幅后，要吊线检查垂直度，以防造成累积误差。阳角转角处不得留拼缝，基层阴角若不垂直，一般不做对接缝，改为搭缝。棱糊过程中和干燥前，应防止穿堂风劲吹和温度的突然变化。冬期施工，应在采暖条件下进行。

（6）清理修整

整个房间贴好后，应进行全面细致的检查，对未贴好的局部进行清理修整，要求修整后不留痕迹。

思 考 题

11.1 装饰装修工程的作用及特点是什么？包括哪些内容？

11.2 简述一般抹灰的分类、组成及各层作用。

11.3 常见的装饰抹灰有哪几种？各自做法如何？

11.4 简述饰面板（砖）常用施工方法。

11.5 常用建筑幕墙有哪几种？其主要施工工序是什么？

11.6 裱糊工程常用的材料有哪些？有什么质量要求？

第2篇　施 工 组 织 原 理

第1章　施 工 组 织 概 论

§1.1　工程项目施工组织的原则

根据新中国成立以来的实践经验，结合建筑产品及其生产特点，在组织工程项目施工过程中应遵守以下几项原则：

1. 认真执行工程建设程序

工程建设必须遵循的总程序主要是计划、设计和施工三个阶段。通常情况下，施工阶段应该在设计阶段结束或后期和施工准备工作完成之后方可正式开始进行。如果违背工程建设程序，就会给施工带来混乱，造成时间上的浪费、资源上的损失、质量上的低劣等后果。

2. 搞好项目排队，保证重点，统筹安排

建筑施工企业和建设单位的根本目的是尽快地完成拟建工程的建设任务，使其早日投产或交付使用，尽快发挥工程建设投资效益。这就要求施工企业的计划决策人员，必须根据拟建工程项目的重要程度和工期要求等，进行统筹安排，分期排队，把有限的资源优先用于国家和建设单位急需的重点工程项目，使其早日建成、投产或使用。同时也应该安排好一般工程项目，注意处理好主体工程和配套工程，准备工程项目、施工项目和收尾项目之间施工力量的分配，从而获得总体的最佳效果。

3. 遵循施工工艺及其技术规律，合理地安排施工程序和施工顺序

建筑产品及其生产过程有其本身的客观规律。这里既有建筑施工工艺及其技术方面的规律，也有建筑施工程序和施工顺序方面的规律。遵循这些规律去组织施工，就能保证各项施工活动的紧密衔接和相互促进，充分利用资源，确保工程质量，加快施工速度，缩短工期。

建筑施工工艺及其技术规律是分部（项）工程固有的客观规律。例如：钢筋加工工程，其工艺顺序是钢筋调直、除锈、下料、弯曲和成型。其中任何一道工序也不能省略或颠倒，这不仅是施工工艺要求，也是技术规律要求。因此，在组织工程项目施工过程中，必须遵循建筑施工工艺及其技术规律。

建筑施工程序和施工顺序是建筑产品生产过程中的固有规律。建筑产品生产活动是在同一场地和不同空间，同时或前后交错搭接地进行，前面的工作不完成，后面的工作就不能开始。这种前后顺序是客观规律决定的，而交错搭接则是计划决策人员争取时间的主观努力。所以在组织工程项目施工过程中必须科学地安排施工程序和施工顺序。

建筑施工程序和施工顺序是随着拟建工程项目的规模、性质、设计要求、施工条件和使用功能的不同而变化。但是经验证明其仍有可供遵循的共同规律。

（1）施工准备与正式施工的关系

施工准备之所以重要，是因为它是后续生产活动能够按时开始的充分必要条件。准备工作没有完成就贸然施工，不仅会引起工地的混乱，而且还会造成资源的浪费。因此安排施工程序的同时，首先安排其相应的准备工作。

（2）全场性工程与单位工程的关系

在正式施工时，应该首先进行全场性工程的施工，然后按照工程排队的顺序，逐个地进行单位工程的施工。例如：平整场地、架设电线、敷设管网、修建铁路、修筑道路等全场性的工程均应在拟建工程正式开工之前完成。这样就可以使这些永久性工程在全面施工期间为工地的供电、给水、排水和场内外运输服务，不仅有利于文明施工，而且能够获得可观的经济效益。

（3）场内与场外的关系

在安排架设电线、敷设管网、修建铁路和修筑公路的施工程序时，应该先场外后场内；场外由远而近，先主干后分支；排水工程要先下游后上游。这样既能保证工程质量，又能加快施工速度。

（4）地下与地上的关系

在处理地下工程与地上工程时，应遵循先地下后地上和先深后浅的原则。对于地下工程要加强安全技术措施，保证其安全施工。

（5）主体结构与装饰工程的关系

一般情况下，主体结构工程施工在前，装饰工程施工在后。当主体结构工程在施工进展到一定程度之后，为装饰工程的施工提供了工作面时，装饰工程施工可以穿插进行。当然随着建筑产品生产工厂化程度的提高，它们之间的先后时间间隔的长短也将发生变化。

（6）空间顺序与工种顺序的关系

在安排施工顺序时，既要考虑施工组织要求的空间顺序，又要考虑施工工艺要求的工种顺序。空间顺序要以工种顺序为基础，工程顺序应该尽可能地为空间顺序提供有利的施工条件。研究空间顺序是为了解决施工流向问题，它是由施工组织、缩短工期和保证质量的要求来决定的；研究工种顺序是为了解决工种之间在时间上的搭接问题，它必须在满足施工工艺要求的条件下，尽可能地利用工作面，使相邻两个工种在时间上合理地和最大限度地搭接起来。

4. 采用流水施工方法和网络计划技术，组织有节奏、均衡、连续的施工

流水施工方法具有生产专业化强，劳动效率高；操作熟练，工程质量好；生产节奏性强，资源利用均衡；工人连续作业，工期短成本低等特点。国内外经验证明，采用流水施工方法组织施工，不仅能使拟建工程的施工有节奏、均衡、连续地进行，而且会带来很大的技术经济效果。

网络计划技术是当代计划管理的最新方法。它应用网络图形表达计划中各项工作的相互关系。它具有逻辑严密、思维层次清晰，主要矛盾突出，有利于计划的优化、控制和调整，有利于计算机在计划管理中的应用等特点。因此，它在各种计划管理中都得到广泛的应用。实践经验证明，在施工企业和工程项目经理部的计划管理中采用网络计划技术，其经济效果更为显著。

为此在组织项目施工时，采用流水作业和网络计划技术是极为重要的。

5. 科学地安排冬、雨期施工项目，保证全年生产的均衡性和连续性

由于建筑产品生产露天作业的特点，拟建工程项目的施工必然要受气候和季节的影响，冬季的严寒和夏季的多雨都不利于建筑施工的正常进行。如果不采取相应的、可靠的技术组织措施，全年施工的均衡性、连续性就不能得到保证。

随着施工工艺及其技术的发展，有些分部分项工程已经完全可以在冬、雨期进行正常施工，但是由于冬、雨期施工要采取一些特殊的技术组织措施，也必然会增加一些费用。因此在安排施工进度计划时应当严肃地对待，恰当地安排冬、雨期施工的项目。

6. 提高建筑工业化程度

建筑技术进步的重要标志之一是建筑产品工业化，建筑产品工业化的前提条件是建筑施工生产工业化，广泛采用预制装配式构件，扩大预制装配程度。将原来在现场完成的构配件加工制作活动和部分部品现场安装活动相对集中地转移到工厂中进行，改善工作条件，实现优质、快速、低耗的规模生产，用标准化、工厂化、机械化、科学化的成套技术来改造建筑业传统的生产方式，将其转移到现代大工业生产的轨道上来，为实现现场施工装配化创造条件。

7. 尽量采用国内外先进的施工技术和科学管理方法

先进的施工技术与科学的施工管理手段相结合，是改善建筑施工企业和工程项目经理部的生产经营管理素质，提高劳动生产率，保证工程质量，缩短工期，降低工程成本的重要途径。为此在编制施工组织设计时应广泛地采用国内外的先进技术和科学的施工管理方法。

8. 合理地储备物资，减少暂设工程，科学地布置施工平面图

建筑产品生产所需要的建筑材料、构（配）件、制品等种类繁多、数量庞大，各种物资的储存数量、方式都必须科学合理，对物资库存应在保证正常供应的前提下，其储存数量要尽可能地减少。这样可以大量减少仓库、堆场的占地面积，对于降低工程成本，提高工程项目经理部的经济效益，都是事半功倍的。

暂设工程在施工结束之后就要拆除，其投资有效时间是短暂的。因此在组织工程项目施工时，对暂设工程和大型临时设施的用途、数量和建造方式等方面，要进行技术经济方面的可行性研究，在满足施工需要的前提下，使其数量最少和造价最低。这对于降低工程成本和减少施工用地都是十分重要的。

减少暂设工程的数量和物资储备的数量，为合理地布置施工平面图提供了有利条件。施工平面图在满足施工需要的情况下，尽可能使其紧凑合理，减少施工用地，有利于降低工程成本。

上述原则，既是建筑产品生产的客观需要，又是加快施工速度、缩短工期、保证工程质量、降低工程成本、提高建筑施工企业和工程项目经理部的经济效益的需要，所以必须在组织工程项目施工过程中认真的贯彻执行。

§1.2 建筑产品及其生产的特点

1.2.1 建筑产品的特点

1. 建筑产品在空间上的固定性

一般的建筑产品均由自然地面以下的基础和自然地面以上的主体两部分组成（地下建筑全部在自然地面以下）。基础承受主体的全部荷载（包括基础的自重），并传给地基。任何建筑产品都是在选定的地点上建造使用，一般从建造开始直至拆除均不能移动。所以，建筑产品的建筑和使用地点在空间上是固定的。

2. 建筑产品的多样性

建筑产品不仅要满足各种使用功能的要求，而且还要体现出地区的生活习惯、民族风格、物质文明和精神文明，同时也受到地区的自然条件诸因素的限制，使建筑产品在规模、结构、构造、型式、基础和装饰等诸方面变化纷繁，因此建筑产品的类型多样。

3. 建筑产品体形庞大

无论是复杂的建筑产品，还是简单的建筑产品，为了满足其使用功能的需要，并结合建筑材料的物理力学性能，需要大量的物质资源，占据广阔的平面与空间，因而建筑产品的体形庞大。

1.2.2 建筑产品生产的特点

1. 建筑产品生产的流动性

建筑产品地点的固定性决定了产品生产的流动性。一般的工业产品都是在固定的工厂、车间内进行生产，而建筑产品的生产是在不同的地区，或同一地区的不同现场，或同一现场的不同单位工程，或同一单位工程的不同部位组织工人、机械围绕着同一建筑产品进行生产，从而导致建筑产品的生产在地区之间、现场之间和单位工程不同部位之间流动。

2. 建筑产品生产的单件性

建筑产品地点的固定性和类型的多样性决定了建筑产品生产的单件性。一般的工业产品是在一定的时期里、统一的工艺流程中进行批量生产，而具体的一个建筑产品应在国家或地区的统一规划内，根据其使用功能，在选定的地点上单独设计和单独施工。即使是选用标准设计、通用构件或配件，由于建筑产品所在地区的自然、技术、经济条件不同，使得建筑产品的结构或构造、建筑材料、施工组织和施工方法等也要因地制宜加以修改，从而使各建筑产品生产具有单件性。

3. 建筑产品生产的地区性

由于建筑产品的固定性决定了同一使用功能的建筑产品因其建造地点的不同必然受到建设地区的自然、技术、经济和社会条件的约束，使其结构、构造、艺术形式、室内设施、材料、施工方案等方面均各异。因此建筑产品的生产具有地区性。

4. 建筑产品生产周期长

建筑产品的固定性和体形庞大的特点决定了建筑产品生产周期长。因为建筑产品体形庞大，使得最终建筑产品的建成必然耗费大量的人力、物力和财力。同时，建筑产品的生产全过程还要受到工艺流程和施工程序的制约，使各专业、工种间必须按照合理的施工顺序进行配合。又由于建筑产品地点的固定性，使施工活动的空间具有局限性，从而导致建筑产品生产具有生产周期长、占有流动资金大的特点。

5. 建筑产品生产的露天作业多

建筑产品地点的固定性和体形庞大的特点，决定了建筑产品生产露天作业多。因为形体庞大的建筑产品不可能在工厂、车间内直接进行施工，即使建筑产品生产达到了高度的工业化水平的时候，也只能在工厂内生产其各部分的构件或配件，仍然需要在施工现场内进行总装配后才能形成最终建筑产品。因此建筑产品的生产具有露天作业多的特点。

6. 建筑产品生产的高空作业多

由于建筑产品体形庞大，决定了建筑产品生产具有高空作业多的特点，特别是随着城市现代化的发展，高层建筑项目的日益增多，使得建筑产品生产高空作业的特点日益明显。

7. 建筑产品生产组织协作的综合复杂性

由上述建筑产品生产的诸特点可以看出，建筑产品生产的涉及面广。在建筑企业的内部，它涉及工程力学、建筑结构、建筑构造、地基基础、水暖电、机械设备、建筑材料和施工技术等学科的专业知识，要在不同时期、不同地点和不同产品上组织多专业、多工种的综合作业。在建筑企业的外部，它涉及各专业施工企业，以及城市规划、征用土地、勘察设计、消防、"七通一平"、公用事业、环境保护、质量监督、科研试验、交通运输、银行财政、机具设备、物质材料、电、水、热、气的供应、劳务等社会各部门和各领域的协作配合，从而使建筑产品生产的组织协作关系综合复杂。

§1.3　工程项目施工准备工作

现代企业管理的理论认为，企业管理的重点是生产经营，而生产经营的核心是决策。工程项目施工准备工作是生产经营管理的重要组成部分，是对拟建工程目标、资源供应和施工方案的选择，及其空间布置和时间排列等诸方面进行的施工决策。

1.3.1　施工准备工作的分类

1. 按施工准备工作的范围分类

按施工准备工作的范围，一般可分为全场性施工准备、单位工程施工条件准备和分部（项）工程作业条件准备等三种。

全场性施工准备：它是以一个建筑工地为对象而进行的各项施工准备。其特点是它的施工准备工作的目的、内容都是为全场性施工服务的，它不仅要为全场性的施工活动创造有利条件，而且要兼顾单位工程施工条件的准备。

单位工程施工条件准备：它是以一个建筑物为对象进行的施工条件准备工作。其特点是它的准备工作的目的、内容都是为单位工程施工服务的，它不仅为该单位工程的施工做好一切准备，而且要为分部分项工程做好施工准备工作。

分部（项）工程作业条件准备：它是以一个分部（项）工程或冬、雨期施工项目为对象而进行的作业条件准备。

2. 按拟建工程所处的施工阶段分类

按拟建工程所处的施工阶段，一般可分为开工前的施工准备和各施工阶段前的施工准备两种。

开工前的施工准备：它是在拟建工程正式开工之前所进行的一切施工准备工作。其目的是为拟建工程正式开工创造必要的施工条件。它既可能是全场性的施工准备，又可能是单位工程施工条件准备。

各施工阶段前的施工准备：它是在拟建工程开工之后，每个施工阶段正式开工之前所进行的一切施工准备工作。其目的是为施工阶段正式开工创造必要的施工条件。如民用住宅的施工，一般可分为地下工程、主体工程、装饰工程和屋面工程等施工阶段，每个施工阶段的施工内容不同，所需要的技术条件、物资条件、组织要求和现场布置等方面也不同，因此在每个施工阶段开工之前，都必须做好相应的施工准备工作。

综上所述，可以看出：不仅在拟建工程开工之前要做好施工准备工作，而且随着工程施工的进展，在各施工阶段开工之前也要做好施工准备工作。施工准备工作既要有阶段性，又要有连贯性，因此施工准备工作必须有计划、有步骤、分期分阶段地进行，要贯穿拟建工程整个建造过程的始终。

1.3.2 施工准备工作的内容

《建筑施工组织设计规范》GB/T 50502—2009 规定，施工准备应包括技术准备、现场准备和资金准备等。

1. 技术准备

技术准备是施工准备工作的核心。由于任何技术的差错或隐患都可能引起人身安全和质量事故，造成生命、财产和经济的巨大损失，因此必须认真地做好技术准备工作。技术准备应包括施工所需技术资料的准备、施工方案编制计划、试验检验及设备调试工作计划、样板制作计划等。

（1）技术资料的准备

1）熟悉与审查施工图纸。包括：

① 审查拟建工程的地点、建筑总平面图同城市或地区规划是否一致，设计功能和使用要求是否符合环境保护、防火、节能及美化城市方面的要求。

② 审查设计图纸是否完整、齐全，是否符合国家有关工程建设设计、施工方面的标准、规范等要求。

③ 审查设计图纸与说明书在内容上是否一致，各组成部分之间有无矛盾和错误。

④ 审查建筑图与结构图在几何尺寸、坐标、标高、说明等方面是否一致，技术要求是否正确。

⑤ 审查地基处理与基础设计同拟建工程地点的工程地质、水文地质等条件是否一致，建筑物与地下构筑物、管线之间的关系。

⑥ 明确拟建工程的结构形式和特点；复核主要承重结构的强度、刚度和稳定性是否满足要求；审查设计图纸中的工程复杂、施工难度大和技术要求高的分部（分项）工程或新结构、新材料、新工艺，明确现有施工技术水平和管理水平能否满足工期和质量要求。

⑦ 明确建设期限，分期分批投产或交付使用的顺序和时间；工程所用的主要材料、设备的数量、规格、来源和供货日期；

⑧ 明确建设、设计和施工单位之间的协作、配合关系；建设单位可以提供的施工条件。

熟悉与审查设计图纸的程序通常分为自审阶段、会审阶段和现场签证三个阶段。

2）原始资料的收集。为了做好施工准备工作，编制合理、切合实际的施工准备工作计划，还应该进行拟建工程的实地勘测和调查，获得第一手资料。

原始资料的收集主要是对工程环境、工程条件和施工条件等基础资料进行调查，以此作为施工准备工作的依据。资料的收集工作应有计划、有目的地进行，事先应拟定明确、详细的调查提纲。调查的内容、范围和要求等，应根据拟建工程的规模、性质、复杂程度及对当地熟悉了解程度而定，一般应包括：

①工程地质、水文资料的调查。一般包括工程地质剖面图、地基各项物理力学指标试验报告、暗河及地下水位变化、流向、流速及流量和水质等资料。这些资料一般可作为选择基础施工方法的重要依据。

②气象资料的调查。气象资料可向当地气象部门进行调查，一般包括全年、各月平均气温，最高与最低气温 5℃ 及以下气温的天数及时间；全年降雨量、降雪量，雨季起止时间，最大及月平均降水量及雷暴时间；主导风向、风速及频率，全年大风的天数及时间等资料。这些资料一般作为施工度安排及确定冬、雨期施工的重要依据。

③周围环境及障碍物的调查。包括施工区域现有建筑物、构筑物、古树名木、电力架空线路、人防工程、地下管线、地下光缆、电缆等资料。这些资料要通过现场实地踏勘，并向建设单位、设计单位及相关部门调查取得，可以作为施工现场平面布置的重要依据。

④施工现场的能源调查。能源资料可向建设单位及当地城建、电力、燃气等供应部门进行调查，主要用作选择施工用临时供水、供电和供气的方式，也是施工现场平面布置的依据。

⑤交通运输情况的调查。收集交通运输资料是为了掌握主要材料及构件运输通道的情况，包括道路、街巷、途经的桥涵宽度、高度、允许载重量和转弯半径限制等资料及限行情况，有超长、超高、超宽或超重的大型构件、大型起重机械和生产工艺设备需整体运输时，要调查沿途架空电线、天桥的高度，并与有关部门商议避免大件运输对正常交通产生干扰的路线、时间及解决措施，以保证施工的顺利进行。

（2）主要分部（分项）工程和专项工程的施工方案

主要分部（分项）工程和专项工程在施工前应根据工程进展情况，分阶段、单独编制施工方案，并对需要编制的主要施工方案制定编制计划。

（3）试验检验及设备调试工作计划

试验检验及设备调试工作计划应根据现行规范、标准中的有关要求及工程规模、进度等实际情况制定。

（4）样板制作计划

应根据施工合同或招标文件的要求并结合工程特点，制定样板制作计划。

2. 现场准备

现场准备应根据现场施工条件和实际需要，准备现场生产、生活等临时设施等。

施工现场是施工的全体参加者为夺取优质、高速、节能、低耗的目标，而有节奏、均衡连续地进行施工的活动空间。施工现场的准备工作，主要是为工程的施工创造有利的施工条件和物资保证。其具体内容包括：

（1）现场条件

施工现场应做到"四通一平"，即路通、水通、电通、网通及场地平整，为正常施工创造基本条件。

（2）临时设施的搭设

施工现场所需的各种生产、生活所用的临时设施，包括各种库房、搅拌系统、生产作业棚、办公用房、宿舍、食堂等均应按施工组织设计规定的数量、标准、位置、面积等要求进行修建。组织施工机具进场、组装和保养，做好建筑材料、构（配）件和制品储存堆放，提供建筑材料的试验申请计划，做好新技术项目的试制和试验，做好冬、雨期施工准备。为了施工方便和行人安全，指定的施工用地周界，应用围墙围挡起来，围挡的形式和材料应符合市容管理有关规定和要求，在主要出入口处应设明标牌，标明工程名称、施工队伍、工地负责人等。

（3）定位放线

为了使拟建工程的平面位置和高程符合设计要求，施工前应按总平面图，设置永久性的经纬坐标桩及水平坐标桩，建立工程测量控制网，以便建筑物在施工前的定位放线，做好施工场地的控制网测量和施工现场的补充勘探。

3. 资金准备

资金准备应根据施工进度计划编制资金使用计划。

4. 施工物资准备

施工物质准备是指施工中必需的各种建筑材料和施工机械等的准备，它是一项复杂而细致的工作，关系到施工进度是否能得到有效保障。

（1）建筑材料的准备

建筑材料的准备主要是根据工料分析，按照施工进度计划的使用要求以及材料储备定额和消耗定额，分别按材料名称、规格、使用时间进行汇总，编制出建筑材料需要量计划。准备工作应根据材料的需要量计划，组织货源，确定供应时间、地点和方式，签订物资供应合同。

（2）施工机械的准备

施工所需各种土方机械、垂直及水平运输机械、吊装机械、砂浆搅拌设备、钢筋加工设备、打夯机、抽水设备等，应根据施工方案和施工进度，确定数量和进场时间。需租赁机械时，应提前签约。

5. 施工人员的准备

现场施工人员包括施工的组织者和具体操作者两大部分，这些人员的选择和组合，直接关系到工程质量、施工进度和工程成本。一个工程完成的如何，他们将起到决定性作用。因此，施工现场人员的准备是开工前施工准备的一项重要内容。

根据工程规模、结构特点和复杂程度，建立工程项目组织机构；根据投标书，结合建设项目实际，任命项目经理，组建工程项目建设领导机构，配备既能承担各项技术责任，又能实施各项操作的精干队伍。

根据施工组织方式，组建精干的专业施工队伍，确定各施工班组合理的劳动组织，制定劳动力需求计划。按照开工日期和劳动力需求计划，组织劳动力进场，并进行劳动纪律、施工质量、安全施工和文明施工教育，向施工队组、工人进行施工组织设计和技术交底、建立健全各项管理制度。

6. 冬、雨期施工的准备

土木工程施工多为露天作业，季节对施工的影响很大。我国黄河以北每年冰冻期大约有 4～5 个月，长江以南每年雨期大约在 3 个月以上，给施工增加了很多困难。因此，做好周密细致的施工计划和充分的施工准备，是克服季节影响、保持均衡施工的有效措施。

(1) 冬期施工准备

一般安排施工进度要考虑综合效益，除有特殊要求必须在冬期施工的项目外，不宜将土方工程、室外粉刷、防水工程、道路工程等安排在冬期进行施工。

冬期施工要做好临时给水、排水管的防冻准备。给水管线应埋于冰冻线以下，外露的水管应做好保温，防止冻结。排水管道应有足够的坡度、管道中不能积水，防止沉淀物堵塞管道造成溢水、场地结冰。

冬季运输比较困难，冬期施工前需适当加大材料储备量，准备好冬期施工需用的一些特殊材料，如初凝剂、防寒用品等。

冬期施工中，由于保温、取暖等火源增多，需加强消防安全工作，特别注意消防水源的防冻；提前做好冬期施工培训的有关规定，建立冬期施工制度，做好冬期施工的组织准备、思想准备和防火、防冻教育等。

(2) 雨期施工准备

雨期到来之前，应做出适宜雨期施工的室外或室内工作面，如做完土方工程、基础工程、地下工程、屋面防水等；做好排水设施，准备好排水机具，做好低洼工作面的挡水堤，防止雨水灌入；临时道路做好向两侧的排水坡，铺设防止路面泥泞的材料，保障雨期进料运输；为防止雨期供料不及时，现场应适当增加材料储备，以保障雨期正常施工；采取有效技术措施，保证雨期施工质量，如防止砂浆、混凝土含水量过多的措施，防止水泥受潮的措施等；做好安全防护，防止雨期塌方、漏电、触电、洪水淹泡、脚手架防滑加固等。

7. 施工场外准备

施工现场外的准备工作内容包括：材料设备的加工和订货，做好分包工作，向主管部门提交开工申请报告等。

1.3.3　施工准备工作计划

为了落实各项施工准备工作，加强对其检查和监督，必须根据各项施工准备工作的内容、时间和人员，编制出施工准备工作计划。

施工准备工作计划见表 2-1-1。

施工准备工作计划　　　　　　　　　　　　表 2-1-1

序号	施工准备项目	简要内容	负责单位	负责人	起止时间				备注
					月	日	月	日	

综上所述，各项施工准备工作不是分离的、孤立的，而是互为补充、相互配合的。为了提高施工准备工作的质量，加快施工准备工作的速度，必须加强建设单位、设计单位、施工单位和监理单位之间的协调工作，建立健全施工准备工作的责任制度和检查制度，使施工准备工作有领导、有组织、有计划和分期分批地进行，贯穿施工全过程的始终。

§1.4　施工组织设计

1.4.1　施工组织设计的作用

施工组织设计是我国在工程建设领域长期沿用下来的名称，西方国家一般称为施工计划或工程项目管理计划。在《建设项目工程总承包管理规范》GB/T 50358—2005 中，把施工单位这部分工作分成了两个阶段，即项目管理计划和项目实施计划。施工组织设计既不是这两个阶段的某一阶段内容，也不是两个阶段内容的简单合成，它是综合了施工组织设计在我国长期使用的惯例和各地方的实际使用效果而逐步积累的内容精华。施工组织设计在投标阶段通常被称为技术标，但它不是仅包含技术方面的内容，同时也涵盖了施工管理和造价控制方面的内容，是一个综合性的文件。

施工组织设计是指导土木工程施工全过程各项活动的技术、经济和组织的综合性文件。它的任务是要对具体的拟建工程施工准备工作和整个施工过程，在人力和物力、时间和空间、技术和组织上，做出统筹兼顾、全面合理的计划安排，实现科学管理，达到提高工程质量、加快工程进度、降低工程成本、预防安全事故的目的。

施工组织设计的作用主要是：

（1）是对土木工程施工全过程合理安排、实行科学管理的重要手段和措施。

编制施工组织设计，可以全面考虑拟建工程的各种施工条件，扬长避短，制定合理的施工方案、技术经济、组织措施和合理的进度计划，提供最优的临时设施以及材料和机具在施工现场的布置方案，保证施工的顺利进行。

（2）施工组织设计统筹安排和协调施工中各种关系

把拟建工程的设计与施工、技术与经济、施工企业的全部施工安排与具体工程的施工组织工作更紧密地结合起来；把直接参加施工的各单位、协作单位之间的关系，各施工阶段和过程之间的关系更好地协调起来。

（3）施工组织设计为有关建设工作决策提供依据

为拟建工程的设计方案在经济上的合理性、在技术上的科学性和在实际施工上的可能性提供论证依据。为建设单位编制工程建设计划和施工企业编制企业施工计划提供依据。

1.4.2　施工组织设计的编制依据与原则

1. 施工组织设计的编制依据

针对不同的施工组织设计，依据的项目略有不同，控制性的施工组织设计主要依据政策性、法规性较强的内容，实施性的施工组织设计则主要依据具体资料及有关规定，主要有以下几个方面：

（1）与工程建设有关的法律、法规和文件；

（2）国家现行有关标准和技术经济指标；

（3）工程所在地区行政主管部门的批准文件，建设单位对施工的要求；

（4）工程施工合同或招标投标文件；

（5）工程设计文件；

（6）工程施工范围内的现场条件，工程地质及水文地质、气象等自然条件；

（7）与工程有关的资源供应情况；

（8）施工企业的生产能力、机具设备状况、技术水平等。

2. 施工组织设计的编制原则

施工组织设计，要能正确指导施工，体现施工过程的规律性、组织管理的科学性、技术的先进性。具体而言，要掌握以下原则：

（1）充分利用时间和空间的原则

建设工程是一个体型庞大的空间结构，按照时间的先后顺序，对工程项目各个构成部分的施工要做出计划安排，即在什么时间、用什么材料、使用什么机械、在什么部位进行施工，也就是时间和空间的关系。要处理好这种关系，除了要考虑工艺关系外，还要考虑组织关系。利用运筹理论、系统工程理论解决这些关系，实现项目实施的三大目标。

（2）工艺与设备配套优选原则

任何一个工程项目都具有一定的工艺过程，可采用多种不同的设备来完成，但却具有不同的效果，即不同的质量、工期和成本。

不同的机具设备具有不同的工序能力。因此，必须通过实验取得此种机具设备的工序能力指数。选择工序能力指数最佳的施工机具或设备实施该工艺过程，既能保证工程质量，又不致造成浪费。

如在混凝土工程中，桩基础的水下混凝土浇筑、梁体混凝土浇筑、路面混凝土的浇筑等，均要求最后一盘混凝土浇筑完毕，第一盘混凝土不得初凝。如果达不到这一工艺要求，就要影响工程质量。因此，在安排混凝土搅拌、振捣、运输机械时，要在保证满足工艺要求的条件下，使这三种机具相互配套、防止施工过程出现脱节，充分发挥三种机具的效率。如果配套机组较多，则要从中优选一组配套机具提供使用，这时应通过技术经济比较作出决策。

（3）最佳技术经济决策原则

完成某些工程项目存在着不同的施工方法，具有不同的施工技术，使用不同的机具设备，要消耗不同的材料，导致不用的结果（质量、工期、成本）。因此，对于此类工程项目的施工，可以从这些不同的施工方法、施工技术中，通过具体地计算、分析、比较，选择最佳的技术经济方案，以达到降低成本的目的。

（4）专业化分工与紧密协作相结合的原则

现代施工组织管理既要求专业化分工，又要求紧密协作。特别是流水施工组织原理和网络计划技术编制，尤其如此。

处理好专业化分工与协作的关系，就是要减少或防止窝工，提高劳动生产率和机械效率，以达到提高工程质量、降低工程成本和缩短工期的目的。

（5）供应与消耗协调的原则

物资的供应要保证施工现场的消耗。物资的供应既不能过剩又不能不足，它要与施工现场的消耗相协调。如果供应过剩，则要多占临时用地面积、多建存放库房，必然增加临时设施费用，同时物资积压过剩，存放时间过长，必然导致部分物质变质、失效，从而增加了材料费用的支出，最终造成工程成本的增加；如果物质供应不足，必然出现停工待料，影响施工的连续性，降低劳动生产率，既延长了工期又提高了工程成本。因此，在供应与消耗的关系上，一定要坚持协调性原则。

1.4.3　施工组织设计的分类

按照不同的标准，施工组织设计有许多不同的分类，其中应用比较多的是按施工组织设计编制对象范围不同，将其分为施工组织总设计、单位工程施工组织设计、分部（分项）工程施工组织设计。

（1）施工组织总设计

施工组织总设计是以整个建设项目为编制对象，用以指导整个工程项目施工全过程的技术经济文件。它是对整个建设项目的全面规划，涉及范围较广，内容比较概括。施工组织总设计一般在初步设计或扩大初步设计被批准后，由总承包单位负责，会同建设单位、设计单位和施工分包单位共同编制。

（2）单位工程施工组织设计

单位工程施工组织设计是以一个单位工程或一个不复杂的单项工程（如一个厂房、构筑物或一幢宿舍）为对象编制的。它是根据施工组织总设计的规定和具体实际条件对拟建工程的施工工作所做的战术性部署，内容比较具体、详细，是在施工图设计完成后，拟建工程开工前，由单位工程项目的技术负责人组织编制。

（3）分部（分项）工程施工组织设计

分部（分项）工程施工组织设计是以分部（分项）工程为编制对象。一般对于工程规模大、技术复杂、施工难度大或采用新工艺、新技术施工的建筑物或构筑物，在编制单位工程施工组织设计之后，常需要对某些重要的又缺乏经验的分部（分项）工程再深入编制专业工程的具体施工设计，如深基础工程、大型结构安装工程等。分部（分项）工程施工组织设计由单位工程的技术负责人组织编制，其内容具体、详细、可操作性强。

施工组织总设计、单位工程施工组织设计和分部（分项）工程施工组织设计，是对同一工程项目施工，不同广度、深度和作用的三个层次的施工设计文件。

施工组织总设计是对整个建设项目的全局性战略部署，其内容和范围比较概括；单位工程施工组织设计是在施工组织总设计的控制下，以施工组织总设计和企业施工计划为依据编制的，针对具体的单位工程，把施工组织总设计的有关内容具体化；分部（分项）工程施工组织设计是以施工组织总设计、单位工程施工组织设计和企业施工计划为编制依据，针对具体的分部（分项）工程，把单位工程施工组织设计进一步具体化，它是专业工程具体的组织施工的设计。

施工组织设计应由项目负责人主持编制，可根据需要分阶段编制和审批。

有些分期分批建设的项目跨越时间很长，有些项目地基基础、主体结构、装修装饰和机电设备安装并不是由一个总承包单位完成，还有一些特殊情况的项目，在征得建设单位同意的情况下，施工单位可分阶段编制施工组织设计。

施工组织总设计应由总承包单位技术负责人审批；单位工程施工组织设计应由施工单位技术负责人或技术负责人授权的技术人员审批，施工方案应由项目技术负责人审批；重点、难点分部（分项）工程和专项工程施工方案应由施工单位技术部门组织相关专家评审，施工单位技术负责人批准。

1.4.4　施工组织设计的基本内容

施工组织设计根据拟建工程的规模和特点，编制内容的繁简程度有所差异，但不论何种施工组织设计，要完成组织施工的任务，一般都具备以下内容：

(1) 工程概况；

(2) 施工部署或施工方案；

(3) 施工进度计划；

(4) 施工准备工作计划；

(5) 各种资源配置计划；

(6) 施工现场平面布置图；

(7) 质量、安全和节约等技术组织保证措施；

(8) 主要施工管理计划；

(9) 各项主要技术经济指标。

由于施工组织设计的编制对象不同，以上各方面内容包括的范围也不同，结合拟建工程的实际情况，可以有所变化。

1.4.5　施工组织设计的编制

1. 施工组织设计的编制方法

(1) 当拟建工程中标后，施工单位必须编制建设工程施工组织设计。建设工程实行总包和分包的，由总包单位负责编制施工组织设计或者分阶段施工组织设计。分包单位在总包单位的总体部署下，负责编制分包工程的施工组织设计。施工组织设计应根据合同工期及有关的规定进行编制，并且要广泛征求各协作施工单位的意见。

(2) 对结构复杂、施工难度大以及采用新工艺和新技术的工程项目，要进行专业性的研究，必要时组织专门会议，邀请有经验的专业工程技术人员参加，集中群众智慧，为施工组织设计的编制和实施打下坚实的群众基础。

(3) 在施工组织设计编制过程中，要充分发挥各职能部门的作用，吸收他们参加编制和审定；充分利用施工企业的技术素质和管理素质，统筹安排、扬长避短，合理地进行工序交叉和配合。

(4) 当比较完整的施工组织设计方案提出后，要组织参加编制的人员及单位进行讨论，逐项逐条地研究，修改确定后，最终形成正式文件，送有关部门审批。

2. 施工组织设计的编制程序

(1) 施工组织总设计的编制程序，如图 2-1-1 所示；

(2) 单位工程施工组织设计的编制程序，如图 2-1-2 所示；

(3) 分部（项）工程施工组织设计的编制程序，如图 2-1-3 所示。

由图 2-1-1～图 2-1-3 可以看出，在编制施工组织设计时，除了要采用正确合理的编制方法外，还要采用科学的编制程序。同时必须注意有关信息的反馈。施工组织设计的编制过程是由粗到细，反复协调进行的，最终达到优化施工组织设

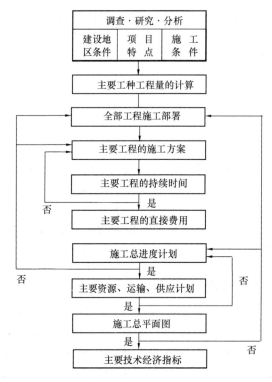

图 2-1-1　施工组织总设计的编制程序

计的目的。

1.4.6　施工组织设计的贯彻

施工组织设计的编制，只是为实施拟建工程项目的生产过程提供一个可行方案。这个方案的经济效果如何，必须通过实践去验证。施工组织设计贯彻的实质，就是把一个静态平衡方案，放到不断变化的施工过程中，考核其效果和检查其优劣的过程，以达到预定的目标。所以施工组织设计贯彻的情况如何，其意义是深远的，为了保证施工组织设计的顺利实施，应做好以下几个方面的工作：

1. 传达施工组织设计的内容和要求

经过审批的施工组织设计，在开工前要召开各级的生产、技术会议，逐步进行交底，详细地讲解其内容、要求和施工的关键与保证措施，组织群众广泛讨论，拟定完成任务的技术组织措施，作出相应的决策。同时责成计划部门，制定出切实可行的严密的施工计划，责成技术部门，拟定科学合理的具体的技术实施细则，保证施工组织设计的贯彻执行。

2. 制定各项管理制度

施工组织设计贯彻的顺利与否，主要取决于施工企业的管理素质和技术素质及经营管理水平。而体现企业素质和水平的标志，在于企业各项管理制度的健全与否。实践经验证明，只有施工企业有了科学的、健全的管理制度，企业的正常生产秩序才能维持，才能保证工程质量，提高劳动生产率，防止可能出现的漏洞或事故。为此必须建立、健全各项管理制度，保证施工组织设计的顺利实施。

3. 推行技术经济承包制

技术经济承包是用经济的手段和方法，明确承发包双方的责任。它便于加强监督和相互促进，是保证承包目标实现的重要手段。为了更好地贯彻施工组织设计，应该推行技术经济承包制度，把施工过程中的技术经济责任同职工的物质利益结合起来。

4. 统筹安排及综合平衡

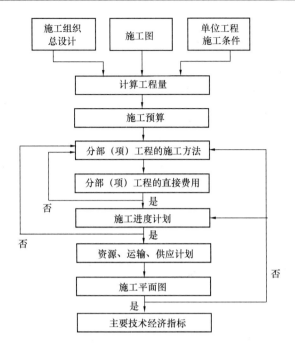

图 2-1-2　单位工程施工组织设计的编制程序

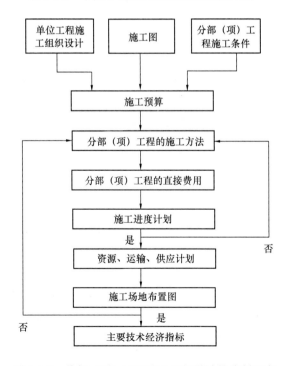

图 2-1-3　分部（项）工程施工组织设计的编制程序

在拟建工程项目的施工过程中，搞好人力、物力、财力的统筹安排，保持合理的施工规模，既能满足拟建工程项目施工的需要，又能带来较好的经济效果。施工过程中的任何平衡都是暂时的和相对的，平衡中必然存在不平衡的因素，要及时分析和研究这些不平衡因素，不断地进行施工条件的反复综合和各专业工种的综合平衡。进一步完善施工组织设计，保证施工的节奏性、均衡性和连续性。

5. 切实做好施工准备工作

施工准备工作是保证均衡和连续施工的重要前提，也是顺利地贯彻施工组织设计的重要保证。拟建工程项目不仅在开工之前要做好一切人力、物力和财力的准备，而且在施工过程中的不同阶段也要做好相应的施工准备工作。这对于施工组织设计的贯彻执行是非常重要的。

1.4.7   施工组织设计的检查和调整

1. 施工组织设计的检查

（1）主要指标完成情况的检查

施工组织设计主要指标的检查，一般采用比较法。就是把各项指标的完成情况同计划规定的指标相对比。检查的内容应该包括工程进度、工程质量、材料消耗、机械使用和成本费用等，把主要指标数额检查同其相应的施工内容、施工方法和施工进度的检查结合起来，发现其问题，为进一步分析原因提供依据。

（2）施工总平面图合理性的检查

施工总平面图必须按规定建造临时设施，敷设管网和运输道路，合理地存放机具，堆放材料；施工现场要符合文明施工的要求；施工现场的局部断电、断水、断路等，必须事先得到有关部门批准；施工的每个阶段都要有相应的施工总平面图；施工总平面图的任何改变都必须得到有关部门批准。如果发现施工总平面图存在不合理性，要及时制定改进方案，报请有关部门批准，不断地满足施工进度的需要。

2. 施工组织设计的调整

根据施工组织设计执行情况检查中发现的问题及其产生的原因，拟定改进措施或方案；对施工组织设计的有关部分或指标逐项进行调整；对施工总平面图进行修改。使施工组织设计在新的基础上实现新的平衡。

实际上，施工组织设计的贯彻、检查和调整是一项经常性的工作，必须随着施工的进度情况，根据反馈信息及时地进行，要贯彻拟建工程项目施工过程的始终。

施工组织设计的贯彻、检查、调整的程序如图 2-1-4 所示。

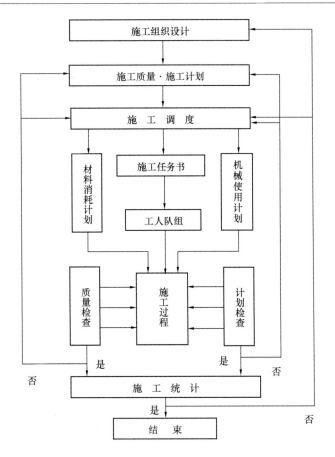

图 2-1-4 施工组织设计的贯彻、检查、调整程序

思 考 题

1.1 组织施工的基本原则是什么？

1.2 简述建筑产品及其生产的特点。

1.3 施工准备工作是如何分类的？

1.4 施工准备工作的内容有哪些？

1.5 什么是施工组织设计？

1.6 施工组织设计的作用是什么？

1.7 施工组织设计是如何分类的？

1.8 施工组织设计的内容有哪些？

第2章 流水施工基本原理

§2.1 流水施工的基本概念

生产实践证明，在所有的生产领域中，流水作业法是组织产品生产的理想方法。同样，流水施工也是建筑安装工程施工的最有效的科学组织方法，它建立在分工协作的基础上。但是，由于建筑产品及其生产的特点，流水施工的概念、特点和效果与其他工业产品的流水作业有所不同。

2.1.1 流 水 施 工

在建筑安装工程施工中，常用的施工组织方式有依次施工、平行施工和流水施工三种。这三种组织方式不同，工作效率有别，适用范围各异。

为了说明这三种施工组织方式的概念和特点，下面举例进行分析和对比。

【例 2-2-1】有四个同类型宿舍楼，按同一施工图纸，建造在同一小区里。按每幢楼为一个施工段，分为四个施工段组织施工，编号为Ⅰ、Ⅱ、Ⅲ和Ⅳ，每个施工段的基础工程都包括挖土方、做垫层、砌基础和回填土四个施工过程，成立四个专业工作队。分别完成上述四个施工过程的任务。挖土方工作队由 10 人组成，做垫层工作队由 8 人组成，砌基础工作队由 22 人组成，回填土工作队由 5 人组成。每个工作队在各个施工段上完成各自任务的持续时间均为 5 天。以该工程为例说明三种施工组织方式的不同。

1. 依次施工组织方式

依次施工组织方式是按照建筑工程内部各分项、分部工程内在的联系和必须遵循的施工顺序，不考虑后续施工过程在时间上和空间上的相互搭接，而依照顺序组织施工的方式。依次施工往往是前一个施工过程完成后，下一个施工过程才开始，一个工程全部完成后，另一个工程的施工才开始。如果按照依次施工组织方式组织示例中的基础工程施工。其施工进度、工期和劳动力需求量动态曲线如图 2-2-1 (a) 所示。

由图 2-2-1 (a) 可以看出，依次施工组织方式具有以下特点：

(1) 由于没有充分利用工作面去争取时间，所以工期长；

(2) 工作队不能实现专业化施工，不利于改进工人的操作方法和施工机具，不利于提高工程质量和劳动生产率；

(3) 如采用专业工作队施工，则工作队及工人不能连续作业；

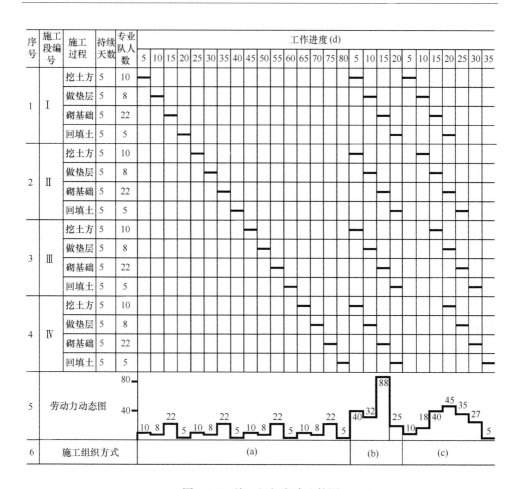

图 2-2-1　施工组织方式比较图

（a）依次施工；（b）平行施工；（c）流水施工

（4）单位时间内投入的资源量比较少，有利于资源供应的组织工作；

（5）施工现场的组织、管理比较简单。

依次施工组织方式适用于规模较小、工作面有限的工程。其突出的问题是由于各施工过程之间没有搭接进行，没有充分地利用工作面，可能造成部分工人窝工。正是由于这些原因使依次施工组织方式的应用受到限制。

2. 平行施工组织方式

平行施工组织方式是将同类的工程任务，组织几个工作队，在同一时间不同空间上，完成同样的施工任务的施工组织方式。一般在拟建工程任务十分紧迫、工作面允许和资源保证供应的条件下，可采用平行施工组织方式。如果按照平行施工组织方式组织例 2-2-1 中的基础工程施工，其施工进度、工期和劳动力需求量动态曲线如图 2-2-1（b）所示。

由图 2-2-1（b）可以看出，平行施工组织方式具有以下特点：

（1）充分地利用了工作面，争取了时间，可以缩短工期；

（2）工作队不能实现专业化生产，不利于改进工人的操作方法和施工机具，不利于提高工程质量和劳动生产率；

（3）如采用专业工作队施工，则工作队及其工人不能连续作业；

（4）单位时间投入施工的资源量成倍增长，现场临时设施也相应增加；

（5）施工现场组织、管理复杂。

3. 流水施工组织方式

流水施工组织方式是将拟建工程的整个建造过程分解为若干个不同的施工过程，也就是划分成若干个工作性质不同的分部、分项工程或工序；同时将拟建工程在平面上划分成若干个劳动量大致相等的施工段，在竖向上划分成若干个施工层；按照施工过程成立相应的专业工作队；各专业工作队按照一定的施工顺序投入施工，在完成一个施工段上的施工任务后，在专业队的人数、使用的机具和材料均不变的情况下，依次地、连续地投入到下一个施工段，在规定时间内，完成同样的施工任务；不同的专业工作队在工作时间上最大限度地、合理地搭接起来；一个施工层的全部施工任务完成后，专业工作队依次地、连续地投入到下一个施工层，保证施工全过程在时间上、空间上有节奏、连续、均衡地进行下去，直到完成全部施工任务。

这种将拟建工程的整个建造过程分解为若干个不同的施工过程，按照施工过程成立相应的专业工作队，采取分段流动作业，并且相邻两专业队最大限度地搭接平行施工的组织方式，称为流水施工组织方式。如果按照流水施工组织方式组织例 2-2-1 中的基础工程施工，其施工进度、工期和劳动力需求量动态曲线如图 2-2-1（c）所示。

由图 2-2-1（c）可以看出，流水施工组织方式具有以下特点：

（1）科学地利用了工作面，争取了时间，计算总工期比较合理；

（2）工作队及其工人实现了专业化生产，有利于改进操作技术，可以保证工程质量和提高劳动生产率；

（3）工作队及其工人能够连续作业，相邻两个专业工作队之间，实现了最大限度地、合理地搭接；

（4）每天投入的资源量较为均衡，有利于资源供应的组织工作；

（5）为现场文明施工和科学管理，创造了有利条件。

2.1.2　流水施工的技术经济效益

通过对上述三种施工组织方式的对比分析，不难看出流水施工在工艺划分、时间排列和空间布置上都是一种科学、先进和合理的施工组织方式，必然会给相应的项目经理部带来显著的技术经济效益。主要表现在以下几点：

（1）流水施工的节奏性、均衡性和连续性，减少了时间间歇，使工程项目尽早地竣工，能够更好地发挥其投资效益；

（2）工人实现了专业化生产，有利于提高技术水平，工程质量有了保障，也减少了工程项目使用过程中的维修费用；

（3）工人实现了连续作业，便于改善劳动组织、操作技术和施工机具，有利于提高劳动生产率，降低工程成本，增加承建单位利润；

（4）以合理劳动组织和平均先进劳动定额指导施工，能够充分发挥施工机械和操作工人的生产效率；

（5）流水施工高效率，可以减少施工中的管理费，资源消耗均衡，减少物资损失，有利于提高承建单位经济效益。

2.1.3　流水施工分级和表达方式

1. 流水施工分级

根据流水施工组织的范围划分，流水施工通常可分为：

（1）分项工程流水施工

分项工程流水施工也称为细部流水施工，它是在一个专业工程内部组织的流水施工。在项目施工进度计划表上，它是一条标有施工段或工作队编号的水平进度指示线段或斜向进度指示线段。

（2）分部工程流水施工

分部工程流水施工也称为专业流水施工，是在一个分部工程内部、各分项工程之间组织的流水施工。在项目施工进度计划表上，它由一组施工段或工作队编号的水平进度指示线段或斜向进度指示线段来表示。

（3）单位工程流水施工

单位工程流水施工也称为综合流水施工，是一个单位工程内部、各分部工程之间组织的流水施工。在项目施工进度计划表上，它是若干组分部工程的进度指示线段，并由此构成一个单位工程施工进度计划。

（4）群体工程流水施工

群体工程流水施工亦称为大流水施工。它是在若干单位工程之间组织的流水施工。反映在项目施工进度计划上，是一个项目施工总进度计划。

流水施工的分级和它们之间的相互关系，如图 2-2-2 所示。

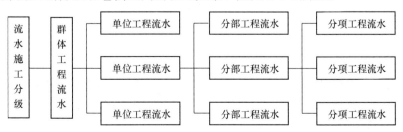

图 2-2-2　流水施工分级示意图

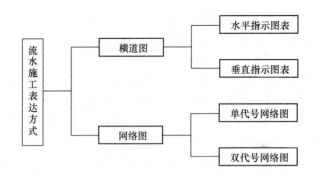

图 2-2-3　流水施工表达方式示意图

2. 流水施工表达方式

流水施工的表达方式，主要有横道图和网络图两种，如图 2-2-3 所示。

（1）水平指示图表

在流水施工水平指示图表的表达方式中，横坐标表示流水施工的持续时间，纵坐标表示开展流水施工的施工过程、专业工作队的名称、编号和数目，呈梯形分布的水平线段表示流水施工的开展情况，如图 2-2-4 所示。

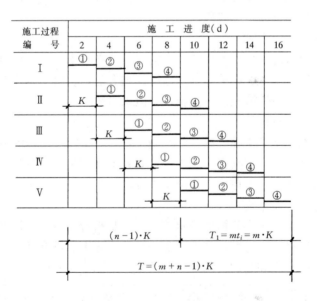

图 2-2-4　水平指示图

（2）垂直指示图表

在流水施工垂直指示图表的表达方式中，横坐标表示流水施工的持续时间，纵坐标表示开展流水施工所划分的施工段编号，n 条斜线段表示各专业工作队或施工过程开展流水施工的情况，如图 2-2-5 所示。

（3）网络图的表达方式

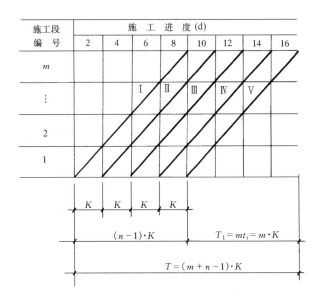

图 2-2-5　垂直指示图表

有关流水施工网络图的表达方式，详见本篇第 3 章。

§2.2　流水参数的确定

在组织项目流水施工时，用以表达流水施工在施工工艺、空间布置和时间排列方面开展状态的参量，统称为流水参数。它包括：工艺参数、空间参数和时间参数三类。

2.2.1　工　艺　参　数

在组织流水施工时，用以表达流水施工在施工工艺上的开展顺序及其特性的参量，称为工艺参数。具体地说是指在组织流水施工时，将拟建工程项目的整个建造过程分解成的各施工过程的种类、性质和数目的总称。通常，它包括施工过程和流水强度两种，如图 2-2-6 所示。

1. 施工过程

在工程项目施工中，施工过程所包含的施工范围可大可小，既可以是分项工程，又可以是分部工

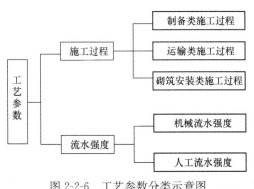

图 2-2-6　工艺参数分类示意图

程，也可以是单位工程，还可以是单项工程。施工过程的数目以 n 表示，它是流水施工的基本参数之一。根据工艺性质不同，它可分为：制备类施工过程、运输类施工过程和砌筑安装类施工过程三种。而施工过程的数目，一般以 n 表示。

(1) 制备类施工过程

它是指为了提高建筑产品的装配化、工厂化、机械化和加工生产能力而形成的施工过程，如砂浆、混凝土、构配件和制品的制备过程。它一般不占有施工项目空间，也不影响总工期，不列入施工进度计划，只在它占有施工对象的空间并影响总工期时，才列入施工进度计划，如在拟建车间、试验室等场地内预制或组装的大型构件等。

(2) 运输类施工过程

它是指将建筑材料、构配件、设备和制品等物资，运到建筑工地仓库或施工对象加工现场而形成的施工过程。它一般不占有施工项目空间，不影响总工期，通常不列入施工进度计划，只在它占有施工对象空间并影响总工期时，才必须列入施工进度计划，如随运随吊方案的运输过程。

(3) 砌筑安装类施工过程

它是指在施工项目空间上，直接进行加工，形成最终建筑产品的过程，如地下工程、主体工程、屋面工程和装饰工程等施工过程。它占有施工对象空间，影响着工期的长短，必须列入项目施工进度计划表，而且是项目施工进度计划表的主要内容。

(4) 砌筑安装类施工过程的分类

通常，砌筑安装类施工过程，可按其在工程项目施工过程中的作用、工艺性质和复杂程度不同进行分类，如图 2-2-7 所示。

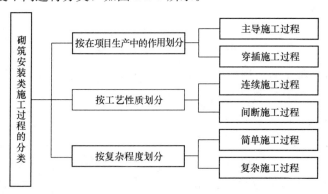

图 2-2-7　砌筑安装类施工过程分类示意图

1) 主导施工过程和穿插施工过程

主导施工过程，是指对整个工程项目起决定作用的施工过程，在编制施工进度计划时，必须重点考虑，例如混合住宅的主体砌筑等施工过程。而穿插施工过程则是与主导施工过程相搭接或平行穿插并严格受主导施工过程控制的施工过程，如安装门窗、脚手架等施工过程。

2）连续施工过程和间断施工过程

连续施工过程是指一道工序接着一道工序连续施工，不要求技术间歇的施工过程，如主体砌筑等施工过程。而间断施工过程则是指由材料性质决定，需要技术间歇的施工过程，如混凝土需要养护、粉刷和油漆需要干燥等施工过程。

3）复杂施工过程和简单施工过程

复杂施工过程是指在工艺上，由几个紧密联系的工序组合而形成的施工过程，如混凝土工程是由筛选材料、搅拌、运输、振捣等工序组成。而简单施工过程则是指在工艺上由一个工序组成的施工过程，它的操作者、机具和材料都不变，如挖土和回填土等施工过程。

上述施工过程的划分，仅仅是从研究施工过程某一角度考虑的。事实上，有的施工过程既是主导的，又是连续的，同时还是复杂的施工过程，如主体砌筑工程施工过程。而有的施工过程，既是穿插的，又是间断的，同时还是简单的施工过程，如装饰工程中的油漆工程等施工过程。因此，在编制施工进度计划时，必须综合考虑施工过程的几个方面特点，以便确定其在进度计划中的合理位置。

（5）施工过程数目（n）的确定

施工过程数目，主要依据项目施工进度计划在客观上的作用、采用的施工方案、项目的性质和建设单位对项目建设工期的要求等进行确定，其具体确定方法和原则，详见本篇第 4 章。

2. 流水强度

某施工过程在单位时间内所完成的工程量，称为该施工过程的流水强度。流水强度一般以 V_i 表示，它可由公式（2-2-1）或公式（2-2-2）计算求得。

（1）机械作业流水强度

$$V_i = \sum_{i=1}^{x} R_i \cdot S_i \qquad (2\text{-}2\text{-}1)$$

式中　V_i——某施工过程 i 的机械作业流水强度；

　　　R_i——投入施工过程 i 的某种施工机械台数；

　　　S_i——投入施工过程 i 的某种机械产量定额；

　　　x——投入施工过程 i 的施工机械种类数。

（2）人工作业流水强度

$$V_i = R_i \cdot S_i \qquad (2\text{-}2\text{-}2)$$

式中　V_i——某施工过程 i 的人工作业流水强度；

　　　R_i——投入施工过程 i 的专业工作队工人数；

　　　S_i——投入施工过程 i 的专业工作队平均产量定额。

2.2.2 空 间 参 数

在组织项目流水施工时，用以表达流水施工在空间布置上所处状态的参数，称为空间参数。它包括工作面、施工段和施工层三种。

1. 工作面

某专业工种工人在从事建筑产品施工生产加工过程中，所必须具备的活动空间，称为工作面。它的大小，是根据相应工种单位时间的产量定额、建筑安全工程施工操作规程和安全规程等的要求确定的。工作面确定合理与否，直接影响专业工种工人的生产效率。对此，必须认真加以对待，合理确定。

有关工种的工作面参考数据，见表 2-2-1 所列。

主要工种工作面参考数据表   表 2-2-1

工作项目	每个技工的工作面		说　明
砖基础	7.6	m/人	以 $1\frac{1}{2}$ 砖计 2 砖乘以 0.8 3 砖乘以 0.5
砌砖墙	8.5	m/人	以 $1\frac{1}{2}$ 砖计 2 砖乘以 0.71 3 砖乘以 0.57
毛石墙基础	3	m/人	以 60cm 计
毛石墙	3.3	m/人	以 40cm 计
混凝土柱、墙基础	8	m³/人	机拌、机捣
混凝土设备基础	7	m³/人	机拌、机捣
现浇钢筋混凝土柱	2.5	m³/人	机拌、机捣
现浇钢筋混凝土梁	3.2	m³/人	机拌、机捣
现浇钢筋混凝土墙	5	m³/人	机拌、机捣
现浇钢筋混凝土楼板	5.3	m³/人	机拌、机捣
预制钢筋混凝土柱	3.6	m³/人	机拌、机捣
预制钢筋混凝土梁	3.6	m³/人	机拌、机捣
预制钢筋混凝土屋架	2.7	m³/人	机拌、机捣
预制钢筋混凝土平板、空心板	1.91	m³/人	机拌、机捣
预制钢筋混凝土大型屋面板	2.62	m³/人	机拌、机捣
混凝土地坪及面层	40	m³/人	机拌、机捣
外墙抹灰	16	m²/人	
内墙抹灰	18.5	m²/人	
卷材屋面	18.5	m²/人	
防水水泥砂浆屋面	16	m²/人	
门窗安装	11	m²/人	

2. 施工段

为了有效地组织流水施工，通常把拟建工程项目在平面上划分成若干个劳动量大致相等的施工段落，这些施工段落称为施工段。施工段的数目以 m 表示，它是流水施工的基本参数之一。

(1) 划分施工段的目的和原则

一般情况下，一个施工段内只安排一个施工过程的专业工作队进行施工。在一个施工段上，只有当前一个施工过程的工作队提供足够的工作面后，后一个施工过程的工作队才能进入该段从事下一个施工过程的施工。

划分施工段是组织流水施工的基础。就建筑产品生产的单件性特点而言，它不适于组织流水施工。但是，建筑产品体形庞大的固有特征，又为组织流水施工提供了空间条件——可以把一个体形庞大的"单件产品"划分成具有若干个施工段、施工层的"批量产品"，使其满足流水施工的基本要求，在保证工程质量的前提下，为专业工作队确定合理的空间活动范围，使其按流水施工的原理，集中人力和物力，迅速地、依次地、连续地完成各段的任务，为相邻专业工作队尽早地提供工作面，达到缩短工期的目的。

施工段的划分，在不同的分部工程中，可以采用相同或不同的划分方法。在同一分部工程中最好采用统一的段数，但也不能排除特殊情况。如在工业厂房的预制工程中，柱和屋架的施工段划分就不一定相同；对于多栋同类型房屋的施工，允许以栋号为施工段组织大流水施工。

施工段划分得数目要适当，数目过多势必减少工人数而延长工期，数目过少又会造成资源供应过分集中，不利于组织流水施工。因此，为了使施工段划分得科学合理，一般应遵循以下原则：

1) 同一专业工作队在各个施工段上的劳动量应大致相等，其相差幅度不宜超过 $10\% \sim 15\%$。

2) 为了充分发挥工人（或机械）的生产效率，不仅要满足专业工程对工作面要求，而且要使施工段所能容纳的劳动力人数（或机械台数），满足劳动组织优化要求。

3) 施工段数目多少，要满足合理流水施工组织要求，即有时应使 $m \geqslant n$。

4) 为了保证项目结构完整性，施工段分界线应尽可能与结构自然界线相一致，如温度缝和沉降缝等处；如果必须将分界线设在墙体中间时，应将其设在门窗洞口处，这样可以减少留槎，便于修复墙体。

5) 对于多层建筑物，既要在平面上划分施工段，又要在竖向上划分施工层。保证专业工作队在施工段和施工层之间，有组织、有节奏、均衡和连续地进行流水施工。

(2) 施工段数目（m）与施工过程数目（n）的关系

为了便于讨论施工段数目 m 与施工过程数目 n 之间的关系，现举例说明。

【**例 2-2-2**】某二层现浇钢筋混凝土工程，结构主体施工中对进度起控制性的有支模板、绑钢筋和浇混凝土三个施工过程，每个施工过程在一个施工段上的持续时间均为 2d，当施工段数目不同时，流水施工的组织情况也有所不同。

1）取施工段数目 $m=4$，$n=3$，$m>n$。施工进度表如图 2-2-8 所示，各专业工作队在完成第一施工层的四个施工段的任务后，都连续地进入第二施工层继续施工。从施工段上专业工作队的作业情况来看，从第一层第一施工段完成所有三个施工过程到第二层第一施工段开始作业之间存在一段空闲时间。相应地，其他施工段也存在这种闲置情况。

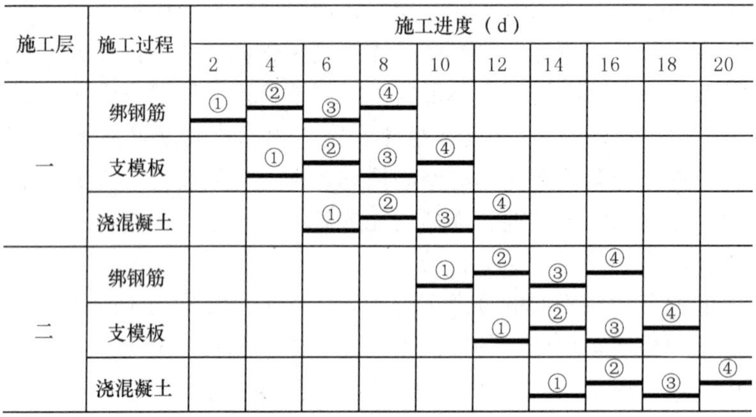

施工层	施工过程	施工进度（d）									
		2	4	6	8	10	12	14	16	18	20
一	绑钢筋	①	②	③	④						
	支模板		①	②	③	④					
	浇混凝土			①	②	③	④				
二	绑钢筋					①	②	③	④		
	支模板						①	②	③	④	
	浇混凝土							①	②	③	④

图 2-2-8　$m>n$ 流水施工进展情况

由图 2-2-8 可以看出，当 $m>n$ 时，流水施工呈现出的特点是：各专业工作队均能连续施工；施工段有闲置，但这种情况并不一定有害，它可以用于技术间歇和组织间歇时间。

在项目实际施工中，若某些施工过程需要考虑技术间歇等，则可用公式（2-2-3）确定每层的最少施工段数：

$$m_{\min} = n + \frac{\sum Z}{K} \qquad (2\text{-}2\text{-}3)$$

式中　$m_{\min}$——每层需划分的最少施工段数；

n——施工过程数或专业工作队数；

$\sum Z$——某些施工过程要求的技术间歇时间的总和；

K——流水步距。

在例 2-2-2 中，如果流水步距 $K=2$，当第一层浇筑混凝土结束后，要养护 4d 才能进行第二层的施工。为了保证专业工作队连续作业，至少应划分的施工段数可由公式（2-2-3）求得：

$$m_{\min} = n + \frac{\sum Z}{K} = 3 + 4/2 = 5 \text{ 段}$$

按 $m=5$，$n=3$ 绘制的流水施工进度表如图 2-2-9 所示。

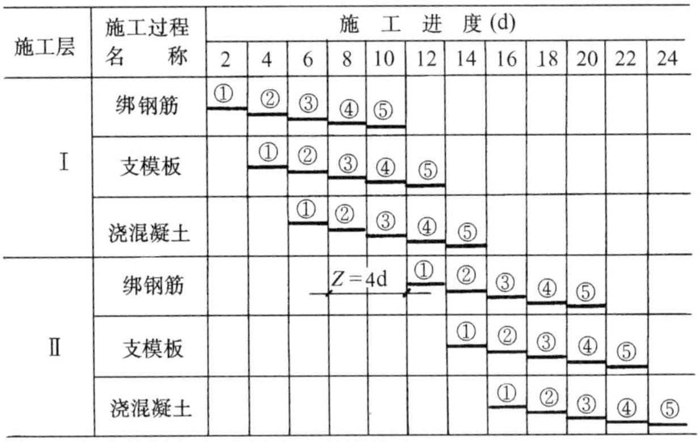

施工层	施工过程名称	施 工 进 度 (d)											
		2	4	6	8	10	12	14	16	18	20	22	24
Ⅰ	绑钢筋	①	②	③	④	⑤							
	支模板		①	②	③	④	⑤						
	浇混凝土			①	②	③	④	⑤					
Ⅱ	绑钢筋				$Z=4d$		①	②	③	④	⑤		
	支模板							①	②	③	④	⑤	
	浇混凝土								①	②	③	④	⑤

图 2-2-9 流水施工进度图

2）取施工段数目 $m=3$，$n=3$，$m=n$。施工进度表如图 2-2-10 所示。可以发现，当 $m=n$ 时，流水施工呈现出的特点是：各专业工作队均能连续施工，施工段不存在闲置的工作面。显然，这是理论上最为理想的流水施工组织方式，如果采取这种方式，要求项目管理者必须提高施工管理水平，不能允许有任何时间上的拖延。

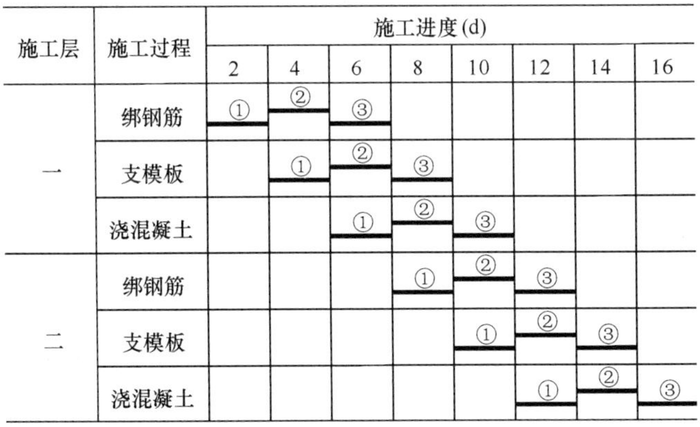

施工层	施工过程	施工进度(d)							
		2	4	6	8	10	12	14	16
一	绑钢筋	①	②	③					
	支模板		①	②	③				
	浇混凝土			①	②	③			
二	绑钢筋				①	②	③		
	支模板					①	②	③	
	浇混凝土						①	②	③

图 2-2-10 $m=n$ 时流水施工进展情况

3）取施工段数目 $m=2$，$n=3$，$m<n$。施工进度表如图 2-2-11 所示，各专业工作队在完成第一施工层第二施工段的任务后，不能连续地进入第二施工层继续施工，这是由于一个施工段只能给一个专业工作队提供工作面，所以在施工段数目小于施工过程数的情况下，超出施工段数的专业工作队就会因为没有工作面而停工。从施工段上专业工作队的作业情况来看，从第一层第一施工段完成所有三个施工过程到第二层第一施工段开始作业之间没有空闲时间，相应地，其他施

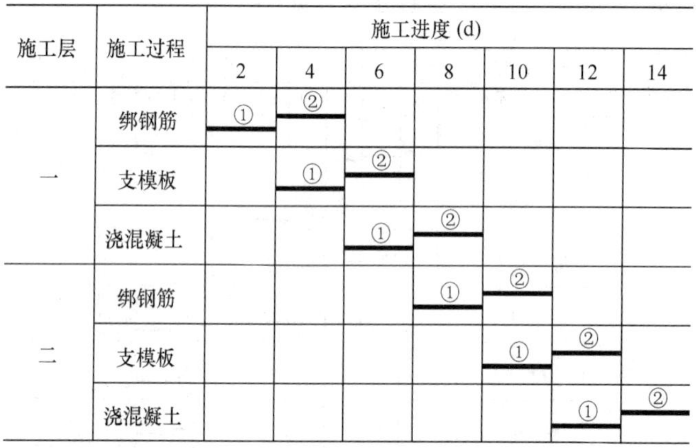

施工层	施工过程	施工进度 (d)						
		2	4	6	8	10	12	14
一	绑钢筋	①___②						
	支模板		①___②					
	浇混凝土			①___②				
二	绑钢筋				①___②			
	支模板					①___②		
	浇混凝土						①___②	

图 2-2-11 $m<n$ 时流水施工进展情况

工段也紧密衔接。

由此可见,当 $m<n$ 时,流水施工呈现出的特点是:各专业工作队在跨越施工层时,均不能连续施工而产生窝工,施工段没有闲置。但特殊情况下,施工段也会出现空闲,以致造成大多数专业工作队停工。因一个施工段只供一个专业工作队施工,这样,超过施工段数的专业工作队就因无工作面而停止。在图 2-2-11 中,支模板工作队完成第一层的施工任务后。要停工 2d 才能进行第二层第一段的施工,其他队组同样也要停工 2d。因此,工期延长了。这种情况对有数幢同类型建筑物的工程,可通过组织各建筑物之间的大流水施工来避免上述停工现象的出现;但对单一建筑物的流水施工是不适宜的,应加以杜绝。

从上面的三种情况可以看出,施工段数的多少,直接影响工期的长短,而且要想保证专业工作队能够连续施工,必须满足公式(2-2-4):

$$m \geqslant n \qquad\qquad (2\text{-}2\text{-}4)$$

应该指出,当无层间关系或无施工层(如某些单层建筑物、基础工程等)时,施工段数不受公式(2-2-3)和公式(2-2-4)的限制,可按前面所述划分施工段的原则进行确定。

3. 施工层

在组织流水施工时.为了满足专业工种对操作高度和施工工艺的要求,将拟建工程项目在竖向上划分为若干个操作层。这些操作层称为施工层。施工层一般以 j 表示。

施工层的划分,要按工程项目的具体情况,根据建筑物的高度、楼层来确定。如砌筑工程的施工层高度一般为 1.2m,室内抹灰、木装饰、粉刷、油漆、玻璃和水电安装等,可按楼层进行施工层划分。

2.2.3　时　间　参　数

在组织流水施工时，用以表达流水施工在时间排列上所处状态的参数，称为时间参数。它包括：流水节拍、流水步距、技术间歇、组织间歇和平行搭接时间五种。

1. 流水节拍

在组织流水施工时，每个专业工作队在各个施工段上完成各自的施工过程所必需的持续时间，均称为流水节拍。流水节拍以 t_i^j 表示，它是流水施工的基本参数之一。

流水节拍数值大小，可以反映流水速度快慢、资源供应量大小。根据流水节拍数值特征，一般流水施工又区分为：等节拍专业流水、成倍节拍专业流水和无节奏专业流水等施工组织方式。

影响流水节拍的因素主要有：项目施工中采用的施工方案、各施工段投入的劳动力人数或施工机械台班数、工作班次以及该施工段工程量是的多少。为避免工作队转移时浪费工时，流水节拍在数值上应为半个班的整数倍。其数值可按下列各种方法确定。

（1）定额计算法。根据各施工段的工程量、能够投入的资源量（工人数、机械台班数和材料量等），按公式（2-2-5）进行计算：

$$t_i^j = \frac{Q_i^j}{S_i^j R_i^j N_i^j} = \frac{Q_i^j \cdot H_i^j}{R_i^j \cdot N_i^j} = \frac{P_i^j}{R_i^j \cdot N_i^j} \qquad (2\text{-}2\text{-}5)$$

式中　t_i^j——某专业工作队 j 在第 i 施工段的流水节拍；

$\quad\quad Q_i^j$——某专业工作队 j 在第 i 施工段要完成的工程量；

$\quad\quad S_i^j$——某专业工作队 j 的计划产量定额；

$\quad\quad R_i^j$——某专业工作队 j 投入的工人数或机械台班数；

$\quad\quad H_i^j$——某专业工作队 j 的计划时间定额；

$\quad\quad N_i^j$——某专业工作队 j 的工作班次；

$\quad\quad P_i^j$——某专业工作队 j 在第 i 施工段的劳动量或机械台班数量。

计划产量定额和计划时间定额最好是项目经理部的实际水平。

（2）经验估算法。根据以往的施工经验进行估算的计算方法。一般为了提高其准确程度，往往先估算出该流水节拍的最长、最短和正常（即最可能）三种时间，然后据此求出期望时间，作为某专业工作队在某施工段上的流水节拍。因此，本法也称为三种时间估算法。一般按公式（2-2-6）进行计算：

$$t_i^j = \frac{a_i^j + 4c_i^j + b_i^j}{6} \qquad (2\text{-}2\text{-}6)$$

式中　t_i^j——某施工过程在某施工段上的流水节拍；

$\quad\quad a_i^j$——某施工过程在某施工段上的最短估算时间；

b_i^j——某施工过程在某施工段上的最长估算时间；

c_i^j——某施工过程在某施工段上的正常估算时间。

这种方法多适用于采用新工艺、新方法和新材料等没有定额可循的工程，详见本篇第 3 章。

（3）工期计算法。对某些施工任务在规定日期内必须完成的工程项目，往往采用倒排进度法，具体步骤如下：

1）根据工期倒排进度，确定某施工过程的工作延续时间。

2）确定某施工过程在某施工段上的流水节拍。若同一施工过程的流水节拍不等，则用估算法；若流水节拍相等，则按公式（2-2-7）进行计算：

$$t_j = \frac{T_j}{m_j} \qquad (2\text{-}2\text{-}7)$$

式中　t_j——某施工过程流水节拍；

　　　T_j——某施工过程的工作持续时间；

　　　m_j——某施工过程的施工段数。

2. 流水步距

在组织项目流水施工时，相邻两个专业工作队在保证施工顺序、满足连续施工、最大限度搭接和保证工程质量要求的条件下，相继投入施工的最小时间间隔，称为流水步距。流水步距以 $K_{j,j+1}$ 表示，它是流水施工基本参数之一。在施工段不变的情况下，流水步距越大，工期越长。若有 n 个施工过程，则有（$n-1$）个流水步距。每个流水步距的值是由相邻两个施工过程在各施工段上的流水节拍值而确定的。

（1）确定流水步距的原则

1）流水步距要满足相邻两个专业工作队在施工顺序上的相互制约关系。

2）流水步距要保证相邻两个专业工作队在各个施工段上都能够连续作业。

3）流水步距要保证相邻两个专业工作队在开工时间上实现最大限度和合理的搭接。

4）流水步距的确定要保证工程质量，满足安全生产。

（2）确定流水步距的方法

流水步距计算方法很多，简捷实用的方法主要有：图上分析法、分析计算法和潘特考夫斯基法等。本书仅介绍潘特考夫斯基法。

潘特考夫斯基法，也称为"最大差法"，它的表达式为："累加数列错位相减取其最大差。"此法在计算等节奏、无节奏的专业流水中较为简捷、准确。其计算步骤如下：

1）根据专业工作队在各施工段上的流水节拍，求累加数列；

2）根据施工顺序，对所求相邻的两累加数列，错位相减；

3）根据错位相减的结果，确定相邻专业工作队之间的流水步距，即相减结果中数值最大者。

3. 平行搭接时间

在组织流水施工时，有时为了缩短工期，在工作面允许的前提下，如果前一个专业工作队完成部分施工任务后，能够提前为后一个专业工作队提供工作面，使后者提前进入前一个施工段，因而两者在同一施工段上平行搭接施工，这个平行搭接的时间，称为相邻两个专业工作队之间的平行搭接时间，并以 $C_{j,j+1}$ 表示。

4. 技术间歇时间

在组织流水施工时，除要考虑专业工作队之间的流水步距外，有时根据建筑材料或现浇构件的工艺性质，还要考虑合理的工艺等待时间，这个等待时间称为技术间歇时间，并以 $Z_{j,j+1}$ 表示，如现浇混凝土构件养护时间、抹灰层和油漆层的干燥硬化时间等。

5. 组织间歇时间

在组织流水施工时，由于施工技术或施工组织原因而造成的流水步距以外增加的间歇时间，称为组织间歇时间，并以 $G_{j,j+1}$ 表示。如回填土前地下管道检查验收、施工机械转移和砌砖墙前墙身位置弹线以及其他作业前准备工作。

在组织流水施工时，项目经理部对技术间歇和组织间歇时间，可根据项目施工中的具体情况分别考虑或统一考虑。但两者的概念、内容和作用是不同的，必须结合具体情况灵活处理。

2.2.4 应 用 举 例

【例 2-2-3】某工程由四个施工过程组成，它们分别由专业工作队Ⅰ、Ⅱ、Ⅲ、Ⅳ完成。该工程在平面上划分为 A、B、C、D 四个施工段，每个专业工作队在各个施工段上的流水节拍，如表 2-2-2 所列。试确定专业工作队之间的流水步距。

各施工过程流水节拍　　　　　　　　　表 2-2-2

施工段 施工过程	A	B	C	D
Ⅰ	2	1	3	5
Ⅱ	2	2	4	4
Ⅲ	3	2	4	4
Ⅳ	4	4	3	4

【解】

（1）求各专业工作队的累加数列

Ⅰ：2，3，6，11

Ⅱ：2，4，8，12

Ⅲ：3，5，9，13

Ⅳ：4，7，l0，14

（2）错位相减

Ⅰ与Ⅱ

```
    2,   3,   6,   11
—)      2,   4,   8,      12
 _____
    2,   1,   2,   3,   —12
```

Ⅱ与Ⅲ

```
    2,   4,   8,   12
—)      3,   5,   9,      13
 _____
    2,   1,   3,   3,   —13
```

Ⅲ与Ⅳ

```
    3,   5,   9,   13
—)      4,   7,   10,      14
 _____
    3,   1,   2,   3,   —14
```

（3）确定流水步距

因流水步距等于错位相减所得结果中数值最大者。所以：

$K_{Ⅰ,Ⅱ}=\max\{2，1，2，3，-12\}=3$ 天

$K_{Ⅱ,Ⅲ}=\max\{2，1，3，3，-13\}=3$ 天

$K_{Ⅲ,Ⅳ}=\max\{3，1，2，3，-14\}=3$ 天

§2.3　等节拍专业流水

专业流水是指在项目施工中，为生产某一建筑产品或其组成部分的主要专业工种，按照流水施工基本原理组织项目施工的一种组织方式。根据各施工过程时间参数的不同特点，专业流水分为有节奏专业流水和无节奏专业流水两种形式。其中，有节奏专业流水又分为等节拍专业流水和成倍节拍专业流水两类，如图 2-2-12 所示。

等节拍专业流水是指在组织流水施工时。所有的施工过程在各个施工段上的流水节拍都彼此相等，这种流水施工组织方式称为等节拍专业流水，也称为固节拍流水或全等节拍流水。

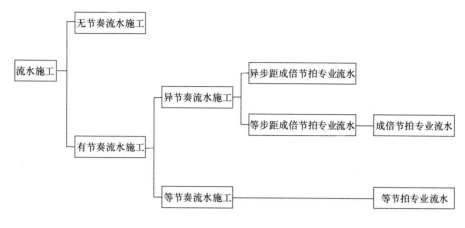

图 2-2-12　流水施工分类图

2.3.1　基 本 特 点

（1）流水节拍都彼此相等，即 $t_i^j = t$（t 为常数）。

（2）流水步距都彼此相等，而且等于流水节拍，即 $K_{j,j+1} = K = t$。

（3）每个专业工作队都能够连续作业，施工段没有间歇时间。

（4）专业工作队数目等于施工过程数目，即 $n_1 = n$。

等节拍专业流水施工，一般只适用于施工对象结构简单、工程规模较小、施工过程数不多的房屋工程或线性工程，如道路工程、管道工程等。由于等节拍专业流水施工的流水节拍和流水步距是定值，局限性较大，且建筑工程多数施工较为复杂，因而在实际建筑工程中采用这种组织方式的并不多见，通常只用于一个分部工程的流水施工中。

2.3.2　组 织 步 骤

（1）确定项目施工起点流向，分解施工过程。

（2）确定施工顺序，划分施工段。

（3）按等节拍专业流水要求，确定流水节拍数值。

（4）确定流水步距，即 $K = t$。

（5）计算流水施工的工期。

（6）绘制流水施工水平指示图表。

2.3.3　工 期 计 算

流水施工的工期是指从第一个施工过程开始施工，到最后一个施工过程结束施工的持续时间。对于所有施工过程都采取流水施工的工程项目，流水施工工期即为工程项目的施工工期。等节拍专业流水施工的工期计算分为两种情况。

1. 不分层施工

流水施工的工期可按公式（2-2-8）计算。

$$T = (m+n-1)K + \sum Z_{j,j+1} + \sum G_{j,j+1} - \sum C_{j,j+1} \qquad (2\text{-}2\text{-}8)$$

式中　T——流水施工工期；

K——流水步距；

m——施工段数目；

j——施工过程编号，$1 \leqslant j \leqslant n$；

n——施工过程数目；

$Z_{j,j+1}$——j 与 $j+1$ 两施工过程的技术间歇时间；

$G_{j,j+1}$——j 与 $j+1$ 两施工过程的组织间歇时间；

$C_{j,j+1}$——j 与 $j+1$ 两施工过程的平行搭接时间。

2. 分层施工

等节拍专业流水施工不分施工层时，对施工段数目，按照工程实际情况划分即可，当分施工层进行流水施工时，为了保证在跨越施工层时，专业工作队能连续施工而不产生窝工现象，施工段数目的最小值 $m_{\min}$ 应满足相关要求。

（1）无技术间歇和组织间歇时间时，$m_{\min} = n$。

（2）有技术间歇和组织间歇时间时，为保证专业工作队能连续施工，应取 $m > n$，此时，每层施工段空闲数为 $m-n$，每层空闲时间则为：

$$(m-n) \cdot t = (m-n) \cdot K$$

若一个楼层内各施工过程间的技术间歇和组织间歇时间之和为 Z_1，楼层间的技术间歇和组织间歇时间之和为 Z_2，为保证专业工作队能连续施工，则：

$$(m-n) \cdot K = Z_1 + Z_2$$

由此，可得出每层的施工段数目 $m_{\min}$ 应满足：

$$m_{\min} = n + (Z_1 + Z_2 - C)/K \qquad (2\text{-}2\text{-}9)$$

式中　K——流水步距；

Z_1——施工层内各施工过程间的技术间歇时间和组织间歇时间之和，即 $Z_1 = Z_{j,j+1} + G_{j,j+1}$；

Z_2——施工层间的技术间歇时间和组织间歇时间之和；

其他符号含义同前。

如果每层的 Z_1 并不均等，各层间的 Z_2 也不均等时，应取各层中最大的 Z_1 和 Z_2，公式（2-2-9）改为：

$$m_{\min} = n + (\max Z_1 + \max Z_2 - C)/K \qquad (2\text{-}2\text{-}10)$$

分施工层组织等节拍专业流水施工时，其流水施工工期可按公式（2-2-11）计算：

$$T = (m \cdot r + n - 1) \cdot K + Z_1 - \sum C_{j,j+1} \qquad (2\text{-}2\text{-}11)$$

式中　r——施工层数目；

Z_1——第一施工层内各施工过程间的技术间歇时间和组织间歇时间之和；其他符号含义同前。

从流水施工工期的计算公式中可以看出，施工层数越多，施工工期越长；技术间歇时间和组织间歇时间的存在，也会使施工工期延长；在工作面和资源供应能保证的条件下，一个专业工作队能够提前进入这一施工段，在空出的工作面上进行作业，这样产生的搭接时间可以缩短施工工期。

2.3.4　应　用　举　例

【例 2-2-4】某分部工程由Ⅰ、Ⅱ、Ⅲ、Ⅳ四个施工过程组成，划分为 4 个施工段，流水节拍均为 3d，施工过程Ⅱ、Ⅲ有技术间歇时间 2d，施工过程Ⅲ、Ⅳ之间相互搭接 1d。试确定流水步距，计算工期，并绘制流水施工进度计划表。

【解】

因流水节拍均等，属于等节拍专业流水施工。

（1）确定流水步距

$$K = t = 3d$$

（2）计算工期

$$\sum Z_{j,j+1} = 2d, \ \sum C_{j,j+1} = 1d$$

由公式（2-2-8）：

$$T = (m + n - 1)K + \sum Z_{j,j+1} + \sum G_{j,j+1} - \sum C_{j,j+1}$$
$$= (4 + 4 - 1) \times 3 + 2 - 1$$
$$= 22d$$

（3）绘制流水施工进度计划表

如图 2-2-13 所示。

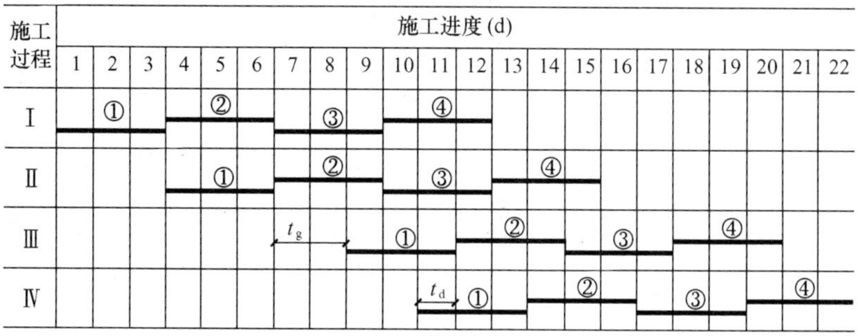

图 2-2-13　【例 2-2-4】流水施工进度计划表

【例 2-2-5】某工程项目由Ⅰ、Ⅱ、Ⅲ、Ⅳ四个施工过程组成，划分为 2 个施工层组织流水施工，流水节拍均为 2d，施工过程Ⅰ完成后需养护 1d，下一个施工过程才能开始施工，且层间技术间歇时间为 1d，试确定施工段数目，计算工期，并绘制流水施工进度计划表。

【解】

因流水节拍均等，属于等节拍专业流水施工。

（1）确定流水步距

$$K = t = 2\text{d}$$

（2）确定施工段数目

因分层组织流水施工，各施工层内各施工过程间的间歇时间之和为 $Z_1 = 1\text{d}$；

一、二层之间间歇时间为：$Z_2 = 1\text{d}$

施工段数目最小值由公式（2-2-9）：

$$\begin{aligned}
m_{\min} &= n + (Z_1 + Z_2 - C)/K \\
&= 4 + 2/2 \\
&= 5 \text{ 段}
\end{aligned}$$

取 $m = 5$。

（3）计算工期

$$\begin{aligned}
T &= (m \cdot r + n - 1) \cdot K + Z_1 - \sum C_{j,j+1} \\
&= (5 \times 2 + 4 - 1) \times 2 + 1 \\
&= 27\text{d}
\end{aligned}$$

（4）绘制流水施工进度计划表

如图 2-2-14 所示。

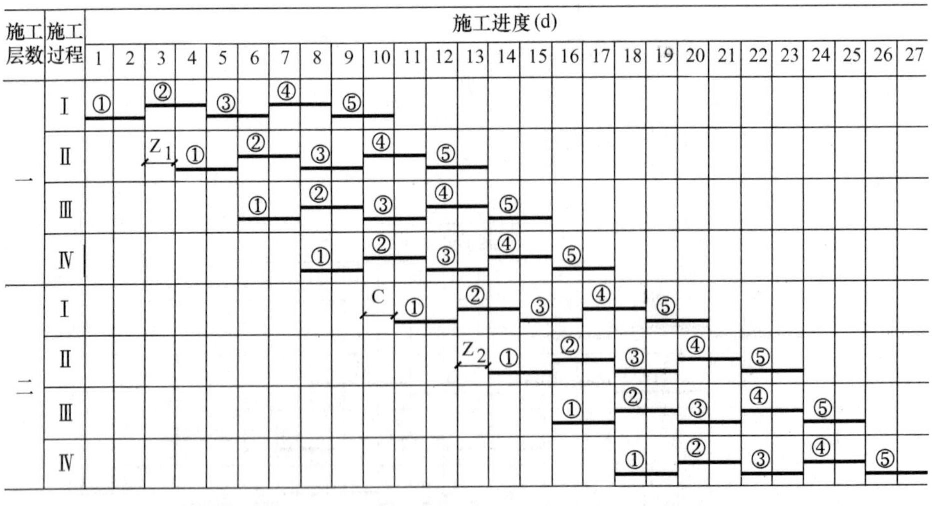

图 2-2-14　【例 2-2-5】流水施工进度计划表

§2.4　成倍节拍专业流水

在组织流水施工时。由于在同一施工段上的工作面固定。不同的施工过程，其施工性质、复杂程度各不相同，从而使得其流水节拍很难完全相等，不能形成等节拍流水施工。但是，如果施工段划分得恰当，可以使同一施工过程在各个施工段上的流水节拍均相等。这种各施工过程的流水节拍均相等而不同施工过程之间的流水节拍不尽相等的流水施工组织方式属于异节奏流水施工。

例如，拟建四栋大板房屋，施工过程为：基础、结构安装、室内装修和室外工程，每栋为一个施工段，经计算各施工过程的流水节拍如表 2-2-3 所示。

各施工过程流水节拍表

表 2-2-3

施工过程	基础	结构安装	室内装修	室外工程
流水节拍（d）	5	10	10	5

从表 2-2-3 可知，这是一个异节奏专业流水，其一般的成倍节拍流水施工进度计划如图 2-2-15 所示。

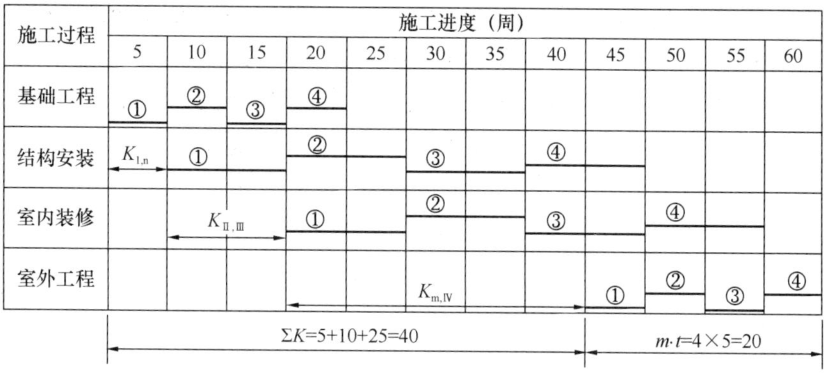

图 2-2-15　一般的成倍节拍流水施工进度计划

由图 2-2-15 可知，如果按 4 个施工过程成立 4 个专业工作队组织流水施工，其总工期为：

$$T=(5+10+25)+4\times5=60\ \text{周}$$

在异节奏流水施工中，当同一施工过程在各个施工段上的流水节拍彼此相等，且不同施工过程的流水节拍为某一数的不同整数倍时，为加快流水施工速度，每个施工过程均按其节拍的倍数关系成立相应数目的专业工作队，这样便构成了一个工期最短的流水施工方案，组织这些专业工作队进行流水施工的方式，即为异节奏等步距流水施工，也叫做成倍节拍专业流水施工。

2.4.1　基　本　特　点

（1）同一施工过程在各个施工段上的流水节拍都彼此相等，不同施工过程在同一施工段上的流水节拍之间存在一个最大公约数。

（2）流水步距彼此相等，且等于流水节拍的最大公约数。

(3) 各个专业工作队都能够连续作业，施工段都没有间歇时间。

(4) 专业工作队数目大于施工过程数目，即 $n_1 > n$。

2.4.2 建 立 步 骤

(1) 确定施工起点流向，分解施工过程。

(2) 确定施工顺序，划分施工段。

1) 当不分施工层时，可按划分施工段的原则划分施工段。

2) 当分施工层时，每层的施工段数可按公式（2-2-12）划分确定。

$$m = n_1 + \frac{\max Z_1}{K_b} + \frac{\max Z_2}{K_b} \tag{2-2-12}$$

式中　n_1——专业工作队总数；

　　　K_b——成倍节拍流水的流水步距；

　　　Z_1——一个施工层内各施工过程之间技术间歇时间、组织间歇时间之和；

　　　Z_2——相邻的两个施工层间技术间歇时间、组织间歇时间之和。

(3) 按成倍节拍专业流水要求，确定各施工过程的流水节拍。

(4) 确定成倍节拍专业流水的流水步距，按公式（2-2-13）计算。

$$K_b = 最大公约数\{各个流水节拍\} \tag{2-2-13}$$

(5) 确定专业工作队数目，按公式（2-2-14）计算。

$$\left. \begin{array}{l} B_j = t_i^j / K_b \\ n_1 = \sum_{j=1}^{n} b_j \end{array} \right\} \tag{2-2-14}$$

(6) 确定计划总工期，按公式（2-2-15）计算。

$$T = (r \cdot m + n_1 - 1) \cdot K_b + Z_1 - \sum C_{j, j+1} \tag{2-2-15}$$

式中符号意义同前。

(7) 绘制流水施工水平指示图表。

2.4.3 应 用 举 例

【例 2-2-6】 某工程项目由三个分项工程组成，其流水节拍分别为：$t_i^{\mathrm{I}} = 2d$，$t_i^{\mathrm{II}} = 6d$，$t_i^{\mathrm{III}} = 4d$，试编制成倍节拍专业流水施工方案。

【解】

(1) 按公式（2-2-13）计算确定流水步距

$$K_b = 最大公约数 \{6, 4, 2\} = 2d$$

(2) 按公式（2-2-14）确定专业工作队数目

$$\because \quad b_{\mathrm{I}} = t_i^{\mathrm{I}} / K_b = 2/2 = 1 个$$

$$b_{\mathrm{II}} = t_i^{\mathrm{II}} / K_b = 6/2 = 3 个$$

$$b_{\mathrm{III}} = t_i^{\mathrm{III}} / K_b = 4/2 = 2 个$$

$$\therefore \qquad n_1 = \sum_{j=1}^{3} b_j = 3 + 2 + 1 = 6 \text{ 个}$$

（3）求施工段数

为了使各专业工作队都能连续工作，取：

$$m = n_1 = 6 \text{ 段}$$

（4）确定计划总工期

按公式（2-2-15）得：

$$T = (6 + 6 - 1) \times 2 = 22 \text{d}$$

（5）绘制水平指示图表

如图 2-2-16 所示。

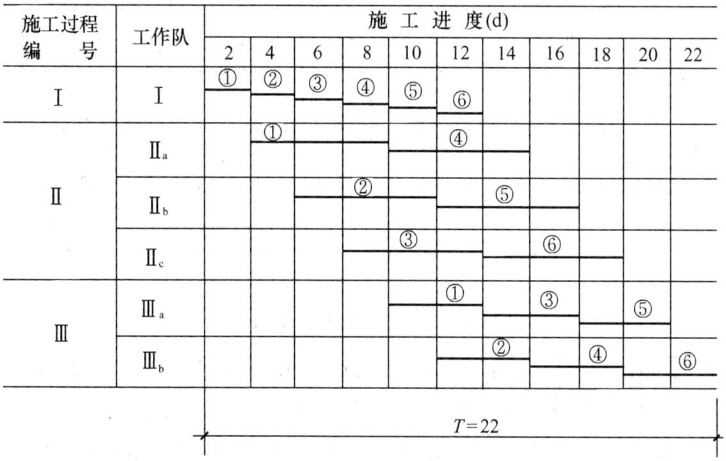

施工过程编号	工作队	施工进度(d)										
		2	4	6	8	10	12	14	16	18	20	22
Ⅰ	Ⅰ	①	②	③	④	⑤	⑥					
Ⅱ	Ⅱa		①				④					
	Ⅱb			②				⑤				
	Ⅱc				③				⑥			
Ⅲ	Ⅲa						①		③		⑤	
	Ⅲb							②		④		⑥

$$T = 22$$

图 2-2-16 异节奏等步距流水施工进度

【例 2-2-7】对本节表 2-2-3，若要求缩短工期，在工作面、劳动力和资源供应允许的条件下，各增加一个安装和装修工作队，就形式了成倍节拍专业流水施工。试编制流水施工方案。

【解】

（1）按公式（2-2-13）计算确定流水步距得

$$K_b = \text{最大公约数} \{5, 10, 10, 5\} = 5 \text{d}$$

（2）按公式（2-2-14）确定专业工作队数目

$$\therefore \qquad b_1 = 5/5 = 1 \text{ 个}$$
$$b_2 = 10/5 = 2 \text{ 个}$$
$$b_3 = 10/5 = 2 \text{ 个}$$
$$b_4 = 5/5 = 1 \text{ 个}$$
$$\therefore \qquad n_1 = 1 + 2 + 2 + 1 = 6 \text{ 个}$$

（3）确定计划总工期

按公式（2-2-15）得：

$$T=（4+6-1）\times5=45d$$

（4）绘制水平指示图表

如图 2-2-17 所示。

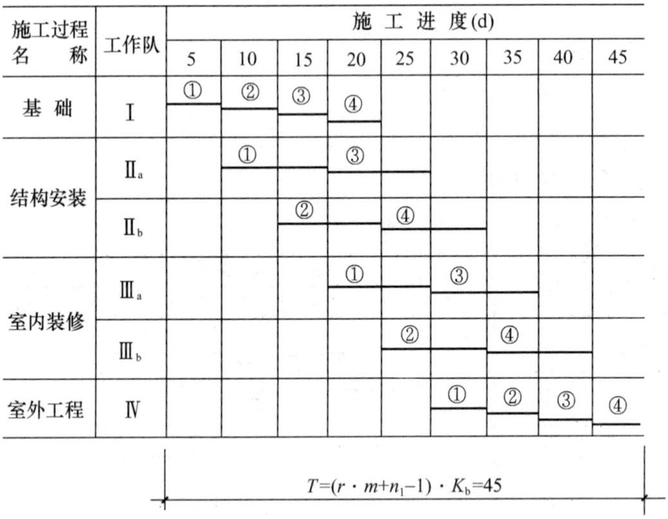

施工过程名称	工作队	施工进度(d)								
		5	10	15	20	25	30	35	40	45
基　础	I	①	②	③	④					
结构安装	II_a		①		③					
	II_b			②		④				
室内装修	III_a				①		③			
	III_b					②		④		
室外工程	IV						①	②	③	④

$$T=(r \cdot m+n_1-1) \cdot K_b=45$$

图 2-2-17　流水施工进度图

【**例 2-2-8**】某两层现浇钢筋混凝土工程，分为安装模板、绑扎钢筋和浇筑混凝土三个施工过程。已知各施工过程在每层每个施工段上的流水节拍分别为：$t_模=2d$，$t_扎=2d$，$t_浇=1d$。当安装模板工作队转移到第二结构层的第一施工段时，需待第一层第一施工段的混凝土养护 1d 后才能进行施工。在保证各工作队连续施工的条件下，求该工程每层最少的施工段数，并绘制流水施工进度计划表。

【**解**】根据要求，本工程宜采用成倍节拍专业流水施工方式组织施工。

（1）确定流水步距

按公式（2-2-13）计算得：

$$K_b=最大公约数 \{2，2，1\} =1d$$

（2）计算专业工作队数目

按公式（2-2-14）得：

$$b_模 = 2/1 = 2 个$$
$$b_扎 = 2/1 = 2 个$$
$$b_浇 = 1/1 = 1 个$$

计算专业工作队总数目 n_1：

$$n_1 = \sum_{j=1}^{3} b_j = 2+2+1 = 5 个$$

（3）确定每层的施工段数目

按公式（2-2-12）确定：

$$m = n_1 + \frac{\max Z_1}{K_b} + \frac{\max Z_2}{K_b} = 5 + 1/1 = 6 \text{ 段}$$

（4）计算工期

$$T = (m \times r + n_1 - 1) \times K_b$$

$$= (6 \times 2 + 5 - 1) \times 1$$

$$= 16\text{d}$$

（5）绘制流水施工进度计划表

如图 2-2-18 所示。

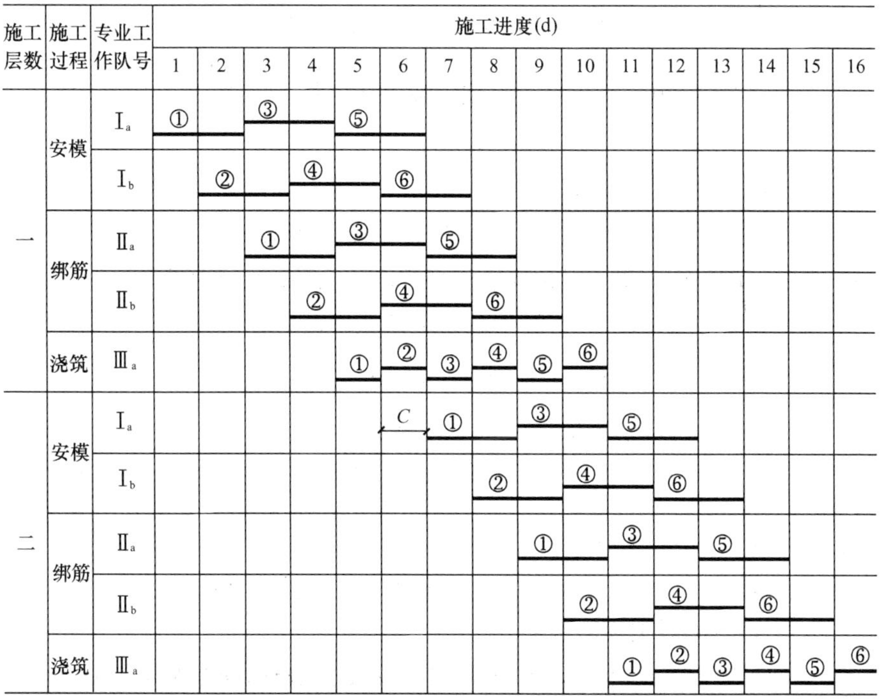

施工层数	施工过程	专业工作队号	施工进度(d)															
			1	2	3	4	5	6	7	8	9	10	11	12	13	14	15	16
一	安模	I_a	①		③		⑤											
		I_b		②		④		⑥										
	绑筋	II_a			①		③		⑤									
		II_b				②		④		⑥								
	浇筑	III_a					①	②	③	④	⑤	⑥						
二	安模	I_a						C	①		③		⑤					
		I_b								②		④		⑥				
	绑筋	II_a									①		③		⑤			
		II_b										②		④		⑥		
	浇筑	III_a											①	②	③	④	⑤	⑥

图 2-2-18　【例 2-2-8】流水施工进度计划表

§2.5　无节奏专业流水

在项目实际施工中，通常每个施工过程在各个施工段上的工程量彼此不相等，各个专业工作队的生产效率相差悬殊，造成大多数的流水节拍彼此不相等，不可能组织成等节拍专业流水或成倍节拍专业流水。在这种情况下，往往利用流水施工的基本概念,在保证施工工艺、满足施工顺序要求的前提下,按照一定的计算方法,确定相邻专业工作队之间的流水步距,使相邻两个专业工作队,在开工时间上最大限度地、合理地搭接起来,形成每个专业工作队都能够连续作业的流水施工方式。这种流水施工组织方式,称为无节奏专业流水(亦称为分别流水)。它是流水施工的普遍形式。

2.5.1 基 本 特 点

(1) 各个施工过程在各个施工段上的流水节拍,通常不相等。

(2) 在多数情况下,流水步距彼此不相等,而且流水步距与流水节拍之间存在着某种函数关系。

(3) 每个专业工作队都能够连续作业,个别施工段可能有间歇时间。

(4) 专业工作队数目等于施工过程数目,即 $n_1 = n$。

2.5.2 组 织 步 骤

(1) 确定施工起点流向,分解施工过程。

(2) 确定施工顺序,划分施工段。

(3) 计算每个施工过程在各个施工段上的流水节拍。

(4) 按一定的方法确定相邻两个专业工作队之间的流水步距。

(5) 按公式(2-2-16)计算流水施工的计划工期。

$$T = \sum_{j=1}^{n-1} K_{j,j+1} + \sum_{i=1}^{m} t_i^{zh} + \sum Z + \sum G - \sum C_{j,j+1} \qquad (2\text{-}2\text{-}16)$$

$$\sum Z = \sum Z_{j,j+1} + \sum Z_{k,k+1}$$

$$\sum G = \sum G_{j,j+1} + \sum G_{k,k+1}$$

式中 T——流水施工的计算工期;

$K_{j,j+1}$——j 与 $j+1$ 专业工作队之间的流水步距;

t_i^{zh}——最后一个施工过程在第 i 个施工段上的流水节拍;

$\sum Z$——技术间歇时间总和;

$\sum Z_{j,j+1}$——j 与 $j+1$ 相邻两专业工作队之间的技术间歇时间之和($1 \leqslant j \leqslant n-1$);

$\sum Z_{k,k+1}$——相邻两施工层间的技术间歇时间之和($1 \leqslant k \leqslant r-1$),$r$ 为施工层数,不分层时 $r=1$,分层时,$r=$实际施工层数;

$\sum G$——组织间歇时间之和;

$\sum G_{j,j+1}$——j 与 $j+1$ 相邻两专业工作队之间的组织间歇时间之和($1 \leqslant j \leqslant n-1$);

$\sum G_{k,k+1}$——相邻两施工层间的组织间歇时间之和($1 \leqslant k \leqslant r-1$),$r$ 为施工层数,不分层时 $r=1$,分层时,$r=$实际施工层数;

$\sum C_{j,j+1}$——j 与 $j+1$ 相邻两专业工作队之间的平行搭接时间之和($1 \leqslant j \leqslant n-1$)。

(6) 绘制流水施工水平指示图表。

2.5.3 应 用 举 例

【**例 2-2-9**】某项目经理部拟承建一工程，该工程由Ⅰ、Ⅱ、Ⅲ、Ⅳ、Ⅴ五个施工过程组成。该工程在平面上划分成 4 个施工段，每个施工过程在各个施工段上的流水节拍如表 2-2-4 所示。规定施工过程Ⅱ完成后，其相应施工段至少要养护 2d；施工过程Ⅳ完成后，其相应施工段要留有 1d 的准备时间；为了尽早完工，允许施工过程Ⅰ、Ⅱ之间搭接施工 1d。试编制流水施工方案。

流水节拍表（d）　　　　　　　　　　　表 2-2-4

施工段 施工过程	①	②	③	④
Ⅰ	3	2	2	1
Ⅱ	1	3	5	3
Ⅲ	2	1	3	5
Ⅳ	4	2	3	3
Ⅴ	3	1	2	1

【**解**】根据题设条件，该工程只能组织无节奏专业流水。

（1）求流水节拍的累加数列

$$Ⅰ：3，5，7，11$$
$$Ⅱ：1，4，9，12$$
$$Ⅲ：2，3，6，11$$
$$Ⅳ：4，6，9，12$$
$$Ⅴ：3，7，9，10$$

（2）确定流水步距

1）$K_{Ⅰ,Ⅱ}$

$$
\begin{array}{r}
3，5，7，11 \\
-)\quad 1，4，9，\ \ 12 \\
\hline
3，4，3，2，-12
\end{array}
$$

∴　　　　　$K_{Ⅰ,Ⅱ}=\max\{3，4，3，2，-12\}=4\text{d}$

2）$K_{Ⅱ,Ⅲ}$

$$
\begin{array}{r}
1，4，9，12 \\
-)\quad 2，3，6，\ \ 11 \\
\hline
1，2，6，6，-11
\end{array}
$$

∴　　　　　$K_{Ⅱ,Ⅲ}=\max\{1，2，6，6，-11\}=6\text{d}$

3）$K_{\text{III},\text{IV}}$

$$
\begin{array}{r}
2,\ 3,\ 6,\ 11\\
-)\qquad 4,\ 6,\ 9,\ 12\\
\hline
2,\ -1,\ 0,\ 2,\ -12
\end{array}
$$

$\therefore\qquad K_{\text{III},\text{IV}}=\max\ \{2,\ -1,\ 0,\ 2,\ -12\}\ =2\text{d}$

4）$K_{\text{IV},\text{V}}$

$$
\begin{array}{r}
4,\ 6,\ 9,\ 12\\
-)\qquad 3,\ 7,\ 9,\ 10\\
\hline
4,\ 3,\ 2,\ 3,\ -10
\end{array}
$$

$\therefore\qquad K_{\text{IV},\text{V}}=\max\ \{4,\ 3,\ 2,\ 3,\ -10\}\ =4\text{d}$

（3）确定计划工期

由已知条件可知：

$Z_{\text{II},\text{III}}=2\text{d}$，$G_{\text{IV},\text{V}}=1\text{d}$，$C_{\text{I},\text{II}}=1\text{d}$，由公式（2-2-16）得：

$$T=(4+6+2+4)+(3+4+2+1)+2+1-1=28\text{d}$$

（4）绘制流水施工水平指示表

如图 2-2-19 所示。

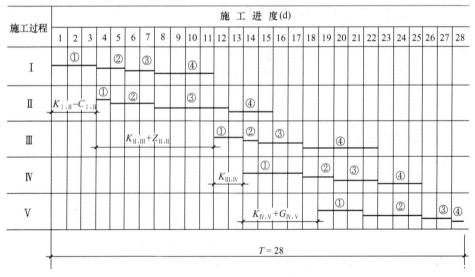

图 2-2-19　流水施工进度图

小　结

综上所述，可以看到：

（1）三种流水施工组织方式，在一定条件下可以相互转化。

（2）为缩短计算总工期，可以采用增加作业班次、缩小流水节拍、扩大某些施工过程组合范围、减少施工过程数目以及组织成倍节拍专业流水施工方式组织施工等方法。

（3）在特殊情况下，为保证相应专业工作队不产生窝工现象，应在其流水施工范围之外，设置平衡施工的"缓冲工程"，以缩短计算总工期。

思 考 题

2.1 简述流水施工的概念。

2.2 说明流水施工的特点。

2.3 说明流水施工的效果。

2.4 说明流水参数的概念和种类。

2.5 简述工艺参数的概念和种类。

2.6 简述空间参数的概念和种类。

2.7 简述时间参数的概念和种类。

2.8 试说明等节拍专业流水施工方式的概念和建立步骤。

2.9 试说明成倍节拍专业流水施工方式的概念和建立步骤。

2.10 试说明无节奏专业流水施工方式的概念和建立步骤。

习 题

2.1 某现浇钢筋混凝土工程由支模板、绑钢筋、浇混凝土、拆模板和回填土五个分项工程组成，它在平面上划分为 6 个施工段。各分项工程在各个施工段上的施工持续时间如表 2-2-5 所示。在混凝土浇筑后至拆模板必须有 2d 养护时间。试编制该工程流水施工方案。

施工持续时间表　　　　　　　　　　　　　　表 2-2-5

分项工程名称	持续时间（d）					
	①	②	③	④	⑤	⑥
支模板	2	3	2	3	2	3
绑钢筋	3	3	4	4	3	3
浇混凝土	2	1	2	2	1	2
拆模板	1	2	1	1	2	1
回填土	2	3	2	2	3	2

2.2 某施工项目由Ⅰ、Ⅱ、Ⅲ、Ⅳ四个分项工程组成，它在平面上划分为 6 个施工段。各分项工程在各个施工段上的持续时间，如表 2-2-6 所示。分项工

程Ⅱ完成后，其相应施工段至少应有技术间歇时间 2d；分项工程Ⅲ完成后，它的相应施工段至少应有组织间歇时间 1d。试编制该工程流水施工方案。

施工持续时间表　　　　　　　　　　　　表 2-2-6

分项工程名称	持续时间（d）					
	①	②	③	④	⑤	⑥
Ⅰ	3	2	3	3	2	3
Ⅱ	2	3	4	4	3	2
Ⅲ	4	2	3	2	4	2
Ⅳ	3	3	2	3	2	4

2.3　某施工项目由挖基槽、做垫层、砌基础和回填土四个分项工程组成，该工程在平面上划分为 6 个施工段。各分项工程在各个施工段上的流水节拍如表 2-2-7 所示。做垫层完成后，其相应施工段至少应有养护时间 2d。试编制该工程流水施工方案。

流水节拍表　　　　　　　　　　　　表 2-2-7

分项工程名称	流水节拍					
	①	②	③	④	⑤	⑥
挖基槽	3	1	3	1	3	3
做垫层	2	1	2	1	2	2
砌基础	3	2	2	3	2	3
回填土	2	2	1	2	2	2

2.4　某工程项目由Ⅰ、Ⅱ、Ⅲ三个分项工程组成，它划分为 6 个施工段。各分项工程在各个施工段上的持续时间依次为 6d、2d 和 4d。试编制成倍节拍专业流水施工方案。

2.5　某地下工程由挖地槽、做垫层、砌基础和回填土四个分项工程组成，它在平面上划分为 6 个施工段。各分项工程在各个施工段上的流水节拍依次为：挖地槽 6d、做垫层 2d、砌基础 4d、回填土 2d。做垫层完成后，其相应施工段至少应有技术间歇时间 2d。为加快流水施工速度，试编制工期最短的流水施工方案。

2.6　某施工项目由Ⅰ、Ⅱ、Ⅲ、Ⅳ四个施工过程组成，它在平面上划分为 6 个施工段。各施工过程在各个施工段上的持续时间依次为：6d、4d、6d 和 2d。施工过程Ⅱ完成后，其相应施工段至少应有组织间歇时间 1d。试编制工期最短的流水施工方案。

2.7　某工程由 A、B、C 三个分项工程组成，它在平面上划分为 6 个施工段。每个分项工程在各个施工段上的流水节拍均为 4d。试编制流水施工方案。

2.8　某分部工程由Ⅰ、Ⅱ、Ⅲ三个施工过程组成，它在平面上划分为 6 个施工段。各施工过程在各个施工段上的流水节拍均为 3d。施工过程Ⅱ完成后，其相应施工段至少应有技术间歇时间 2d。试编制流水施工方案。

第3章　网络计划技术

§3.1　概　　述

3.1.1　网络图的基本概念

网络计划技术是一种科学的计划管理方法，它的使用价值得到了各国的承认。19 世纪中叶，美国的 Fran Kford 兵工厂顾问 H. L. Gantt 发表了反映施工与时间关系的甘特（Gantt）进度图表，即我们现在仍广泛应用的"横道图"。这是最早对施工进度计划安排的科学表达方式。这种表达方式简单、明了、容易掌握，便于检查和计算资源需求状况，因而很快地应用于工程进度计划中，并沿用至今。但它在表现内容上有很多缺点，如：不能全面而准确地反映出各项工作之间相互制约、相互依赖、相互影响的关系；不能反映出整个计划（或工程）中的主次部分，即其中的关键工作；难以对计划作出准确的评价；更重要的是不能应用现代化的计算工具——电子计算机。这些缺点从根本上限制了"横道图"的适应范围。因此，20 世纪 50 年代末，为了适应生产发展和科学研究工作的需要，国外陆续出现了一些计划管理的新方法。这些方法尽管名目繁多，但内容大同小异，都是采用网络图表达计划内容的，并且符合统筹兼顾、适当安排的精神，我国著名的华罗庚教授把它们概括地称为统筹法，即通盘考虑、统一规划的意思。

网络图是用箭线表示一项工作，工作的名称写在箭线的上面，完成该项工作的时间写在箭线的下面，箭头和箭尾处分别画上圆圈，填入编号，箭头和箭尾的两个编号代表着一项工作，如图 2-3-1（a）所示，$i-j$ 代表一项工作；或者用一个圆圈代表一项工作，节点编号写在圆圈上部，工作名称写在圆圈中部，完成该工作所需要的时间写在圆圈下部，箭线只表示该工作与其他工作的相互关系，如图 2-3-1（b）所示。把一项计划（或工程）的所有工作，根据其开展的先后顺序并考虑其相互制约关系，全部用箭线或圆圈表示，从左向右排列起来，形成一个

(a)　　　　　　　　　　　　　　　　　　(b)

图 2-3-1　工作示意图

网状的图形，如图 2-3-2 所示，称之为网络图。

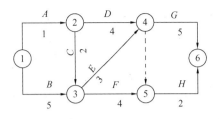

图 2-3-2　双代号网络图

网络计划技术的基本原理是：首先应用网络图形来表达一项计划（或工程）中各项工作的开展顺序及其相互之间的关系；通过对网络图进行时间参数的计算，找出计划中的关键工作和关键线路；继而通过不断改进网络计划，寻求最优方案；以求在计划执行过程中对计划进行有效的控制与监督，保证合理地使用人力、物力和财力，以最小的消耗取得最大的经济效果，因此这种方法得到了世界各国的承认，广泛应用在工业、农业、国防和科研计划与管理中。

与横道图相比，网络图具有如下优点：网络图把施工过程中的各有关工作组成了一个有机的整体，能全面而明确地表达出各项工作开展的先后顺序和反映出各项工作之间的相互制约和相互依赖的关系；能进行各种时间参数的计算；在名目繁多、错综复杂的计划中找出决定工程进度的关键工作，便于计划管理者集中力量抓主要矛盾，确保工期，避免盲目施工；能够从许多可行方案中，选出最优方案；在计划的执行过程中，某一工作由于某种原因推迟或者提前完成时，可以预见到它对整个计划的影响程度，而且能够根据变化了的情况，迅速进行调整，保证自始至终对计划进行有效的控制与监督；利用网络计划中反映出的各项工作的时间储备；可以更好地调配人力、物力，以达到降低成本的目的；更重要的是，它的出现与发展使现代化的计算工具——计算机在建筑施工计划管理中得以应用。

网络计划技术可以为工程项目施工管理提供许多信息，有利于加强施工管理。既是一种编制计划的方法，又是一种科学的管理方法。它有助于管理人员全面了解、重点掌握、灵活安排、合理组织，多快好省地完成计划任务，不断提高管理水平。

网络计划技术的缺点：在计算劳动力、资源消耗量时，与横道图相比较为困难。

网络计划技术主要用来编制建筑施工企业的生产计划和施工进度计划。

应用最早的网络计划技术是关键线路法（CPM）和计划评审法（PERT）。

这两种方法一出现就显示了其独到的优越性和科学性，立即引起了各国的重视，而被广泛采用。在推广和应用的过程中，不同国家根据本国的实际进行了扩展和改进。

苏联在 1964 年颁布了一系列有关判定和应用网络计划技术的指示、基本条例等法令性文件，规定所有大型的建筑工程都必须采用网络计划技术进行管理。英国不仅将网络计划技术应用于建筑业，而且还广泛应用于工业，要求直接从事管理和有关业务的专业人员必须掌握此技术，因而使网络计划技术得到了较为普遍的应用。在欧洲，为了推动网络技术的不断发展，固定为两年召开一次会议，进行有关网络计划技术的理论与应用方面的交流，互相切磋，共同提高。

我国从 20 世纪 60 年代初在华罗庚教授倡导下，对网络技术进行了研究和应用，收到一定的效果。我国 1992 年颁布了《工程网络计划技术规程》JGJ/T 1001—91，于 1999 年重新修订和颁布了《工程网络计划技术规程》JGJ/T 121—99。《网络计划技术》GB/T 13400 系列国家标准已经由中华人民共和国国家质量监督检验检疫总局和中国国家标准化管理委员会全部发布，其中：《网络计划技术第 2 部分：网络图画法的一般规定》GB/T 13400.2—2009 和《网络计划技术第 3 部分：在项目管理中应用的一般程序》GB/T 13400.3—2009，已经在 2010 年发布实施。《网络计划技术第 1 部分：常用术语》GB/T 13400.1—2012 于 2012 年 12 月 31 日发布，于 2013 年 6 月 1 日起实施。

随着现代科学技术的迅猛发展、管理水平不断提高，网络计划技术也在不断发展，最近十几年欧美一些国家大力开展研究能够反映各种搭接关系的新型网络计划技术，取得了许多成果，搭接网络计划技术可以大大简化图形和计算工作，特别适用于庞大而复杂的计划中。

3.1.2　网络图的类型

按照不同的分类原则，可以将网络图分成不同的类别。

1. 按性质分类

（1）肯定型网络图

是指工作、工作之间的逻辑关系以及各项工作的持续时间都是确定的、单一的数值，整个网络计划有确定的计划总工期。

（2）非肯定型网络图

是指工作、工作之间的逻辑关系和工作持续时间，三者中一项或多项不肯定的网络图。在这种网络图中，各项工作的持续时间只能按概率方法确定出三个值，整个网络计划无确定的计划总工期。计划评审技术和图示评审技术就属于非肯定型网络图。

2. 按表示方法分类

（1）单代号网络图

单代号网络图是以单代号表示法绘制的网络图。网络图中，每个节点表示一项工作，箭杆仅用来表示各项工作间相互制约、相互依赖关系。评审技术和决策网络计划等就是采用的单代号网络图。

（2）双代号网络图

双代号网络图是以双代号表示法绘制的网络图。网络图中，箭杆用来表示工作。目前，施工企业多采用这种网络图。

3. 按目标分类

（1）单目标网络图

只有一个终点节点的网络计划，即网络图只有一个最终目标。如一个建筑物的施工进度计划只具有一个工期目标的网络图。

（2）多目标网络图

终点节点不止一个的网络图。此种网络图具有若干个独立的最终目标。

在多目标网络图中，每个最终目标都有自己的关键线路。因此，在每个箭线上除了注明工作的持续时间外，还要在括号里注明该项工作属于哪一个最终目标。

4. 按有无时间坐标分类

（1）时标网络图

以时间坐标为尺度绘制的网络图。网络图中，每项工作箭杆的水平投影长度，与其持续时间成正比，如编制资源优化的网络计划即为时标网络图。

（2）非时标网络图

不按时间坐标绘制的网络计划。网络图中，工作箭杆长度与持续时间无关，可按制图需要绘制。通常绘制的网络计划都是非时标网络图，也叫标时网络图。

5. 按层次分类

（1）总网络图

以整个计划任务为对象编制的网络图，如群体网络图或单项工程网络图。

（2）局部网络计划

以计划任务的某一部分为对象编制的网络图，如分部工程网络图。

6. 按工作衔接特点分类

（1）普通网络图

工作间关系均按首尾衔接关系绘制的网络图，如单代号、双代号和概率网络图。

（2）搭接网络图

按照各种规定的搭接时距绘制的网络图，网络图中既能反映各种搭接关系，又能反映相互衔接关系，如前导网络图。

（3）流水网络图

充分反映流水施工特点的网络图，包括横道流水网络图、搭接流水网络图和双代号流水网络图。

§3.2 双代号网络计划

3.2.1 网络图的组成

双代号网络图由工作、节点、线路三个基本要素组成。

1. 工作（也称过程、活动、工序）

工作是指计划任务按需要粗细程度划分而成的一个消耗时间或也消耗资源的子项目或子任务。它是网络图的组成要素之一，它用一条箭线和两个圆圈来表示。工作的名称标注在箭线的上面，工作持续时间标注在箭线的下面，箭线的箭尾节点表示工作的开始，箭头节点表示工作的结束。圆圈中的两个号码代表这项工作的名称，由于是两个号表示一项工作，故称为双代号表示法，如图 2-3-1 (a) 所示，由双代号表示法构成的网络图称为双代号网络图，如图 2-3-2 所示。

图 2-3-3　虚工作的表示方法

工作通常可以分为三种：需要消耗时间和资源（如砌筑砖墙）的工作；只消耗时间而不消耗资源（如混凝土的养护）的工作；既不消耗时间，也不消耗资源的工作。前两种是实际存在的工作，后一种是人为的虚设工作，只表示相邻前后工作之间的逻辑关系，通常称其为"虚工作"，以虚箭线表示，其表示形式可垂直方向向上或向下，也可水平方向向右，如图 2-3-3 所示。

工作的内容是由一项计划（或工程）的规模及其划分的粗细程度、大小、范围所决定的。如果对于一个规模较大的建设项目来讲，一项工作可能代表一个单位工程或一个构筑物；如果对于一个单位工程，一项工作可能只代表一个分部或分项工程。

工作箭线的长度和方向，在标时网络图中，原则上可以任意画，但必须满足网络逻辑关系；在时标网络图中，其箭线长度必须根据完成该项工作所需持续时间的大小按比例绘图。

2. 节点

在网络图中箭线的出发和交汇处画上圆圈，用以标志该圆圈前面一项或若干项工作的结束和允许后面一项或若干项工作的开始的时间点称为节点。

网络图中，节点不同于工作，它只标志着工作的结束和开始的瞬间，具有承上启下的衔接作用，而不需要消耗时间或资源。如图 2-3-2 中的节点 3，它只表示 B、C 两项工作的结束时刻，也表示 E、F 工作的开始时刻。节点的另一个作用如前所述，在网络图中，一项工作用其前后两个节点的编号表示，如图 2-3-2 中，E 工作用节点"3—4"表示。

箭线出发的节点称为开始节点，箭线进入的节点称为完成节点，如图 2-3-4 所示。在一个网络图中，除整个网络计划的起点节点和终点节点外，其余任何一个节点都有双重的含义，既是前

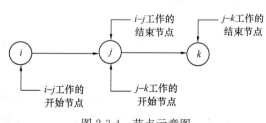

图 2-3-4　节点示意图

面工作的完成节点，又是后面工作的开始节点。

在一个网络图中，可以有许多工作通向一个节点，也可以有许多工作由同一个节点出发。我们把通向某节点的工作称为该节点的紧前工作（或前面工作），从某节点出发的工作称为该节点的紧后工作（或后面工作），如图 2-3-5 所示。

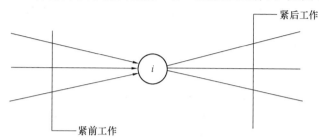

图 2-3-5　节点 i 示意图

表示整个计划开始的节点称为网络图的起点节点，整个计划最终完成的节点称为网络图的终点节点，其余称为中间节点。

在一个网络图中，每一个节点都有自己的编号，以便计算网络图的时间参数和检查网络图是否正确。从理论上讲，对于一个网络图，只要不重复，各个节点可任意编号，但应从起点节点到终点节点，编号由小到大，并且对于每项工作，箭尾的编号一定要小于箭头的编号。

节点编号的方法可从以下两个方面来考虑：

根据节点编号的方向不同可分为两种：一种是沿着水平方向进行编号，如图 2-3-6 所示。另一种是沿着垂直方向进行编号，如图 2-3-7 所示。

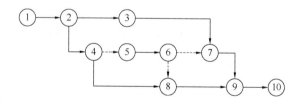

图 2-3-6　水平编号（连续编号）

根据编号的数字是否连续又分为两种：一种是连续编号法，即按自然数的顺序进行编号，图 2-3-6 和图 2-3-7 均为连续编号。另一种是间断编号法，一般按单数（或偶数）的顺序来进行编号。采用非连续编号，主要是为了适应计划调整，考虑增添工作的需要，编号留有余地。

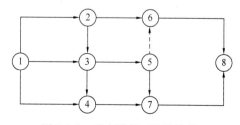

图 2-3-7　垂直编号（连续编号）

3. 线路

网络图中从起点节点开始，沿箭线方向连续通过一系列箭线与节点，最后到达终点节点的通路称为线路。每一条线路都有自己确定的完成时间，它等于该线路上各项工作持续时间的总和，也是完成这条线路上所有工作的计划工期。工期最长的线路称为关键线路（或主要矛盾线）。位于关键线路上的工作称为关键工作。关键工作完成的快慢直接影响整个计划工期的实现，关键线路用粗箭线或双箭线连接。

关键线路具有如下的性质：

(1) 关键线路的线路时间，代表整个网络计划的总工期。

(2) 关键线路上的工作，称为关键工作，均无时间储备。

(3) 在同一网络计划中，关键线路至少有一条。

(4) 关键线路并不是一成不变的，在一定条件下，关键线路和非关键线路可以互相转化。当计划管理人员采取了一定的技术组织措施，缩短某些关键工作持续时间，有可能将关键线路转化为非关键线路，而原来的非关键线路却变成关键线路。

非关键线路具有如下的性质：

(1) 非关键线路的线路时间，仅代表该条线路的计划工期。

(2) 非关键线路上的工作，除关键工作外，其余均为非关键工作。

(3) 非关键工作均有时间储备可利用。

(4) 非关键工作也不是一成不变的，由于计划管理人员工作疏忽，拖延了某些非关键工作的持续时间，非关键线路可能转化为关键线路。同时，利用非关键工作的机动时间可以科学地、合理地调配资源和对网络计划进行优化。

3.2.2　网络图绘制的基本原则和应注意的问题

1. 绘制网络图的基本原则

(1) 必须正确地表达各项工作之间的相互制约和相互依赖的关系

在网络图中，根据施工顺序和施工组织的要求，正确地反映各项工作之间的相互制约和相互依赖关系，这些关系是多种多样的。表 2-3-1 列出了常见的几种表示方法。

(2) 网络图必须具有能够表明基本信息的明确标识，数字或字母均可，如图 2-3-8 所示。

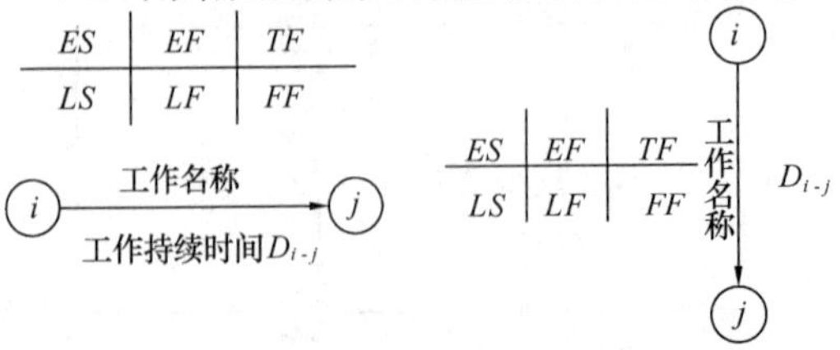

(3) 工作或节点的字母代号或数字编号，在同一项任务的网络图中，不允许重复使用，或者说，网络图中不允许出现编号相同的不同工作。如图 2-3-9 所示。

图 2-3-8　双代号网络图标识

图 2-3-9　重复编号示意图

（a）错误；（b）正确

工作间逻辑关系表示方法　　　　　　　　　　　表 2-3-1

序号	工作之间的逻辑关系	双代号表示方法	单代号表示方法
1	A、B 两项工作，依次施工		
2	A、B、C 三项工作，同时开始工作		
3	A、B、C 三项工作，同时结束工作		
4	A、B、C 三项工作，A 完成后，B、C 才能开始		
5	A、B、C 三项工作，C 只能在 A、B 完成后才能开始		
6	A、B、C、D 四项工作，A 完成后，C 才能开始，A、B 完成后，D 才能开始		
7	A、B、C、D 四项工作，只有 A、B 完成后，C、D 才能开始工作		

续表

序号	工作之间的逻辑关系	双代号表示方法	单代号表示方法
8	A、B、C、D、E 五项工作，A、B 完成后，C 才能开始，B、D 完成后，E 才能开始	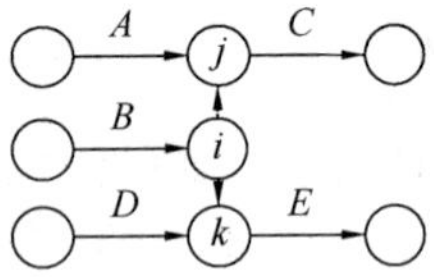 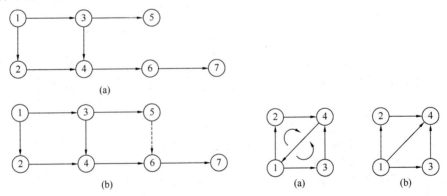	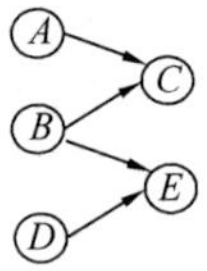
9	A、B、C、D、E 五项工作，A、B、C 完成后，D 才能开始工作，B、C 完成后，E 才能开始工作	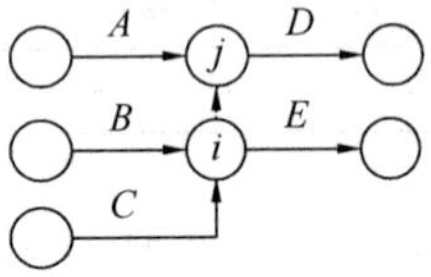	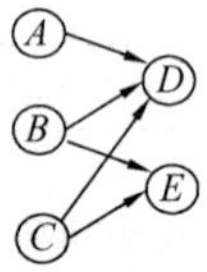
10	A、B 两项工作，分成三个施工段，进行平行搭接流水施工	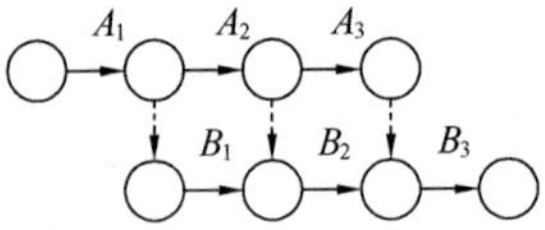	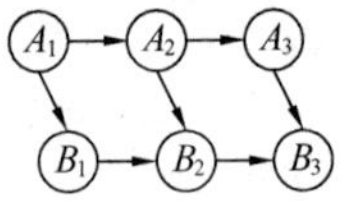

（4）在同一网络图中，只允许有一个起点节点和一个终点节点，不允许出现没有紧前工作的"尾部节点"或没有紧后工作的"尽头节点"，如图 2-3-10 所示。因此，除起点节点和终点节点外，其他所有节点，都要根据逻辑关系，前后用箭线或虚箭线连接起来。

（5）在肯定型网络图中，不允许出现封闭循环回路。所谓封闭循环回路是指从一个事件出发沿着某一条线路移动，又回到原出发事件，即在网络图中出现了闭合的循环路线，如图 2-3-11 所示。

图 2-3-10　终点节点示意图
（a）错误；（b）正确

图 2-3-11　循环回路示意图
（a）错误；（b）正确

（6）网络图的主方向是从起点节点到终点节点的方向，在绘制网络图时应优先选择由左至右的水平走向。因此，工作箭线方向必须优先选择与主方向相应的走向，或选择与主方向垂直的走向，如图 2-3-12 所示。

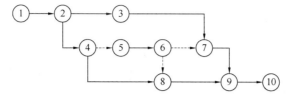

图 2-3-12　工作箭线画法示意图

（7）代表工作的箭线，其首尾必须都有节点，即网络图中不允许出现没有开始节点的工作或没有完成节点的工作，如图 2-3-13 所示。

图 2-3-13　无开始节点示意图

（a）错误；（b）正确

（8）绘制网络图时，应尽量避免箭线的交叉。当箭线的交叉不可避免时，通常选用"过桥"画法或"指向"画法，如图 2-3-14 所示。

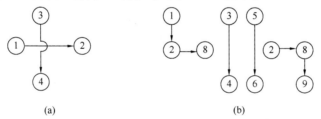

图 2-3-14　箭线交叉画法

（a）过桥画法；（b）指向画法

（9）网络图应力求减去不必要的虚工作，如图 2-3-15 所示。

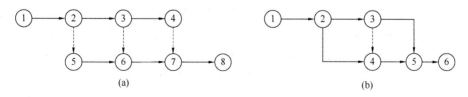

图 2-3-15　虚工作示意图

（a）有多余虚工作；（b）无多余虚工作

（10）在网络图中不允许出现带有双向箭头或无箭头的工作。

（11）当双代号网络图的某些节点有多条外向箭线或多条内向箭线时，在保证一项工作有唯一的一条箭线和对应的一对节点编号前提下，允许使用母线法绘图。

2. 绘制网络图应注意的问题

（1）网络图的布局要条理清楚，重点突出

虽然网络图主要用以反映各项工作之间的逻辑关系，但是为了便于使用，还应安排整齐，条理清楚，突出重点。尽量把关键工作和关键线路布置在中心位置，尽可能把密切相连的工作安排在一起，尽量减少斜箭线而采用水平箭线；尽可能避免交叉箭线出现。

（2）网络图中的"断路法"

绘制网络图时必须符合三个条件。第一，符合施工顺序的关系；第二，符合流水施工的要求；第三，符合网络逻辑连接关系。一般来说，对施工顺序和施工组织上必须衔接的工作，绘图时不易产生错误，但是对于不发生逻辑关系的工作就容易生产错误。遇到这种情况时，采用虚箭线加以处理。用虚箭线在线路上隔断无逻辑关系的各项工作，这方法称为"断路法"。例如现浇钢筋混凝土分部工程的网络图，该工程有支模、扎筋、浇筑三项工作，分三段施工。如绘制成图2-3-16 的形式就错了。

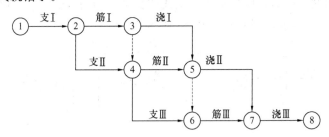

图 2-3-16　某混凝土分部工程双代号网络图

分析上面的网络图，在施工顺序上，由支模—扎筋—浇混凝土，符合施工工艺的要求；在流水关系上，同工种的工作队由第一施工段转入第二施工段再转入第三施工段，符合要求；在网络逻辑关系上有不符之处。因为第Ⅲ施工段支模板不应受第Ⅰ施工段绑钢筋的制约，第Ⅲ施工段绑钢筋也不应受第Ⅰ施工段浇混凝土的制约，说明网络逻辑关系表达有误；但在图中都相连起来了，这是网络图中原则性的错误，它将导致一系列计算上的错误。这种情况下，就应采用虚工作在线路上隔断无逻辑关系的工作，即采用断路法加以分隔。

断路法有两种。在横向用虚箭线切断无逻辑关系的各项工作，称为"横向断路法"，如图 2-3-17，它主要用于标时网络图中。在纵向用虚箭线切断无逻辑关系的各项工作称为"纵向断路法"，如图 2-3-18 所示，它主要用于时标网络图中。

（3）建筑施工进度网络图的排列方法

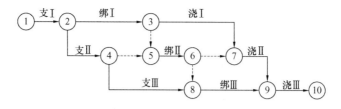

图 2-3-17　横向断路法

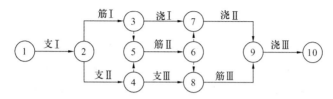

图 2-3-18　纵向断路法

为了使网络计划更形象、清楚地反映出建筑工程施工的特点，绘图时可根据不同的工程情况、不同的施工组织方法和使用要求灵活排列，以简化层次，使各工作间在工艺上及组织上的逻辑关系准确而清楚，以便于技术人员掌握，对计划进行计算和调整。

如果为了突出表示工作面的连续或者工作队的连续，可以把在同一施工段上的不同工种工作排列在同一水平线上，这种排列方法称为"按施工段排列法"，如图 2-3-19 所示。

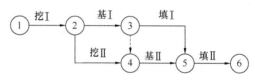

图 2-3-19　按施工段排列法示意图

如果为了突出表示工种的连续作业，可以把同一工种工程排列在同一水平线上，这一排列方法称为"按工种排列法"，如图 2-3-20 所示。

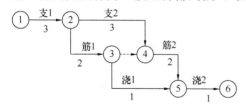

图 2-3-20　按工种排列法示意图

如果在流水作业中，若干个不同工种工作，沿着建筑物的楼层展开时，可以把同一楼层的各项工作排在同一水平线上，图 2-3-21 是内装修工程的三项工作按楼层自上而下的施工流向进行施工的网络图。

必须指出，上述几种排列方法往往在一个单位工程的施工进度网络计划中同时出现。

此外还有按单位工程排列的网络计划，按栋号排列的网络计划，按施工部位排列的网络计划。原理同前面的几种排列法一样，将一个单位工程中的各分部工程，一个栋号内的各单位工程或一个部位的各项工作排列在同一水平线上。在此不一一赘述。

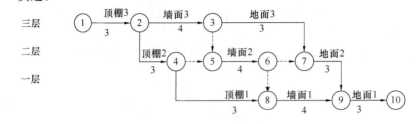

图 2-3-21　按施工层排列法示意图

工作中可以按使用要求灵活地选用以上几种网络计划的排列方法。

（4）网络图的分解

当网络图中的工作数目很多时，可以把它分成几个小块来绘制。分界点一般选择在箭线和节点较少的位置，或按照施工部位分块。例如某民用住宅的基础工程和砌筑工程，可以分为相应的两块。

分界点要用重复的编号，即前一块的最后一个节点编号与后一块的开始节点编号相同。对于较复杂的工程，把整个施工过程分为几个分部工程，把整个网络计划划分成若干个小块来编制，便于使用。

3.2.3　网络图时间参数的计算

网络图时间参数计算的目的是确定网络图上各项工作和各节点的时间参数，为网络计划的调整、优化和执行提供明确的时间概念。网络图计算的内容主要包括：各个节点的最早时间和最迟时间；各项工作的最早开始时间、最早完成时间、最迟开始时间、最迟完成时间；各项工作的总时差、自由时差以及关键线路的持续时间。

网络图时间参数的计算有许多种方法，常用的有分析计算法、图上计算法、表上计算法、矩阵计算法和电算法等。

1. 工作持续时间的计算

（1）单一时间计算法

组成网络图的各项工作可变因素少，具有一定的时间消耗统计资料，因而能够确定出一个肯定的时间消耗值。

单一时间计算法主要是根据劳动定额、施工定额、施工方法、投入劳动力、机具和资源量等资料进行确定的。计算公式如下：

$$D_{i-j} = \frac{Q}{S \cdot R \cdot n} \tag{2-3-1}$$

式中　D_{i-j}——完成 $i-j$ 项工作的持续时间（小时、天、周⋯⋯）；

　　　Q——该项工作的工程量；

S——产量定额（机械为台班产量）；

R——投入 $i-j$ 工作的人数或机械台数；

n——工作的班次。

（2）三时估计法

组成网络图的各项工作可变因素多，不具备一定的时间消耗统计资料，因而不能确定出一个肯定的单一时间值。只有根据概率计算方法，首先估计出三个时间值，即最短、最长和最可能持续时间，再加权平均算出一个期望值作为工作的持续时间。这种计算方法叫做三时估计法。

在绘制网络图时必须将非肯定型转变为肯定，把三种时间的估计变为单一时间的估计，其计算公式如下：

$$m = \frac{a + 4c + b}{6} \qquad\qquad (2\text{-}3\text{-}2)$$

式中　m——工作的平均持续时间；

a——最短估计时间（亦称乐观估计时间），是指按最顺利条件估计的，完成某项工作所需的持续时间；

b——最长估计时间（亦称悲观估计时间），是指按最不利条件估计的，完成某项工作所需的持续时间；

c——最可能估计时间，是指按正常条件估计的，完成某项工作最可能的持续时间。

a、b、c 三个时间值都是基于可能性的一种估计，具有随机性。根据三种时间的估计，完成某一项工作所需要的时间概率分布如图 2-3-22 所示。

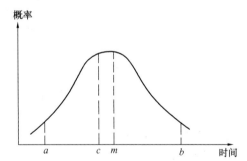

图 2-3-22　工作时间的概率分布

公式（2-3-2）实际上是一种加权平均值。假定 m 的可能性两倍于 a、b，则 a 的平均值为 $(a + 2c)/3$，c 与 b 的平均值为 $(2c + b)/3$。这两种时间各以 $1/2$ 的可能性出现，则其平均值为 $\dfrac{a + 4c + b}{6}$。为了进一步反映工作时间概率分布的离散程度可计算方差，公式如下：

方差：
$$\sigma^2 = \left(\frac{b-a}{6}\right)^2 \qquad\qquad (2\text{-}3\text{-}3)$$

均方差：
$$\sigma = \sqrt{\left(\frac{b-a}{6}\right)^2} = \frac{b-a}{6} \qquad\qquad (2\text{-}3\text{-}4)$$

方差值越大，说明工作时间的分布距平均值离散程度越大，平均值的代表性就差。相反，方差值越小，说明工作时间的分布距平均值离散程度越小，平均值的代表性就好。例如有两项工作，它们的三个时间估计值、平均值、均方差如表2-3-2所示。

平均值、均方差的计算比较　　　　　　　　　　　表 2-3-2

工作	三种时间估计			平均值：$m = \dfrac{a+4c+b}{6}$	$= \dfrac{b-a}{6}$
	A	C	b		
A	2	4	18	$\dfrac{2+4\times4+18}{6}=6$	$\dfrac{18-2}{6}=2.67$
B	4	6	8	$\dfrac{4+6\times4+8}{6}=6$	$\dfrac{8-4}{6}=0.67$

从表2-3-2中可知A、B两项工作的平均持续时间都是6天，但是A的均方差为2.67，B的均方差为0.67，这说明A的平均值代表性差，它的不肯定性大；B的平均值代表性好，它的不肯定性小。

为了计算整个网络图按规定日期完成的可能性，需要将网络图中关键线路上各项工作持续时间的平均值和方差加起来计算。工作的数目越多，概率的偏差越小，反之，工作数目越小，概率的偏差越大。网络计划按规定日期完成的概率，可通过下面的公式和查函数表求得。

$$TK = TS + \sum \sigma\lambda \tag{2-3-5}$$

$$\lambda = \frac{TK - TS}{\sum \sigma} \tag{2-3-6}$$

式中　TK——网络计划规定的完工日期或目标时间；

　　　TS——网络计划最早可能完成的时间，即关键线路上各项工作平均持续时间的总和；

　　　$\sum \sigma$——关键线路上各项工作均方差之和；

　　　λ——概率系数。

现举例说明上述原理和计算公式的应用

某网络计划如图2-3-23所示，试计算该项任务20天完成的概率；如完成的

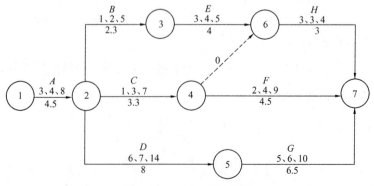

图 2-3-23　某工程网络图

概率要求达到 94.5%，则计划工期应规定为多少天？

根据网络图，列表 2-3-3 进行计算。

计　算　表　　　　　　　　　　表 2-3-3

工作名称	节点编号		三种时间估计			平均作业时间 $m = \dfrac{a+4c+b}{6}$	方差 $\sigma^2 = \left(\dfrac{b-a}{6}\right)^2$	关键线路
	I	J	a	c	b			
A	1	2	3	4	8	4.5	25/36	4.5
B	2	3	1	2	5	2.3		
C	2	4	1	3	7	3.3		
D	2	5	6	7	1	8	64/36	8
E	3	6	3	4	5	4		
虚工作	4	6	0	0	0	0		
F	4	7	2	4	9	4.5		
G	5	7	5	6	10	6.5	25/36	6.5
H	6	7	2	3	4	3		
							$\sum \sigma^2 = \dfrac{114}{6}$	$TS = 19$

该工程规定的完工日期为 20 天。关键线路上各项工作平均持续时间的总和为 19 天。关键线路上各项工作的均方差之和为：

$$\sum \sigma^2 = \sqrt{\frac{114}{36}} = 1.78$$

代入公式（2-3-6）可得概率系数：

$$\lambda = \frac{TK - TS}{\sum \sigma^2} = \frac{20 - 19}{1.78} = 0.56$$

然后查表 2-3-4。可知该工程 20d 完成的概率是 70%。再查表 2-3-4，如概率为 94.5%，则概率系数 λ 是 1.6，代入公式（2-3-5）可求得计划规定的完工日期：

$$TK = TS + \sum \sigma \lambda = 19 + 1.6 \times 1.78 = 22d$$

该工程如规定 22d 完成，则概率可达 94.5%。

函　数　表　　　　　　　　　　表 2-3-4

λ	概率%	λ	概率%	λ	概率%
−0.0	50.0	−2.1	1.8	1.1	86.4
−0.1	46.0	−2.2	1.4	1.2	88.5
−0.2	42.0	−2.3	1.0	1.3	90.3
−0.3	38.2	−2.4	0.8	1.4	91.9

续表

λ	概率%	λ	概率%	λ	概率%
-0.4	34.5	-2.5	0.6	1.5	93.3
-0.5	30.8	-2.6	0.5	1.6	94.5
-0.6	27.4	-2.7	0.4	1.7	95.5
-0.7	24.2	-2.8	0.3	1.8	96.5
-0.8	21.2	-2.9	0.2	1.9	97.1
-0.9	18.4	-3.0	0.1	2.0	97.7
-1.0	15.9	0.0	50.0	2.1	98.2
-1.1	13.5	0.1	54.0	2.2	98.6
-1.2	11.5	0.2	57.9	2.3	98.9
-1.3	9.7	0.3	61.8	2.4	99.2
-1.4	8.0	0.4	65.5	2.5	99.4
-1.5	6.7	0.5	69.1	2.6	99.5
-1.6	5.5	0.6	72.6	2.7	99.6
-1.7	4.5	0.7	75.8	2.8	99.7
-1.8	3.6	0.8	78.8	2.9	99.8
-1.9	2.9	0.9	81.6	3.0	99.9
-2.0	2.3	1.0	84.1		

2. 工作计算法

为了便于理解举例说明一下，某一网络图由 h、I、j、k 共 4 个节点和 $h-i$、$i-j$ 及 $j-k$ 共 3 项工作组成，如图 2-3-24 所示。

图 2-3-24　工作示意图

从图 2-3-24 中可以看出，$i-j$ 代表一项工作，$h-i$ 是它的紧前工作。如果 $i-j$ 之前有许多工作，$h-i$ 可理解为由起点节点到 i 节点为止沿箭头方向的所有工作的总和。$j-k$ 代表它的紧后工作。如果 $i-j$ 是终点节点，则 $j-k$ 等于零。如果 $i-j$ 后面有许多工作，$j-k$ 可理解为由 j 节点至终点节点为止的所有工作的总和。

按照国家标准《网络计划技术　第 3 部分：在项目计划管理中应用的一般程序》GB/T 13400.3—2009 的规定，计算时采用下列符号：

ET_i——i 节点的最早时间；

ET_j——j 节点的最早时间；

LT_i——i 节点的最迟时间；

LT_j——j 节点的最迟时间；

D_{i-j}——$i-j$ 工作的持续时间；

ES_{i-j}——$i-j$ 工作的最早开始时间；

LS_{i-j}——$i-j$ 工作的最迟开始时间；

EF_{i-j}——$i-j$ 工作的最早完成时间；

LF_{i-j}——$i-j$ 工作的最迟完成时间；

TF_{i-j}——$i-j$ 工作的总时差；

FF_{i-j}——$i-j$ 工作的自由时差。

设网络计划 P 是由 n 个节点所组成，编号是由小到大（$1 \rightarrow n$），其工作时间参数的计算公式如下：

（1）工作最早开始时间的计算

工作最早开始时间是指各紧前工作全部完成后，本工作有可能开始的最早时刻。工作 $i-j$ 的最早开始时间 ES_{i-j} 的计算应符合下列规定：

1）工作 $i-j$ 的最早开始时间 ES_{i-j} 应从网络计划的起点节点开始，顺箭线方向依次逐项计算；

2）以起点节点为开始节点的工作 $i-j$，当无规定其最早开始时间 ES_{i-j} 时，其值应等于零，即：

$$ES_{i-j} = 0(i = 1) \tag{2-3-7}$$

3）当工作只有一项紧前工作时，其最早开始时间应为：

$$ES_{i-j} = ES_{h-i} + D_{h-i} \tag{2-3-8}$$

式中　ES_{h-i}——工作 $i-j$ 的紧前工作的最早开始时间；

　　　D_{h-i}——工作 $i-j$ 的紧前工作的持续时间。

4）当工作有多个紧前工作时，其最早开始时间应为：

$$ES_{i-j} = \max\{ES_{h-i} + D_{h-i}\} \tag{2-3-9}$$

（2）工作最早完成时间的计算

工作最早完成时间是指各紧前工作完成后，本工作有可能完成的最早时刻。工作 $i-j$ 的最早完成时间 EF_{i-j} 应按公式（2-3-10）计算：

$$EF_{i-j} = ES_{i-j} + D_{i-j} \tag{2-3-10}$$

（3）网络计划工期的计算

1）计算工期 T_c 是指根据时间参数计算得到的工期，它应按公式（2-3-11）计算：

$$T_c = \max\{EF_{i-n}\} \tag{2-3-11}$$

式中　EF_{i-n}——以终节点 $j=n$ 为箭头节点的工作 $i-n$ 的最早完成时间。

2）网络计划的计划工期计算

网络计划的计划工期是指按要求工期和计算工期确定的作为实施目标的工期。其计算应按下述规定：

① 规定了要求工期 T_r 时

$$T_p \leqslant T_r \tag{2-3-12}$$

② 当未规定要求工期时

$$T_p = T_c \tag{2-3-13}$$

（4）工作最迟时间的计算

1）工作最迟完成时间的计算

工作最迟完成时间是指在不影响整个任务按期完成的前提下，工作必须完成的最迟时刻。

① 工作 $i-j$ 的最迟完成时间 LF_{i-j} 应从网络计划的终点节点开始，逆着箭线方向依次逐项计算。

② 以终点节点（$j=n$）为箭头节点的工作最迟完成时间 LF_{i-n}，应按网络计划的计划工期 T_p 确定，即：

$$LF_{i-n} = T_p \tag{2-3-14}$$

③ 其他工作 $i-j$ 的最迟完成时间 LF_{i-j}，应按公式（2-3-15）计算：

$$LF_{i-j} = \min\{LF_{j-k} - D_{j-k}\} \tag{2-3-15}$$

式中　LF_{j-k}——工作 $i-j$ 的各项紧后工作 $j-k$ 的最迟完成时间；

　　　D_{j-k}——工作 $i-j$ 的各项紧后工作的持续时间。

2）工作最迟开始时间的计算

工作的最迟开始时间是指在不影响整个任务按期完成的前提下，工作必须开始的最迟时刻。

工作 $i-j$ 的最迟开始时间应按公式（2-3-16）计算：

$$LS_{i-j} = LF_{i-j} - D_{i-j} \tag{2-3-16}$$

（5）工作总时差的计算

工作总时差是指在不影响总工期的前提下，本工作可以利用的机动时间。该时间应按公式（2-3-17）或公式（2-3-18）计算：

$$TF_{i-j} = LS_{i-j} - ES_{i-j} \tag{2-3-17}$$

或　　　　　　　$$TF_{i-j} = LF_{i-j} - EF_{i-j} \tag{2-3-18}$$

（6）工作自由时差的计算

工作自由时差是指在不影响其紧后工作最早开始时间的前提下，本工作可以利用的机动时间。工作 $i-j$ 的自由时差 FF_{i-j} 的计算应符合下列规定。

1）当工作 $i-j$ 有紧后工作 $j-k$ 时，其自由时差应为：

$$FF_{i-j} = \min(ES_{j-k}) - ES_{i-j} - D_{i-j} \tag{2-3-19}$$

或　　　　　　　$$FF_{i-j} = \min(ES_{j-k}) - EF_{i-j} \tag{2-3-20}$$

式中　ES_{j-k}——工作 $i-j$ 的紧后工作 $j-k$ 的最早开始时间。

2）以终点节点为箭头节点的工作，其自由时差 FF_{i-j} 应按网络计划的计划工期 T_p 确定，即：

$$FF_{i-n} = T_p - ES_{i-n} - D_{i-n} \tag{2-3-21}$$

或
$$FF_{i-n} = T_p - ES_{i-n} \tag{2-3-22}$$

【例 2-3-1】 为了进一步理解和应用以上计算公式，现以图 2-3-25 为例说明计算的各个步骤。图中箭线下的数字是工作的持续时间，单位：d。

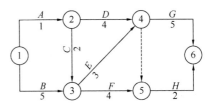

图 2-3-25　某双代号网络图

【解】

（1）各项工作最早开始时间和最早完成时间的计算

工作 1-2：$ES_{1\text{-}2} = 0$
$$EF_{1\text{-}2} = ES_{1\text{-}2} + D_{1\text{-}2} = 0 + 1 = 1$$

工作 1-3：$ES_{1\text{-}3} = 0$
$$EF_{1\text{-}3} = ES_{1\text{-}3} + D_{1\text{-}3} = 0 + 5 = 5$$

工作 2-3：$ES_{2\text{-}3} = EF_{1\text{-}2} = 1$
$$EF_{2\text{-}3} = ES_{2\text{-}3} + D_{2\text{-}3} = 1 + 2 = 3$$

工作 2-4：$ES_{2\text{-}4} = EF_{1\text{-}2} = 1$
$$EF_{2\text{-}4} = ES_{2\text{-}4} + D_{2\text{-}4} = 1 + 4 = 5$$

工作 3-4：$ES_{3\text{-}4} = \max(EF_{1\text{-}3}, EF_{2\text{-}3}) = \max(5, 3) = 5$
$$EF_{3\text{-}4} = ES_{3\text{-}4} + D_{3\text{-}4} = 5 + 3 = 8$$

工作 3-5：$ES_{3\text{-}5} = \max(EF_{1\text{-}3}, EF_{2\text{-}3}) = \max(5, 3) = 5$
$$EF_{3\text{-}5} = ES_{3\text{-}5} + D_{3\text{-}5} = 5 + 4 = 9$$

工作 4-6：$ES_{4\text{-}6} = \max(EF_{2\text{-}4}, EF_{3\text{-}4}) = \max(5, 8) = 8$
$$EF_{4\text{-}6} = ES_{4\text{-}6} + D_{4\text{-}6} = 8 + 5 = 13$$

工作 5-6：$ES_{5\text{-}6} = \max(EF_{2\text{-}4}, EF_{3\text{-}4}, EF_{3\text{-}5}) = \max(5, 8, 9) = 9$
$$EF_{5\text{-}6} = ES_{5\text{-}6} + D_{5\text{-}6} = 9 + 2 = 11$$

计划工期 = 计算工期 $T_p = T_c = \max\{EF_{i-n}\} = T_c$
$$= \max\{EF_{4\text{-}6}, EF_{5\text{-}6}\} = \max\{13, 11\} = 13$$

（2）各项工作最迟开始时间和最迟完成时间的计算

工作 5-6：$LF_{5\text{-}6} = T_p = 13$
$$LS_{5\text{-}6} = LF_{5\text{-}6} - D_{5\text{-}6} = 13 - 2 = 11$$

工作 4-6：$LF_{4\text{-}6} = T_p = 13$
$$LS_{4\text{-}6} = LF_{4\text{-}6} - D_{4\text{-}6} = 13 - 5 = 8$$

工作 3-5：$LF_{3\text{-}5} = LS_{5\text{-}6} = 11$
$$LS_{3\text{-}5} = LF_{3\text{-}5} - D_{3\text{-}5} = 11 - 4 = 7$$

工作 3-4：$LF_{3\text{-}4} = \min\{LS_{5\text{-}6}, LS_{4\text{-}6}\} = \min\{11, 8\} = 8$
$$LS_{3\text{-}4} = LF_{3\text{-}4} - D_{3\text{-}4} = 8 - 3 = 5$$

工作 2-4：$LF_{2-4} = \min\{ LS_{5-6}, LS_{4-6}\} = \min\{11,8\} = 8$

$$LS_{2-4} = LF_{2-4} - D_{2-4} = 8 - 4 = 4$$

工作 2-3：$LF_{2-3} = \min\{ LS_{3-4}, LS_{3-5}\} = \min\{5,7\} = 5$

$$LS_{2-3} = LF_{2-3} - D_{2-3} = 5 - 2 = 3$$

工作 1-3：$LF_{1-3} = \min\{ LS_{3-4}, LS_{3-5}\} = \min\{5,7\} = 5$

$$LS_{1-3} = LF_{1-3} - D_{1-3} = 5 - 5 = 0$$

工作 1-2：$LF_{1-2} = \min\{ LS_{2-4}, LS_{2-3}\} = \min\{4,3\} = 3$

$$LS_{1-2} = LF_{1-2} - D_{1-2} = 3 - 1 = 2$$

（3）各项工作的总时差的计算

工作 1-2：$TF_{1-2} = LS_{1-2} - ES_{1-2} = 2 - 0 = 2$

工作 1-3：$TF_{1-3} = LS_{1-3} - ES_{1-3} = 0 - 0 = 0$

工作 2-3：$TF_{2-3} = LS_{2-3} - ES_{2-3} = 3 - 1 = 2$

工作 2-4：$TF_{2-4} = LS_{2-4} - ES_{2-4} = 4 - 1 = 3$

工作 3-4：$TF_{3-4} = LS_{3-4} - ES_{3-4} = 5 - 5 = 0$

工作 3-5：$TF_{3-5} = LS_{3-5} - ES_{3-5} = 7 - 5 = 2$

工作 4-6：$TF_{4-6} = LS_{4-6} - ES_{4-6} = 8 - 8 = 0$

工作 5-6：$TF_{5-6} = LS_{5-6} - ES_{5-6} = 11 - 9 = 2$

（4）各项工作自由时差的计算

工作 1-2：$FF_{1-2} = EF_{1-3} - EF_{1-2} = 1 - 1 = 0$

工作 1-3：$FF_{1-3} = ES_{3-4} - EF_{1-3} = 5 - 5 = 0$

工作 2-3：$FF_{2-3} = ES_{3-4} - EF_{2-3} = 5 - 3 = 2$

工作 2-4：$FF_{2-4} = \min(ES_{4-6}, ES_{5-6}) - EF_{2-4} = 8 - 5 = 3$

工作 3-4：$FF_{3-4} = \min(ES_{4-6}, ES_{5-6}) - EF_{3-4} = 8 - 8 = 0$

工作 3-5：$FF_{3-5} = ES_{5-6} - EF_{3-5} = 9 - 9 = 0$

工作 4-6：$FF_{4-6} = T_{p} - EF_{4-6} = 13 - 13 = 0$

工作 5-6：$FF_{5-6} = T_{p} - EF_{5-6} = 13 - 11 = 2$

3. 节点计算法

（1）节点最早时间的计算

节点最早时间是指双代号网络计划中，以该节点为开始节点的各项工作的最早开始时间。

节点 i 的最早时间 ET_i 应从网络计划的起点节点开始，顺箭线方向依次逐项计算，并应符合下列规定：

1）起点节点 i 未规定最早时间 ET_i 时，其值应等于零，即：

$$ET_i = 0 \quad (i = 1) \tag{2-3-23}$$

2）当节点 j 只有一条内向箭线时，其最早时间为：

$$ET_j = ET_i + D_{i-j} \tag{2-3-24}$$

3）当节点 j 有多条内向箭线时，其最早时间 ET_j 应为：

$$ET_j = \max\{ET_i + D_{i-j}\} \qquad (2\text{-}3\text{-}25)$$

（2）网络计划工期的计算

1）网络计划的计算工期

网络计划的计算工期按下式计算：

$$T_c = ET_n \qquad (2\text{-}3\text{-}26)$$

式中　ET_n——终点节点 n 的最早时间。

2）网络计划的计划工期的确定

网络计划的计划工期 T_p 的确定与工作计算法相同。

（3）节点最迟时间的计算

节点最迟时间是指双代号网络计划中，以该节点为完成节点的各项工作的最迟完成时间。其计算应符合下述规定：

1）节点 i 的最迟时间 LT_i 应从网络计划的终点节点开始，逆着箭线方向依次逐项计算，当部分工作分期完成时，有关节点的最迟时间必须从分期完成节点开始逆向逐项计算。

2）终点节点 n 的最迟时间 LT_n 应按网络计划的计划工期 T_p 确定，即：

$$LT_n = T_p \qquad (2\text{-}3\text{-}27)$$

分期完成节点的最迟时间应等于该节点规定的分期完成时间。

3）其他节点 i 的最迟时间 LT_i 应为：

$$LT_i = \min\{LT_j - D_{i-j}\} \qquad (2\text{-}3\text{-}28)$$

式中　LT_j——工作 $i-j$ 的箭头节点 j 的最迟时间。

（4）工作时间参数的计算

1）工作 $i-j$ 的最早开始时间 ES_{i-j} 的计算按公式（2-3-29）计算：

$$ES_{i-j} = ET_i \qquad (2\text{-}3\text{-}29)$$

2）工作 $i-j$ 的最早完成时间按公式（2-3-30）计算：

$$EF_{i-j} = ET_i + D_{i-j} \qquad (2\text{-}3\text{-}30)$$

3）工作 $i-j$ 的最迟完成时间 LF_{i-j} 按公式（2-3-31）计算：

$$LF_{i-j} = LT_j \qquad (2\text{-}3\text{-}31)$$

4）工作 $i-j$ 的最迟开始时间 LS_{i-j} 的计算按公式（2-3-32）计算：

$$LS_{i-j} = LT_j - D_{i-j} \qquad (2\text{-}3\text{-}32)$$

5）工作 $i-j$ 的总时差 TF_{i-j} 应按公式（2-3-33）计算：

$$TF_{i-j} = LT_j - ET_i - D_{i-j} \qquad (2\text{-}3\text{-}33)$$

6）工作 $i-j$ 的自由时差 FF_{i-j} 按公式（2-3-34）计算：

$$FF_{i-j} = ET_j - ET_i - D_{i-j} \qquad (2\text{-}3\text{-}34)$$

【例 2-3-2】为了进一步理解和应用以上计算公式，现仍以图 2-3-25 为例说明计算的各个步骤。

【解】

（1）计算节点最早时间 ET_j

令 $ET_1=0$，由公式（2-3-24）、公式（2-3-25）得：

$$ET_2 = ET_1 + D_{1\text{-}2} = 0 + 1 = 1$$

$$ET_3 = \max \begin{Bmatrix} ET_2 + D_{2-3} \\ ET_1 + D_{1-3} \end{Bmatrix} = \max \begin{Bmatrix} 1+2 \\ 0+5 \end{Bmatrix} = 5$$

$$ET_4 = \max \begin{Bmatrix} ET_2 + D_{2-4} \\ ET_3 + D_{3-4} \end{Bmatrix} = \max \begin{Bmatrix} 1+4 \\ 5+3 \end{Bmatrix} = 8$$

$$ET_5 = \max \begin{Bmatrix} ET_3 + D_{3-5} \\ ET_4 + D_{4-5} \end{Bmatrix} = \max \begin{Bmatrix} 5+4 \\ 8+0 \end{Bmatrix} = 9$$

$$ET_6 = \max \begin{Bmatrix} ET_4 + D_{4-6} \\ ET_5 + D_{5-6} \end{Bmatrix} = \max \begin{Bmatrix} 8+5 \\ 9+2 \end{Bmatrix} = 13$$

（2）计算各个节点最迟时间 LT_j

令，$LT_6 = ET_6 = T_c = T_p = 13$，按公式（2-3-28）得：

$$LT_5 = LT_6 - D_{5\text{-}6} = 13 - 2 = 11$$

$$LT_4 = \min \begin{Bmatrix} LT_6 - D_{4\text{-}6} \\ LT_5 - D_{4\text{-}5} \end{Bmatrix} = \min \begin{Bmatrix} 13-5 \\ 11-0 \end{Bmatrix} = 8$$

$$LT_3 = \min \begin{Bmatrix} LT_5 - D_{3\text{-}5} \\ LT_4 - D_{3\text{-}4} \end{Bmatrix} = \min \begin{Bmatrix} 11-4 \\ 8-3 \end{Bmatrix} = 5$$

$$LT_2 = \min \begin{Bmatrix} LT_3 - D_{2\text{-}3} \\ LT_4 - D_{2\text{-}4} \end{Bmatrix} = \min \begin{Bmatrix} 5-2 \\ 8-3 \end{Bmatrix} = 3$$

$$LT_1 = \min \begin{Bmatrix} LT_3 - D_{1\text{-}3} \\ LT_2 - D_{1\text{-}2} \end{Bmatrix} = \min \begin{Bmatrix} 5-5 \\ 3-1 \end{Bmatrix} = 0$$

（3）计算各项工作最早开始时间 ES_{i-j} 和最早完成时间 EF_{i-j}

按公式（2-3-29）、公式（2-3-30）计算得：

$$ES_{1\text{-}2} = ET_1 = 0$$

$$EF_{1\text{-}2} = ES_{1\text{-}2} + D_{1\text{-}2} = 0 + 1 = 1$$

$$ES_{1\text{-}3} = ET_1 = 0$$

$$EF_{1\text{-}3} = ES_{1\text{-}3} + D_{1\text{-}3} = 0 + 5 = 5$$

$$ES_{2\text{-}3} = ET_2 = 1$$

$$EF_{2\text{-}3} = ES_{2\text{-}3} + D_{2\text{-}3} = 1 + 2 = 3$$

$$ES_{2\text{-}4} = ET_2 = 1$$

$$EF_{2\text{-}4} = ES_{2\text{-}4} + D_{2\text{-}4} = 1 + 4 = 5$$

$$ES_{3\text{-}4} = ET_3 = 5$$

$$EF_{3\text{-}4} = ES_{3\text{-}4} + D_{3\text{-}4} = 5 + 3 = 8$$

$$ES_{3\text{-}5} = ET_3 = 5$$

$$EF_{3\text{-}5} = ES_{3\text{-}5} + D_{3\text{-}5} = 5 + 4 = 9$$

$$ES_{4\text{-}6} = ET_4 = 8$$

$$EF_{4\text{-}6} = ES_{4\text{-}6} + D_{4\text{-}6} = 8 + 5 = 13$$

$$ES_{5\text{-}6} = ET_5 = 9$$

$$EF_{5\text{-}6} = ES_{5\text{-}6} + D_{5\text{-}6} = 9 + 2 = 11$$

$$LF_{5\text{-}6} = LT_6 = 13$$

$$LS_{5\text{-}6} = LF_{5\text{-}6} - D_{5\text{-}6} = 13 - 2 = 11$$

（4）计算计算各项工作最迟开始时间 $LS_{i\text{-}j}$ 和最迟完成时间 $LF_{i\text{-}j}$

按公式（2-3-31）、公式（2-3-32）计算得：

$$LF_{1\text{-}2} = LT_2 = 3$$

$$LS_{1\text{-}2} = LF_{1\text{-}2} - D_{1\text{-}2} = 3 - 1 = 2$$

$$LF_{1\text{-}3} = LT_3 = 5$$

$$LS_{1\text{-}3} = LF_{1\text{-}3} - D_{1\text{-}3} = 5 - 5 = 0$$

$$LF_{2\text{-}3} = LT_3 = 5$$

$$LS_{2\text{-}3} = LF_{2\text{-}3} - D_{2\text{-}3} = 5 - 2 = 3$$

$$LF_{2\text{-}4} = LT_4 = 8$$

$$LS_{2\text{-}4} = LF_{2\text{-}4} - D_{2\text{-}4} = 8 - 4 = 4$$

$$LF_{3\text{-}4} = LT_4 = 8$$

$$LS_{3\text{-}4} = LF_{3\text{-}4} - D_{3\text{-}4} = 8 - 3 = 5$$

$$LF_{3\text{-}5} = LT_5 = 11$$

$$LS_{3\text{-}5} = LF_{3\text{-}5} - D_{3\text{-}5} = 11 - 4 = 7$$

$$LF_{4\text{-}6} = LT_6 = 13$$

$$LS_{4\text{-}6} = LF_{4\text{-}6} - D_{4\text{-}6} = 13 - 5 = 8$$

$$LF_{5\text{-}6} = LT_6 = 13$$

$$LS_{5\text{-}6} = LF_{5\text{-}6} - D_{5\text{-}6} = 13 - 2 = 11$$

（5）计算各项工作的总时差 $TF_{i\text{-}j}$

按公式（2-3-33）计算得：

$$TF_{1\text{-}2} = LT_2 - ET_1 - D_{1\text{-}2} = 3 - 0 - 1 = 2$$

$$TF_{1\text{-}3} = LT_3 - ET_1 - D_{1\text{-}3} = 5 - 0 - 5 = 0$$

$$TF_{2\text{-}3} = LT_3 - ET_2 - D_{2\text{-}3} = 5 - 1 - 2 = 2$$

$$TF_{2\text{-}4} = LT_4 - ET_2 - D_{2\text{-}4} = 8 - 1 - 4 = 3$$

$$TF_{3\text{-}4} = LT_4 - ET_3 - D_{3\text{-}4} = 8 - 5 - 3 = 0$$

$$TF_{3\text{-}5} = LT_5 - ET_3 - D_{3\text{-}5} = 11 - 5 - 4 = 2$$

$$TF_{4\text{-}6} = LT_6 - ET_4 - D_{4\text{-}6} = 13 - 8 - 5 = 0$$

$$TF_{5\text{-}6} = LT_6 - ET_5 - D_{5\text{-}6} = 13 - 9 - 2 = 2$$

（6）计算各项工作的自由时差 FF_{i-j}

按公式（2-3-33）计算得：

$$FF_{1\text{-}2} = ET_2 - ET_1 - D_{1\text{-}2} = 1 - 0 - 1 = 0$$

$$FF_{1\text{-}3} = ET_3 - ET_1 - D_{1\text{-}3} = 5 - 0 - 5 = 0$$

$$FF_{2\text{-}3} = ET_3 - ET_2 - D_{2\text{-}3} = 5 - 1 - 2 = 2$$

$$FF_{2\text{-}4} = ET_4 - ET_2 - D_{2\text{-}4} = 8 - 1 - 4 = 3$$

$$FF_{3\text{-}4} = ET_4 - ET_3 - D_{3\text{-}4} = 8 - 5 - 3 = 0$$

$$FF_{3\text{-}5} = ET_5 - ET_3 - D_{3\text{-}5} = 9 - 5 - 4 = 0$$

$$FF_{4\text{-}6} = ET_6 - ET_4 - D_{4\text{-}6} = 13 - 8 - 5 = 0$$

$$FF_{5\text{-}6} = ET_6 - ET_5 - D_{5\text{-}6} = 13 - 9 - 2 = 2$$

（7）关键工作和关键线路的确定

在网络计划中总时差最小的工作称为关键工作。本例中由于网络计划的计算工期等于其计划工期，故总时差为零的工作即为关键工作。

$$TF_{1\text{-}3} = LT_3 - ET_1 - D_{1\text{-}3} = 5 - 0 - 5 = 0$$

∴1-3 工作是关键工作

$$TF_{3\text{-}4} = LT_4 - ET_3 - D_{3\text{-}4} = 8 - 5 - 3 = 0$$

∴3-4 工作是关键工作

$$TF_{4\text{-}6} = LT_6 - ET_4 - D_{4\text{-}6} = 13 - 8 - 5 = 0$$

∴4-6 工作是关键工作

将上述各项关键工作依次连起来，所组成的线路①→③→④→⑥就是整个网络图的关键线路。

4. 图上计算法

图上计算法是依据分析计算法的时间参数关系式，直接在网络图上进行计算的一种比较直观、简便的方法。现以图 2-3-25 所示的一个简单的网络说明图上计算法。

（1）各种时间参数在图上的表示方法

节点时间参数通常标注在节点的上方或下方，其标注方法如图 2-3-26 所示。工作时间参数通常标注在工作箭杆的上方或左侧，如图 2-3-26 所示。

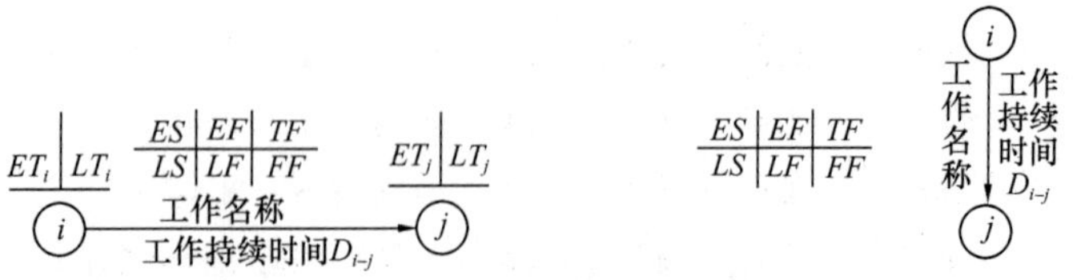

图 2-3-26　时间参数标注方法

（2）计算节点最早时间

1）起点节点

网络图中的起点节点一般是以相对时间 0 开始，因此起点节点的最早可能开始时间等于 0，把 0 注在起点节点的相应位置。

2）中间节点

从起点节点到中间节点可能有几条线路，而每一条线路有一个时间和，这些线路和中的最大值，就是该中间节点的最早可能开始时间。如图 2-3-25 中节点 3 的最早可能开始时间，需要计算从 1 到 3 的两条线路，即 1-2-3 和 1-3 的时间和。1-2-3 的时间和为 $1+2=3$ 天，1-3 的时间和是 5 天，要取线路中的最大值，因此节点 3 的最早可能开始时间为 5 天。它表示紧前工作（1-3、2-3）最早可能完成的时间为 5 天末了，紧后工作（3-4、3-5）最早可能开始的时间为 5 天之后。

（3）计算节点最迟时间

节点最迟时间的计算，是以网络图的终点节点（终点）逆箭头方向，从右到左图 2-3-25 所示。逐个节点进行计算的。并将计算的结果添在相应节点的图示位置上。

1）终点节点

当网络计划有规定工期时，终点节点的最迟时间就等于规定工期。当没有规定工期时，终点节点的最迟时间等于终点节点最早时间。

2）中间节点

某一节点最迟时间的计算，是从终点节点开始向起点节点方向进行的，如果计算到某一中间节点可能有几条线路，那么在这几条线路中必有一个时间和的最大值。把完成节点的最迟时间减去这个最大值，就是该节点的最迟时间。如图 2-3-25 中节点 2 的最迟时间，需要由节点 6 反方向计算到节点 2 的四条线路中最大的时间和 6-4-2 的时间和是 $5+4=9$ 天，6-4-3-2 的时间和是 $5+3+2=10$ 天，6-5-4-3-2 的时间和是 $2+3+2=7$ 天，6-5-3-2 的时间是 $2+4+2=8$ 天。从终点节点最迟时间的 13 天减去 10 天得 3 天就是节点 2 的最迟时间。它表示紧前工作 1-2 最迟必须在 3 天结束，紧后工作 2-3、2-4 最迟必须在 3 天后马上开始，否则就会拖延整个计划工期。

（4）计算各项工作的最早可能开始和最早可能完成时间

工作的最早可能开始时间也就是该工作开始节点的最早时间。工作的最早可能完成时间也就是该工作的最早可能开始时间加上该项工作的持续时间。

如图 2-3-25 中的工作 2-4 最早可能开始时间＝节点 2 的最早时间（1 天）。工作 2-4 最早可能完成时间＝工作 2-4 的最早可能开始时间＋工作的持续时间，即 $1+4=5$ 天。

（5）计算各项工作的最迟必须开始和最迟必须完成时间

工作的最迟必须完成时间也就是该工作结束节点的最迟时间。工作的最迟必须开始时间也就是工作最迟必须完成时间减去该工作的持续时间。如图 2-3-25 中的工作 2-4 的最迟必须开始时间＝工作 2-4 的最迟必须完成时间—工作 2-4 的持续时间，即 8－4＝4 天。

把以上时间参数的计算值均可直接标注在图上，如图 2-3-27 所示。

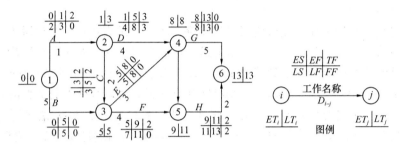

图 2-3-27   图上计算法示意图

（6）计算时差

图上计算法的总时差等于该工作的结束节点的最迟时间减去开始节点的最早时间再减去该工作的持续时间。

自由时差也可以用该工作结束节点的最早时间减去该工作开始节点的最早时间与该工作持续时间的和而求得。公式如下：

$$FF_{i-j} = ET_j - (ET_i + D_{i-j}) \qquad (2\text{-}3\text{-}35)$$

有关总时差及自由时差的计算值，如图 2-3-27 所示。

5. 表上计算法

表上计算法是依据分析计算法所求出的时间关系式，用表格形式进行计算的一种方法。在表上应列出拟计算的工作名称，各项工作的持续时间以及所求的各项时间参数，见表 2-3-5。

网络计划时间参数计算表   表 2-3-5

工作一览表			时间参数						关键线路
节点	工作	持续时间	节点最早时间	工作最早完成时间	工作最迟开始时间	节点最迟时间	工作总时差	工作自由时差	
i	$i-j$	D_{i-j}	ET_i	EF_{i-j}	LS_{i-j}	LT_i	TF_{i-j}	FF_{i-j}	CP
(1)	(2)	(3)	(4)	(5)	(6)	(7)	(8)	(9)	(10)
①	1-2 1-3	1 5	0	1 5	1 0	0	1 0	0 0	是
②	2-3 2-4	3 2	1	4 3	2 9	2	1 8	1 8	
③	3-4 3-5	6 5	5	11 10	5 8	5	0 3	0 1	是
④	4-5 4-6	0 5	11	11 16	13 11	11	2 0	0 0	是
⑤	5-6	3	11	14	13	13	2	2	
⑥			16			16			

计算前应先将网络图中的各个节点按其号码从小到大依次填入表中的第（1）栏内，然后各项工作 $i-j$ 也要分别按 i、j 号码从小到大顺次填入第（2）栏内（如 1-2、1-3、2-3、2-4 等），同时把相应的每项工作的持续时间填入第（3）栏内。以上所要求的都是已知数，也是下列计算的基础。

为了便于理解，现举例说明表上计算法的步骤和方法。

（1）求表中的 ET_i 和 EF_{i-j} 值（见表中 1-2 工作），计算顺序：自上而下，逐行进行。

1）已知条件

$ET_1=0$（计划从相对时间 0 天开始，因此，ET_1 值为 0），EF_{i-j}（表中第 5 栏）$=ET_i$（表中第 4 栏）$+D_{i-j}$（表中第 3 栏）则 $EF_{1-2}=0+1=1$；$EF_{1-3}=0+5=5$。

2）求 ET_3

从表 2-3-5 中可以看出节点 3 的紧前工作有 1-3 和 2-3，应选这两项工作 EF_{2-3} 和 EF_{1-3} 的最大值填入 ET，现已知 $EF_{1-3}=5$；$EF_{2-3}=4$；故 $ET_3=5$。同样由（4）栏＋（3）栏＝（5）栏，得 $EF_{3-4}=5+6=11$；$EF_{3-5}=5+5=10$。

3）求 ET_4

节点 4 的紧前工作有 2-4 和 3-4，现已知 $EF_{2-4}=3$，$EF_{3-4}=11$，故 $ET_4=11$。并计算得：$EF_{4-5}=5+6=11$；$EF_{3-5}=5+5=10$。

4）求 ET_5

节点 5 的紧前工作有 4-5 和 3-5，已知 $EF_{4-5}=11$，$EF_{3-5}=10$，故 $ET_5=11$。并计算得：$EF_{5-6}=11+3=14$。

5）求 ET_6

节点的紧前工作有 4-6 和 5-6，已知 $EF_{4-6}=16$，$EF_{5-6}=11$，取两者的最大值，得：$ET_6=16$。

（2）求 LT_i 和 LS_{i-j} 值

计算顺序：自下而上，逐行进行。

1）已知条件 $ET_6=16$，而且整个网络图的终点（终点节点）的 LT 值在没有规定工期的时候应与 ET 值相同，即 $LT_6=ET_6$；则 $LT_6=16$。

从表 2-3-5 可以看出节点 6 的紧前工作有 4-6 和 5-6，则有：

$$LS_{4-6}=LT_6-D_{4-6}=16-5=11$$
$$LS_{5-6}=LT_6-D_{5-6}=16-3=13$$

2）求 LT_5

表 2-3-5 中，由节点 5 出发的工作（节点 5 的紧后工作）只有 5-6，已知 $LS_{5-6}=13$，故 $LT_5=13$（如果有两个或更多的紧后工作，则要选取其中 LS 的最小值作为该节点的 LT 值），节点 5 的紧前工作有 3-5 和 4-5，则算得：

$$LS_{3\text{-}5} = LT_5 - D_{3\text{-}5} = 13 - 5 = 8$$
$$LS_{4\text{-}5} = LT_5 - D_{4\text{-}5} = 13 - 0 = 13$$

3）求 LT_4

从表 2-3-5 中可以看出，由节点 4 出发的工作有 4-5 和 4-6，已知：$LS_{4\text{-}5} = 13$，$LS_{4\text{-}6} = 11$ 选其最小值 minLS 填入 LT_4，得 $LT_4 = 11$。

节点 4 的紧前工作有 2-4 和 3-4，则有

$$LS_{2\text{-}4} = LT_4 - D_{2\text{-}4} = 11 - 2 = 9$$
$$LS_{3\text{-}4} = LT_4 - D_{3\text{-}4} = 11 - 6 = 5$$

4）求 LT_3

由节点 3 出发的工作有 3-4 和 3-5，已知 $LS_{3\text{-}4} = 5$，$LS_{2\text{-}4} = 9$，选其 minLS 值填入 LT_3，得 $LT_3 = 5$。同样可算出节点 3 的紧前工作 1-3 和 2-3 的 LS 值为：

$$LS_{1\text{-}3} = LT_3 - D_{1\text{-}3} = 5 - 5 = 0$$
$$LS_{1\text{-}3} = LT_3 - D_{2\text{-}3} = 5 - 3 = 2$$

5）求 LT_2

由节点 2 出发的工作有 2-3 和 2-4，已知 $LS_{2\text{-}3} = 2$，$LS_{2\text{-}4} = 9$，选其 minLS 值填入 LT_2，得 $LT_2 = 2$，节点 2 的紧前工作只有 1-2 则：

$$LS_{1\text{-}2} = LT_2 - D_{1\text{-}2} = 2 - 1 = 1$$

6）求 LT_1

由节点 1 出发的工作有 1-2 和 1-3，已知 $LS_{1\text{-}2} = 1$，$LS_{1\text{-}3} = 0$，选其 minLS 值填入 LT_1，则 $LT_1 = 0$ 由于节点 1 是整个网络图的起点节点，所以它前面没有工作，到此，LT 和 LS 值全部计算完毕。

（3）求 $TF_{i\text{-}j}$

由计算式（2-3-33）及公式（2-3-17）得；即表 2-3-5 中的第（8）栏等于第（6）栏减去第（4）栏。

（4）求 $FF_{i\text{-}j}$

$$FF_{i\text{-}j} = ET_j - ET_i - D_{i\text{-}j}$$

如：工作 3-5 的 $FF_{3\text{-}5} = ET_3 - ET_3 - D_{3\text{-}5} = 11 - 5 - 5 = 1$；其余类推，计算结果见表 2-3-5。

（5）判别关键线路

因本例无规定工期，因此在表 2-3-5 中，凡总时差 $TF_{i\text{-}j} = 0$ 的工作就是关键工作，在表的第（10）栏中注明"是"，由这些工作首尾相接而形成的线路就是关键线路。

3.2.4　双代号时标网络计划

1. 双代号时标网络计划的特点与适用范围

双代号时标网络计划是以时间坐标为尺度编制的双代号网络计划。

（1）双代号时标网络计划的特点

双代号时标网络计划主要有以下特点：

1）兼有网络计划与横道图优点，能够清楚地表明计划的时间进程；

2）能在图上直接显示各项工作的开始与完成时间、自由时差及关键线路；

3）时标网络计划在绘制中受到时间坐标的限制，因此不易产生循环回路之类的逻辑错误；

4）利用时标网络计划图可直接统计资源的需要量，以便进行资源优化和调整；

5）因箭线受时标的约束，故绘图不易，修改也较困难，往往要重新绘图。但使用计算机以后，这一问题已较易解决。

（2）双代号的时标网络计划的适用范围

双代号时标网络计划适用于以下几种情况：

1）工作项目较少、工艺过程比较简单的工程；

2）局部网络计划；

3）作业性网络计划；

4）使用实际进度前锋线进行进度控制的网络计划。

由于按最迟时间绘制时标网络计划会使时差利用产生困难，故本书只涉及按最早时间绘制的双代号时标网络计划。

2. 双代号时标网络计划的绘制方法

（1）基本符号

图 2-3-28 是一个双代号时标网络计划。由图可见，双代号时标网络计划以实箭线表示工作，以虚箭线表示虚工作，以波形线表示工作的自由时差。所有符号均绘制在时标图上，其在时间坐标上的位置及水平投影，都必须与其所代表的时间值相对应。节点的中心必须对准时标的刻度线。虚箭线一般情况下必须以垂

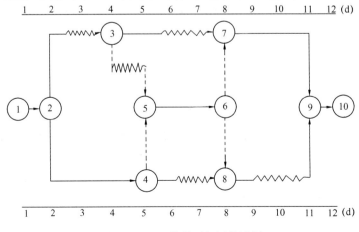

图 2-3-28　双代号时标网络计划

直虚线表示，有自由时差时加波形线表示。

（2）时标网络计划的绘制

时标网络计划宜按最早时间绘制。在绘制前，先按已确定的时间单位绘出时标表。把时标标注在时标表的顶部或底部，注明时标的长度单位。有时在顶部或底部加注日历的对应时间。时标表中的刻度线宜为细实线，以便图面清晰。此线不画或少画也是允许的。

1）间接绘制法

间接绘制法是先计算网络计划的时间参数，再绘制时标网络计划的方法。用这种方法时，应先对时标网络计划进行计算，算出其最早时间即可。然后按每项工作的最早开始时间将其箭尾节点定位在时标表上，再用规定线型绘出工作及其自由时差，便可形成时标网络计划。

2）直接绘制法

直接绘制法是不经计算，直接按草图编制时标网络计划。绘制的要点如下：

第一，将起点节点定位在时标表的起始刻度线上（即第一天开始点）。

第二，按工作持续时间在时标表上绘制起点节点的外向箭线，如图 2-3-28 中的 1-2 箭线。

第三，工作的箭头节点必须在其所有内向箭线绘出以后，定位在这些箭线中最晚完成的实箭线箭头处。如图 2-3-28 中的 3-5 和 4-5 的完成节点 5 定位在 4-5 的最早完成时间；工作 4-8 和 6-8 的完成节点 8 定位在 4-8 的最早完成时间等。

第四，某些内向箭线长度不足以到达该节点时，用波形线补足，这就是自由时差。图 2-3-28 中节点 5、7、8、9 之前都用波形线补足。

第五，用上述方法自左至右依次确定其他节点的位置，直至终点节点定位绘完。

需要注意的是，使用这一方法的关键是要把虚箭线处理好。首先要把它等同于实箭线看待，而其持续时间是零；其次，虽然它本身没有时间，但可能存在时差，故要按规定画好波形线。在画波形线时，箭头在波形线之末端。

3. 时标网络计划关键线路和时间参数的判定

（1）时标网络计划关键线路的判定

时标网络计划的关键线路，应自终点节点逆箭头方向朝起点节点观察，凡自终至始不出现波形线的通路，就是关键线路。

判别是否是关键线路，关键看这条线路上的各项工作是否有总时差。这里是用有没有自由时差判断有没有总时差的。因为有自由时差的线路即有总时差，而自由时差则集中在线路段的末端，既然末端不出现自由时差，那么这条线路段上各工作便不存在总时差，这条线路就必须是关键线路。图 2-3-28 的关键线路是"1-2-4-5-6-7-9-10"。

（2）时标网络计划自由时差的判定

　　时标网络计划中的工作自由时差值等于其波形线在坐标轴上的水平投影长度。

　　理由是：每条波形线的末端，就是这条波形线所在工作的紧后工作的最早开始时间，波形线的起点，就是它所在工作的最早完成时间，波形线的水平投影就是这两个时间之差，也就是自由时差值。

　　（3）时标网络计划中工作总时差的判定

　　时标网络计划中，工作总时差不能直接观察，但利用可观察到的工作自由时差进行判定亦是比较简便的。

　　应自右向左，在其各紧后工作的总时差被判定后，本工作的总时差才能判定。工作总时差之值，等于各紧后工作总时差的最小值与本工作的自由时差值之和。

　　例如，图 2-3-28 中，关键工作 9-10 的总时差为 0，8-9 的自由时差是 2，故 8-9 的总时差就是 2，工作 4-8 的总时差就是其紧后工作 8-9 的总时差与本工作的自由时差 2 之和，即总时差为 4。计算工作 2-3 的总时差，要在 3-7 与 3-5 的工作总时差 2 与 1 中挑选一个小的 1，本工作的自由时差为 0，所以它的总时差就是 1。判定后的总时差可以写在箭线的上部，见图 2-3-28。

　　（4）时标网络计划中最迟时间的计算

　　有了工作总时差与最早时间，工作的最迟时间便可计算出来，例如图 2-3-28 中，工作 2-3 最迟开始时间上 $LS_{2-3} = TF_{2-3} + ES_{2-3} = 1 + 2 = 3$，其最迟完成时间 $LF_{2-3} = TF_{2-3} + EF_{2-3} = 1 + 4 = 5$；余下工作的最迟时间的计算类似。

§3.3 单代号网络计划

3.3.1 单代号网络图的绘制

　　在双代号网络图中，为了正确地表达网络计划中各项工作（活动）间的逻辑关系，而引入了虚工作这一概念，通过绘制和计算可以看到增加了虚工作也是很麻烦的事，不仅增大了工作量，也使图形增大，使得计算更费时间。因此，人们在使用双代号网络图来表示计划的同时，也设想了第二种计划网络图——单代号网络图，从而解决了双代号网络图的上述缺点。

　　1. 绘图符号

　　单代号网络计划的表达形式很多、符号也是各种各样，但总的说来，就是用一个点圆圈或方框代表一项工作（或活动、工序），至于圆圈或方框内的内容（项目）可以根据实际需要来填写和列出。一般将工作的名称、编号填写在圆圈或方框的上半部分；完成工作所需的时间写在圆圈或方框的下半部分（也有写在箭线下面），如图 2-3-29 所示，而连接两个节点圆圈或方框间的箭线用来表示

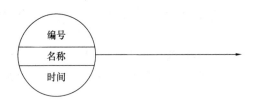

图 2-3-29　单代号表示法

两项工作（活动）间的紧前和紧后关系。即工作之间的关系用实箭线表示，它既不消耗时间，也不消耗资源，只表示各项工作间的网络逻辑关系。相对于箭尾和箭头来说，箭尾节点称为紧前工作，箭头节点称为紧后工作。例如：a 工作是 b 工作的紧前工作，或者说 b 工作是 a 工作的紧后工作。用双代号和单代号分别表示的方法见表 2-3-1。

由网络图的起点节点出发，顺着箭线方向到达终点，中间经由一系列节点和箭线所组成的通道，称为线路。同双代号网络图一样，线路也分为关键线路和非关键线路，其性质和线路时间的计算方法均与双代号网络图相同。

2. 绘图规则

同双代号网络图的绘制一样，绘制单代号网络图也必须遵循一定的逻辑规则。当违背了这些规则时，就可能出现逻辑关系混乱、无法判别各工作之间的紧前和紧后关系；无法进行网络图的时间参数计算。这些基本规则主要是：

（1）在网络图的开始和结束增加虚拟的起点节点和终点节点。这是为了保证单代号网络计划有一个起点和一个终点，这也是单代号网络图所特有的，如图 2-3-30 所示，其他再无任何虚工作。

（2）网络图中不允许出现循环回路；

（3）网络图中不允许出现有重复编号的工作，一个编号只能代表一项工作；

（4）在网络图中除起点节点和终点节点外，不允许出现其他没有内向箭线的工作节点和没有外向箭线的工作节点；

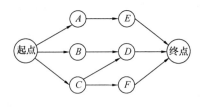

图 2-3-30　单代号网络图示意图

（5）为了计算方便，网络图的编号应是后面节点编号大于前面节点编号。

以上都是以单目标单代号网络图的情况来说明其基本规则，而单代号网络图工作逻辑关系的表示方法见表 2-3-1。

3. 单代号网络图的绘制

单代号网络图的绘制步骤与双代号网络图的绘制步骤基本相同，主要包括两部分：

（1）列出工作一览表及各工作的直接前导、后续工作名称，根据工程计划中各工作在工艺上，组织上的逻辑关系来确定其直接前导、后续工作名称；

（2）根据上述关系绘制网络图。这里包括：首先绘制草图，然后对一些不必要的交叉进行整理，绘出简化网络图。

下面举例对上述步骤加以说明。

1) 各工作名称及其紧前、紧后工作关系，见表 2-3-6。

工作关系表   表 2-3-6

工作名称	紧前工作	紧后工作
A	—	B、E、C
B	A	D、E
C	A	G
D	B	F、D
E	A、B	F
F	D、E	G
G	D、F、C	—

2) 首先设一个起点节点，然后根据所列紧前、紧后关系，从左向右进行绘制，最后设一个终点节点，对其进行整理并编号。其编号原则同双代号网络图。整理后的单代号网络图，见图 2-3-31。

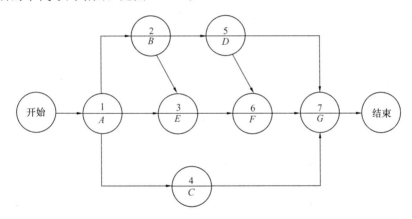

图 2-3-31 单代号网络图

3.3.2 单代号网络图时间参数的计算

因为单代号的节点代表工作，所以它的时间参数计算的内容、方法和顺序等与双代号网络图的工作时间参数计算相同。

单代号网络图工作时间参数关系示意，如图 2-3-32 所示。

单代号网络图时间参数，主要有以下几个：

D_i ——i 工作的持续时间；

L_p ——关键线路总持续时间（计划工期）；

ES_i ——i 工作最早开始时间；

EF_i ——i 工作最早完成时间；

LS_i ——i 工作最迟开始时间；

LF_i ——i 工作最迟完成时间；

TF_i ——i 工作的总时差；

FF_i ——i 工作的自由时差；

$LAG_{i,j}$ ——i、j 工作间的时间间隔。

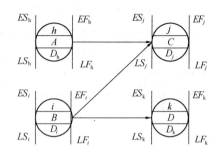

图 2-3-32　工作时间参数示意图

单代号网络图时间参数的计算方法主要有：分析计算法；图上计算法；表上计算法；矩阵计算法；电算法。

尽管方法很多，但都是以分析计算法作为基础而采用不同的计算及表现形式。我们主要介绍分析计算法、图上计算法和表上计算法。

1. 分析计算法

分析计算法就是通过对各工作间逻辑关系的分析进行计算，其最早时间的计算顺序从起点节点开始，沿着箭头方向依次逐项进行。

（1）计算工作最早时间

1）网络计划起点节点所代表的工作，其最早开始时间没有规定时设其为零：

$$ES_1 = 0$$

2）工作最早完成时间。

一项工作（节点）的最早完成时间就等于其最早开始时间加本工作持续时间的和。

$$EF_j = ES_j + D_j \qquad (2\text{-}3\text{-}36)$$

式中　ES_j ——工作 j 的最早开始时间；

　　　EF_j ——工作 j 的最早完成时间。

3）工作最早开始时间。

工作（节点）的最早开始时间等于它的各紧前工作的最早完成时间的最大值；如果本工作只有一个紧前工作，那么其最早开始时间就是这个紧前工作的最早完成时间。

j 工作前有多个紧前工作时：

$$ES_j = \max\{EF_i\} \ (i < j) \qquad (2\text{-}3\text{-}37)$$

j 工作前只有一个紧前工作时：

$$ES_j = EF_i \qquad (2\text{-}3\text{-}38)$$

式中　ES_j ——工作 j 的最早开始时间；

　　　EF_j ——工作 j 的紧前工作 i 的最早完成时间。

4）当计算到网络图终点时，由于其本身不占用时间，即其持续时间为零，所以：

$$EF_n = ES_n = \max | EF_i | \ (i < j) \qquad (2\text{-}3\text{-}39)$$

（2）计算工作最迟时间

1）最迟完成时间 LF_i：

一项工作的最迟完成时间是指在保证不影响总工期的条件下，本工作最迟必须完成的时间。

$$LF_n = T_p \qquad\qquad (2\text{-}3\text{-}40)$$

式中　T_p——计划工期。

当 $T_p = EF_n$ 时

$$LF_n = ES_n \qquad\qquad (2\text{-}3\text{-}41)$$

任一工作最迟完成时间不应影响其紧后工作的最迟开始时间，所以，工作的最迟完成时间等于其紧后工作必须开始时间的最小值，如果只有一个紧后工作，其最迟完成时间就等于此紧后工作的最迟时间：

i 有多项紧后工作时：

$$LF_i = \min[LS_j]\,(i < j) \qquad\qquad (2\text{-}3\text{-}42)$$

i 只有一个紧后工作时：

$$LF_i = LS_j(i < j) \qquad\qquad (2\text{-}3\text{-}43)$$

从上面可以看出，最迟时间的计算是从终点节点开始逆箭头方向计算的。

2）最迟开始时间 LS_i：

工作的最迟开始时间等于其最迟完成时间减去本工作的持续时间：

$$LS_i = LF_j - D_i \qquad\qquad (2\text{-}3\text{-}44)$$

（3）时差计算

工作时差的概念与双代号网络图完全一致，但由于单代号工作在节点上，所以，其表示符号有所不同，其计算公式为：

1）总时差：

$$TF_i = LS_i - ES_i \qquad\qquad (2\text{-}3\text{-}45)$$

2）自由时差：

即不影响紧后工作按最早可能时间开工的本工作的机动时间。

$$FF_i = \min[ES_j - EF_i]\,(i < j) \qquad\qquad (2\text{-}3\text{-}46)$$

（4）计算相邻工作之间的时间间隔 $LAG_{i,j}$

$$LAG_{i,j} = ES_j - EF_i \qquad\qquad (2\text{-}3\text{-}47)$$

（5）确定关键线路

1）关键工作的确定：总时差最小的工作是关键工作。

2）关键线路的确定：从起点节点到终点节点均为关键工作，且所有工作的时间间隔均为零的线路为关键线路。该线路在网络图上应用粗线、双线或彩色线标注。

$$L_p = ES_n = EF_n$$

【例 2-3-3】计算图 2-3-33 的各时间参数，并找出关键线路。

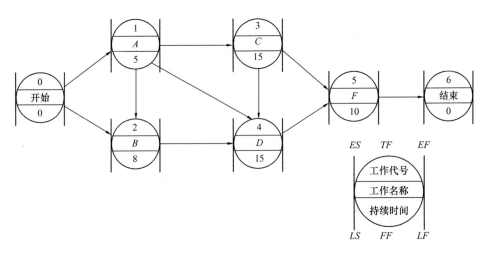

图 2-3-33　某单代号网络图

【解】第一步，计算最早时间。

起点节点：$D_s = 0$

$$ES_s = 0$$
$$EF_s = ES_s + D_s = 0$$

以下根据公式：

$$ES_j = \max(EF_i)$$
$$EF_j = ES_j + D_j$$

A 节点：

$ES_1 = ES_s = 0$（A 节点前只有起点节点）

$$EF_1 = ES_1 + D_1 = 0 + 5 = 5$$

B 节点：

$$ES_2 = \max(EF_s, EF_1) = \max(0, 5) = 5$$
$$EF_2 = ES_2 + D_2 = 5 + 8 = 13$$

C 节点：

$$ES_3 = EF_1 = 5$$
$$EF_3 = ES_3 + D_3 = 5 + 15 = 20$$

D 节点，有三个紧前工作：

$$ES_4 = \max(EF_1, EF_2, EF_3) = \max(5, 13, 20) = 20$$
$$EF_4 = ES_4 + D_4 = 20 + 15 = 35$$

F 节点：

$$ES_5 = \max(EF_3, EF_4) = \max(20, 35) = 35$$
$$EF_5 = ES_5 + D_5 = 35 + 10 = 45$$

终点节点：

$$ES_6 = EF_5 = 45$$
$$EF_6 = ES_6 + D_6 = 45 + 0 = 45$$

第二步，计算工作最迟时间。

首先令 $T = ES_6 = 45$（为计划工期）

所以：$LS_6 = ES_6 = 45$

以下根据公式：

$$LF_i = \min(LS_j)$$
$$LS_i = LS_i - D_i$$

F 节点：

$$LF_5 = LS_6 = 45$$
$$LS_5 = LF_5 - D_5 = 45 - 10 = 35$$

D 节点：

$$LF_4 = LS_5 = 35$$
$$LS_4 = LF_4 - D_4 = 35 - 15 = 20$$

C 节点：

$$LF_3 = \min(LS_4, LS_5) = \min(20, 35) = 20$$
$$LS_3 = LF_3 - D_3 = 20 - 15 = 5$$

B 节点：

$$LF_2 = LS_4 = 20$$
$$LS_2 = LF_2 - D_2 = 20 - 8 = 12$$

A 节点：

$$LF_1 = \min(LS_3, LS_4, LS_2) = \min(5, 20, 12) = 5$$
$$LS_1 = LF_1 - D_1 = 5 - 5 = 0$$

第三步，计算时差。

根据公式：

$$TF_i = LS_i - ES_i = LF_i - EF_i$$
$$FF_i = \min(ES_j - EF_i)$$

或

$$FF_i = \min(ES_j - ES_i - D_i)$$
$$TF_1 = LS_1 - ES_1 = 0 - 0 = 0$$
$$= LF_1 - EF_1 = 5 - 5 = 0$$

以后各节点依此公式计算其总时差：

$$TF_2 = LS_2 - ES_2 = 12 - 5 = 7$$
$$TF_3 = LS_3 - ES_3 = 5 - 5 = 0$$
$$TF_4 = LS_4 - ES_4 = 20 - 20 = 0$$
$$TF_5 = LS_5 - ES_5 = 35 - 35 = 0$$

各节点的自由时差计算如下：

$$FF_1 = \min(ES_2 - EF_1, ES_3 - EF_1, ES_4 - EF_1) = \min(5-5, 5-5, 20-5) = 0$$

$$FF_2 = ES_4 - EF_2 = 20 - 13 = 7$$

$$FF_3 = \min(ES_4 - EF_3, ES_5 - EF_3) = \min(20-20, 35-20) = 0$$

$$FF_4 = ES_5 - EF_4 = 35 - 35 = 0$$

在本题中，起点节点、终点节点的最早开始和最迟开始是相同的，所以，其总时差为零。同双代号网络图一样，单代号网络图中总时差为零，其自由时差必然为零。

第四步，确定关键线路

根据前面所提到的，总时差为零的工作构成了网络图的关键线路。则本题关键线路计划工期 $T = L_p = 45$ 天

将求出的各时间参数填入图中，见图 2-3-34。

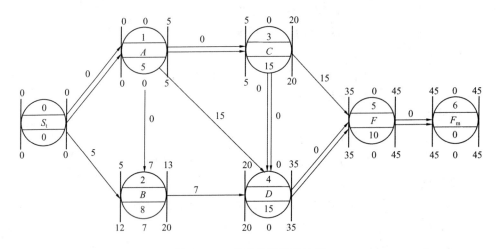

图 2-3-34　某单代号网络计划

2. 图上计算法

图上计算法就是根据分析计算法的时间参数计算公式，在图上直接计算的一种方法。此种方法必须在对分析计算理解和熟练的基础上进行，边计算边将所得时间参数填入图中预留的位置上。由于比较直观、简便，所以手算一般都采用此种方法。

下面通过图 2-3-34 例子对图上计算法进行说明。

第一步，计算最早可能时间。

根据前面分析计算法公式，起点节点的最早开始时间为零，持续时间为零，则其最早结束时间为零，即：

$$ES_0 = 0, D_0 = 0$$

$$EF_0 = ES_0 + D_0 = 0 + 0 = 0$$

将上面结果标注在开始节点的右上方、左上方（见图例）。

A 节点前有一项开始节点，则其最早开始、最早完成时间分别为：

$$ES_1 = EF_0 = 0$$

$$EF_1 = ES_1 + D_1 = 0 + 5 = 5$$

将 0、5 填写在 A 节点的 ES、EF 位置上。

B 节点前有起点节点和 A 节点。

$$ES_2 = \max(EF_0, EF_1) = \max(0, 5) = 5$$

$$EF_2 = ES_2 + D_2 = 5 + 8 = 13$$

将其结果填写在 B 节点相应位置上。依照上述计算过程可计算各节点的 ES、EF 值。

$$ES_3 = EF_1 = 5$$

$$EF_3 = ES_3 + D_3 = 5 + 15 = 20$$

$$ES_4 = \max(5, 13, 20) = 20$$

$$EF_4 = 20 + 15 = 35$$

$$ES_5 = \max(20, 35) = 35$$

$$EF_5 = 35 + 10 = 45$$

$$ES_6 = 45$$

$$EF_6 = 45$$

将其结果标注在相应节点下左、右相应位置，见图 2-3-34。

第二步，时差计算。

根据前述公式分别计算总时差、自由时差填写在相应结点下方：

$$TF_i = LS_i - ES_i$$

$$FF_i = \min(ES_j - EF_i)$$

其结果见图 2-3-34。

第三步，计算时间间隔

图上计算法计算时间间隔可用箭头节点左上角的数减去箭尾节点右上角的数，结果标注在箭线上方或右侧，见图 2-3-34。

第四步，确定网络图的关键线路。

在图中找出总时差为零的节点，从起点节点到终点节点连成的线路称为关键线路（见图 2-3-34 中双线者）。

在上面的计算中，为了使读者更好地理解计算的过程而增加了一些计算的步骤及计算结果的文字说明，而在实际计算过程中，为了加快计算速度在熟练的基础上可不必写出具体过程，只在图上计算即可。

3. 表上计算法

表上计算法就是利用分析计算法的基本原理和计算公式，以表格的形式进行计算的一种方法。其计算步骤与分析计算法，图上计算法大致相同，下面仍以前面例题为例说明其计算过程。

首先，列出表格将已知的工作名称、本工作的紧前、紧后工作名称、工作的持续时间 D 填入表中，见表 2-3-7。

基本信息表　　　　　　　　　　　　表 2-3-7

紧前工作	本工作	紧后工作	持续时间 D	最早开始 ES	最早完成 EF	最迟开始 LS	最迟结束 LF	总时差 TF	自由时差 FF	关键工作 CP
(1)	(2)	(3)	(4)	(5)	(6)	(7)	(8)	(9)	(10)	(11)
—	起点	A、B	0	0	0	0	0	0	0	✓
起点	A	B、C	5	0	5	0	5	0	0	✓
起点、A	B	D	8	5	13	12	20	7	7	
A	C	D、F	15	5	20	5	20	0	0	✓
B、C	D	F	15	20	35	20	35	0	0	✓
C、D	F	终点	10	35	45	35	45	0	0	✓
F	终点	—	0	45	45	45	45	0	0	✓

填表时，先将工作的名称按其编号的大小在第（2）栏中从上至下进行填写，然后，根据网络图中箭杆的指向找出各个工作的紧前、紧后工作分别填入第（1）、（3）栏的相应行中；各项工作的持续时间填写在第（4）栏中。

最早时间的计算：最早可能开始时间的计算从起点开始计算。由前述已知，起点节点的最早可能开始时间定为零，填写在第（5）栏相应行中，最早可能完成时间即第（6）栏等于第（5）栏加上第（4）栏，同行相加（$EF_i = ES_i + D_i$）；A 节点，只有一项紧前工作即起点节点，则根据分析公式，其最早可能开始时间为零，填写在第（5）栏，相应第（6）栏 EF 值为 5，即（6）＝（5）＋（4）；B 节点，从表中可以看出有两项紧前工作：起点节点和 A 节点，这样，我们找出相应于起点节点和 A 节点的第（6）栏即 EF_0、EF_1 的值，取其大者（$\max[EF_0, EF_1]$）作为 B 节点的最早可能开始时间填写在 B 节点相应行的第（5）栏，相应第（6）栏即等于第（5）栏加上第（4）栏：（6）＝（5）＋（4）；依此即可找出相应其余节点的第（5）栏、第（6）栏数值填入，见表 2-3-7。

最迟时间的计算：其计算过程也是由后向前进行。

首先确定终点节点的最迟必须完成时间，在此令 $LF_n = EF_n$（当然，这是在计划工期等于规定工期的情况下，如果计划工期与规定工期不同时，要令 LF_n = 规定工期）。将终点节点的最迟必须完成时间填入相应行的第（8）栏中，相应行的第（7）栏就等于第（8）栏数值减去第（4）栏数值（即 $LS_i = LS_n - D_i$）。

F 节点：从表中看出其（后继）紧后工作只有终点节点，则其最迟必须完成时间（$LF_5 = EF_6$），ES_6 值从起点节点相应行第 7 栏中得到，$LS_5 = 35$；D 节点：从表中看出也只有一个直接紧后工作 F，则 D 节点的第（8）栏 LF_4 的值就等于 F 节点第（7）栏 LS_5 的值，相应 D 节点的第（8）栏 LF_4 的值就等于 F 节点第（7）栏 LS_5 的值，相应 D 节点（7）＝（8）－（4）＝35－15＝20，填入（7）栏中（D 行）；C 节点：从表中已知有两项直接紧后工作 D、F，则取相应于 D、F 两行中的第（7）栏数值的小者，即 $LF_3 = \min(LS_4, LS_5)$，作为 C 节点 LF_3 值填入 C 节点相应和的第（8）栏内，即：$LF_3 = \min(LS_4, LS_5)$，作为 C 节点的 LF_3 值填入 C 节点相应行的第（8）栏内，即 $LF_3 = \min(20, 35) = 20$，相应行的第（7）栏数值（7）＝（8）－（4）＝20－15＝5。依次可计算出其余节点的 LS、LF 值，见表 2-3-7。

时差计算：总时差即为相应于各行的第（7）栏减第（5）栏，或第（8）栏减（6）栏，即：（9）＝（7）－（5）＝（8）－（6）

计算结果见表 2-3-7。

自由时差的计算：自由时差等于本工作的直接紧后工作的最早可能开始时间（5）栏减去工作最早可能完成时间［第（6）栏］的最小值。例如：A 工作，其直接紧后工作有 B、C 相应于 B、C 工作的第（5）栏（即 ES 值）分别为 5、5，本工作第（6）栏 $EF_1 = 5$，所以，第（10）栏即 $FF_1 = \min(ES_2 - EF_1, ES_3 - EF_1) = \min(0, 0) = 0$；则 B 工作第（10）栏 $FF_2 = ES_4 - EF_2 = 20 - 13 = 7$ 填入（10）栏中，其余类推，见表 2-3-7。

关键线路的确定：前面计算出了第（9）栏 TF，将 $TF = 0$ 的工作在相应行上打上√号，即为关键工作。由关键工作组成的从起点到终点连接起来的贯通线路即为关键线路，见表 2-3-7 的第（11）栏。

上述计算在具体作题时只在表上进行即可，计算过程不必写出。

时间间隔 LAG_{ij} 的确定

时间间隔 LAG_{ij} 是人们根据单代号网络图的特点，为了便于计算工作时差而引进的一个参数。它表示前面一工作 i 的最早可能时间至其紧后工作 j 的最早可能时间的时间间隔，即：

$$LAG_{ij} = ES_j - EF_i \qquad (2\text{-}3\text{-}48)$$

前面论述了自由时差的计算，i 工作的自由时差即等于其工作 j 的最早可能开始时间减本工作 i 的最早可能完成时间的最小值，亦即是 LAG_{ij} 中的最小值（如果 i 工作后面有多个工作时），如果 i 工作后面只有一个工作 j 时，则 i 工作的自由时差即等于 LAG_{ij}，即：

$$FF_i = LAG_{ij}$$

i 工作有多个紧后工作时：

$$FF_i = \min(LAG_{ij})$$

§3.4   单代号搭接网络计划

3.4.1   基　本　概　念

在前面所述的双代号、单代号网络图中，工序之间的关系都是前面工作完成后，后面工作才能开始，这也是一般网络计划的正常连接关系。当然，这种正常的连接关系有组织上的逻辑关系，也有工艺上的逻辑关系。例如：有一项工程，由两项工作组成，即工作 A、工作 B。由生产工艺决定工作 A 完成后才进行工作 B。但作为生产指挥者，为了加快工程进度、尽快完工，在工作面允许的情况下，分为两个施工段施工，即 A_1、A_2、B_1、B_2，分别组织两个专业队进行流水施工，其单代号网络图及横道图表示如图 2-3-35 所示。

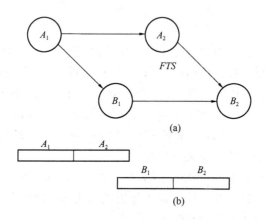

图 2-3-35   单代号及横道图表示法

上面所述只是两个施工段、两项工作。如果工作（工序）增加施工段也增加的情况下，绘制出的网络图的节点、箭线会更多，计算也较为麻烦。如果用单代号搭接网络表示上述情况，并且设 A 工作开始 4 天后，B 工作才能开始，就可以图 2-3-36 的形式表示。

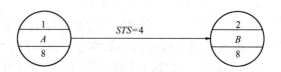

图 2-3-36 STS 时间参数表示法

　　上面的搭接是 A 工作开始时间限制 B 工作开始时间，即为开始到开始（英文缩写 STS）。除上面的开始到开始外，还有几种搭接关系，即开始到结束，结束到开始，结束到结束等。至此，我们可以看出，单代号搭接关系可使图形大大简化。但通过后面计算可知，其计算过程较为复杂。

3.4.2　搭　接　关　系

　　单代号网络图的搭接关系除了上述四种基本的搭接关系外，还有一种混合搭接关系。下面分别介绍：

1. 结束到开始

表示前面工作的结束到后面工作开始之间的时间间隔。一般用符号"FTS"（英文 Finish to Start 缩写）表示。用横道图和单代号网络图表示见图 2-3-37。

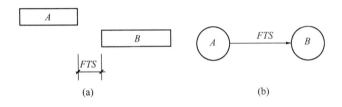

图 2-3-37　FTS 时间参数示意图

　　图 2-3-38 中，A 工作完成后，要有一个时间间隔 B 工作才能开始，例如，房屋装修工程中先油漆，后安玻璃，就必须在油漆完成后有一个干燥时间才能安玻璃。这个关系就是 FTS 关系。如果需干燥 2d，即 $FTS=2$，则其单代号网络表示见图 2-3-38。

图 2-3-38　FTS 时间参数表示法

　　当 $FTS_{i,j}=0$ 时，即紧前工作的完成到本工作开始之间的时间间隔为零。这就是前面讲述的单代号、双代号网络的正常连接关系，所以，我们可以将正常的逻辑连接关系看成是搭接网络的一个特殊情况。

　　从图示可直接看出从结束到开始的搭接关系计算公式为：

$$ES_j = EF_i + FTS_{i,j} \tag{2-3-49}$$

$$EF_i = ES_j - FTS_{i,j}$$

或

$$LF_i = LS_j - FTS_{i,j} \tag{2-3-50}$$

$$LS_j = LF_i + FTS_{i,j}$$

2. 开始到开始

表示前面工作的开始到后面工作开始之间的时间间隔，一般用符号"STS"（英文 Start to Start 缩写）表示，用横道图和单代号网络图表示见图 2-3-39。

图 2-3-39 表示工作开始一段时间后 B 工作才能开始。例如：挖管沟与铺设管道分段组织流水施工，每段挖管沟需要 2d 时间，那么铺设管道的班组在挖管沟开始的 2d 后就可开始铺设管道，如图 2-3-40 所示。

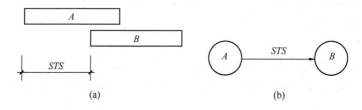

(a)   (b)

图 2-3-39 STS 时间参数示意图

图 2-3-40 STS 时间参数表示法

开始到开始搭接关系的时间计算公式：

$$ES_j = ES_i + STS_{i,j} \tag{2-3-51}$$
$$ES_i = ES_i - STS_{i,j}$$
或
$$LS_i = LS_j - STS_{i,j} \tag{2-3-52}$$
$$LS_j = LS_i + STS_{i,j}$$

3. 开始到结束

表示前面工作的开始时间到后面工作的完成时间的时间间隔，用 STF（英文 Start to Finish）表示。横道图和单代号网络图表示见图 2-3-41。

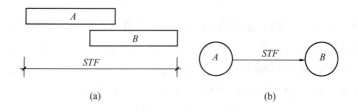

(a)   (b)

图 2-3-41 STF 时间参数示意图

图中 A 工作开始一段时间间隔后，B 工作必须完成。例如：挖掘带有部分地下水的基础，地下水位以上的部分基础可以在降低地下水位开始之前就进行开挖，而在地下水位以下的部分基础则必须在降低地下水位以后才能开始。这就是说，降低地下水位的完成与何时挖地下水位以下的部分基础有关，而降低地下水位何时开始则与挖土的开始无直接关系。在此设挖地下水位以上的基础土方需要10 天，则挖土方开始与降低水位的完成之间的关系见图 2-3-42。

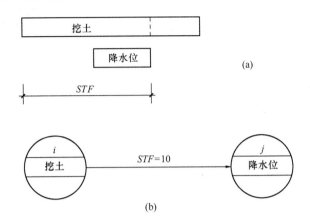

图 2-3-42　STF 时间参数表示法

开始到结束搭接关系时间计算公式：

$$EF_j = ES_i + STF_{i,j} \qquad (2\text{-}3\text{-}53)$$

$$ES_i = EF_j - STF_{i,j}$$

或

$$LS_i = LF_j - STF_{i,j} \qquad (2\text{-}3\text{-}54)$$

或

$$LF_j = LS_i + STF_{i,j}$$

4. 结束到结束

前面工作的结束时间到后面工作结束时间之间的时间间隔，用 FTF（英文 Finish to Finish）表示。横道图和单代号网络图表示见图 2-3-43。

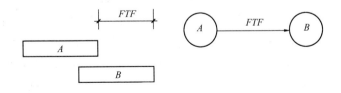

图 2-3-43　FTF 时间参数示意图

例如：某工程的主体工程砌筑，分两个施工段组织流水施工，每段每层砌筑为 4d。则 I 段砌筑完后转移到第 II 段上施工，I 段进行板的吊装。由于板的安装时间较短，在此不一定要求砌墙后立即吊装板，但必须在砌砖完的第四天完成板的吊装，以致不影响砌砖专业队进入进行上一层的砌筑。这就形成了 FTF 关系，具体见图 2-3-44。

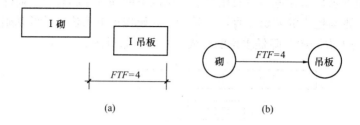

图 2-3-44　FTF 时间参数表示法

FTF 的时间关系式：

$$EF_j = EF_i + FTF_{i,j} \tag{2-3-55}$$

或

$$EF_i = EF_j - FTF_{i,j}$$

$$LF_i = LF_j - FTF_{i,j} \tag{2-3-56}$$

或

$$LF_j = LF_i + FTF_{i,j}$$

5. 混合的连接关系

表示前面工作和后面工作的时间间隔除了受到开始到开始的限制外，还要受到结束到结束的时间间隔限制，其关系如图 2-3-45 示。

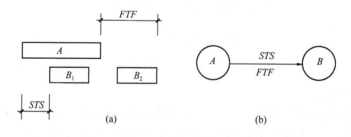

图 2-3-45　混合时间参数示意图

在图 2-3-45 中，A 工作的开始时间与 B 工作的开始时间有一个时间间隔，A 工作的结束时间与 B 工作的结束时间还有一个时间间隔限制。例如：前面所提到的管道工程，挖管沟和铺设管道两个工序分段施工，两工序开始到开始的时间间隔为 4d，即铺设管道至少需 4d 后才能开始。如按 4d 后开始铺管道进行施工，且连续进行，则由于铺管道持续时间短，挖管沟的第 2 段还没有完成，则铺管道专业队已进放，这就出现了矛盾，所以为了排除这种矛盾，使施工顺利进行，除了有一个开始到开始的限制时间外，还要考虑一个结束到结束的限制时间，即设 $FTF=2$ 才能保证流水施工的顺利进行，见图 2-3-46。

混合连接关系的时间参数计算公式：

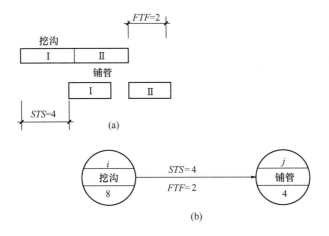

图 2-3-46 混合时间参数表示法

最早时间计算：

$$\left.\begin{aligned} ES_j &= ES_i + STS_{i,j} \\ EF_j &= ES_j + D_j \end{aligned}\right\} \tag{2-3-57}$$

$$\left.\begin{aligned} EF_j &= EF_i + FTF_{i,j} \\ ES_j &= EF_j - D_j \end{aligned}\right\} \tag{2-3-58}$$

结果取上面两组中的大者。

最迟时间计算：

$$\left.\begin{aligned} LS_i &= LS_j - STS_{i,j} \\ LF_i &= LS_i + D_i \end{aligned}\right\} \tag{2-3-59}$$

$$\left.\begin{aligned} LF_i &= LF_j - FTF_{i,j} \\ LS_i &= LF_i - D_i \end{aligned}\right\} \tag{2-3-60}$$

结果取上面两组中的小者。

3.4.3 单代号搭接网络的计算方法

搭接网络具有几种不同形式的搭接关系，所以其计算也较前述的单、双代号网络图的计算复杂一些。一般的计算方法是：依据计算公式，在图上进行计算或采用电算法。在此主要介绍前一种方法。图 2-3-47 是一个用单代号搭接网络表示的某工程计划。

通过此计划的计算说明单代号搭接网络的计算步骤。

1. 计算最早开始、最早完成时间

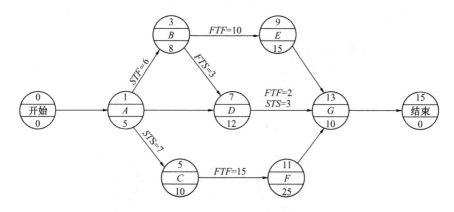

图 2-3-47　单代号搭接网络图

工作的最早开始和最早完成时间在上节中介绍知道，根据不同的搭接关系，其计算公式也不同，现汇总如下：

$$ES_s = 0$$

$$EF_s = ES_s + D_s$$

$$ES_j = \max \begin{cases} EF_i + FTS_{i,j} \\ ES_i + STS_{i,j} \\ EF_i + FTF_{i,j} - D_j \\ ES_i + STF_{i,j} - D_j \end{cases}$$

$$ES_j = ES_i + D_j$$

单代号搭接网络的最早时间计算顺序也同其他网络一样，从起点节点顺箭头方向进行计算。

【例 2-3-4】计算图 2-3-47 单代号搭接网络图的时间参数，确定关键线路。

【解】

首先计算起点节点，由于是假设的，所以其持续时间 $D_s = 0$，$ES_s = 0$，$EF_s = ES_s + D_s = 0$，将其结果标在起点节点上方的 ES、EF 位置上。A 节点：紧前工作为开始，且为一般搭接。

则：
$$ES_1 = ES_s = 0$$
$$EF_1 = ES_1 + D_1 = 0 + 5 = 5$$

将 $ES_1 = 0$，$EF_1 = 5$ 标在 A 节点上方相应位置上。B 节点：其紧前工作为 A，搭接关系为 STF，根据上述 STF 搭接关系的公式：

$$ES_3 = ES_1 + STF_{1,3} - D_3 = 0 + 6 - 8 = -2$$

$$EF_3 = -2 + 8 = 6$$

计算出的 $ES_s = -2 < 0$，即在起点节点的前 2d 开始，这个结果不符合网络图只有一个起始节点的规则，因此，节点 B 的最早可能开始时间只能大于或等

于零，在此设 $ES_3 = 0$，且在起点节点到 B 节点之间增加一条箭线，则：

$$EF_3 = ES_3 + D_3 = 0 + 8 = 8$$

结果和表示如图 2-3-48 所示。

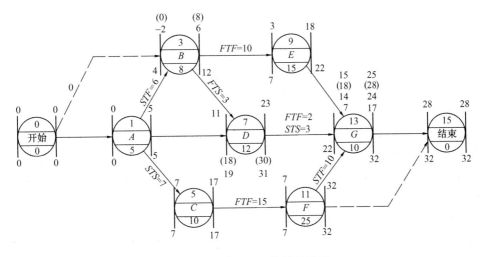

图 2-3-48　〔例 2-3-4〕计算结果

C 工作：紧前工作只有 A，搭接关系为 STS，根据 STS 搭接关系时的计算公式：

$$ES_S = ES_1 + STS_{1,5} = 0 + 7 = 7$$
$$EF_5 = ES_5 + D_5 = 7 + 10 = 17$$

D 工作：紧前工作 A、B，与 A 工作为一般搭接关系，与 B 工作为 FTS 搭接，其计算取两者计算值之大者：

$$ES_7 = \max \begin{cases} EF_1 = 5 \\ EF_3 + FTS_{3,7} = 8 + 3 = 11 \end{cases} = 11$$
$$EF_7 = 11 + 12 = 23$$

在图上计算时，可将两组数值都标上，在数值大的划上圆圈，以示取值，见图 2-3-48。

E 工作：紧前工作只有 B 工作，且搭接关系为 FTF，根据上面公式：

$$ES_9 = EF_3 + FTF_{3,9} - D_9 = 8 + 10 - 15 = 3$$
$$EF_9 = ES_9 + D_9 = 3 + 15 = 18$$

F 工作：紧前工作为 C，搭接关系也是 FTF。则：

$$ES_{11} = EF_5 + FTF_{5,11} - D_{11} = 17 + 15 - 25 = 7$$
$$EF_{11} = ES_{11} + D_{11} = 7 + 25 = 32$$

G 工作：有三项紧前工作，分别为 D、E、F，与 D 为混合搭接，与 F 为 STF 搭接，与 E 为一般搭接，由其最早时间取上面几种搭接关系计算出的数值的最大者：

$$ES_{13} = \max \begin{cases} ES_7 + STS_{7,13} = 11+4 \\ EF_7 + FTF_{7,13} - D_7 = 23+2-10 \\ EF_9 = 18 \\ ES_{11} + STF_{11,13} - D_{13} = 7+10 \end{cases} = 18$$

$$EF_{13} = ES_{13} + D_{13} = 18+10 = 28$$

终点节点：其紧前工作只有 G，且为正常搭接：

$$ES_E = EF_{13} = 28$$

$$EF_E = ES_E + D_E = 28+0 = 28$$

如果是前面讲过的一般网络图，其计算到此即可确定出其整个工程的计划工期为 28 天。但对于搭接网络图，由于其存在着比较复杂的搭接关系，特别是存在着 STS、STF 搭接关系的点之间，就使得其最后的终点节点的最早完成时间有可能小于前面有些节点的最早完成时间。所以，在确定计划工期之前要对各节点的最早完成时间进行检查，看其是否大于终点节点的最早完成时间为计划工期；如有些节点的最早完成时间大于终点节点的最早完成时间，则所有大于终点节点最早完成时间的节点最早完成时间的最大值作为整个网络计划的计划工期，并在此节点到终点节点之间增加一条虚线。在本题中，通过检查可以看出：F 工作（节点）最早可能完成时间为 32d，大于终点节点的最早完成时间 28d，所以：

$$ES_结 = 32$$

$$EF_结 = ES_E + D_E = 32+0 = 32$$

然后在终点节点与 F 节点之间增加一条虚线见图 2-3-49。计划工期为 32d。

2. 工作最迟时间的计算

最迟必须开始、最迟必须完成时间的计算，是从终点节点开始，逆箭头方向进行的。根据不同的搭接关系，其计算公式也不同，根据上节，其公式汇总为：

$$LF_i = \min \begin{cases} LS_j - FTS_{i,j} \\ LS_j + D_i - STS_{i,j} \\ LF_j - FTF_{i,j} \\ LF_j + D_i - STF_{i,j} \end{cases}$$

$$LS_i = LF_j - D_i$$

终点节点的计算：令其最迟必须完成时间等于规定工期，如一般计算取其计划工期，即由网络终点节点的最早可能完成时间确定。本题中，令终点节点必须完成时间等于其最早可能完成时间：

$$LF_结 = EF_结 = T = 32$$

$$LS_结 = LF_结 - D_结 = 32-0 = 32$$

终点节点前有 G 工作、F 工作：都为一般搭接关系，则其最迟时间参数为：

$$LF_{13} = LS_E = 32$$

$$LS_{13} = LF_{13} - D_{13} = 32 - 10 = 22$$

$$LF_{11} = LS_E = 32$$

$$LS_{11} = LF_{11} - D_{11} = 32 - 25 = 7$$

将上述数值分别标在网络图中相应节点的 LS、LF 的位置上。E 工作只有一个直接紧后工作 G，为一般搭接关系。则：

$$LF_9 = LS_{13} = 22$$

$$LS_9 = LF_9 - D_9 = 22 - 15 = 7$$

D 工作也只有一个直接紧后工作 G，为混合搭接关系，则：

$$LF_7 = \min \begin{cases} LS_{13} + D_7 - STS_{7,13} = 22 + 12 - 3 \\ LF_{13} - FTF_{7,13} = 32 - 2 \end{cases} = 30$$

$$LS_7 = LF_7 - D_7 = 30 - 12 = 18$$

C 工作只有一个直接紧后工作 F，搭接关系为 FTF，根据公式：

$$LE_5 = LF_{11} - FTF_{5,11} = 32 - 15 = 17$$

$$LS_5 = LF_5 - D_5 = 17 - 10 = 7$$

B 工作有两个直接紧后工作 E、D、搭接关系分别为 FTF、FTS 根据前述公式：

$$LF_3 = \min \begin{cases} LF_9 - FTF_{3,9} = 22 - 10 \\ LS_7 - FTS_{3,7} = 18 - 3 \end{cases} = 12$$

$$LS_3 = LF_3 - D_3 = 12 - 8 = 4$$

A 工作直接紧后工作为 B、C、D，其搭接关系分别为 STF、STS 和一般搭接。根据前述公式分别求出，取出最小值：

$$LF_1 = \min \begin{cases} LF_3 + D_1 - STF_{1,3} = 12 + 5 - 6 \\ LS_5 + D_1 - STS_{1,5} = 7 + 5 - 7 \\ LS_7 = 18 \end{cases} = 5$$

$$LS_1 = LF_1 - D_1 = 5 - 5 = 0$$

起点节点：有两个直接紧后工作，A、B 都为一般搭接关系：

$$LF_S = \min \begin{cases} LS_3 = 4 \\ LS_1 = 0 \end{cases} = 0$$

$$LS_S = LF_S - D_5 = 0 - 0 = 0$$

将以上得出的各工作的 LS、LF 值分别标在网络图中各节点相应的位置，如图 2-3-48 所示。

3. 前后两工作间时间间隔的计算

两工作时间间隔 $LAG_{i,j}$ 的定义在前面单代号网络图中已讲过。但在搭接网络中，由于两工作的搭接关系不同，其 $LAG_{i,j}$ 就不能简单地用相邻两工作中后面工作的开始时间与前面工作的完成时间之差来表示，必须考虑其各种不同的搭接关系的影响。在搭接网络图中，根据计算的最后结果，前后两工作关系的时间之差超过要求的搭接时间的那部分时间就是该两工作的时间间隔 $LAG_{i,j}$。根据不同的搭接关系，其计算公式汇总如下：

$$LAG_{i,j} = \begin{cases} ES_j - EF_i - FTS_{i,j} & (1) \\ ES_j - ES_i - STS_{i,j} & (2) \\ EF_j - EF_i - FTF_{i,j} & (3) \\ EF_j - ES_i - STF_{i,j} & (4) \end{cases} \qquad (2\text{-}3\text{-}61)$$

一般搭接关系，即上面（1）的特例，$FTS=0$

$$LAG_{i,j} = ES_j - EF_i$$

如出现混合搭接关系时，则取两个工作时间间隔的最小值。

$$LAG_{i,j} = \min \begin{cases} ES_j - ES_i - STS_{i,j} \\ EF_j - EF_i - FTF_{i,j} \end{cases}$$

上面例题中：

$$LAG_{0,1} = 0 - 0 = 0$$
$$LAG_{0,3} = 0 - 0 = 0$$
$$LAG_{1,3} = EF_3 - ES_1 - STF_{1,3} = 8 - 0 - 6 = 2$$
$$LAG_{1,5} = ES_5 - ES_1 - STS_{1,5} = 7 - 0 - 7 = 0$$
$$LAG_{1,7} = ES_7 - EF_1 = 11 - 5 = 6$$
$$LAG_{3,7} = ES_7 - EF_3 - FTS_{3,7} = 11 - 8 - 3 = 0$$
$$LAG_{3,9} = EF_9 - FTF_{3,9} = 18 - 8 - 10 = 0$$
$$LAG_{5,11} = EF_{11} - EF_5 - FTF_{5,11} = 32 - 17 - 15 = 0$$
$$LAG_{7,13} = \min \begin{cases} ES_{13} - ES_7 - STS_{7,13} = 18 - 11 - 3 \\ EF_{13} - EF_7 - FTF_{7,13} = 28 - 23 - 2 \end{cases} = 3$$
$$LAG_{9,13} = ES_{13} - EF_9 = 18 - 18 = 0$$
$$LAG_{11,13} = EF_{13} - ES_{11} - STF_{11,13} = 28 - 7 - 10 = 11$$
$$LAG_{11,15} = ES_{15} - EF_{11} = 32 - 32 = 0$$
$$LAG_{13,15} = ES_{15} - EF_{13} = 32 - 28 = 4$$

将上面数值标在相应两节点之间的箭线下面，如图 2-3-49 所示。

4. 时差的计算

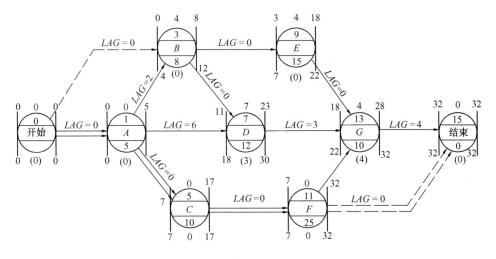

图 2-3-49

（1）自由时差

自由时差的含义同前述相同。它主要是指在不影响紧后工作按最早可能时间开始或结束的情况下，本工作能推迟的最大幅度。在搭接网络图中，由于存在着不同的搭接关系，其自由时差也必须受其影响，所以，自由时差也要根据不同的搭接关系来确定。

如果工作 i 只有一个紧后工作 j，其自由时差就等于本工作与紧后工作的时间间隔：

$$FF_i = LAG_{i,j}$$

这一点通过前面对时差的学习不难理解。

如果工作有若干个紧后工作时，其自由时差就等于本工作与这些工作间的时间间隔 $LAG_{i,j}$ 的最小值。

$$FF_i = \min(LAG_{i,j}) \tag{2-3-62}$$

这样，只要把搭接网络图中的各工作的时间间隔 $LAG_{i,j}$ 求出，其自由时差就很容易确定。

本题中：

$$FF_0 = \min(LAG_{0,1}, LAG_{0,3}) = 0$$

$$FF_1 = \min \begin{cases} LAG_{1,3} = 2 \\ LAG_{1,5} = 0 \\ LAG_{1,7} = 6 \end{cases} = 0$$

$$FF_3 = \min \begin{cases} LAG_{3,7} = 0 \\ LAG_{3,9} = 0 \end{cases} = 0$$

$$FF_5 = LAG_{5,11} = 0$$

$$FF_7 = LAG_{7,13} = 3$$

$$FF_9 = LAG_{9-13} = 0$$

$$FF_{11} = \min \left\{ \begin{array}{l} LAG_{11,13} = 11 \\ LAG_{11,15} = 0 \end{array} \right\} = 0$$

$$FF_{13} = LAG_{13,14} = 4$$

终点节点没有紧后工作，其自由时差为零。

$$FF_{15} = 0$$

将上面的 FF 值标在相应节点的下方，如图 2-3-49 所示。

（2）总时差

前面已讲过，总时差即该项工作的总机动时间。其计算与一般网络计划计算公式相同。

$$TF_i = LS_i - ES_i = LF_i - EF_i \qquad (2\text{-}3\text{-}63)$$

总时差的存在，意味着该项工作有一定的变化幅度。在规定工期等于计划工期的情况下，总时差为零的工作即为关键工作。将网络图中总时差为零的工作由起点节点至终点节点连接起来的线路即为关键线路。关键线路上的工作都是关键工作，但关键工作不一定只存在于关键线路上。

本题的总时差分别可求出为：

$$TF_0 = LS_0 - ES_0 = 0$$

$$TF_1 = LS_1 - ES_1 = 0 - 0 = 0$$

$$TF_3 = LS_3 - ES_3 = 4 - 0 = 4$$

$$TF_5 = 7 - 7 = 0$$

$$TF_7 = 18 - 11 = 7$$

$$TF_9 = 7 - 3 = 4$$

$$TF_{11} = 7 - 7 = 0$$

$$TF_{13} = 22 - 18 = 4$$

$$TF_{15} = 32 - 32 = 0$$

将上述数值标在相应节点下方。将 $TF=0$ 的节点从起点节点连接起来，构成了本题的关键线路，见图 2-3-49 画双线者。

上面通过例题对单代号搭接网络的计算方法进行了论述。通过计算可以看出，其计算过程比一般单、双代号网络图较为麻烦，这是其不足的地方。但是，作为一项复杂的工程项目，即使由一般的单、双代号来计算也是很难进行的。随着电子技术的发展，电子计算机作为一种高速运算机器来进行网络计算是轻而易举的事。而在前面已经讲过，一般网络图简单，但节点较多，而搭接网络计算复杂，且节点较少，这样输入简单，计算复杂由计算机进行计算，充分发挥了计算机的特点，所以利用计算机进行搭接网络的计算是可以加以推广的。

§3.5 网络计划优化

网络计划的优化是指通过不断改善网络计划的初始方案，在满足既定约束条件下利用最优化原理，按照某一衡量指标（时间、成本、资源等）来寻求满意方案。根据网络计划优化条件和目标不同，通常有工期优化、资源优化和成本优化。

3.5.1 工 期 优 化

工期优化就是以缩短工期为目标，通过对初始网络计划进行调整，压缩计算工期，使其满足约束条件规定。工期优化一般通过压缩关键工作的持续时间的方法来达到缩短工期的目的。需要注意的是，在压缩关键线路的线路时间时，会使某些时差较小的次关键线路上升为关键线路，这时需同时压缩次关键线路上有关工作的作业时间，才能达到缩短工期的要求。

可按下述步骤进行工期优化：

（1）找出网络计划的关键线路和计算出计算工期。

（2）按要求工期计算应缩短的时间。

（3）选择应优先缩短持续时间的关键工作，应考虑以下因素：

1）缩短持续时间对质量和安全影响不大的工作。

2）备用资源充足。

3）缩短持续时间所需增加的费用最少的工作。

（4）将应优先缩短的关键工作压缩至最短持续时间，并找出关键线路，若被压缩的工作变成了非关键工作，则应将其持续时间延长，使之仍为关键工作。

（5）若计算工期仍超过要求工期，则重复上述步骤，直到满足工期要求或工期已不能再缩短为止。

（6）当所有关键工作的持续时间都已达到最短持续时间而工期仍不能满足要求时，应对计划的技术、组织方案进行调整，或对要求工期重新审定。

【例 2-3-5】已知网络计划如图 2-3-50 所示，图中箭杆上数据为正常持续时间，括号内为最短持续时间，假定要求工期为 105d。根据选择应缩短持续时间的关键工作宜考虑的因素，缩短顺序为 B、C、D、E、F、G、A。试对该网络计划进行优化。

【解】（1）根据工作正常时间计算各个节点的时间参数，并找出关键工作和

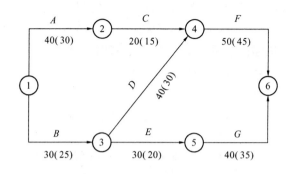

图 2-3-50　某网络计划图

关键线路，如图 2-3-51 所示。

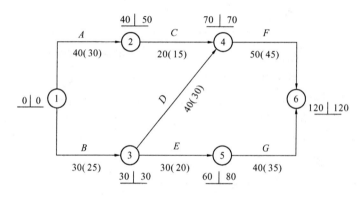

图 2-3-51　找出关键线路

（2）计算缩短工期。计算工期为 120d，要求工期为 105d，需缩短工期 15d。

（3）根据已知条件，先将 B 缩短至 25d，即得网络计划如图 2-3-52 所示。

（4）根据已知缩短顺序，缩短 D 至 30d，即得网络计划如图 2-3-53 所示。

（5）由于关键线路发生了变化，所以增加 D 的持续时间至 35d，使之仍为关

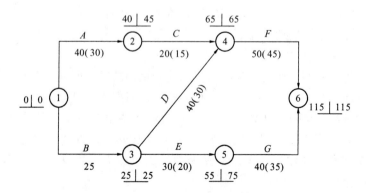

图 2-3-52　压缩 B 至 25d 后的网络计划

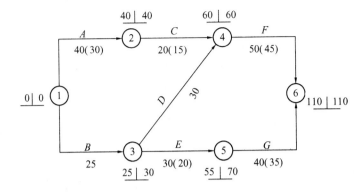

图 2-3-53 压缩 D 至 30d 后的网络计划

键工作，如图 2-3-54 所示。

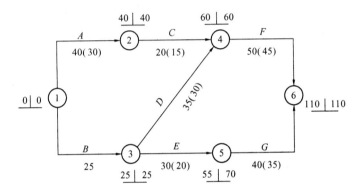

图 2-3-54 压缩 D 至 35d 后的网络计划

（6）根据已知缩短顺序，同时将 C、D 各压缩 5d，使工期达到 105d 的要求，如图 2-3-55 所示。

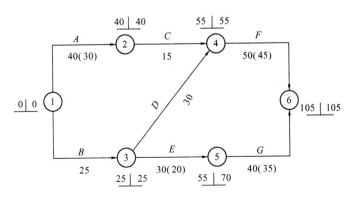

图 2-3-55 压缩 C、D 达到工期目标的优化网络计划

3.5.2　资　源　优　化

资源是指为完成任务所需的劳动力、材料、机械设备和资金等的统称。前面对网络计划的计算和调整，一般都假定资源供应是完全充分的。然而，在大多数情况下，在一定时间内所能提供的各种资源有一定限定。资源优化就是通过改变工作的开始时间，使资源按时间分布符合优化目标。

资源优化有两种情况：

（1）在资源供应有限制的条件下，寻求计划的最短工期，称为"资源有限、工期最短"的优化。

（2）在工期规定的条件下，力求资源消耗均衡，称为"工期固定、资源均衡"的优化。

1. "资源有限、工期最短"优化

"资源有限、工期最短"优化是指在资源有限时，保持各个工作的每日资源需要量（即强度）不变，寻求工期最短的施工计划。

（1）"资源有限、工期最短"优化的前提条件

1）网络计划一经制定，在优化过程中不得改变各工作的持续时间；

2）各工作每天的资源需要量是均衡的、合理的，优化过程中不予改变；

3）除规定可以中断的工作外，其他工作均应连续作业，不得中断；

4）优化过程中不得改变网络计划各工作间的逻辑关系。

（2）资源动态曲线及特性

在资源优化时，一般需要绘制出时标网络图，根据时标网络图，就可绘制出资源消耗状态图，即资源动态曲线。它一般为阶梯形，移动网络图中任何一项工作的起止时间，该资源动态曲线就将发生变化。

（3）时段与工作的关系

在资源动态曲线图中，任何一个阶梯都对应一个持续时间的区段，称为资源时段。若用 t_a 表示时段开始时间，t_b 表示时段完成时间，则可用 $[t_a, t_b]$ 表示这个时段，在这个时间内每天资源消耗总量为一常数。

根据工作与资源时段的关系，可将工作分为四种情况：

1）本时段以前开始，在本时段内完成的工作。

2）本时段以前开始，在本时段以后完成的工作。

3）本时段内开始并在本时段内完成的工作。

4）本时段内开始而在本时段以后完成的工作。

对于任何资源时段内的非关键工作来说，如果推迟其开始时间至本时段终点时间 t_b 开始，则其总时差将减少。对于关键工作来说，如果推迟其开始时间至本时段终点时间 t_b 开始，则出现负时差，即使得工期延长。因此，优化时可根据工作与资源时段的关系，寻求不出现负时差或负时差最小的方案。

(4) 优化的基本原理

任何工程都需要多种资源，假定为 S 种不同的资源，已知每天可能供应的资源数量分别为 $R_1(t)$、$R_2(t)\cdots R_S(t)$，若完成每一工作只需要一种资源，设为第 K 种资源，单位时间资源需要量（即强度）以 γ_{i-j}^k 表示。并假定 γ_{i-j}^k 为常数。在资源满足供应 γ_{i-j}^k 的条件下，完成工作 $i-j$ 所需持续时间为 D_{i-j}，则对于资源有限，工期最短优化，可按照极差原理确定其最优方案。则网络计划资源动态曲线中任何资源时段 $[t_a, t_b]$ 内每天的资源消耗量总和 R_K 均应小于或等于该计划每天的资源限定量，即满足

$$R_K - R_t \leqslant 0 \qquad\qquad (2\text{-}3\text{-}64)$$

其中
$$R_K = \sum \gamma_{i-j}^k \qquad (i,j) \in [t_a, t_b]$$

$$(K = 1, 2, 3, \cdots, S)$$

整个网络计划第 K 种资源的总需要量 $\sum R_K$ 为：

$$\sum R_K = \sum \gamma_{i-j}^k D_{i-j} \qquad\qquad (2\text{-}3\text{-}65)$$

则由于资源限定，最短工期的下界为：

$$\max(T_K) = \max_K\left[\frac{1}{R_K} \sum \gamma_{i-j}^K \cdot D_{i-j}\right] \qquad (2\text{-}3\text{-}66)$$

它可以从前向后对资源动态曲线中各个资源时段进行调整，使其满足资源限定条件，从而得到上述最短工期 T_K。对于多种资源，需逐个分别进行优化，并按下式确定网络计划的合理工期 T：

$$T \geqslant \max[T_{CPM}, \max(T_K)] \qquad\qquad (2\text{-}3\text{-}67)$$

其中 T_{CPM} 为不考虑资源供应限定条件，根据网络计划关键线路所确定的工期。

(5) 资源分配和排队原则

资源优化的过程是按照各工作在网络计划中的重要程度，把有限的资源进行科学分配的过程。因此，优化分配的原则是资源优化的关键。

资源分配的级次和顺序：

第一级，关键工作。按每日资源需要量大小，从大到小顺序供应资源。

第二级，非关键工作。其排序规则为：

1）在优化过程中，已被供应资源而不允许中断的工作在本级优先；

2）当总时差 TF_{i-j} 数值不同时，按总时差 TF_{i-j} 数值递增顺序排序并编号。

3）当 TF_{i-j} 数值相同时，按各项工作资源消耗量递减顺序排序并编号。

对于本时段以前开始的工作，如工作不允许内部中断时，要按上述规则排序并编号。若工作允许内部中断时，本时段以前部分的工作在原位置不动，按独立工作处理；本时段及其以后部分的工作，按上述规则排序并编号。最后，按照排序编号递增的顺序逐一分配资源。

（6）资源优化的步骤

网络计划的每日资源需要量曲线是资源优化的初始状态。资源需要量曲线上的每一变化处都标志着某些工作在该时间点开始或完成。而资源需要量连续不变的一段时间，即时段是资源优化的基础。因此，资源优化的过程也就是在资源限制条件下逐一时段进行合理地调整各个工作开始和完成时间的过程。其优化步骤如下：

1）根据给定网络计划初始方案，计算各项工作时间参数，如 ES_{i-j}、EF_{i-j} 和 TF_{i-j}、T_{CPM}。

2）按照各项工作 ES_{i-j} 和 EF_{i-j} 数值，绘出 ES—EF 时标网络图，并标出各项工作的资源消耗量 γ_{i-j} 和持续时间 D_{i-j}。

3）在时标网络图的下方，绘出资源动态曲线，或以数字表示的每日资源消耗总量，用虚线标明资源供应量限额 R_{t}。

4）在资源动态曲线中，找到首先出现超过资源供应限额的资源高峰时段进行调整。

① 在本时段内，按照资源分配和排队原则，对各工作的分配顺序进行排队并编号，即 1 到 n 号。

② 按照编号顺序，依次将本时段内各工作的每日资源需要量 γ_{i-j}^{K} 累加，并逐次与资源供应限额进行比较，当累加到第 x 号工作首次出现 $\sum\limits_{n=1}^{x} \gamma_{i-j}^{K} > R_{\mathrm{t}}$ 时，则将第 x 至 n 号工作推迟到本时段末 t_{b} 开始，使 $R_{\mathrm{K}} = \sum\limits_{n=1}^{x-1} \gamma_{i-j}^{K} \leqslant R_{\mathrm{t}}$，即 $R_{\mathrm{k}} - R_{\mathrm{t}} \leqslant 0$。

5）绘出工作推移后的时标网络图和资源需要量动态曲线，并重复第 4 步，直至所有时段均满足 $R_{\mathrm{K}} - R_{\mathrm{t}} \leqslant 0$ 为止。

6）绘制优化后的网络图。

【例 2-3-6】某工程网络计划初始方案，如图 2-3-56 所示。资源限定量 $R_{\mathrm{K}}=8$

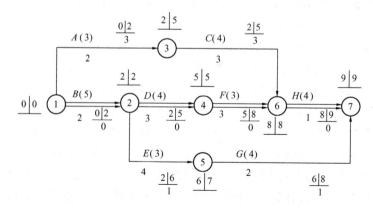

图 2-3-56　某工程网络计划

（单位：d），假设各工作的资源相互通用，每项工作开始后就不得中断，试进行资源有限、工期最短优化。

【解】（1）根据各项工作持续时间 D_{i-j}，计算网络时间参数 ES_{i-j}、EF_{i-j}、TF_{i-j} 和 T_{CPM}，如图 2-3-57 所示。

（2）按照各项工作 ES_{i-j} 和 EF_{i-j} 数值，绘制 $ES-EF$ 时标网络图，并在该图下方给出资源动态曲线，如图 2-3-57 所示。

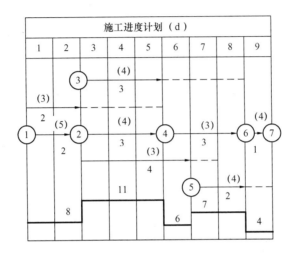

图 2-3-57　时标网络图

（3）从图 2-3-57 看出，第一个超过资源供应限额的资源高峰时段为 [2，5] 时段，需进行调整。

（4）资源时段 [2，5] 调整。该时段内有工作 2-4、2-5、3-6 三项工作，根据资源分配规则，将其排序，并分配资源，如表 2-3-8 所示。

[2，5] 时段工作排序和资源分配表　表 2-3-8

排序编号	工作名称	排序依据	资源重分配	
			γ_{i-j}	$R_{\mathrm{K}}-\sum \gamma_{i-j}$
1	2-4	$TF_{2-4}=0$	4	8−4=4
2	2-5	$TF_{2-5}=1$	3	4−3=1
3	3-6	$TF_{3-6}=3$	4	推迟到第 6 天开始

（5）绘出工作推移后的时标网络图和资源需要量动态曲线，如图 2-3-58 所示。

（6）从图 2-3-59 看出，第一个超过资源供应限额的资源高峰时段为 [5，6] 时段，需进行调整。

（7）资源时段 [5，6] 调整。该时段内有 4-6、3-6、2-5 三项工作，根据资源分配规则，将其排序并分配资源，如表 2-3-9 所示。

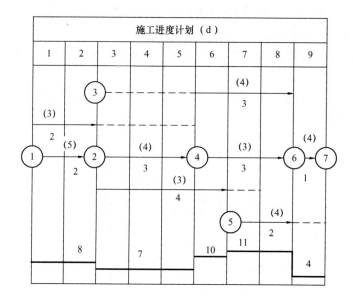

图 2-3-58 [2，5] 时段调整后时标网络图

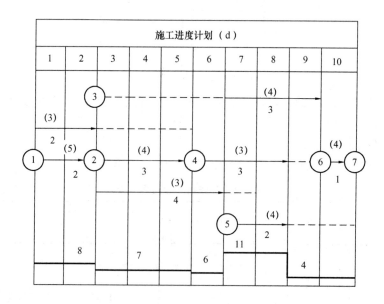

图 2-3-59 [5，6] 时段调整后时标网络图

[5，6] 时段工作排序和资源分配表

表 2-3-9

排序编号	工作名称	排序依据	资源重分配	
			γ_{i-j}	$R_K - \sum \gamma_{i-j}$
1	4-6	$TF_{4-6}=0$（关键线路上）	3	$8-3=5$
2	2-5	$TF_{2-5}=1$（本时段前开始已分资源，优先）	3	$5-3=2$
3	3-6	$TF_{3-6}=0$	4	推迟到第7天开始

（8）给出工作推移后的时标网络图和资源需要量动态曲线，如图 2-3-59 所示。

（9）从图 2-3-60 看出，第一个超过资源供应限额的资源高峰时段为 [6，8] 时段，需进行调整。

（10）资源时段 [6，8] 调整。该时段内有 3-6、4-6、5-7 三项工作，根据资源分配规则，将其排序并分配资源。如表 2-3-10 所示。

[6，8] 时段工作排序和分配表　　　　　　表 2-3-10

排序编号	工作名称	排序依据	资源重分配	
			γ_{i-j}	$R_{K}-\sum\gamma_{i-j}$
1	3-6	$TF_{3\text{-}6}=0$	4	$8-4=4$
2	4-6	$TF_{4\text{-}6}=1$	3	$4-3=1$
3	5-7	$TF_{5\text{-}7}=2$	4	推迟到第 9 天开始

（11）绘出工作推移后的时标网络图和资源需要量动态曲线，如图 2-3-60 所示。

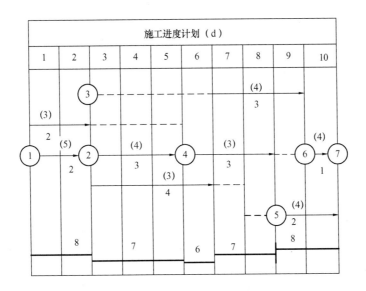

图 2-3-60　优化后的网络图

从图 2-3-60 看出，各资源区段均满足 $R_{K}-R_{t}\leqslant 0$，故图 2-3-60 即为优化后的网络图，工期 $T=10\mathrm{d}$。

2. "工期固定、资源均衡" 优化

"工期固定、资源均衡" 优化是指施工项目按甲乙双方签订的合同工期或上级机关下达的工期完成，寻求资源均衡的进度计划方案。因为网络计划的初始方案是在不考虑资源情况下编制出来的，因此各时段对资源的需要量往往相差很大，如果不进行资源分配的均衡性优化，工程进行中就可能产生资源供应脱节，影响工期；也可能产生资源供应过剩，产生积压，影响成本。

衡量资源需要量的均衡程度，一般用方差或极差，它们的值越小，说明均衡程度越好。因此，资源优化时可以方差值最小者作为优化目标。

（1）优化的基本原理

对于一个建筑施工项目来说，设 $R(t)$ 为时间 t 所需要的资源量，T 为规定工期，R 为资源需要量的平均值，则方差 σ^2 为：

$$\sigma^2 = \frac{1}{T}\int_0^T (R(t) - \overline{R})^2 \mathrm{d}t$$

$$= \frac{1}{T}\int_0^T R^2(t)\mathrm{d}t - \frac{2\overline{R}}{T}\int_0^T R(t)\mathrm{d}t + \overline{R}^2$$

$$= \frac{1}{T}\int_0^T R^2(t)\mathrm{d}t - \overline{R}^2 \qquad (2\text{-}3\text{-}68)$$

由于 T 和 $\overline{R}$ 为常数，所以求 σ^2 的最小值，即相当于求 $\frac{1}{T}\int_0^T R^2(t)\mathrm{d}t$ 的最小值。

由于建筑施工网络计划资源需要量曲线是一个阶梯形曲线，现假定第 i 天资源需要量为 R_i，则

$$\int_0^T R^2(t)\mathrm{d}t = \sum_{i=1}^T R_i^2 = R_1^2 + R_2^2 + \cdots + R_T^2 \qquad (2\text{-}3\text{-}69)$$

此时 $$\sigma^2 = \frac{1}{T}\sum_{i=1}^T R_i^2 - \overline{R}^2 \qquad (2\text{-}3\text{-}70)$$

要使得方差最小，即要使 $\sum_{i=1}^T R_i^2 = R_1^2 + R_2^2 + \cdots + R_T^2$ 为最小。

（2）工作开始时间调整对方差的影响

假定某非关键工作 $i-j$ 位于时标网络图的 $[K,L]$ 时间区段内，即 $ES_{i-j} = K$，$EF_{i-j} = L$，$L-K = D_{i-j}$ 每天资源消耗量为 γ_{i-j}。为叙述方便，简称为"工作时段 $[K,L]$"，如图 2-3-61 所示。

由于工期固定，也就是说关键工作位置都是固定的，优化只能是移动非关键工作，选择能使方差减小的最佳位置。

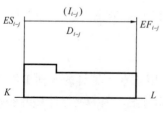

图 2-3-61   工作时段示意图

1）当一项非关键工作向后推移时：如果工作 $i-j$ 向右移动一天，则第 $K+1$ 天资源消耗量 R_{K+1} 将减少 γ_{i-j}，而第 $L+1$ 天资源消耗量 R_{L+1} 将增加 γ_{i-j}，如图 2-3-62 所示，则 $\sum_{i=1}^T R_i^2$ 的变化值为：

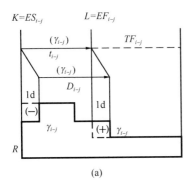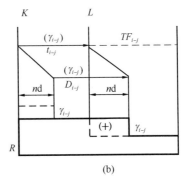

图 2-3-62   一项工作推移示意图

$$\left[(R_{L+1} + \gamma_{i-j})^2 - (R_{L+1})^2\right] - \left[(R_{K+1})^2 - (R_{K+1} - \gamma_{i-j})^2\right]$$
$$= 2\gamma_{i-j}(R_{L+1} - R_{K+1} + \gamma_{i-j})$$

$$(2\text{-}3\text{-}71)$$

由于 γ_{i-j} 为常数，因此，要使方差减小，则必须使：

$$R_{L+1} - R_{K+1} + \gamma_{i-j} \leqslant 0 \qquad (2\text{-}3\text{-}72)$$

利用公式（2-3-72）即可判定工作能否推移。当工作推移 1d 后，满足式（2-3-72），说明推移 1d 可以使方差减小或不变，故本次推移予以确认。再在此基础上继续推移，计算及判别，直至：

$$R_{L+1} - R_{K+1} + \gamma_{i-j} > 0 \qquad (2\text{-}3\text{-}73)$$

公式（2-3-73）说明本次推移会使方差增大，此次推移便予以否定，只确认本次推移前的各次累计推移值。

2）当两项非关键工作同步向后移动时：假设两项非关键工作 $i-j$ 和 $j-m$ 组成局部线路，它们处于工作时段 $[K, L, H]$ 内，其中 $K = ES_{i-j}$，$L = EF_{i-j} = ES_{j-m}$，$H = EF_{j-m}$。其资源消耗量分别为 γ_{i-j} 和 γ_{j-m}，持续时间为 D_{i-j} 和 D_{j-m}。

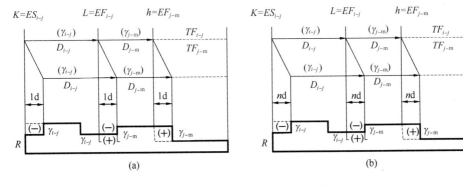

图 2-3-63   两项工作同步推移示意图

如果工作 $i-j$ 和 $j-m$ 同步向后推移 1d，如图 2-3-63（a）所示，则 $\sum\limits_{i=1}^{T} R_i^2$ 的变化值为：

$$[(R_{H+1}+\gamma_{j-m})^2-(R_{H+1})^2]+[(R_{K+1}-\gamma_{i-j})^2-(R_{K+1})^2]$$
$$+[(R_{L+1}+\gamma_{i-j}-\gamma_{j-m})^2-(R_{L+1})^2]$$
$$=2\gamma_{i-j}(R_{L+1}-R_{K+1}+\gamma_{i-j})+2\gamma_{j-m}(R_{H+1}-R_{L+1}+\gamma_{j-m})-2\gamma_{i-j}\cdot\gamma_{j-m}$$

$$(2-3-74)$$

要使方差减少，则必须使：

$$2\gamma_{i-j}(R_{L+1}-R_{K+1}+\gamma_{i-j})+2\gamma_{j-m}(R_{H+1}-R_{L+1}+\gamma_{j-m})-2\gamma_{i-j}\cdot\gamma_{j-m}\leqslant 0$$

$$(2-3-75)$$

利用式（2-3-75）即可判定工作能否推移。当工作推移 1d 后，满足式（2-3-75），说明推移 1d 可以使方差减小或不变，故本次推移予以确认。再在此基础上继续推移，计算及判别，直至

$$2\gamma_{i-j}(R_{L+1}-R_{K+1}+\gamma_{i-j})+2\gamma_{j-m}(R_{H+1}-R_{L+1}+\gamma_{j-m})-2\gamma_{i-j}\cdot\gamma_{j-m}>0$$

$$(2-3-76)$$

式（2-3-76）说明本次推移会使方差增大，此次推移便予以否认，只确认本次推移前的各次累计推移值。

（3）优化的基本步骤

1）根据网络计划初始方案，计算各项工作的 ES_{i-j}、EF_{i-j} 和 TF_{i-j}。

2）绘制 $ES-EF$ 时标网络图，标出关键工作及其线路。

3）逐日计算网络计划的每天资源消耗量 R_t，列于时标网络图下方，形成"资源动态数列。"

4）由终点节点开始，从右至左依次选择非关键工作或局部线路，利用式（2-3-72）或式（2-3-76），依次对其在总时差范围内逐日调整、判别，直至本次调整时不能再推移为止。并画出第一次调整后的时标网络图，计算出资源动态数列。选择非关键工作的原则为：同一完成节点的若干非关键工作，以其中最早开始时间数值大者先行调整；其中最早开始时间相同的若干项工作，以时差较小者先行调整；而当时差亦相同时，又以每日资源量大的先行调整；直至起点工作为止。

5）依次进行第二轮、第三轮……资源调整，直至最后一轮不能再调整为止。画出最后的时标网络图和资源动态数列。

【例 2-3-7】某工程网络计划初始方案如图 2-3-64 所示，试确定工期固定，资源均衡优化方案。

【解】（1）计算 ES_{i-j}、EF_{i-j}、TF_{i-j} 和 FF_{i-j}，填入图 2-3-64。

（2）绘制 $ES-EF$ 时标网络图，计算出资源动态数列，如图 2-3-65。

（3）从终点事件开始，从右至左进行调整。

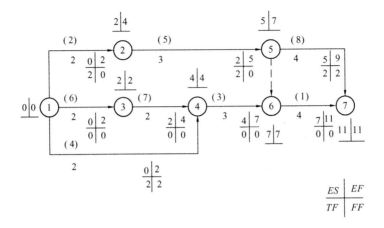

图 2-3-64 某工程网络计划初始方案

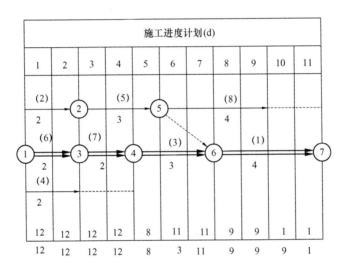

图 2-3-65 初始方案时标网络图

第一轮资源调整：

1）工作 5-7：该工作位于工作时段 [5，9]，$TF_{5-7}=2d$，$\gamma_{5-7}=8$ 单位，若工作右移 1d，根据式（2-3-73）有：

$$R_{L+1}-R_{K+1}+\gamma_{i-j}=R_{10}-R_6+\gamma_{5-7}=1-11+8=-2<0(可以推移)$$

在图 2-3-60 上注明右移 1d 的资源动态数列。

若工作 5-7 再右移 1d，根据式（2-3-73）有：

$$R_{L+1}-R_{K+1}+\gamma_{i-j}=R_{11}-R_7+\gamma_{5-7}=1-11+8=-2<0(可以推移)$$

由于总时差已利用完，故工作 5-7 不能再右移。画出工作 5-7 右移 2d 的时标网络图和资源动态数列，如图 2-3-66 所示。

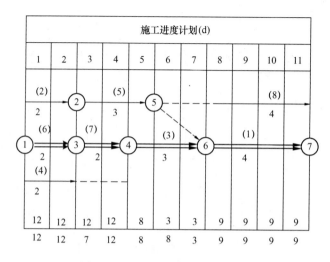

图 2-3-66　工作 3-7 推移后网络图

2) 工作 2-5：该工作位于工作时段 $[2, 5]$，$TF_{2-5} = 2d$，$\gamma_{2-5} = 5$ 单位，若工作右移 1d，根据公式（2-3-73）有：

$$R_{L+1} - R_{K+1} + \gamma_{i-j} = R_6 - R_3 + \gamma_{2-5} = 3 - 12 + 5 = -4 < 0（可以右移）$$

在图 2-3-67 注明右移 1d 的资源动态数列。

若工作再右移 1d，则：

$$R_{L+1} - R_{K+1} + \gamma_{i-j} = R_7 - R_4 + \gamma_{2-5} = 3 - 12 + 5 = -4 < 0（可以右移）$$

由于总时差已利用完，不能再右移。画出工作 2-5 右移 2d 的时标网络图和资源动态数列，如图 2-3-67 所示。

3) 工作 1-4：该工作位于工作时段 $[0, 2]$，$TF_{1-4} = 2d$，$\gamma_{2-5} = 4$ 单位，若工

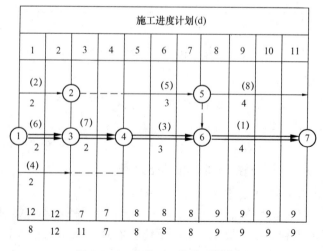

图 2-3-67　工作 2-5 推移后网络图

作右移 1d，根据公式（2-3-73）有：

$R_{L+1} - R_{K+1} + \gamma_{i-j} = R_3 - R_1 + \gamma_{1-4} = 7 - 12 + 4 = -1 < 0$（可以右移）

在图 2-3-68 注明右移 1d 的资源动态数列。

若再工作右移 1d，则有：

$R_{L+1} - R_{K+1} + \gamma_{i-j} = R_4 - R_2 + \gamma_{1-4} = 7 - 12 + 4 = -1 < 0$（可以右移）

由于总时差已利用完，不能再右移。画出工作 1-4 右移 2d 的时标网络图和资源动态数列，如图 2-3-68 所示。

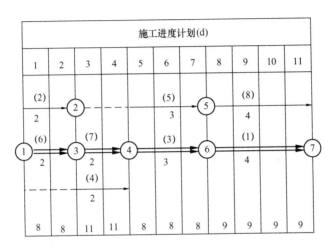

图 2-3-68　工作 1-4 推移后网络图

4）工作 1-2：该工作位于工作时段 $[0, 2]$，$TF_{1-2} = 2d$，$\gamma_{2-5} = 2$ 单位，若工作右移 1d，根据公式（2-3-73）有：

$R_{L+1} - R_{K+1} + \gamma_{i-j} = R_3 - R_1 + \gamma_{1-2} = 11 - 8 + 2 = 5 > 0$（不能右移）

右工作再右移 1d，则

$R_{L+1} - R_{K+1} + \gamma_{i-j} = R_4 - R_2 + \gamma_{1-2} = 11 - 8 + 2 = 5 > 0$（不能右移）

观察网络图再无右移的可能，故此优化结束，优化后的时标网络图即为图 2-3-68 所示的网络计划。

3.5.3　成　本　优　化

成本优化一般是指工期—成本优化，它是以满足工期要求的施工费用最低为目标的施工计划方案的调整过程。通常在寻求网络计划的最佳工期大于规定的工期或在执行计划时需要加快施工进度时，需进行工期—成本优化。

1. 费用与工期的关系

一个施工项目成本由直接费和间接费两部分组成，即

工程成本 C ＝ 直接费 C_1 ＋ 间接费 C_2

成本与工期的关系如图 2-3-69 所示。

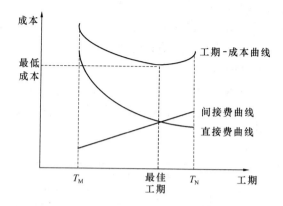

图 2-3-69　工期－成本曲线

从图中可以看出，缩短工期，直接费会增加，而间接费则减少。工程成本取决于直接费和间接费之和。在曲线上可找到工程成本最低点 C_{min} 及其对应的工期 T'（称为最佳工期），工期－成本优化的目的就在于寻求 C_{min} 和对应的 T'。

（1）工作持续时间同直接费的关系

在一定的工作持续时间范围内，工作的持续时间同直接费成反比关系，通常如图 2-3-70 所示的曲线规律分布。

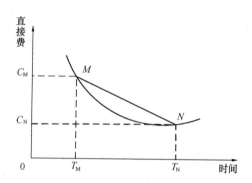

图 2-3-70　工作持续时间与直接费关系图

图 2-3-70 中，N 点称为正常点，与其相对应的时间称为工作的正常持续时间，以 T_N 表示，对应的直接费称为工作的正常直接费，以 C_N 表示。工作的正常持续时间一般是指在符合施工顺序、合理的劳动组织和满足工作面要求的条件下，完成某项工作投入的人力和物力较少，相应的直接费用最低时所对应的持续时间就是该工作的正常持续时间。若持续时间超过此限值，工作持续时间与直接费的关系将变为正比关系。

图 2-3-70 中，M 点称为极限点。同 M 点相对应的时间称为工作的极限持续时间 T_M，对应的直接费称为工作的极限直接费 C_M。工作的极限持续时间一般是

指在符合施工顺序、合理劳动组织和满足工作面施工的条件下，完成某项工作投入的人力、物力最多，相应的直接费最高时所对应的持续时间。若持续时间短于此限值，投入的人力、物力再多，也不能缩短工期，而直接费则猛增。

由 M 点—N 点所确定的时间区段，称为完成某项工作的合理持续时间范围，在此区段内，工作持续时间同直接费呈反比关系。

根据各项工作的性质不同，其工作持续时间和直接费之间的关系通常有如下两种情况：

1）连续型关系 N 点—M 点之间工作持续时间是连续分布的，它与直接费的关系也是连续的，如图 2-3-70 所示。

一般用割线 MN 的斜率近似表示单位时间内直接费的增加（或减少）值，称为直接费变化率，用 K 表示，则：

$$K = \frac{C_M - C_N}{T_N - T_M} \quad (2\text{-}3\text{-}77)$$

2）离散型关系 N 点—M 点之间工作持续时间是非连续分布的，只有几个特定的点才能作为工作的合理持续时间，它与直接费的关系如图2-3-71所示。

（2）工作持续时间与间接费的关系

间接费同工作持续时间一般呈线性关系。某一工期下的间接费可按下式计算：

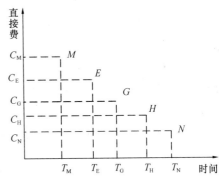

图 2-3-71 离散型关系示意图

$$C_{Zi} = a + T_i \cdot K_i \quad (2\text{-}3\text{-}78)$$

式中 C_{Zi}——某一工期下的间接费；

a——固定间接费；

T_i——工期；

K_i——间接费变化率（元/d）。

（3）工期—成本曲线的绘制

工期—成本曲线是将工期—直接费曲线和工期—间接费曲线叠加而成的，如图 2-3-69 所示。

2. 优化的方法和步骤

工期—成本优化的基本方法就是从组成网络计划的各项工作的持续时间与费用关系，找出能使计划工期缩短而又能使得直接费增加最少的工作，不断地缩短其持续时间，然后考虑间接费随着工期缩短而减少的影响，把在不同工期下的直接费和间接费分别叠加，即可求得工程成本最低时的相应最优工期和工期一定时相应的最低工程成本。

工期—成本优化的具体步骤如下：

（1）列表确定各项工作的极限持续时间及相应费用。

（2）根据各项工作的正常持续时间绘制网络图，计算时间参数，确定关键线路。

（3）确定正常持续时间网络计划的直接费。

（4）压缩关键线路上直接费变化率最低的工作持续时间，求出总工期和相应的直接费。

（5）往复进行（4），直至所有关键线路上的工作持续时间不能压缩为止，并计算每一循环后的费用。

（6）求出项目工期—间接费曲线。

（7）叠加直接费、间接费曲线，求出工期—成本曲线，找出项目总成本最低点和最佳工期。

（8）绘出优化后网络计划。

【例 2-3-8】某工程由六项工作组成，各项工作持续时间和直接费等有关参数，如表 2-3-11 所示。已知该工程间接费变化率为 165 元/d，正常工期的间接费用为 3000 元。则试编制该网络计划的工期—成本优化方案。

表 2-3-11

工作编号 $i-j$	正常工期		极限工期		直接费变化率 K_{i-j}（元/d）
	持续时间 D_{i-j}（d）	直接费 C_{i-j}（d）	持续时间 D'_{i-j}（d）	直接费 C'_{i-j}（元）	
1-2	4	800	3	950	150
1-3	6	1250	4	1560	155
2-4	6	1000	5	1160	160
3-4	7	1070	5	1320	125
3-5	8	900	5	1530	210
4-5	3	1200	2	1400	200
合计		6220			

【解】（1）计算直接费变化率，填入表 2-3-11 中。

（2）绘制出网络图计划初始方案，并计算出时间参数，如图 2-3-72。

正常工期为 $T=16\text{d}$，直接费为 6220 元，间接费为 3000 元，工程成本为 9220 元。

（3）优化。

第一次循环，如图 2-3-73 所示，有一条关键线路，关键工作 1-3、3-4、4-5，3-4 工作的直接费变化率最低，故将 3-4 工作压缩 2d，此时直接费增加 $125 \times 2 =$

250 元，间接费减少 165×2＝330 元，工程成本为 9140 元。压缩后的网络图如图 2-3-73 所示。

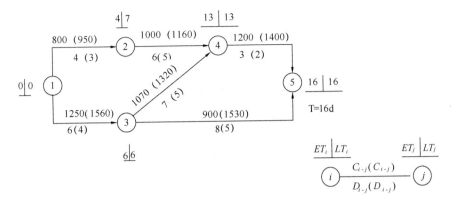

图 2-3-72 某网络计划初始方案

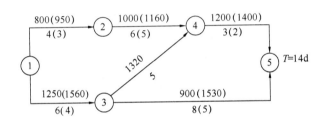

图 2-3-73 第一次循环后网络图

第二次循环，从图 2-3-74 所出，关键线路有两条，关键工作 1-3 的直接费变化率最低，故将其压缩 1d，此时直接费增加 155 元，间接费减少 165 元，工程成本为 9130 元。压缩后的网络图如图 2-3-74 所示。

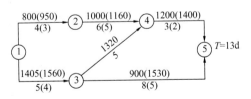

图 2-3-74 第二次循环后网络图

第三次循环，从图 2-3-74 看出，关键线路有三条，同时将关键工作 1-2、1-3 压缩 1d，直接费增加 150＋155＝305 元，间接费减少 165 元，工程成本为 9270 元，压缩后的网络图如图 2-3-75 所示。

第四次循环，从图 2-3-75 看出，关键线路有三条，同时压缩 3-5 和 4-5 工作 1d，直接费增加 210＋200＝410 元，间接费减少 165 元，工程成本为 9515 元。

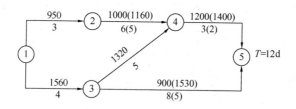

图 2-3-75 第三次循环后网络图

压缩后的网络图如图 2-3-76 所示。

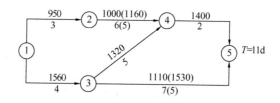

图 2-3-76 第四次循环后的网络图

网络图已压缩至极限工期,循环至此结束。

(4)绘出工期—成本曲线,如图 2-3-77 所示。从图中看出工程最低费用为 9130 元,对应最佳工期 $T=13d$,相应的网络图如图 2-3-74 所示。

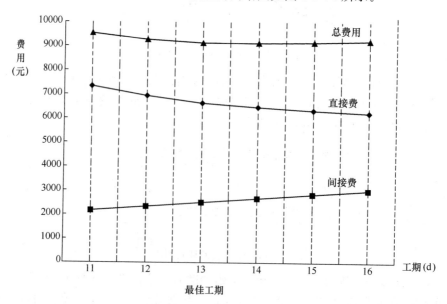

图 2-3-77 工期—成本曲线

综上所述,工期—成本优化就是从工期—成本曲线上,找出曲线最低点所对应的成本和工期。需要注意的是,在实际应用时,建安工程合同中常有工期提前或延期的奖罚条款，此时，工期—成本曲线应由直接费曲线、间接费曲线和奖罚曲线叠加而成，如图 2-3-78 所示。

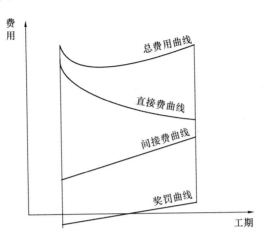

图 2-3-78　工期—成本曲线示例

思　考　题

　　3.1　什么是网络图？单代号网络图、双代号网络图和单代号搭接网络图分别如何编制？各有什么特点？

　　3.2　什么是关键线路？它有什么特点？

　　3.3　时差的种类和作用有哪些？

　　3.4　如何判断关键工作和关键线路？

　　3.5　双代号时标网络计划有什么特点？

　　3.6　什么是网络计划优化？网络计划的优化分几种？

　　3.7　单代号搭接网络计划的含义和各种搭接关系有哪些？

习　　题

　　3.1　已知各工作的逻辑关系如下列各表，绘制双代号网络图和单代号网络图。

　　(1)

紧前工作	工作	持续时间	紧后工作	紧前工作	工作	持续时间	紧后工作
—	A	3	Y、B、U	V	W	6	X
A	B	7	C	C、Y	D	4	—
B、V	C	5	D、X	A	Y	1	Z、D
A	U	2	V	W、C	X	10	—
U	V	8	W、C	Y	Z	5	—

（2）

工作	A	B	C	D	E	G	H	I	J
紧前工作	E	A、H	G、J	H、I、A	—	A、H	—	—	E

（3）

工作名称	紧前工作	紧后工作	工作名称	紧前工作	紧后工作
A	—	E、F、P、Q	F	A	C、D
B	—	E、P	G	D、P	—
C	E、F	H	H	C、D、Q	—
D	E、F	G、H	P	A、B	G
E	A、B	C、D	Q	A	H

3.2 用图上计算法计算 3.1（1）双代号网络图的各工作时间参数。

3.3 某工程的双代号网络图如图 2-3-79 所示，试用图上计算法计算各项时间参数（ET、LT、ES、EF、LS、LF、TF、FF），判断关键工作及其线路，并确定计划总工期。

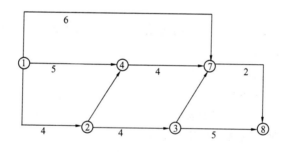

图 2-3-79

3.4 根据下列资料求最低成本与相应的最优工期。间接费用：若工期在一个月（按 25d 计算）完成，需 600 千元，超过一个月，则每天增加 50 千元。

工序	正常时间		极限时间	
	时间（d）	直接费（千元）	时间（d）	间接费（千元）
1—2	20	600	17	720
1—3	25	200	25	200
2—3	10	300	8	440
2—4	12	400	6	700
3—4	5	300	2	420
4—5	10	300	5	600

3.5　已知某项目的网络图如图 2-3-80 所示,箭线下方括号外数字为工作的正常持续时间,括号内数字为工作的最短持续时间;箭线上方括号内数字为优选系数。该项目要求工期为 12d,试对其进行工期优化。

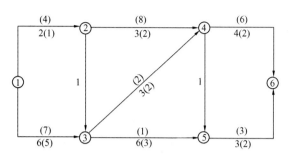

图 2-3-80

第4章 单位工程施工组织设计

§4.1 概 述

单位工程施工组织设计是由施工单位编制的，用以指导其施工全过程施工活动的技术、组织、经济的综合性文件。它的主要任务是根据编制施工组织设计的基本原则、施工组织总设计和有关的原始资料，结合实际施工条件，从整个建筑物或构筑物的施工全局出发，进行最优施工方案设计，确定科学合理的分部分项工程之间的搭接与配合关系，设计符合施工现场情况的施工平面布置图，从而达到工期短、质量好、成本低的目标。

4.1.1 单位工程施工组织设计编制依据

单位工程施工组织设计的编制依据主要有：

（1）工程承包合同；

（2）施工图纸及设计单位对施工的要求；

（3）施工企业年度生产计划对该工程的安排和规定的有关指标；

（4）施工组织总设计或大纲对该工程的有关规定和安排；

（5）建设单位可能提供的条件和水、电供应情况；

（6）资源配备情况；

（7）施工现场条件和勘察资料；

（8）预算或报价文件和有关规程、规范等资料。

4.1.2 单位工程施工组织设计分类和编制内容

1. 单位工程施工组织设计的分类

根据单位工程施工组织设计所处的阶段不同可以分为两类：一类是投标前编制的施工组织设计（简称标前设计），另一类是签订工程承包合同后编制的施工组织设计（简称标后设计）。

标前设计是为了满足编制投标书和签订承包合同的需要而编制的，是施工单位进行合同谈判、提出要约和进行承诺的根据和理由，是拟定合同文件中相关条款的基础资料。标后设计是为了履行施工合同，满足施工准备和指导施工全过程的需要而编制的。这两类施工组织设计的特点如表 2-4-1 所示。

两类施工组织设计的特点　　　　　　　　　表 2-4-1

种类	服务范围	编制时间	编制者	主要特性	追求目标
标前设计	投标与签约	投标书编制前	经营管理层	规划性	中标
标后设计	施工准备至工程验收	签约后开工前	项目管理层	操作性	施工效益

在编制标前施工组织设计时应重点注意招标文件中对技术标的要求，要对招标文件有实质性的响应。在编制标后施工组织设计时既应注意以标前施工组织设计作为编制的基础，同时更应注意方案的具体化和实用性。

2. 单位工程施工组织设计的编制内容

根据工程的性质、规模、结构特点、技术复杂程度和施工条件，单位工程施工组织设计的内容、深度和广度可以有所不同。单位工程施工组织设计较完整的内容一般包括：

（1）工程概况及施工特点分析；

（2）施工方法与相应的技术组织措施，即施工方案；

（3）施工进度计划；

（4）劳动力、材料、构件和机械设备等配置计划；

（5）施工准备工作计划；

（6）施工现场平面布置图；

（7）保证质量、安全、降低成本等技术措施；

（8）各项技术经济指标。

4.1.3　单位工程施工组织设计的编制程序

单位工程施工组织设计编制程序如图 2-4-1 所示。

4.1.4　工程概况及施工特点分析

工程概况及施工特点分析是对拟建工程的工程特点、现场情况和施工条件等所作的一个简要的、突出重点的文字介绍。工程概况的内容应尽量采用图表进行说明，如表 2-4-2 所示。必要时附以平面、立面、剖面图，并附以主要分部分项工程一览表。

1. 工程主要情况

主要介绍拟建工程的工程名称、性质、用途、地理位置；工程的建设、勘察、设计、监理和总承包等相关单位的情况；工程承包范围和分包工程范围；施工合同、招标文件或总承包单位对工程施工的重点要求；投资额、开竣工日期；其他应说明的情况等。

2. 工程各专业设计简介

（1）建筑设计简介。应依据建设单位提供的建筑设计文件进行描述，包括建

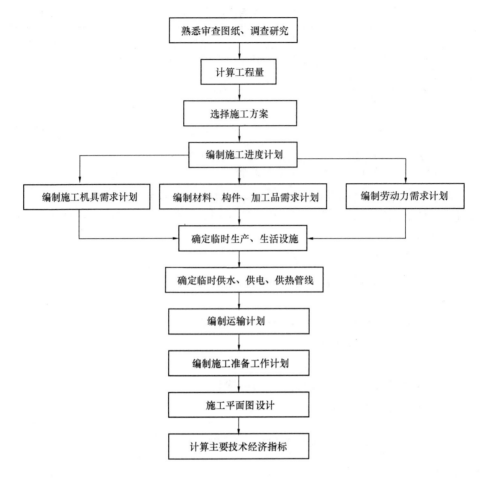

图 2-4-1   单位工程施工组织设计的编制程序

筑规模、建筑功能、建筑特点、建筑耐火、防水及节能要求等，并应简单描述工程的主要装修做法。

（2）结构设计简介。应依据建设单位提供的结构设计文件进行描述，包括结构形式、地基基础形式、结构安全等级、抗震设防类别、主要结构构件类型及要求等。

（3）机电及设备安装专业设计简介。应依据建设单位提供的各相关专业设计文件进行描述，包括给水、排水及采暖系统、通风与空调系统、电气系统、智能化系统、电梯等各个专业系统的做法要求等。

3. 工程施工条件

工程主要施工条件应包括：

（1）项目建设地点气象状况。简要介绍项目建设地点的气温、雨、雪、风和雷电等气象变化情况以及冬、雨期的期限和冬季土的冻结深度等情况。

（2）项目施工区域地形和工程水文地质状况。简要介绍项目施工区域地形变化和绝对标高，地质构造、土的性质和类别、地基土的承载力，河流流量和水质、最高洪水和枯水期期水位，地下水位的高低变化，含水层的厚度、流向、流量和水质等情况。

（3）项目施工区域地上、地下管线及相邻的地上、地下建（构）筑物情况。

（4）与项目施工有关的道路、河流等状况。

（5）当地建筑材料、设备供应和交通运输等服务能力状况。简要介绍建设项目的主要材料、特殊材料和生产工艺设备供应条件及交通运输条件。

（6）当地供电、供水、供热和通信能力状况。根据当地供电供水、供热和通信情况，按照施工需求描述相关资源提供能力及解决方案。

（7）其他与施工有关的主要因素。

4. 施工特点分析

不同类型的建筑、不同条件下的施工，均有不同的施工特点，从而选择不同的施工方案，采取相应的技术和组织措施，保证施工顺利进行。如混合结构工程的施工特点是：砌筑和抹灰工程量大，水平和垂直运输量大等。现浇钢筋混凝土高层建筑的施工特点是：结构和施工机具设备的稳定性要求高，钢材加工量大，混凝土浇筑难；有地下室时基坑支护结构复杂，安全防护要求高等。

××工程概况表　　　　　　表 2-4-2

建设单位		工程名称		
设计单位		开工日期		
施工单位		竣工日期		
监理单位		工程投资额		
工程概况	建筑面积		工程承包范围	
	建筑高度		现场概况	施工用水	
	建筑层数			施工用电	
	结构形式			施工道路	
	基础类型、深度			地下水位	
	抗震设防烈度			冻结深度	

§4.2 施工方案设计

施工方案设计是单位工程施工组织设计的核心问题。其内容一般包括：确定施工程序和施工顺序、施工起点流向、主要分部分项工程的施工方法和施工机械。

4.2.1 确定施工程序

施工程序是指施工中，不同阶段的不同工作内容按照其固有的先后次序，循序渐进向前开展的客观规律。

单位工程的施工程序一般为：接受任务阶段—开工前的准备阶段—全面施工阶段—交工验收阶段，每一阶段都必须完成规定的工作内容，并为下阶段工作创造条件。

1. 接受任务阶段

接受任务阶段是其他各个阶段的前提条件，施工单位在这个阶段承接施工任务，签订施工合同，明确拟施工的单位工程。目前施工单位承接的工程施工任务，一般是通过投标，在中标后承接的。施工单位需检查该项工程是否有经有关部门批准的正式文件，投资是否落实。如两项均已满足要求，施工单位应与建设单位签订工程承包合同，明确双方应承担的技术经济责任以及奖励、处罚条款。对于施工技术复杂、工程规模较大的工程，还需确定分包单位，签订分包合同。

2. 开工前准备阶段

单位工程开工前必须具备如下条件：施工执照已办理；施工图纸已经过会审；施工预算已编制；施工组织设计已经过批准并已交底；场地土石方平整、障碍物的清除和场内外交通道路已经基本完成；用水、用电、排水均可满足施工需要；永久性或半永久性坐标和水准点已经设置；附属加工企业各种设施的建设基本能满足开工后生产和生活的需要；材料、成品和半成品以及必要的工业设备有适当的储备，并能陆续进入现场，保证连续施工；施工机械设备已进入现场，并能保证正常运转；劳动力计划已落实，随时可以调动进场，并已经过必要的技术安全防火教育。在此基础上，写出开工报告，并经有关主管部门审查批准后方可开工。

3. 全面施工阶段

施工方案设计中主要应确定这个阶段的施工程序。施工中通常遵循的程序主要有：

（1）先地下、后地上

施工时通常应首先完成管道、管线等地下设施、土方工程和基础工程，然后开始地上工程施工。但采用逆作法施工时除外。

（2）先主体、后围护

施工时应先进行框架主体结构施工，然后进行围护结构施工。

（3）先结构、后装饰

施工时先进行主体结构施工，然后进行装饰工程施工。但是，随着新建筑体系的不断涌现和建筑工业化水平的提高，某些装饰与结构构件均在工厂完成。

（4）先土建、后设备

先土建、后设备是指一般的土建与水暖电卫等工程的总体施工程序、施工时某些工序可能要穿插在土建的某一工序之前进行，这是施工顺序问题，并不影响总体施工程序。

4. 竣工验收阶段

单位工程完工后，施工单位应首先进行内部预验收，然后，经建设单位和质检站验收合格，双方方可办理交工验收手续及有关事宜。

在施工方案设计时，应按照所确定的施工程序，结合工程的具体情况，明确各施工阶段的主要工作内容和顺序。

4.2.2　确定施工起点流向

确定施工起点流向，就是确定单位工程在平面上或竖向上施工开始的部位和进展的方向。对于单层建筑物，如厂房，可按其车间、工段或跨间，分区分段地确定出在平面上的施工流向。对于多层建筑物，除了确定每层平面上的流向外，还应确定沿竖向上的施工流向。对于道路工程可确定出施工的起点后，沿道路前进方向，将道路分为若干区段，如 1km 一段进行。

确定单位工程施工起点流向时，一般应考虑如下因素：

（1）车间的生产工艺流程。影响其他工段试车投产的工段应先施工。

（2）建设单位对生产和使用的要求。一般使用急的工段或部位应先施工。

（3）工程的繁简程度和施工过程间的相互关系。一般技术复杂、耗时长的区段或部位应先施工。另外，关系密切的分部分项工程的流水施工，如果紧前工作的起点流向已经确定，则后续施工过程的起点流向应与之一致。

（4）房屋高低层和高低跨。如柱子的吊装应从高低跨并列处开始；屋面防水层施工应按先低后高方向施工；基础施工应按先深后浅的顺序施工。

（5）工程现场条件和施工方案。如土方工程边开挖边余土外运，施工的起点一般应选定在离道路远的部位，由远而近的流向进行。

（6）分部分项工程的特点和相互关系。在流水施工中，施工起点流向决定了各施工段的施工顺序。因此，在确定施工起点流向的同时，应将施工段划分并进行编号。

装饰工程分为室外和室内。根据装饰工程的特点，施工起点流向一般有以下几种情况：

（1）室内装饰工程自上而下的施工起点流向，通常是指主体结构工程封顶、屋面防水层完成后，从顶层开始逐层向下进行，如图 2-4-2 所示。其优点是，主体结构完成后有一定的沉降时间，且防水层已做好，容易保证装饰工程质量不受沉降和下雨影响，而且自上而下的流水施工，工序之间交叉少，便于施工和成品保护，垃圾清理也方便。不过，其缺点是不能与主体工程搭接施工，工期较长。因此当工期不紧时，应选择此种施工起点流向。

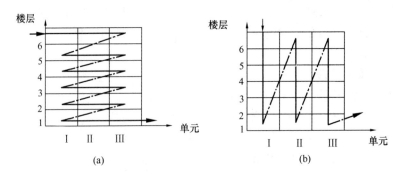

图 2-4-2 室内装饰工程自上而下的起点流向

(a) 水平向下；(b) 垂直向下

（2）室内装饰工程自下而上的施工起点流向，能常是指主体结构工程施工到三层以上时，装饰工程从一层开始，逐层向上进行，如图 2-4-3 所示。优点是主体与装饰交叉施工，工期短。缺点是工序交叉多，成品保护难，质量和安全不易保证。因此如采用此种施工起点流向，必须采取一定的技术组织措施，来保证质量和安全；如上下两相邻楼层中，首先应抹好上层地面，再做下层顶棚抹灰。当工期紧时可采用此种施工起点流向。

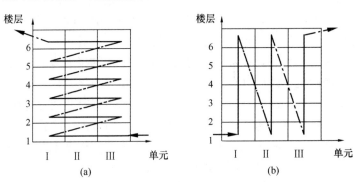

图 2-4-3 室内装饰工程自下而上的施工起点流向

(a) 水平向上；(b) 垂直向上

（3）自中而下再自上而中的施工起点流向，它综合了上述两种流向的优点，通常适于中、高层建筑装饰施工，如图 2-4-4 所示。

（4）室外装饰工程通常均为自上而下的施工起点流向，以便保证质量。

4.2.3 确定施工顺序

施工顺序是指分部分项工程施工的先后次序。

1. 确定施工顺序时应考虑的因素

（1）遵循施工程序。施工顺序应在不违背施工程序的前提下确定。

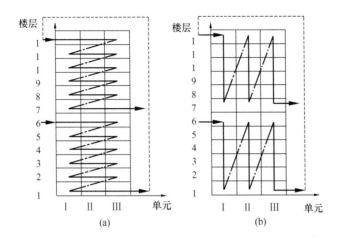

图 2-4-4　室内装饰工程自中而下再自上而中的起点流向

(a) 水平流向；(b) 垂直流向

(2) 符合施工工艺。施工顺序应与施工工艺顺序相一致；如现浇柱的施工顺序为：绑钢筋→支模板→浇混凝土→养护→拆模。

(3) 与施工方法一致。如预制柱的施工顺序为：支模板→绑钢筋→浇混凝土→养护→拆模。

(4) 考虑工期和施工组织的要求。如室内外装饰工程的施工顺序。

(5) 考虑施工质量和安全要求。如外墙装饰安排在层面卷材防水施工后进行，以保证安全；楼梯抹面最后自上而下进行，以保证安全；楼梯抹面最后自上而下进行，以保证质量。

(6) 受当地气候影响。如冬季室内装饰工程施工，应先安门窗后做其他装饰。

2. 多层混合结构居住房屋的施工顺序

多层混合结构居住房屋的施工，通常可划分为基础工程、主体结构工程、屋面及装饰工程三个阶段，如图 2-4-5 所示。

(1) 基础工程的施工顺序

基础工程阶段是指室内地坪（±0.000）以下的所有工程的施工阶段。其施工顺序一般为：挖土→做垫层→砌基础→铺设防潮层→回填土。若有地下障碍物、坟穴、防空洞、软弱地基等情况，则应首先处理；若有地下室，则在砌筑完基础或其一部分后，砌地下室墙，做完防潮层后，浇筑地下室楼板，最后回填土。

施工时，挖土与垫层之间搭接应紧凑，以防积水浸泡或曝晒地基，影响其承载能力；而且，垫层施工完后，一定要留有技术间歇时间，使其具有一定强度后，再进行下一道工序的施工。

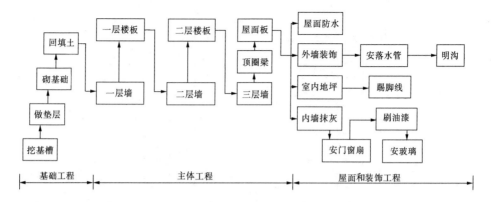

图 2-4-5 三层混合结构居住房屋的施工顺序

各种管沟的挖土和管道铺设等工程，应尽可能与基础施工配合，平等搭接施工。

（2）主体结构工程的施工顺序

主体结构工程阶段的工作通常包括：搭脚手架、砌筑墙体、安门窗框、安过梁、安预制楼板、现浇雨篷和圈梁、安楼梯、安屋面板等分项工程。其中砌筑墙体和安楼板是主导工程。现浇卫生间楼板、各层预制楼梯段的安装必须与墙体砌筑和楼板安装密切配合，一般应在砌墙、安楼板的同时或相继完成。

（3）屋面和装饰工程的施工顺序

屋面工程主要是卷材防水层面和刚性防水层面。卷材防水屋面一般按找平层→隔气层→保温层→找平层→防水层→保护层的顺序施工。对于刚性防水屋面，现浇钢筋混凝土防水层应在主体完成或部分完成后，尽快开始分段施工，从而为室内装饰工程创造条件。一般情况下，屋面工程和室内装饰工程可以搭接或平等施工。

室内装饰工程的内容主要有：顶棚、地面和墙抹灰；门窗扇安玻璃、油墙裙、做踢脚线和楼梯抹灰等。其中抹灰是主导工程。

同一层的室内抹灰的施工顺序有两种：一是地面→顶棚→墙面；二是顶棚→墙面→地面。前一种施工顺序的优点是：地面质量容易保证，便于收集落地灰、节省材料；缺点是地面需要养护时间和采取保护措施，影响工期。后一种施工顺序的优点是：墙面抹灰与地面抹灰之间不需养护时间，工期可以缩短；缺点是落地灰不易收集，地面的质量不易保证，容易产生地面起壳。

其他的室内装饰工程之间通常采用的施工顺序一般为：底层地面多在各层顶棚、墙面和楼地面完成后进行；楼梯间和楼梯抹面多在整个抹灰冻结和加速干燥，抹灰前应将门窗扇和玻璃安装好；钢门窗一般框、扇在加工厂拼接完后运至现场，在抹灰前或后进行安装；为了防止油漆弄脏玻璃，通常采用先油漆门窗框和扇，后安装玻璃的施工顺序。

（4）水暖电卫等工程的施工顺序

水暖电卫工程不像土建工程那样分成几个明显的施工阶段，它一般是与土建工程中有关分部分项工程紧密配合、穿插进行的，其顺序一般为：

1）在基础工程施工时，回填土前，应完成上下水管沟和暖气管沟垫层和墙壁的施工。

2）在主体结构施工时，应在砌砖墙或现浇钢筋混凝土楼板时，预留上下水和暖气管孔、电线孔槽、预埋木砖或其他预埋件。但抗震房屋应按有关规范进行。

3）在装饰工程施工前，安装相应的各种管道和电气照明用的附墙暗管、接线盒等。水暖电卫其他设备安装均穿插在地面或墙面的抹灰前后进行。但采用明线的电线，应在室内粉刷之后进行。

室外上下水管道等工程的施工，可以安排在土建工程之前或其中进行。

3. 高层现浇混凝土结构综合商住楼的施工顺序

高层现浇混凝土结构综合商住楼的施工，由于采用的结构体系不同，其施工方法和施工顺序也不尽相同，下面以墙柱结构采用滑模施工方法为例加以介绍。施工时通常可划分为基础及地下室工程、主体工程、屋面和装饰工程几个阶段，如图 2-4-6 所示。

（1）基础及地下室工程的施工顺序

高层建筑的基础均为深基础，由于基础的类型和位置等不同，其施工方法和顺序也不同，如可以采用逆作法施工。当采用通常的由下而上的顺序时，一般为：

挖土→清槽→验槽→桩施工→垫层→桩头处理→清理→做防水层→保护层→投点放线→承台梁板扎筋→混凝土灌筑→养护→投点放线→施工缝处理→桩、墙扎筋→桩、墙模板→混凝土浇筑→顶盖梁、板支模→梁、板扎筋→混凝土浇筑→养护→拆外模→外墙防水→保护层→回填土。

施工中要注意防水工程和承台梁大体积混凝土以及深基础支护结构的施工。

（2）主体工程的施工顺序

结构滑升采用液压模逐层空滑现浇楼板并进施工工艺。滑升模板和液压系统安装调试工艺流程如图 2-4-7 所示。

滑升阶段的施工顺序如图 2-4-8 所示。

当然，如果楼板采用降模法施工，其施工顺序应予调整。

（3）屋面和装饰工程的施工顺序

屋面工程的施工顺序与混合结构居住房屋的屋面工程基本相同。

装饰工程的分项工程及施工顺序随装饰设计不同而不同。例如：室内装饰工程的施工顺序一般为：结构处理→放线→做轻质隔墙→贴灰饼冲筋→立门框、安铝合金门窗→各类管道水平支管安装→墙面抹灰→管道试压→墙面喷涂贴面→吊

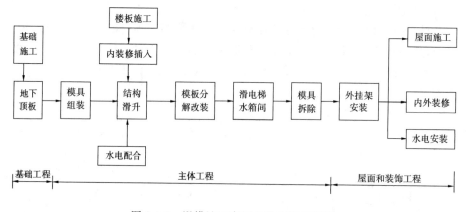

图 2-4-6　滑模施工高层商住楼施工顺序

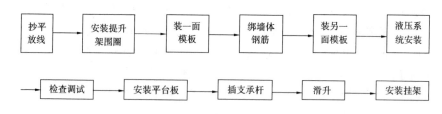

图 2-4-7　滑升模板和液压系统组装工艺流程

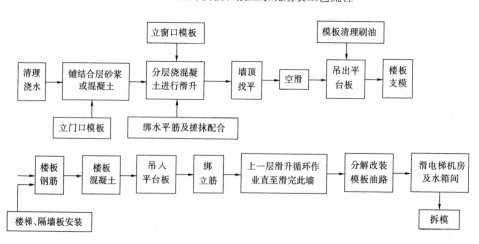

图 2-4-8　主体工程施工顺序

顶→地面清理→做地面、贴地砖→安门窗→风口、灯具、洁具安装→调试→清理。

室外装饰工程的施工顺序一般为：结构处理→弹线→贴灰饼→刮底→放线→贴面砖→清理。

应当指出，高层建筑的结构类型较多，如筒体结构，框架结构、剪力墙结构等，施工方法也较多，如滑模法、升板法等。因此，施工顺序一定要与之协调一致，没有固定模式可循。

4. 装配式钢筋混凝土单层工业厂房的施工顺序

装配式钢筋混凝土单层工业厂房的施工可分为：地下工程、预制工程、结构安装工程、围护工程和装饰工程五个主要分部工程，其施工顺序如图 2-4-9 所示。

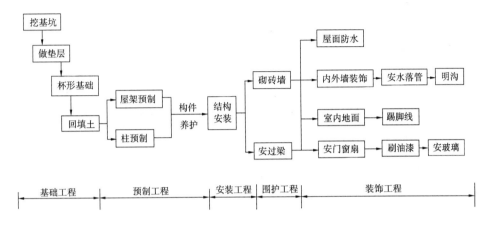

图 2-4-9　装配式钢筋混凝土单层工业厂房施工顺序

（1）地下工程的施工顺序

地下工程的施工顺序一般为：基坑挖土→做垫层→安装基础模板→绑钢筋→浇混凝土→养护→拆基础模板→回填土等分项工程。

当中型或重型工业厂房建设在土质较差的地区时，通常采用桩基础。此时，为了缩短工期，常将打桩工程安排在施工准备阶段进行。

在地下工程开始前，同民用房屋一样，应首先处理地下的洞穴等，然后，确定施工起点流向，划分施工段，以便组织流水施工。并应确定钢筋混凝土基础或垫层与基坑之间的搭接程度及所需技术间歇时间，在保证质量的条件下，尽早拆模和回填，以免曝晒和水浸地基，并提供就地预制场地。

在确定施工顺序时，必须确定厂房柱基础与设备基础的施工顺序，它常常影响到主体结构和设备安装的方法与开始时间，通常有两种方案可选择：

1）当厂房柱基础的埋置深度大于设备基础埋置深度时，一般采用厂房柱基础先施工，设备基础后施工的"封闭式"施工顺序。

通常，当厂房施工处于冬、雨期时，或设备基础不大，或采用沉井等特殊施工方法施工的较大较深的高呼基础，均可采用"封闭式"施工顺序。

2）当设备基础埋置深度大于厂房柱基础的埋置深度时，一般采用厂房柱基础与设备基础同时施工的"开敞式"施工顺序。

当厂房的设备基础较大较深，基坑的挖土范围连成一片，或深于厂房柱基础，以及地基的土质不准时，才采用设备基础先施工的顺序。

当设备基础与柱基础埋置深度相同或接近时，可以任意选择一种施工顺序。

（2）预制工程的施工顺序

排架结构单层工业厂房构件的预制，通常采用加工厂预制和现场预制相结合的方法进行，一般重量较大或运输不便的大型构件，可在拟建车间现场就地预制，如柱、托架梁、屋架和吊车梁等。中小型构件可在加工厂预制，如大型屋面板等标准构件和木制品等宜在专门的生产厂家预制。在具体确定预制方案时，应结合构件技术要求、工期规定、当地加工能力、现场施工和运输条件等因素进行技术经济分析后确定。

钢筋混凝土构件预制工程的施工顺序为：预制构件的支模→绑钢筋→埋铁件→浇混凝土→养护→预应力钢筋的张拉→拆模→锚固→灌浆等分项工程。

预制构件开始制作的日期、制作的位置、起点流向和顺序，在很大程度上取决于工作面准备工作完成的情况和后续工程的要求，如结构安装的顺序等。通常，只要基础回填土、场地平整完成一部分之后，并且，结构安装方案已定，构件平面布置图已绘出，就可以进行制作。制作的起点流向应与基础工程的施工起点流向相一致。

当采用分件安装方法时，预制构件的预制有三种方案：

1）当场地狭窄而工期允许时，构件预制可分别进行。首先预制柱和梁，待柱和梁安装完再预制屋架。

2）当场地宽敞时，可在柱、梁制作完就进行屋架预制。

3）当场地狭窄，且工期要求紧迫时，可首先将柱和梁等构件在拟建车间外进行架预制。另外，为满足吊装强度要求，有时先开始预制屋架。

当采用综合吊装法吊半时，构件需一次制作。这时应视场地具体情况确定：构件是全部在拟建车间内部就地预制，还是有一部分在拟建车间外预制。

（3）结构安装工程的施工顺序

结构安装工程是单层工业厂房施工中的主导工程。其施工内容为：柱、吊车梁、连系梁、地基梁、托架、屋架、天窗架、大型屋面板等构件的吊装、校正和固定。

构件开始吊装日期取决于吊装前准备工作完成的情况。当柱基杯口弹线和杯底标高抄平、构件的检查和弹线、构件的吊装验算和加固、起重机械的安装等准备工作完成后，构件混凝土强度已达到规定的吊装强度，就可以开始吊装。如钢筋混凝土柱和屋架的强度应分别达到 70% 和 100% 设计强度后进行吊装；预应力钢筋混凝土屋架、托架梁等构件在混凝土强度达到 100% 设计强度时，才能张拉预应力钢筋，而灌浆后的砂浆强度要达到 $15N/mm^2$ 时才可以进行就位和吊装。

吊装的顺序取决于吊装方法。若采用分件吊装法时，其吊装顺序一般是：第一次开行吊装柱，随后校正与固定；待接着混凝土强度达到设计强度 70% 后，第二次吊装车梁、托架梁与连系梁；第三次开行吊装屋盖系统的构件。有时也可将第二次、第三次开行合并为一次开行。若采用综合吊装法时，其吊装顺序一般是：先吊装 4～6 根柱并迅速校正和固定，再吊装各类梁及屋盖系统的全部构件，如此依次逐个节间吊装，直至整个厂房吊装完毕。

抗风柱的安装顺序一般有两种可能：

1）在吊装柱的同时先安装该跨一端的抗风柱，另一端则在屋盖安装以后进行；

2）全部抗风柱的安装均待屋盖安装完毕后进行。

（4）围护工程的施工顺序

围护工程施工阶段包括墙体砌筑和屋面工程。在厂房结构安装工程结束后，或安装完一部分区段后即可开始内、外墙砌筑工程的分段分层流水施工。不同的分项工程之间可组织立体交叉平行流水施工。墙体工程、屋面工程和地面工程应紧密配合。如墙体施工完，应考虑屋面工程和地面工程施工。

脚手架工程应配合砌筑搭设，在室外装饰之后，做散水坡之前拆除。内隔墙的砌筑应根据内隔墙的基础形式而定，有的需要地面工程完成之后进行，有的则可在地面工程之前与外墙同时进行。

屋面防水工程的施工顺序，基本与混合结构居住房屋的屋面防水施工顺序相同。

（5）装饰工程的施工顺序

装饰工程的施工又可分为室内和室外装饰。一般单层厂房的装饰工程，通常不占总工期，而与其他施工过程穿插进行。地面工程应在设备基础、墙体砌筑工程完成了一部分和埋入地下的管道电缆或管道沟完成后随即进行，或视具体情况穿插进行；门窗安装一般与砌筑工程穿插进行，也可以在砌筑工程完成后开始安装，视具体条件而定。

4.2.4　施工方法和施工机械选择

由于建筑产品的多样性、地区性和施工条件的不同，所以一个单位工程的施工方法和施工机械的选择也是多种多样的。正确地拟定施工方法和施工机械，是选择施工方案的核心内容，它直接影响施工进度、施工质量、施工安全和施工成本。

1. 施工方法选择

施工方法是工程施工期间所采用的技术方案、工艺流程、组织措施、检验手段等。它直接影响施工进度、质量、安全以及工程成本。施工方法选择时应：

（1）重点解决影响整个工程施工的分部（分项）工程或专项工程施工方法并进行必要的技术核算．

（2）对主要分项工程（工序）明确施工工艺要求。

（3）对易发生质量通病、易出现安全问题、施工难度大、技术含量高的分项工程（工序）等应做出重点说明。如在单位工程施工中占重要地位的、工程量大的分部（分项）工程、施工技术复杂或对质量起关键作用的分部（分项）工程、特种结构工程或由专业施工单位施工的特殊专业工程的施工方法等都应做出重点说明。

（4）对于工程中推广应用的新技术、新工艺、新材料和新设备，可以采用目前国家和地方推广的，也可以根据工程具体情况由企业创新；对于企业创新的技术和工艺，要制定理论和试验研究实施方案，并组织鉴定评价和制定计划。

（5）对季节性施工应根据施工地点的实际气候特点，制定具有针对性的施工措施。并在施工过程中，根据气象部门的预报资料，对具体措施进行细化，提出具体要求。

（6）而对于人们熟悉的、工艺简单的分项工程，则加以概括说明，提出应注意的特殊问题即可，不必拟定详细的施工方法。

选择主要项目的施工方法，应包括以下内容：

（1）土石方工程

确定土方开挖方法、放坡要求，石方爆破方法，是否需要土石方施工机械，土石方调配方案，选择地下水、地表水的排除方法，确定排水沟、集水井位置或降水方法和所需设备等。

（2）基础工程

基础需设施工缝时，明确留设位置、技术要求，基础中垫层、混凝土和钢筋混凝土基础施工的技术要求，地下室施工的技术要求和防水要求，桩基础的施工方法和施工机械。

（3）砌筑工程

包括砖墙的组砌方法和质量要求，脚手架搭设方法和技术要求等。

（4）混凝土及钢筋混凝土工程

确定模板类型和支模方法，钢筋的加工、绑扎和焊接方法，商品混凝土的采购、运输、浇筑的顺序和方法，泵送混凝土和普通垂直运输混凝土机械选择，振捣设备的类型和规格，施工缝的留设位置，预应力混凝土的施工方法、控制应力和张拉设备。

（5）结构安装工程

确定构件的制作、运输、装卸、堆放方法，所需的机具、设备型号、数量和对运输道路的要求，安装方法、安装顺序、机械位置。

（6）装饰工程

围绕室内外装修，确定采用的施工方法、工艺流程和劳动组织，所需机械设备、材料堆放、平面布置和储存要求，并组织流水施工。

（7）现场垂直、水平运输

确定垂直运输量（有标准层的要确定标准层的运输量），选择垂直运输方式，脚手架的选择及搭设方式，水平运输方式和设备的型号、数量，配套使用的专用工具设备（如混凝土车、灰浆车、料斗、砖车、砖笼等），地面和楼层上水平运输的行驶路线；合理地布置垂直运输设施的位置，综合安排各种垂直运输设施的任务和服务范围。

2. 施工机械选择

施工机械选择时应注意以下几点：

（1）首先选择主导的施工机械。如基础工程的土方机械，主体结构工程的垂直、水平运输机械，结构安装工程的起重机械等。

（2）选择与主导施工机械配套的辅助施工机械。在选择辅助施工机械时，必须充分发挥主导施工机械的生产率，使它们的生产能力协调一致，并确定出辅助施工机械的类型、型号和数量。如土方工程中自卸汽车的载重量应为挖土机斗容量的整数倍，汽车的数量应保证挖土机连续工作，使挖土机的效率充分发挥。

（3）为便于施工机械化管理，同一施工现场的机械型号尽可能少，当工程量大而且集中时，应选用专业化施工机械；当工程量小而分散时，要选择多用途施工机械。

（4）尽量选用施工单位的现有机械，以减少施工的投资额，提高现有机械的利用率，降低成本。不能满足工程需要时，则购置或租赁所需新型机械。

3. 专项施工方案

（1）在《建设工程安全生产管理条例》（国务院第 393 号令）中规定：对达到一定规模的危险性较大的分部（分项）工程编制专项施工方案，并附具安全验算结果，经施工单位技术负责人、总监理工程师签字后实施。达到一定规模的危险性较大的分部（分项）工程包括：

1）基坑支护与降水工程；

2）土方开挖工程；

3）模板工程；

4）起重吊装工程；

5）脚手架工程；

6）拆除爆破工程；

7）国务院建设行政主管部门或者其他有关部门规定的其他危险性较大的工程。

此外，涉及深基坑、地下暗挖工程、高大模板工程的专项施工方案，施工单位还应当组织专家进行论证、审查。除上述《建设工程安全生产管理条例》中规定的分部（分项）工程外，施工单位还应根据项目特点和地方政府部门有关规定，对具有一定规模的重点、难点分部（分项）工程进行相关论证。

（2）由专业承包单位施工的分部（分项）工程或专项工程的施工方案，应由专业承包单位技术负责人或技术负责人授权的技术人员审批；有总承包单位时，应由总承包单位项目技术负责人核准备案。

（3）规模较大的分部（分项）工程和专项工程的施工方案应按单位工程施工组织设计进行编制和审批。如主体结构为钢结构的大型建筑工程，其钢结构分部规模很大且在整个工程中占有重要的地位，需另行分包，遇有这种情况的分部（分项）工程或专项工程，其施工方案应按施工组织设计进行编制和审批。

施工方案应由项目技术负责人审批；重点、难点分部（分项）工程和专项工程施工方案应由施工单位技术部门组织相关专家评审，施工单位技术负责人批准。

4.2.5   工程施工的重点和难点分析

工程的重点和难点对于不同工程和不同企业具有一定的相对性，某些重点、难点工程的施工方法可能已通过有关专家论证成为企业工法或企业施工工艺标准，此时企业可直接引用。重点、难点工程的施工方法选择应着重考虑影响整个单位工程的分部（分项）工程，如工程量大、施工技术复杂或对工程质量起关键作用的分部（分项）工程。

对于工程施工的重点和难点进行分析，包括组织管理和施工技术两个方面。

4.2.6   主要技术组织措施

技术组织措施是指在技术、组织方面采取的具体措施，以达到保证施工质量、安全、环境保护，按期完成施工进度、有效控制工程成本的目的。

（1）保证质量措施

保证质量的关键是对所涉及的工程中经常发生的质量通病制定防治措施，从全面质量管理的角度，把措施定到实处，建立质量保证体系，对采用的新工艺、新材料、新技术和新结构，制定有针对性的技术措施。认真制定放线定位正确无误的措施，确保地基基础特别是特殊、复杂地基基础正确无误的措施，保证主体结构关键部位的质量措施，复杂工程的施工技术措施等。

（2）安全施工措施

安全施工措施应贯彻建设工程安全生产管理条例、安全操作规程，对施工中可能发生安全问题的各个环节进行预测，其主要内容包括：

① 预防自然灾害措施。包括防台风、防雷击、防洪水、防地震等。

② 防火防爆措施。包括大风天气严禁施工现场明火作业、明火作业要有安全保护、氧气瓶防振防晒和乙炔罐严禁回火等措施。

③ 劳动保护措施。包括安全用电、高空作业、交叉施工、防暑降温、防冻防寒和防滑防坠落，以及防有害气体等措施。

④ 特殊工程安全措施。如采用新结构、新材料或新工艺的单项工程，危险性较大的分部分项工程，要编制专项施工方案和详细的安全施工措施。

⑤ 环境保护措施。包括有害气体排放、现场生产污水和生活污水排放，以及现场树木和绿地保护等措施。

（3）降低成本措施

降低成本措施包括节约劳动力、材料、机械设备费用、工具费和间接费等。针对工程量大、有采取措施的可能、有条件的项目，提出措施，计算出经济效果指标，最后加以分析、评价、决策。一定要正确处理降低成本、提高质量和缩短工期三者的关系。

（4）季节性施工措施

当工程施工跨越冬期或雨期施工时，要制定冬、雨期施工措施，在防淋、防潮、防泡、防拖延工期、防冻等方面，分别采用遮盖、合理储存、改变施工顺序、避雨、保温、防冻等措施。

（5）防止环境污染的措施

为了保护环境，防止在施工中造成污染，在编制施工方案时应提出防止污染的措施，主要包括：

① 防止施工废水污染环境的措施。如搅拌机冲洗废水、灰浆水、现场洗车水、厕所污水等。

② 防止废气污染环境的措施。如熟化石灰、油漆、燃煤取暖等。

③ 防止垃圾、粉尘污染环境的措施。如运输土方与垃圾、散装材料堆放、进出车辆车轮带泥砂、拆除作业等。

④ 防止噪声污染措施。如推土机、挖掘机、装载机、混凝土输送泵、翻斗车等施工机械，电锯、空压机、切割机、混凝土振捣棒、冲击钻等。

4.2.7　施工方案的评价

为了避免施工方案的盲目性、片面性，保证所选方案的科学性，对所选施工方案要进行技术、经济评价，从而选出技术先进可行、质量可靠、经济合理的最佳方案，达到保证工程质量、缩短工期、降低成本的目的，进而提高工程施工的经济效益。常用的方法有定性分析和定量分析两种。

1. 定性分析评价

定性分析评价是对施工方案从以下几个方面进行分析、比较：

（1）施工操作难易程度和安全可靠性；

（2）为后续工程创造有利条件的可能性；

（3）利用现有或取得施工机械的可能性；

（4）现场文明施工创造有利条件的可能性；

（5）施工方案对冬、雨期施工的适应性。

2. 定量分析评价

（1）工期指标。当要求工程尽快完成以便尽早投入生产或使用时，选择施工方案就要在确保工程质量、安全和成本较低的条件下，优先考虑缩短工期。

（2）劳动量指标。反映施工机械化程度和劳动生产率水平。通常，劳动消耗越小，机械化和劳动生产率越高。劳动消耗指标以工日数计算。

（3）主要材料消耗指标。反映若干施工方案的主要材料节约情况。

（4）成本指标。反映施工方案的成本高低，一般需计算该施工方案所用直接费和间接费。

§4.3　施工进度计划

单位工程施工进度计划是在确定了施工方案的基础上，根据工期要求和各种资源供应条件，遵循各施工过程合理的施工顺序，用图表的形式表示工程从开始施工到全部竣工各施工过程在时间和空间上的合理安排和搭接关系。《建筑施工组织设计规范》GB/T 50502—2009 对施工进度计划的界定是：为实现项目设定的工期目标，对各项施工过程的施工顺序、起止时间和相互衔接关系所作的统筹策划和安排。

施工进度计划要保证拟建工程在规定的期限内完成，保证施工的连续性和均衡性，节约施工费用。在此基础上，可以编制劳动力计划、材料供应计划、机械设备需用量计划等。因此，施工进度计划是施工组织设计中一项非常重要的内容。通常有横道图和网络图两种表示方法。

4.3.1　编　制　依　据

《建筑施工组织设计规范》GB/T 50502—2009 和《建设工程项目管理规范》GB/T 50326—2006 第 9.2.1 条规定，编制施工进度计划需依据建筑工程施工的客观规律和施工条件，参考工期定额，综合考虑资金、材料、设备、劳动力等资源的投入，依据合同文件、项目管理规划文件、资源条件与内外部约束条件等。具体应包括：

（1）合同文件对施工工期及开竣工日期要求。

（2）施工总进度计划。

（3）主要分部分项工程的施工方案。

（4）劳动力、材料、设备、资金等资源投入。

（5）劳动定额、机械台班定额和企业施工管理水平。

（6）工期定额。

（7）施工人员的技术素质和劳动效率等。

4.3.2　编　制　程　序

单位工程施工进度计划的编制程序，如图 2-4-10 所示。

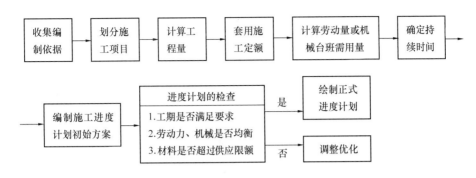

图 2-4-10 单位工程施工进度计划编制程序

4.3.3 编 制 步 骤

（1）划分施工过程

施工过程是进度计划的基本组成单元。根据工程的结构特点、施工方案和劳动组织进行施工过程的划分，主要包括直接在建筑物（或构筑物）上进行施工的所有分部分项工程。划分时，应注意以下问题：

① 施工过程划分的粗细程度，主要取决于施工进度计划的客观需要。编制控制性进度计划，施工过程可划分得粗一些，通常只列出分部工程名称，如混合结构房屋的控制性施工进度计划，只列出基础工程、主体工程、屋面工程和装修工程四个施工过程，而对于实施性的施工进度计划，项目划分得要细一些，如上述屋面工程应进一步划分为找平层、隔气层、保温层、找平层、防水层等分项工程。

② 施工过程的划分要结合所选择的施工方案。施工方案或施工方法不同，施工过程名称、数量、内容和施工顺序也会有所不同。如深基坑施工需降水，当采用放坡开挖时，其施工过程有井点降水和挖土两项；当采用桩支护时，其施工过程包括井点降水、支护桩和挖土三项。

③ 适当简化施工进度计划内容，避免工程项目划分过细、重点不突出。可将某些穿插性分项工程合并到主要分项工程中去，或对在同一时间内，由同一工程队施工的过程可以合并为一个施工过程，而对于次要的零星分项工程，可合并为其他工程一项。

④ 水暖电卫工程和设备安装工程通常由专业队负责施工。因此，在施工进度计划中只要反映出这些工程与土建工程如何配合即可。

⑤ 所有施工过程应基本按施工顺序先后排列，所采用的施工项目名称可参考现行定额手册上的项目名称。

（2）计算工程量

通常，可直接采用施工图预算所计算的工程量数据，但应注意有些项目的工程量应按实际情况作适当调整。如土方工程施工中挖土工程量，应根据土壤的类别和采用的施工方法等进行调整。计算时应注意以下几个问题：

① 各分部分项工程的工程量计算单位应与《建设工程工程量清单计价规范》GB 50500—2013 所规定的单位一致，避免计算劳动力、材料和机械数量时须进行换算，产生错误。

② 结合选定的施工方法和安全技术要求计算工程量。

③ 结合施工组织要求，分区分段和分层计算工程量。

④ 尽量考虑编制其他计划时使用工程量数据的方便，做到一次计算，多次使用。

（3）确定劳动量和机械台班数量

计算劳动量或机械台班数量时，可根据各分部分项工程的工程量施工方法和现行的劳动定额，结合实际情况加以确定。一般应按下式计算：

$$P = \frac{Q}{S} \text{ 或 } P = Q \cdot H \qquad (2\text{-}4\text{-}1)$$

式中　P——劳动量（工日）或机械台班数量（台班）

Q——某分部分项工程的工程量（m^3、m^2、t）

S——产量定额，即单位工日或台班完成的工程量（m^3、m^2、t/工日或台班）

H——时间定额（工日或台班/m^3、m^2、t）

在使用定额时，可能会出现以下几种情况：

① 计划中的一个项目包括了定额中的同一性质的不同类型的几个分项工程。这时可用其所包括的各分项工程的工程量与其产量定额（或时间定额）算出各自的劳动量，然后求和，即为计划中项目的劳动量，一般应按下式计算：

$$P = \frac{Q_1}{S_1} + \frac{Q_2}{S_2} + \cdots + \frac{Q_n}{S_n} = \sum_{i=1}^{n} \frac{Q_i}{s_i} \qquad (2\text{-}4\text{-}2)$$

式中　　　　P——计划中某一工程项目的劳动量；

Q_1、$Q_2 \cdots Q_n$——同一性质各个不同类型分项工程的工程量；

S_1、$S_2 \cdots S_n$——同一性质各个不同类型分项工程的产量定额；

n——计划中的一个工程项目所包括定额同一性质不同类型分项工程的个数。

或先计算平均定额，再用平均定额计算劳动量。

当同一性质不同类型分项工程的工程量相等时，平均定额可用其绝对平均值，可按下式计算：

$$H = \frac{H_1 + H_2 + \cdots + H_n}{n} \qquad (2\text{-}4\text{-}3)$$

式中　H——同一性质不同类型分项工程的平均时间定额；

其他符号同前。

当同一性质不同类型分项工程的工程量不相等时，平均定额应用加权平均值，可按下式计算：

$$S = \frac{Q_1 + Q_2 + \cdots + Q_n}{\dfrac{Q_1}{S_1} + \dfrac{Q_2}{S_2} + \cdots \dfrac{Q_n}{S_n}} = \frac{\sum\limits_{i=1}^{n} Q_i}{\sum\limits_{i=1}^{n} \dfrac{Q_i}{S_i}} \qquad (2\text{-}4\text{-}4)$$

式中　S——同一性质不同类型分项工程的平均产量定额；

　　　其他符号同前。

② 有些新技术或特殊的施工方法，无定额可遵循。可将类似项目的定额进行换算，或根据试验资料确定，或采用下式计算：

$$S = (a + 4m + b)/6 \qquad (2\text{-}4\text{-}5)$$

式中　a——最乐观估计的产量定额；

　　　b——最保守估计的产量定额；

　　　m——最可能估计的产量定额。

（4）确定各施工过程的持续时间

计算各施工过程的持续时间一般有两种：

① 据配备在某施工过程的施工工人数量或机械数量来确定。可按公式计算：

$$t = \frac{P}{RN} \qquad (2\text{-}4\text{-}6)$$

式中　P——完成某施工过程所需劳动量（工日）或机械台班数量（台班）；

　　　t——完成某施工过程的持续时间；

　　　R——完成该施工过程投入的人数或机械台数；

　　　N——每天工作班数。

② 根据工期要求倒排进度。根据规定总工期、工期定额和施工经验，确定各施工过程的施工时间，然后再按各施工过程需要的劳动量或机械台班数，确定各施工过程需要的机械台数或工人数。可按公式计算：

$$R = \frac{P}{tN} \qquad (2\text{-}4\text{-}7)$$

计算时首先按一班制考虑，若算得的机械台班数或工人数超过工作面所能容纳的数量时可增加工作班次或采取其他措施，使每班投入的机械数量或人数减少到可能与合理的范围。

（5）编制施工进度计划的初始方案

各施工过程的施工天数和施工顺序确定后，按照流水施工的原则，根据划分的施工段组织流水施工，首先安排控制工期的主导施工过程，使其尽可能连续施工；对其他施工过程尽量穿插、搭接或平行作业；最后把各施工过程在各施工段的流水作业最大限度地搭接起来，即形成单位工程施工进度计划的初始方案。

（6）施工进度计划的检查与调整

施工进度计划的初始方案确定后，应进行检查、调整和优化。其内容包括：

① 各施工过程的施工顺序、平行搭接和技术组织间歇是否合理。

② 初始方案的工期能否满足合同规定的工期要求。

③ 主要工种工人是否连续施工。

④ 各种资源需要量是否均衡。

经过检查，对不符合要求的部分进行调整，如增加或缩短某施工过程的持续时间；改变施工方法或施工技术组织措施等。

此外，由于建筑施工是一个复杂的生产过程，往往会因人力、物力及现场客观条件的变化而打破原定计划。因此，在施工过程中，应随时掌握工程动态，经常检查和调整计划，才能使工程自始至终处于有效的计划控制中。

§4.4   施工准备计划和资源配置计划

4.4.1   施 工 准 备 计 划

根据《建筑施工组织设计规范》GB/T 50502—2009，施工准备应包括技术准备、现场准备和资金准备等。

因此，为了落实各项施工准备工作，加强检查和监督，必须根据各项施工准备工作的内容、时间和人员，编制出施工准备工作计划。施工准备工作计划，如表 2-4-3 所示。

施工准备工作计划表   表 2-4-3

序号	施工准备项目	简要内容	负责单位	负责人	开始时间	结束时间	备注

4.4.2   资 源 配 置 计 划

各项资源需要量计划可用来确定建筑工地的临时设施，并按计划供应材料、构件、调配劳动力和机械设备，以保证施工顺利进行。在编制单位工程施工进度计划后，就要着手编制各项资源需要量计划。

（1）劳动力需要量计划

将施工进度计划表中所列各施工过程每天（或旬、月）劳动量、人数进行汇总，就可编制出主要工种劳动力需要量计划，如表 2-4-4 所示。

劳动力需要量计划 表 2-4-4

序号	工种名称	总劳动量（工日）	每月需要量（工日）					
			1	2	3	4	5	6

（2）主要材料需要量计划

它主要作为组织备料、确定仓库、堆场面积和组织运输的依据。其编制方法是将施工预算中工料分析表或进度表中各施工过程所需的材料，按材料名称、规格、数量、使用时间进行计算汇总而得，如表 2-4-5 所示。

主要材料需要量计划表 表 2-4-5

序号	材料名称	规格	需要量		供应时间	备注
			单位	数量		

（3）构件和半成品需要量计划

它主要用于落实加工订货单位，并按照所需规格、数量、时间，组织加工、运输和确定仓库或堆场，一般根据施工图和施工进度计划编制，其格式如表 2-4-6 所示。

构件和半成品需要量计划 表 2-4-6

序号	构件、半成品名称	规格	图号	需要量		使用部位	加工单位	供应时间	备注
				单位	数量				

（4）施工机械需要量计划

根据施工方案和施工进度计划确定施工机械的类型、数量、进场时间。其编制方法是将施工进度计划表中每以施工过程、每天所需的机械类型、数量和施工日期进行汇总，即得出施工机械需要量计划，如表 2-4-7 所示。

施工机械需要量计划 表 2-4-7

序号	机械名称	类型、型号	需要量		货源	使用起止时间	备注
			单位	数量			

§4.5 施工平面图设计

4.5.1 施工平面图的内容

单位工程施工平面图是对一个建筑物或构筑物在施工用地范围内，对各项生产、生活设施及其他辅助设施等进行的平面规划和空间布置图。

它是根据工程规模、特点和施工现场的条件，按照一定的设计原则来正确地解决施工期间所需的各种临时设施等同永久性建筑物和拟建建筑物之间的合理位置关系。它是进行施工现场布置的依据，也是施工准备工作的一项重要工作，是进行文明施工，节约土地，减少临时设施费用的先决条件。其绘制比例一般为1：200～1：500。

单位工程施工平面图设计的内容包括：

（1）建筑总平面图上已建和拟建的地上和地下的一切房屋、构筑物以及其他设施的位置和尺寸。

（2）测量放线标桩位置、地形等高线和土方取弃场地。

（3）布置在工程施工现场的垂直运输设施的位置。

（4）搅拌系统、材料、半成品加工、构件和机具的仓库或堆场。

（5）生产和生活用临时设施的布置。

（6）场内临时施工道路的布置，及与场外交通的连接。

（7）布置在工程施工现场的供电设施、供水供热设施、排水排污设施和通信线路的位置。

（8）施工现场必备的安全、消防、保卫和环境保护等设施的位置。

（9）必要的图例、比例尺、方向和风向标记。

4.5.2　施工平面图的设计原则

施工现场就是建筑产品的组装厂，由于建筑工程和施工场地的千差万别，使得施工现场平面布置因人、因地而异。合理布置施工现场，对保证工程施工顺利进行具有重要意义。施工现场平面布置应遵循方便、经济、高效、安全、环保、节能的原则。具体应符合下列原则：

（1）在保证工程顺利进行的前提下，平面布置应力求紧凑，节约用地；

（2）合理组织运输，尽量减少二次搬运，最大限度缩短工地内部运距。

（3）充分利用既有建（构）筑物和既有设施为项目施工服务，减少临时设施的数量，降低临时设施的建造费用。

（4）符合节能、环保、安全和消防等要求。

（5）遵守当地主管部门和建设单位关于施工现场安全文明施工的相关规定。

4.5.3　施工平面图的设计步骤

单位工程施工平面图的设计步骤一般是：确定起重机的位置→确定仓库、材料和构件堆场、加工厂的位置→布置运输道路→布置生产、生活福利用临时设施→布置水电管线→计算技术经济指标。

（1）垂直运输机械的布置

垂直运输机械的位置直接影响仓库、各种材料和构件等位置及道路、水电线路的布置等，因此它是施工现场布置的核心，必须首先确定。由于各种起重机械的性能不同，其布置方式也不相同。

1）塔式起重机的布置。塔式起重机是集起重、垂直提升、水平输送三种功能为一身的机械设备。按其在工地上使用架设的要求不同可分为固定式、有轨式、附着式和内爬式四种。

① 固定塔式起重机不需铺设轨道，但其作业范围较小；附着式塔式起重机占地面积小，且起重量大，可自行升高，但对建筑物作用有附着力；内爬式塔式起重机布置在建筑物中间，且作用的有效范围大，均适用于高层建筑施工。

在确定塔式起重机服务范围时，最好将建筑物平面尺寸包括在塔式起重机服务范围内，以保证各种构件与材料直接吊运到建筑物的设计部位上，尽可能不出现死角；若实在无法避免，则要求死角越少越好，同时在死角上应不出现吊装最重、最高的预制构件，且在确定吊装方案时，提出具体的技术和安全措施，以保证这部分死角的构件顺利安装。例如，将塔式起重机和龙门架同时使用，以解决这个问题，如图 2-4-11 所示。但要确保塔吊回转时不能有碰撞的可能，确保施工安全。

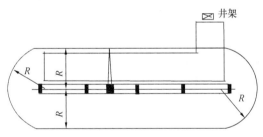

图 2-4-11　塔吊龙门架配合示意图

此外，在确定塔式起重机服务范围时应考虑有较宽的施工用地，以便安排构件堆放以及使搅拌设备出料斗能直接挂勾起吊，但如果采用泵送方案则无需考虑搅拌设备，同时也应将主要道路安排在塔吊服务范围之内。

② 有轨塔式起重机可沿轨道两侧全幅作业内进行吊装，但占用施工场地大，路基工作量大，且使用高度受一定限制，一般沿建筑物长向布置，其位置、尺寸取决于建筑物的平面形状、尺寸、构件重量、起重机的性能及四周施工场地的条件等。

2）自行无轨式起重机械。分履带式、轮胎式和汽车式三种。它们一般不用作垂直和水平运输，仅用作装卸和起吊构件之用，适用于装配式单层工业厂房主体结构的吊装，也可用于混合结构如大梁等较重构件的吊装方案等。

3）固定式垂直运输机械。井架、龙门架等固定式垂直运输设备的布置，主要根据机械性能、建筑物的平面形状和尺寸、施工段的划分、材料来向和已有运输道路情况而定。按照充分发挥起重机械的能力，并使地面和楼面的水平运距最小的原则进行布置。布置时应考虑以下几点：

① 当建筑物的各部位高度相同时，应布置在施工段的分界线附近。

② 当建筑物各部位高度不同时，应布置在高低分界线较高部位一侧。

③ 井架、龙门架的位置应布置在窗口处为宜，以避免砌墙留槎和减少井架拆除后的修补工作。

④ 井架、龙门架的数量要根据施工进度、垂直提升的构件和材料数量、台班工作效率等因素计算确定，其服务范围一般为 50～60m。

⑤ 卷扬机的位置不应距离提升机太近，以便司机的视线能够看到整个升降过程，一般要求此距离大于或等于建筑物的高度，水平距离外脚手架 3m 以上。

⑥ 井架应立在外脚手架之外，并应有一定距离（一般 5～6m）为宜。

4）外用施工电梯。在高层建筑施工中使用外用施工电梯时，应考虑便于施工人员的上下和物料集散，由电梯口至各施工地点的平均距离最短，并便于安装附墙装置，有良好的夜间照明。

5）混凝土泵和泵车。现在的工程施工大多数是商品混凝土，通常采用泵送的方法进行。因此混凝土泵的布置宜考虑设置在道路畅通、供料方便、距离浇注地点近，配管、排水、供水、供电方便的地方，且在混凝土泵作用范围内不得有高压线。

（2）搅拌系统、加工厂、仓库、材料、构件堆场的布置

它们要尽量靠近使用地点或在起重机能力范围内，并考虑运输和装卸的方便。

如果现场设置搅拌站，则要与砂、石堆场和水泥库（灌）一起考虑，既要靠近，又要便于大宗材料的运输装卸。

木工棚、钢筋加工棚可离建筑物稍远，但应有一定的场地堆放木材、钢筋和成品。仓库、堆场的布置，应进行计算，能适应各个施工阶段的需要。按照材料使用的先后，同一场地可以供多种材料或构件堆放。易燃、易爆品的仓库位置，须遵守防火、防爆安全距离的要求。

石灰、淋灰池要接近灰浆搅拌站布置。

构件重量大的，要布置在起重机臂下，构件重量小的，可远离起重机。

（3）运输道路的修筑

应按材料和构件运输的需要，沿着仓库和堆场进行布置，使之畅通无阻。宽度要符合如下规定：单行道不小于 3～3.5m，双车道不小于 5.5～6m。路基要经过设计，转弯半径要满足运输要求。要结合地形在道路两侧设排水沟。现场应设环形路，在易燃品附近也要尽量设计成进出容易的道路。木材场两侧应有 6m 宽通道，端头处应有 12m×12m 回车场。消防车道不小于 3.5m。

（4）生产、生活、文化福利用临时设施的布置

应使用方便、有利施工、符合防火安全的要求，一般应设在工地出入口附近，尽量利用已有设施，必须修建时要经过计算确定面积。

(5) 水电管网的布置

1) 施工水网的布置。施工用的临时给水管，一般由建设单位的干管或市政干管接到用水地点。布置时应力求管网总长度短，管径的大小和水龙头数量需视工程规模大小通过计算确定。并按防火要求布置室外消防栓，消防栓应沿道路设置，距道路应不大于 2m，距建筑物外墙不应小于 5m，也不应大于 25m，消防栓的间距不应大于 120m，工地消防栓应设有明显的标志，且周围 3m 以内不准堆放建筑材料。

2) 临时供电设施。为了安全和维修方便，施工现场一般采用架空配电线路，且要求现场架空线与施工建筑物水平距离不小于 10m，架空线与地面距离不小于 6m，跨越建筑物或临时设施时，垂直距离不小于 2.5m。现场线路应尽量架设在道路的一侧，且尽量保持线路水平，在低压线路中，电杆间距应为 25~40m，分支线及引入线均应由电杆处接出，不得由两杆之间接线。单位工程施工用电应在施工总平面图中统筹考虑，包括用电量计算、电源选择、电力系统选择和配置。若为独立的单位工程应根据计算的用电量和建设单位可提供电量决定是否选用变压器，变压器的设置应将施工期与以后长期使用结合考虑，其位置应远离交通要道口处，布置在现场边缘高压线接入处，在 2m 以外四周用高度大于 1.7m 铁丝网围住以保证安全。

4.5.4　单位工程施工平面图的评价指标

为评价单位工程施工平面图的设计质量，可通过计算下列技术经济指标并加以分析，以确定施工平面图的最终方案。

(1) 施工用地面积和施工占地系数：

$$施工占地系数 = \frac{施工占地面积}{建筑面积} \times 100\% \qquad (2\text{-}4\text{-}8)$$

(2) 施工场地利用率：

$$施工场地利用率 = \frac{施工设施占用面积}{施工用地面积} \times 100\% \qquad (2\text{-}4\text{-}9)$$

(3) 临时设施投资率：

$$临时设施投资率 = \frac{临时设施费用总和（元）}{工程总造价（元）} \times 100\% \qquad (2\text{-}4\text{-}10)$$

思　考　题

4.1　单位工程施工组织设计编制的依据有哪些？

4.2　单位工程施工组织设计包括哪些内容？它们之间有什么关系？

4.3　施工方案设计的内容有哪些？为什么说施工方案是施工组织设计的核心？

4.4　如何进行施工方案的技术经济评价？

4.5　什么是施工起点流向？如何进行确定？试举例说明。

4.6　试述单位工程施工进度计划的编制步骤。

4.7　什么是单位工程施工平面图？其设计内容有哪些？

4.8　试述单位工程施工平面图的设计步骤。

第5章　施工组织总设计

施工组织总设计是以整个建设项目为对象，根据初步设计或扩大初步设计图纸以及其他有关资料和现场施工条件编制，用以指导整个工地各项施工准备和施工活动的技术经济文件。施工组织总设计对整个项目的施工过程起统筹规划、重点控制的作用。

施工组织总设计的内容主要包括：工程概况和特点分析；施工部署和施工方案；施工总进度计划；各项资源需用量计划；全场性暂设工程；施工总平面图；技术经济指标。施工组织总设计应由项目负责人主持编制，由总承包单位技术负责人审批。

其中工程概况和特点分析是对整个建设项目的总说明、总分析，一般应包括项目主要情况和项目主要施工条件等。

（1）项目主要情况

项目主要情况应包括：

1）项目名称、性质、地理位置和建设规模。项目性质可分为工业和民用两大类，应简要介绍项目的使用功能；建设规模包括项目的占地总面积，投资规模（产量）、分期分批建设范围等。

2）建设项目参与各方说明。建设项目的建设、勘察、设计、总承包、分包和监理等相关单位的情况。

3）项目设计概况。简要介绍项目的建筑面积、建筑高度、建筑层数、结构形式、建筑结构及装饰用料、建筑抗震设防烈度、安装工程和机电设备的配置等情况。

4）项目承包范围及主要分包工程范围。

5）施工合同或招标文件对项目施工的重点要求。

6）其他应说明的情况。

（2）项目主要施工条件

项目主要施工条件应包括：

1）项目建设地点气象状况。简要介绍项目建设地点的气温、雨、雪、风和雷电等气象变化情况以及冬、雨期的期限和冬季土的冻结深度等情况。

2）项目施工区域地形和工程水文地质状况。简要介绍项目施工区域地形变化和绝对标高，地质构造、土的性质和类别、地基土的承载力，河流流量和水质、最高洪水和枯水期水位，地下水位的高低变化，含水层的厚度、流向、流量和水质等情况。

3）项目施工区域地上、地下管线及相邻的地上、地下建（构）筑物情况。

4）与项目施工有关的道路、河流等状况。

5）当地建筑材料、设备供应和交通运输等服务能力状况。简要介绍建设项目的主要材料、特殊材料和生产工艺设备供应条件及交通运输条件。

6）当地供电、供水、供热和通信能力状况。根据当地供电供水、供热和通信情况，按照施工需求描述相关资源提供能力及解决方案。

7）其他与施工有关的主要因素。

§5.1　施工部署和施工方案

5.1.1　施　工　部　署

1. 宏观部署

施工部署是对整个建设项目进行施工的统筹规划和全面安排，它主要解决影响建设项目全局的重大战略问题。施工部署的内容和侧重点根据建设项目的性质、规模和客观条件不同而有所不同。施工组织总设计应对项目总体施工做出宏观部署，包括：

（1）确定项目施工总目标，包括进度、质量、安全、环境和成本目标。

（2）根据项目施工总目标的要求，确定项目分阶段（期）交付的计划。

建设项目通常是由若干个相对独立的投产或交付便用的子系统组成。如大型工业项目有主体生产系统、辅助生产系统和附属生产系统之分；住宅小区有居住建筑、服务性建筑和附属性建筑之分。可以根据项目施工总目标的要求，将建设项目划分为分期（分批）投产或交付使用的独立交工系统；在保证工期的前提下，实行分期分批建设，既可使各具体项目迅速建成，尽早投入使用，又可在全局上实现施工的连续性和均衡性，减少暂设工程数量，降低工程成本。

（3）确定项目分阶段（期）施工的合理顺序及空间组织。

根据确定的项目分阶段（期）交付计划，合理地确定每个单位工程的开竣工时间，划分各参与施工单位的工作任务，明确各单位之间分工与协作的关系，确定综合的和专业化的施工组织，保证先后投产或交付使用的系统都能够正常运行。

（4）对于项目施工中开发和使用的新技术、新工艺应做出部署。

根据现有的施工技术水平和管理水平，对项目施工中开发和使用的新技术、新工艺应做出规划并采取可行的技术、管理措施来满足工期和质量等要求。

2. 确定项目管理机构形式和项目开展程序

（1）确定项目管理机构形式

项目管理组织机构形式应根据施工项目的规模、复杂程度、专业特点、人员素质和地域范围确定。大中型项目宜设置矩阵式项目管理组织，远离企业管理层的大中型项目宜设置事业部式项目管理组织，小型项目宜设置直线职能式项目管理组织。

（2）确定项目开展程序

根据合同总工期要求，应遵循以下原则确定合理的工程建设分期分批开展的程序：

1）在保证工期的前提下，分期分批施工。合同工期是施工时间的总目标，不能随意改变。有些工程在编制施工组织总设计时没有签订合同，则应保证总工期控制在定额工期之内。在此前提下，将各单位工程分期分批施工并进行合理的搭接。对施工期长、技术复杂、施工难度大的工程应提前安排施工；急需的和关键的工程应先期施工和交工；例如城市道路应先进行供排水设施、供热管线、燃气管线、输电线路等的施工。

2）统筹安排，保证重点，兼顾其他，确保工程项目按期投产。按工艺要求起主导作用或先期投入生产的工程应优先安排，并注意工程交工的配套或使用与在建工程的施工互不妨碍，使生产、施工两不误，建成的工程能投产，尽早发挥先期施工部分的投资效益。

3）所有工程项目均应按照先地下、后地上；先深后浅；先干线、后支线的原则进行安排。如地下管线和修筑道路的程序，应先铺设管线，后在管线上修筑道路。

4）考虑季节对施工的影响。对不利于某季节施工的工程，提前到该季节之前或推迟到该季节之后施工，并应保证工程进度质量和安全。如大规模土方工程和深基础工程施工，应避开雨期；寒冷地区的房屋施工尽可能在入冬前封闭，使冬季可在室内作业或设备安装。

此外，对于项目施工的重点和难点应进行简要分析，对主要分包项目施工单位的资质和能力应提出明确要求。

5.1.2 拟定主要项目的施工方案

施工组织总设计中要拟定一些主要工程项目的施工方案。这些项目通常是建设项目中工程量大、施工难度大、工期长，对整个建设项目的建成起关键性作用的建筑物（或构筑物），以及全场范围内工程量大、影响全局的特殊分项工程。拟定主要工程项目的施工方案目的是为了进行技术和资源的准备工作，同时也为了施工顺利开展和现场的合理布置。其内容包括施工方法、施工工艺流程、施工机械设备等。施工方法的确定要兼顾技术的先进性和经济上的合理性；对施工机械的选择，应使主导机械的性能既能满足工程的需要，又能发挥其效能，在各个工程上能够实现综合流水作业，减少其拆、装、运的次数；对于辅助配套机械，其性能应与主导施工机械相适应，以充分发挥主导施工机械的工作效率。

§5.2 施工总进度计划

施工总进度计划是施工现场各项施工活动在时间上的体现。编制的基本依据是施工部署中的施工方案和工程项目的开展程序。其作用在于确定各个建筑物及其主要工种、工程、准备工作和全工地性工程的施工期限及其开工和竣工的日期，从而确定建筑施工现场上劳动力、材料、成品、半成品、施工机械的需要数量和调配情况，以及现场临时设施的数量、水电供应数量和能源、交通的需要数量等。

编制施工总进度计划的基本要求是：保证拟建工程在规定的期限内完成；迅速发挥投资效益；保证施工的连续性和均衡性；节约施工费用。

编制施工总进度计划时，应根据施工部署中建设工程分期分批投产顺序，将每个交工系统的各项工程分别列出，在控制的期限内进行各项工程的具体安排。在建设项目的规模不太大，各交工系统工程项目不很多时，亦可不按分期分批投产顺序安排，而直接安排总进度计划。

施工总进度计划编制的步骤如下：

1. 划分工程项目并计算工程量

（1）划分工程项目

施工总进度计划的作用主要是控制总工期，因此项目划分不宜过细。通常按照分期分批投产顺序和工程开展顺序，列出每个施工阶段的所有单项工程，并突出每个交工系统中的主要工程项目。一些附属项目、临时设施可以合并列出。

（2）计算工程量

可按初步设计或扩大初步设计图纸，并根据各种定额手册或参考资料进行。常用的定额、资料有：

1）万元、十万元投资工程量、劳动量及材料消耗扩大指标。

2）概算指标和扩大结构定额。

3）标准设计或已建房屋或构筑物的资料。

除拟建工程外，还必须计算主要的全工地性工程的工程量，如场地平整、道路和地下管线的长度等，这些可以根据总平面图来计算。

将按上述方法计算出的工程量填入工程量汇总表中，如表 2-5-1 所示。

工程项目一览表   表 2-5-1

工程分类	工程项目名称	结构类型	建筑面积 1000m²	概算投资	主要实物工程量				
					场地平整 1000m²	土方工程 1000m³	砌筑工程 1000m³	混凝土工程 1000m³	…
全工地性工程									

续表

工程分类	工程项目名称	结构类型	建筑面积 1000m²	概算投资	主要实物工程量				
					场地平整 1000m²	土方工程 1000m³	砌筑工程 1000m³	混凝土工程 1000m³	…
主体项目									
辅助项目									
合计									

2. 确定各单位工程的施工期限

由于各施工单位的施工技术管理水平、机械化程度、劳动力和材料供应情况等不同，建筑物的施工期限有较大差别。因此应根据各施工单位的具体条件，结合相应工程的建筑结构类型、规模、现场地质条件、施工环境等因素加以确定；但必须控制在合同工期内。

3. 确定各单位工程的开竣工时间和相互搭接关系

在确定了各单位工程项目的施工期限后，就可以进一步安排各单位工程的开竣工时间和搭接时间，通常应考虑以下因素：

（1）同一时期开工的项目不宜过多，以免分散有限的人力物力。

（2）尽量使劳动力、机具和物质消耗在全工程上达到均衡，避免出现突出的高峰和低谷，并保证主要工种和主要机械能连续施工。

（3）根据使用要求和施工可能，尽量组织大流水施工。

（4）考虑施工总平面图的空间关系。为解决建筑物同时施工可能导致施工作业面狭小，可以对相邻建筑物的开竣工时间或施工顺序调整，以避免或减少相互干扰。

4. 安排施工进度计划

施工总进度计划可以用横道图或网络图表达，由于施工总进度计划只是起控制作用，因此不必做得过细。当用横道图表达总进度计划时，项目的排列可按施工总体方案所确定的工程展开程序排列。横道图上应表达出各施工项目的开竣工时间及其施工持续时间。表 2-5-2 是某工业建设项目的进度横道图。

近年来，随着网络计划技术的推广，采用网络图表达施工总进度计划，已经在实践中得到广泛应用，用时标网络图表达总进度计划，比横道图更加直观、明了，还可以表达出各项目之间的逻辑关系。同时，由于可以应用计算机计算和输出，更便于对进度计划进行调整、优化、统计资源数量，甚至输出图表等。宜应按国家现行标准《网络计划技术》GB/T 13400.1～3 及行业标准《工程网络计划技术规程》JGJ/T 121 的要求优先采用网络计划进行编制。

各单位工程施工进度安排表   表 2-5-2

项目	施工段	序号	单位工程名称	施 工 进 度 安 排
				3	4	5	6	7	8	9	10	11	12	1	2	3	4	5	6

项目	施工段	序号	单位工程名称
热电站	热1	1	主厂房
		2	主控制楼
		3	化学水处理室
	热2	4	2号栈桥
		5	碎煤机室
		6	1号栈桥
		7	回水泵房
		8	清水池
		9	沉灰池
		10	干煤棚
		11	引风机支架
		12	砖烟囱
		13	除尘器
		14	喷管平台
		15	中和池
		16	低位酸贮存罐
		17	高位酸贮存罐
		18	高位碱贮存罐
		19	低位碱贮存罐
		20	除盐水箱
		21	空压机房
		22	事故油坑
碱回收	碱1	23	空压站
		24	黑液提取工段
		25	浆池
		26	蒸发工段
		27	仪器维修车间
	碱2	28	燃烧工段
		29	卸油泵房
		30	R.C烟囱
		31	静电除尘器
		32	苛化工段

注:表中 ══ 基础工程;── 主体工程;--- 设备安装;〰 装饰收尾。

图 2-5-1 是某电厂一号机组施工网络图,该网络图在计算机上用工程项目管理软件计算并输出。网络图按主要系统排列,关键工作、关键线路、逻辑关系、持续时间和时差等信息一目了然。

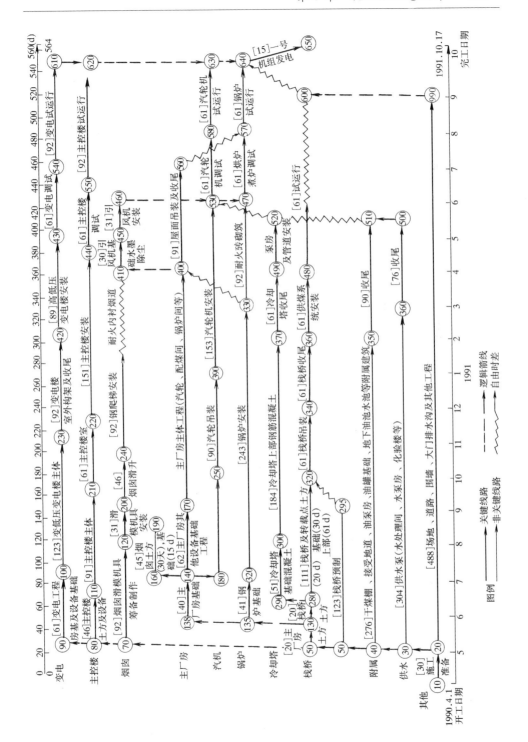

图 2-5-1　某电厂一号机组建安工程施工网络计划

5. 总进度计划的调整与修正

施工总进度计划表绘制完成后，将同一时期各项工程的工作量加在一起，用一定的比例画在施工总进度计划的底部，即可得出建设项目工作量动态曲线。若曲线上存在较大的高峰或低谷，则表明在该时间里各种资源的需求量变化较大，需要调整一些单位工程的施工速度或开竣工时间，以消除高峰或低谷，使各个时期的工作量尽可能达到均衡。在工程实施过程中也应随着施工的进展变化及时作必要的调整，对于跨年度的建设项目，还应根据年度基本建设投资情况，对施工进度计划予以调整。

§5.3　施工准备工作计划资源配置计划

5.3.1　编制施工准备工作计划

根据施工开展程序和主要工程项目方案，编制好施工项目全场性的施工准备工作计划。主要内容包括：

（1）安排好场内外运输、施工用主干道、水电气来源及其引入方案；

（2）安排场地平整方案和全场性排水、防洪；

（3）安排好生产和生活基地建设，包括商品混凝土搅拌站，预制构件厂、钢筋、木材加工厂、金属结构制作加工厂、机修等厂以及职工生活设施等；

（4）安排建筑材料、成品、半成品的货源和运输、储存方式；

（5）安排现场区域内的测量工作，设置永久性测量标志，为放线定位做好准备；

（6）编制新技术、新材料、新工艺、新结构的试验计划和职工技术培训计划；

（7）冬、雨期施工所需要的特殊准备工作。

5.3.2　资源配置计划

资源配置计划主要包括劳动力配置计划和物资配置计划等。

1. 劳动力配置计划

劳动力配置计划应包括：确定各施工阶段（期）的总用工量和根据施工总进度计划确定各施工阶段（期）的劳动力配置计划。

劳动力配置计划应按照各工程项目工程量，并根据施工准备工作计划、施工总进度计划，利用相应定额或有关资料确定，从而便可计算各建筑物所需劳动力工日数，再根据总进度计划中各个建筑物的开竣工时间，得到各建筑物主要工种在各个时期的平均劳动力数。在总进度计划表纵坐标方向将各个建筑物同工种的人数叠加并连成一条曲线，即得到某工种劳动力总用工量。由此也可列出各主要工种劳动力配置计划表。图 2-5-2 和表 2-5-3 为某工种劳动力总用工量和土建施工劳动力配置计划汇总表。

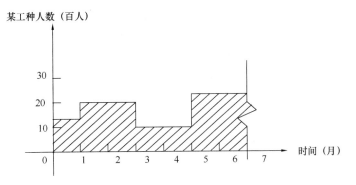

图 2-5-2　某工种劳动力总用工量

土建施工劳动力配置计划表　　　　表 2-5-3

序号	工程名称	工业建筑及全工地性工程							临时建筑		劳动力计划			
		主厂房	辅助厂房	办公用房	道路	给水排水	电气	其他	仓库	加工厂	一季度	二季度	三季度	四季度
1	力工													
2	钢筋工													
3	混凝土工													
4	砌筑工													
5	架子工													
6	木工													
合计														

目前施工企业在管理体制上已普遍实行管理层和劳务作业层的两层分离，合理的劳动力配置计划可减少劳务作业人员不必要的进、退场或避免窝工状态，进而节约施工成本。

2. 物资配置计划

物资配置计划主要包括下列内容：

1）根据施工总进度计划确定主要工程材料和设备的配置计划；

2）根据总体施工部署和施工总进度计划确定主要施工周转材料和施工机具的配置计划。

物资配置计划应根据总体施工部署和施工总进度计划确定主要物资的计划总量及进、退场时间。物资配置计划是组织建筑工程施工所需各种物资进、退场的依据，科学合理的物资配置计划既可保证工程建设的顺利进行，又可降低工程成本。

（1）主要建筑材料、构件和半成品配置计划

根据工种工程量汇总表所列各建筑物的工程量，查概算指标或已建类似工程资料，便可计算出各建筑物所需的建筑材料、构件和半成品的需要量。然后再根据总进度计划表，大致估算出某些建筑材料在某时间内的需要量，从而编制出建筑材料、半成品和构件的配置计划。表 2-5-4 所示为建设项目土建所需构件、半成品及主要建筑材料汇总表。

土建工程所需主要建筑材料、构件及半成品汇总表　　表 2-5-4

序号	类别	主要材料、构件及半成品名称	单位	总计	工业建筑及全工地性工程					临时建筑	配置计划			
					主厂房	辅助厂房	道路	给水排水	电气		一季度	二季度	三季度	四季度
	构件及半成品	钢筋混凝土构件												
		钢结构构件												
		门窗												
		……												
	主要建筑材料	钢筋												
		水泥												
		砂石												
		……												

（2）主要机具配置计划

根据主要建筑物施工方案、总进度计划和工程量，套用机械产量定额即可求得主要施工机具的需要量和使用时间。施工机具配置计划如表 2-5-5 所示。

施工机具配置计划表　　表 2-5-5

序号	机具名称	规格型号	电机功率	数量	配置计划				备注
					一季度	二季度	三季度	四季度	

§5.4　全场性暂设工程

为满足工程项目施工需要，在工程正式开工前，要按照工程项目施工准备计

划的要求建造相应的暂设工程，为项目建设创造良好的施工条件，保证项目连续、均衡、有节奏地顺利进行。暂设工程的规模因工程要求而异，主要包括：建筑工地交通运输组织，临时仓库的设置，生产、生活临时建筑物的设置，临时供水、供电设计等。

5.4.1　建筑工地交通运输组织

1. 确定运输量

运输量按工程实际需要量确定。同时还要考虑每日的最大运输量以及各种运输工具的最大运输密度。每日的运输量可按式（2-5-1）计算：

$$q = K \times \frac{\sum Q_i L_i}{T} \tag{2-5-1}$$

式中　q——日货运量（t·km）；

$\quad\quad Q_i$——各种货物需要总量；

$\quad\quad L_i$——各种货物从发货地点到储存地点的距离；

$\quad\quad T$——有关施工项目的施工总工日；

$\quad\quad K$——运输工作不均衡系数，铁路运输可取 1.5，汽车运输可取 1.2。

2. 确定运输方式

工地运输方式可采用公路、铁路和其他运输等。选择运输方式，必须充分考虑各种影响因素，如材料的性质、运输量的大小、设备和构件的形状尺寸、运输的距离和期限，现有运输设备，利用永久性道路的可能性，场内外道路的地形、地质和水文条件等。在保证完成任务的条件下，通过采用不同运输方式的技术经济比分析，选择最合适的运输方式。

3. 确定运输工具需用量

运输方式确定后，就可以计算运输工具的需用量。在一定的时间内（工作班）所需的运输工具数量可按式（2-5-2）计算：

$$n = \frac{q}{c \times b \times k_1} \tag{2-5-2}$$

式中　n——运算工具的数量；

$\quad\quad q$——日货运量；

$\quad\quad c$——运输工具的台班生产率；

$\quad\quad b$——日工作班数；

$\quad\quad k_1$——运输工具使用不均衡系数（包括修理停歇时间），汽车可取 0.6～0.8，马车可取 0.5，拖拉机可取 0.65。

4. 确定运输道路

工地运输道路应保证运输通畅，按下列原则进行设置：

（1）尽量利用永久性道路或先修永久性道路路基并铺设简易路面，减少临时设施费用。

（2）场地较大时，临时道路要筑成环形或纵横交错。该方案适用于多工种多单位联合施工。

（3）满足工地消防要求。车道宽度不小于 3.5m，并应畅通。端头道路要设置 12m×12m 的回车场。

临时道路路面种类和厚度，如表 2-5-6 所示。

临时道路路面种类和厚度　　　　　　　　　表 2-5-6

路面种类	特点及其使用条件	路基土	路面厚度(cm)	材料配合比
级配砾石路面	雨天照常通车，可通行较多车辆，但材料级配要求严格	砂质土	10～15	体积比 黏土：砂：石子＝1：0.7：3.5 重量比 面层：黏土 13%～15%，砂石料 85%～87% 底层：黏土 10%，砂石混合料 90%
		黏质土或黄土	14～18	
碎（砾）石路面	雨天照常通车，碎（砾）石本身含土较多，不加砂	砂质土	10～18	碎（砾）石＞65%，当地土壤含量 ≤35%
		砂质土或黄土	15～20	
炉渣或矿渣路面	可维持雨天通车，通行车辆较少	一般土	10～15	炉渣或矿渣 75%，当地土 25%
		较松软时	15～30	

5.4.2　工地临时仓库的设置

1. 工地临时仓库的形式

临时仓库的设置在保证工地顺利施工的前提下，尽可能使存储的材料最少，存期最短，装卸和运转费最省。以减少临时投入的资金，避免材料积压，节约周转资金和各种保管费用。按材料保管方式不同，临时仓库一般分为：

（1）露天仓库

露天仓库用于堆放不因自然条件影响而损坏的材料，如砖、砂、石子等材料堆场。

（2）库棚

库棚用于储存防止雨雪、阳光直接侵蚀的材料，如油毡、沥青等。

（3）封闭式仓库

封闭式仓库用于储存防止大气侵蚀而发生变质的建筑物品、贵重材料、易损坏或散失的材料，如水泥、石膏、五金零件和贵重设备等。

临时仓库应尽量利用拟拆迁的建筑物或便于装拆的工具式仓库，以减少临时设施费用，其使用必须遵守防火规范要求。

2. 临时仓库的规划

（1）确定建筑材料储备量

建筑材料储备的数量，一方面应保证工程施工不中断，另一方面还要避免储备量过大造成积压，通常根据现场条件、供应条件和运输条件来确定。

对于经常或连续使用的材料，如砖、砂石、水泥和钢材等可根据储备期按式（2-5-3）计算：

$$P = T_\text{c} \times \frac{QK}{T} \tag{2-5-3}$$

式中　P——材料的储备量（t 或 m³）；

　　　T_c——储备期定额（d），如表 2-5-7 所示；

　　　Q——材料、半成品总的需要量；

　　　K——材料需要量不均衡系数，如表 2-5-7 所示；

　　　T——有关项目施工的总工日。

（2）仓库面积的确定

确定仓库面积时，必须将有效面积和辅助面积同时加以考虑。有效面积是材料本身占用的净面积，它是根据每平方米的存放定额来决定的。辅助面积使考虑仓库所有走道用以装卸作业所必须的面积，仓库的面积一般按式（2-5-4）计算：

$$F = \frac{P}{q \times K_1} \tag{2-5-4}$$

式中　F——仓库面积（m²）；

　　　P——材料储备量；

　　　q——仓库每平方米面积能存放的材料、半成品和制品的数量；

　　　K_1——仓库面积利用系数（考虑人行道和车道所占面积，如表 2-5-8 所示）。

5.4.3　生产、生活临时建筑

1. 生产、生活临时建筑类型

（1）行政管理和生产用房。包括办公室、传达室、车库、各类材料仓库和辅助修理间等。

（2）居住生活用房，包括职工宿舍、浴室等。

（3）文化生活用房。

2. 生产、生活临时建筑规划

在考虑临时建筑物的数量前，要确定使用临时建筑的人数，以此计算临时建筑物所需的面积，可按式（2-5-5）计算：

$$F = N\phi_1 \tag{2-5-5}$$

式中　F——临时建筑物面积；

N——使用人数；

ϕ_1——面积指标（如表 2-5-9 所示）。

计算仓库面积的有关系数

表 2-5-7

序号	材料及半成品名称	单位	储备天数 T_C	不均衡系数 K	每平方米储存定额 q	有效利用系数 K_1	仓库类型	备注
1	水泥	t	30～60	1.3～1.5	1.5～1.9	0.65	封闭式	堆高 10～12
2	生石灰	t	30	1.4	1.7	0.7	棚	堆高 2m
3	砂子（人工堆放）	m³	15～30	1.4	1.5	0.7	露天	堆高 1～1.5m
4	砂子（机械堆放）	m³	15～30	1.4	2.5～3	0.8	露天	堆高 2.5～3m
5	石子（人工堆放）	m³	15～30	1.5	1.5	0.7	露天	堆高 1～1.5m
6	石子（机械堆放）	m³	15～30	1.5	2.5～3	0.8	露天	堆高 2.5～3m
7	块石	m³	15～30	1.5	10	0.7	露天	堆高 1m
8	钢筋（直条）	t	30～60	1.4	2.5	0.6	露天	占全部钢筋的 80% 堆 0.5m
9	钢筋（盘圆）	t	30～60	1.4	0.9	0.6	库或棚	占全部钢筋的 20%，堆高 1m
10	钢筋成品	t	10～20	1.5	0.07～0.1	0.6	露天	
11	型钢	t	45	1.4	1.5	0.6	露天	堆高 0.5
12	金属结构	t	30	1.4	0.2～0.3	0.6	露天	
13	原木	m³	30～60	1.4	1.3～1.5	0.6	露天	堆高 2m
14	成材	m³	30～45	1.4	0.7～0.8	0.5	露天	堆高 1m
15	废木料	m³	15～20	1.2	0.3～0.4	0.5	露天	废木料约占锯木量的 10%～15%
16	门扇	m³	30	1.2	45	0.6	露天	堆高 2m
17	门框	m³	30	1.2	20	0.6	露天	堆高 2m
18	砖	块	15～30	1.2	0.7～0.8	0.6	露天	堆高 1.5～2m
19	模板整理	m²	10～15	1.2	1.5	0.65	露天	
20	木模板	m²	10～15	1.4	4～6	0.7	露天	
21	泡沫混凝土制品	m³	30	1.2	1	0.7	露天	堆高 1m

按系数计算仓库面积表　表 2-5-8

序号	名称	计算基础数 m	单位	系数 φ
1	仓库（综合）	按全员（工地）	m²/人	0.7~0.8
2	水泥库	按当年用量的 40%~50%	m²/t	0.7
3	其他仓库	按当年工作量	m²/t	2~3
4	五金杂品库	按年建安工作量计算 按在建建筑面积计算	m²/万元 m²/100m²	0.2~0.3 0.5~1
5	土建工具库	按高峰年（季）平均人数	m²/人	0.1~0.2
6	水暖器材库	按年在建建筑面积	m²/100m²	0.2~0.4
7	电器器材库	按年在建建筑面积	m²/100m²	0.3~0.5
8	化工油漆危险品库	按年建安工作量	m²/万元	0.1~0.15
9	跳板、脚手、模板	按年建安工作量	m²/万元	0.5~1

生产、生活临时建筑物面积参考指标（m²/人）　表 2-5-9

项次	临时房屋名称	指标使用方法	面积指标 φ₁
1	办公室	按使用人数	3~4
2	宿舍	按高峰年（季）平均人数	2.5~3.5
3	单层通铺	按高峰年（季）平均人数	2.5~3
4	双层床	扣除不在工地住人数	2.0~2.5
5	单层床	扣除不在工地住人数	3.5~4
6	家属宿舍	m²/户	16~25
7	食堂	按高峰年平均人数	0.5~0.8
8	开水房	建筑面积	10~40
9	厕所	按工地平均人数	0.02~0.07
10	工人休息室	按工地平均人数	0.15
11	其他公共用房	根据实际需要确定	0.32~0.51

　　计算所需要的生产、生活用房屋时，应尽量利用施工现场及其附近的永久性建筑物，或者提前修建能够利用的其他永久性建筑物为施工服务。临时建筑要按节约、适用、装拆方便的原则建造。

5.4.4　工地临时供水设计

建筑工地必须有足够的临时供水来满足生产、生活和消防用水的需要。建筑

工地临时供水设计包括：确定用水量、选择水源、设计临时给水系统三部分。

1. 确定用水量

（1）工程施工用水量 q_1

$$q_1 = K_1 \sum \frac{Q_1 \cdot N_1}{T_1 \cdot b} \times \frac{K_2}{8 \times 3600} \tag{2-5-6}$$

式中　q_1——施工用水量（L/s）；

　　　K_1——未预见的施工用水系数（1.05～1.15）；

　　　Q_1——年（季）度工程量（以实物计量单位表示）；

　　　N_1——施工用水定额，如表 2-5-10 所示；

　　　K_2——用水不均衡系数，如表 2-5-11 所示；

　　　T_1——年（季）度有效工作日（d）；

　　　b——每天工作班次（班）。

（2）施工机械用水 q_2

$$q_2 = K_1 \sum Q_2 N_2 \frac{K_3}{8 \times 3600} \tag{2-5-7}$$

式中　q_2——施工机械用水量（L/s）；

　　　K_1——未预见的施工用水系数（1.05～1.15）；

　　　Q_2——同一种机械台数（台）；

　　　N_2——施工机械用水定额，见施工手册；

　　　K_3——施工机械用水不均衡系数，如表 2-5-10 所示。

（3）施工现场生活用水量

$$q_3 = \frac{P_1 \cdot N_3 \cdot K_4}{t \times 8 \times 3600} \tag{2-5-8}$$

式中　q_3——施工现场生活用水量（L/s）；

　　　P_1——施工现场高峰期生活人数；

　　　N_3——施工现场生活用水定额，一般为 20～60L/（人·班），视当地气候、工程而定；

　　　K_4——施工现场生活用水不均衡系数，如表 2-5-10 所示。

（4）生活区生活用水量

$$q_4 = \frac{P_2 \cdot N_4 \cdot K_5}{24 \times 3600} \tag{2-5-9}$$

式中　q_4——生活区生活用水量（L/s）；

　　　P_2——生活区居民人数；

　　　N_4——生活区昼夜全部生活用水定额，如表 2-5-12 所示；

　　　K_5——生活区用水不均衡系数，如表 2-5-11 所示。

施工用水（N_1）参考定额　　　　　　　表 2-5-10

序号	用水对象	单位	耗水量 N_1（L）	备注
1	浇筑混凝土全部用水	m³	1700～2400	
2	搅拌普通混凝土	m³	250	实测数据
3	搅拌轻质混凝土	m³	300～350	
4	搅拌泡沫混凝土	m³	300～400	
5	搅拌热混凝土	m³	300～350	
6	混凝土自然养护	m³	200～400	
7	混凝土蒸汽养护	m³	500～700	
8	冲洗模板	m³	5	
9	搅拌机冲洗	台班	600	
10	人工冲洗石子	m³	1000	实测数据
11	机械冲洗石子	m³	600	
12	洗砂	m³	1000	
13	砌砖工程全部用水	m³	150～250	
14	砌石工程全部用水	m³	50～80	
15	粉刷工程全部用水	m³	30	
16	砌耐火砖砌体	m³	100～150	
17	砖浇水	千块	200～250	包括砂浆搅拌
18	硅酸盐砌块浇水	m³	300～350	
19	抹面	m³	4～6	
20	楼地面	m³	190	
21	搅拌砂浆	m³	300	不包括调制用水
22	石灰消化	m³	3000	
23	上水管道工程	L/m	98	
24	下水管道工程	L/m	1130	
25	工业管道工程	L/m	35	

施工用水不均衡系数　　　　　　　表 2-5-11

	用水名称	系数
K_2	施工工程用水	1.5
	生产企业用水	1.25
K_3	施工机械、运输机械	2.0
		1.05～1.10
K_4	施工现场生活用水	1.30～1.50
K_5	居民区生活用水	2.0～2.50

生活用水量（N_4）参考表　　　　　　表 2-5-12

序号	用水对象	单位	耗水量
1	生活用水（盥洗、饮用）	L/（人·日）	20～40
2	食堂	L/（人·次）	10～20
3	浴室（淋浴）	L/（人·次）	40～60
4	淋浴带大池	L/（人·次）	50～60
5	洗衣房	L/千衣	40～60
6	理发室	L/（人·次）	10～25

（5）消防用水量　消防用水量（q_5），如表 2-5-13 所示。

消防用水量（q_5）　　　　　　表 2-5-13

序号	用水名称	火灾同时发生次数	单位	用水量
1	居民区消防用水 5000 人以内 10000 人以内 25000 人以内	 一次 二次 二次	 L/s L/s L/s	 10 10～15 15～20
2	施工现场消防用水 施工现场在 25 公顷以内 每增加 25 公顷递增	 一次 一次	 L/s L/s	 10～15 5

（6）总用水量（Q）计算

① 当 $(q_1 + q_2 + q_3 + q_4) \leqslant q_5$ 时，则

$$Q = q_5 + \frac{1}{2}(q_1 + q_2 + q_3 + q_4);\qquad(2\text{-}5\text{-}10)$$

② 当 $(q_1 + q_2 + q_3 + q_4) > q_5$ 时，则

$$Q = q_1 + q_2 + q_3 + q_4;\qquad(2\text{-}5\text{-}11)$$

③ 当工地面积小于 5 公顷，并且 $(q_1 + q_2 + q_3 + q_4) < q_5$ 时，则

$$Q = q_5 。\qquad(2\text{-}5\text{-}12)$$

最后算出的总用量，还应增加 10%，以补偿不可避免的水管漏水损失。

2. 水源选择

建筑工地供水水源，最好利用附近现有供水管道，只有在建筑工地附近没有现成的给水管道或现有管道无法利用时，才宜另选天然水源，如江水、湖水、水库蓄水等地面水，泉水、井水等地下水。

选择水源时应注意水量充足可靠；生活饮用水、生产用水的水质应符合要求；尽量与农业、水利综合利用；取水、输水、净水设施要安全、可靠、经济；施工、运转、管理、维护方便。

3. 确定配水管径

在计算出工地的总需水量后，可按式（2-5-13）计算出管径：

$$D = \sqrt{\frac{4Q}{\pi \cdot v \cdot 1000}} \tag{2-5-13}$$

式中　D——配水管直径（mm）；

　　　Q——耗水量（L/s）；

　　　v——管网中水的流速（m/s），如表 2-5-14 所示。

临时水管经济流速表 　　　　　表 2-5-14

管径	流速（m/s）	
	正常时间	消防时间
支管 $D < 100$mm	2	—
生产消防管道 100mm $\leqslant D \leqslant$ 200mm	1.3	> 3.0
生产消防管道 $D > 300$mm	1.5~1.7	2.5
生产用水管道 $D > 300$mm	1.5~2.5	3.0

5.4.5　工地临时供电设计

建筑工地临时供电设计包括：计算用电量、选择电源、确定变压器、布置配电线路和决定导线断面。

1. 工地总用电量计算

工地临时供电包括动力用电与照明用电两种。在计算用电量时，应考虑以下几点：

（1）全工地所使用的机械动力设备，其他电气工具及照明用电的数量；

（2）施工总用电计划中施工高峰阶段同时用电的机械设备最高数量；

（3）各种机械设备在工作中需用的情况。

总用电量可按式（2-5-14）计算：

$$P = 1.05 \sim 1.10 \left(K_1 \frac{\Sigma P_1}{\cos\varphi} + K_2 \Sigma P_2 + K_3 \Sigma P_3 + K_4 \Sigma P_4 \right) \tag{2-5-14}$$

式中　　　　　P——供电设备总需要容量（kVA）；

　　　　　　P_1——电动机额定功率（kW）；

　　　　　　P_2——电焊机额定容量（kVA）；

　　　　　　P_3——室内照明容量（kW）；

　　　　　　P_4——室外照明容量（kW）。

　　　　$\cos\varphi$——电动机的平均功率因数（在施工现场最高为 0.75 ～ 0.78，一般为 0.65 ～ 0.75）；

　K_1、K_2、K_3、K_4——需要系数，参见表 2-5-15。

需要系数 K 值　　　　　　　　　　表 2-5-15

用电名称	数量	需要系数		备注
		K	数值	
电动机	3～10 台	K_1	0.7	如施工中需要电热时，应将其用电量计算进去。为使计算结果接近实际，各项动力和照明用电，应根据不同工作性质分类计算
	11～30 台		0.6	
	30 台以上		0.5	
加工厂动力设备			0.5	
电焊机	3～10 台	K_2	0.6	
	10 台以上		0.5	
室内照明		K_3	0.8	
室外照明		K_4	1.0	

单班施工时，用电量计算可不考虑照明用电。

各种机械设备以及室内外照明用电定额，如表 2-5-16 所示。

由于照明用电量所占的比重较动力用电量要少得多，因此在估算总用电量时可以简化，只要在动力用电量之外再加 10% 作为照明用电量即可。

常用施工机械设备电机额定功率参考资料库　　　　表 2-5-16

序号	机械名称规格	功率（kW）	序号	机械名称规格	功率（kW）
1	HW-60 蛙式夯土机	3	13	HPH6 回转式喷射机	7.5
2	ZKL400 螺旋钻孔机	40	14	ZX50～70 插入式振动器	1.1～1.5
3	ZKL600 螺旋钻孔机	55	15	UJ325 灰浆搅拌机	3
4	ZKL800 螺旋钻孔机	90	16	JT1 载货电梯	7.5
5	TQ40（TQ2-6）塔式起重机	48	17	SCD100/100A 建筑施工外用电梯	11
6	TQ60/80 塔式起重机	55.5	18	BX3-500-2 交流电焊机	(38.6)
7	TQ100（自升式）塔式起重机	63	19	BX3-300-2 交流电焊机	(23.4)
8	JJK0.5 卷扬机	3	20	CT6/8 钢筋调直切断机	5.5
9	JJM-5 卷扬机	11	21	QJ40 钢筋切断机	7
10	JD350 自落式混凝土搅拌机	15	22	GW40 钢筋弯曲机	3
11	JW250 强制式混凝土搅拌机	11	23	M106 木工圆锯	5.5
12	HB-15 混凝土输送泵	32.2	24	GC-1 小型砌块成型机	6.7

2. 电源选择

（1）选择工地临时供电电源时须考虑的因素

① 建筑及设备安装工程的工程量和施工进度；

② 各个施工阶段的电力需要量；

③ 施工现场的大小；

④ 用电设备在建筑工地上的分布情况和距离电源的远近情况；

⑤ 现有电气设备的容量情况。

（2）供电电源的几种方案

① 利用施工现场附近已有的变压器；

② 利用附近电网，设临时变电所和变压器；

③ 设置临时供电装置。

采用何种方案，需根据工程实际，经过分析比较后确定。通常将附近的高压电，经设在工地的变压器降压后，引入工地。

3. 确定变压器

变压器的功率，可按式（2-5-15）计算：

$$W = K \times \left(\frac{\sum P}{\cos\varphi} \right) \tag{2-5-15}$$

式中　W——变压器的容量（kVA）；

$\quad\quad K$——功率损失系数，计算变电所容量时，$K=1.05$；计算临时发电站时，$K=1.1$；

$\quad\quad \sum P$——变压器服务范围内的总用电量（kVA）；

$\quad\quad \cos\varphi$——功率因数，一般采用 0.75。

4. 确定配电导线截面积

配电导线要正常工作，必须具有足够的机械强度、耐受电流通过所产生的温升并且使得电压损失在允许范围内。因此选择配电导线有以下三种方法：

（1）按机械强度确定

导线必须具有足够的机械强度以防止受拉或机械损伤而折断。在各种敷设方式下，导线按机械强度要求所必需的最小截面可参考《建筑施工手册》。

（2）按允许电流选择

导线必须能承受负载电流长时间通过所引起的温升。

① 三相四线制线路上的电流，可按式（2-5-16）计算：

$$I = \frac{P}{\sqrt{3} \times v \times \cos\varphi} \tag{2-5-16}$$

② 二线制线路，可按式（2-5-17）计算：

$$I = \frac{P}{v \times \cos\varphi} \tag{2-5-17}$$

式中　I——电流值（A）；

P——功率（W）；

v——电压（V）；

$\cos\varphi$——功率因数，临时管网取 0.7～0.75。

（3）按允许电压降确定

导线上引起的电压降必须在一定限度之内。配电导线的截面，可按式（2-5-18）计算：

$$S = \frac{\sum P \times L}{C \times \varepsilon} \qquad (2\text{-}5\text{-}18)$$

式中　S——导线截面（mm^2）；

　　　P——负载的电功率或线路输送的电功率（kW）；

　　　L——送电线路的距离（m）；

　　　ε——允许的相对电压降（即线路电压损失）（%）；照明允许电压降为 2.5%～5%，电动机电压不超过±5%；

　　　C——系数，视导线材料、线路电压及配电方式而定。

所选用的导线截面应同时满足以上三项要求，即以求得的三个截面中的最大者为准，从电线产品目录中选用线芯截面。一般在道路工地和给水排水工地作业线比较长，导线截面由电压降选定；建筑工地配电线路比较短，导线截面可由容许电流选定；在小负荷的架空线路中往往以机械强度选定。

5. 配电线路布置

为了架设方便，工地上配电线路的布置一般采用架空线路，在跨越主要道路时则改用电缆。架空线路杆的间距为 25～40m，线离路面或建筑物不应小于 6m，离铁路路轨不小于 7.5m。埋于地下的临时电缆应做好标记，保证施工安全。

§5.5 施工总平面图

施工总平面图是拟建项目施工场地的总布置图。它按照施工方案和施工进度的要求，对施工现场的道路交通、材料仓库、附属企业、临时房屋、临时水电管线等作出合理的规划布置，从而正确处理全工地施工期间所需各项设施和永久建筑以及拟建工程之间的空间关系。

5.5.1 施工总平面图设计的内容

（1）建设项目施工总平面图上一切地上、地下已有的和拟建的建筑物、构筑物以及其他设施的位置和尺寸。

（2）一切为全工地施工服务的临时设施的布置位置，包括：

1）施工用地范围，施工用的各种道路；

2）加工厂、制备站及有关机械的位置；

3）各种建筑材料、半成品、构件的仓库和主要堆场，取土弃土位置；

4）行政管理房、宿舍、文化生活和福利建筑等；

5）水源、电源、变压器位置，临时给水排水管线和供电、动力设施；

6）机械站、车库位置；

7）一切安全、消防设施位置。

（3）永久性测量放线标桩位置。

5.5.2 施工总平面图设计的原则

（1）尽量减少施工用地，少占农田，使平面布置紧凑合理。

（2）合理组织运输，减少运输费用，保证运输方便通畅。

（3）施工区域划分和场地的确定，应符合施工流程要求，尽量减少专业工种和各工程之间的干扰。

（4）充分利用各种永久性建筑物、构筑物和原有设施为施工服务，降低临时设施的费用。

（5）各种生产生活设施应便于工人的生产和生活。

（6）满足安全防火和劳动保护的要求。

5.5.3 施工总平面图设计的依据

（1）各种设计资料，包括建筑总平面图、地形地貌图、区域规划图、建设项目范围内有关的一切已有和拟建的各种设施位置。

（2）建设地区的自然条件和技术经济条件。

（3）建设项目的建设概况、施工方案、施工进度计划，以便了解各施工阶段情况，合理规划施工场地。

（4）各种建筑材料、构件、加工品、施工机械和运输工具需要量一览表，以便规划工地内部的储放场地和运输线路。

（5）各构件加工厂规模、仓库及其他临时设施的数量和外廓尺寸。

5.5.4 施工总平面图的设计步骤

1. 场外交通的引入

在设计施工总平面图时，必须从确定大宗材料、构件和生产工艺设备运入施工现场的运输方式开始。当大宗施工物资由铁路运来时，首先解决如何引入铁路专用线问题；当大宗施工物资由公路运来时，由于公路布置较灵活，一般先将仓库、材料堆场等布置在最经济合理的地方，再布置通向场外的公路线；当大宗施工物资由水路运来时，必须解决如何利用原有码头和是否增设码头，以及大型仓库和加工场同码头关系问题。一般施工场地都有永久性道路与之相邻，但应恰当确定起点和进场位置，考虑转弯半径和坡度限制，有利于施工场地的利用。

2. 仓库、材料堆场的布置

（1）当采用铁路运输时，中心仓库尽可能沿铁路专用线布置，并且在仓库前留有足够的装卸空间。当布置沿铁路线的仓库时，仓库的位置最好靠近工地一侧。

（2）当采用公路运输时，中心仓库可布置在工地中心区或靠近使用地方。

（3）水泥库（罐）和砂石堆场应布置在搅拌站附近。砖、砌块、预制构件应布置在垂直运输设备工作范围内，并靠近用料地点。基础用材料堆场应离坑沿一定距离，以免压塌边坡。钢筋、木材应布置在加工地点附近。

（4）工具库布置在加工区与施工区间交通方便处，零星小件、专用工具库可分设于各施工区段。

（5）油料、氧气等易燃材料库应布置在边缘、人少的安全处，且在拟建工程的下风向。

3. 加工厂布置

（1）钢筋加工厂应区别不同情况，采用分散或集中布置。对于小型加工件，利用简单机具型的加工，可在靠近使用地点的分散的钢筋加工棚里进行。

（2）木材加工厂要视木材加工的工作量、加工性质和种类决定是集中设置还是分散设置几个临时加工棚。锯木、成材、细木加工和成品堆放，要按工艺流程布置，且设在施工区的下风向。

（3）金属结构、电焊等由于它们在生产上联系密切，因此应布置在一起。

4. 内部运输道路布置

（1）根据各加工厂、仓库和各施工对象的相对位置，研究货物流程图，区分主要道路和次要道路，进行道路的规划；

（2）尽可能利用原有或拟建的永久性道路；

（3）合理安排施工道路与场内地下管网的施工顺序，保证场内运输道路时刻畅通；

（4）要科学确定场内运输道路宽度，合理选择运输道路的路面结构。场区临时干线和施工机械行驶路线，最好采用碎石级配路面，以利修补。主要干道应按环形布置采用双车道，宽度不小于 6m，次要道路宜采用单车道，宽度不小于 3.5m，并设置回车场。

5. 行政管理与生活临时设施布置

（1）全工地行政管理用房应设在工地入口处，便于对外联系。

（2）工人居住用房屋宜布置在工地外围或其边缘处。

（3）文化福利用房屋最好设置在工人集中地方或工人必经之处附近的地方。

（4）尽可能利用已建的永久性房屋为施工服务，不足时再修建临时房屋。

6. 临时水电管网和其他动力设施的布置

(1) 工地附近有可以利用的水源、电源时，可以将水电从外面接入工地，沿主要干道布置干管、主线。临时总变电站应设置在高压电引入处；临时水池应设在地势较高处。

(2) 工地附近无现有水源时，可以利用地表水或地下水。

(3) 工地附近无现有电源时，可在工地中心或中心附近设置临时发电设备，沿干道布置主线。

(4) 根据建设项目规模大小，还要设置消防站、消防通道和消火栓等。

上述布置应按照标准图例绘制在施工总平面图上，比例一般为 1∶1000 或 1∶2000。而且上述各设计步骤不是截然分开各自独立的，它们相互联系、相互制约，需要综合考虑、反复修正才能确定下来。当有几种方案时，还应进行方案比较，以选择最优方案。

5.5.5　施工总平面图的科学管理

(1) 建立统一的施工总平面图管理制度，划分总图的使用管理范围。各区各片有人负责。严格控制各种材料、构件、机具的位置、占用时间和占用面积。

(2) 实行施工总平面动态管理，定期对现场平面进行实录、复核、修正其不合理的地方，定时召开总平面图执行检查会议，奖优罚劣，协调各单位关系。

(3) 做好现场的清理和维护工作，不准擅自拆迁建筑物和水电线路，不准随意挖断道路。大型临时设施和水电管路不得随意更改和移位。

§5.6　施工组织总设计简例

某工业厂房区工程施工组织总设计❶。

1. 工程概况

本工程为某厂技术改造项目，由热电站和碱回收两个建筑群体组成。前者属国家投资项目，后者属老厂挖潜改造项目。厂区总占地面积 16400m²，共有 16 个建筑物和 16 个构筑物，建筑总面积为 7102m²。土建总造价约 500 万元。各建筑物和构筑物的工程概况见表 2-5-17。建筑结构以装配式为主，异型构筑物较多，厂区总平面如图 2-5-3 所示。本工程基础土质较差，地下水位较高（-3.0m～-0.5m）。本工程属于节能、环保项目，列为市重点工程，要求在 16 个月内建成，定额总用工量为 58600 工日。整个施工期将经历两个雨期和一个冬期，土建与设备安装交叉施工。

2. 施工部署

---

❶ 彭圣浩主编. 建筑工程施工组织设计实例应用手册. 北京：中国建筑工业出版社，2008.

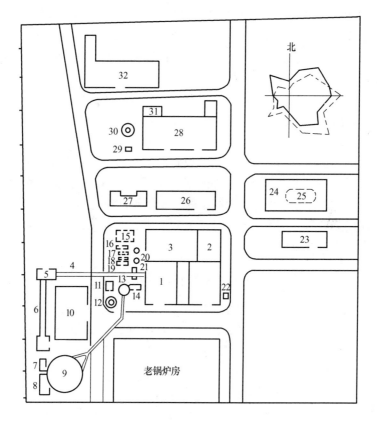

图 2-5-3 厂区设计总平面图

（图中数字代表的单位工程名称见表 2-5-17）

（1）施工程序

① 以热电站主厂房为主要工期控制线，安排工期 15 个月，留一个月时间竣工收尾。

② 本工程安装工程量大，因此，除主厂房外，其余单位工程的施工安排要尽量根据设备安装的先后顺序予以配合，并安排一台 16t 的轮胎吊，从开工起交叉进行结构安装和设备吊装。

③ 基础埋置较深的沉灰池、浆池等工程应避开雨期；两个 45m 高的烟囱应避开雨期和台风暴雨期施工。

④ 扩大构件在工厂的预制面，确保进入冬季前大部分建筑物屋面扣顶，以扩大冬期施工室内操作面。

⑤ 化学水处理车间西侧的中和池开工后与主厂房基础同时施工，待混凝土达到强度后作贮水池用，解决现场施工的临时用水和消防用水问题。

⑥ 厂房内部的汽轮机、锅炉的基础，采用"封闭式"施工，在屋面完成后在厂房内进行。

（2）主要工程项目施工方案

1）主厂房

主厂房是整个建筑群的核心工程，包括 15m 跨的汽轮机房、18m 跨的锅炉房和中间的 6m 跨的常用变电室（6 层框架结构），南面有扩建端，横剖面图如图2-5-4 所示。

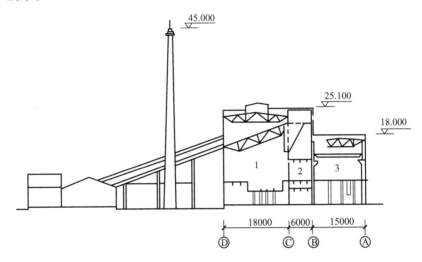

图 2-5-4　主厂房横剖面图

1—锅炉房；2—常用配电室；3—汽轮机房

本工程除屋盖、吊车梁为预制外，其余均为现浇结构，施工顺序安排为：

① 中间的Ⓒ—Ⓑ轴线首先施工，与两侧的Ⓐ轴、Ⓓ轴柱子形成两段交叉流水施工。

② 结构安装与设备安装：本工程锅炉体采用分件拼装，每件重量不大，但施工时间长，锅炉基础安排在结构安装后施工。为合理利用吊车吨位和减少吊车进退场次数，主厂房的结构吊装与锅炉体、汽轮机房天车吊装的交叉作业安排如下：

A. 40t 轮胎吊：拟于 10 月份进场，时间控制一个月。吊装顺序：汽轮机房屋面及吊车梁→汽轮机房天车→锅炉房两榀斜向栈桥桁架→锅炉房屋面→退场。

B. 16t 轮胎吊：该吊车从 4 月份起常驻工地。根据各单位工程的进度情况，安排结构吊装，并交叉穿插厂房内的设备吊装。锅炉房炉体拼装时采用该吊车进行作业，时间安排在次年 1～3 月份。

2）沉灰池

该工程为地下圆形钢筋混凝土贮灰池，有防水要求。外径 18m，壁厚 40cm，高 5.6m，池底标高－6.0m。

① 施工时间：安排于本年度 12 月至次年 2 月份施工。

各建筑物和构筑物工程概况 表 2-5-17

总项目	序号	单位工程名称	建筑面积(m²)	建筑层数	跨度(m)	檐口高度(m)	建筑结构特征				吊装构件	
							基础类型及埋深(m)	柱	墙	屋盖	最大重量(t)	最大起吊高度(m)
热电站	1	主厂房	2200	1~6	15~18	16~23	独立基础,-2	现浇	围护砖墙	屋架,大型屋面板	8	25
	2	主控制楼	290	3	9	9.6	独立基础,-2	砖柱	承重砖墙	现浇	—	—
	3	化学水处理室	490	1	15	12	独立基础,-2	现浇	围护砖墙	薄腹梁、圆孔板	6	11
	4	2号栈桥	132	1	9	15	杯基,-2	预制		钢屋架,石棉瓦	10	15
	5	碎煤机室	150	2	10	9	带基,-2	—	承重砖墙	现浇	—	—
	6	1号栈桥	150	1	9	1.8	杯基,-2	预制	—	钢屋架,石棉瓦	12	1
	7	回水泵房	40	1	4.8	3.3	带基,-1.5	砖柱	承重砖墙	圆孔板	0.3	3.3
	8	清水池	—				-6	—	池壁	—		
	9	沉灰池	—				-6	—	池壁	—		
	10	干煤棚	370	1	15	6	独立基础,-2	钢柱	—	钢屋架,石棉瓦	2	6
	11	引风机支架	—				独立基础,-2	现浇				
	12	砖烟囱	—			45	整板,-2	—	砖墙	—		
	13	除尘器	—			1.2	现浇,-2	—				
	14	喷管平台	—			2.9	现浇,-2	—				
	15	中和池					现浇,-5					
	16	低位酸贮存罐					现浇,-1.3					
	17	高位酸贮存罐					现浇,-1.3					
	18	高位碱贮存罐					现浇,-1.3					
	19	低位碱贮存罐					现浇,-1.3					
	20	除盐水箱	—				混凝土现浇,-1.5					
	21	空压机房	30	1	5	4.5	带基,-2	现浇	围护砖墙	—		
	22	事故油坑					现浇,-1.5					

续表

总项目	序号	单位工程名称	建筑面积（m²）	建筑层数	跨度（m）	檐口高度（m）	建筑结构特征			吊装构件	
							基础类型及埋深（m）	柱	墙	屋盖	最大重量（t）	最大起吊高度（m）
碱回收	23	空压站	190	1	4	4.5	带基，−2	砖柱	承重砖墙	圆孔板薄腹梁	0.3	4.5
	24	黑液提取工段	450	1	15	6	杯基，−4	预制	围护砖墙	大型屋面板	6	6
	25	浆池	—				现浇，−4	—		—		
	26	蒸发工段	580	3	8	12	杯基，−2	预制	围护砖墙	现浇	8	12（柱顶标高）
	27	仪器维修车间	110	1	4	4.5	带基，−1.5	砖柱	承重砖墙	现浇	—	—
	28	燃烧工段	980	3	8	12	杯基，−2	预制	围护砖墙	现浇	10	12（柱顶标高）
	29	卸油泵房	10	1	3	3	带基，−2	—	承重砖墙	现浇		
	30	R、C 烟囱	—		—	45	现浇，−3	—		—		
	31	静电除尘器				9	+4	—	池壁	钢屋架，石棉瓦	0.5	10
	32	苛化工段	930	2	8	12	杯基，−2	预制	围护砖墙	薄腹梁，大型屋面板	6	12

注：最大起吊高度栏中，除注明柱顶标高外，其余均为构件安装标高。

② 土方开挖：采用人工挖土，分级放坡的方法，每级 1m，坡度 1∶0.5～0.67。为保证放坡后西侧主干道的安全，在 −3.00m 处打 30 根 7m 长的 22 号槽钢挡土板桩。基坑开挖情况如图 2-5-5 所示。

③ 降低地下水位：在基坑周围设 3 个降水井，降水井以砖砌成，内插 OY-15 型离心水泵。施工期间日夜不停抽水。

④ 抗浮措施：池子浇捣后，如遇大雨，基坑大量灌水，可能会造成池子上浮的事故。通过计算，池子具有的抗浮能力是灰池外面的积水高度超过池内地面高度 2.61m。即当内外高差超过 2.61m 时，灰池将上浮。

为防止灰池上浮，应迅速将池外积水往池内排放，必要时，将工地的临时供水也迅速向池内排放，以增加池重，提高抗浮能力。

3. 施工总进度计划

根据施工部署的要求，安排本工程施工进度计划如表 2-5-2 所示。

4. 施工总平面图

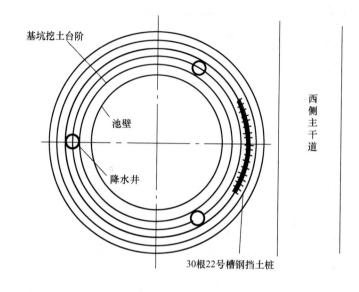

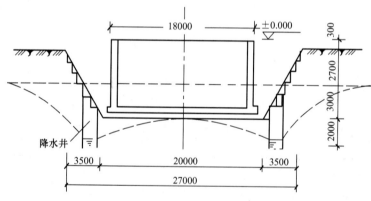

图 2-5-5　沉灰池基坑开挖示意图

该厂区施工总平面布置图如图 2-5-6 所示。

（1）现场道路采用永久性道路与临时性道路相结合。施工现场形成环形通道，以西边道路为主干路，减少对东部老厂区的干扰。

（2）材料构件堆放。

设立砂浆、混凝土集中搅拌站；红砖等其他材料就近使用地点堆放；预制构件主要集中堆放于现场西侧空地，且分类堆放。

（3）现场用水、用电均按照实际需要经计算后确定。

（4）现场设计考虑了排水要求。

（5）现场临时设施在节约和利用在建建筑物的原则上安排建造。

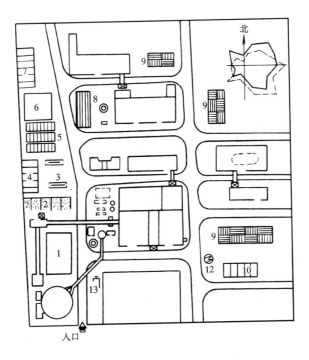

图 2-5-6　施工总平面图

1—砂浆混凝土搅拌棚；2—砂、石、灰堆场；3—钢筋堆场；4—钢筋棚；5—构件堆场
6—钢、木模堆场；7—木工棚；8—钢管、脚手料堆场；9—红砖堆场；10—食堂工地；
11—工地办公室；12—施工用电源；13—施工用水源

思　考　题

5.1　什么是施工组织总设计？包括哪些内容？

5.2　施工部署的内容有哪些？

5.3　简述施工总进度计划的编制步骤。

5.4　施工总平面图的基本内容和设计原则是什么？

5.5　简述施工总平面图的设计步骤。

参 考 文 献

[1] 本书编写委员会. 建筑施工手册(第四版). 北京：中国建筑工业出版社. 2004.

[2] 重庆大学，同济大学，哈尔滨工业大学合编. 土木工程施工(第二版). 北京：中国建筑工业出版社，2014.

[3] 许伟，许程洁，张红. 土木工程施工组织. 武汉：武汉大学出版社. 2014.

[4] 许程洁，冉立平，张淑华. 工程项目管理(第2版). 武汉：武汉理工大学出版社. 2014.

[5] 张守健，许程洁. 施工组织设计与进度管理. 北京：中国建筑工业出版社，2001.

[6] 李忠富. 建筑施工组织与管理(第3版). 北京：机械工业出版社，2013.

[7] 许程洁. 建筑施工组织. 北京：中央广播电视大学出版社，2000.

[8] 中华人民共和国国家质量监督检验检疫总局，中国国家标准化管理委员会，GB/T 13400.3—2009 网络计划技术第3部分：在项目管理中应用的一般程序. 北京：中国标准出版社. 2009.

[9] 中华人民共和国建设部，中华人民共和国国家质量监督检验检疫总局. GB/T 50326—2006 建设工程项目管理规范. 北京：中国建筑工业出版社，2006.

[10] 中华人民共和国住房和城乡建设部. GBT 50502—2009 建筑施工组织设计规范. 北京：中国建筑工业出版社，2009.

[11] 中华人民共和国建设部，中华人民共和国国家质量监督检验检疫总局. GB/T 50358—2005 建设项目工程总承包管理规范. 北京：中国建筑工业出版社，2005

[12] 魏红一. 桥梁施工及组织管理上册(第二版). 北京：人民交通出版社，2008.

[13] 徐伟. 桥梁施工. 北京：人民交通出版社，2008.

[14] 交通部第一公路工程总公司. 公路施工手册桥涵(上、下册). 北京：人民交通出版社，2009.

[15] 陈宝春. 钢管混凝土拱桥设计与施工. 北京：人民交通出版社，2000.

[16] 王武勤. 大跨度桥梁施工技术. 北京：人民交通出版社，2008.

高校土木工程专业指导委员会规划推荐教材（经典精品系列教材）

征订号	书　名	定　价	作　者	备　注
V28007	土木工程施工（第三版）	78.00	重庆大学、同济大学、哈尔滨工业大学	21世纪课程教材、"十二五"国家规划教材、教育部2009年度普通高等教育精品教材
V16543	岩土工程测试与监测技术	29.00	宰金珉	"十二五"国家规划教材
V25576	建筑结构抗震设计（第四版）（赠送课件）	34.00	李国强　等	"十二五"国家规划教材、土建学科"十二五"规划教材
V22301	土木工程制图（第四版）（含教学资源光盘）	58.00	卢传贤　等	21世纪课程教材、"十二五"国家规划教材、土建学科"十二五"规划教材
V22302	土木工程制图习题集（第四版）	20.00	卢传贤　等	21世纪课程教材、"十二五"国家规划教材、土建学科"十二五"规划教材
V27251	岩石力学（第三版）	32.00	张永兴　许明	"十二五"国家规划教材、土建学科"十二五"规划教材
V20960	钢结构基本原理（第二版）	39.00	沈祖炎　等	21世纪课程教材、"十二五"国家规划教材、土建学科"十二五"规划教材
V16338	房屋钢结构设计	55.00	沈祖炎、陈以一、陈扬骥	"十二五"国家规划教材、土建学科"十二五"规划教材、教育部2008年度普通高等教育精品教材
V24535	路基工程（第二版）	38.00	刘建坤、曾巧玲等	"十二五"国家规划教材
V20313	建筑工程事故分析与处理（第三版）	44.00	江见鲸等	"十二五"国家规划教材、土建学科"十二五"规划教材、教育部2007年度普通高等教育精品教材
V13522	特种基础工程	19.00	谢新宇、俞建霖	"十二五"国家规划教材
V20935	工程结构荷载与可靠度设计原理（第三版）	27.00	李国强　等	面向21世纪课程教材、"十二五"国家规划教材
V19939	地下建筑结构（第二版）（赠送课件）	45.00	朱合华　等	"十二五"国家规划教材、土建学科"十二五"规划教材、教育部2011年度普通高等教育精品教材
V13494	房屋建筑学（第四版）（含光盘）	49.00	同济大学、西安建筑科技大学、东南大学、重庆大学	"十二五"国家规划教材、教育部2007年度普通高等教育精品教材
V20319	流体力学（第二版）	30.00	刘鹤年	21世纪课程教材、"十二五"国家规划教材、土建学科"十二五"规划教材
V12972	桥梁施工（含光盘）	37.00	许克宾	"十二五"国家规划教材

征订号	书 名	定 价	作 者	备 注
V19477	工程结构抗震设计（第二版）	28.00	李爱群 等	"十二五"国家规划教材、土建学科"十二五"规划教材
V27912	建筑结构试验（第四版）（赠送课件）	30.00	易伟建、张望喜	"十二五"国家规划教材、土建学科"十二五"规划教材
V21003	地基处理	22.00	龚晓南	"十二五"国家规划教材
V20915	轨道工程	36.00	陈秀方	"十二五"国家规划教材
V21757	爆破工程	26.00	东兆星 等	"十二五"国家规划教材
V20961	岩土工程勘察	34.00	王奎华	"十二五"国家规划教材
V20764	钢-混凝土组合结构	33.00	聂建国 等	"十二五"国家规划教材
V19566	土力学（第三版）	36.00	东南大学、浙江大学、湖南大学苏州科技学院	21世纪课程教材、"十二五"国家规划教材、土建学科"十二五"规划教材
V24832	基础工程（第三版）（附课件）	48.00	华南理工大学	21世纪课程教材、"十二五"国家规划教材、土建学科"十二五"规划教材
V28155	混凝土结构（上册）——混凝土结构设计原理（第六版）（赠送课件）	40.00	东南大学 天津大学 同济大学	21世纪课程教材、"十二五"国家规划教材、土建学科"十二五"规划教材、教育部2009年度普通高等教育精品教材
V28156	混凝土结构（中册）——混凝土结构与砌体结构设计（第六版）（赠送课件）	58.00	东南大学 同济大学 天津大学	21世纪课程教材、"十二五"国家规划教材、土建学科"十二五"规划教材、教育部2009年度普通高等教育精品教材
V28157	混凝土结构（下册）——混凝土桥梁设计（第六版）	49.00	东南大学 同济大学 天津大学	21世纪课程教材、"十二五"国家规划教材、土建学科"十二五"规划教材、教育部2009年度普通高等教育精品教材
V11404	混凝土结构及砌体结构（上）	42.00	滕智明 等	"十二五"国家规划教材
V11439	混凝土结构及砌体结构（下）	39.00	罗福午 等	"十二五"国家规划教材
V25362	钢结构（上册）——钢结构基础（第三版）	52.00	陈绍蕃	"十二五"国家规划教材、土建学科"十二五"规划教材
V25363	钢结构（下册）——房屋建筑钢结构设计（第三版）	32.00	陈绍蕃	"十二五"国家规划教材、土建学科"十二五"规划教材
V22020	混凝土结构基本原理（第二版）	48.00	张誉 等	21世纪课程教材、"十二五"国家规划教材

征订号	书　名	定　价	作　者	备　注
V25093	混凝土及砌体结构（上册）（第二版）	45.00	哈尔滨工业大学、大连理工大学等	"十二五"国家规划教材
V26027	混凝土及砌体结构（下册）（第二版）	29.00	哈尔滨工业大学、大连理工大学等	"十二五"国家规划教材
V20495	土木工程材料（第二版）	38.00	湖南大学、天津大学、同济大学、东南大学	21世纪课程教材、"十二五"国家规划教材、土建学科"十二五"规划教材
V18285	土木工程概论	18.00	沈祖炎	"十二五"国家规划教材
V19590	土木工程概论（第二版）	42.00	丁大钧　等	21世纪课程教材、"十二五"国家规划教材、教育部2011年度普通高等教育精品教材
V20095	工程地质学（第二版）	33.00	石振明　等	21世纪课程教材、"十二五"国家规划教材、土建学科"十二五"规划教材
V20916	水文学	25.00	雒文生	21世纪课程教材、"十二五"国家规划教材
V22601	高层建筑结构设计（第二版）	45.00	钱稼茹	"十二五"国家规划教材、土建学科"十二五"规划教材
V19359	桥梁工程（第二版）	39.00	房贞政	"十二五"国家规划教材
V19338	砌体结构（第三版）	32.00	东南大学　同济大学　郑州大学　合编	21世纪课程教材、"十二五"国家规划教材、教育部2011年度普通高等教育精品教材